作 者 简 介

程代展　1970 年毕业于清华大学, 1981 年于中国科学院研究生院获硕士学位, 1985 年于美国华盛顿大学获博士学位. 从 1990 年起, 任中国科学院系统科学研究所研究员. 曾经担任过国际自动控制联合会 (International Federation of Automatic Control, IFAC) 理事 (Council Member), IEEE 控制系统协会 (CSS) 执委 (Member of Board of Governors), 中国自动化学会控制理论专业委员会主任, IEEE CSS 北京分会主席等, 国际杂志 *Int. J. Math Sys., Est. Contr.* (1991—1993)、*Automatica* (1998—2002)、*Asia J. Control.* (1999—2004) 的编委, *International Journal on Robust and Nonlinear Control* 的项目主编, 国内杂志 *J. Control Theory and Application* 主编,《控制与决策》的副主编及多家学术刊物的编辑. 他已经出版了 17 本论著, 发表了 300 多篇期刊论文和 170 多篇会议论文. 他的研究方向包括非线性控制系统、数值方法、复杂系统、布尔网络控制、基于博弈的控制等. 曾两次作为第一完成人获国家自然科学奖二等奖 (2008, 2014), 中国科学院个人杰出科技成就奖 (金质奖章, 2015), 其他省部级奖一等奖两次、二等奖五次、三等奖二次. 2011 年获国际自动控制联合会 (IFAC) 所颁 Automatica (2008—2010) 最佳论文奖. 2006 年入选 IEEE Fellow, 2008 年入选 IFAC Fellow.

程代展是矩阵半张量积理论的首创人.

冯俊娥　现为山东大学数学学院教授, 博士生导师, 山东省"泰山学者", 聊城大学特聘教授. 1994 年毕业于聊城师范学院 (今聊城大学), 数学教育专业, 获学士学位; 1997 年毕业于山东大学, 基础数学专业, 获硕士学位; 2003 年毕业于山东大学, 运筹学与控制论专业, 获博士学位. 担任中国自动化学会控制理论专业委员会"逻辑系统控制"学组主任, 中国自动化学会信息物理系统控制与决策专业委员会委员, 山东省自动化学会理事, 美国《数学评论》评论员, *Cogent Mathematics & Statistics* (ISSN: 2574—2558) 编委,《控制与决策》责任编委, *IEEE CSS (Control*

Systems Society) Conference Editorial Board (IEEE 控制系统学会编委). 主要研究方向为逻辑网络、鲁棒控制等. 近年来主持国家及省部级自然科学基金项目 10 余项, 以第一完成人获山东省自然科学奖二等奖 2 项; 以第一作者或通信作者发表期刊论文 100 余篇, 近五年累计国际和国内会议特邀报告 40 余次.

钟江华 现为中国科学院信息工程研究所副研究员. 2007 年于中国科学院数学与系统科学研究院获系统理论专业的博士学位, 2007—2009 年在瑞典皇家工学院从事博士后研究工作. 主要研究方向为非线性系统分析与控制及其在密码学中的应用. 目前主要关注密码学与系统科学的交叉学科问题, 特别是流密码中的非线性问题. 在 *Automatica, IEEE Trans. Inf. Theory, IEEE Trans. Commun., IEEE Sensors J.* 等国际著名期刊发表文章 20 余篇. 曾获 2016 年党政密码科学技术进步奖三等奖 (部委级), 近年来主持国家自然科学基金项目 3 项.

吴玉虎 现为大连理工大学控制科学与工程学院教授, 博士生导师. 入选国家 "万人计划" 青年拔尖人才、辽宁省 "兴辽英才计划" 青年拔尖人才计划. 2012 年 1 月获得哈尔滨工业大学基础数学博士学位. 2012 年 4 月至 2015 年 9 月, 在日本上智大学做博士后研究员, 并且以合作研究员的身份参与日本丰田公司的汽车发动机控制等方面的研究. 2015 年 10 月加入大连理工大学, 共主持国家级基金 4 项. 一直从事非线性系统、随机逻辑系统的分析和优化控制理论的研究及其在发动机控制系统和无人机系统中的应用等科研工作. 已在 *IEEE TAC, Automatica, Syst. Control Lett., IEEE TCST, IEEE TCNS, IEEE TNNLS, IEEE TASE, IEEE TCYB, IEEE TSMCS* 等控制理论领域重要期刊及 *IEEE TVT, Appl. Therm. Eng., Mech. Syst. Signal Pr.* 等机械工程领域重要期刊发表 SCI 论文共 70 余篇, 其中包括国际控制领域两大顶级期刊 *IEEE Transactions on Automatic Control* 和 *Automatica* 共 13 篇.

张奎泽 现为英国萨里大学计算机系讲师. 2017 年起为 IEEE 高级会员. 2009 年毕业于哈尔滨工程大学理学院, 获得数学与应用数学专业学士学位. 2014 年毕业于该校自动化学院, 获得控制科学与工程专业博士学位. 2015 年 4 月至 2019 年 9 月于该校自动化学院任副教授. 攻读博士期间曾在芬兰图尔库大学访问一年以及在新加坡南洋理工大学工作一年. 博士毕业后, 先后在中国科学院数学与系统科学研究院进行长期访问及从事博士后研究工作, 在德国慕尼黑工业大学(一年)、瑞典皇家理工学院(两年零八个月) 从事博士后研究工作, 然后在德国柏林工业大学作洪堡学者(一年零九个月). 主要研究方向为理论计算机科学和控制论, 具体包括布尔控制网络, 各种离散事件及混杂动态系统(包括(标签) 有限自动机、Petri 网、幺半群上加权有限自动机、定时自动机、实时自动机等) 的基本性质的可判定性及计算复杂性研究及其在系统生物学、网络安全中的应用. 合作出版 Springer 专著一部, 发表期刊论文及会议论文各 20 多篇. 主持国家自然科学基金项目 1 项. 受邀作 2021 年欧洲控制会议会前专题报告.

矩阵半张量积讲义

卷五：工程及其他系统的应用

程代展　冯俊娥　钟江华　吴玉虎　张奎泽　著

科学出版社

北　京

内 容 简 介

矩阵半张量积是近二十年发展起来的一种新的矩阵理论. 经典矩阵理论的最大弱点是其维数局限, 这极大限制了矩阵方法的应用. 矩阵半张量积是经典矩阵理论的发展, 它克服了经典矩阵理论对维数的限制, 因此, 被称为跨越维数的矩阵理论. 《矩阵半张量积讲义》的目的是对矩阵半张量积理论与应用做一个基础而全面的介绍. 计划出五卷. 卷一: 矩阵半张量的基本理论与算法; 卷二: 逻辑动态系统的分析与控制; 卷三: 有限博弈的矩阵半张量积方法; 卷四: 有限与泛维动态系统; 卷五: 工程及其他系统的应用. 本丛书致力于对这个快速发展的学科分支做一个阶段性的小结, 以期对其进一步发展及应用提供一个规范化的基础.

本书是《矩阵半张量积讲义》的第五卷, 讨论矩阵半张量积在连续动态系统、 工程系统及其他特殊动态系统中的应用. 内容包括电力系统、迁移系统、发动机及混合动力系统、奇异布尔网络、模糊系统、密码理论与编码、自动机及其应用等. 本书所需要的预备知识仅为工科大学本科的数学知识, 包括线性代数、微积分、常微分方程、初等概率论. 相关的线性系统理论及点集拓扑、抽象代数、微分几何等的初步概念在卷一的附录中给出. 不感兴趣的读者亦可略过相关部分, 这些不会影响对本书基本内容的理解.

本书的阅读对象为离散数学、自动控制、计算机、系统生物学、博弈论及相关专业的高年级学生、研究生、青年教师及科研人员.

图书在版编目(CIP)数据

矩阵半张量积讲义. 卷五, 工程及其他系统的应用/程代展等著.—北京：科学出版社, 2024.3

ISBN 978-7-03-076560-4

Ⅰ.① 矩… Ⅱ.① 程… Ⅲ.① 矩阵-乘法 Ⅳ.①O151.21

中国国家版本馆 CIP 数据核字(2023)第 189533 号

责任编辑: 李 欣 李香叶 / 责任校对: 樊雅琼
责任印制: 张 伟 / 封面设计: 无极书装

斜 学 出 版 社 出版
北京东黄城根北街 16 号
邮政编码: 100717
http://www.sciencep.com
北京建宏印刷有限公司印刷
科学出版社发行 各地新华书店经销

*

2024 年 3 月第 一 版 开本: 720×1000 1/16
2024 年 3 月第一次印刷 印张: 28 1/4
字数: 568 000
定价: 198.00 元
(如有印装质量问题, 我社负责调换)

前　言

矩阵理论是被公认起源于中国的一个数学分支. 美国哥伦比亚特区大学教授 Katz 在著名数学史著作 [159] 中指出: "The idea of a matrix has a long history, dated at least from its use by Chinese scholars of the Han period for solving systems of linear equations." (矩阵的思想历史悠久, 它的使用至少可追溯到汉朝, 中国学者用它来解线性方程组.) 英国学者 Crilly 的书 [17] 中也提到, 矩阵起源于 "公元前 200 年, 中国数学家使用了数字阵列". 矩阵理论是这两本书中唯一提到的始于中国的数学分支, 大概确实是仅见的.

从开始不甚清晰的思考到如今形成一个较完整的体系, 矩阵半张量积走过了大约二十个年头. 开始, 人们质疑它的合理性, 有人提到: "华罗庚先生说过, 将矩阵乘法推广到一般情况没有意义." 后来, 又有人质疑它的原创性, 说: "这么简单的东西怎么会没有前人提出或讨论过?" 到如今, 它已经被越来越多的国内外学者所肯定和采用.

回顾矩阵半张量积的历史, 催生它的有以下几个因素:

(1) 将矩阵乘法与数乘相比, 矩阵乘法的两个明显的弱点是: 维数限制, 只有当前因子的列数与后因子的行数相等时, 这两个矩阵才可相乘; 无交换性, 一般地说, 即使 AB 和 BA 都有定义, 但 $AB \neq BA$. 因此, 将普通矩阵乘法推广到任意两个矩阵, 并且让矩阵乘法具有某种程度的交换性, 将会大大扩大矩阵乘法的应用.

(2) 将矩阵加法与数加相比, 虽然矩阵加法也可以交换, 但其维数的限制更为苛刻, 即行、列两个自由度都必须相等. 有没有办法, 让不同维数的矩阵也能相加? 而这个加法, 必须有物理意义且有用.

(3) 经典的矩阵理论其实只能处理线性函数 (线性方程) 或双线性函数 (二次型). 如果是三阶或更高阶的多线性函数, 譬如张量, 矩阵方法还能表示并计算它们吗? 当然, 如果矩阵方法能用于处理更一般的非线性函数, 那就更好了.

上述这些问题曾被许多人视为矩阵理论几乎无法逾越的障碍. 然而, 让人们吃惊的是, 矩阵半张量积几乎完美地解决了上述这些问题, 从而催生了一套新的矩阵理论, 被我们称为跨越维数的矩阵理论.

目前, 它已经被应用于许多领域, 包括:

(1) 生物系统与生命科学. 这个方面目前的一些进展有: 文献 [429] 研究了 T

细胞受体布尔控制网络模型, 给出寻找它所有吸引子的有效算法; 关于大肠杆菌乳糖操纵子网络稳定与镇定控制的设计, 文献 [191, 200] 分别给出不同的设计方法, 证明了方法的有效性; 对黑色素瘤转移控制, 文献 [63] 给出最优控制的设计与算法, 以及基因各表现型之间的转移控制; 文献 [117, 118] 给出了转移表现型的估计并精确地给出了最短控制序列等.

将布尔网络控制理论用于生物系统是一个非常有希望的交叉方向. 进一步的研究需要跨学科的合作.

(2) 博弈论. 有限博弈本质上也是一个逻辑系统. 因此, 矩阵半张量积是研究有限博弈的一个有效工具. 目前, 矩阵半张量积在博弈论中的一些应用有: 网络演化博弈的建模和分析[62,129]、最优策略与纳什均衡的探索[428]、有限势博弈的检验与势函数计算[61]、网络演化博弈的演化策略及其稳定性[60]、有限博弈的向量空间结构[64,137] 等等.

(3) 图论与队形控制. 这方面的代表性工作有: 图形着色及其在多自主体控制中的应用[348]、队形控制的有限值逻辑动态系统表示[405]、对超图着色及其在存储问题中的应用[250]、图形着色的稳健性及其在时间排序中的应用[363] 等等.

(4) 线路设计与故障检测. 这一方面的一些现有研究工作有: k 值逻辑函数的分解、隐函数存在定理[59]、故障检测的矩阵半张量积方法[13,190,231] 等等.

(5) 模糊控制. 在模糊控制方面的一些初步工作有: 模糊关系方程的统一解法[58]、带有耦合输入和/或耦合输出的模糊系统控制[103]、对二型模糊关系方程的表述和求解[374]、空调系统的模糊控制器设计[146] 等等.

(6) 有限自动机与符号动力学. 这方面的部分工作有: 有限自动机的代数状态空间表示与可达性[366]、并应用于语言识别[373]、有限自动机的模型匹配[369]、有限自动机的能观性与观测器设计[368]、布尔网络的符号动力学方法[145]、有限自动机的能控性和可镇定性[375] 等等.

(7) 编码理论与算法实现. 这方面的一些研究有: 对布尔函数微分计算的研究[399]、布尔函数的神经网络实现[428]、非线性编码[232,431,434,435] 等等.

(8) 工程应用. 代表性工作有: 电力系统[12]、在并行混合电动汽车控制中的应用[7,356] 等等.

前面所列举的仅为矩阵半张量积理论及其应用研究中的极少一部分相关论文, 难免以偏概全. 在一群我国学者的主导和努力下, 矩阵半张量积正在发展成为一个极具生命力的新学科方向. 同时, 它也吸引了国际上许多学者的重视和加入. 目前, 用矩阵半张量积为主要工具的论文作者, 除中国外, 还有意大利、以色列、美国、英国、日本、南非、瑞典、新加坡、德国、俄罗斯、澳大利亚、匈牙利、泰国、伊朗、沙特阿拉伯等. 矩阵半张量积可望成为当代中国学者对矩阵理论的一个重要贡献.

　　有关矩阵半张量积的书, 算起来也已经有好几本了. 这几本书各有特色. 例如, 文献 [1], 该书写得比较早, 对矩阵半张量积的普及和推广起到了一定的作用, 但当时矩阵半张量积理论还很不成熟, 所以显得很粗糙, 虽然后来出了第二版, 但仍然改进不大; 文献 [57], 它力图包括更多的应用, 对工程人员可能有较大帮助. 但是对矩阵理论本身缺乏系统梳理, 不便系统学习; 文献 [2], 它强调用半张量积方法统一处理逻辑系统、多值逻辑系统及有限博弈等, 对矩阵半张量积理论自身的讨论不多; 文献 [192], 该书是一本新书, 它对某些控制问题进行了较为详尽的剖析, 这是它的贡献, 但它缺少对矩阵半张量积理论全局的把控; 文献 [3], 它是大学本科教材, 内容清晰易懂, 但作为科研参考书显然是不够的; 其他如文献 [55], 它专门讨论布尔网络的控制问题; 文献 [12], 它只关心电力系统的优化控制问题; 文献 [66], 它主要考虑泛维系统的建模与控制. 因此, 已有的关于矩阵半张量积的论著, 内容或已过时, 或过于偏重部分内容.

　　这套丛书定名为《矩阵半张量积讲义》, 计划出五卷. 卷一: 矩阵半张量的基本理论与算法; 卷二: 逻辑动态系统的分析与控制; 卷三: 有限博弈的矩阵半张量积方法; 卷四: 有限与泛维动态系统; 卷五: 工程及其他系统的应用.

　　由于矩阵半张量积理论与方法发展过快, 许多理论结果、计算公式以及综合和归纳方法等被其后的新成果代替. 这给初学者和科研人员均带来了一定的不便. 本丛书的目的, 是为矩阵半张量积理论提供一个至今尽可能完整和先进的理论框架. 让它体系完善、结构清晰、公式简洁. 同时, 对矩阵半张量积的主要应用进行详细分析, 使其原理准确易懂, 方法明确有效, 便于读者不走弯路, 迅速到达学科前沿. 同时, 内容尽可能增加启发性, 讲清来龙去脉, 给出详尽证明, 以便读者举一反三, 应用自如. 总之, 希望本丛书为读者搭建一个工作平台, 提供一个基准、一块进一步学习、应用及发展矩阵半张量积的奠基石.

　　本书是第五卷, 全书共 15 章, 讨论矩阵半张量积在几类不同类型的系统以及工程系统中的应用. 大致可以分为七个部分: 第 1, 2 章讨论以电力系统为代表的连续动态系统控制; 第 3, 4 章考虑迁移系统基于时序逻辑的智能控制; 第 5, 6 章讨论奇异布尔网络的控制; 第 7, 8 章讨论模糊控制系统; 第 9~12 章分析密码学中的矩阵半张量积方法; 第 13, 14 章介绍混合动力机车的优化控制; 第 15 章介绍元胞自动机的矩阵半张量积建模与分析. 七个部分的内容相对独立, 读者可根据需要选择学习参考.

　　各章的内容简介如下:

　　第 1 章讨论矩阵半张量积在多元多项式以及多元函数的微分、泰勒展开、向量场李导数, 以及其他微分几何计算中的应用, 它们为连续动态系统的分析与控制的数值化实现提供基础.

　　第 2 章介绍矩阵半张量积在电力系统稳定性分析中的应用. 基于中心流形理

论的数值算法, 讨论电力系统工作点的稳定域边界计算. 利用矩阵半张量积给出稳定域边界的二次及高次逼近计算公式.

第 3 章讨论有限论域下谓词逻辑的矩阵半张量积计算公式、逻辑演绎与推理的代数化表示, 有限论域下的形式语言的代数表示. 这些内容可视为基于命题逻辑的逻辑动态系统的矩阵半张量积表示的深入和推广.

第 4 章讨论离散时间动态系统的形式化方法. 首先讨论一般的迁移系统, 包括有限自动机, 给出它的代数状态空间表示. 其次讨论时序逻辑及其对迁移系统的制衡. 并在输出等价意义下定义商系统, 从而导出仿真与双仿真关系. 最后, 将仿真与双仿真方法用于大型有限值网络, 以解决计算复杂性问题.

第 5 章引入奇异布尔网络、分析其结构性质, 包括其代数状态空间表达以及网络的拓扑结构. 此外, 对奇异性导致的动态特征, 包括正规化、可解性等, 进行了详细讨论. 该章为奇异布尔网络的进一步探讨提供了基础性的工具和方法.

第 6 章详细介绍奇异布尔网络基于代数状态空间方法的控制与优化问题. 内容包括奇异布尔网络的能控性与能观性的充要条件和相关算法, 最优控制的理论与控制设计, 干扰解耦的可解性条件, 最后讨论不变集与输出跟踪的解法.

第 7 章讨论矩阵半张量积在模糊系统中的应用. 解模糊关系方程是模糊系统控制理论中的一个关键问题, 该章介绍一种新方法, 它将逻辑关系转化为代数关系, 从而找到模糊关系方程的完整解集. 该章也介绍了这种方法的一些进一步的应用和推广.

利用第 7 章的理论结果, 第 8 章讨论多输入多输出模糊系统的控制设计问题. 与经典设计方法不同, 该章考虑在多重模糊关系不能解耦的一般情况下, 利用矩阵半张量积和高阶模糊关系的矩阵表示等, 给出多输入多输出耦合模糊系统的控制器设计方法.

第 9 章至第 12 章讨论矩阵半张量积在密码学中的应用. 第 9 章介绍相关的基本概念, 包括流密码、布尔函数的多项式表达与矩阵表达、布尔控制网络的可达集与瞬态周期、非线性移位寄存器 (NFSR), 以及 Fibonacci NFSR 的线性化等. 并且, 详细讨论了状态转移阵的性质.

第 10 章讨论 NFSR 的稳定性问题. 把 NFSR 看作布尔网络, 利用矩阵半张量积, 先研究 Fibonacci NFSR 的稳定性, 再研究带有输入的 Galois NFSR 的驱动稳定性, 分别给出它们的充分必要条件.

第 11 章研究 Grain 结构 NFSR 的最小周期, 证明 Grain 结构 NFSR 达到最小周期的概率甚小, 从周期角度, 理论上说明了 Grain 算法的安全性. 基本上解决了 Hu-Gong 于 2011 年提出的 Grain 结构 NFSR 的最小周期的公开问题.

第 12 章讨论 NFSR 的等价性问题. 等价性关系到流密码的安全性, 例如, 等价于 Fibonacci NFSR 的 Galois NFSR 能克服一般 Galois NFSR 的一些缺陷, 提高算法的保密性. 该章分别讨论了 Fibonacci NFSR 与 Galois NFSR 的等价性; 两个 Fibonacci NFSR 串联的等价性, 以及等价串联之间的关系.

第 13 章讨论随机逻辑系统的最优控制及其在内燃机残留气体控制中的应用. 首先研究具有有限状态的随机逻辑系统的无限时域最优控制问题, 并给出易于实现的策略迭代算法. 其次把所得到的算法用于内燃机残留气体的控制中.

第 14 章讨论连续域最优控制的逻辑网络逼近及其在混合电力机车中的应用. 根据多值逻辑网络系统优化与最优控制的结果, 设计了基于逻辑网络的有限域上的最优控制来逼近连续域上的原始系统控制, 给出相关精度分析, 并将所得结论应用于混合电动车的能量管理问题上.

第 15 章研究有界及周期元胞自动机的建模及拓扑动力学分析. 首先介绍元胞自动机的基本概念, 然后介绍如何用矩阵半张量积表示有界元胞自动机, 包括 p 周期元胞自动机的标准形等. 最后讨论如何用其刻画有界元胞自动机的动力学行为, 包括周期元胞自动机的广义可逆性等.

本书第 1~4 章由程代展执笔, 第 5~8 章由冯俊娥执笔, 第 9~12 章由钟江华执笔, 第 13, 14 章由吴玉虎执笔, 第 15 章由张奎泽执笔. 最后由程代展和冯俊娥统稿.

这套丛书只要求读者具有工科大学本科生所需掌握的数学工具, 但部分内容涉及一些近代数学的初步知识. 为了使本套书具有良好的完备性, 以增加可读性, 卷一的书末添加了一个附录, 对一些用到的近代数学知识做了简要介绍. 如果仅为阅读这套书, 这些知识也就足够了.

本书的出版得到中国科学院数学与系统科学研究院学术出版物资助计划和国家自然科学基金 (项目批准号: 62073315, 61733018) 的支持, 感谢科学出版社李欣编辑为本书的出版作了大量编辑和组织工作, 特在此致谢.

笔者才疏学浅, 疏漏在所难免, 敬请读者以及有关专家不吝赐教.

程代展等

于中国科学院数学与系统科学研究院

2022 年 12 月 1 日

目　　录

前言

数学符号

第 1 章　连续时间控制系统的矩阵半张量积方法 ························1

　　1.1　多元多项式的矩阵半张量积表示 ························1

　　1.2　微分形式及其应用 ························9

　　1.3　多元映射的微分表示 ························14

　　　　1.3.1　多元多项式的基本微分公式 ························14

　　　　1.3.2　多维映射的泰勒展开 ························16

　　　　1.3.3　李导数 ························20

　　1.4　连络及其计算 ························24

　　1.5　Morgan 问题 ························29

　　　　1.5.1　输入输出解耦 ························30

　　　　1.5.2　Morgan 问题的等价形式 ························31

　　　　1.5.3　可解性的代数表达 ························34

第 2 章　电力系统的稳定性分析 ························42

　　2.1　电力系统的模型与镇定 ························42

　　2.2　电力系统的哈密顿实现 ························46

　　2.3　中心流形与非线性系统镇定 ························53

　　　　2.3.1　中心流形理论 ························53

　　　　2.3.2　非线性系统镇定与导数齐次 Lyapunov 函数 ························56

　　　　2.3.3　齐次多项式的负定性 ························63

　　　　2.3.4　零中心系统的镇定 ························70

　　2.4　电力系统的稳定域 ························73

　　　　2.4.1　稳定域的描述 ························73

　　　　2.4.2　稳定子流形方程 ························75

　　　　2.4.3　稳定子流形的二次近似 ························77

　　　　2.4.4　稳定子流形的高阶近似 ························82

第 3 章　谓词逻辑与形式语言 ························92

　　3.1　一阶逻辑基础 ························92

3.2　一阶逻辑的矩阵半张量积表示 ···95

3.3　谓词逻辑的标准型 ···97

3.4　逻辑推理 ··100

　　3.4.1　命题的谓词逻辑表示 ··100

　　3.4.2　等价与蕴涵 ··101

　　3.4.3　逻辑的演绎 ··105

3.5　有限论域下的谓词逻辑 ··107

3.6　语言与逻辑 ··110

3.7　形式语言的语法 ··111

3.8　形式语言的语义 ··112

3.9　有限论域下的语言和逻辑 ··116

第 4 章　离散时间系统的形式化方法 ··118

4.1　迁移系统 ··118

4.2　时序逻辑 ··121

4.3　有限状态自动机 ··124

4.4　离散时间动态系统的迁移实现 ··127

4.5　迁移系统的仿真与商系统 ··130

4.6　不确定迁移系统的拓扑结构 ··136

4.7　大网络的聚类仿真 ···139

　　4.7.1　块聚类仿真与聚类双仿真 ··139

　　4.7.2　聚类仿真的概率模块近似 ··143

　　4.7.3　一个生物系统的聚类仿真 ··145

第 5 章　奇异布尔网络的分析 ··154

5.1　奇异布尔网络的描述 ···154

　　5.1.1　带静态方程约束的动态逻辑网络 ····································154

　　5.1.2　动态-代数布尔网络 (5.1.1) 的两种代数形式 ······················156

5.2　奇异布尔网络的正规化 ··158

　　5.2.1　问题描述 ··158

　　5.2.2　正规化问题的解 ··159

　　5.2.3　奇异布尔网络 $\tilde{E}x^1(t+1) = Fx(t)$ 的正规化 ·················163

5.3　奇异布尔网络的可解性 ··164

5.4　奇异布尔网络的拓扑结构 ··166

5.5　奇异布尔网络的一般形式 ··167

　　5.5.1　一般形式奇异布尔网络的可解性 ····································168

　　5.5.2　一般形式奇异布尔网络的拓扑结构 ··································170

第 6 章　奇异布尔网络的控制与优化 ·················· 173

6.1　奇异布尔网络的能控性 ·················· 173

6.2　奇异布尔控制网络的能观性 ·················· 182

6.3　奇异布尔控制网络的最优控制 ·················· 183

6.4　奇异布尔控制网络的干扰解耦 ·················· 191

6.5　奇异布尔控制网络的输出跟踪 ·················· 196

　　6.5.1　问题描述 ·················· 197

　　6.5.2　奇异布尔控制网络的控制不变子集 ·················· 198

　　6.5.3　奇异布尔控制网络的输出跟踪 ·················· 200

第 7 章　模糊关系方程的求解 ·················· 206

7.1　模糊关系方程 ·················· 206

7.2　逻辑关系的矩阵表示 ·················· 209

7.3　模糊关系方程解集合的结构 ·················· 211

7.4　模糊关系方程的求解 ·················· 213

7.5　数值算例 ·················· 215

第 8 章　多输入多输出模糊控制系统 ·················· 223

8.1　模糊集合的向量表示 ·················· 223

8.2　多重模糊关系 ·················· 226

　　8.2.1　多重模糊关系的矩阵表示 ·················· 226

　　8.2.2　多重模糊推理 ·················· 228

　　8.2.3　多重模糊关系的复合 ·················· 229

8.3　耦合模糊控制 ·················· 232

　　8.3.1　模糊化 ·················· 232

　　8.3.2　耦合模糊控制的设计 ·················· 234

　　8.3.3　解模糊 ·················· 236

8.4　算例分析 ·················· 240

第 9 章　基于 NFSR 的流密码 ·················· 245

9.1　流密码 ·················· 245

9.2　布尔函数 ·················· 246

9.3　布尔 (控制) 网络 ·················· 247

　　9.3.1　布尔 (控制) 网络的线性系统表示 ·················· 247

　　9.3.2　布尔控制网络的可达集 ·················· 249

　　9.3.3　布尔网络的瞬态周期 ·················· 249

9.4　非线性反馈移位寄存器的基本概念 ·················· 250

9.5　Fibonacci NFSR 的线性化 ·················· 252

9.5.1　新状态转移矩阵的具体形式 ·· 252

9.5.2　状态转移矩阵的性质 ··· 256

第 10 章　NFSR 的稳定性 ···265

10.1　Fibonacci NFSR 的稳定性 ···265

10.1.1　稳定性的基本概念和性质 ··· 265

10.1.2　反馈函数和状态图的性质 ··· 267

10.1.3　状态转移矩阵的性质 ··· 268

10.2　带输入 Galois NFSR 的驱动稳定性 ···272

10.2.1　带输入 Galois NFSR 的描述 ··· 273

10.2.2　带输入 Galois NFSR 的驱动稳定 ··· 277

第 11 章　Grain 结构 NFSR 的最小周期 ·······································287

11.1　Grain 结构的 NFSR ··287

11.1.1　带输入 NFSR 的状态转移矩阵 ··· 289

11.1.2　状态转移矩阵的性质 ··· 293

11.2　Grain 结构 NFSR 的最小周期 ···300

11.2.1　Hu-Gong 公开问题的转化 ··· 300

11.2.2　初始输入对最小周期的影响 ··· 305

11.3　例子 ··308

第 12 章　NFSR 的等价性 ··310

12.1　Fibonacci NFSR 与 Galois NFSR 的等价性 ·······························310

12.2　两个 Fibonacci NFSR 串联的等价性 ···316

12.2.1　两个 Fibonacci NFSR 的串联 ··· 316

12.2.2　串联等价性分析 ··· 317

第 13 章　随机逻辑系统的最优控制及其在内燃机残留气体控制中的应用 ··· 329

13.1　随机逻辑系统折扣准则最优控制问题 ···329

13.2　策略迭代算法 ··331

13.2.1　最优控制问题的矩阵表示 ··· 331

13.2.2　迭代算法设计 ·· 335

13.3　发动机残留气体控制 ··341

第 14 章　连续域最优控制的逻辑网络逼近及其在混合动力汽车控制中的应用 ···350

14.1　连续域上的最优控制问题 ···350

14.2　基于逻辑网络的最优解的逼近 ···352

14.2.1　最优解对初始状态值的连续依赖性 ··· 352

14.2.2　量化过程 ··· 354

　　　　14.2.3　逼近最优控制的求解 ·· 360
　　　　14.2.4　优化控制设计实例 ·· 361
　　14.3　混合动力系统能量管理问题 ·· 363
　　　　14.3.1　能量管理问题的描述 ·· 365
　　　　14.3.2　能量管理问题的求解 ·· 367
第 15 章　有界及周期元胞自动机的建模及拓扑动力学分析 ··············· 371
　　15.1　基础知识 ·· 371
　　　　15.1.1　元胞自动机的定义 ·· 371
　　　　15.1.2　可逆性 ·· 373
　　　　15.1.3　(无穷维) 矩阵的 (广义) Drazin 逆 ·························· 374
　　15.2　空间周期 p 的周期元胞自动机的 (广义) 可逆性 ·················· 376
　　　　15.2.1　建模 ·· 376
　　　　15.2.2　空间周期 p 的周期元胞自动机标准型 ····················· 379
　　　　15.2.3　可逆性 ·· 381
　　　　15.2.4　广义可逆性 ·· 385
　　15.3　周期元胞自动机的广义可逆性 ·· 387
进阶导读 ·· 390
后记 ·· 397
参考文献 ·· 402
索引 ·· 429

数 学 符 号

$\mathbb{C}$	复数集
$\mathbb{R}$	实数集
$\mathbb{Q}$	有理数集
$\mathbb{Q}_+$	正有理数集
$\mathbb{Z}$	整数集
$\mathbb{Z}_+$	非负整数集
$\mathbb{N}$	自然数 (正整数) 集
$i \in [1, n]$	$i = 1, 2, \cdots, n$
$\mathcal{M}_{m \times n}$	$m \times n$ 实矩阵集合
$\otimes$	矩阵的 Kronecker 积 (张量积)
$\circ$	矩阵的 Hadamard 积
$*$	矩阵的 Khatri-Rao 积
$:=$	定义
$\vec{X}, X \in \mathcal{D}_k$	k 值变量的向量表示
$\ltimes$	矩阵-矩阵左半张量积
$\rtimes$	矩阵-矩阵右半张量积
$\text{Col}(A)$	矩阵 A 的列向量集合
$\text{Col}_i(A)$	矩阵 A 的第 i 个列向量
$\text{Row}(A)$	矩阵 A 的行向量集合
$\text{Row}_i(A)$	矩阵 A 的第 i 个行向量
$\text{tr}(A)$	矩阵 A 的迹
$\sigma(A)$	矩阵 A 的特征值集合
$\mathbf{S}_k$	k 阶对称群
$W_{[m,n]}$	(m, n) 阶换位矩阵
δ_n^k	单位矩阵 I_n 的第 k 列
$\mathbf{1}_k$	$\underbrace{[1, 1, \cdots, 1]}_{k}^{\text{T}}$
$m \mid n$	m 为 n 的因子
$\mathcal{L}_{m \times n}$	$m \times n$ 维逻辑矩阵集合

Υ_n	n 维概率向量集合
$\Upsilon_{m \times n}$	$m \times n$ 维概率矩阵集合
$\delta_k[i_1, \cdots, i_s]$	一个逻辑矩阵, 其第 j 列为 $\delta_k^{i_j}$
$\delta_k\{i_1, \cdots, i_s\}$	$\{\delta_k^{i_1}, \cdots, \delta_k^{i_s}\} \subset \Delta_k$
$\mathcal{B}_m$	m 维布尔向量集合
$\mathcal{B}_{m \times n}$	$m \times n$ 维布尔矩阵集合
$\mathrm{span}(\cdots)$	由 $\cdots$ 张成的向量空间
$\mathcal{P}_n^k$	n 元 k 次齐次多项式集合
$C^\omega(\mathbb{R}^n)$	$\mathbb{R}^n$ 上的解析函数
$DF(x)$	多元函数 $F(x)$ 的微分
$\nabla F(x)$	多元函数 $F(x)$ 的梯度
$\mathbf{L}$	形式语言
$::=$	递推定义
$\mathrm{Fma}(\Phi)$	由 Φ 生成的公式
$\|\cdot\|$	集合的基数
M^{T}	矩阵 M 的转置
$\mathbf{0}_n$	$\underbrace{[0, 0, \cdots, 0]}_{n}{}^{\mathrm{T}}$
$\mathbf{0}_{m \times n}$	元素都为零的 $m \times n$ 维矩阵
δ_m^i	m 维单位矩阵的第 i 列
Δ_m	m 维单位矩阵的列的集合
$\overline{\Delta}_m$	$\Delta_m \cup \mathbf{0}_m$
$\mathcal{L}_{m \times n}^0$	$\{L \mid L \in \mathbb{R}^{m \times n}, \mathrm{Col}(L) \subseteq \overline{\Delta}_m\}$
$\mathrm{Blk}_i(A)$	矩阵 A 的第 i 个行等分块
$\mathrm{rank}(A)$	矩阵 A 的秩
$\mathbb{F}_2$	二元域
$\oplus$	二元域上的加法
$\odot$	二元域上的乘法
$\mathbb{F}_2^n$	二元域上的 n 维向量空间

第 1 章　连续时间控制系统的矩阵半张量积方法

连续时间的线性或非线性控制系统是最为常见的动力学系统. 20 世纪 60 年代兴起的非线性系统的几何理论, 从微分几何的观点和方法研究与处理非线性系统的分析与控制问题, 取得很大成功. 但是, 要将微分几何的方法直接应用于工程系统, 需要一种数值的计算方法. 矩阵半张量积的最初目的是要处理几何理论中遇到的非线性计算问题. 1998 年由清华大学卢强院士和本书第一作者程代展联合申请的国家自然科学基金重点项目 "非线性控制系统的代数化几何方法" 就是计划以矩阵半张量积为工具, 解决电力系统中非线性控制的计算问题.

矩阵半张量积方法在线性系统的应用是显而易见的. 要将矩阵半张量积方法用于非线性控制系统的微分几何理论研究, 关键是如何计算基本的几何量, 如微分、李导数、连络等. 本章的目的主要是介绍这些量的矩阵半张量积计算公式. 部分内容参见文献 [1] 及其相关参考文献.

1.1　多元多项式的矩阵半张量积表示

多项式的半张量积表示, 实际上与协变张量的半张量积表示本质上是一致的. 它是用半张量积的工具, 或者更一般地说, 用矩阵方法解决非线性问题的关键.

设 $x = (x_1, \cdots, x_n)$ 是 $\mathbb{R}^n$ 中的一个坐标. 当考虑非线性系统时, 为方便系统的整体描述, 多半假定系统定义在一个 n 维微分流形上, 这时, x 看成工作点附近的一个邻域坐标. 记 x 的 k 次齐次多项式全体的集合为 $\mathcal{P}_n^k$. 为方便起见, 令 $\mathcal{P}_n^0 = \mathbb{R}$, 它代表 "0" 次多项式, 即常数项全体.

将多元自变量看成一个列向量, 即

$$x = (x_1, x_2, \cdots, x_n)^{\mathrm{T}} \in \mathbb{R}^n.$$

那么, 不难看出, x^k 中的分量形成了 $\mathcal{P}_n^k$ 的一个生成基. 因此, 每一个 n 元 k 次多项式都可以用 x^k 的分量的线性组合表示, 即 $f(x) \in \mathcal{P}_n^k$ 可以表示成

$$f(x) = V_f \ltimes x^k, \quad V_f \in \mathbb{R}^{n^k}. \tag{1.1.1}$$

但是这组生成基是冗余的. 也就是说, 这组生成基里的元素并不是线性无关的. 因此 (1.1.1) 中的 V_f 不唯一. V_f 称为 f 的系数向量.

例 1.1.1　(i) 考察 $\mathcal{P}_3^2$, 则 x^2 中的元素

$$\{x_1x_1, x_1x_2, x_1x_3, x_2x_1, x_2x_2, x_2x_3, x_3x_1, x_3x_2, x_3x_3\}$$

构成 $\mathcal{P}_3^2$ 的一个生成基.

(ii) 设 $f(x) \in \mathcal{P}_2^3$ 为

$$f(x) = x_1^2 + x_1x_2 - 2x_1x_3 - 4x_2x_3 + 2x_3^2. \tag{1.1.2}$$

则 $f(x)$ 可表示成

$$f(x) = [1, 1, -2, 0, 0, -4, 0, 0, 2]x^2. \tag{1.1.3}$$

(iii) 因为 x^2 作为 $\mathcal{P}_3^2$ 基底具有冗余分量, 系数向量不是唯一的. 例如

$$f(x) = [1, 0.5, -1, 0.5, 0, -2, -1, -2, 2]x^2. \tag{1.1.4}$$

考虑多元多项式, 定义

$$\mathcal{P}_n := \bigcup_{i=0}^{\infty} \mathcal{P}_n^i. \tag{1.1.5}$$

则显然, $\mathcal{P}_n$ 表示 n 元多项式集合. 熟知, $\mathcal{P}_n$ 在普通多项式加法与乘法下构成一个带单位元的交换环.

下面给出普通多项的加法与乘法在半张量积下的表现形式.

命题 1.1.1　(i) 令 $P_1(x) = \sum\limits_{i=0}^{m} F_i x^i$, $P_2(x) = \sum\limits_{j=0}^{n} G_j x^j$, 并设 $i \geqslant j$. 那么

$$P_1(x) + P_2(x) = \sum_{k=0}^{j} (F_k + G_k)x^k + \sum_{k=j+1}^{i} F_k x^k. \tag{1.1.6}$$

(ii) 令 $P_1(x) = F_m x^m$, $P_2(x) = G_n x^n$. 那么

$$P_1(x)P_2(x) = (G_n F_m)\, x^{m+n}$$

$$= (F_m G_n)\, x^{m+n}. \tag{1.1.7}$$

证明　(1.1.6) 显见. 我们只证明 (1.1.7).

$$P_1(x)P_2(x) = (F_m x^m)\,(G_n x^n)$$

$$= (F_m x^m) \otimes (G_n x^n)$$

$$= (F_m \otimes G_n)\,(x^m \otimes x^n)$$

$$= (G_n F_m)\, x^{m+n}.$$

最后一个等式是根据以下的事实: 设 $x \in \mathbb{R}^m$ 及 $y \in \mathbb{R}^n$ 为两个行向量, 则

$$x \ltimes y = y \otimes x.$$

因为 $P_1(x)P_2(x) = P_2(x)P_1(x)$, (1.1.7) 中的另一等式同理可证. □

上面多项式的矩阵半张量积表示形式的优点在于: 利用 $\mathcal{P}_n$ 是一个具有单位元的交换环这一特点, 矩阵半张量积表示下的多元多项式运算, 可以像一元多项式一样进行. 这在应用中会更加自然和方便. 例如, 我们可以用类似于一元多项式因式分解的方法来处理多元多项式, 如下例.

例 1.1.2 设 $P(x) = Fx^p \in \mathcal{P}_n$ 及 $Q(x) = Gx^q \in \mathcal{P}_n$.

考察 $(P(x) + Q(x))(P(x) - Q(x))$:

$$(P(x) + Q(x))(P(x) - Q(x))$$
$$= P^2(x) - Q^2(x) = (F \otimes F)x^{2p} - (G \otimes G)x^{2q}.$$

考察 $(P(x) + Q(x))^3$:

$$(P(x) + Q(x))^3 = P^3(x) + 3P^2(x)Q(x) + 3P(x)Q^2(x) + Q^3(x)$$
$$= (F \otimes F \otimes F)x^{3p} + 3(F \otimes F \otimes G)x^{2p+q}$$
$$+ 3(F \otimes G \otimes G)x^{p+2q} + (G \otimes G \otimes G)x^{3q}.$$

既然 x^k 是冗余的生成基, 它使得 $f \in \mathcal{P}_n^k$ 的系数向量 V_f 的表示不唯一, 因此我们想寻找一种方法可以唯一地确定 V_f. 回顾在线性代数中 $f(x)$ 的二次型表示为

$$f(x) = x^{\mathrm{T}}Vx,$$

这里 V 不唯一. 但是如果要求 V 对称, 那么它就是唯一的. 同样, 我们可以定义 (1.1.1) 的一个对称表示.

简单回忆丛书第一卷介绍过的索引的意思: 设有一组 k 维数据, 每个数用 $(i_1, \cdots, i_k)$ 这 k 个指标来标注. 那么索引 $\mathrm{Id}(i_1, \cdots, i_k; n_1, \cdots, n_k)$ 就表示这组数据的排序是: 首先 i_k 从 1 增加到 n_k, 其次让 i_{k-1} 从 1 增加到 n_{k-1}, $\cdots$, 最后, 让 i_1 从 1 增加到 n_1.

定义 1.1.1 设 $f(x) \in \mathcal{P}_n^k$, 并且 V_f 是 (1.1.1) 中 $f(x)$ 的系数. 称 V_F 是 F 的一组对称系数, 如果多指标 $(i_1, \cdots, i_k)$ 按照索引 $\mathrm{Id}(i_1, \cdots, i_k; n_1, \cdots, n_k)$ 排列有

$$V_{i_{\sigma(1)}, \cdots, i_{\sigma(k)}} = V_{i_1, \cdots, i_k}, \quad \forall \sigma \in \mathbf{S}_k,$$

其中 $\mathbf{S}_k$ 表示 k 元置换群.

注 1.1.1　(i) 如果 (1.1.1) 中的 V_f 对称, 那么它是唯一的.

(ii) 如果 $f(x)$ 是一个二次型, 并且 V_f 是一组对称系数, 即 $x \in \mathbb{R}^n$ 且

$$f(x) = V_f x^2 = (V_{11}, V_{12}, \cdots, V_{1n}, \cdots, V_{n1}, V_{n2}, \cdots, V_{nn}) x^2,$$

其中 $V_{ij} = V_{ji}$, 那么 $V_c^{-1}(F) = V_r^{-1}(F)$ 是一个对称矩阵. 这里 V_c (V_r) 表示矩阵的列 (行) 排列形式. -1 表示列 (或行) 排列的逆变换, 即按相反方向将数组转换回矩阵形式.

因此, 对称系数组是对称矩阵的自然推广.

(iii) 实际上, 我们可以将 $f(x)$ 看作一个张量 $f \in T^k(\mathbb{R}^n)$, 即

$$f(z_1, \cdots, z_k) := F \ltimes z_1 \ltimes \cdots \ltimes z_k$$

在 $z_1 = \cdots = z_n = x$ 时的特殊情形. 因此齐次多项式具有张量结构. 用半张量积方法进行张量计算的优越性在本丛书第一卷中已有讨论.

那么对于 (1.1.1) 中给出的 $f(x)$ 的表示, 如何将它转化为对称表示呢? 一种简单的方法就是合并同类项, 但是在计算机实现时需要一个公式机械地完成. 如果有这样的一个公式, 那么就可以很方便地进行理论研究和计算机实现. 为此, 我们需要引入一些新的概念和记号.

首先, 考虑 n 元 k 次单项式, 定义

$$B_n^k := \{x_{i_1} x_{i_2} \cdots x_{i_k} \mid 1 \leqslant i_j \leqslant n, \, j \in [1, k]\},$$
$$N_n^k := \{x_{i_1} x_{i_2} \cdots x_{i_k} \mid 1 \leqslant i_1 \leqslant i_2 \leqslant \cdots \leqslant i_k \leqslant n\}.$$

称 B_n^k 为冗余基底, N_n^k 为自然基底, 它们都包含了所有的 n 元 k 次单项式. 但 B_n^k 中有相等的单项式, N_n^k 中没有相等的单项式.

B_n^k 中的元素, 如果按字典序排列, 则正好对应 x^k 的分量. N_n^k 中的元素, 如果按字典序排列, 则正好对应 x^k 中不相等的分量, 将其记为 $x_{(k)}$.

例 1.1.3　设 $n = 3$, $k = 2$.

(i) $B_3^2 = (x_1 x_1, x_1 x_2, x_1 x_3, x_2 x_1, x_2 x_2, x_2 x_3, x_3 x_1, x_3 x_2, x_3 x_3)^{\mathrm{T}} = x^2$.

(ii) $N_3^2 = (x_1 x_1, x_1 x_2, x_1 x_3, x_2 x_2, x_2 x_3, x_3 x_3)^{\mathrm{T}} = x_{(2)}$.

根据定义直接计算可得以下结论.

命题 1.1.2

$$|B_n^k| = n^k,$$
$$|N_n^k| = \frac{(n + k - 1)!}{k!(n - 1)!} \tag{1.1.8}$$

分别对应于冗余基底和自然基底, 我们定义两组指标集:

$$I_n^k := \{(i_1, i_2, \cdots, i_k) \mid 1 \leqslant i_j \leqslant n, \, j \in [1, k]\},$$

$$J_n^k := \{(i_1, i_2, \cdots, i_k) \mid 1 \leqslant i_1 \leqslant i_2 \leqslant \cdots \leqslant i_k \leqslant n\},$$

分别称其为冗余指标和自然指标. 显然, B_n^k (N_n^k) 中元素与 I_n^k (J_n^k) 中元素一一对应.

定义 1.1.2 设 $i = (i_1, i_2, \cdots, i_k) \in I_n^k$.

(i) 定义

$$x^i := x_{i_1} x_{i_2} \cdots x_{i_k}, \quad i \in I_n^k. \tag{1.1.9}$$

(ii) 定义 i 中各个分量出现的频率为 $\#(i) = (c_1, c_2, \cdots, c_n) \in \mathbb{Z}_+^n$, 称为指标的频率向量, 其中 c_j 是 j 在 i 中出现的次数.

(iii) 设 $j \in I_n^k$. 称 i 与 j 等价, 记作 $i \sim j$, 如果 $\#(i) = \#(j)$.

(iv) 定义 i 的重数

$$\alpha(i) := \frac{k!}{i_1! i_2! \cdots i_k!}. \tag{1.1.10}$$

下面用一个简单例子来说明这些概念.

例 1.1.4 设 $i = (2, 2, 4, 5) \in I_5^4$.

(i) $x^i = x_2 x_2 x_4 x_5 = x_2^2 x_4 x_5$.

(ii) $\#(i) = (0, 2, 0, 1, 1)$.

(iii) 设 $j = (4, 2, 5, 2)$, 则 $i \sim j$.

(iv) i 的重数 $\alpha(i) := \dfrac{4!}{0!2!0!1!1!} = 12$.

不难看出, 在 I_n^k 中一个指标的等价指标的个数就是它的重数. 而在 J_n^k 中每个指标都是唯一的, 不存在等价指标.

下面构造一个 $n^k \times n^k$ 矩阵 Ψ_n^k, 称为对称化矩阵.

第一步, 用 I_n^k 的元素为 Ψ_n^k 的行和列标注, 即用 (i, j) 标注 Ψ_n^k 的行和列, 这里 $i, j \in I_n^k$.

第二步, 记 Ψ_n^k 的第 (i, j) 元素为 $\psi_{i,j}$, 则

$$\psi_{i,j} = \begin{cases} \dfrac{1}{\alpha(i)}, & i \sim j, \\ 0, & \text{其他}. \end{cases}$$

下面给一个例子.

例 1.1.5 (i) 设 $n = 3$, $k = 2$, 则 Ψ_3^2 为

$$\Psi_3^2 = \begin{array}{c} \\ \end{array} \begin{array}{cccccccccc} 11 & 12 & 13 & 21 & 22 & 23 & 31 & 32 & 33 \\ \left[\begin{array}{ccccccccc} 1 & 0 & 0 & 0 & 0 & 0 & 0 & 0 & 0 \\ 0 & 1/2 & 0 & 1/2 & 0 & 0 & 0 & 0 & 0 \\ 0 & 0 & 1/2 & 0 & 0 & 0 & 1/2 & 0 & 0 \\ 0 & 1/2 & 0 & 1/2 & 0 & 0 & 0 & 0 & 0 \\ 0 & 0 & 0 & 0 & 1 & 0 & 0 & 0 & 0 \\ 0 & 0 & 0 & 0 & 0 & 1/2 & 0 & 1/2 & 0 \\ 0 & 0 & 1/2 & 0 & 0 & 0 & 1/2 & 0 & 0 \\ 0 & 0 & 0 & 0 & 0 & 1/2 & 0 & 1/2 & 0 \\ 0 & 0 & 0 & 0 & 0 & 0 & 0 & 0 & 1 \end{array}\right] & \begin{array}{c} (11) \\ (12) \\ (13) \\ (21) \\ (22) \\ (23) \\ (31) \\ (32) \\ (33) \end{array} \end{array} \cdot$$

(ii) 设 $n = 2$, $k = 3$, 则 Ψ_2^3 为

$$\Psi_2^3 = \begin{array}{cccccccc} 111 & 112 & 121 & 122 & 211 & 212 & 221 & 222 \\ \left[\begin{array}{cccccccc} 1 & 0 & 0 & 0 & 0 & 0 & 0 & 0 \\ 0 & 1/3 & 1/3 & 0 & 1/3 & 0 & 0 & 0 \\ 0 & 1/3 & 1/3 & 0 & 1/3 & 0 & 0 & 0 \\ 0 & 0 & 0 & 1/3 & 0 & 1/3 & 1/3 & 0 \\ 0 & 1/3 & 1/3 & 0 & 1/3 & 0 & 0 & 0 \\ 0 & 0 & 0 & 1/3 & 0 & 1/3 & 1/3 & 0 \\ 0 & 0 & 0 & 1/3 & 0 & 1/3 & 1/3 & 0 \\ 0 & 0 & 0 & 0 & 0 & 0 & 0 & 1 \end{array}\right] & \begin{array}{c} (111) \\ (112) \\ (121) \\ (122) \\ (211) \\ (212) \\ (221) \\ (222) \end{array} \end{array} \cdot$$

利用对称化矩阵, 可以得到多项式的对称表示.

命题 1.1.3　(i) 设 $p(x) = Fx^k \in \mathcal{P}_n^k$. 令

$$\tilde{F} = \Psi_n^k F, \tag{1.1.11}$$

则

$$p(x) = \tilde{F}x^k \tag{1.1.12}$$

是 $p(x)$ 的对称表示.

(ii) 设一个 k 次多项式

$$P(x) = P_0 + P_1 x + P_2 x^2 + \cdots + P_k x^k, \quad x \in \mathbb{R}^n,$$

则 $P(x)$ 的对称表示为

$$P(x) = P_0 + \Psi_n^1 P_1 x + \Psi_n^2 P_2 x^2 + \cdots + \Psi_n^k P_k x^k.$$

下面考虑冗余基底与自然基底之间的变换.

构造两个矩阵, 称为基底转换矩阵, 如下:

1)

$$T_B(n,k) \in \mathcal{M}_{p \times q},$$

这里

$$p = n^k, \quad q = \frac{(n+k-1)!}{(n-1)!k!}. \tag{1.1.13}$$

构造如下:

第一步, 用 I_n^k 的元素为 $T_B(n,k)$ 的列标注, 用 J_n^k 的元素为 $T_B(n,k)$ 的行标注, 即用 (i,j) 标注 $T_B(n,k)$ 的行和列, 这里 $i \in J_n^k, j \in I_n^k$.

第二步, 记 $T_B(n,k)$ 的第 (i,j) 元素为 $t_{i,j}^b$, 则

$$t_{i,j}^b = \begin{cases} \dfrac{1}{\alpha(i)}, & i \sim j, \\ 0, & \text{其他}. \end{cases}$$

2)

$$T_N(n,k) \in \mathcal{M}_{q \times p},$$

这里 p, q 见 (1.1.13). 构造如下:

第一步, 用 I_n^k 的元素为 $T_B(n,k)$ 的行标注, 用 J_n^k 的元素为 $T_B(n,k)$ 的列标注. 即用 (i,j) 标注 $T_B(n,k)$ 的行和列, 这里 $i \in I_n^k, j \in J_n^k$.

第二步, 记 $T_N(n,k)$ 的第 (i,j) 元素为 $t_{i,j}^n$, 则

$$t_{i,j}^n = \begin{cases} 1, & i \sim j, \\ 0, & \text{其他}. \end{cases}$$

于是, 由定义可得如下命题, 它表明基底变换可由基底转换矩阵实现.

命题 1.1.4 设 $x = (x_1, x_2, \cdots, x_n)^\mathrm{T} \in \mathbb{R}^n$.

(i)

$$\begin{cases} x_{(k)} = T_B(n,k)x^k, \\ x^k = T_N(n,k)x_{(k)}. \end{cases} \tag{1.1.14}$$

(ii) 设 $p(x) = Fx^k = \tilde{F}x_{(k)} \in \mathcal{P}_n^k$. 则

$$\begin{aligned} F &= \tilde{F}T_B(n,k), \\ \tilde{F} &= FT_N(n,k). \end{aligned} \tag{1.1.15}$$

下面给一个数值例子.

例 1.1.6　设 $n = 2$, $k = 3$.

(i) 构造 $T_B(n, k)$ 为

$$
T_B(2,3) = \begin{array}{c}
\begin{array}{cccccccc} (111) & (112) & (121) & (122) & (211) & (212) & (221) & (222) \end{array} \\
\left[\begin{array}{cccccccc}
1 & 0 & 0 & 0 & 0 & 0 & 0 & 0 \\
0 & 1/3 & 1/3 & 0 & 1/3 & 0 & 0 & 0 \\
0 & 0 & 0 & 1/3 & 0 & 1/3 & 1/3 & 0 \\
0 & 0 & 0 & 0 & 0 & 0 & 0 & 1
\end{array}\right]\begin{array}{c} (111) \\ (112) \\ (122) \\ (222) \end{array}
\end{array}.
$$

$$(1.1.16)$$

同理, 我们有

$$
T_N(2,3) = \begin{array}{c}
\begin{array}{cccc} (111) & (112) & (122) & (222) \end{array} \\
\left[\begin{array}{cccc}
1 & 0 & 0 & 0 \\
0 & 1 & 0 & 0 \\
0 & 1 & 0 & 0 \\
0 & 0 & 1 & 0 \\
0 & 1 & 0 & 0 \\
0 & 0 & 1 & 0 \\
0 & 0 & 1 & 0 \\
0 & 0 & 0 & 1
\end{array}\right]\begin{array}{c} (111) \\ (112) \\ (121) \\ (122) \\ (211) \\ (212) \\ (221) \\ (222) \end{array}
\end{array}.
$$

$$(1.1.17)$$

(ii) 设 $f(x) = x_1^3 + 3x_1^2 x_2 - x_1 x_2^2 + x_2^3$, 将它重写为 $f(x) = (1, 3, -1, 1)x^3$. 利用 (1.1.16), 有

$$
f(x) = (1, 3, -1, 1)T_B(n, k)x^k = \left(1, 1, 1, -\frac{1}{3}, 1, -\frac{1}{3}, -\frac{1}{3}, 1\right)x^3.
$$

(iii) 设 $f(x) = \left(1, 2, 1, 1, -1, -1, -2, -1\right)x^3$, 利用 (1.1.17), 有

$$
f(x) = (1, 2, 1, 1, -1, -1, -2, -1)T_N(n, k)x_{(k)} = (1, 2, -2, -1)x_{(3)}.
$$

于是得到 $f(x)$ 的对称表示为

$$
(1, 2, -2, -1)x_3 = (1, 2, -2, -1)T_B(2, 3)x^3
$$

$$
= \left(1, \frac{2}{3}, \frac{2}{3}, -\frac{2}{3}, \frac{2}{3}, -\frac{2}{3}, -\frac{2}{3}, -1\right)x^3.
$$

1.2 微分形式及其应用

对于一个光滑 n 元函数 $F(x): \mathbb{R}^n \to \mathbb{R}$, 我们定义它的微分为

$$DF(x) = \left(\frac{\partial F(x)}{\partial x_1}, \cdots, \frac{\partial F(x)}{\partial x_n} \right),$$

定义它的梯度为

$$\nabla F(x) = (DF(x))^{\mathrm{T}}.$$

考虑矩阵 $M(x) \in \mathcal{M}_{p \times q}$, 它的每个元素都是关于 $x \in \mathbb{R}^n$ 的光滑函数. 定义 $M(x)$ 的微分 $DM(x) \in M_{p \times nq}$ 为将 $M(x)$ 的每个元素 M_{ij} 替换为它的微分 $\left(\frac{\partial M_{ij}}{\partial x_1}, \cdots, \frac{\partial M_{ij}}{\partial x_n} \right)$, 即

$$DM(x) = \begin{bmatrix} \frac{\partial M_{11}(x)}{\partial x_1} & \cdots & \frac{\partial M_{11}(x)}{\partial x_n} & \cdots & \frac{\partial M_{1n}(x)}{\partial x_1} & \cdots & \frac{\partial M_{1n}(x)}{\partial x_n} \\ \vdots & & \vdots & & \vdots & & \vdots \\ \frac{\partial M_{n1}(x)}{\partial x_1} & \cdots & \frac{\partial M_{n1}(x)}{\partial x_n} & \cdots & \frac{\partial M_{nn}(x)}{\partial x_1} & \cdots & \frac{\partial M_{nn}(x)}{\partial x_n} \end{bmatrix}.$$

同样, 定义矩阵 $M(x)$ 的梯度 $\nabla M(x)$ 为将 $M(x)$ 的每个元素 M_{ij} 替换为它的梯度 $\left(\frac{\partial M_{ij}}{\partial x_1}, \cdots, \frac{\partial M_{ij}}{\partial x_n} \right)^{\mathrm{T}}$.

高阶的微分和梯度可以归纳地定义为

$$D^{k+1}M = D(D^k M) \in M_{p \times n^{k+1}q}, \quad k \geqslant 1. \tag{1.2.1}$$

$$\nabla^{k+1}M = \nabla(\nabla^k M) \in M_{pn^{k+1} \times q}, \quad k \geqslant 1. \tag{1.2.2}$$

下面考虑函数矩阵半张量积的微分.

先考虑两个函数的微分: 设 $f(x)$, $g(x) \in C^\omega(\mathbb{R}^n)$, 则根据微积分知识可知

$$D(f(x)g(x)) = D(f(x))g(x) + f(x)D(g(x)). \tag{1.2.3}$$

再考虑两个矩阵的乘积. 设 $A(x) \in \mathcal{M}_{m \times n}$, $B(x) \in \mathcal{M}_{n \times q}$. 为方便计, 以下假定函数矩阵的元素均为解析函数. 那么, 直接计算即可得到

$$D(A(x)B(x)) = D(A(x))B(x) + A(x)D(B(x)). \tag{1.2.4}$$

注意, 这里 $D(A(x))B(x) = D(A(x)) \ltimes B(x)$ 是半张量积, 不再是普通积.

为了计算两个函数矩阵半张量积的微分, 我们先给个引理. 它可直接计算得到, 详细证明亦可参见文献 [1].

引理 1.2.1　设 $A(x) \in \mathcal{M}_{p\times q}$, $x \in \mathbb{R}^n$. 则

$$D(A \otimes I_s) = (DA \otimes I_k)(I_q \otimes W_{[k,n]}).\tag{1.2.5}$$

利用这个引理, 不难得到两个函数矩阵半张量积的微分.

定理 1.2.1　设 $A(x) \in \mathcal{M}_{p\times q}$, $B(x) \in \mathcal{M}_{\alpha\times\beta}$, $x \in \mathbb{R}^n$. 则

$$\begin{aligned}
D(A(x)B(x)) = &\left(DA(x) \otimes I_{t/q}\right)\left(I_q \otimes W_{[t/q,n]}\right)B(x)\\
&+ A(x)\left(DB(x) \otimes I_{t/\alpha}\right)\left(I_\beta \otimes W_{[t/\alpha,n]}\right).
\end{aligned}\tag{1.2.6}$$

证明　利用引理 1.2.1 可得

$$\begin{aligned}
D(A(x)B(x)) &= D\left[\left(A(x) \otimes I_{t/q}\right)\left(B(x) \otimes I_{t/\alpha}\right)\right]\\
&= \left(DA(x) \otimes I_{t/q}\right)\left(I_q \otimes W_{[t/q,n]}\right)\left(B(x) \otimes I_{t/\alpha}\right)\\
&\quad + \left(A(x) \otimes I_{t/q}\right)\left(DB(x) \otimes I_{t/\alpha}\right)\left(I_\beta \otimes W_{[t/\alpha,n]}\right)\\
&= \left(DA(x) \otimes I_{t/q}\right)\left(I_q \otimes W_{[t/q,n]}\right)B(x)\\
&\quad + A(x)\left(DB(x) \otimes I_{t/\alpha}\right)\left(I_\beta \otimes W_{[t/\alpha,n]}\right). \qquad\square
\end{aligned}$$

类似于微分形式, 对于梯度形式我们有平行的结论如下.

引理 1.2.2　设 $A(x) \in \mathcal{M}_{p\times q}$, $x \in \mathbb{R}^n$. 则

$$\nabla(A \otimes I_s) = \left(I_p \otimes W_{[n,k]}\right)\left(\nabla A \otimes I_k\right).\tag{1.2.7}$$

利用这个引理, 即得到两个函数矩阵半张量积的梯度.

定理 1.2.2　设 $A(x) \in \mathcal{M}_{p\times q}$, $B(x) \in \mathcal{M}_{\alpha\times\beta}$, $x \in \mathbb{R}^n$. 则

$$\begin{aligned}
\nabla(A(x)B(x)) = &\left(I_p \otimes W_{[n,t/q]}\right)\left(\nabla A(x) \otimes I_{t/q}\right)B(x)\\
&+ A(x)\left(I_\alpha \otimes W_{[n,t/\alpha]}\right)\left(\nabla B(x) \otimes I_{t/\alpha}\right).
\end{aligned}\tag{1.2.8}$$

我们通过下面的例子说明上述公式的应用.

例 1.2.1　给定

$$A = \begin{bmatrix} x_1^2 & x_1x_2 & x_2^2\\ x_2^2 & x_1x_2 & x_1^2 \end{bmatrix} \in \mathcal{M}_{2\times3},\ B = \begin{bmatrix} \sin(x_1+x_2) & \cos(x_1+x_2)\\ -\cos(x_1+x_2) & \sin(x_1+x_2) \end{bmatrix} \in \mathcal{M}_{2\times2}.$$

(i) 考虑 $D(AB)$: 利用公式 (1.2.6) 可得

$$DA = \begin{bmatrix} 2x_1 & 0 & x_2 & x_1 & 0 & 2x_2 \\ 0 & 2x_2 & x_2 & x_1 & 2x_1 & 0 \end{bmatrix},$$

$$DB = \begin{bmatrix} C & C & -S & -S \\ S & S & C & C \end{bmatrix},$$

这里, $S = \sin(x_1 + x_2)$, $C = \cos(x_1 + x_2)$.

$$I_3 \otimes W_{[2,2]} = \delta_{12}[1, 3, 2, 4, 5, 7, 6, 8, 9, 11, 10, 12].$$

则

$$(DA \otimes I_2)\left(I_3 \otimes W_{[2,2]}\right) B := [a_{i,j}] \in \mathcal{M}_{4 \times 12}, \tag{1.2.9}$$

这里

$$
\begin{array}{llll}
a_{1,1} = 2x_1 S, & a_{1,2} = 0, & a_{1,3} = 0, & a_{1,4} = -2x_2 C, \\
a_{1,5} = x_2 S, & a_{1,6} = x_1 S, & a_{1,7} = 2x_1 C, & a_{1,8} = 0, \\
a_{1,9} = 0, & a_{1,10} = 2x_2 S, & a_{1,11} = x_2 C, & a_{1,12} = x_1 C, \\
a_{2,1} = -x_2 C, & a_{2,2} = -x_1 C, & a_{2,3} = 2x_1 S, & a_{2,4} = 0, \\
a_{2,5} = 0, & a_{2,6} = -2x_2 C, & a_{2,7} = x_2 S, & a_{2,8} = x_1 S, \\
a_{2,9} = 2x_1 C, & a_{2,10} = 0, & a_{2,11} = 0, & a_{2,12} = 2x_2 S, \\
a_{3,1} = 0, & a_{3,2} = 2x_2 S, & a_{3,3} = -2x_1 C, & a_{3,4} = 0, \\
a_{3,5} = x_2 S, & a_{3,6} = x_1 S, & a_{3,7} = 0, & a_{3,8} = 2x_2 C \\
a_{3,9} = 2x_1 C, & a_{3,10} = 0, & a_{3,11} = x_2 C, & a_{3,12} = x_1 C, \\
a_{4,1} = -x_2 C, & a_{4,2} = -x_1 C, & a_{4,3} = 0, & a_{4,4} = 2x_2 S, \\
a_{4,5} = -2x_1 C, & a_{4,6} = 0, & a_{4,7} = x_2 S, & a_{4,8} = x_1 S, \\
a_{4,9} = 0, & a_{4,10} = 2x_2 C, & a_{4,11} = 2x_1 S, & a_{4,12} = 0.
\end{array}
$$

$$I_2 \otimes W_{[3,2]} = \delta_{12}[1, 4, 2, 5, 3, 6, 7, 10, 8, 11, 9, 12].$$

则

$$A\left(DB \otimes I_3\right)\left(I_2 \otimes W_{[3,2]}\right) := [b_{i,j}] \in \mathcal{M}_{4 \times 12}, \tag{1.2.10}$$

这里

$$b_{1,1} = x_1^2 C, \qquad b_{1,2} = x_1^2 C, \qquad b_{1,3} = x_2^2 S, \qquad b_{1,4} = x_2^2 S,$$

$$b_{1,5} = x_1 x_2 C, \quad b_{1,6} = x_1 x_2 C, \quad b_{1,7} = -x_1^2 S, \qquad b_{1,8} = -x_1^2 S,$$

$$b_{1,9} = x_2^2 C, \qquad b_{1,10} = x_2^2 C, \qquad b_{1,11} = -x_1 x_2 S, \quad b_{1,12} = -x_1 x_2 S,$$

$$b_{2,1} = x_1 x_2 S, \quad b_{2,2} = x_1 x_2 S, \quad b_{2,3} = x_1^2 C, \qquad b_{2,4} = x_1^2 C,$$

$$b_{2,5} = x_2^2 S, \qquad b_{2,6} = x_2^2 S, \qquad b_{2,7} = x_1 x_2 C, \qquad b_{2,8} = x_1 x_2 C,$$

$$b_{2,9} = -x_1^2 S, \quad b_{2,10} = -x_1^2 S, \quad b_{2,11} = x_2^2 C, \qquad b_{2,12} = x_2^2 C,$$

$$b_{3,1} = x_2^2 C, \qquad b_{3,2} = x_2^2 C, \qquad b_{3,3} = x_1^2 S, \qquad b_{3,4} = x_1^2 S,$$

$$b_{3,5} = x_1 x_2 C, \quad b_{3,6} = x_1 x_2 C, \quad b_{3,7} = -x_2^2 S, \qquad b_{3,8} = -x_2^2 S,$$

$$b_{3,9} = x_1^2 C, \qquad b_{3,10} = x_1^2 C, \qquad b_{3,11} = -x_1 x_2 S, \quad b_{3,12} = -x_1 x_2 S,$$

$$b_{4,1} = x_1 x_2 S, \quad b_{4,2} = x_1 x_2 S, \quad b_{4,3} = x_2^2 C, \qquad b_{4,4} = x_2^2 C,$$

$$b_{4,5} = x_1^2 S, \qquad b_{4,6} = x_1^2 S, \qquad b_{4,7} = x_1 x_2 C, \qquad b_{4,8} = x_1 x_2 C,$$

$$b_{4,9} = -x_2^2 S, \quad b_{4,10} = -x_2^2 S, \quad b_{4,11} = x_1^2 C, \qquad b_{4,12} = x_1^2 C.$$

最后可得

$$D(AB) = (DA \otimes I_2)\left(I_3 \otimes W_{[2,2]}\right)$$
$$+ A\left(DB \otimes I_3\right)\left(I_2 \otimes W_{[3,2]}\right)$$
$$:= [c_{i,j}] \in \mathcal{M}_{2 \times 12}, \tag{1.2.11}$$

这里

$$c_{i,j} = a_{i,j} + b_{i,j}, \quad i \in [1,4], \; j \in [1,12].$$

(ii) 考虑 $\nabla(AB)$: 利用公式 (1.2.8) 可得

$$\nabla A = \begin{bmatrix} 2x_1 & x_2 & 0 \\ 0 & x_1 & 2x_2 \\ 0 & x_2 & 2x_1 \\ 2x_2 & x_1 & 0 \end{bmatrix}, \quad \nabla B = \begin{bmatrix} C & -S \\ C & -S \\ S & C \\ S & C \end{bmatrix},$$

$$I_2 \otimes W_{[2,2]} = \delta_8[1,3,2,4,5,7,6,8].$$

则

$$\left(I_2 \otimes W_{[2,2]}\right)\left(\nabla A \otimes I_2\right) B := [a_{i,j}] \in \mathcal{M}_{8 \times 6}, \tag{1.2.12}$$

这里

$$a_{1,1} = 2x_1S, \quad a_{1,2} = 0, \quad a_{1,3} = x_2S, \quad a_{1,4} = 2x_1C,$$
$$a_{1,5} = 0, \quad a_{1,6} = x_2C, \quad a_{2,1} = 0, \quad a_{2,2} = -2x_2C,$$
$$a_{2,3} = x_1S, \quad a_{2,4} = 0, \quad a_{2,5} = 2x_2S, \quad a_{2,6} = x_1C,$$
$$a_{3,1} = -x_2C, \quad a_{3,2} = 2x_1S, \quad a_{3,3} = 0, \quad a_{3,4} = x_2S,$$
$$a_{3,5} = 2x_1C, \quad a_{3,6} = 0, \quad a_{4,1} = -x_1C, \quad a_{4,2} = 0,$$
$$a_{4,3} = -2x_2C, \quad a_{4,4} = x_1S, \quad a_{4,5} = 0, \quad a_{4,6} = 2x_2S,$$
$$a_{5,1} = 0, \quad a_{5,2} = -2x_1C, \quad a_{5,3} = x_1S, \quad a_{5,4} = 0,$$
$$a_{5,5} = 2x_1S, \quad a_{5,6} = x_2C, \quad a_{6,1} = 2x_2S, \quad a_{6,2} = 0,$$
$$a_{6,3} = x_1S, \quad a_{6,4} = 2x_2C, \quad a_{6,5} = 0, \quad a_{6,6} = x_1C,$$
$$a_{7,1} = -x_2C, \quad a_{7,2} = 0, \quad a_{7,3} = -2x_1C, \quad a_{7,4} = x_2S,$$
$$a_{7,5} = 0, \quad a_{7,6} = 2x_1S, \quad a_{8,1} = -x_1C, \quad a_{8,2} = 2x_2S,$$
$$a_{8,3} = 0, \quad a_{8,4} = x_1S, \quad a_{8,5} = 2x_1C, \quad a_{8,6} = 0.$$

$$I_2 \otimes W_{[2,3]} = \delta_{12}[1,3,5,2,4,6,7,9,11,8,10,12].$$

则

$$A\left(I_2 \otimes W_{[2,3]}\right)\left(\nabla B \otimes I_3\right) := [b_{i,j}] \in \mathcal{M}_{8\times 6}, \qquad (1.2.13)$$

这里

$$b_{1,1} = x_1^2 C, \quad b_{1,2} = x_2^2 S, \quad b_{1,3} = x_1x_2C, \quad b_{1,4} = -x_1^2 S,$$
$$b_{1,5} = x_2^2 C, \quad b_{1,6} = -x_1x_2S, \quad b_{2,1} = x_1^2 C, \quad b_{2,2} = x_2^2 S,$$
$$b_{2,3} = x_1x_2S, \quad b_{2,4} = -x_1^2 S, \quad b_{2,5} = x_2^2 C, \quad b_{2,6} = -x_1x_2S,$$
$$b_{3,1} = x_1x_2S, \quad b_{3,2} = x_1^2 C, \quad b_{3,3} = x_2^2 S, \quad b_{3,4} = x_1x_2C,$$
$$b_{3,5} = -x_1^2 S, \quad b_{3,6} = x_2^2 C, \quad b_{4,1} = x_1x_2S, \quad b_{4,2} = x_1^2 C,$$
$$b_{4,3} = x_2^2 S, \quad b_{4,4} = x_1x_2C, \quad b_{4,5} = -x_1^2 S, \quad b_{4,6} = x_2^2 C,$$
$$b_{5,1} = x_2^2 C, \quad b_{5,2} = x_1^2 S, \quad b_{5,3} = x_1x_2C, \quad b_{5,4} = -x_2^2 S,$$
$$b_{5,5} = x_1^2 C, \quad b_{5,6} = -x_1x_2S, \quad b_{6,1} = x_2^2 C, \quad b_{6,2} = x_1^2 S,$$
$$b_{6,3} = x_1x_2C, \quad b_{6,4} = -x_2^2 S, \quad b_{6,5} = x_1^2 C, \quad b_{6,6} = -x_1x_2S,$$
$$b_{7,1} = x_1x_2S, \quad b_{7,2} = x_2^2 C, \quad b_{7,3} = x_1^2 S, \quad b_{7,4} = x_1x_2C,$$
$$b_{7,5} = -x_2^2 S, \quad b_{7,6} = x_1^2 C, \quad b_{8,1} = x_1x_2S, \quad b_{8,2} = x_2^2 C,$$
$$b_{8,3} = x_1^2 S, \quad b_{8,4} = x_1x_2C, \quad b_{8,5} = -x_2^2 S, \quad b_{8,6} = x_1^2 C.$$

最后可得

$$\nabla(AB) = \left(I_2 \otimes W_{[2,2]}\right)\left(\nabla A \otimes I_2\right) B$$
$$+ A\left(I_2 \otimes W_{[2,3]}\right)\left(\nabla B \otimes I_3\right)$$

$$:= [c_{i,j}] \in \mathcal{M}_{8 \times 6}, \tag{1.2.14}$$

这里

$$c_{i,j} = a_{i,j} + b_{i,j}, \quad i \in [1,8], \ j \in [1,6].$$

直接计算可得

$$AB = \begin{bmatrix} x_1^2 S & -x_2^2 C & x_1 x_2 S & x_1^2 C & x_2^2 S & x_1 x_2 C \\ -x_1 x_2 C & x_1^2 S & -x_2^2 C & x_1 x_2 S & x_1^2 C & x_2^2 S \\ x_2^2 S & -x_1^2 C & x_1 x_2 S & x_2^2 C & x_1^2 S & x_1 x_2 C \\ -x_1 x_2 C & x_2^2 S & -x_1^2 C & x_1 x_2 S & x_2^2 C & x_1^2 S \end{bmatrix}. \tag{1.2.15}$$

利用 (1.2.15) 可直接计算 $D(AB)$ 及 $\nabla(AB)$. 不难检验, 计算结果与前面得到的结果是一致的.

1.3　多元映射的微分表示

1.3.1　多元多项式的基本微分公式

设 $f(x) = F_0 + F_1 x + \cdots + F_k x^k \in \mathcal{P}_n$. 要计算 $f(x)$ 的微分, 只需知道 Dx^s, $s \in [1,k]$ 就可以了, 因此, 我们需要计算 Dx^s 的公式.

引理 1.3.1

$$D(x^k) = W_{[n^{k-1},n]} x^{k-1} + x W_{[n^{k-2},n]} x^{k-2} + \cdots$$
$$+ x^{k-2} W_{[n,n]} x + x^{k-1} \otimes I_n, \quad k \geqslant 2. \tag{1.3.1}$$

证明　利用数学归纳法. 显然

$$Dx = I_n.$$

利用 (1.2.6), 我们有

$$D(x^2) = Dx \ltimes (1 \otimes W_{[n,n]}) \ltimes x + x \ltimes I_n$$

$$= I_n \ltimes W_{[n,n]} \ltimes x + (x \otimes I_n) I_n = W_{[n,n]} \ltimes x + x \otimes I_n.$$

设 (1.3.1) 对 k 成立. 根据 (1.2.6) 有

$$D(x \otimes I_{n^k}) = (I_n \otimes I_{n^k})(1 \otimes W_{[n^k,n]}) = I_{n^{k+1}} W_{[n^k,n]} = W_{[n^k,n]}.$$

于是

$$D(x^{k+1}) = D[(x \otimes I_{n^k}) x^k] = D(x \otimes I_{n^k}) x^k + (x \otimes I_{n^k}) D(x^k)$$

$$= W_{[n^k,n]}x^k + (x \otimes I_{n^k})(W_{[n^{k-1},n]}x^{k-1}$$

$$+ xW_{[n^{k-2},n]}x^{k-2} + \cdots + x^{k-1} \otimes I_n)$$

$$= W_{[n^k,n]}x^k + xW_{[n^{k-1},n]}x^{k-1} + \cdots + x^k \otimes I_n. \qquad \Box$$

下面的定理给出微分计算的基本公式.

定理 1.3.1 设 $x \in \mathbb{R}^n$, 那么

$$D(x^{k+1}) = \Phi_k^n x^k, \quad k \geqslant 0, \qquad (1.3.2)$$

这里

$$\Phi_k^n = \sum_{s=0}^{k} I_{n^s} \otimes W_{[n^{k-s},n]}. \qquad (1.3.3)$$

证明 利用引理 1.3.1 以及下面的换序公式

$$x^p W_{[n^s,n]} = (I_{n^p} \otimes W_{[n^s,n]})x^p,$$

立即可推出 (1.3.2). $\qquad \Box$

注 1.3.1 由于 $I_1 = 1$ 是一个数, 而 $W[1,n] = I_n$, 于是可知

$$\Phi_0^n = I_n.$$

当不会产生混淆时, 我们把 Φ_k^n 简记为 Φ_k.

下面给出几个 Φ_k^n 的例子.

$$\Phi_1^2 = \begin{bmatrix} 2 & 0 & 0 & 0 \\ 0 & 1 & 1 & 0 \\ 0 & 1 & 1 & 0 \\ 0 & 0 & 0 & 2 \end{bmatrix} = \delta_4[1+1, 3+2, 2+3, 4+4].$$

为节省空间, 以上表达式我们用 $\delta_4[1+1, 3+2, \cdots]$ 表示 $[\delta_4^1 + \delta_4^1, \delta_4^3 + \delta_4^2, \cdots]$ 等. 以下均用这种记号.

$$\Phi_2^2 = \delta_8[1+1+1, 5+3+2, 2+2+3, 6+4+4,$$

$$3+5+5, 7+7+6, 4+6+7, 8+8+8].$$

$$\Phi_3^2 = \delta_{16}[1+1+1+1, 9+5+3+2, 2+2+2+3, 10+6+4+4,$$

$$3+3+5+5, 11+7+7+6, 4+4+4+7, 12+8+8+8,$$

$$5+9+9+9, 13+13+11+10, 6+10+10+11,$$

$$14+14+12+12, 7+11+13+13, 15+15+15+14,$$

$$8+12+14+15, 16+16+16+16].$$

$$\Phi_1^3 = \delta_9[1+1, 4+2, 7+3, 2+4, 5+5, 8+6, 3+7, 6+8, 9+9].$$

$$\Phi_2^3 = \delta_{27}[1+1+1, 10+4+2, 19+7+3, 2+2+4, 11+5+5,$$

$$20+8+6, 3+3+7, 12+6+8, 21+9+9, 4+10+10,$$

$$13+13+11, 22+16+12, 5+11+13, 14+14+14,$$

$$23+17+15, 6+12+16, 15+15+17, 24+18+18,$$

$$7+19+19, 16+22+20, 25+25+21, 8+20+22,$$

$$17+23+23, 26+26+24, 9+21+25, 18+24+26,$$

$$27+27+27].$$

1.3.2 多维映射的泰勒展开

先考虑一个多维的多元多项式的表示. 一个 n 元 k 次 m 维的多项式映射可以表示成

$$P(x) = A_0 + A_1 x + A_2 x^2 + \cdots + A_k x^k, \quad x \in \mathbb{R}^n, \ P(x) \in \mathbb{R}^m,$$

其中, $A_j \in \mathcal{M}_{m \times n^j}$, $j \in [0, k]$. 下面考虑两个 n 元多维多项式的乘积.

命题 1.3.1 设 $P(x) = A_0 + A_1 x + A_2 x^2 + \cdots + A_p x^p$ 为一 n 元 p 次 r 维的多项式映射, $Q(x) = B_0 + B_1 x + B_2 x^2 + \cdots + B_q x^q$ 为一 n 元 q 次 s 维的多项式映射. 则

$$P(x)Q(x) = \sum_{i=1}^{p+q} \sum_{j=0}^{i} (A_j \otimes B_{i-j}) x^i. \tag{1.3.4}$$

证明 设 $x \in \mathbb{R}^s$, $y \in \mathbb{R}^t$ 为两列列量, $A \in \mathcal{M}_{m \times s}$, $B \in \mathcal{M}_{n \times t}$. 那么,

$$(Ax)(By) = (Ax) \ltimes (By) = (Ax) \otimes (By)$$

$$= (A \otimes B)(x \otimes y)$$

$$= (A \otimes B)xy. \tag{1.3.5}$$

利用 (1.3.5) 以及矩阵半张量积的分配律即可得到 (1.3.4).   □

矩阵半张量积的微分形式为我们提供了表示泰勒级数的简便方法.

定理 1.3.2 (泰勒级数) 设 $F : \mathbb{R}^m \to \mathbb{R}^n$ 是一个解析映射, 那么它的泰勒级数展开为

$$F(x) = F(x_0) + \sum_{k=1}^{\infty} \frac{1}{k!} D^k F(x_0) \ltimes (x - x_0)^k. \tag{1.3.6}$$

在文献 [18] 中也有类似的表示形式. 这个公式的好处是和单变量函数的表示形式一致, 并且每一项中的乘积满足结合律.

作为应用的例, 我们考虑一个微分同胚的逆映射. 我们要找到这个逆映射的泰勒展开.

设 $F : \mathbb{R}^n \to \mathbb{R}^n$ 是一个解析映射. 不失一般性, 可令 $F(0) = 0$, 否则, F 可用 $F - F(0)$ 替换. 利用泰勒级数展开, 可以将它简单地表示成

$$y = F_1 x + F_2 x^2 + F_3 x^3 + \cdots, \tag{1.3.7}$$

其中

$$F_k = \frac{1}{k!} D^k F(x)|_{x=0}, \quad k \geqslant 1.$$

利用 (1.3.4), 我们有

$$\begin{bmatrix} y \\ y^2 \\ \vdots \\ y^k \end{bmatrix} = \begin{bmatrix} A_{11} & A_{12} & A_{13} & \cdots & A_{1k} \\ 0 & A_{22} & A_{23} & \cdots & A_{2k} \\ \vdots & \vdots & \vdots & & \vdots \\ 0 & 0 & 0 & \cdots & A_{kk} \end{bmatrix} \begin{bmatrix} x \\ x^2 \\ \vdots \\ x^k \end{bmatrix} + O(\|x\|^{k+1}), \tag{1.3.8}$$

其中 $A_{1i} = F_i$, $i = 1, 2, \cdots$; A_{ki}, $k > 1$ 可由下式计算得到

$$A_{ki} = \sum_{j_1 + j_2 + \cdots + j_k = i} (F_{j_1} \otimes F_{j_2} \otimes \cdots \otimes F_{j_k}), \quad i \geqslant k. \tag{1.3.9}$$

设 $y = F(x)$ 是一个微分同胚, 那么 $F_1 = A_{11} = J_F$ 是 F 的 Jacobi 矩阵, 并且它是可逆的. 而且由于 $A_{kk} = \underbrace{F_1 \otimes \cdots \otimes F_1}_{k}$, 所以它也可逆. 因此我们由 (1.3.8) 可以得到

$$\begin{bmatrix} x \\ x^2 \\ \vdots \\ x^k \end{bmatrix} = \begin{bmatrix} B_{11} & B_{12} & B_{13} & \cdots & B_{1k} \\ 0 & B_{22} & B_{23} & \cdots & B_{2k} \\ \vdots & \vdots & \vdots & & \vdots \\ 0 & 0 & 0 & \cdots & B_{kk} \end{bmatrix} \begin{bmatrix} y \\ y^2 \\ \vdots \\ y^k \end{bmatrix} + R_{k+1}. \tag{1.3.10}$$

记 (1.3.10) 右边的系数矩阵为 B^{kk}, 那么可以归纳地定义 B^{kk} 为

$$
\begin{cases}
B^{11} = B_{11} = F_1^{-1}, \\
B^{t+1,t+1} = \begin{bmatrix} B^{tt} & -B^{tt}A^{t,t+1}A_{t+1,t+1}^{-1} \\ 0 & A_{t+1,t+1}^{-1} \end{bmatrix}, \quad t \geqslant 1,
\end{cases}
\tag{1.3.11}
$$

其中

$$
A_{t+1,t+1}^{-1} = \underbrace{F_1^{-1} \otimes \cdots \otimes F_1^{-1}}_{t+1}, \quad A^{t,t+1} = \begin{bmatrix} A_{1,t+1} \\ \vdots \\ A_{t,t+1} \end{bmatrix}.
$$

定理 1.3.3　设 $y = F(x) : \mathbb{R}^n \to \mathbb{R}^n$, $F(0) = 0$ 是一个微分同胚, 那么它的逆映射 $x = F^{-1}y$ 的泰勒展开为

$$
x = B_{11}y + B_{12}y^2 + \cdots + B_{1k}y^k + O(\|y\|^{k+1}),
$$

其中系数 B_{1k} 如 (1.3.11) 所示.

证明　这个表达式实际上就是前面讨论的总结. 我们需要提到的就是 (1.3.10) 中的余项 R_{k+1} 的阶数. 注意到对于微分同胚 $y = F(x)$, $y(0) = 0$, 我们有 $O(\|x\|^k)$ $= O(\|y\|^k)$, 也就意味着 $R_{k+1} = O(\|y\|^{k+1})$. 　□

在实际使用时将多变量映射的泰勒展开表示在自然基底上较方便, 这样没有多余的项. 为此, 我们定义两个矩阵:

$$
\begin{cases}
T^N(n,k) = \mathrm{diag}(I_n, T_N(n,2), T_N(n,3), \cdots, T_N(n,k)), \\
T^B(n,k) = \mathrm{diag}(I_n, T_B(n,2), T_B(n,3), \cdots, T_B(n,k)).
\end{cases}
$$

由 $T_B(n,k)$ 和 $T_N(n,k)$ 的性质容易看出, 如果

$$
\begin{bmatrix} x \\ x^2 \\ \vdots \\ x^k \end{bmatrix} = B^k \begin{bmatrix} y \\ y^2 \\ \vdots \\ y^k \end{bmatrix} + R_{k+1},
$$

那么在自然基底下它变成

$$
\begin{bmatrix} x \\ x_{(2)} \\ \vdots \\ x_{(k)} \end{bmatrix} = T^B(n,k)B^k T^N(n,k) \begin{bmatrix} y \\ y_{(2)} \\ \vdots \\ y_{(k)} \end{bmatrix} + R_{k+1}.
\tag{1.3.12}
$$

下面给一个数值例子.

例 1.3.1 考虑映射 $y = F(x)$,

$$
\begin{cases}
y_1 = \sin(x_1) + x_2 - x_2^2, \\
y_2 = \log(1 + x_1 - x_2).
\end{cases}
\tag{1.3.13}
$$

通过泰勒展开, (1.3.13) 可以表示成

$$
\begin{cases}
y_1 = x_1 + x_2 - x_2^2 - \dfrac{1}{6}x_1^3 + O(\|x\|^4), \\
y_2 = x_1 - x_2 - \dfrac{1}{2}(x_1 - x_2)^2 + \dfrac{1}{3}(x_1 - x_2)^3 + O(\|x\|^4).
\end{cases}
\tag{1.3.14}
$$

直接计算可得泰勒展开系数 (表 1.3.1).

表 1.3.1　泰勒展开系数

y ＼ x	x_1	x_2	x_1^2	$x_1 x_2$	x_2^2	x_1^3	$x_1^2 x_2$	$x_1 x_2^2$	x_2^3	$\cdots$
y_1	1	1	0	0	-1	$-1/6$	0	0	0	$\cdots$
y_2	1	-1	$-1/2$	1	$-1/2$	$1/3$	-1	1	$-1/3$	$\cdots$
y_1^2	0	0	1	2	1	0	-2	0	-2	$\cdots$
$y_1 y_2$	0	0	1	0	-1	$-1/2$	$1/2$	$1/2$	$-1/2$	$\cdots$
y_2^2	0	0	1	-2	1	-1	3	-3	1	$\cdots$
y_1^3	0	0	0	0	0	1	3	3	1	$\cdots$
$y_1^2 y_2$	0	0	0	0	0	1	1	-1	-1	$\cdots$
$y_1 y_2^2$	0	0	0	0	0	1	-1	-1	1	$\cdots$
y_2^3	0	0	0	0	0	1	-3	3	1	$\cdots$
$\cdots$	$\cdots$	$\cdots$	$\cdots$	$\cdots$	$\cdots$	$\cdots$	$\cdots$	$\cdots$	$\cdots$	

那么, 利用以上公式可以得到它的逆映射泰勒展开系数 (表 1.3.2).

从表 1.3.2 矩阵的第一行, 我们可以得到 (1.3.13) 中定义的映射 $y = F(x)$ 的逆映射是

$$
x = \begin{bmatrix} x_1 \\ x_2 \end{bmatrix} = F^{-1}(y)
$$

$$
= \begin{bmatrix}
0.5y_1 + 0.5y_2 + 0.125y_1^2 + 0.25y_1 y_2 + 0.375y_2^2 \\
+0.0208y_1^3 + 0.125y_1^2 y_2 + 0.0625y_1 y_2^2 + 0.2083y_2^3 \\
0.5y_1 - 0.5y_2 + 0.125y_1^2 + 0.25y_1 y_2 - 0.125y_2^2 \\
+0.0764y_1^3 - 0.0417y_1^2 y_2 + 0.2292y_1 y_2^2 - 0.0139y_2^3
\end{bmatrix} + O(\|y\|^4).
$$

利用多项式的半张量积表示, 多元函数的展式也可以用张量积形式表示[18]. 半张量积形式表示的优势在于其结合律, 这可给计算和分析带来巨大方便 (表 1.3.1).

表 1.3.2　逆映射泰勒展开系数

x \ y	y_1	y_2	y_1^2	$y_1 y_2$	y_2^2	y_1^3	$y_1^2 y_2$	$y_1 y_2^2$	y_2^3
x_1	0.5	0.5	0.125	0.25	0.375	0.0208	0.125	0.0625	0.2083
x_2	0.5	-0.5	0.125	0.25	-0.125	0.0764	-0.0417	0.2294	-0.0139
x_1^2	0	0	0.25	0.5	0.25	0.0833	0	0.25	0.1667
$x_1 x_2$	0	0	0.25	0	-0.25	0.25	-0.5	0.5	-0.5
x_2^2	0	0	0.25	-0.5	0.25	0.0833	0	-0.25	0.1667
x_1^3	0	0	0	0	0	0.0833	0.5	0.25	0.1667
$x_1^2 x_2$	0	0	0	0	0	0.1667	0	0	-0.1667
$x_1 x_2^2$	0	0	0	0	0	0.0833	0	-0.25	0.1667
x_2^3	0	0	0	0	0	0.1667	-0.5	0.5	-0.1667
$\cdots$	$\cdots$	$\cdots$	$\cdots$	$\cdots$	$\cdots$	$\cdots$	$\cdots$	$\cdots$	$\cdots$

1.3.3　李导数

在非线性控制的几何理论中, 几种李导数是基本的运算工具[149]. 因此, 在非线性控制中使用矩阵半张量积的关键是, 应用矩阵半张量积给出各种李导数 (在局部坐标下) 的计算公式. 关于向量场、余向量等基本几何概念, 可参见卷一的附录.

定义 1.3.1　设 M, N 为两个 n 维解析流形, $F: M \to N$ 为一微分同胚.

(i) 对一个函数 $h(x) \in C^\omega(N)$, F 的导出映射 $F^*: C^\omega(N) \to C^\omega(M)$ 定义为

$$F^*(h) = h \circ F \in C^\omega(M).$$

(ii) 对一个向量场 $X \in V^\omega(M)$, F 的导出映射 $F_*: V^\omega(M) \to V^\omega(N)$ 定义为

$$F_*(X)(h) = X(h \circ F), \quad \forall h \in C^\omega(N).$$

(iii) 对一个余向量场 $\alpha \in V^{*\omega}(N)$, F 的导出映射 $F^*: V^{*\omega}(N) \to V^{*\omega}(M)$ 定义为

$$\langle F^*(\alpha), X \rangle = \langle \alpha, F_*(X) \rangle, \quad \forall X \in V^r(M).$$

如果 F 是一个局部微分同胚, 以上的各种映射均为局部定义的.

对于一个向量场 $X \in V^\omega(M)$, 它的以 $x(0) = x_0$ 为初值的积分曲线记作 $\phi_t^X(x_0)$. 为方便计, 我们假定 X 是完备的, 即它的积分曲线对所有的 $t \in \mathbb{R}$ 均有定义. 那么对每一个固定的 t, $\phi_t^X: M \to M$ 是一个微分同胚[35].

定义 1.3.2 设 $X \in V^\omega(M)$, $h \in C^\omega(M)$. 那么 h 对 X 的李导数, 记作 $L_X(h)$, 定义为

$$L_X(h) = \lim_{t \to 0} \frac{1}{t} \left[(\phi_t^X)^* f(x) - f(x) \right]. \tag{1.3.15}$$

命题 1.3.2 在局部坐标下李导数 (1.3.15) 可表示为

$$L_X(h) = \langle dh, X \rangle = \sum_{i=1}^{n} X_i \frac{\partial h}{\partial x_i}. \tag{1.3.16}$$

证明 根据定义 $(\phi_t^X)^* h(x) = h(\phi_t^X(x))$. 因此它对 t 的泰勒展式为

$$h\left(\phi_t^X(x)\right) = h(x) + tdf \cdot X(x) + O(t^2),$$

将它代入 (1.3.15) 即得 (1.3.16). $\qquad\square$

定义 1.3.3 设 $X, Y \in V(M)$. 则 Y 对 X 的李导数, 记作 $\mathrm{ad}_X(Y)$, 定义为

$$\mathrm{ad}_X(Y) = \lim_{t \to 0} \frac{1}{t} \left[(\phi_{-t}^X)_* Y(\phi_t^X(x)) - Y(x) \right]. \tag{1.3.17}$$

命题 1.3.3 在局部坐标下李导数 (1.3.17) 可表示为

$$\mathrm{ad}_X(Y) = J_Y X - J_X Y = [X, Y]. \tag{1.3.18}$$

这里 J_Y 是 Y 的 Jacobi 矩阵, 即

$$J_Y = \begin{bmatrix} \dfrac{\partial Y_1}{\partial x_1} & \cdots & \dfrac{\partial Y_1}{\partial x_n} \\ \vdots & & \vdots \\ \dfrac{\partial Y_n}{\partial x_1} & \cdots & \dfrac{\partial Y_n}{\partial x_n} \end{bmatrix}.$$

证明 根据泰勒展式, 我们有

$$\phi_t^X(x) = x + tX + O(t^2), \tag{1.3.19}$$

以及

$$Y(\phi_t^X(x)) = Y(x) + J_Y(tX) + O(t^2). \tag{1.3.20}$$

利用 (1.3.19), ϕ_{-t}^X 的 Jacobi 矩阵为

$$J_{\phi_{-t}^X} = I - tJ_X + O(t^2). \tag{1.3.21}$$

利用等式 (1.3.19)~(1.3.21) 可得

$$(\phi_{-t}^X)_* Y(\phi_t^X(x)) = (I - tJ_X + O(t^2))(Y(x) + J_Y(tX) + O(t^2))$$

$$= Y(x) + t(J_Y X - J_X Y) + O(t^2).$$

将其代入 (1.3.17) 即得 (1.3.18).　　　　　　　　　　　　　　　　□

定义 1.3.4　设 $X \in V(M)$ 及 $\alpha \in V^{*\omega}(M)$. 余向量场 α 关于 X 的李导数, 记作 $L_X(\alpha)$, 定义为

$$L_X(\alpha) = \lim_{t\to 0} \frac{1}{t}\left[(\phi_t^X)^*\alpha(e_t^X(x)) - \alpha(x)\right]. \tag{1.3.22}$$

命题 1.3.4　在局部坐标下 (1.3.19) 可表示为

$$L_X(\alpha) = (J_{\alpha^T}X)^T + \alpha J_X. \tag{1.3.23}$$

证明　类似于命题 1.3.3 的证明, 我们先利用泰勒展式得到

$$(\phi_t^X)^*\alpha(\phi_t^X(x)) = (\alpha(x) + t(J_{\alpha^T}X)^T + O(t^2))(I + tJ_x + O(t^2))$$

$$= \alpha(x) + t(J_{\alpha^T}X)^T + t\alpha(x)J_X + O(t^2),$$

这里转置来自以下的约定: 在局部坐标下余向量场总是表示成一个行向量. 将上式代入 (1.3.22) 即得等式 (1.3.23).　　　　　　　　　　　□

高阶李导数可以用以下的递推的方法来定义.

$$L_X^{k+1}h = L_X^k(L_X h), \quad k \geqslant 1. \tag{1.3.24}$$

$$\mathrm{ad}_X^{k+1} Y = \mathrm{ad}_X^k(\mathrm{ad}_X Y), \quad k \geqslant 1. \tag{1.3.25}$$

$$L_X^{k+1}\alpha = L_X^k(L_X\alpha), \quad k \geqslant 1. \tag{1.3.26}$$

下面考虑各种李导数的计算. 将函数 $h \in C^\omega(M)$、向量场 $X, Y \in V^\omega(M)$ 及余向量场 $\alpha \in V^{*\omega}(M)$ 作泰勒展开, 我们有

$$h = h_0 + h_1 x + h_2 x^2 + \cdots;$$

$$X = X_0 + X_1 x + X_2 x^2 + \cdots;$$

$$Y = Y_0 + Y_1 x + Y_2 x^2 + \cdots;$$

$$\alpha^T = \alpha_0 + \alpha_1 x + \alpha_2 x^2 + \cdots.$$

为给出相应的公式, 我们需要以下引理, 这个引理本身也很有用. 直接计算就可以证明这个引理, 我们把它留给读者.

引理 1.3.2 设 $X \in \mathbb{R}^n$ 为一列向量. 那么

$$X^{\mathrm{T}} = V_c^{\mathrm{T}}(I_n)X, \tag{1.3.27}$$

以及

$$X = X^{\mathrm{T}}V_c^{\mathrm{T}}(I_n). \tag{1.3.28}$$

现在, 我们可以来推导各种李导数的泰勒展开式了.

命题 1.3.5 (i) 设 $X \in V^{\omega}(M)$, $h \in C^{\omega}(M)$, 则

$$L_X h = \sum_{i=0}^{\infty} c_i x^i, \tag{1.3.29}$$

这里

$$c_i = \sum_{k=0}^{i} h_{k+1} \Phi_k^n (I_{n^k} \otimes X_{i-k}).$$

(ii) 设 $X, Y \in V^{\omega}(M)$, 则

$$\mathrm{ad}_X Y = [X, Y] = \sum_{i=0}^{\infty} d_i x^i, \tag{1.3.30}$$

这里

$$d_i = \sum_{k=0}^{i} \left[Y_{k+1} \Phi_k^n (I_{n^k} \otimes X_{i-k}) - X_{k+1} \Phi_k^n (I_{n^k} \otimes Y_{i-k}) \right].$$

(iii) 设 $X \in V^{\omega}(M)$, $\alpha \in C^{*\omega}(M)$, 则

$$(L_X \alpha)^{\mathrm{T}} = \sum_{i=0}^{\infty} e_i x^i, \tag{1.3.31}$$

这里

$$e_i = \sum_{k=0}^{i} \left[\alpha_{k+1} \Phi_k^n (I_{n^k} \otimes X_{i-k}) - V_c^{\mathrm{T}} \left(I_{n^k} \otimes X_{k+1} \Phi_k^n \right)^{\mathrm{T}} (I_{n^k} \otimes \alpha_{i-k}) \right].$$

证明 我们只证明 (1.3.31). 其余两式证明类似. 根据公式 (1.3.23) 可得

$$(L_X \alpha)^{\mathrm{T}} = \frac{\partial \alpha^{\mathrm{T}}}{\partial x} X + \left(\frac{\partial X}{\partial x} \right)^{\mathrm{T}} \alpha^{\mathrm{T}}. \tag{1.3.32}$$

考虑其第一项:

$$\frac{\partial \alpha^{\mathrm{T}}}{\partial x} X = \left(\sum_{i=1}^{\infty} \alpha_i \Phi_{i-1}^n x^{i-1} \right) \left(\sum_{i=0}^{\infty} X_i x^i \right)$$

$$= \sum_{k=0}^{\infty} \left[\sum_{j=0}^{k} \alpha_{j+1} \Phi_j^n (I_{n^j} \otimes X_{k-j}) \right] x^k, \qquad (1.3.33)$$

$$\left(\frac{\partial X}{\partial x} \right)^{\mathrm{T}} = \sum_{i=1}^{\infty} (x^{i-1})^{\mathrm{T}} (\Phi_{i-1}^n)^{\mathrm{T}} X_i^{\mathrm{T}}$$

$$= V_c^{\mathrm{T}} (I_{n^{i-1}}) x^{i-1} (\Phi_{i-1}^n)^{\mathrm{T}} X_i^{\mathrm{T}}$$

$$= V_c^{\mathrm{T}} (I_{n^{i-1}}) \left[I_{n^{i-1}} \otimes X_i \Phi_{i-1}^n \right]^{\mathrm{T}} x^{i-1}.$$

因此

$$\left(\frac{\partial X}{\partial x} \right)^{\mathrm{T}} \alpha^{\mathrm{T}} = \sum_{i=1}^{\infty} \sum_{k=0}^{i} \left[V_c^{\mathrm{T}} I_{n^k} \left(I_{n^k} \otimes X_{k+1} \Phi_k^n \right)^{\mathrm{T}} x^k \alpha_{i-k} x^{i-k} \right]$$

$$= \sum_{i=1}^{\infty} \left[\sum_{k=0}^{i} V_c^{\mathrm{T}} I_{n^k} \left(I_{n^k} \otimes X_{k+1} \Phi_k^n \right)^{\mathrm{T}} \left(I_{n^k} \otimes \alpha_{i-k} \right) \right] x^i. \qquad (1.3.34)$$

将 (1.3.33) 及 (1.3.34) 代入 (1.3.32) 可得 (1.3.31).　　　　　　　□

1.4　连络及其计算

连络是微分几何中的一个重要概念[35], 它在近代物理如相对论中也有广泛应用[123].

本节利用半张量积给出一些连络的基本计算公式的简单矩阵表示. 首先给出连络的定义.

定义 1.4.1[35]　设 $f, g \in V^\omega(M)$ 是 n 维解析流形 M 上的两个解析向量场. 一个 $\mathbb{R}$ 上的双线性映射 $\nabla: V^\omega(M) \times V^\omega(M) \to V^\omega(M)$ 称为一个连络, 如果它满足

(i) $\nabla_{rf} sg = rs \nabla_f g, \ r, s \in \mathbb{R}$; \hspace{2cm} (1.4.1)

(ii) $\nabla_{hf} g = h \nabla_f g, \ \nabla_f(hg) = L_f(h)g + h \nabla_f g, \ h \in C^\omega(M)$. \hspace{1cm} (1.4.2)

根据上述定义, 只要在基向量上连络定义好了, 则关于所有向量场的连络也就定义好了. 因此, 首先要定义局部坐标下连络对基向量的运算. 在局部坐标卡 x

下, 基向量上的运算由下式决定:

$$\nabla_{\frac{\partial}{\partial x_i}}\left(\frac{\partial}{\partial x_j}\right) = \sum_{k=1}^{n} \gamma_{ij}^{k} \frac{\partial}{\partial x_k},$$

其中 γ_{ij}^{k} 称为 Christoffel 记号.

将 Christoffel 记号依序排成一个矩阵

$$\Gamma = \begin{bmatrix} \gamma_{11}^{1} & \cdots & \gamma_{1n}^{1} & \cdots & \gamma_{n1}^{1} & \cdots & \gamma_{nn}^{1} \\ \vdots & & \vdots & & \vdots & & \vdots \\ \gamma_{11}^{n} & \cdots & \gamma_{1n}^{n} & \cdots & \gamma_{n1}^{n} & \cdots & \gamma_{nn}^{n} \end{bmatrix},$$

称为 Christoffel 矩阵.

下面我们给出两个向量场之间的连络的矩阵表示.

命题 1.4.1 设 $f = \sum\limits_{i=1}^{n} f_i \frac{\partial}{\partial x_i}$, $g = \sum\limits_{j=1}^{n} g_j \frac{\partial}{\partial x_j}$, 记其向量形式为 $f = [f_1, f_2, \cdots, f_n]^{\mathrm{T}}$, $g = [g_1, g_2, \cdots, g_n]^{\mathrm{T}}$, 则

$$\nabla_f g = Dg f + \Gamma f g. \tag{1.4.3}$$

证明 根据连络的定义 (1.4.1) 和 (1.4.2), 可以算出

$$\nabla_f g = \sum_{i=1}^{n} f_i \left[\sum_{j=1}^{n} L_{\frac{\partial}{\partial x_i}} g_j \frac{\partial}{\partial x_j} + \sum_{j=1}^{n}\sum_{k=1}^{n} g_j \gamma_{ij}^{k} \frac{\partial}{\partial x_k} \right]$$

$$= Dg \ltimes f + \Gamma \ltimes f \ltimes g. \tag{1.4.4}$$

因此得到 (1.4.3). □

设 $y = y(x)$ 是另一个局部坐标卡, 现在我们在新坐标卡下推导矩阵 Γ 的公式. 记 $\tilde{\Gamma}$ 和 $\tilde{\gamma}_{ij}^{k}$ 为新坐标卡下相应的 Γ 和 γ_{ij}^{k}, 于是我们有

引理 1.4.1 在新坐标卡 y 下, 有如下公式:

$$\begin{bmatrix} \tilde{\gamma}_{ij}^{1} \\ \vdots \\ \tilde{\gamma}_{ij}^{n} \end{bmatrix} = \begin{bmatrix} \frac{\partial^2 x_1}{\partial y_j \partial y_1} & \cdots & \frac{\partial^2 x_1}{\partial y_j \partial y_n} \\ \vdots & & \vdots \\ \frac{\partial^2 x_n}{\partial y_j \partial y_1} & \cdots & \frac{\partial^2 x_n}{\partial y_j \partial y_n} \end{bmatrix} \left[\frac{\partial x_1}{\partial y_i}, \cdots, \frac{\partial x_n}{\partial y_i} \right]^{\mathrm{T}}$$

$$+ \Gamma \ltimes \left[\frac{\partial x_1}{\partial y_i}, \cdots, \frac{\partial x_n}{\partial y_i} \right]^{\mathrm{T}} \ltimes \left[\frac{\partial x_1}{\partial y_j}, \cdots, \frac{\partial x_n}{\partial y_j} \right]^{\mathrm{T}}. \tag{1.4.5}$$

证明　令

$$f = \frac{\partial}{\partial y_i} = \sum_{s=1}^{n} \frac{\partial}{\partial x_s} \frac{\partial x_s}{\partial y_i},$$

$$g = \frac{\partial}{\partial y_j} = \sum_{t=1}^{n} \frac{\partial}{\partial x_t} \frac{\partial x_t}{\partial y_j}.$$

回顾 γ 的定义, 我们有

$$\sum_{k=1}^{n} \tilde{\gamma}_{ij}^{k} \frac{\partial}{\partial y_k} = \nabla_f g.$$

应用 (1.4.3) 到上式, 可知 (1.4.5) 成立.　　　　　□

定理 1.4.1　在新坐标卡 y 下, 有

$$\tilde{\Gamma} = D^2 x Dx + \Gamma \ltimes Dx(I \otimes Dx). \tag{1.4.6}$$

证明　直接计算有

$$D^2 x \ltimes Dx = \begin{bmatrix} \sum_{s=1}^{n} \frac{\partial^2 x_1}{\partial y_s \partial y_1} \frac{\partial x_s}{\partial y_1} & \cdots & \sum_{s=1}^{n} \frac{\partial^2 x_1}{\partial y_s \partial y_n} \frac{\partial x_s}{\partial y_1} \\ \vdots & & \vdots \\ \sum_{s=1}^{n} \frac{\partial^2 x_n}{\partial y_s \partial y_1} \frac{\partial x_s}{\partial y_1} & \cdots & \sum_{s=1}^{n} \frac{\partial^2 x_n}{\partial y_s \partial y_n} \frac{\partial x_s}{\partial y_1} \end{bmatrix}$$

$$\begin{matrix} \cdots & \sum_{s=1}^{n} \frac{\partial^2 x_1}{\partial y_s \partial y_1} \frac{\partial x_s}{\partial y_n} & \cdots & \sum_{s=1}^{n} \frac{\partial^2 x_1}{\partial y_s \partial y_n} \frac{\partial x_s}{\partial y_n} \\ & \vdots & & \vdots \\ \cdots & \sum_{s=1}^{n} \frac{\partial^2 x_n}{\partial y_s \partial y_1} \frac{\partial x_s}{\partial y_n} & \cdots & \sum_{s=1}^{n} \frac{\partial^2 x_n}{\partial y_s \partial y_n} \frac{\partial x_s}{\partial y_n} \end{matrix}.$$

如果我们将它的列由 (ij) 按照索引 $\text{Id}(i,j;n^2)$ 排列, 那么它的第 (ij) 列就是 (1.4.5) 右边的第一项.

记 J_i 为 Dx 的第 i 列, 则

$$\Gamma \ltimes Dx = (\Gamma \ltimes J_1, \Gamma \ltimes J_2, \cdots, \Gamma \ltimes J_n).$$

我们也有 $I \otimes Dx = \text{diag}(J, \cdots, J)$, 这里 $J = (J_1, \cdots, J_n)$, 因此

$$\Gamma \ltimes Dx \ltimes (I \otimes Dx)$$
$$= (\Gamma \ltimes J_1 \ltimes J_1, \cdots, \Gamma \ltimes J_1 \ltimes J_n, \cdots, \Gamma \ltimes J_n \ltimes J_1, \cdots, \Gamma \ltimes J_n \ltimes J_n).$$

容易看出上式中的第 (i, j) 列是 (1.4.5) 右边的第二项. □

注 1.4.1 如果我们用右半张量积, (1.4.6) 也可以写成

$$\tilde{\Gamma} = D^2 x \ltimes Dx + (\Gamma \ltimes Dx) \rtimes Dx. \tag{1.4.7}$$

由于左半张量积和右半张量积之间不满足结合律, 需要注意运算的次序. 为了避免可能的混淆, 我们尽量不用右半张量积.

设 M 是一个黎曼流形, 它的黎曼度量由对称矩阵 $G = (g_{ij})_{n \times n}$ 决定. 黎曼几何的基本定理说, M 上存在唯一确定的黎曼连络[18]. 而且, 这个连络的 Christoffel 记号由 G 依下式计算:

$$\gamma_{ij}^k = \frac{1}{2} \sum_{s=1}^n g^{ks} \left(\frac{\partial g_{si}}{\partial x_j} - \frac{\partial g_{ij}}{\partial x_s} + \frac{\partial g_{js}}{\partial x_i} \right), \tag{1.4.8}$$

其中 g^{ij} 表示 G^{-1} 的第 (i, j) 元素.

众所周知[35], 在唯一确定了连络的黎曼流形中有

$$[f, g] = \nabla_f g - \nabla_g f. \tag{1.4.9}$$

称 Christoffel 矩阵是对称的, 如果

$$\gamma_{ij}^k = \gamma_{ji}^k, \quad \forall i, j, k. \tag{1.4.10}$$

于是我们有

定理 1.4.2 如果流形 N 具有对称 Christoffel 矩阵的连络, 则 (1.4.9) 成立.

证明 容易看出, 如果 Christoffel 矩阵 Γ 对称, 则 $\Gamma W_{[n]} = \Gamma$, 也就意味着

$$\Gamma fg = \Gamma gf, \quad \forall f, g \in V(N).$$

利用 (1.4.3) 有

$$\nabla_f g - \nabla_g f = Dgf - Dfg = [f, g]. \quad \square$$

由 (1.4.8) 可以看出对于黎曼流形, Christoffel 矩阵对称. 因此 (1.4.9) 成立, 这说明定理 1.4.2 给出了一个更加一般的结果.

在利用计算机进行计算或进行公式推导时, 矩阵形式常常是有效且方便的. 直接验证可以看出 (1.4.8) 的矩阵形式是

$$\Gamma = \frac{1}{2} G^{-1} \left(DG + DGW_{[n,n]} - (DV_r(G))^{\mathrm{T}} \right). \tag{1.4.11}$$

一个相关话题就是测地线. 我们可以将测地线方程[18] 表示成矩阵形式. 曲线 $r(t)$ 是 M 上的测地线, 当且仅当

$$\ddot{r}_t = \Gamma \ltimes \dot{r}_t^2. \tag{1.4.12}$$

如果 $r(t)$ 在局部坐标下表示成 $r(t) = [x_1(t), \cdots, x_n(t)]^{\mathrm{T}}$, 那么 (1.4.12) 按照分量形式可以写成

$$\begin{bmatrix} \ddot{x}_1 \\ \vdots \\ \ddot{x}_n \end{bmatrix} = \Gamma \begin{bmatrix} \dot{x}_1 \\ \vdots \\ \dot{x}_n \end{bmatrix}^2.$$

最后, 我们考虑曲率算子和黎曼曲率张量.

定义 1.4.2[35]　(i) 曲率算子 $R(X, Y)$ 是由向量场 X 和 Y 决定的算子, 并且对每个向量场 Z 指定一个新的 C^∞ 向量场 $R(X, Y) \cdot Z$ 为

$$R(X, Y) \cdot Z = \nabla_X(\nabla_Y Z) - \nabla_Y(\nabla_X Z) - \nabla_{[X,Y]} Z. \tag{1.4.13}$$

(ii) 黎曼曲率张量是一个 4 阶的 C^∞ 协变张量, 定义为

$$\mathcal{R}(X, Y, Z, W) = (R(X, Y) \cdot Z, W). \tag{1.4.14}$$

现在让我们计算曲率算子的结构矩阵.

给定局部坐标卡 $x = [x_1, \cdots, x_n]$ 和 $E_i := \dfrac{\partial}{\partial x_i}$. 分别记三个向量场 $X = [\alpha_1, \cdots, \alpha_n]$, $Y = [\beta_1, \cdots, \beta_n]$, $Z = [\gamma_1, \cdots, \gamma_n]$, 则[35]

$$R(X, Y) \cdot Z = \sum_{i=1}^n \sum_{j=1}^n \sum_{k=1}^n \alpha_i \beta_j \gamma_k R(E_i, E_j) \cdot E_k. \tag{1.4.15}$$

由

$$\begin{aligned} \nabla_{E_i}(\nabla_{E_j} E_k) &= \nabla_{E_i} \left(\sum_{t=1}^n \gamma_{jk}^t E_t \right) \\ &= \sum_{t=1}^n L_{E_i}(\gamma_{jk}^t) E_t + \sum_{t=1}^n \gamma_{jk}^t \sum_{\ell=1}^n \gamma_{it}^\ell E_\ell \\ &= \sum_{t=1}^n \left(L_{E_i}(\gamma_{jk}^t) + \sum_{\ell=1}^n \gamma_{i\ell}^t \gamma_{jk}^\ell \right) E_t, \end{aligned} \tag{1.4.16}$$

同理

$$\nabla_{E_j}(\nabla_{E_i}E_k) = \sum_{t=1}^{n} \left(L_{E_j}(\gamma_{ik}^t) + \sum_{\ell=1}^{n} \gamma_{j\ell}^t \gamma_{ik}^\ell \right) E_t. \qquad (1.4.17)$$

将它们应用到 (1.4.13) 和 (1.4.15), 我们可以按如下方式构造结构矩阵: 定义

$$m_{ijk}^t := \left(L_{E_i}(\gamma_{jk}^t) + \sum_{\ell=1}^{n} \gamma_{i\ell}^t \gamma_{jk}^\ell \right) - \left(L_{E_j}(\gamma_{ik}^t) + \sum_{\ell=1}^{n} \gamma_{j\ell}^t \gamma_{ik}^\ell \right),$$

则曲率算子 R 的结构矩阵是

$$M_R = \left(m_{ijk}^t \right), \qquad (1.4.18)$$

其中元素按照 t 行形式排列. 因此

$$R(X,Y) \cdot Z = M_R XYZ. \qquad (1.4.19)$$

注意前面的推导是形式的, 要使 (1.4.19) 成立, 必须有 R 对 X, Y, Z 关于函数也是 3 线性的, 即对任何光滑函数 f 有 $R(fX,Y,Z) = fR(X,Y,Z)$ 等, 参见文献 [35].

下面考虑黎曼曲率张量. 首先注意到, 对于一个双线性型 $p^{\mathrm{T}}Gq$, 我们有

$$p^{\mathrm{T}}Gq = \sum_{i,j} g_{ij}p_iq_j = V_r^{\mathrm{T}}(G)pq = V_c^{\mathrm{T}}(G)qp.$$

对于黎曼曲率张量, 注意到

$$\mathcal{R}(X,Y,Z,W) = W^{\mathrm{T}}GR(X,Y) \cdot Z,$$

并利用上述双线性表达式, 有

$$\mathcal{R}(X,Y,Z,W) = V_c^{\mathrm{T}}(G)M_{\mathcal{R}}XYZW. \qquad (1.4.20)$$

1.5 Morgan 问题

作为矩阵半张量积对控制问题的应用的一个例子, 本节讨论线性系统的输入输出解耦问题, 即 Morgan 问题. Morgan 问题不仅是控制理论中最著名的至今尚未完全解决的挑战性问题之一, 也是矩阵半张量积理论首次正式发表时讨论的一个问题[46].

1.5.1　输入输出解耦

考虑线性系统

$$\begin{cases} \dot{x} = Ax + \sum_{i=1}^{m} b_i u_i := Ax + Bu, & x \in \mathbb{R}^n,\ u \in \mathbb{R}^m, \\ y = Cx, & y \in \mathbb{R}^p, \end{cases} \tag{1.5.1}$$

其中 $m \geqslant p$. 同时我们假设 $\operatorname{rank}(B) = m, \operatorname{rank}(C) = p$. 控制理论中的一个重要问题是输入输出解耦问题, 即每个输出仅由一个输入所完全控制, 且不同的输出由不同的输入所控制. 问题可以确切叙述如下:

定义 1.5.1　考虑系统 (1.5.1). 输入输出解耦问题 (即 Morgan 问题) 可解, 如果存在反馈

$$u = kx + Hv, \quad v \in \mathbb{R}^p, \tag{1.5.2}$$

使得闭环系统的每一个输出 y_j 完全由 v_j 所控制, 并且, 它不受 $v_i,\ i \neq j$ 所影响.

实际上, 上面的定义等价于闭环系统的传递矩阵是对角阵且非奇异.

为了讨论的方便, 先给出下面的一些定义: 对于每个输出 $y_j = c_j x$, 定义相对阶 ρ_j 为

$$\rho_j = \min\{i \mid c_j A^{i-1} B \neq 0\}, \quad j = 1, \cdots, p. \tag{1.5.3}$$

利用相对阶向量 $[\rho_1, \cdots, \rho_p]$, 定义 $p \times m$ 解耦矩阵为

$$D = \begin{bmatrix} c_1 A^{\rho_1 - 1} B \\ c_2 A^{\rho_2 - 1} B \\ \vdots \\ c_p A^{\rho_p - 1} B \end{bmatrix}. \tag{1.5.4}$$

对于 $m = p$ 的情况, 我们有下面的经典结果.

定理 1.5.1[95]　当 $m = p$ 时, Morgan 问题可解, 当且仅当解耦矩阵 D 非奇异.

相应于线性系统, 我们来看看非线性系统的 Morgan 问题. 考虑仿射非线性系统

$$\begin{cases} \dot{x} = f(x) + \sum_{i=1}^{m} g_i(x) u_i := f(x) + G(x)u, & x \in \mathbb{R}^n,\ u \in \mathbb{R}^m, \\ y_j = h_j(x), & j = 1, \cdots, p, \end{cases} \tag{1.5.5}$$

这里, $f(x)$, $g_i(x)$, $i = 1, \cdots, m$ 是光滑向量场, $h_j(x)$, $j = 1, \cdots, p$ 是光滑函数. 对于系统 (1.5.5), 定义相对阶向量 $\rho = [\rho_1, \cdots, \rho_p]^{\mathrm{T}}$ 为

$$L_{g_i} L_f^k h_j(x) = 0, \quad x \in U,$$
$$i = 1, \cdots, m; \ k = 0, 1, \cdots, \rho_j - 2.$$
$$L_{g_i} L_f^{\rho_j - 1} h_j(x_0) \neq 0, \quad \exists i \in \{1, 2, \cdots, m\},$$

其中 U 是 x_0 的一个邻域, x_0 是我们要考虑的点. 为了简单起见, 可令 $x_0 = 0$. 假设相对阶向量有定义, 且定义解耦矩阵为

$$D(x) = \begin{bmatrix} L_{g_1} L_f^{\rho_1 - 1} h_1(x) & \cdots & L_{g_m} L_f^{\rho_1 - 1} h_1(x) \\ L_{g_1} L_f^{\rho_2 - 1} h_2(x) & \cdots & L_{g_m} L_f^{\rho_2 - 1} h_2(x) \\ \vdots & & \vdots \\ L_{g_1} L_f^{\rho_p - 1} h_p(x) & \cdots & L_{g_m} L_f^{\rho_p - 1} h_p(x) \end{bmatrix}. \tag{1.5.6}$$

相应于线性情形, 我们有下面的结论.

定理 1.5.2[113]   当 $m = p$ 时, 非线性系统 (1.5.5) 的 Morgan 问题在 x_0 处局部可解, 当且仅当解耦矩阵 $D(x_0)$ 非奇异.

1.5.2 Morgan 问题的等价形式

下面仅考虑线性系统. 由前面的讨论可知, 真正需要研究的问题是 $m > p$ 的情形. 由定理 1.5.1 显然有下面的引理.

引理 1.5.1   Morgan 问题可解, 当且仅当存在 $K \in M_{m \times n}$, $H \in M_{m \times p}$, $1 \leqslant \rho_i \leqslant n$, $i = 1, \cdots, p$ 使得

$$c_i(A + BK)^{t_i} BH = 0, \quad t_i = 0, \cdots, \rho_i - 2; \quad i = 1, \cdots, p, \tag{1.5.7}$$

且

$$D = \begin{bmatrix} c_1(A + BK)^{\rho_1 - 1} BH \\ \vdots \\ c_p(A + BK)^{\rho_p - 1} BH \end{bmatrix} \tag{1.5.8}$$

是非奇异的.

这里有两个可选择的反馈矩阵 K 和 H, 本节的目标是给出一个等价条件, 它将未知矩阵个数减为一个.

首先, 注意到 $\rho_i = 1$ 时 (1.5.7) 不存在, 记

$$\Lambda = \{i \,|\, \rho_i = 2\}, \quad C_\Lambda = \mathrm{Col}\{c_i \,|\, i \in \Lambda\}.$$

于是, 根据相对阶的定义, 当 $1 \leqslant \rho_i \leqslant 2$, $i = 1, \cdots, p$ 时, (1.5.7) 变为

$$H \subset (C_\Lambda B)^\perp.$$

记

$$\Lambda^c = \{1, \cdots, p\} \backslash \Lambda.$$

则 $i \in \Lambda^c$ 意味着 $\rho_i = 1$.

因此我们有

推论 1.5.1　对于 $1 \leqslant \rho_i \leqslant 2$, $i = 1, \cdots, p$, Morgan 问题可解, 当且仅当存在 $K \in M_{m \times n}$, 使得

$$D = \begin{bmatrix} C_{\Lambda^c} B \\ C_\Lambda (A + BK) B \end{bmatrix} (C_\Lambda B)^\perp \tag{1.5.9}$$

行满秩.

对于一般情况, 消去 H 不那么容易, 需要更仔细的工作.

定义

$$W(K) := \begin{bmatrix} c_1 B \\ c_1(A + BK)B \\ \vdots \\ c_1(A+BK)^{\rho_1-2}B \\ \vdots \\ c_p(A+BK)^{\rho_p-2}B \end{bmatrix}, \quad T(K) := \begin{bmatrix} c_1(A+BK)^{\rho_1-1}B \\ \vdots \\ c_p(A+BK)^{\rho_p-1}B \end{bmatrix}.$$

则 (1.5.7) 变为

$$W(K)H = 0, \tag{1.5.10}$$

(1.5.8) 变为

$$D = T(K)H. \tag{1.5.11}$$

由于 $1 \leqslant \rho_i \leqslant n$, $i = 1, \cdots, p$, 对于固定的 ρ_i, $i = 1, \cdots, p$, 我们可以考虑 Morgan 问题的可解性, 因为只需要验证有限 (n^p) 种情形. 在本章的剩余部分, 如非特别说明, 我们都是在一组固定的 ρ_i 下考虑 Morgan 问题的可解性.

引理 1.5.2　Morgan 问题可解, 当且仅当存在 $K \in M_{m \times n}$ 使得

(1)

$$\text{im}(T^{\mathrm{T}}(K)) \cap \text{im}(W^{\mathrm{T}}(K)) = \{0\}; \tag{1.5.12}$$

(2) $T(K)$ 行满秩.

证明 我们可以证明下列命题是等价的:

(i) 存在 H, 使得 $T(K)H$ 非奇异, 且 $W(K)H = 0$;

(ii) $T(K)((W(K)^{\mathrm{T}})^{\perp}) = \mathbb{R}^p$;

(iii) $[(T^{\mathrm{T}}(K))^{-1}(W(K)^{\mathrm{T}})]^{\perp} = \mathbb{R}^p$;

(iv) $(T^{\mathrm{T}}(K))^{-1}(W(K)^{\mathrm{T}}) = 0$;

(v) 引理 1.5.2 中条件 (1) 和 (2),

其中 $T(K)$ 和 $(T^{\mathrm{T}}(K))^{-1}$ 都看作函数映射[352].

(i)$\Rightarrow$(ii): 如果 $\dim(T(k)(W(K)^{\mathrm{T}})^{\perp}) < p$, 由于 $\mathrm{im}(H) \subset (W(K)^{\mathrm{T}})^{\perp}$, 那么 $\mathrm{rank}(T(K)H) < p$, 这就产生了矛盾.

(ii)$\Rightarrow$(i): 选择 p 个向量 $h_i \in (W(K)^{\mathrm{T}})^{\perp}$, 使得 $T(K)\,\mathrm{im}(h_1, \cdots, h_p) = \mathbb{R}^p$. 于是令 $H = [h_1, \cdots, h_p]$.

(ii)$\Leftrightarrow$(iii): 参见文献 [352] 第 23 页.

(iii)$\Leftrightarrow$(iv) 是显然的.

(iv)$\Leftrightarrow$(v): 容易验证 (iv) 和 (v) 都等价于如下命题: 如果 $Y \in \mathbb{R}^p$ 且 $T^{\mathrm{T}}(K)Y \in \mathrm{im}((W(K))^{\mathrm{T}})$, 则 $Y = 0$. $\square$

由上面的引理立即可以得到下面的定理.

定理 1.5.3 (对于固定的 ρ_i) Morgan 问题可解当且仅当存在 $K_0 \in M_{m\times n}$, 使得

$$\mathrm{rank}\left(\begin{bmatrix} T(K_0) \\ W(K_0) \end{bmatrix}\right) = p + \mathrm{rank}(W(K_0)). \tag{1.5.13}$$

考虑 $\rho_i \leqslant 2, \forall i$ 的情况, 如果下述假设成立:

A1. $C_\Lambda B = 0$,

则无须考虑 $W(K_0)$, 于是有

推论 1.5.2 设 $1 \leqslant \rho_i \leqslant 2$, $i = 1, \cdots, p$, 并且 A1 成立, 且存在 $K_0 \in M_{m\times n}$ 使得 $T(K_0)$ 行满秩, 则 Morgan 问题可解.

定义 1.5.2 设 $A(K)$ 是一个矩阵, 且它的元素 $a_{ij}(K)$ 都是 K 的多项式, 其中 $K \in M_{m\times n}$. 定义 $A(K)$ 的本性秩 $\mathrm{rank}_e(A(K))$ 为

$$\mathrm{rank}_e(A(K)) = \max_{K \in M_{m\times n}} \mathrm{rank}(A(K)).$$

现在 (在固定的 ρ_i 下) 记

$$\mathrm{rank}_e(T(K)) = t, \quad \mathrm{rank}_e(W(K)) = s, \quad \mathrm{rank}_e\left(\begin{bmatrix} T(K) \\ W(K) \end{bmatrix}\right) = q.$$

由于本性秩是很容易计算的, 下面的推论在一些情形下是很方便的.

推论 1.5.3　Morgan 问题可解, 如果 $q = p + s$.

由于 $T(K)$ 及 $W(K)$ 均为 K 的多项式矩阵, 本性秩在除 K 的一个零测集外的其余 K 处均能达到, 因此可以通过程序机械地计算本性秩, 这样很容易验证推论 1.5.3.

1.5.3　可解性的代数表达

首先, 我们需要计算 $T(K)$ 和 $W(K)$. 记 $Z = V_r(K) \in \mathbb{R}^{mn}$, 我们先将 $T(K)$ 和 $W(K)$ 表示成 Z 的多项式形式. 两个矩阵的乘积可以用半张量积表示.

引理 1.5.3　给定矩阵 $A \in M_{n \times m}$.

(i) 如果 $x \in \mathbb{R}^n$ 是一个行向量, 则

$$xA = V_r^{\mathrm{T}}(A) \ltimes x^{\mathrm{T}}. \tag{1.5.14}$$

(ii) 如果 $Y \in M_{p \times n}$, 则

$$YA = (I_p \otimes V_r^{\mathrm{T}}(A)) \ltimes V_r(Y). \tag{1.5.15}$$

证明　直接计算可以得到

$$xA = V_r^{\mathrm{T}}(A) \ltimes x^{\mathrm{T}} = \left[\sum_{i=1}^n a_{i1}x_i, \cdots, \sum_{i=1}^n a_{im}x_i \right].$$

利用 (1.5.14) 有

$$YA := \begin{bmatrix} Y^1 \\ \vdots \\ Y^p \end{bmatrix} A = \begin{bmatrix} V_r^{\mathrm{T}}(A)(Y^1)^{\mathrm{T}} \\ \vdots \\ V_r^{\mathrm{T}}(A)(Y^p)^{\mathrm{T}} \end{bmatrix} = (I_p \otimes V_r^{\mathrm{T}}(A))V_r(Y). \qquad \square$$

按如下方式展开 $(A + BK)^t$:

$$(A + BK)^t = \sum_{i=0}^{2^t - 1} P_i(A, BK),$$

其中 $P_i(A, BK)$ 是 t 个元素的乘积, 且这些元素都是 A 或 BK. 它可以按如下方式构造: 将 i 转换为长度为 t 的二进制数, 并用 "A" 替换 "0", "BK" 替换 "1", 再合并 "K" 的指数相同的项, 这样我们就可以得到下面的表达式:

$$c_k(A + BK)^t B = \sum_{i=0}^t \sum_{j=1}^{T_i} S_0^{ij} K S_1^{ij} K \cdots S_{t-1}^{ij} K S_t^{ij}, \quad k = 1, \cdots, p, \tag{1.5.16}$$

其中 $T_i = \binom{t}{i} = \dfrac{t!}{i!(t-i)!}$. 利用引理 1.5.3 和 (1.5.14), 则 (1.5.16) 可以表示成

$$c_k(A+BK)^t B$$

$$= \sum_{i=0}^{t} \sum_{j=1}^{T_i} S_0^{ij} \ltimes (I_m \otimes V_r^{\mathrm{T}}(S_1^{ij})) \ltimes Z \ltimes \cdots \ltimes (V_r^{\mathrm{T}}(I_m \otimes S_t^{ij})) \ltimes Z$$

$$= \sum_{i=0}^{t} \sum_{j=1}^{T_i} S_0^{ij} \ltimes (I_m \otimes V_r^{\mathrm{T}}(S_1^{ij})) \ltimes (I_{m^2 n} \otimes V_r^{\mathrm{T}}(S_2^{ij}))$$

$$\ltimes \cdots \ltimes (I_{m^t n^{t-1}} \otimes V_r^{\mathrm{T}}(S_t^{ij})) \ltimes Z^t, \quad k = 1, \cdots, p. \tag{1.5.17}$$

利用 (1.5.17), 我们可以将 $W(K)$ 和 $T(K)$ 表示成标准的多项式, 形式如下:

$$W(K) = W_0 + W_1 \ltimes Z + \cdots + W_{l-1} \ltimes Z^{l-1} \in M_{d \times m}, \quad d = \sum_{i=1}^{p} \rho_i - p;$$

$$T(K) = T_0 + T_1 \ltimes Z + \cdots + T_l \ltimes Z^l \in M_{p \times m}, \tag{1.5.18}$$

其中 $l = \max\{\rho_i - 1 \mid i = 1, \cdots, p\}$.

设 W^s 是由 $W(K)$ 的 s 行组成的集合, 则 W^s 的大小是

$$|W^s| = \frac{d!}{s!(d-s)!}.$$

现在 Morgan 问题可以表述成如下形式.

命题 1.5.1 Morgan 问题可解, 当且仅当存在 $1 \leqslant s \leqslant m - p + 1$ 使得

$$R(Z) := \sum_{L \in W^s} \det(L(Z)L^{\mathrm{T}}(Z)) = 0 \tag{1.5.19}$$

和

$$J(Z) := \sum_{L \in W^{s-1}} \det\left(\begin{bmatrix} T(Z) \\ L(Z) \end{bmatrix} \begin{bmatrix} T^{\mathrm{T}}(Z), & L^{\mathrm{T}}(Z) \end{bmatrix} \right) > 0 \tag{1.5.20}$$

有解 Z.

证明 如果方程组 (1.5.19)~(1.5.20) 有解 $Z = V_r(K)$, 则由 (1.5.19) 可得 $\mathrm{rank}(W(K)) < s$, 且由 (1.5.20) 可得

$$\mathrm{rank}\begin{pmatrix} T(K) \\ W(K) \end{pmatrix} = p + s - 1.$$

于是根据定理 1.5.3, 结论成立.　　　　　　　　　　　　　　　　　　　□

现在 Morgan 问题变为一个数值解问题: 对于固定的 $1 \leqslant \rho_i \leqslant n$, $i = 1, \cdots, p$ 和 $1 \leqslant s \leqslant m - p + 1$, 解方程组 (1.5.19) 和 (1.5.20). 由于只有有限种情形, 因此只要这个问题在任何一种情形下可解, 则 Morgan 问题可解. 有许多方法可以用来解这个数值问题.

例如, 我们可以将这个数值问题转化为 "吴问题"[16]: 多项式 $R(Z) = 0$ 是否意味着 $J(Z) = 0$? 如果对所有情形都回答 "是", 则意味着 Morgan 问题不可解, 否则只要对其中一种情形回答 "否", 则意味着 Morgan 问题可解. 因此, 吴方法可以用来解决这个问题.

我们还可以将这个问题表述成一个优化问题:

$$\max_{R(Z)=0} J(Z).$$

如果最大值是零, 则 Morgan 问题不可解, 否则可解.

注意到如果方阵 $A(Z)$ 的每个元素都可以表示成形如 $a_0 + a_1 \ltimes Z + \cdots + a_L \ltimes Z^L$ 的多项式, 可以直接计算多项式形式的 $\det(A(Z))$. 因此, 为了得到 (1.5.19) 和 (1.5.20), 我们只需要计算下面的乘积. 设

$$A = A_0 + A_1 \ltimes Z + \cdots + A_s \ltimes Z^s \in M_{m \times n},$$
$$B = B_0 + B_1 \ltimes Z + \cdots + B_t \ltimes Z^t \in M_{p \times n}.$$

于是

$$AB^{\mathrm{T}} = \sum_{i=0}^{s} \sum_{j=0}^{t} A_i \ltimes Z^i \ltimes (Z^{\mathrm{T}})^j \ltimes B_j^{\mathrm{T}}.$$

利用 (1.5.14), 有

$$(Z^{\mathrm{T}})^j = (Z^{\mathrm{T}})^j I_{n^j} = V_r^{\mathrm{T}}(I_{n^j}) \ltimes Z^j,$$
$$Z^i \ltimes V_r^{\mathrm{T}}(I_{n^j}) = (I_{n^i} \ltimes V_r^{\mathrm{T}}(I_{n^j})) \ltimes Z^i,$$
$$Z^{i+j} \ltimes B_j^{\mathrm{T}} = (I_{n^{i+j}} \ltimes B_j^{\mathrm{T}}) \ltimes Z^{i+j}.$$

利用它们可得

$$AB^{\mathrm{T}} = \sum_{i=0}^{s} \sum_{j=0}^{t} A_i \ltimes \left(I_{n^i} \ltimes V_r^{\mathrm{T}}(I_{n^j}) \right) \ltimes \left(I_{n^{i+j}} \ltimes B_j^{\mathrm{T}} \right) \ltimes Z^{i+j}. \tag{1.5.21}$$

显然当 $1 \leqslant \rho_i \leqslant 2$, $i = 1, \cdots, p$ 时, 根据上面的推导, 我们有下面的推论.

推论 1.5.4 对于 $1 \leqslant \rho_i \leqslant 2$, $i = 1, \cdots, p$, 并设 A1 成立, 则 Morgan 问题可解, 当且仅当

$$J(Z) := \det \left(T(Z) T^{\mathrm{T}}(Z) \right) > 0 \tag{1.5.22}$$

有解 Z.

此时 Morgan 问题可以转化为无约束优化问题:

$$\max J(Z).$$

如果最大值是零, 则 Morgan 问题不可解, 否则可解.

综上所述, 我们给出解决 Morgan 问题的如下步骤:

第一步, 对于 $\rho_1, \cdots, \rho_p = 1, \cdots, n$, 利用 (1.5.16) 和 (1.5.17) 将 $T(K)$ 和 $W(K)$ 表示成标准的多项式形式 (1.5.18).

第二步, 对于 $s = 1, \cdots, m - p + 1$ 和每个 $L \in W^s$, 利用 (1.5.21) 计算出

$$L(Z) L^{\mathrm{T}}(Z), \quad \begin{bmatrix} T(Z) \\ L(Z) \end{bmatrix} \begin{bmatrix} T^{\mathrm{T}}(Z) & L^{\mathrm{T}}(Z) \end{bmatrix}.$$

第三步, 用 (1.5.19) 和 (1.5.20) 分别计算 $R(Z)$ 和 $J(Z)$.

第四步, 解数值问题

$$\begin{cases} R(Z) = 0, \\ J(Z) > 0, \end{cases} \tag{1.5.23}$$

其中 $R(Z)$ 和 $J(Z)$ 都是多项式.

例 1.5.1 考虑线性系统

$$\begin{cases} \dot{x} = \begin{bmatrix} 0 & 6 & -2 & -4 & 0 \\ -1 & 0 & 0 & 0 & 1 \\ 0 & -2 & 1 & 1 & -1 \\ -1 & 1 & -1 & -1 & 1 \\ 0 & 2 & 0 & 0 & 1 \end{bmatrix} x + \begin{bmatrix} -2 & 1 & 0 \\ 0 & 0 & 0 \\ 2 & 0 & -2 \\ -1 & 0 & 1 \\ -1 & 1 & 1 \end{bmatrix} u, \\ y = \begin{bmatrix} 0 & 1 & -1 & -1 & 0 \\ 0 & 1 & 0 & -1 & 0 \end{bmatrix} x. \end{cases} \tag{1.5.24}$$

注意到 $\rho_1 + \rho_2$ 不能大于状态的维数 5, 我们要检验的可能的情形是 $\rho_1 = 1, \rho_2 = 1, 2, 3, 4; \rho_1 = 2, \rho_2 = 1, 2, 3; \rho_1 = 3, \rho_2 = 1, 2; \rho_1 = 4, \rho_2 = 1$. 作为例子我们只检验 $\rho_1 = 3, \rho_2 = 2$ 的情形, 此时

$$
W(K) = \begin{bmatrix} c_1 B \\ c_1 (A + BK) B \\ c_2 B \end{bmatrix} = \begin{bmatrix} -1 & 0 & 1 \\ p_1(Z) & p_2(Z) & p_3(Z) \\ 1 & 0 & -1 \end{bmatrix},
$$

这里

$$
Z = V_r(K) = [k_{11}, \cdots, k_{15}, \cdots, k_{31}, \cdots, k_{35}]^{\mathrm{T}},
$$

并且利用等式 (见文献 [1] 的公式 (4.1.32))

$$
V_r(ABC) = (A \otimes C^{\mathrm{T}}) V_r(B),
$$

可得

$$
\begin{bmatrix} p_1(Z) \\ p_2(Z) \\ p_3(Z) \end{bmatrix} = V_r(c_1 AB + c_1 BKB) = \begin{bmatrix} -1 \\ 0 \\ 2 \end{bmatrix} + ((c_1 B) \otimes B^{\mathrm{T}}) Z.
$$

于是, 可以算出

$$
\begin{aligned}
p_1(Z) &= -1 + 2k_{11} - 2k_{13} + k_{14} + k_{15} - 2k_{31} + 2k_{33} - k_{34} - k_{35}, \\
p_2(Z) &= 1 - k_{11} - k_{15} + k_{31} + k_{35}, \\
p_3(Z) &= 1 - k_{11} + 2k_{13} - k_{14} - 2k_{15} + k_{31} - 2k_{33} + k_{34} + 2k_{35}.
\end{aligned}
$$

另外

$$
\begin{aligned}
T(K) &= \begin{bmatrix} c_1 (A + BK)^2 B \\ c_2 (A + BK) B \end{bmatrix} \\
&= \begin{bmatrix} c_1 A^2 B \\ c_2 AB \end{bmatrix} + \begin{bmatrix} c_1 ABKB + c_1 BKAB \\ c_2 BKB \end{bmatrix} + \begin{bmatrix} c_1 BKBKB \\ 0 \end{bmatrix} \\
&= \begin{bmatrix} 0 & 1 & 2 \\ 1 & 0 & -1 \end{bmatrix} + T_1 Z + T_2 Z^2,
\end{aligned}
$$

这里

$$T_1 = \begin{bmatrix} 2 & -1 & 0 & -1 & 0 & -1 & -4 & 1 & 4 & 1 & 0 & -3 & 2 & -2 & -2 \\ -2 & 1 & 0 & 0 & 0 & 0 & 2 & 0 & -2 & -1 & 0 & 1 & -1 & 1 & 1 \\ -2 & 1 & 0 & 0 & 0 & 0 & 2 & 0 & -2 & -1 & 0 & 1 & -1 & 1 & 1 \\ 0 & 0 & 0 & 0 & 0 & 0 & 0 & 0 & 0 & 0 & 0 & 0 & 0 & 0 & 0 \\ -2 & 1 & 0 & 1 & 0 & 1 & 4 & -1 & -4 & -1 & 0 & 3 & -2 & 2 & 2 \\ 2 & -1 & 0 & 0 & 0 & 0 & -2 & 0 & 2 & 1 & 0 & -1 & 1 & -1 & -1 \end{bmatrix},$$

T_2 是一个 2×675 的矩阵, 由于篇幅关系不在这里写出, 读者可自行计算.

根据命题 1.5.1, 我们需要对 $s = 1$ 和 $s = 2$ 两种情况进行检验, 显然 $s = 1$ 时 $R(Z) > 0$; 对于 $s = 2$, 由 (1.5.11) 可知, 欲使 D 非奇异, $\mathrm{rank}(H) \geqslant 2$, 于是由 (1.5.10), $\mathrm{rank}\, W(K) \leqslant 1$, 因此不妨设

$$p_1(Z) = 0, \quad p_2(Z) = 0, \quad p_3(Z) = 0. \tag{1.5.25}$$

容易看出其一组解为

$$K = V_r^{-1}(Z) = \begin{bmatrix} 0 & 2 & -1 & -2 & 0 \\ 0 & -1 & 0 & 0 & 0 \\ 0 & 2 & -1 & -2 & -1 \end{bmatrix},$$

此时

$$W(K) = \begin{bmatrix} -1 & 0 & 1 \\ 0 & 0 & 0 \\ 1 & 0 & -1 \end{bmatrix}, \qquad T(K) = \begin{bmatrix} 1 & 0 & 1 \\ 0 & 1 & 0 \end{bmatrix},$$

显然 $R(Z) = 0$, 并且

$$J(Z) = \det\left(\begin{bmatrix} 1 & 0 & -1 \\ 0 & 1 & 0 \\ -1 & 0 & 1 \end{bmatrix} \begin{bmatrix} 1 & 0 & -1 \\ 0 & 1 & 0 \\ -1 & 0 & 1 \end{bmatrix}^{\mathrm{T}} \right)$$

$$+ \det\left(\begin{bmatrix} 1 & 0 & -1 \\ 0 & 1 & 0 \\ 0 & 0 & 0 \end{bmatrix} \begin{bmatrix} 1 & 0 & -1 \\ 0 & 1 & 0 \\ 0 & 0 & 0 \end{bmatrix}^{\mathrm{T}} \right)$$

$$+ \det\left(\begin{bmatrix} 1 & 0 & -1 \\ 0 & 1 & 0 \\ 1 & 0 & -1 \end{bmatrix} \begin{bmatrix} 1 & 0 & -1 \\ 0 & 1 & 0 \\ 1 & 0 & -1 \end{bmatrix}^{\mathrm{T}} \right)$$

$$= 4 > 0.$$

于是根据命题 1.5.1 可知系统 (1.5.24) 的 Morgan 问题可解. 下面我们寻找反馈矩阵 H, 因为 span$\{$Col$(H)\} \subset$ ker$(W(K))$, 不妨选

$$H = \begin{bmatrix} 0 & 1 \\ 1 & 0 \\ 0 & 1 \end{bmatrix},$$

于是解耦控制为 $u = Kx + Hv$, 反馈系统为

$$\begin{cases} \dot{x} = \begin{bmatrix} 0 & 1 & 0 & 0 & 0 \\ -1 & 0 & 0 & 0 & 1 \\ 0 & -2 & 1 & 1 & 1 \\ -1 & 1 & -1 & -1 & 0 \\ 0 & 1 & 0 & 0 & 0 \end{bmatrix} x + \begin{bmatrix} 1 & 1 \\ 0 & 0 \\ 0 & -2 \\ 0 & 1 \\ 1 & 1 \end{bmatrix} v, \\ y = \begin{bmatrix} 0 & 1 & -1 & -1 & 0 \\ 0 & 1 & 0 & -1 & 0 \end{bmatrix} x. \end{cases} \tag{1.5.26}$$

直接计算可以检验

$$WH = \begin{bmatrix} 0 & 0 \\ 0 & 0 \\ 0 & 0 \end{bmatrix}, \quad D = TH = \begin{bmatrix} 0 & 2 \\ 1 & 0 \end{bmatrix}.$$

于是我们有 $\rho_1 = 3$, $\rho_2 = 2$, 并且解耦阵 D 非奇异.

注 1.5.1　(i) 从上例讨论可知满足 (1.5.25) 的所有 K 均为 Morgan 问题的可行解.

(ii) 利用上例中的 K, H 可以检验引理 1.5.1 中的 (1.5.7) 成立、(1.5.8) 非奇异、引理 1.5.2 中的 (1.5.12) 成立、$T(K)$ 行满秩.

(iii) 对于定理 1.5.3, 易证

$$\text{rank}\left(\begin{bmatrix} T(K_0) \\ W(K_0) \end{bmatrix}\right) = 3, \quad \text{rank}(W(K_0)) = 1, \quad p = 2,$$

故 (1.5.13) 成立.

输入输出解耦问题在控制论中的重要性是显见的, 以机器人为例, 如果不能实现解耦, 那么可能存在某个控制, 在它让机器人举手时, 同时也让机器人抬腿, 这就成了笑话了.

这个问题首先由 Morgan 在 1964 年提出, 因此, 后来就把它称为 "Morgan 问题". 近半个世纪以来有大量的文章研究这个问题. 第一个重要的进展是 $m = p$ 的情形, 这种情形由 Falb 和 Wolovich 完全解决[95,351], 他们的结果也是我们的方法的出发点.

此后对 Morgan 问题的努力虽有许多进展, 但都无法突破 $m > p$ 的情形. 曾经有几次宣布解决了这个问题, 但是随后不久发现的反例都推翻了它们, 这些可参见文献 [82,143,308,352], 其中文献 [352] 对 Morgan 问题给出了一个系统的描述. 不幸的是, 经过四十余年 Morgan 问题仍然是一个公开的难题.

非线性系统的 Morgan 问题也同样是极具挑战性的问题. 当 $m > p$ 时, 在文献 [81] 中讨论了利用动态补偿器来解决这个问题, 并且得到了一个充分和必要的条件, 同时它也是利用静态状态反馈可解的必要条件. 一些后续进展可在文献 [83,120] 中找到.

第 2 章 电力系统的稳定性分析

关于矩阵半张量积在电力系统暂态稳定中的应用, 已经由专著 [12] 给出详尽的讨论. 本章的目的是以电力系统为例, 讨论一般非线性系统的稳定性及镇定中的矩阵半张量积方法. 电力系统是一个非常有代表性的非线性系统. 而且, 矩阵半张量积的最初推动力, 就是企图将电力系统非线性控制的微分几何理论[235], 通过矩阵方法得以数值实现. 有别于专著 [12], 这里关注的重点是一般性的理论与方法.

2.1 电力系统的模型与镇定

电力系统是一个非常有代表性的非线性系统. 一个非线性系统可表示为

$$\dot{x}(t) = f(x(t)), \tag{2.1.1}$$

这里, 状态空间可以是一个一般的 n 维流形, 那么, $x(t)$ 可以看作局部坐标, $f(x)$ 为一向量场.

一个 (仿射) 非线性系统可表示为

$$\dot{x}(t) = f(x(t)) + \sum_{j=1}^{m} g_j(x(t))u_j, \\ y(t) = h(x(t)), \quad x(t) \in \mathbb{R}^n, \ y(t) \in \mathbb{R}^p. \tag{2.1.2}$$

这里, 输出 $y(t) = (y_1(t), y_2(t), \cdots, y_p(t))^{\mathrm{T}}$ 可看作 p 维流形的局部坐标. 同样, 控制 $u(t) = (u_1(t), u_2(t), \cdots, u_m(t))^{\mathrm{T}} \in \mathbb{R}^m$ 看作 m 维流形的局部坐标.

我们只讨论仿射非线性控制系统, "仿射" 指系统对控制是线性的. 这种系统最常见, 而且, 它最适合几何方法建模, 因为 $f(x)$ 及 $g_j(x)$, $j \in [1, m]$ 可看作向量场. 其实, 一般非线性系统通过扩维, 即可变为与之等价的仿射非线性系统. 考虑

$$\dot{x} = f(x(t), u(t)).$$

令 $\dot{u} = v$, 则得一扩维的仿射非线性系统

$$\begin{cases} \dot{x} = f(x(t), u(t)), \\ \dot{u} = v. \end{cases}$$

对于非线性系统 (2.1.1), 如果存在一个点 x_e, 使得 $f(x_e) = 0$, 则 x_e 称为一个平衡点. 如果对任何初始值 x_0, 轨线 $x(t, x_0)$ 均收敛于 x_e, 即

$$\lim_{t \to \infty} x(t, x_0) = x_e, \tag{2.1.3}$$

则称系统 (2.1.1) 全局稳定. 如果存在 x_e 的一个邻域 U, 使当 $x_0 \in U$ 时 (2.1.3) 成立, 则称系统 (2.1.1) 在 x_e 点局部稳定. 这时 x_e 称为稳定平衡点. 否则, 称 x_e 为不稳定平衡点.

对于非线性控制系统 (2.1.2), 如果存在一个点 x_e, 使得 $f(x_e, 0) = 0$, 则 x_e 称为一个平衡点. 如果存在一个控制 $u(t)$, 使 $f(x(t), u(t))$ 全局 (局部) 稳定, 则称系统 (2.1.2) 被 $u(t)$ 全局 (局部) 镇定.

通常考虑的电力系统有两类: 一类是单机系统, 即考虑单个发动机的动态系统; 另一类是电网, 即连接成网.

1. 单机系统

考察一个同步发电机, 见示意图 2.1.1. 动力 p_m 由水电站的水轮机提供.

设由涡轮调速器控制的机械能是定常的, 且发电机的电力负载可以用单机无穷大模型描述. 那么, 这个电力系统的动力学由机械和电力两部分组成.

首先, 发电机转子的机械动态模型可表示为

$$\begin{cases} \dot{\delta} = \omega - \omega_0, \\ \dot{\omega} = -\dfrac{D}{M}\{\omega - \omega_0\} + \dfrac{\omega_0}{M}\{p_m - p_e(E_q', \delta)\}, \end{cases} \tag{2.1.4}$$

其中, 有功功率 p_e 为

$$p_e(E_q', \delta) = \frac{E_q' V_s}{x_{d\Sigma}'} \sin \delta + \frac{V_s^2 (x_{d\Sigma}' - x_{q\Sigma})}{x_{d\Sigma}' x_{q\Sigma}} \sin 2\delta,$$

这里, 变量 δ, ω 和 E_q' 分别记为功角、转子速度和发电机交轴的暂态电动势. 其他参数见文献 [302].

于是, 由 E_q' 所协调的电力部分的动力学模型如下:

$$\dot{E}_q' = -\frac{1}{T_d'} E_q' + \frac{1}{T_{d0}} \frac{x_d - x_d'}{x_{d\Sigma}'} V_s \cos \delta + \frac{1}{T_{d0}}(V_f + E_0), \tag{2.1.5}$$

这里, E_0 是激励信号的正常值, 它用于确定系统的平衡点, V_f 记为将系统稳定于平衡点的激励信号. 其他物理参数见文献 [302].

它刻画了包括输电线与负载的发电机系统的电力部分的动态模型.

对应给定的常数 p_m 及 E_0, 系统的平衡点记为 $(\delta_0, \omega_0, E'_{q0})$, 由下列代数方程决定:

$$\begin{cases} 0 = \dfrac{\omega_0}{M}\{p_m - p_e(E'_{q0}, \delta_0)\}, \\ 0 = -\dfrac{1}{T'_d}E'_{q0} + \dfrac{1}{T_{d0}}\dfrac{x_d - x'_d}{x'_{d\Sigma}}V_s\cos\delta_0 + \dfrac{1}{T_{d0}}E_0. \end{cases} \tag{2.1.6}$$

为简单起见, 我们将物理参数归总定义如下, 记

$$\begin{aligned} x_1 &= \delta - \delta_0, \\ x_2 &= \omega - \omega_0, \\ x_3 &= E'_q - E'_{q0}. \end{aligned}$$

于是, 系统模型可简化如下:

$$\begin{cases} \dot{x}_1 = x_2, \\ \dot{x}_2 = -b_1 x_2 + b_2\left\{p_m - p_e(x_3 + E'_{q0}, x_1 + \delta_0)\right\}, \\ \dot{x}_3 = b_3(\cos(x_1 + \delta_0) - \cos\delta_0) - b_4 x_3 + u, \end{cases} \tag{2.1.7}$$

这里, 激励信号 $u = \dfrac{1}{T_d}V_f(t)$ 被视为控制输入.

于是, 发动机系统的镇定问题变为: 寻找一个状态反馈控制律, 使得闭环系统在零点 $(x_1, x_2, x_3) = (0, 0, 0)$ 稳定. 图 2.1.1 是这个简化系统的框图.

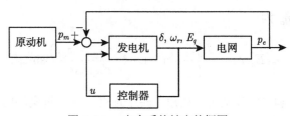

图 2.1.1　电力系统镇定的框图

单机系统是一个典型的非线性系统, 它的稳定性和镇定, 与一般非线性系统的相应问题大致是相同的.

2. 多机系统

除单机系统外, 通常所讨论的电力系统更多的是指由多机联网所构成的电力网络. 电力网络的稳定性问题与经典的非线性系统的稳定性有很大差异. 电网的过程稳定关心的是当电网发生故障时的运行稳定性. 电力系统处理故障的方法是

将发生故障的部分线路切除. 因此, 电力系统发生故障的动态过程大致可分为三个阶段: 故障前、故障中、故障后. 设这三个阶段的动态方程分别为[12]

$$\begin{cases} \dot{x} = F_1(x), & t < 0, \\ \dot{x} = F_2(x), & 0 \leqslant t < t_f, \\ \dot{x} = F_3(x), & t \geqslant t_f, \end{cases} \tag{2.1.8}$$

这里, t_f 是故障切除时间.

图 2.1.2 给出了电力系统稳定性分析的一个标准 3 机 9 节点测试系统. 它通过对不同故障设计不同的切除时间来保证切除后系统运行的稳定性.

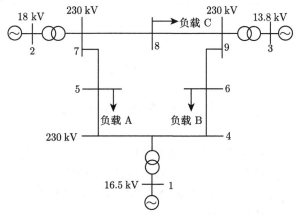

图 2.1.2   3 机 9 节点测试系统示意图

从动态方程分析, 我们关心的是系统以 $x(t_f)$ 为初值, 以 $\dot{x} = F_3(x)$ 为动态方程的动力学系统的稳定性, 这在电力系统中称为暂态稳定.

显然, 要达到暂态稳定, 就必须让 $x(t_f)$ 落入切除后系统的工作点 (稳定平衡点) 的稳定域内. 因此, 计算稳定平衡点的稳定域边界成为电力系统暂态稳定的一个关键问题.

文献 [11] 考察了一个 3 机系统, 其中, 第三台机为参考机. 图 2.1.3 给出了在转子角所在平面内该系统的稳定域. 图中虚线所围成的区域是该系统精确的稳定域, 实线是利用逼近公式所得到的近似稳定域边界, 该逼近公式是利用矩阵半张量积导出的.

关于暂态稳定的更详细讨论可见文献 [12], 图 2.1.2 及图 2.1.3 亦来自文献 [12] (承蒙原书作者允许使用).

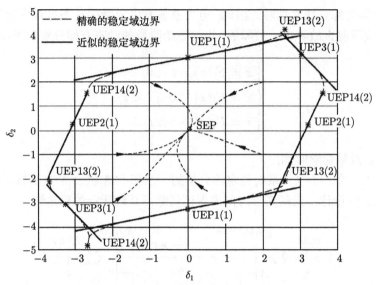

图 2.1.3　系统稳定域示意图

2.2　电力系统的哈密顿实现

耗散系统理论本质上是将系统总能量作为 Lyapunov 函数, 根据能量的耗散性来分析系统的稳定性[94,274,319]. 电力系统是一个典型的耗散系统, 用哈密顿函数代表系统能量, 则电力系统的无源哈密顿实现就是其耗散实现. 通过耗散哈密顿实现镇定非线性系统是电力系统镇定控制的有效手段[48].

定义 2.2.1　(i) 一个非线性系统

$$\dot{x} = M(x)\nabla H(x), \quad x \in \mathbb{R}^n \tag{2.2.1}$$

称为一个广义哈密顿系统, 这里, $M(x) \in \mathcal{M}_{n \times n}$ 称为系统的结构矩阵, $H(x)$ 称为系统的哈密顿函数.

(ii) 一个非线性控制系统

$$\dot{x} = M(x)\nabla H(x) + \sum_{i=1}^{m} M(x)\nabla G_i(x)u_i, \quad x \in \mathbb{R}^n \tag{2.2.2}$$

称为一个广义哈密顿控制系统.

将 $M(x)$ 分解为

$$M(x) = J(x) + S(x),$$

这里 $J(x) = \dfrac{M(x) - M^{\mathrm{T}}(x)}{2}$ 为反对称矩阵, $S(x) = \dfrac{M(x) + M^{\mathrm{T}}(x)}{2}$ 为对称矩阵. 进一步将 $S(x)$ 分解为 $S(x) = -R(x) + P(x)$, 这里, $R(x)$, $P(x)$ 均为半正定矩阵. 于是

$$M(x) = J(x) - R(x) + P(x), \tag{2.2.3}$$

这个分解是唯一的.

当 $P(x) = 0$ 时, 系统 (2.2.1) 称为耗散哈密顿系统.

如果我们将哈密顿函数 H 取为能量, 那么, 哈密顿控制系统 (2.2.2) 能量的变化为

$$\dot{H} = -DHR\nabla H + DHP(x)\nabla H + \sum_{i=1}^{m} DHM(x)\nabla G_i u_i. \tag{2.2.4}$$

这里, 第一项 $-DHR\nabla H$ 是耗散项, 表示系统消耗的能量, 第二项 $DHP(x)\nabla H$ 表示系统内部产生的能量, 第三项 $\sum_{i=1}^{m} DHM(x)\nabla G_i u_i$ 表示外部对系统输入的能量.

如果存在反馈, 使闭环系统成为一个耗散系统, 那么, 闭环系统就是稳定的. 哈密顿函数方法的基本思路就是将一个非线性控制系统转换为一个哈密顿控制系统. 然后, 设计控制使闭环系统成为一个耗散系统, 从而镇定系统.

下面讨论哈密顿实现.

定义 2.2.2 (i) 考察一个非线性系统

$$\dot{x} = f(x), \quad x \in \mathbb{R}^n. \tag{2.2.5}$$

如果存在一个哈密顿函数 H 和一个坐标变换, 使系统 (2.2.5) 可表示为 (2.2.1), 则 (2.2.1) 称为 (2.2.5) 的一个哈密顿实现. 如果 (2.2.1) 在分解式中 $P(x) = 0$, 则该实现称为耗散实现.

(ii) 考察一个非线性控制系统

$$\dot{x} = f(x) + \sum_{i=1}^{m} g_i(x)u_i, \quad x \in \mathbb{R}^n. \tag{2.2.6}$$

如果存在一组哈密顿函数 $H, G_i(x), i \in [1, m]$ 和一个坐标变换, 使系统 (2.2.6) 可表示为 (2.2.2), 则 (2.2.2) 称为 (2.2.6) 的一个哈密顿实现.

在许多情况下, 上述的全局实现难以达到. 在这种情况下, 我们可以考虑将系统在工作点 (平衡点) 附近作局部坐标变换, 这时得到的哈密顿系统称为局部实现.

下面考虑如何解决哈密顿实现问题. 先考虑定常实现, 即寻找定常矩阵 M 的实现, 这在实际系统上是最重要的一类.

记

$$A_i = \left(\frac{\partial}{\partial x_i} f(x) \right)^{\mathrm{T}}, \quad i \in [1, n].$$

命题 2.2.1　系统 (2.2.5) 有一个哈密顿实现, 并且其中 M 是定常且非奇异的, 如果方程

$$\begin{bmatrix} A_2 & -A_1 & & & \\ A_3 & & -A_1 & & \\ \vdots & & & \ddots & \\ A_n & & & & -A_1 \\ & A_3 & -A_2 & & \\ & \vdots & & \ddots & \\ & A_n & & & -A_2 \\ & & \vdots & & \vdots \\ & & & A_n & -A_{n-1} \end{bmatrix} \begin{bmatrix} X_1 \\ X_2 \\ \vdots \\ X_n \end{bmatrix} = 0, \tag{2.2.7}$$

$$X_i \in \mathbb{R}^n, \quad i \in [1, n]$$

有定常解 $\{X_i\}$, 并且

$$N := \begin{bmatrix} X_1^{\mathrm{T}} \\ X_2^{\mathrm{T}} \\ \vdots \\ X_n^{\mathrm{T}} \end{bmatrix}$$

为非奇异矩阵.

证明　设 f 可以表示为 $f = M\nabla H$, 则问题转化为: 是否存在这样的 H? 令 $M := N^{-1}$, 并记

$$H_i := \frac{\partial H}{\partial x_i}, \quad i \in [1, n].$$

那么, 直接计算可知

$$\frac{\partial H_i}{\partial x_j} = A_j X_i, \quad i, j = 1, \cdots, n.$$

于是, 方程 (2.3.11) 保证了

$$\frac{\partial H_i}{\partial x_j} = \frac{\partial H_j}{\partial x_i}, \quad i \neq j. \tag{2.2.8}$$

利用 Poincaré 引理[18] 可知, (2.2.8) 保证了 H 在 n 维流形上局部存在, 并且, 当流形简单连通时 H 全局存在. $\mathbb{R}^n$ 简单连通, 故 H 全局存在. $\square$

下面回到 2.1 节讨论过的单机系统. 将方程 (2.1.4) 与方程 (2.1.5) 放到一起, 可得

$$\begin{cases} \dot{\delta} = \omega - \omega_0, \\ \dot{\omega} = \dfrac{\omega_0}{M} p_m - \dfrac{D}{M} (\omega - \omega_0) - \dfrac{\omega_0 E_q' V_s}{M x_{d\Sigma}'} \sin \delta, \\ \dot{E}_q' = -\dfrac{1}{T_d'} E_q' + \dfrac{1}{T_{d0}} \dfrac{x_d - x_d'}{x_{d\Sigma}'} V_s \cos \delta + \dfrac{1}{T_{d0}} (V_f + E_0). \end{cases} \tag{2.2.9}$$

这里假定 $x_{d\Sigma}' = x_{q\Sigma}$, 这是一个常见的简化约定, 见文献 [45].

记 $u = V_f + E_0$ 为控制, 令 $x_1 = \delta$, $x_2 = \omega - \omega_0$, $x_3 = E_q'$, 并记 $a = \dfrac{\omega_0}{M} p_m$, $b = \dfrac{D}{M}$, $c = \dfrac{\omega_0 V_s}{M x_{d\Sigma}'}$, $d = \dfrac{1}{T_d'}$, $e = \dfrac{1}{T_{d0}} \dfrac{x_d - x_d'}{x_{d\Sigma}'} V_s$, $h = \dfrac{1}{T_{d0}}$, 那么, (2.2.9) 变为

$$\begin{bmatrix} \dot{x}_1 \\ \dot{x}_2 \\ \dot{x}_3 \end{bmatrix} = f(x) + g(x)u = \begin{bmatrix} x_2 \\ a - bx_2 - cx_3 \sin x_1 \\ -dx_3 + e \cos x_1 \end{bmatrix} + \begin{bmatrix} 0 \\ 0 \\ h \end{bmatrix} u. \tag{2.2.10}$$

下面我们探讨可能的定常哈密顿实现. 这里 g 是定常的, 可以不考虑, 因为任何非奇异 M 都可以成为它的实现. 利用 (2.2.10) 中的 f, 方程 (2.2.7) 变为

$$AX = 0, \tag{2.2.11}$$

其中

$$A = \begin{bmatrix} 1 & -b & 0 & 0 & cx_3 \cos x_1 & e \sin x_1 & 0 & 0 & 0 \\ 0 & -c \sin x_1 & -d & 0 & 0 & 0 & 0 & cx_3 \cos x_1 & e \sin x_1 \\ 0 & 0 & 0 & 0 & -c \sin x_1 & -d & -1 & b & 0 \end{bmatrix}.$$

如果 (2.2.11) 有满足 N 可逆的定常解, 那么, 对每个 x_i 的齐次形式所对应的方程它都是这样的解. 我们先考虑常系数项以及 x_i, $i = 1, 2, 3$ 的一次方项, 我们分别

得到三个对应的线性方程

$$E_i X = 0, \quad i = 1, 2, 3.$$

令

$$E = \begin{bmatrix} E_1 \\ E_2 \\ E_3 \end{bmatrix}.$$

于是可得到如下线性方程组

$$EX = \begin{bmatrix} 1 & -b & 0 & 0 & 0 & 0 & 0 & 0 & 0 \\ 0 & 0 & -d & 0 & 0 & 0 & 0 & 0 & 0 \\ 0 & 0 & 0 & 0 & 0 & -d & -1 & b & 0 \\ 0 & 0 & 0 & 0 & 0 & e & 0 & 0 & 0 \\ 0 & -c & 0 & 0 & 0 & 0 & 0 & 0 & e \\ 0 & 0 & 0 & 0 & -c & 0 & 0 & 0 & 0 \\ 0 & 0 & 0 & 0 & c & 0 & 0 & 0 & 0 \\ 0 & 0 & 0 & 0 & 0 & 0 & 0 & c & 0 \\ 0 & 0 & 0 & 0 & 0 & 0 & 0 & 0 & 0 \end{bmatrix} X = 0. \tag{2.2.12}$$

幸运的是, 如果我们考虑高阶项, 并不会得到新的方程. 因此, (2.2.12) 的解代表了真实解. 设 $X = [n_{11}, n_{12}, \cdots, n_{33}]$, 因为

$$\mathrm{rank}(E) = 7,$$

不妨设 $n_{33} = c/e$, $n_{21} = \alpha$. 不难解出 (除一常系数外)

$$N = \begin{bmatrix} n_{11} & n_{12} & n_{13} \\ n_{21} & n_{22} & n_{23} \\ n_{31} & n_{32} & n_{33} \end{bmatrix} = \begin{bmatrix} b & 1 & 0 \\ \alpha & 0 & 0 \\ 0 & 0 & c/e \end{bmatrix}.$$

于是可得到一个解

$$M = \alpha N^{-1} = \begin{bmatrix} 0 & 1 & 0 \\ \alpha & -b & 0 \\ 0 & 0 & \dfrac{e\alpha}{c} \end{bmatrix}.$$

如果我们选择 $\alpha = -1$, 那么, 用这个 α 则可得到 (2.2.9) 的一个哈密顿实现:

$$\begin{bmatrix} \dot{x}_1 \\ \dot{x}_2 \\ \dot{x}_3 \end{bmatrix} = (J - R)\frac{\partial H}{\partial x} + g(x)u, \tag{2.2.13}$$

这里,

$$J = \begin{bmatrix} 0 & 1 & 0 \\ -1 & 0 & 0 \\ 0 & 0 & 0 \end{bmatrix}, \quad R = \begin{bmatrix} 0 & 0 & 0 \\ 0 & b & 0 \\ 0 & 0 & e/c \end{bmatrix}, \quad g = \begin{bmatrix} 0 \\ 0 \\ h \end{bmatrix},$$

$$H(x) = E_0 - cx_3\cos x_1 - ax_1 + \frac{cd}{2e}x_3^2 + \frac{1}{2}x_2^2.$$

这里, E_0 是任意的定常值, 可视为初始能量.

为了使用能量法 (或曰哈密顿函数方法) 讨论非线性系统的稳定性问题, 我们希望通过反馈控制, 使闭环系统成为一个耗散系统, 称这个过程为反馈耗散实现. 在单机系统的哈密顿实现 (2.2.13) 中, 如果令 $u = 0$ 就得到一个反馈耗散实现了, 这是因为电力系统固有的能量特性.

一般地说, 一个非线性控制系统, 它的反馈耗散实现可以分两步进行, 第一步先得到哈密顿实现; 第二步再从哈密顿控制系统出发, 去寻找控制, 以得到反馈耗散系统. 下面讨论第二步如何实现.

考察一个哈密顿控制系统

$$\begin{cases} \dot{x} = M\nabla H + g(x)u = (J - R + P)\nabla H + g(x)u, \\ y = g^{\mathrm{T}}\nabla H. \end{cases} \tag{2.2.14}$$

(2.2.14) 称为一个耗散实现.

我们寻找如下形式的状态反馈控制

$$u = K(x)\nabla H + v. \tag{2.2.15}$$

称系统 (2.2.14) 具有一个反馈耗散实现, 如果存在 (2.2.15) 形式的状态反馈控制, 使得闭环系统变为一个耗散哈密顿系统. 下面这个结论是定义的直接推论.

命题 2.2.2 系统 (2.2.14) 具有一个反馈耗散实现, 当且仅当, 存在一个 $m \times n$ 矩阵 $K(x)$ 使得下述 (左式) 矩阵半负定, 即

$$g(x)K(x) + K^{\mathrm{T}}(x)g^{\mathrm{T}}(x) + (M + M^{\mathrm{T}}) \leqslant 0. \tag{2.2.16}$$

我们特别感兴趣的是 M 和 $g = (g_1, g_2, \cdots, g_m)$ 均为定常值的情况. 这时, 我们寻找一个如下形式的状态反馈控制

$$u = K\nabla H + v,$$

这里, K 为定常矩阵.

记 $S = M + M^{\mathrm{T}}$, 可得如下推论.

推论 2.2.1　考察系统 (2.2.14), 设 M 及 g 均为定常. 如果存在一个定常的 $m \times n$ 矩阵 K, 使得下式 (左边) 矩阵半负定, 即

$$gK + K^{\mathrm{T}}g^{\mathrm{T}} + S \leqslant 0, \tag{2.2.17}$$

则系统 (2.2.14) 具有一个反馈耗散实现.

注意到, S 可以被分解为 $S = -R + P$, 这里 R, P 均为半正定的. 而且, 当 R 与 P 均取最小秩时, 这种分解是唯一的. 在这种情况下, 设

$$\mathrm{span}\{\mathrm{Col}(S)\} \subset \mathrm{span}\{\mathrm{Col}(g)\},$$

则很容易找到满足 (2.2.17) 的 K. 实际上, 此时有

$$S = g\Gamma.$$

于是取 $K = \Gamma$ 即可.

例 2.2.1[322]　一个 R-T 执行器 (rotational/translational actuator) 其动力学方程经坐标变换可表示为

$$\begin{cases} \dot{x}_1 = x_2, \\ \dot{x}_2 = -x_1 + \epsilon \sin x_3, \\ \dot{x}_3 = x_4, \\ \dot{x}_4 = u, \end{cases} \tag{2.2.18}$$

这里, $0 < \epsilon < 1$.

选择一个标称输出 $y = x_4$, 并令哈密顿函数为

$$H = \frac{1}{2}\left(x_1^2 + x_2^2 + \sin^2(x_3) + x_4^2\right) + \epsilon x_1 \sin x_3.$$

则系统 (2.2.18) 可表示为如下哈密顿系统形式:

$$\begin{cases} \dot{x} = M\nabla H + g(x)u \\ = \begin{bmatrix} 0 & 1 & 0 & 0 \\ -1 & 0 & 0 & 0 \\ 0 & 0 & 0 & 1 \\ 0 & 0 & 0 & 0 \end{bmatrix} \begin{bmatrix} x_1 - \epsilon \sin x_3 \\ x_3 \\ (\epsilon x_1 + \sin x_3)\cos x_3 \\ x_4 \end{bmatrix} + \begin{bmatrix} 0 \\ 0 \\ 0 \\ 1 \end{bmatrix} u, \\ y = g^t \nabla H = x_4. \end{cases} \tag{2.2.19}$$

然后, 我们寻找反馈控制

$$u = K\nabla H + v$$

将其转换为耗散系统. 利用推论 2.2.1 及其后的说明, 不难找到 (2.2.17) 的一个解

$$K = \begin{bmatrix} 0 & 0 & 1 & 0 \end{bmatrix}.$$

电力系统的哈密顿实现以及基于哈密顿耗散实现的镇定设计是一个十分宽阔的研究领域, 它不仅在理论上成果丰硕, 而且有大量工程应用. 本节介绍的只是一些基本的方法与结论. 矩阵半张量积在这方面的应用, 主要体现在非线性映射的微分和梯度的计算上. 对电力系统的哈密顿实现有兴趣的读者, 亦可参考文献 [51, 124, 125, 342, 343] 及其中给出的大量参考文献.

2.3 中心流形与非线性系统镇定

2.3.1 中心流形理论

动力系统的中心流形理论是 20 世纪 70 年代前后发展起来的. 此后, 它被广泛应用于非线性系统的镇定设计中. 电力系统稳定域的结构也依赖于中心流形. 由于在中心流形设计中, 多项式近似起着重要作用. 因此, 多元多项式的半张量积表示成为一个有效的工具.

本节给出中心流形理论的一些相关的基本知识, 证明及相关的细节可参考文献 [40, 161].

考察一个动态系统

$$\dot{x} = f(x), \quad x \in \mathbb{R}^n, \tag{2.3.1}$$

这里 $f(x)$ 是一个 C^ω 向量场. 下面是中心流形理论的一个基本定理.

定理 2.3.1 设 x_e 为系统 (2.3.1) 的一个平衡点. 则存在三个子流形 S^+, S^- 和 S^0, 使得

(i) 它们均为通过 x_e 的, 关于系统 (2.3.1) 的不变子流形;

(ii) 它们相应的切空间 $T_{x_e}(S^+)$, $T_{x_e}(S^-)$ 和 $T_{x_e}(S^0)$ 线性无关, 并且

$$T_{x_e}(S^+) \oplus T_{x_e}(S^-) \oplus T_{x_e}(S^0) = T_{x_e}(\mathbb{R}^n);$$

(iii) 将系统 (2.3.1) 限制于 S^+ (相应地, S^- 及 S^0), 那么, 它在 S^+ (相应地, S^- 及 S^0) 上的动力系统在 x_e 点的线性近似的特征根均具有正实部 (相应地, 负实部及零实部);

(iv) S^+ 及 S^- 均唯一, 但是 S^0 可能不唯一.

S^+, S^- 和 S^0 分别称为不稳定子流形、稳定子流形和中心流形.

图 2.3.1 是平衡点处三个子流形的示意图.

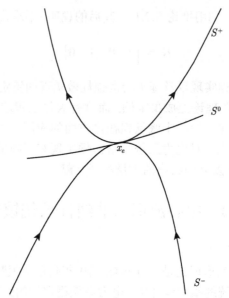

图 2.3.1   稳定、不稳定子流形和中心流形

中心流形是一个局部结构, 我们只在 x_e 的一个邻域 U 上来讨论它. 因此, 本节讨论的镇定问题均指局部镇定. 下面用一个简单例子来刻画这几个不变子流形.

例 2.3.1   考虑下述系统

$$\begin{cases} \dot{x}_1 = 2x_2 - \sin(x_3)(x_4 + x_3^2), \\ \dot{x}_2 = -2x_1 - 4x_2 + x_1 x_3, \\ \dot{x}_3 = x_3, \\ \dot{x}_4 = x_4^2 + 2(x_4 - 1)x_3^2 + x_3^4. \end{cases} \quad (2.3.2)$$

显然, 0 是它的一个平衡点, 我们考虑这个平衡点的三个不变子流形 S^+, S^- 和 S^0. 可以证明, 它们分别是

$$S^+ = \{x \in \mathbb{R}^4 \,|\, x_1 = 0, x_2 = 0, x_4 + x_3^2 = 0\};$$

$$S^- = \{x \in \mathbb{R}^4 \,|\, x_3 = 0, x_4 = 0\};$$

$$S^0 = \{x \in \mathbb{R}^4 \,|\, x_1 = 0, x_2 = 0, x_3 = 0\}.$$

先看 S^+: 首先我们证明 S^+ 是不变流形. 从 S^+ 上的点出发, 我们有 $x_1(0) = 0$, $x_2(0) = 0$, 并且

$$\begin{cases} \dot{x}_1 = 0, \\ \dot{x}_2 = 0, \end{cases}$$

即 $x_1(t) = 0$, $x_2(t) = 0$, $\forall t > 0$. 令 $\xi = x_4 + x_3^2$, 同样, 从 S^+ 上的点出发, 我们有 $\xi(0) = 0$. 并且

$$\dot{\xi} = \xi^2.$$

由此可知 $\xi(t) = 0$, $\forall t > 0$. 综上可得 S^+ 是不变子流形. 然后考虑系统 (2.3.2) 限制在 S^+ 上的子系统. 它是 1 维子系统, 我们不妨以 x_3 为其坐标. 于是可得其动态方程为

$$\dot{x}_3 = x_3.$$

显然它是不稳定子流形. 值得说明的是, 坐标的选择不影响其上动态系统的动力学本质, 例如, 我们也可以选 x_4 作为该流形的坐标, 则得

$$\dot{x}_4 = x_4^2 + 2(x_4 - 1)x_3^2 + x_3^4 = x_4^2 + 2(x_4 - 1)(-x_4) + (-x_4^2) = 2x_4.$$

故结论不变.

类此, 我们可以检验 S^- 是不变子流形, 其上的动力系统为

$$\begin{cases} \dot{x}_1 = 2x_2, \\ \dot{x}_2 = -2x_1 - 4x_2. \end{cases}$$

它是稳定子流形.

S^0 是不变子流形, 其上的动力系统为

$$\dot{x}_4 = x_4^2,$$

它的线性部分为零. $\qquad\qquad\qquad\qquad\qquad\qquad\qquad\qquad\qquad\qquad\qquad\qquad\qquad$ □

下面的三个定理是中心流形理论的主要结果.

定理 2.3.2 *考虑非线性系统*

$$\begin{cases} \dot{x} = Ax + p(x, z), & x \in \mathbb{R}^n, \\ \dot{z} = Cz + q(x, z), & z \in \mathbb{R}^m, \end{cases} \tag{2.3.3}$$

这里, $\text{Re}\sigma(A) < 0$, $\text{Re}\sigma(C) = 0$, $p(x, z)$ 和 $q(x, z)$ 及其一阶导数在原点均为零. 则存在一个过原点的 m 维不变流形 (即中心流形), 它可由下述方程描述:

$$S = \{(x, z) \mid x = h(z)\}, \tag{2.3.4}$$

这里 $h(z)$ 满足

$$\frac{\partial h(z)}{\partial z}(Cz + q(h(z), z)) - Ah(z) - p(h(z), z) = 0. \tag{2.3.5}$$

定理 2.3.3　(i) 中心流形上的动态方程为

$$\dot{z} = Cz + q(h(z), z), \quad z \in \mathbb{R}^m. \tag{2.3.6}$$

(ii) 系统 (2.3.3) 在原点是渐近稳定、稳定或不稳定的, 当且仅当, 中心流形上的动力系统 (2.3.6) 是渐近稳定、稳定或不稳定的.

定理 2.3.4　如果存在一个光滑函数 $\phi(z)$, 使得下式定义的算子 M 满足

$$M(\phi(z)) := \frac{\partial \phi(z)}{\partial z}(Cz + q(\phi(z), z)) - A\phi(z) - p(\phi(z), z) = O(\|z\|^{k+1}). \tag{2.3.7}$$

那么它与中心流形方程之差满足

$$\|\phi(z) - h(z)\| = O(\|z\|^{k+1}). \tag{2.3.8}$$

根据其物理意义, 我们将定理 2.3.2、定理 2.3.3 和定理 2.3.4 分别称为中心流形的存在定理、等价定理和逼近定理.

2.3.2　非线性系统镇定与导数齐次 Lyapunov 函数

本节讨论仿射非线性控制系统的镇定, 一些基本概念可参阅文献 [149] 或 [161] 中的相关内容.

一个仿射非线性控制系统可表示为

$$\dot{\xi} = f(\xi) + \sum_{i=1}^{m} g_i(\xi)u_i, \quad \xi \in \mathbb{R}^\ell, \tag{2.3.9}$$

这里 $u = [u_1, \cdots, u_m]$ 为控制, $f(0) = 0$, $f(\xi)$ 及 $g_i(\xi)$ 均为解析向量场.

在一定的正则性条件下, 系统 (2.3.9) 可经过坐标变换和状态反馈变为下面的标准形式, 称为 Byrnes-Isidori 正则型.

$$\begin{cases} \dot{x} = Ax + Bu, & x \in \mathbb{R}^n, \quad u \in \mathbb{R}^m \\ \dot{z} = q(x, z), & z \in \mathbb{R}^s, \end{cases} \tag{2.3.10}$$

这里 $n + s = \ell$, (A, B) 是完全能控对. 考虑它的非线性部分, 称下面的系统为系统 (2.3.9) 或 (2.3.10) 的零动态:

$$\dot{z} = q(0, z). \tag{2.3.11}$$

如果系统 (2.3.11) 在原点是渐近稳定的, 则称原系统 (2.3.10) 具有最小相位, 否则, 称原系统具有非最小相位.

本章讨论的镇定问题指对系统 (2.3.10), 如可能, 找出状态反馈控制

$$u = u(x, z),$$

使得闭环系统

$$\begin{cases} \dot{x} = Ax + Bu(x, z), \\ \dot{z} = q(x, z) \end{cases} \tag{2.3.12}$$

在原点渐近稳定.

下面的引理对最小相位系统的镇定十分重要.

引理 2.3.1[149] *考察系统*

$$\begin{cases} \dot{z} = Az + p(z, w), \\ \dot{w} = f(z, w), \end{cases} \tag{2.3.13}$$

这里, 设对所有位于 0 附近的 w 均成立 $p(0, w) = 0$, 并且

$$\frac{\partial p}{\partial z}(0, 0) = 0.$$

如果 $w = 0$ 是 $\dot{w} = f(0, w)$ 的渐近稳定平衡点, 并且 A 是 Hurwitz 矩阵, 那么 $(z, w) = (0, 0)$ 是系统 (2.3.13) 的渐近稳定平衡点.

比较 (2.3.13) 与 (2.3.10), 一个线性反馈控制

$$u = Kx$$

能够镇定整个系统, 只要选择合适的 K 使 $A + BK$ 为 Hurwitz 矩阵即可.

因此, 我们更感兴趣的情形, 也是更具挑战性的情形, 是系统具有非最小相位的情形.

为了后面讨论的方便, 我们给出 Byrnes-Isidori 正则型一个更具体的表现形式. 因为在 Byrnes-Isidori 正则型中 (A, B) 是一个完全能控对, 我们可以将这一

部分写成 Brunovsky 线性能控标准形式, 即

$$
\begin{cases}
\dot{x}_1^i = x_2^i, \\
\vdots \\
\dot{x}_{n_i-1}^i = x_{n_i}^i, \\
\dot{x}_{n_i}^i = u_i, \qquad i = 1, \cdots, m, \\
\dot{z} = p(x, z), \quad z \in \mathbb{R}^s,
\end{cases}
\tag{2.3.14}
$$

这里 $\sum_{i=1}^m n_i = n$, $d_i(z, \xi) = [d_{i1}(x, z), \cdots, d_{im}(x, z)]$, $i = 1, \cdots, m$.

下面我们将集中讨论这个模型. 通过状态反馈设计闭环系统的中心流形, 从而达到镇定系统的目的, 我们先用一个简单例子来说明这个设计思想.

例 2.3.2   考虑下述系统

$$
\begin{cases}
\dot{x}_1 = x_2, \\
\dot{x}_2 = x_3, \\
\dot{x}_3 = f(x, z) + g(x, z)u, \quad g(0, 0) \neq 0, \\
\dot{z} = z^3 + zx_1.
\end{cases}
\tag{2.3.15}
$$

系统 (2.3.15) 已经是一个标准形式, 它的零动态为

$$
\dot{z} = z^3,
\tag{2.3.16}
$$

它在原点不稳定, 故 (2.3.15) 是一个非最小相位系统. 因此, 准线性控制

$$
u = -\frac{f(x, z)}{g(x, z)} + \frac{1}{g(x, z)}(a_1 x_1 + a_2 x_2 + a_3 x_3)
$$

不能镇定原系统. 我们需考虑非线性反馈.

我们不妨考虑如下控制

$$
u = -\frac{f(x, z)}{g(x, z)} + \frac{1}{g(x, z)}(a_1 x_1 + a_2 x_2 + a_3 x_3 + bz^2)
\tag{2.3.17}
$$

为镇定系统, 先选 a_1, a_2, a_3 以镇定能控的线性部分的状态变量 x_1, x_2, x_3. 然后, 选择 b 来镇定中心流形变量 z. 为求得可能的 b 值, 我们考虑中心流形方法. 尝试用

$$
\phi(z) = \begin{bmatrix} \phi_1(z) \\ \phi_2(z) \\ \phi_3(z) \end{bmatrix} = O(\|z\|^2)
$$

来逼近中心流形. 根据定理 2.3.4, 对系统 (2.3.15) 我们有

$$
\begin{aligned}
M(\phi(z)) &= \frac{\partial \phi(z)}{\partial z}(Cz + q(\phi(z), z)) - A\phi(z) - p(\phi(z), z) \\
&= D\phi(z)\,(q(z)\phi_1(z)) - \begin{bmatrix} \phi_2(z) \\ \phi_3(z) \\ a_1\phi_1(z) + a_2\phi_2(z) + a_3\phi_3(z) + bz^2 \end{bmatrix} \\
&= O(\|z\|^4) - \begin{bmatrix} \phi_2(z) \\ \phi_3(z) \\ a_1\phi_1(z) + a_2\phi_2(z) + a_3\phi_3(z) + bz^2 \end{bmatrix}.
\end{aligned}
$$

选择

$$
\begin{cases} \phi_1 = -\dfrac{b}{a_1}z^2, \\ \phi_i = 0, \quad i = 2, 3. \end{cases}
$$

则可得 $M(\phi(z)) = O(\|z\|^4)$. 根据逼近定理, 可知中心流形可表示为

$$
\begin{cases} x_1 = h_1(z) = -\dfrac{b}{a_1}z^2 + O(\|z\|^4), \\ x_i = h_i(z) = O(\|z\|^4), \quad i = 2, 3. \end{cases} \tag{2.3.18}
$$

中心流形上的动态系统为

$$
\dot{z} = \left(1 - \frac{b}{a_1}\right)z^3 + O(\|z\|^4). \tag{2.3.19}
$$

最后, 选择 $\{a_1, a_2, a_3, b\}$ 使得线性部分为 Hurwitz 矩阵, 并且

$$
1 - \frac{b}{a_1} < 0,
$$

例如, 选 $a_1 = -1$, $a_2 = a_3 = -3$, $b = -2$. 则反馈控制变为

$$
u = -\frac{f(x, z)}{g(x, z)} + \frac{1}{g(x, z)}(-x_1 - 3x_2 - 3x_3 - 2z^2).
$$

于是, 系统 (2.3.19) 在原点渐近稳定. 再根据等价定理可知, 闭环系统在原点也是渐近稳定的. 即上述控制镇定了整个系统.

由上述例子可知

$$u = -\frac{f(x)}{g(x)} + \frac{1}{g(x)}\left[Kx + P(z)\right]$$

可以用来镇定控制系统, 这里, 线性部分 Kx 用来镇定线性能控子系统, 即, 选择 K 使 $A + BK$ 为一 Hurwitz 矩阵. $P(z)$ 为 z 的一个多项式, $P(z) = O(\|z\|^2)$, 它用来设计一个稳定的中心流形.

因为中心流形的表达式 $h(z)$ 满足一个偏微分方程, 所以一般是无法求出的. 解决的办法是, 用中心流形逼近定理求它的近似方程, 再由近似方程的稳定性判断原系统的稳定性. 因此, 如何由近似方程稳定推出原动态系统的稳定性成为一个关键问题.

导数齐次 Lyapunov 函数就是为了这一目的而提出的工具[47, 50]. 下面我们介绍这一工具.

考虑动力系统

$$\dot{x} = f(x), \quad x \in \mathbb{R}^n, \tag{2.3.20}$$

这里 $f(0) = 0$.

我们对 f 的每个分量 f_i 作泰勒展开如下

$$f_i(x) = C^i_{k_i} x^{k_i} + O(\|x\|^{k_i+1}), \quad i = 1, \cdots, n, \tag{2.3.21}$$

这里 $C^i_{k_i} \neq 0$, 即 k_i 是 f_i 的最低非零项指数.

然后, 我们给出关于近似系统的以下定义:

定义 2.3.1 (i) 考察系统 (2.3.21), 设 k_i 为 $f_i(x)$, $i = 1, \cdots, n$ 泰勒展开后最低阶非零项的指数. 定义

$$\dot{x} = g(x), \quad x \in \mathbb{R}^n, \tag{2.3.22}$$

这里 $g(x) = [g_1(x), \cdots, g_n(x)]^{\mathrm{T}}$ 且

$$g_i = C^i_{k_i} x^{k_i}, C^i_{k_i} \in \mathbb{R}, \quad i = 1, \cdots, n.$$

系统 (2.3.22) 称为系统 (2.3.20) 的近似系统.

(ii) 系统 (2.3.22) 称为系统 (2.3.20) 的奇近似系统, 如果所有的 k_i 均为奇数.

(iii) 系统 (2.3.20) 称为依指数 $(k_1, \cdots, k_n)$ 近似稳定的, 如果

$$\dot{x}_i = f_i(x) + O(\|x\|^{k_i+1}), \quad i = 1, \cdots, n$$

在原点渐近稳定.

注 2.3.1 (i) 在 (2.3.22) 中 g_i 是 k_i 次齐次多项式. 因此, $g = [g_1, \cdots, g_n]^{\mathrm{T}}$ 称为分量齐次的多项式向量场.

(ii) 如果 $k_1 = \cdots = k_n := k$, 那么, 这里定义的近似稳定就与经典的近似稳定一致[144]. 在一般情况下, 它与坐标选择有关.

显然, 近似稳定蕴涵渐近稳定, 但渐近稳定推不出近似稳定.

定义 2.3.2 给定一个分量齐次的多项式向量场 $g = [g_1, \cdots, g_n]^{\mathrm{T}}$, 一个正定多项式 $V > 0$ 称为 g 的导数齐次 Lyapunov 函数 (LFHD), 如果它对于 g 的李导数 $L_g V$ 是齐次多项式, 即

$$\deg(L_g V) = \deg\left(\frac{\partial V}{\partial x_i}\right) + \deg(g_i), \quad \forall i = 1, \cdots, n.$$

下面的例子给出两个典型的导数齐次 Lyapunov 函数的构造方法.

例 2.3.3 设 $g = [g_1, \cdots, g_n]^{\mathrm{T}}$ 为一个分量齐次的多项式向量场, 且 $\deg(g_i) = k_i$, $i = 1, \cdots, n$, 设 m 为一给定正整数, 满足

$$2m \geqslant \max\{k_1, \cdots, k_n\} + 1.$$

(i) 设 $2m_i = 2m - k_i + 1$, $i = 1, \cdots, n$, 那么

$$V = \sum_{i=1}^{n} p_i x_i^{2m_i} \tag{2.3.23}$$

是 g 的一个导数齐次 Lyapunov 函数, 这里 $p_i > 0$, $\forall i$.

(ii) 设 $k_1 = \cdots = k_{n_1} := k^1$; $k_{n_1+1} = \cdots = k_{n_1+n_2} := k^2$; $\cdots$; $k_{n_1+\cdots+n_{r-1}+1} = \cdots = k_{n_1+\cdots+n_r} := k^r$, 这里 k^i 为奇数, 且 $\sum_{i=1}^{r} n_i = n$. 记 $x = [x^1, \cdots, x^r]$, 这里 $\dim(x^i) = n_i$, 再设 $2m^i = 2m - k^i + 1$, $i = 1, \cdots, r$, 那么

$$V = \sum_{i=1}^{r} \left[(x_1^i)^{m^i}, \cdots, (x_{n_i}^i)^{m^i} \right] P_i \left[(x_1^i)^{m^i}, \cdots, (x_{n_i}^i)^{m^i} \right]^{\mathrm{T}} \tag{2.3.24}$$

是 g 的一个导数齐次 Lyapunov 函数, 只要 P_i, $i = 1, \cdots, r$ 是维数为 $n_i \times n_i$ 的正定矩阵.

注意, 不管在 (2.3.23) 或 (2.3.24) 中, V 对 g 的李导数均为阶数为 $2m$ 的齐次多项式.

下面的命题是导数齐次 Lyapunov 函数的一个基本性质.

命题 2.3.1 考虑系统 (2.3.20), 如果对它的近似系统 (2.3.22) 存在一个导数齐次 Lyapunov 函数, 使其沿 (2.3.22) 的导数是负定的, 那么系统 (2.3.20) 在原点近似稳定.

证明 假定 L_gV 负定, 并且它的指数为偶数, 设 $\deg(L_gV) = 2m$. 我们断言, 存在一个实数 $b > 0$ 使得

$$L_gV(x) \leqslant -b\sum_{i=1}^{n}(x_i)^{2m}. \tag{2.3.25}$$

由于 L_gV 是负定的, 在紧球面

$$S = \left\{ z \,\middle|\, \sum_{i=1}^{n}(z_i)^{2m} = 1 \right\}$$

上 $L_gV(x)$ 达到它的最大值 $-b < 0$. 即

$$L_gV(z) \leqslant -b < 0, \quad z \in S.$$

现在, 任何一个 $x \in \mathbb{R}^n$ 均可表示为 $x = kz$, 这里 $z \in S$. 因此

$$L_gV(x) = L_gV(kz) = k^{2m}L_gV(z) \leqslant -bk^{2m} = -b\sum_{i=1}^{n}(x_i)^{2m},$$

这就证明了我们的断言.

利用 (2.3.25), 该导数齐次 Lyapunov 函数的导数为

$$\dot{V}|_f = \dot{V}|_{g+O(\|x\|^{K+1})} \leqslant -b\sum_{i=1}^{n}(x_i)^{2m} + O(\|x\|^{2m+1}), \tag{2.3.26}$$

这里 $g + O(\|x\|^{K+1})$ 是

$$\tilde{g}(x) = \left[g_1(x) + O(\|x\|^{k_1+1}), \cdots, g_n(x) + O(\|x\|^{k_n+1}) \right]^{\mathrm{T}}$$

的缩写形式.   □

对于齐次向量场我们有如下近似稳定性的结果[131].

定理 2.3.5 设系统 (2.3.20) 的具有指数 $k_1 = \cdots = k_n = k$ 的近似系统 (2.3.22) 渐近稳定, 则系统 (2.3.20) 渐近稳定.

命题 2.3.1 和定理 2.3.5 是我们判定近似稳定的主要工具.

2.3.3 齐次多项式的负定性

在导数齐次 Lyapunov 函数方法中, 一个关键问题是判定其导数的负定性. 由于其导数是一个齐次多项式, 故要判定一个齐次多项式的负定性. 本节的目的是要发展出一套实用的判别方法.

下面的不等式是我们的出发点.

引理 2.3.2 设 $s \in \mathbb{Z}_+^n$ 及 $x \in \mathbb{R}^n$. 那么下面的不等式成立:

$$|x^s| \leqslant \sum_{j=1}^{n} \frac{s_j}{|s|} |x_j|^{|s|}. \tag{2.3.27}$$

证明 设 $z_1, \cdots, z_n \geqslant 0$ 及 $s_1, \cdots, s_n \geqslant 0$. 由于 $\ln(z)$ 是一个凸函数, 我们有

$$\sum_{i=1}^{n} \left(\frac{s_i}{\sum\limits_{k=1}^{n} s_k} \ln(z_i) \right) \leqslant \ln \left(\sum_{i=1}^{n} \frac{s_i}{\sum\limits_{k=1}^{n} s_k} z_i \right).$$

记 $s = \sum\limits_{k=1}^{n} s_k$, 则上式可等价地表示成

$$\ln \prod_{i=1}^{n} z_i^{\left(\frac{s_i}{s} \right)} \leqslant \ln \left(\sum_{i=1}^{n} \frac{s_i}{s} z_i \right),$$

或

$$\prod_{i=1}^{n} z_i^{\left(\frac{s_i}{s} \right)} \leqslant \sum_{i=1}^{n} \frac{s_i}{s} z_i.$$

将 $z_i^{\left(\frac{1}{s} \right)}$ 用 $|x_i|$ 代入, 立即得到不等式 (2.3.27). $\qquad \square$

为使用上述引理, 我们必须知道对于 n 元 k 次齐次式 x^k, $x \in \mathbb{R}^n$, 每个变元 x_i 在其某个分量中的指数. 因为 x^k 有 n^k 个分量, 所以对每一个变量 x_i, 我们可以用一个 n^k 维向量, 记作 V_k^i, 来表示 x^k 各分量中 x_i 的指数.

例 2.3.4 设 $x \in \mathbb{R}^2$, 可算出

$$x^4 = [x_1^4, x_1^3 x_2, x_1^2 x_2 x_1, x_1^2 x_2^2, x_1 x_2 x_1^2, x_1 x_2 x_1 x_2, x_1 x_2^2 x_1, x_1 x_2^3,$$

$$x_2 x_1^3, x_2 x_1^2 x_2, x_2 x_1 x_2 x_1, x_2 x_1 x_2^2, x_2^2 x_1^2, x_2^2 x_1 x_2, x_2^3 x_1, x_2^4].$$

于是有

$$V_4^1 = [4, 3, 3, 2, 3, 2, 2, 1, 3, 2, 2, 1, 2, 1, 1, 0]^{\mathrm{T}}$$

及

$$V_4^2 = [0, 1, 1, 2, 1, 2, 2, 3, 1, 2, 2, 3, 2, 2, 3, 4]^{\mathrm{T}}.$$

下面讨论 V_k^i 的一般表达式.

引理 2.3.3　设 $x \in \mathbb{R}^n$, 变量 x_i 在 x^k 各分量中的指数, 用向量 V_k^i 表示, 则

$$V_k^i = \mathbf{1}_n^{k-1}\delta_n^i + \mathbf{1}_n^{k-2}\delta_n^i\mathbf{1}_n^1 + \cdots + \mathbf{1}_n\delta_n^i\mathbf{1}_n^{k-2} + \delta_n^i\mathbf{1}_n^{k-1}, \tag{2.3.28}$$

这里 $\mathbf{1}_n = [\underbrace{1, \cdots, 1}_{n}]^{\mathrm{T}}$, δ_n^i 为单位矩阵 I_n 的第 i 列.

证明　先证明一个递推公式

$$\begin{cases} V_1^i = \delta_n^i, \\ V_{s+1}^i = \mathbf{1}_n V_s^i + \delta_n^i \mathbf{1}_{n^{s-1}}, & s \geqslant 1. \end{cases} \tag{2.3.29}$$

由于 $x^1 = [x_1, x_2, \cdots, x_n]^{\mathrm{T}}$, 故 x_i 只在其第 i 个分量出现一次, 因此, $V_1^i = \delta_n^i$. 现在假定 V_s^i 已知, 它是一个 n^s 维向量, 要由 V_s^i 得到 V_{s+1}^i, 可以通过以下两个步骤实现: 首先, 把 x_i 当作一个哑元 ξ, 将 x^s 与 $x_1, x_2, \cdots, x_{i-1}, \xi, x_{i+1}, \cdots, x_n$ 分别相乘, 得到一个 n^{s+1} 维向量. 其元素为 $s+1$ 次单项元, 它的每个 n^s 维的子块, 其含 x_i 的个数与 V_s^i 一样, 因为没有乘以 x_i. 这就是 $\mathbf{1}_n V_s^i$. 然后, 将 ξ 代回 x_i. 此时, 要将第 i 个 n^s 维的子块中 x_i 的个数加 1, 它由 $\delta_n^u \mathbf{1}_n$ 来实现. 其次, x^{s+1} 的第 i 个 n^s 维块是由 x^s 与 x_i 相乘而得到的. 因此, 在这一块要将 x_i 的指数加 1, 这可由 $\delta_n^i \mathbf{1}_n$ 实现. 综合这两个步骤, 即得 (2.3.29).

反复利用 (2.3.29) 迭代, 即可得到 (2.3.28). □

在 x^k 中, x_i 的最高次方项 x_i^k 特别重要, 当 $k=2$ 时, 这种项称为对角元. 因为它对应于二次型矩阵表示 $x^{\mathrm{T}}Qx$ 中 Q 的对角元素. 关于二次型负定的判定, 我们有如下的对角占优原理: 二次型 $x^{\mathrm{T}}Qx$ 负定, 如果

$$-q_{ii} > \sum_{j \neq i} q_{ij}, \quad i = 1, \cdots, n. \tag{2.3.30}$$

对于 $k > 2$ 的情况, 我们仍将其最高次方项 x_i^k 称为对角元. 将在本节将对角占优原理推广到高次方的情况. 首先, 我们要知道对角元在 x^k 中的位置. 容易证明以下结论.

引理 2.3.4　设 $x \in \mathbb{R}^n$. 在 x^k 中对角元 x_i^k, $i = 1, \cdots, n$ 的位置为

$$d_i = (i - 1)\frac{n^k - 1}{n - 1} + 1, \quad i = 1, 2, \cdots, n.$$

例如, 设 $x \in \mathbb{R}^4$ 且 $k = 2$. 利用上式可算出: $d_1 = 1$, $d_2 = 6$, $d_3 = 11$, $d_4 = 16$. 回到例 2.3.4, 容易检验, d_i 是 x_i^2 所在位置.

为方便计, 我们定义一个对角元位置集合 $D_n^k = \{d_i \,|\, i = 1, \cdots, n\}$, 这里 d_i 是 x_i^k 在 x^k 中的位置.

利用引理 2.3.2 ~ 引理 2.3.4, 我们有如下的不等式估计.

引理 2.3.5 设 k 为一偶数, $P(x) = Fx^k$ 为一 k 次齐次多项式. 那么, 我们有如下的不等式估计:

$$P(x) \leqslant \frac{1}{k}\tilde{F}(V_k^1 x_1^k + \cdots + V_k^n x_n^k), \tag{2.3.31}$$

这里 $\tilde{F} \in \mathbb{R}^{n^k}$ 为一行向量, 其元素定义为

$$\tilde{F}_i = \begin{cases} F_i, & i \in D_n^k, \\ |F_i|, & \text{其他}. \end{cases}$$

证明 将不等式 (2.3.27) 用于 $P(x)$ 的每一项, 对 x^k 的每一个分量, 其 x_i^k 系数为 $\dfrac{V_k^i}{k}$. 我们保持对角元 x_i^k, $i = 1, \cdots, n$ 不变, 并按不等式 (2.3.27) 将所有其他项放大, 则得 (2.3.31). □

我们用一个例子说明如何用上述方法检验多项式的负定性. 注意, 一个多元多项式如果最低次项负定则在原点附近局部负定.

例 2.3.5 (i) 考虑多项式

$$P(x) = -x_1^4 + x_1^2 x_2^2 - 2x_1 x_3^3 - 2x_2^4.$$

将其表示为 $P(x) = Fx^4$, 则

$$F = [-1, 0, 0, 1, 0, 0, 0, -2, 0, 0, 0, 0, 0, 0, 0, -3],$$

利用引理 2.3.5 构造 $\tilde{F}$ 如下

$$\tilde{F} = [-1, 0, 0, 1, 0, 0, 0, 2, 0, 0, 0, 0, 0, 0, 0, -3].$$

同时, 不难算出

$$V_4^1 = \mathbf{1}_2^3 \delta_2^1 + \mathbf{1}_2^2 \delta_2^1 \mathbf{1}_2 + \mathbf{1}_2 \delta_2^1 \mathbf{1}_2^2 + \delta_2^1 \mathbf{1}_2^3$$

$$= [4, 3, 3, 2, 3, 2, 2, 1, 3, 2, 2, 1, 2, 1, 1, 0]^{\mathrm{T}}$$

和

$$V_4^2 = \mathbf{1}_2^3 \delta_2^2 + \mathbf{1}_2^2 \delta_2^2 \mathbf{1}_2 + \mathbf{1}_2 \delta_2^2 \mathbf{1}_2^2 + \delta_2^2 \mathbf{1}_2^3$$
$$= [0,1,1,2,1,2,2,3,1,2,2,3,2,3,3,4]^{\mathrm{T}},$$

根据 (2.3.31) 有

$$P(x) \leqslant \frac{1}{4} \left[\tilde{F} V_4^1 + \tilde{F} V_4^2 \right]$$
$$= \frac{-4+2+1}{4} x_1^4 + \frac{2+2\times 3 - 12}{4} x_2^4$$
$$= -\frac{1}{4} x_1^4 - x_2^4.$$

因此, $P(x) < 0$, 即 $P(x)$ 为负定多项式.

(ii) 考虑

$$Q(x) = -x_1^4 - 6x_1^2 x_2^2 - 2x_1 x_3^3 - 2x_2^4.$$

将其表示为 $Q(x) = Hx^4$, 则

$$H = [-1,0,0,-6,0,0,0,-2,0,0,0,0,0,0,0,-3],$$

构造相应的 $\tilde{H}$ 为

$$\tilde{H} = [-1,0,0,6,0,0,0,2,0,0,0,0,0,0,0,-3].$$

利用 (2.3.31) 有

$$Q(x) \leqslant \frac{1}{4} \left[\tilde{H} V_4^1 + \tilde{H} V_4^2 \right]$$
$$= \frac{-4+12+1}{4} x_1^4 + \frac{12+2\times 3 - 12}{4} x_2^4$$
$$= \frac{9}{4} x_1^4 + \frac{3}{2} x_2^4.$$

我们从这里得不到任何结论.

比较上例中的 $P(x)$ 和 $Q(x)$, 容易看出 $P(x) \geqslant Q(x)$, 因此, 不等式 (2.3.31) 在这种情况下明显不够精确. 问题出在, 事实上不需要对 $Q(x)$ 中的负半定项 $-6x_1^2 x_2^2$ 作放大估计, 简单把它们忽略掉就好了.

为找出负半定项, 我们构造如下矩阵

$$V_k = [V_k^1, V_k^2, \cdots, V_k^n].$$

那么, V_k 的 (i,j) 元是 x^j 在 x^k 的第 i 个分量的指数. 例如, 在例 2.3.5 中, 我们有

$$V_4 = \begin{bmatrix} 4 & 3 & 3 & 2 & 3 & 2 & 2 & 1 & 3 & 2 & 2 & 1 & 2 & 1 & 1 & 0 \\ 0 & 1 & 1 & 2 & 1 & 2 & 2 & 3 & 1 & 2 & 2 & 3 & 2 & 3 & 3 & 4 \end{bmatrix}^{\mathrm{T}}.$$

显然, 如果 V_k 在第 i 行的所有元素均为偶数, 则 $P(x) = Fx^k$ 的第 i 项所有变量均有偶指数, 我们称这种项为偶次方项. 而这时如果 F 的相应元素 $F_i < 0$, 则该项负定. 那么, 在不等式估计中, 该项即可略去. 这样, 我们可以对 $\tilde{F}$ 的定义作如下修正:

$$\tilde{F}_i = \begin{cases} F_i, & i \in D_n^k, \\ 0, & i \notin D_n^k, \text{偶次方项}, F_i < 0, \\ |F_i|, & \text{其他}. \end{cases} \tag{2.3.32}$$

今后, 我们只以 (2.3.32) 作为 $\tilde{F}$ 的定义.

回到方程 (2.3.22), 将其记作

$$\dot{x} = \begin{bmatrix} C^1 x^{k_1} \\ C^2 x^{k_2} \\ \vdots \\ C^n x^{k_n} \end{bmatrix}. \tag{2.3.33}$$

假定所有的 k_i, $i = 1, \cdots, n$ 均为奇数. 找一个整数 $m > 0$ 使得 $2m > \max\{k_1, \cdots, k_n\}$. 因为 $2m - k_i + 1 > 0$ 为偶数, 记 $2n_i = 2m - k_i + 1$, 这里 $n_i > 0$. 下面我们定义一个正定的 Lyapunov 函数:

$$L(x) = a_1 x_1^{2n_1} + \cdots + a_n x_n^{2n_n}, \tag{2.3.34}$$

这里 $a_i > 0, \forall i$. 考虑

$$q_i := \frac{\partial L}{\partial x_i} g_i.$$

我们要检验 q_i 的负定性. 因为我们需要用 g_i 的信息, 上述结果需要作一定的修正. 首先要注意的是 x_i 的指数增加了 $2m - k_i$, 我们将 g_i 的指数向量 $V_{k_i}^j$ 换为

$$W_i^j = V_{k_i}^j + (2m - k_i)\delta_n^j \mathbf{1}_{n^{k_i-1}}, \quad j = 1, \cdots, n; \ i = 1, \cdots, n.$$

再定义指数阵如下

$$W_i := [W_i^1, W_i^2, \cdots, W_i^n].$$

q_i 中的 s 项称为偶次方项, 如果 W_i 的第 s 行的元素均为偶数.

注意, 在 q_i 中我们只有一个对角元, 即 x_i^{2m} 不可能有 x_j^{2m}, $j \neq i$. 这个元出现在

$$d_i = (i-1)\frac{n^{k_i}-1}{n-1} + 1.$$

现在我们定义

$$\tilde{C}_j^i = \begin{cases} C_j^i, & j = d_i, \\ 0, & j \neq d_i, 偶次方项(相对于W_i), C_j^i < 0, \\ |C_j^i|, & 其他, \quad i = 1, \cdots, n. \end{cases} \tag{2.3.35}$$

回到系统 (2.3.9), 利用前面的记号和讨论, 我们有下面的结论.

定理 2.3.6　系统 (2.3.9) 在原点是渐近稳定的, 如果存在 $a_i > 0, i = 1, \cdots, n$, 整数 m 满足 $2m > \max_{i[1,n]}\{k_i\}$ 使得

$$\sum_{i=1}^{n} \frac{1}{2m} a_i \tilde{C}^i W_{k_i}^j < 0, \quad j = 1, \cdots, n. \tag{2.3.36}$$

证明　定义一个导数齐次 Lyapunov 函数 $L(x)$, 如 (2.3.34). 根据上面的讨论可知

$$\dot{L}(x)\Big|_{(2.3.33)} \leqslant \sum_{j=1}^{n} \sum_{i=1}^{n} a_i \tilde{C}^i W_{k_i}^j x_j^{2m} < 0. \tag{2.3.37}$$

由于 (2.3.33) 是 (2.3.1) 的近似系统, 根据命题 2.3.1 即得结论.　□

注 2.3.2　在文献 [47] 中上述结果称为跨行对角占优原则. 粗略地说, 它要求对角元对所有行相应变量占优. 下面这个简化结果称为对角占优原则.

推论 2.3.1　系统 (2.3.1) 是渐近稳定的, 如果存在整数 m 满足 $2m > \max_{i \in [1,n]}\{k_i\}$ 使得

$$\tilde{C}^j \delta_n^j \mathbf{1}_{n^{k_j-1}} < 0, \quad j = 1, \cdots, n. \tag{2.3.38}$$

证明　在 (2.3.37) 中令 $m \to \infty$ 可得

$$\lim_{m \to \infty} \sum_{i=1}^{n} \frac{1}{2m}[\tilde{C}^i V_{k_i}^j + (2m - k_i)\delta_n^j \mathbf{1}_{n^{k_i-1}}] = a_j \tilde{C}^j \delta_n^j \mathbf{1}_{n^{k_i-1}}.$$

与 (2.3.38) 相比可知, 如果 (2.3.38) 成立, 则可选足够大的 m, 使得 (2.3.37) 中的系数均为负数.　□

注 2.3.3 在应用推论 2.3.1 时, 有一个问题, 即什么是偶次方项, 因为这里无法构造 W_i. 其实, 判定是否偶次方项不必依赖 W_i, 可直接利用 V_i. q_i 中的第 j 项是 $\dot{L}(x)$ 中的偶次方项, 当且仅当, 在 V_i 的第 j 行中除第 j 个元素为奇数外, 其余元素均为偶数.

下面给出一个应用的简单例子, 通过它来解释前面的概念和结论.

例 2.3.6 找出 λ 的一个范围, 使得下述系统在原点的某个邻域渐近稳定:

$$
\begin{cases}
\dot{x}_1 = \sin(x_1) - x_1 \cos(2\lambda x_2), \\
\dot{x}_2 = x_2^2 \ln(1 - x_2 - x_3) + 0.5 x_2^2 x_3, \\
\dot{x}_3 = 2x_3^3 \left(1 - \cosh(x_3 - x_2)\right) - 1.1 x_3^5.
\end{cases}
\tag{2.3.39}
$$

对 (2.3.39) 作泰勒展开, 可得到它的近似系统为

$$
\begin{cases}
\dot{x}_1 = -\dfrac{1}{6}x_1^3 + 2\lambda^2 x_1 x_2^2 \ (:= g_1), \\
\dot{x}_2 = -x_2^3 + \dfrac{1}{2}x_2^2 x_3 \ (:= g_2), \\
\dot{x}_3 = -2.1 x_3^5 + 2x_3^4 x_2 - x_3^3 x_2^2 \ (:= g_3).
\end{cases}
\tag{2.3.40}
$$

应用 (2.3.38), 对 $j = 1$ 得不等式

$$
-\frac{1}{6} + 2\lambda^2 < 0;
$$

对 $j = 2$ 得不等式

$$
-1 + \frac{1}{2} < 0;
$$

对 $j = 3$ 注意到根据前面的注可知 $x_3^3 x_2^2$ 对应导数中的偶次方项, 且其系数为负, 故可略去, 因此, 得不等式

$$
-2.1 + 2 < 0.
$$

综上, 根据对角占优原则, 当 $-\dfrac{1}{6} + 2\lambda^2 < 0$ 时, 即

$$
|\lambda| < 0.2886751346,
$$

系统 (2.3.40) 在原点近似稳定. 因此 (2.3.39) 在原点渐近稳定.

下面利用跨行对角占优原则. 取 $m = 3$, $a_i = 1$, $i = 1, 2, 3$. 那么, (2.3.36) 变

为

$$
\begin{cases}
\dfrac{1}{6} > 2\lambda^2 \left(\dfrac{4}{6}\right), \\[2mm]
1 > \dfrac{2}{6}(2\lambda^2) + \dfrac{1}{2}\left(\dfrac{5}{6}\right) + 2\left(\dfrac{1}{6}\right), \\[2mm]
2.1 > 2\left(\dfrac{5}{6}\right) + \dfrac{1}{2}\left(\dfrac{1}{6}\right).
\end{cases}
$$

其解为

$$
|\lambda| < 0.3535533906.
$$

即此时系统 (2.3.40) 在原点近似稳定, 或 (2.3.39) 在原点渐近稳定.

从上面的例子可以看出, 对角占优原则比跨行对角占优原则方便, 但跨行对角占优原则比对角占优原则精确. 容易证明, 这个结论具有一般性.

本节的内容基于 [464], 与 [464] 相比, 本节给出相应结果的半张量积形式的公式, 它们在用计算机编程实现方面上极为方便.

2.3.4 零中心系统的镇定

本节给出设计中心流形镇定非线性系统的一个典型的设计方法.

考虑一个反馈等价意义下的标准形式仿射非线性系统

$$
\begin{cases}
\dot{x} = Ax + Bv, & x \in \mathbb{R}^s, \\
\dot{z} = q(z, x), & z \in \mathbb{R}^t.
\end{cases}
\tag{2.3.41}
$$

不失一般性, 设线性部分 (A, B) 具有 Brunovsky 标准型, 即 (2.3.41) 的线性部分可表示为

$$
\begin{cases}
\dot{x}_1^i = x_2^i, \\
\cdots\cdots \\
\dot{x}_{s_i-1}^i = x_{s_i}^i, \\
\dot{x}_{s_i}^i = v_i, & x^i \in \mathbb{R}^{s_i}, \ i = 1, \cdots, m.
\end{cases}
\tag{2.3.42}
$$

受例 2.3.2 的启发, 我们寻找下述形式的控制器镇定系统

$$
v_i = a_1^i x_1^i + \cdots + a_{s_i}^i x_{s_i}^i - a_1^i \sum_{j=2}^{h} P_j^i(z), \quad i \in [1, m].
\tag{2.3.43}
$$

这里 $P_j^i(z)$ 为 j 次齐次多项式, 常数 a_j^i 这样选择, 使得反馈后的线性子系统矩阵为 Hurwitz 矩阵. 设中心流形由等式 $x = h(z)$ 刻画. 我们用 $x = \phi(z)$ 来逼近它, 这里

$$x^i = \phi^i(z) = \begin{bmatrix} \sum_{j=2}^{h} P_j^i(z) \\ 0 \\ \vdots \\ 0 \end{bmatrix}, \quad i = 1, \cdots, m. \qquad (2.3.44)$$

根据中心流形逼近定理可知, 如果

$$\frac{\partial \phi}{\partial z} q(z, \phi(z)) = O(\|z\|^{r+1}), \qquad (2.3.45)$$

那么两个函数之差 (即逼近误差) 为

$$\|\phi(z) - h(z)\| = O(\|z\|^{r+1}),$$

这里 $\phi(z) = [\phi^1(z), \cdots, \phi^m(z)]$.

　　其次, 我们构造中心流形上的动态方程的近似方程, 得

$$\dot{z}_i = q_i(z, \phi(z)), \quad i = 1, \cdots, t. \qquad (2.3.46)$$

记 (2.3.46) 的近似方程为

$$\dot{z} = \begin{bmatrix} D^1 x^{k_1} \\ \vdots \\ D^n x^{k_n} \end{bmatrix}, \qquad (2.3.47)$$

这里, $D^i \neq 0$, $i = 1, \cdots, n$. 如果 k_i, $i = 1, \cdots, n$ 均为奇数, 那么我们可以得到以下的主要定理:

　　定理 2.3.7　*考虑系统 (2.3.41)~(2.3.42), 如果存在如前所述的 $\phi(z)$, 使得*

　　(i) (2.3.45) 成立;

　　(ii) $q_i(z, \phi(z)) - q_i(z, \phi(z) + O(\|z\|^{r+1})) = O(\|z\|^{k_i+1})$, $\quad i = 1, \cdots, t.$　(2.3.48)

　　(iii) *存在一个导数齐次 Lyapunov 函数 $V(z) > 0$ 使得 $\dot{V}|_{(2.3.47)} < 0$.*

那么, 系统 (2.3.41)~(2.3.42) 可被控制 (2.3.43) 镇定.

注 **2.3.4**　(1) 实际上, 条件 (iii) 保证了 (2.3.46) 的近似稳定性. 而在条件 (i) 的假定下, 条件 (ii) 保证了中心流形上的真实动态系统的渐近稳定性.

(2) 当然, 条件 (iii) 可以改为一个更一般的说法, 即系统 (2.3.47) 近似稳定. 下面给出一个简单例子描述这个设计过程.

例 **2.3.7**　考察下述系统

$$\begin{cases} \dot{x}_1 = x_2, \\ \dot{x}_2 = x_3, \\ \dot{x}_3 = u, \\ \dot{z}_1 = z_1^2 z_2 + z_1 x_1 + z_2 x_2, \\ \dot{z}_2 = z_2^3 x_1 \end{cases} \tag{2.3.49}$$

为镇定线性部分, 设计控制如下

$$u = -x_1 - 3x_2 - 3x_3 + \phi(z),$$

这里未定部分 $\phi(z)$ 为 z 的非线性多项式, 不妨设

$$h(z) = \alpha z_1^2 + \beta z_1 z_2 + \gamma z_2^2.$$

根据 (2.3.44), 我们用下述函数逼近中心流形

$$\begin{cases} x_1(z) = \alpha z_1^2 + \beta z_1 z_2 + \gamma z_2^2, \\ x_2(z) = 0, \\ x_3(z) = 0. \end{cases}$$

根据中心流形逼近定理, 逼近误差为

$$\frac{\partial x}{\partial z} \begin{bmatrix} z_1^2 z_2 + z_1 x_1(z) + z_2 x_2(z) \\ z_2^3 x_1(z) \end{bmatrix} - \begin{bmatrix} x_2(z) \\ x_3(z) \\ -x_1(z) - 3(x_2(z) - 3x_3(z) + h(z)) \end{bmatrix}$$

$$= \begin{bmatrix} 0 & 0 \\ 0 & 0 \\ 2\alpha z_1 + \beta z_2 & \beta z_2 + 2\gamma z_3 \end{bmatrix} \begin{bmatrix} z_1^2 z_2 + z_1 x_1(z) + z_2 x_2(z) \\ z_2^3 x_1(z) \end{bmatrix} - \begin{bmatrix} 0 \\ 0 \\ 0 \end{bmatrix} = O(\|z\|^4).$$

现在考虑中心流形上的动态系统. 我们有

$$\begin{cases} \dot{z}_1 = z_1^2 z_2 + z_1[x_1(z) + O(\|z\|^4)], \\ \dot{z}_2 = z_2^3[x_1(z) + O(\|z\|^4)], \end{cases}$$

即

$$
\begin{cases}
\dot{z}_1 = z_1^2 z_2 + z_1[\alpha z_1^2 + \beta z_1 z_2 + \gamma z_2^2] + O(\|z\|^5), \\
\dot{z}_2 = z_2^3[\alpha z_1^2 + \beta z_1 z_2 + \gamma z_2^2] + O(\|z\|^7).
\end{cases}
$$

于是, 中心流形上的动态系统的近似系统为

$$
\begin{cases}
\dot{z}_1 = z_1^2 z_2 + z_1[\alpha z_1^2 + \beta z_1 z_2 + \gamma z_2^2], \\
\dot{z}_2 = z_2^3[\alpha z_1^2 + \beta z_1 z_2 + \gamma z_2^2].
\end{cases}
\tag{2.3.50}
$$

选择一个导数齐次 Lyapunov 函数如下

$$
V = z_1^4 + z_2^2,
$$

并设 $\alpha = \gamma = -1$, $\beta = 0$, 则可得到

$$
\dot{V}|_{(2.3.50)} \leqslant -4z_1^6 + 4z_1^5 z_2 - 2z_2^6 \leqslant -4z_1^6 + \frac{10}{3}z_1^6 + \frac{2}{3}z_2^6 - 2z_2^6 < 0, \quad z \neq 0.
$$

因此可以知道, 控制

$$
u = -x_1 - 3x_2 - 3x_3 - z_1^2 - z_2^2
$$

使闭环系统在原点渐近稳定.

2.4　电力系统的稳定域

2.1 节曾经讨论过, 电力系统的稳定性大致分为两类: 一类是单机 (或多机) 系统运行的稳定性. 这是典型的非线性系统稳定性与镇定问题. 另一类是暂态稳定问题, 它讨论当电网发生故障时, 暂态过程能否最终进入切机后新工作点的稳定域. 因此, 电力系统暂态分析的关键之一是计算新工作点的稳定域. 本节讨论如何利用矩阵半张量积计算一个动态系统的稳定平衡点的稳定域.

2.4.1　稳定域的描述

研究电力系统的稳定域, 近年来常用的方法是所谓的能量函数法, 它的基本思想是使用经过临界点 (不稳定平衡点) 的能量函数的等值曲面来近似稳定边界. 为了叙述更准确, 我们需要给出一些记号和定义, 以便对这个问题进行严格几何描述.

考虑如下形式的光滑非线性系统

$$
\dot{x} = f(x), \quad x \in \mathbb{R}^n,
\tag{2.4.1}
$$

其中 $f(x)$ 是一个解析向量场.

设 x_e 是 (2.4.1) 的一个平衡点. x_e 的稳定和不稳定子流形, 分别记作 $W^s(x_e)$ 和 $W^u(x_e)$, 定义如下

$$
\begin{aligned}
W^s(x_e) &= \{p \in \mathbb{R}^n \mid \lim_{t \to \infty} x(t,p) \to x_e\}, \\
W^u(x_e) &= \{p \in \mathbb{R}^n \mid \lim_{t \to -\infty} x(t,p) \to x_e\}.
\end{aligned}
\tag{2.4.2}
$$

设 x_s 是 (2.4.1) 的一个稳定平衡点. x_s 的吸引域定义为

$$
A(x_s) = \left\{ p \in \mathbb{R}^n \ \middle| \ \lim_{t \to \infty} x(t,p) \to x_s \right\}.
\tag{2.4.3}
$$

吸引域的边界记为 $\partial A(x_s)$.

称一个平衡点是双曲的, 如果 f 在 x_e 处的 Jacobi 矩阵 $J_f(x_e)$ 没有零实部特征值. 称一个双曲平衡点是 k 型的, 如果 $J_f(x_e)$ 有 k 个正实部特征值.

文献 [72, 395] 证明了下述结论: 对于一个动力系统的稳定平衡点 x_s, 如果它满足下述三个假设条件:

(i) 稳定边界 $\partial A(x_s)$ 上的平衡点是双曲的;

(ii) 稳定边界 $\partial A(x_s)$ 上的平衡点的稳定和不稳定子流形满足横截条件;

(iii) 稳定边界 $\partial A(x_s)$ 上的每条轨线当 $t \to \infty$ 时趋向于一个平衡点,

则稳定域边界由边界上的不稳定平衡点的稳定子流形构成. 见图 2.4.1.

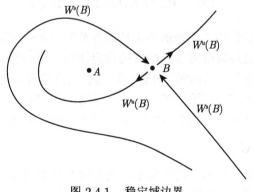

图 2.4.1　稳定域边界

一个微分流形 M 的两个子流形 N, S 称为是满足横截条件的, 如果对于任一交点 $x \in N \cap S$, 两个子流形 N, S 在该点的切空间的并等于流形在该点的切空间, 即

$$
T_x(N) \cup T_x(S) = T_x(M).
$$

不难知道, 如果状态空间是 n 维的, 则稳定边界是 $n-1$ 维的[72]. 因此, 稳定边界是由边界上的 1 型平衡点的稳定子流形的闭包组成. 基于这个事实, 计算或估计 1 型平衡点的稳定子流形具有重要的意义.

近来在电力系统的研究中发展了许多算法来得到 1 型平衡点的近似, 例如, 能量函数方法等.

下面, 我们将给出稳定子流形的泰勒展开公式. 它的前两项形成了最好的二次近似. 这个公式基于矩阵半张量积.

2.4.2 稳定子流形方程

本节考虑 1 型平衡点的稳定子流形的展开.

不失一般性, 我们可以假设 1 型平衡点是 $x_u = 0$. 将 (2.4.1) 中向量场 f 由泰勒展公式展开成

$$f(x) = \sum_{i=1}^{\infty} F_i x^i = Jx + F_2 x^2 + \cdots, \tag{2.4.4}$$

其中 $F_1 = J = J_f(0)$, $F_i = \dfrac{1}{i!} D^i f(0)$ 是已知的 $n \times n^i$ 矩阵.

我们用 $A^{-\mathrm{T}}$ 表示 A 的转置 A^{T} 的逆. 矩阵 A 称为一个双曲矩阵, 如果它没有零实部的特征值.

引理 2.4.1 设 A 是一个双曲矩阵. V_s 和 V_u 分别记为 A 的稳定和不稳定子空间, U_s 和 U_u 分别记为 $A^{-\mathrm{T}}$ 的稳定和不稳定子空间, 那么

$$V_s^{\perp} = U_u, \quad V_u^{\perp} = U_s. \tag{2.4.5}$$

证明 设 A 是 k 型的, 那么我们可以将 A 转化为 Jordan 标准型

$$Q^{-1} A Q = \begin{bmatrix} J_s & 0 \\ 0 & J_u \end{bmatrix},$$

其中 J_s 和 J_u 分别表示稳定和不稳定块. 分割 $Q = \begin{bmatrix} Q_1 & Q_2 \end{bmatrix}$, 其中 Q_1 和 Q_2 分别是 Q 的前 $n-k$ 列和后 k 列, 那么

$$V_s = \operatorname{span} \operatorname{Col}\{Q_1\}, \quad V_u = \operatorname{span} \operatorname{Col}\{Q_2\}.$$

容易看出

$$Q^{\mathrm{T}} A^{-\mathrm{T}} Q^{-\mathrm{T}} = \begin{bmatrix} J_s^{-\mathrm{T}} & 0 \\ 0 & J_u^{-\mathrm{T}} \end{bmatrix}.$$

分割 $Q^{-T} = \begin{bmatrix} \tilde{Q}_1 & \tilde{Q}_2 \end{bmatrix}$, 其中 $\tilde{Q}_1$ 和 $\tilde{Q}_2$ 分别是 Q^{-T} 的前 $n-k$ 列和后 k 列, 那么

$$U_s = \operatorname{span} \operatorname{Col}\{\tilde{Q}_1\}, \quad U_u = \operatorname{span} \operatorname{Col}\{\tilde{Q}_2\}.$$

于是由 $Q^{-1}Q = I$ 得出结论. □

下面的推论是上面引理的一个直接结果.

推论 2.4.1　设 A 是一个 1 型矩阵, 且它的唯一一个不稳定特征值为 μ. 设 η 是 A^T 关于特征值 μ 的特征向量, 那么 η 垂直于 A 的稳定子空间.

证明　因为 A^{-T} 的唯一一个不稳定特征值是 $\dfrac{1}{\mu}$, 记 η 是 A^{-T} 的特征向量, 于是根据引理 2.4.1 中的 $\operatorname{span}\{\eta\} = U_u = V_s^{\perp}$, 我们只需证明 η 也是 A^T 关于 μ 的特征向量即可.

由于

$$A^{-T}\eta = \frac{1}{\mu}\eta \Rightarrow A^T\eta = \mu\eta,$$

于是结论成立. □

不失一般性, 以下我们假设 $x_u = 0$ 是系统 (2.4.1) 的 1 型平衡点.

下面的定理给出了一组 1 型平衡点的稳定子流形所要满足的充分必要条件.

定理 2.4.1　设 $x_u = 0$ 是系统 (2.4.1) 的 1 型平衡点.

$$W^s(e_u) = \{x \mid h(x) = 0\}. \tag{2.4.6}$$

那么 $h(x)$ 是由下面的充要条件 (2.4.7)~(2.4.9) 唯一决定的.

$$h(0) = 0, \tag{2.4.7}$$

$$h(x) = \eta^T x + O(\|x\|^2), \tag{2.4.8}$$

$$L_f h(x) = \mu h(x), \tag{2.4.9}$$

其中 $L_f h(x)$ 是 $h(x)$ 关于 f 的李导数, η 是 $J_f^T(0)$ 关于它的唯一一个正特征值 μ 的特征向量.

证明　(必要性) (2.4.7) 和 (2.4.8) 的必要性显然. 我们只需证明 (2.4.9) 的必要性. 首先, 注意到

$$\frac{\partial h}{\partial x} = \eta^T + O(\|x\|). \tag{2.4.10}$$

因此局部存在零点的一个邻域, 使得

$$\operatorname{rank}(h(x)) = 1, \quad x \in U. \tag{2.4.11}$$

由于 $W^s(e_u)$ 是 f 不变的, 于是

$$
\begin{cases}
h(x) = 0, \\
L_f h(x) = 0, \quad x \in W^s(e_u).
\end{cases}
\tag{2.4.12}
$$

由于 $\dim(W^s(e_u)) = n - 1$, 得到

$$
\mathrm{rank}\left(\begin{bmatrix} h(x) \\ L_f h(x) \end{bmatrix} \right) = 1,
$$

这就说明 $h(x)$ 和 $L_f h(x)$ 应是线性相关的. 直接计算得

$$
L_f h(x) = \eta^{\mathrm{T}} J_f(0) x + O(\|x\|^2) = \mu \eta^{\mathrm{T}} x + O(\|x\|^2).
$$

于是对于 $x \in U$, 由 $h(x)$ 和 $L_f h(x)$ 的线性相关性得到 (2.4.9). 最后, 由系统的解析性, (2.4.9) 在全局也是对的.

(充分性) 首先, 我们证明如果 $h(x)$ 满足 (2.4.7)~(2.4.9), 那么局部地

$$
\{ x \in U \mid h(x) = 0 \}
$$

在 U 上是稳定子流形. 根据秩条件 (2.4.11), 我们知道 (参见文献 [35], 定理 5.8)

$$
V := \{ x \in U \mid h(x) = 0 \}
$$

是一个 $n - 1$ 维流形.

其次, 由于 $L_f h(x) = 0$, V 是局部 f 不变的. 最后, (2.4.8) 表明在局部意义下零点是 f 限制在 V 上的渐近稳定平衡点. 因此, 在局部意义下 V 是 (2.4.1) 的稳定子流形. 但是稳定子流形是唯一的[40], 因此 V 就是 $W^s(e_u)$.

由于系统是解析的, $\{ x \mid h(x) = 0 \}$ 与 $W^s(e_u)$ 全局重合.   □

2.4.3 稳定子流形的二次近似

本节讨论不稳定平衡点的稳定子流形的二次近似. 与已知的二次近似[296,320] 相比, 本节给出的方法有两个优点: ① 给出了精确的公式; ② 它是唯一的误差仅为 $O(\|x\|^3)$ 的公式.

为了计算方便, 我们记 $h(x)$ 的泰勒展开式为

$$
h(x) = H_1 x + H_2 x^2 + H_3 x^3 + \cdots = H_1 x + \frac{1}{2} x^{\mathrm{T}} \Psi x + H_3 x^3 + \cdots. \tag{2.4.13}
$$

注意: 在上面我们使用的二次项的两种形式: 半张量积形式 $H_2 x^2$ 和二次型形式 $\frac{1}{2}x^{\mathrm{T}}\Psi x$, 其中 $\Psi = \mathrm{Hess}(h(0))$ 是 $h(x)$ 在 $x = 0$ 处的 Hessian 矩阵, $H_2 = V_c^{\mathrm{T}}\left(\frac{1}{2}\Psi\right)$ 是 $\frac{1}{2}\Psi$ 的列展开.

注意: 设 $f(x,y)$ 为 $\mathbb{R}^n \times \mathbb{R}^m \to \mathbb{R}$ 的一个实值函数, 则它的 Hessian 矩阵为

$$\mathrm{Hess}(f) = \begin{bmatrix} \dfrac{\partial^2 f}{\partial x_1 \partial y_1} & \cdots & \dfrac{\partial^2 f}{\partial x_1 \partial y_m} \\ \vdots & & \vdots \\ \dfrac{\partial^2 f}{\partial x_n \partial y_1} & \cdots & \dfrac{\partial^2 f}{\partial x_n \partial y_m} \end{bmatrix}.$$

引理 2.4.2　(2.4.13) 的稳定子流形的二次型满足

$$\Psi\left(\frac{\mu}{2}I - J\right) + \left(\frac{\mu}{2}I - J^{\mathrm{T}}\right)\Psi = \sum_{i=1}^{n} \eta_i \,\mathrm{Hess}(f_i(0)), \qquad (2.4.14)$$

其中 μ 和 η 依推论 2.4.1 中的定义, $\mathrm{Hess}(f_i)$ 是 f 的第 i 个分量的 Hessian 矩阵.

证明　首先, $h(x) = 0$ 的线性近似是

$$H_1 x = 0,$$

它就是 $W^s(x_u)$ 的稳定子流形的切空间. 由于 η 是 $W^s(x_u)$ 在 x_u 处的法线方向, 显然 $H_1 = \eta$.

根据定理 2.4.1, 李导数

$$L_f h(x) = 0.$$

利用 (1.3.2), 我们有

$$Dh(x) = H_1 + H_2\Phi_1 x + H_3\Phi_2 x^2 + \cdots = H_1 + x^{\mathrm{T}}\Psi + H_3\Phi_2 x^2 + \cdots.$$

注意到向量场 f 可以表示成

$$f(x) = Jx + \frac{1}{2}\begin{bmatrix} x^{\mathrm{T}}\mathrm{Hess}(f_1(0))x \\ \vdots \\ x^{\mathrm{T}}\mathrm{Hess}(f_n(0))x \end{bmatrix} + O(\|x\|^3).$$

计算 $L_f h$ 得到

$$L_f h = \eta^{\mathrm{T}} J x + x^{\mathrm{T}} \left(\frac{1}{2} \sum_{i=1}^{n} \eta_i \, \mathrm{Hess}(f_i(0)) + \Psi J \right) x + O(\|x\|^3)$$

$$= \mu \eta^{\mathrm{T}} x + x^{\mathrm{T}} \left(\frac{1}{2} \sum_{i=1}^{n} \eta_i \, \mathrm{Hess}(f_i(0)) + \Psi J \right) x + O(\|x\|^3). \tag{2.4.15}$$

注意到作为 f 的不变子流形, 我们有

$$W^s(e_u) = \{ x \mid h(x) = 0, \ L_f h(x) = 0 \}. \tag{2.4.16}$$

利用 (2.4.13) 和 (2.4.16), 对于 $W^s(e_u)$ 我们有

$$x^{\mathrm{T}} \left(\frac{1}{2} \sum_{i=1}^{n} \eta_i \, \mathrm{Hess}(f_i(0)) + \Psi \left(J - \frac{\mu}{2} I \right) \right) x + O(\|x\|^3) = 0. \tag{2.4.17}$$

将二次型形式表示成对称形式, 我们有 (2.4.14). $\qquad \square$

引理 2.4.3 (2.4.14) 具有唯一对称解.

证明 将 (2.4.14) 表示成线性方程形式, 我们有

$$(A \otimes I_n + I_n \otimes A) V_c(\Psi) = V_c \left(\sum_{i=1}^{n} \eta_i \, \mathrm{Hess}(f_i(0)) \right), \tag{2.4.18}$$

其中

$$A = \frac{\mu}{2} I - J^{\mathrm{T}}.$$

(2.4.18) 的形式可由标准 Lyapunov 映射得到[49]. 易知[1], 设 $\lambda_i \in \sigma(A)$, $i = 1, \cdots, n$ 是 A 的特征值, 则 $A \otimes I_n + I_n \otimes A$ 的特征值是

$$\{ \lambda_i + \lambda_j \mid 1 \leqslant i, j \leqslant n, \ \lambda_t \in \sigma(A) \}.$$

为了证明 $A \otimes I_n + I_n \otimes A^{\mathrm{T}}$ 是非奇异的, 我们只需证明所有的 $\lambda_i + \lambda_j \neq 0$. 设 $\xi_i \in \sigma(J)$, $i = 1, \cdots, n$ 是 J 的特征值, 则

$$\lambda_i = \frac{\mu}{2} - \xi_i, \quad i = 1, \cdots, n.$$

观察 J 的特征值可以看出 A 的唯一负特征值是 $-\dfrac{\mu}{2}$, 并且 A 的所有其他特征值的正实部都大于 $\dfrac{\mu}{2}$, 于是

$$\lambda_i + \lambda_j \neq 0, \quad 1 \leqslant i, j \leqslant n.$$

因此 (2.4.14) 具有唯一解. 最后, 证明解是对称的. 可以验证

$$(A \otimes I_n + I_n \otimes A)W_{[n]} = W_{[n]}(A \otimes I_n + I_n \otimes A). \tag{2.4.19}$$

利用 (2.4.19), 我们有

$$(A \otimes I_n + I_n \otimes A)V_r(\Psi) = (A \otimes I_n + I_n \otimes A)W_{[n]}V_c(\Psi)$$

$$= W_{[n]}(A \otimes I_n + I_n \otimes A)V_c(\Psi) = W_{[n]}V_c\left(\sum_{i=1}^{n} \eta_i \operatorname{Hess}(f_i(0))\right)$$

$$= V_r\left(\sum_{i=1}^{n} \eta_i \operatorname{Hess}(f_i(0))\right) = V_c\left(\sum_{i=1}^{n} \eta_i \operatorname{Hess}(f_i(0))\right). \tag{2.4.20}$$

最后一个等号可由 $\sum_{i=1}^{n} \xi_i \operatorname{Hess}(f_i(0))$ 是对称矩阵得到, 因此它的行展开和列展开相同. (2.4.20) 表明 $V_r(\Psi)$ 是 (2.4.18) 的另一个解, 但是 (2.4.18) 仅有一个解, 因此我们有

$$V_r(\Psi) = V_c(\Psi).$$

即 Ψ 对称. □

记 V_c^{-1} 是 V_c 的逆映射, 即它将矩阵 A 从它的行展开 $V_c(A)$ 还原为 A.

综合引理 2.4.1 ∼ 引理 2.4.3, 我们有下面的稳定子流形的二次形式的近似.

定理 2.4.2 x_u 的稳定子流形 $h(x) = 0$ 可以表示成

$$h(x) = H_1 x + \frac{1}{2}x^{\mathrm{T}}\Psi x + O(\|x\|^3), \tag{2.4.21}$$

其中

$$\begin{cases} H_1 = \eta^{\mathrm{T}}, \\ \Psi = V_c^{-1}\left\{\left[\left(\frac{\mu}{2}I_n - J^{\mathrm{T}}\right) \otimes I_n + I_n \otimes \left(\frac{\mu}{2}I_n - J^{\mathrm{T}}\right)\right]^{-1} V_c\left(\sum_{i=1}^{n} \eta_i \operatorname{Hess}(f_i(0))\right)\right\}, \end{cases}$$

μ 和 η 如推论 2.4.1 中对 $J = F_1$ 的定义, $\operatorname{Hess}(f_i)$ 是 f 的第 i 个分量 f_i 的 Hessian 矩阵.

注 2.4.1 如果 e_u 是 $n-1$ 型的, μ 是唯一的负特征值, 它的特征向量是 η, 则上面的论述仍可适用于不稳定子流形. 特别地, (2.4.21) 是不稳定子流形的二次近似.

观察 (2.4.17), 下面的推论是一个直接结果, 它可以简化一些计算.

推论 2.4.2 设

$$\sum_{i=1}^{n} \eta_i \operatorname{Hess}(f_i(0)) \left(\frac{\mu}{2} I_n - J \right)^{-1}$$

对称, 那么稳定子流形的二次近似是

$$h(x) = \eta^{\mathrm{T}} x + \frac{1}{4} x^{\mathrm{T}} \sum_{i=1}^{n} \eta_i \operatorname{Hess}(f_i(0)) \left(\frac{\mu}{2} I_n - J \right)^{-1} x = 0. \qquad (2.4.22)$$

例 2.4.1 考虑系统

$$\begin{cases} \dot{x}_1 = x_1, \\ \dot{x}_2 = -x_2 + x_1^2, \quad x \in \mathbb{R}^2. \end{cases} \qquad (2.4.23)$$

它的稳定和不稳定子流形是[296]

$$W^s(0) = \{ x \in \mathbb{R}^2 \mid x_1 = 0 \},$$

$$W^u(0) = \left\{ x \in \mathbb{R}^2 \mid x_2 = \frac{1}{3} x_1^2 \right\}.$$

利用它们来验证公式 (2.4.22). 对于 (2.4.23), 有

$$J = \begin{bmatrix} 1 & 0 \\ 0 & -1 \end{bmatrix}.$$

对于稳定子流形 $W^s(0)$, 容易验证稳定特征值是 $\mu = 1$, 特征向量是 $\eta = [1\ 0]^{\mathrm{T}}$, 且

$$\operatorname{Hess}(f_1(0)) = 0, \quad \operatorname{Hess}(f_2(0)) = \begin{bmatrix} 2 & 0 \\ 0 & 0 \end{bmatrix}.$$

于是

$$\frac{1}{4} \sum_{i=1}^{2} \eta_i \operatorname{Hess}(f_i(0)) \left(\frac{1}{2} I - J \right)^{-1} = 0,$$

即

$$h_s(x) = [1\ 0]x + 0 + O(\|x\|^3) = x_1 + O(\|x\|^3).$$

对于不稳定子流形 $W^u(0)$, 易验证不稳定特征值是 $\mu = -1$, 特征向量是 $\eta = [0\ 1]^{\mathrm{T}}$, 于是

$$\frac{1}{4} \sum_{i=1}^{2} \eta_i \operatorname{Hess}(f_i(0)) \left(\frac{-1}{2} I - J \right)^{-1} = \begin{bmatrix} -\dfrac{1}{3} & 0 \\ 0 & 0 \end{bmatrix}.$$

即

$$h_u(x) = [0\ 1]x + x^{\mathrm{T}}\begin{bmatrix} -\dfrac{1}{3} & 0 \\ 0 & 0 \end{bmatrix}x + O(\|x\|^3) = x_2 - \frac{1}{3}x_1^2 + O(\|x\|^3).$$

注意: 我们用下一节的结论可以看出 $h_s(x)$ 和 $h_u(x)$ 的误差项 $O(\|x\|^3)$ 都是 0. 另外, 利用定理 2.4.1 也可直接验证. 例如, 我们验证 $h_u(x)$: 假设 $h_u(x) = x_2 - \frac{1}{3}x_1^2$, 于是 $W^u(e_u) = \{x\,|\,h_u(x) = 0\}$, 当且仅当由 $h_u(x) = 0$ 得到 $L_f h_u(x) = 0$, 而这是对的, 因为

$$L_f(h_u(x)) = \begin{bmatrix} -\dfrac{2}{3}x_1 & 1 \end{bmatrix}\begin{bmatrix} x_1 \\ -x_2 + x_1^2 \end{bmatrix} = -x_2 + \frac{1}{3}x_1^2 = -h_u(x).$$

2.4.4　稳定子流形的高阶近似

本节考虑稳定子流形的整体泰勒展开. 在后面微分的计算中, 我们必须计算 Φ_k, 为此我们需要下面的命题.

命题 2.4.1

$$W_{[n^s,n]} = \prod_{i=0}^{s-1}\left(I_{n^i} \otimes W_{[n,n]} \otimes I_{n^{s-i-1}}\right). \tag{2.4.24}$$

证明　利用换位矩阵因子分解式 (见第一卷, 命题 1.4.6), 我们有

$$W_{[n^s,n]} = \left(W_{[n^{s-1},n]} \otimes I_n\right)\left(I_{n^{s-1}} \otimes W_{[n,n]}\right).$$

再次利用因子分解式分解第一个因子, 如此继续下去, 就得到 (2.4.24). 注意, 这里我们约定 $I_{n^0} = 1$, $\Phi_0 = I_n$. □

利用 (2.4.24), 可以很容易计算 Φ_k. 我们给出下面的例子说明.

例 2.4.2　设 $n = 2$, 则

$$\Phi_0 = I_n,$$

$$\Phi_1 = W_{[n,n]} + I \otimes W_{[1,n]} = W_{[n]} + I_{n^2} = \begin{bmatrix} 2 & 0 & 0 & 0 \\ 0 & 1 & 1 & 0 \\ 0 & 1 & 1 & 0 \\ 0 & 0 & 0 & 2 \end{bmatrix},$$

$$\Phi_2 = W_{[n^2,n]} + I_n \otimes W_{[n,n]} + I_{n^2} \otimes W_{[1,n]}$$

$$= \left(W_{[n]} \otimes I_n \right) \left(I_n \otimes W_{[n]} \right) + I_n \otimes W_{[n]} + I_{n^3}$$

$$= \begin{bmatrix} 3 & 0 & 0 & 0 & 0 & 0 & 0 & 0 \\ 0 & 1 & 2 & 0 & 0 & 0 & 0 & 0 \\ 0 & 1 & 1 & 0 & 1 & 0 & 0 & 0 \\ 0 & 0 & 0 & 2 & 0 & 0 & 1 & 0 \\ 0 & 1 & 0 & 0 & 2 & 0 & 0 & 0 \\ 0 & 0 & 0 & 1 & 0 & 1 & 1 & 0 \\ 0 & 0 & 0 & 0 & 0 & 2 & 1 & 0 \\ 0 & 0 & 0 & 0 & 0 & 0 & 0 & 3 \end{bmatrix}, \quad \cdots.$$

接下来, 我们将从 (2.4.7)~(2.4.9) 中解出 H_k. 问题是 x^k 是 k 次齐次多项式的一组冗余基底, 因此从 (2.4.7)~(2.4.9) 中我们不能得到唯一解. 为了克服这个困难, 我们考虑 k 次齐次多项式的自然基底. 设 $S \in \mathbb{Z}_+^n$, 自然基底可以定义为

$$B_n^k = \{ x^S \mid S \in \mathbb{Z}_+^n, \ |S| = k \}.$$

现在我们按照字母序排列 B_n^k 中的元素, 即对于 $S^1 = (s_1^1, \cdots, s_n^1)$ 和 $S^2 = (s_1^2, \cdots, s_n^2)$, 我们记次序为 $x^{S^1} \prec x^{S^2}$, 如果存在一个 $t, 1 \leqslant t \leqslant n-1$, 使得

$$s_1^1 = s_1^2, \ \cdots, \ s_t^1 = s_t^2, \ s_{t+1}^1 > s_{t+2}^2.$$

这样我们将 B_n^k 中的元素排成一列, 并且记它为 $x_{(k)}$.

例 2.4.3 设 $n = 3, k = 2$, 则

$$x^2 = [x_1^2, x_1 x_2, x_1 x_3, x_2 x_1, x_2^2, x_2 x_3, x_3 x_1, x_3 x_2, x_3^2]^{\mathrm{T}},$$

且

$$x_{(2)} = [x_1^2, x_1 x_2, x_1 x_3, x_2^2, x_2 x_3, x_3^2]^{\mathrm{T}}.$$

在 2.1 节曾证明, B_n^k 的大小是

$$|B_n^k| := d = \frac{(n+k-1)!}{k!(n-1)!}, \quad k \geqslant 0, \quad n \geqslant 1. \tag{2.4.25}$$

同时, 定义两个矩阵 $T_N(n,k) \in M_{n^k \times d}$ 和 $T_B(n,k) \in M_{d \times n^k}$, 它们可以将一个基底转化为另一个, 即

$$x^k = T_N(n,k) x_{(k)}, \quad x_{(k)} = T_B(n,k) x^k,$$

且

$$T_B(n,k)T_N(n,k) = I_d.$$

回顾 (2.4.13), 除了解 H_k, 我们可以尝试去解 G_k, 其中

$$H_k x^k = G_k x_{(k)}.$$

称 H_k 为一个对称系数集合, 如果两个 x^k 相同, 则它们的系数也相同. 我们用下面的例子来说明.

例 2.4.4　设 $n=3$, $k=2$, 则 x^2 如例 2.4.3. 对于一个给定的 k 次齐次多项式 $p(x) = x_1^2 + 2x_1x_2 - 3x_1x_3 + x_2^2 - x_3^2$, 我们可以将它表示成

$$p(x) = H_1 x^2 = [1,\ 2,\ -3,\ 0,\ 1,\ 0,\ 0,\ 0,\ -1]x^2.$$

另外, 我们也可以将它表示成

$$p(x) = H_2 x^2 = \left[1,\ 1,\ -\frac{3}{2},\ 1,\ 1,\ 0,\ -\frac{3}{2},\ 0,\ -1\right]x^2.$$

这里, H_1 不是对称的, 而 H_2 是对称的.

直接计算可以得到下面的命题.

命题 2.4.2　对称系数集合 H_k 是唯一的, 而且

$$H_k = G_k T_B(n,k), \quad G_k = H_k T_N(n,k). \tag{2.4.26}$$

现在我们考虑稳定子流形的方程 $h(x)$ 的高阶项. 记

$$f(x) = F_1 x + F_2 x^2 + \cdots;$$
$$h(x) = H_1 x + H_2 x^2 + \cdots.$$

注意到 $F_1 = J_f(0) = J$, $H_1 = \eta^{\mathrm{T}}$, 且 H_2 由 (2.4.16) 唯一决定.

命题 2.4.3　$h(x)$ 的系数 H_k, $k \geqslant 2$ 满足下面的方程

$$\left(\sum_{i=1}^{k} H_i \Phi_{i-1}(I_{n^{i-1}} \otimes F_{k-i+1}) - \mu H_k\right)x^k = 0, \quad k \geqslant 2. \tag{2.4.27}$$

证明　注意到 $h(x) = 0$ 是向量场 $f(x)$ 不变的, 即李导数

$$L_f h(x) = 0. \tag{2.4.28}$$

利用 (1.3.2), 我们有

$$Dh(x) = H_1 + H_2\Phi_1 x + H_3\Phi_2 x^2 + \cdots = H_1 + 2x^{\mathrm{T}}\Psi + H_3\Phi_2 x^2 + \cdots.$$

直接计算有

$$L_f h(x) = \mu\eta^{\mathrm{T}}x + (H_2\Phi_1(I_n \otimes F_1) + H_1 F_2)x^2 + \cdots$$
$$+ \left(\sum_{i=1}^{k} H_i\Phi_{i-1}(I_{n^{i-1}} \otimes F_{k+1-i})\right)x^k + \cdots.$$

注意到稳定子流形的方程满足

$$\begin{cases} h(x) = 0, \\ L_f h(x) = 0. \end{cases} \tag{2.4.29}$$

将 (2.4.29) 的第二个方程减去 μ 和 (2.4.29) 的第一个方程的乘积, 对 k 进行归纳, 我们有

$$\left(\sum_{i=1}^{k} H_i\Phi_{i-1}(I_{n^{i-1}} \otimes F_{k-i+1}) - \mu H_k\right)x^k + O(\|x\|^{k+1}) = 0, \quad k \geqslant 2,$$

于是命题得证. □

观察 (2.4.27), 根据命题 2.4.2, 它可以表示成

$$G_k\left(\mu I_d - T_B(n,k)\Phi_{k-1}(I_{n^{k-1}} \otimes F_1)T_N(n,k)\right)x_{(k)}$$
$$\equiv \left(\sum_{i=1}^{k-1} G_i T_B(n,i)\Phi_{i-1}(I_{n^{i-1}} \otimes F_{k-i+1})\right)T_N(n,k)x_{(k)}, \quad k \geqslant 3. \tag{2.4.30}$$

下面的定理是以上讨论的总结, 适用于一般情况.

定理 2.4.3 设矩阵

$$C_k := \mu I_d - T_B(n,k)\Phi_{k-1}(I_{n^{k-1}} \otimes F_1)T_N(n,k), \quad k \geqslant 3 \tag{2.4.31}$$

非奇异, 则

$$G_k = \left(\sum_{i=1}^{k-1} G_i T_B(n,i)\Phi_{i-1}(I_{n^{i-1}} \otimes F_{k-i+1})\right)T_N(n,k)C_k^{-1}. \tag{2.4.32}$$

注 2.4.2　实际上, H_2 也可以用这种方法解出. (2.4.14) 和 (2.4.32) 得到的结果相同. 不过, 当 H_2 由 (2.4.14) 解出时, 由于使用了对称的二次型, 系数的对称性已经自动考虑进去.

显然 (2.4.32) 是否有效的关键是 C_i 是否非奇异. 不幸的是, 这不是确定的. 我们用下面的例子说明这个问题, 并进一步讨论解决这个问题的方法.

例 2.4.5　考虑下面的系统

$$\begin{cases} \dot{x}_1 = -cx_1, \quad c > 0, \\ \dot{x}_2 = x_2 - 2x_1^2 + x_1^3, \end{cases} \tag{2.4.33}$$

其中 $c > 0$ 是一个参数.

我们计算稳定子流形. 容易算出 $\mu = 1$, $\eta = [0\ 1]^{\mathrm{T}}$,

$$J = \begin{bmatrix} -c & 0 \\ 0 & 1 \end{bmatrix},$$

且

$$\mathrm{Hess}(f_1(0)) = 0, \quad \mathrm{Hess}(f_2(0)) = \begin{bmatrix} -4 & 0 \\ 0 & 0 \end{bmatrix}.$$

因此我们可以用 (2.4.22) 算出

$$h(x) = (0\ 1)x + x^{\mathrm{T}} \begin{bmatrix} -\dfrac{2}{2c+1} & 0 \\ 0 & 0 \end{bmatrix} x + O(\|x\|^3). \tag{2.4.34}$$

利用 (2.4.25), (1.1.16) 和例 2.4.2 中的 Φ_2, 我们可以算出 C_3 为

$$C_3 = \begin{bmatrix} 3c+1 & 0 & 0 & 0 \\ 0 & 2c & 0 & 0 \\ 0 & 0 & c-1 & 0 \\ 0 & 0 & 0 & -2 \end{bmatrix}. \tag{2.4.35}$$

假设 $c \neq 1$, 则 C_3 是可逆的. 由上面我们有

$$H_1 = \begin{bmatrix} 0 & 1 \end{bmatrix}, \quad H_2 = \begin{bmatrix} -\dfrac{2}{2c+1} & 0 & 0 & 0 \end{bmatrix},$$

$$F_2 = \begin{bmatrix} 0 & 0 & 0 & 0 \\ -2 & 0 & 0 & 0 \end{bmatrix}, \quad F_3 = \begin{bmatrix} 0 & 0 & 0 & 0 & 0 & 0 & 0 & 0 \\ 1 & 0 & 0 & 0 & 0 & 0 & 0 & 0 \end{bmatrix}.$$

将它们代入 (2.4.31) 得到

$$G_3 = \left[\frac{1}{3c+1} \quad 0 \quad 0 \quad 0 \right].$$

于是得到

$$h(x) = x_2 - \frac{2}{2c+1}x_1^2 + \frac{1}{3c+1}x_1^3 + O(\|x\|^4).$$

实际上, 容易验证

$$h(x) = x_2 - \frac{2}{2c+1}x_1^2 + \frac{1}{3c+1}x_1^3 = 0,$$

我们还有

$$L_f h(x) = h(x) = 0.$$

因此

$$W^s(0) = \left\{ x \in \mathbb{R}^2 \; \middle| \; x_2 - \frac{2}{2c+1}x_1^2 + \frac{1}{3c+1}x_1^3 = 0 \right\}.$$

根据定理 2.4.3 和例 2.4.5, 我们给出下面的算法.

第 1 步: 如果 $C_3, \cdots, C_{k-1}$ 非奇异, 我们可以继续寻找 H_k 来更好地近似 $h(x)$ 直到满足精度的要求.

第 2 步: 如果 C_k 奇异, 我们可以寻找

$$G_k\left[\mu I_d - T_B(n,k)\Phi_{k-1}(I_{n^{k-1}} \otimes F_1)T_N(n,k)\right]$$

$$= \left(\sum_{i=1}^{k-1} G_i T_B(n,i)\Phi_{i-1}(I_{n^{i-1}} \otimes F_{k-i+1}) \right) T_N(n,k) \tag{2.4.36}$$

的最小二乘解 G_k, 并且固定 k 作为近似 $h(x)$ 的阶数.

第 3 步 (可能的进一步改进): 如果得到的最小二乘解是 (2.4.36) 的一个真实解, 通过同时考虑 k 阶项和 $k+1$ 阶项得到下面的方程:

$$\begin{cases} G_k\left[\mu I_d - T_B(n,k)\Phi_{k-1}(I_{n^{k-1}} \otimes F_1)T_N(n,k)\right] \\ = \left[\displaystyle\sum_{i=1}^{k-1} G_i T_B(n,i)\Phi_{i-1}(I_{n^{i-1}} \otimes F_{k-i+1}) \right] T_N(n,k), \\ 0 = \left[\displaystyle\sum_{i=1}^{k} G_i T_B(n,i)\Phi_{i-1}(I_{n^{i-1}} \otimes F_{k-i+1}) \right] T_N(n,k+1). \end{cases} \tag{2.4.37}$$

利用 (2.4.37) 的最小二乘解代替 (2.4.36) 的解, 可望改善逼近误差.

回顾例 2.4.5. 当 $c = 1$ 时, 最小二乘解是

$$G_3 = \left[\frac{1}{3c+1} \quad 0 \quad 0 \quad 0 \right],$$

其中 t 是一个任意参数. 可以验证 G_3 是 (2.4.36) 的一个实数解. 因此我们可以尝试解 (2.4.37). 通过仔细地计算可以证明 (2.4.37) 的解是 $G_3 = \left[\dfrac{1}{3c+1} \quad 0 \quad 0 \quad 0 \right]$. 容易验证这个 G_3 是一个真实解.

下面我们用一个更一般的例子来说明这个算法.

例 2.4.6　考虑下面的系统

$$\begin{cases} \dot{x}_1 = x_2, \\ \dot{x}_2 = -x_1 - 2x_2, \\ \dot{x}_3 = 2x_3 - x_2(e^{x_1} - 1). \end{cases} \tag{2.4.38}$$

简单地计算有 $\mu = 2$, $\eta = [0\ 0\ 1]^{\mathrm{T}}$,

$$J = \begin{bmatrix} 0 & 1 & 0 \\ -1 & -2 & 0 \\ 0 & 0 & 2 \end{bmatrix}, \quad A = \frac{\mu}{2}I_3 - J^{\mathrm{T}} = \begin{bmatrix} 1 & 1 & 0 \\ -1 & 3 & 0 \\ 0 & 0 & -1 \end{bmatrix},$$

$$\mathrm{Hess}(f_1(0)) = \mathrm{Hess}(f_2(0)) = 0, \quad \mathrm{Hess}(f_3(0)) = \begin{bmatrix} 0 & -1 & 0 \\ -1 & 0 & 0 \\ 0 & 0 & 0 \end{bmatrix}.$$

利用公式 (2.4.21), 我们有

$$h(x) \approx \eta^{\mathrm{T}}x + x^{\mathrm{T}}\left(\frac{1}{2}\Psi \right)x$$

$$= [0\ 0\ 1]x + x^{\mathrm{T}} \begin{bmatrix} 0.09375 & -0.09375 & 0 \\ -0.09375 & -0.03125 & 0 \\ 0 & 0 & 0 \end{bmatrix} x$$

$$= x_3 + 0.09375x_1^2 - 0.1875x_1x_2 - 0.03125x_2^2. \tag{2.4.39}$$

下面继续计算三次项. 首先检查 C_3. 利用 (2.4.31), 我们有

$$
C_3 = \begin{bmatrix}
2 & -3 & 0 & 0 & 0 & 0 & 0 & 0 & 0 & 0 \\
1 & 4 & 0 & -2 & 0 & 0 & 0 & 0 & 0 & 0 \\
0 & 0 & 0 & 0 & -2 & 0 & 0 & 0 & 0 & 0 \\
0 & 2 & 0 & 6 & 0 & 0 & -1 & 0 & 0 & 0 \\
0 & 0 & 1 & 0 & 2 & 0 & 0 & -1 & 0 & 0 \\
0 & 0 & 0 & 0 & 0 & -2 & 0 & 0 & -1 & 0 \\
0 & 0 & 0 & 3 & 0 & 0 & 8 & 0 & 0 & 0 \\
0 & 0 & 0 & 0 & 2 & 0 & 0 & 4 & 0 & 0 \\
0 & 0 & 0 & 0 & 0 & 1 & 0 & 0 & 0 & 0 \\
0 & 0 & 0 & 0 & 0 & 0 & 0 & 0 & 0 & -4
\end{bmatrix}.
$$

它可以通过计算机算出, 并且通过计算机容易验证它是可逆的. 从 $h(x)$ 的二次部分我们还有

$$
H_1 = \eta^{\mathrm{T}} = [0,\ 0,\ 1],
$$

$$
H_2 = [0.09375,\ -0.09375,\ 0,\ -0.09375,\ -0.03125,\ 0,\ 0,\ 0,\ 0],
$$

$F_2 \in M_{3\times 9}$, 其元素除 $F_2(3,2)$ 和 $F_2(3,4)$ 外其他元素均为零, 非零元素为

$$
F_2(3,2) = F_2(3,4) = -\frac{1}{2},
$$

$F_3 \in M_{3\times 29}$ 只有 3 个非零元素: $F_3(3,2)$, $F_3(3,4)$ 和 $F_3(3,10)$, 且

$$
F_3(3,2) = F_3(3,4) = F_3(3,10) = -\frac{1}{6}.
$$

将它们全部代入 (2.4.32) 得到

$$
G_3 = [0.0408,\ -0.0816,\ 0,\ -0.0256,\ 0,\ 0,\ -0.0032,\ 0,\ 0,\ 0].
$$

因此稳定子流形的函数近似到 3 次方项为

$$
\begin{aligned}
h(x) \approx {} & x_3 + 0.09375x_1^2 - 0.1875x_1x_2 - 0.03125x_2^2 + 0.0408x_1^3 \\
& - 0.0816x_1^2x_2 - 0.0256x_1x_2^2 - 0.0032x_2^3.
\end{aligned}
\tag{2.4.40}
$$

我们继续下去就可以得到 $h(x)$ 的更高阶项.

实际上, 对于这个特殊的系统, 可以通过坐标变换直接算出它的稳定子流形. 因此可以验证上面得到的结果是正确的.

在结束本节前, 作为例子, 我们将这个算法应用于一个实际的物理系统.

例 2.4.7[161]   一个单摆系统可以描述为

$$\begin{cases} \dot{x}_1 = x_2, \\ \dot{x}_2 = -\sin x_1 - 0.5x_2. \end{cases} \tag{2.4.41}$$

图 2.4.2 ~ 图 2.4.4 分别给出了它的零点稳定域边界 $(\pi, 0)$ 和 $(-\pi, 0)$ 的稳定子流形的二阶、三阶和五阶近似.

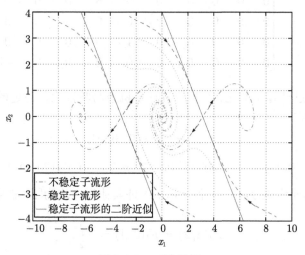

图 2.4.2   二阶近似

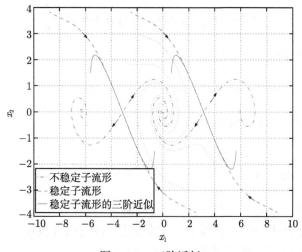

图 2.4.3   三阶近似

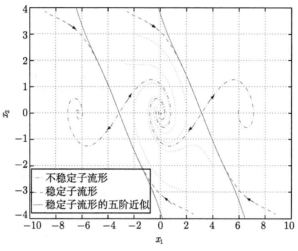

图 2.4.4 五阶近似

第 3 章　谓词逻辑与形式语言

　　谓词逻辑的本质是探讨命题逻辑的结构与成分, 它是命题逻辑的一种深化. 而谓词逻辑的主要应用就是进行逻辑推理, 例如著名的三段论方法. 因此, 谓词逻辑是理性处理智能问题或人工智能的基础[314]. 既然矩阵半张量积方法能有效处理命题逻辑, 那么, 用矩阵半张量积方法处理谓词逻辑问题就是一种合理的推广. 但目前尚未见到此类工作. 一阶逻辑是谓词逻辑中最简单的, 也是应用最广泛而又有效的一种. 它有完备的公理系统和半可判定性 (即若公式恒真 (或恒假), 则有公式可在有限步判定其真伪性). 形式语言是最简单而又最重要的逻辑语言, 它是数理逻辑研究的主要对象. 从形式语言出发, 本章介绍模态逻辑 (modal logic) 结构, 进而将逻辑系统建立在形式语言的框架下.

　　本章的目的, 就是应用矩阵半张量积方法分别给出一阶逻辑以及模态逻辑的代数表示. 进而讨论如何应用这种代数表示来分析逻辑关系, 以及进行逻辑推理与演绎. 关于一阶逻辑的一些基本概念, 可参见离散数学教程, 如文献 [6,14], 一阶语言主要参考文献 [8], 模态逻辑主要参考文献 [121].

3.1　一阶逻辑基础

　　设 $D = \mathcal{D}_n = \{1, 2, \cdots, n\}$ 为非空、有限集合. 它是我们的讨论对象, 也称论域 (domain). 这里, 对论域有限性的假定做一点说明. 首先, 在实际应用中, 要求 D 是一个有限集合不尽合理. 当 D 是一个无限集合时, 可以理解 $\{1, 2, \cdots, n\} = \{D_1, D_2, \cdots, D_n\}$ 为 D 的一个有限分割. 如果问题只跟个体属于分割中的哪一部分有关, 则只需考虑这个有限分割就够了. 在信息物理系统中这称为有限抽象 (finite abstraction), 是一个一般化的处理方法[29]. 其次, 计算机能够处理的只能是有限集合, 因此, 人工智能方法都必须将对象有限化. 例如, 文献 [314] 一书开宗明义, 说明假设全书只涉及有限集.

　　下面介绍几个基本概念.

　　(i) 常数是 D 中一个指定的元素, 记作 $a, b, c, \cdots \in D$. 变数 (也称变量或变元) 指可取不同元素的变量, 记作 $x, y, z, \cdots \in D$.

　　(ii) 一个谓词 (predicate) 是指一个 (含有 k 个变量的) 命题函数, 记作 $P, Q, R, \cdots$. 例如, $P(x_1, x_2, \cdots, x_k)$ 是 k 个变元的命题函数.

(iii) 量词 (quantifier) 有两个, 一个是全称量词 (universal quantifier), 即 $\forall x$, 一个是存在量词 (existential quantifier), 即 $\exists x$.

(iv) 带有量词的变量称为约束变量 (bounded variable), 不带量词的变量称为自由变量 (free variable).

例 3.1.1[14]   考察下面命题的真值

$$\forall x (P \to Q(x)) \vee R(e).$$

这里, P : "$3 > 2$", $Q(x)$: "$x \leqslant 3$", $R(x)$: "$x > 5$", $e = 5$, 论域 $D = \{-2, 3, 6\}$.

显然, $P = 1$, $R(e) = 0$. 当 $x = 6$ 时 $Q(x) = 0$. 于是

$$\forall x (P \to Q(x)) = 0.$$

最后可知

$$\forall x (P \to Q(x)) \vee R(e) = 0.$$

定义 3.1.1   一阶逻辑中的项 (item) 递推地定义为

(i) 常量是项, 变量是项.

(ii) 若 $f(x_1, x_2, \cdots, x_k)$ 是函数, 其中 $t_1, t_2, \cdots, t_k$ 是项, 则 $f(t_1, t_2, \cdots, t_k)$ 是项.

(iii) 项的有限次复合还是项.

定义 3.1.1 中这种递推 (recursively) 定义记作

$$t := c|x|f(t_1, t_2, \cdots, t_k). \tag{3.1.1}$$

定义 3.1.2   若 $P(x_1, x_2, \cdots, x_k)$ 是谓词, $t_1, t_2, \cdots, t_k$ 是项, 则 $P(t_1, t_2, \cdots, t_k)$ 称为原子 (atomic).

注意: 原子谓词不包含联结词和量词.

定义 3.1.3   一阶逻辑中的公式 (formula) 递推地定义为

(i) 原子是公式;

(ii) 若 G, H 是公式, 则 $\neg G$, $G \vee H$, $(G \wedge H)$, $(G \to H)$, $(G \leftrightarrow H)$ 是公式;

(iii) 若 G 是公式, x 是 G 的自由变量, 则 $\forall x G$, $\exists x G$ 是公式;

(iv) 所有公式, 都是由 (i)~(iii) 有限次复合生成的符号串.

定义 3.1.4   给定一个公式, 它的一个解释 (interpretation) 包括一个论域 D, 以及对常数符号、函数符号、谓词符号的指定. 具体定义如下:

(i) 对每个常数符号, 指定一个 D 中的元素;

(ii) 对每个 k 元函数符号, 指定一个 $D^k \to D$ 的映射;

(iii) 对每个 k 元谓词符号, 指定一个 $D^k \to \{0, 1\}$ 的映射.

因此, 设 G 为一公式, I 为它的一个解释 (即指定), 则 $G(I) \in \{0,1\}$.

例 3.1.2　(i) 设

$$Q = \exists x(P(f(x)) \wedge Q(x, f(a))).$$

解释 I 定义如下:

$$D = \{1, 2, 3\};$$

$$a = 2;$$

$$f(1) = 3, \quad f(2) = 2, \quad f(3) = 1;$$

$$P(1) = 0, \quad P(2) = 0, \quad P(3) = 1;$$

$$Q(1,1) = 1, \quad Q(1,2) = 0, \quad Q(1,3) = 1,$$

$$Q(2,1) = 0, \quad Q(2,2) = 1, \quad Q(2,3) = 0,$$

$$Q(3,1) = 1, \quad Q(3,2) = 0, \quad Q(3,3) = 0.$$

则当 $x = 1$ 时,

$$P(f(x)) \wedge Q(x, f(a)) = P(3) \wedge Q(1, f(2)) = 1 \wedge 0 = 0;$$

当 $x = 2$ 时,

$$P(f(2)) \wedge Q(2, f(a)) = 0;$$

当 $x = 3$ 时,

$$P(f(3)) \wedge Q(3, f(a)) = 0.$$

因此有

$$Q(I) = 0.$$

(ii) 设

$$Q = \forall x(P(f(x)) \vee Q(a, x)).$$

解释 I 同 (i). 当 $x = 3$ 时,

$$P(f(3)) \vee Q(2, 3) = 0.$$

因此有

$$Q(I) = 0.$$

定义 3.1.5 (i) 公式 Q 称为可满足的 (satisfiability), 如果存在解释 I 使 $Q(I) = 1$.

(ii) 公式 Q 称为恒真的 (tautology, validity), 如果 $\forall I$, $Q(I) = 1$.

(iii) 公式 Q 称为恒假的 (contradiction, unsatisfiability), 如果 $\forall I$, $Q(I) = 0$.

最后解释一下, 什么是一阶逻辑. 直观地说, 如果一个谓词表达式 (公式) 中只出现变量的限定形式, 即只有变量的量词, 它就是一阶逻辑. 如果一个谓词表达式中出现谓词的限定形式, 它就是高阶逻辑. 例如,

$$\forall G(\exists x G(x))$$

就属于高阶逻辑. 一阶逻辑和高阶逻辑统称谓词逻辑.

3.2 一阶逻辑的矩阵半张量积表示

一阶逻辑讨论的对象是公式. 由于公式是由原子经逻辑运算生成的, 而原子是由谓词 (即命题函数) 生成的, 当论域为有限集合时, 谓词很容易用矩阵半张量积表示, 于是, 直观地说, 公式也可以用矩阵半张量积表示.

首先, 无论是函数, 还是谓词, 都很容易利用它们的结构矩阵来表示.

命题 3.2.1 设论域 $D = \mathcal{D}_n$. 记

$$i \sim \delta_n^i, \quad i \in [1, n].$$

(i) 设函数 $f : D^k \to D$. 则存在其结构矩阵 $M_f \in \mathcal{L}_{n \times n^k}$ 使得

$$f(x) = M_f x, \tag{3.2.1}$$

这里 $x = \ltimes_{i=1}^k x_i$.

(ii) 设谓词 $P : D^k \to \mathcal{D} := \{0, l\}$. 则存在其结构矩阵 $M_P \in \mathcal{L}_{2 \times n^k}$ 使得

$$P(x) = M_P x. \tag{3.2.2}$$

由于公式是由谓词、函数、常量、变量经逻辑算子联结而成的, 它当然可以用矩阵半张量积表示. 最后是量词, 由于论域是有限集, 量词也就不难用矩阵半张量积表示了.

下面讨论一个例子.

例 3.2.1 考察如下公式

$$\exists x(P(f(x)) \wedge Q(x, f(a))). \tag{3.2.3}$$

给定如下解释 I:

(i)

$$D = \{2, 3\}.$$

(ii)

$$a = 2.$$

(iii)

$$f(x) = \begin{cases} 3, & x = 2, \\ 2, & x = 3. \end{cases}$$

(iv)

$$P(x) = \begin{cases} 0, & x = 2, \\ 1, & x = 3, \end{cases}$$

$$Q(x, y) = \begin{cases} 0, & (x, y) = (3, 2), \\ 1, & 其他. \end{cases}$$

将变量表示成向量形式, 即令

$$2 \sim \delta_2^1, \quad 3 \sim \delta_2^2.$$

则不难算出, 谓词 P, Q 及函数 f 的结构矩阵分别为

$$M_P = \delta_2[2, 1],$$

$$M_Q = \delta_2[1, 1, 2, 1],$$

$$M_f = \delta_2[2, 1].$$

于是 $F(x) := P(f(x)) \wedge Q(x, f(a))$ 的代数状态空间表示为

$$\begin{aligned} F(x) &:= M_F x \\ &= M_\wedge M_P M_f x M_Q x M_f(\delta_2^1) \\ &= M_\wedge M_P M_f (I_2 \otimes M_Q) x^2 M_f(\delta_2^1) \\ &= M_\wedge M_P M_f (I_2 \otimes M_Q) W_{[2,4]} M_f(\delta_2^1) x^2 \\ &= M_\wedge M_P M_f (I_2 \otimes M_Q) W_{[2,4]} M_f(\delta_2^1) \mathrm{PR}_2 x. \end{aligned} \qquad (3.2.4)$$

于是, 不难算得

$$M_F = M_\wedge M_P M_f(I_2 \otimes M_Q)W_{[2,4]}M_f(\delta_2^1)\mathrm{PR}_2 = I_2.$$

最后处理量词 $\exists x$.

$$\exists x(M_F x) = M_F x_1 \vee M_F x_2$$
$$= M_\vee M_F(\delta_2^1)M_F(\delta_2^2)$$
$$= \delta_2^1 \sim 1.$$

于是可知, 公式 (3.2.3) 在解释 I 下为真.

3.3　谓词逻辑的标准型

定义 3.3.1　设 G 为一个逻辑公式, G 称为前束范式 (prenex normal form), 如果 G 具有如下形式

$$G: \quad Q_1 x_1 \cdots Q_k x_k M, \tag{3.3.1}$$

其中, Q_i, $i \in [1,k]$ 为量词 ($\exists$ 或 $\forall$), M 为不含量词的逻辑表达式.

例 3.3.1　考察

$$G_1: \quad \forall x \forall y \exists z(P(x,y) \leftrightarrow Q(a,z)),$$
$$G_2: \quad \exists x \exists y \exists z P(x,y,z),$$

其中 G_1, G_2 均为前束范式.

定理 3.3.1　任何一个公式 G 都有一个与之等价的前束范式.

为了证明这个定理, 我们需要一些准备. 下面的两个引理证明都很简单 (见文献 [14]).

引理 3.3.1　设 $G(x)$ 为具有一个自由变量的公式, 公式 H 不含变量. 则有

(i) $$\forall x(G(x) \vee H) = \forall x G(x) \vee H. \tag{3.3.2}$$

(ii) $$\exists x(G(x) \vee H) = \exists x G(x) \vee H. \tag{3.3.3}$$

(iii) $$\forall x(G(x) \wedge H) = \forall x G(x) \wedge H. \tag{3.3.4}$$

(iv) $$\exists x(G(x) \wedge H) = \exists x G(x) \wedge H. \tag{3.3.5}$$

(v) $$\neg(\forall x(G(x))) = \exists x(\neg G(x)). \tag{3.3.6}$$

(vi) $$\neg(\exists x(G(x))) = \forall x(\neg G(x)). \tag{3.3.7}$$

引理 3.3.2   设 $G(x)$, $H(x)$ 为两个具有一个自由变量的公式, 则有

(i) $\forall x G(x) \wedge \forall x H(x) = \forall x (G(x) \wedge H(x))$.   (3.3.8)

(ii) $\exists x G(x) \vee \exists x H(x) = \exists x (G(x) \vee H(x))$.   (3.3.9)

(iii) $\forall x G(x) \vee \forall x H(x) = \forall x \forall y (G(x) \vee H(y))$.   (3.3.10)

(iv) $\exists x G(x) \wedge \exists x H(x) = \exists x \exists y (G(x) \wedge H(y))$.   (3.3.11)

定理 3.3.1 的构造性证明   以下算法可将一个公式 G 化为等价的前束范式.
第一步, 将公式中逻辑关系用 $\{\neg, \wedge, \vee\}$ 表示. 例如

$$A \leftrightarrow B = (A \rightarrow B) \wedge (B \rightarrow A);$$
$$A \rightarrow B = \neg A \vee B.$$

第二步, 利用 De Morgan 公式, 将 $\neg$ 移到原子式之前.
第三步, 如果必要, 将约束变量改名.
第四步, 利用引理 3.3.1 与引理 3.3.2 中的公式, 将所有量词移到公式最左边.
通过这四步, 任一公式可化为其等价的前束范式.   □

例 3.3.2   考察

$$G = \forall x \forall y (\exists z (P(x, z) \vee Q(y, z)) \rightarrow \exists u R(x, y, u)). \qquad (3.3.12)$$

依上述算法有

$$G = \forall x \forall y (\neg (\exists z (P(x, z) \vee Q(y, z))) \vee \exists u R(x, y, u))$$

$$= \forall x \forall y (\forall z (\neg P(x, z) \wedge \neg Q(y, z)) \vee \exists u R(x, y, u))$$

$$= \forall x \forall y \forall z (\neg P(x, z) \wedge \neg Q(y, z) \vee \exists u R(x, y, u))$$

$$= \forall x \forall y \forall z \exists u (\neg P(x, z) \wedge \neg Q(y, z) \vee R(x, y, u)).$$

下面介绍一种特殊的前束范式, 称为 Skolem 范式.
定义 3.3.2   设 $G = Q_1 x_1 \cdots Q_k x_k M$ 为一前束范式, 如果 $Q_i = \forall, i \in [1, k]$
均为全称量词, 则 G 称为一个 Skolem 范式.

每一个公式 G 都有一个它所对应的 Skolem 范式. 这个范式由以下算法确定.
算法 3.3.1   第一步, 将 G 表示为其等价的前束范式:

$$G = Q_1 x_1 \cdots Q_k x_k M.$$

第 s 步:

(i) 如果 Q_r 是存在量词, 它的左边没有全称量词, 则用一个未在 M 中出现的常量 c 代表 x_r, 即将 M 中的 x_r 替换为 c. 然后将 $Q_r x_r$ 删去.

(ii) 如果 Q_r 是存在量词, $Q_{r_1}, \cdots, Q_{r_m}$ 为出现在它左边的全称量词, 这里 $1 \leqslant r_1 < r_2 < \cdots < r_m < r$, 则用一个未在 M 中出现的函数 $f(x_{r_1}, \cdots, x_{r_m})$ 代表 x_r, 即将 M 中的 x_r 替换为 $f(x_{r_1}, \cdots, x_{r_m})$. 然后将 $Q_r x_r$ 删去.

由算法 3.3.1 得到的前束范式称为 G 的 Skolem 范式.

例 3.3.3 考察

$$G = \exists x \forall y \exists z \exists u \forall v \exists w P(x, y, z, f(u, v), w). \tag{3.3.13}$$

依算法 3.3.1 有

$$G = \forall y \exists z \exists u \forall v \exists w P(a, y, z, f(u, v), w)$$

$$= \forall y \exists u \forall v \exists w P(a, y, g(y), f(u, v), w)$$

$$= \forall y \forall v \exists w P(a, y, g(y), f(h(y), v), w)$$

$$= \forall y \forall v P(a, y, g(y), f(h(y), v), q(y, v)).$$

注意: 设 H 是 G 的前束范式, 则 $H \Leftrightarrow G$, 即 H 与 G 是等价的. 但是, 设 S 是 G 的 Skolem 范式, S 与 G 却不一定是等价的. 下面的例子说明了这一点.

例 3.3.4 考察 $G = \exists x P(x)$, $S = P(a)$. 显然, S 是 G 的 Skolem 范式. 给定一个解释 I 如下:

$$D = \{1, 2\},$$
$$a = 1,$$
$$P(1) = 0, \quad P(2) = 1.$$

则 $G(I) = 1$, $S(I) = 0$. 可见 S 与 G 不等价.

Skolem 范式的意义在于如下的结论.

定理 3.3.2 设 S 是 G 的 Skolem 范式. 公式 G 恒假的充要条件是公式 S 恒假.

证明 设 G 的前束范式为

$$G = Q_1 x_1 \cdots Q_k x_k M(x_1, x_2, \cdots, x_k). \tag{3.3.14}$$

(上式 M 中可能有一些其他的自由变量或常量, 但它们不影响证明, 故未标出.) 设 Q_r 是从左到右第一个存在量词, 构造

$$G_1 = Q_1 x_1 \cdots Q_{r-1} x_{r-1} Q_{r+1} x_{r+1} \cdots Q_k x_k$$

$$M(x_1, x_2, \cdots, x_{r-1}, f(x_1, x_2, \cdots, x_{r-1}), x_{r+1}, \cdots, x_k). \qquad (3.3.15)$$

下面证明, 若 G 恒假, 则 G_1 恒假: 反设存在 $I = (x_1^0, \cdots, x_n^0)$ 使 $G_1(I) = 1$, 则 $I' = (x_1^0, \cdots, x_{r-1}^0, x_r = f(x_1^0, \cdots, x_{r-1}^0), x_{r+1}^0, \cdots, x_k^0)$ 使 $G(I') = 1$, 矛盾. 反之, 设 G_1 恒假, 则 G 恒假: 反设存在 $I = (x_1^0, \cdots, x_n^0)$ 使 $G(I) = 1$. 则

$$Q_{r+1}x_{r+1} \cdots Q_k x_k M(x_1^0, x_2^0, \cdots, x_r^0, x_{r+1}, \cdots, x_k) = 1.$$

将解释 I 扩充为解释 I', 它包括指定 f 满足

$$f(x_1^0, x_2^0, \cdots, x_{r-1}^0) = x_r^0.$$

则 $G_1(I') = 1$, 矛盾.

同理可由 G_{s-1} 构造 G_s, $s = 2, 3, \cdots, k-1$. 并用同样的方法证明: G_{s-1} 恒假, 当且仅当, G_s 恒假. 定理获证. $\square$

3.4   逻 辑 推 理

3.4.1   命题的谓词逻辑表示

本小节给出一些例子, 说明如何将日常生活中的命题及数学命题, 写成谓词逻辑的形式.

例 3.4.1   不管黑猫白猫, 抓住耗子就是好猫. 令 $C(x)$: x 是猫; $B(x)$: x 是黑的; $W(x)$: x 是白的; $G(x)$: x 是好的; $M(y)$: y 是耗子; $T(x, y)$: x 抓住 y. 那么, 命题可表示为

$$\forall x \forall y (C(x) \wedge M(y) \wedge (B(x) \vee W(x)) \wedge T(x, y) \to G(x)).$$

例 3.4.2   在一个班级里, 有高才生, 有喜欢体育的同学, 有喜欢音乐的同学, 有喜欢交际的同学.

于是论域 $D = \{x_1, \cdots, x_n\}$ 是这个班级的同学. $H(x)$ 表示 x 是高才生, $E(x)$ 表示 x 喜欢体育, $M(x)$ 表示 x 喜欢音乐, $S(x)$ 表示 x 喜欢交际.

(i) "高才生不是喜欢体育, 就是喜欢音乐." 其逻辑表达式为

$$\forall x (H(x) \to E(x) \vee M(x)).$$

(ii) "有的高才生既喜欢体育, 又喜欢音乐." 其逻辑表达式为

$$\exists x (H(x) \wedge E(x) \wedge M(x)).$$

(iii) "存在喜欢交际的学生, 但喜欢交际的都不是高才生." 其逻辑表达式为

$$(\exists x S(x)) \wedge (\forall x (S(x) \to \neg H(x))).$$

谓词逻辑的重要性在于, 数学上所有的概念和定理, 都可以表示为谓词逻辑的命题.

例 3.4.3 "对平面上任意两个点, 有且仅有一条直线通过这两个点." 令 $P(x)$ 为 "x是一个点", $L(x)$ 为 "x是一条线", $C(x,y,z)$ 为 "z是通过 x,y 的一条线", $E(x,y)$ 为 "x等于y".

则命题的逻辑表达式为

$$\forall x \forall y (P(x) \wedge P(y) \wedge \neg E(x,y)$$
$$\rightarrow \exists z (C(x,y,z) \wedge \forall u (L(u) \wedge C(x,y,u) \rightarrow E(u,z)))).$$

例 3.4.4 $L_2[a,b]$ 是完备的. 记 $D = \{f_i \mid i = 1,2,\cdots, \ f \in L_2[a,b]\}$. 令 $G(x,y)$ 为 "$x > y$"; $a(m,n)$ 为 "$\|f_m - f_n\|_2$"; $L(f)$ 为 "$f \in L_2[a,b]$"; ϵ 为 "$\epsilon > 0$".

根据定义, 命题等价于 "每一个柯西列均收敛", 则后者的逻辑表达式为

$$[\forall \epsilon (G(\epsilon, 0) \rightarrow (\exists N \forall m \forall n (G(m, N) \wedge G(n, N) \rightarrow G(\epsilon, a(m,n)))))]$$
$$\rightarrow [\exists f_0 \forall \epsilon \exists N (L(f_0) \wedge G(\epsilon, 0) \wedge G(n, N) \rightarrow G(\epsilon, a(n,0)))].$$

3.4.2 等价与蕴涵

谓词的等价与蕴涵关系 (包括命题的等价与蕴涵关系) 是进行逻辑推理和证明的基础. 下面给出一些常用的等价公式与蕴涵公式[6].

命题 3.4.1 以下为命题等价公式.

- 结合律:

$$A \vee (B \vee C) = (A \vee B) \vee C; \tag{3.4.1}$$

$$A \wedge (B \wedge C) = (A \wedge B) \wedge C. \tag{3.4.2}$$

- 交换律:

$$A \vee B = B \vee A; \tag{3.4.3}$$

$$A \wedge B = B \wedge A. \tag{3.4.4}$$

- 等幂律:

$$A \vee A = A; \tag{3.4.5}$$

$$A \wedge A = A. \tag{3.4.6}$$

- 吸收律:

$$A \vee (A \wedge B) = A; \tag{3.4.7}$$

$$A \wedge (A \vee B) = A.$$ 　　　(3.4.8)

● 分配律:

$$A \vee (B \wedge C) = (A \vee B) \wedge (A \vee C);$$ 　　　(3.4.9)

$$A \wedge (B \vee C) = (A \wedge B) \vee (A \wedge C).$$ 　　　(3.4.10)

● 同一律:

$$A \vee 0 = A;$$ 　　　(3.4.11)

$$A \wedge 1 = A.$$ 　　　(3.4.12)

● 零律:

$$A \vee 1 = 1;$$ 　　　(3.4.13)

$$A \wedge 0 = 0.$$ 　　　(3.4.14)

● 排中律:

$$A \vee \neg A = 1.$$ 　　　(3.4.15)

● 矛盾律:

$$A \wedge \neg A = 0.$$ 　　　(3.4.16)

● 双重否定律:

$$\neg(\neg A) = A.$$ 　　　(3.4.17)

● De Morgan 定律:

$$\neg(A \vee B) = (\neg A) \wedge (\neg B);$$ 　　　(3.4.18)

$$\neg(A \wedge B) = (\neg A) \vee (\neg B).$$ 　　　(3.4.19)

● 等价式:

$$A \leftrightarrow B = (A \rightarrow B) \wedge (B \rightarrow A);$$ 　　　(3.4.20)

$$A \rightarrow B = (\neg A) \vee B.$$ 　　　(3.4.21)

命题 3.4.2 以下为命题蕴涵公式:

- 简化规则:

$$A \wedge B \Rightarrow A; \tag{3.4.22}$$

$$A \wedge B \Rightarrow B. \tag{3.4.23}$$

- 添加规则:

$$A \Rightarrow A \vee B; \tag{3.4.24}$$

$$B \Rightarrow A \vee B. \tag{3.4.25}$$

-

$$\neg A \Rightarrow A \rightarrow B; \tag{3.4.26}$$

$$B \Rightarrow A \rightarrow B. \tag{3.4.27}$$

-

$$\neg(A \rightarrow B) \Rightarrow A; \tag{3.4.28}$$

$$\neg(A \rightarrow B) \Rightarrow \neg B. \tag{3.4.29}$$

-

$$A, \ B \Rightarrow A \wedge B. \tag{3.4.30}$$

- 选言三段论 (disjunctive syllogism):

$$\neg A, \ A \vee B \Rightarrow B; \tag{3.4.31}$$

$$\neg A, \ A \bar{\vee} B \Rightarrow B. \tag{3.4.32}$$

- 分离规则 (modus ponens):

$$A, \ A \rightarrow B \Rightarrow B. \tag{3.4.33}$$

- 否定后件式 (modus tollens):

$$\neg B, \ A \rightarrow B \Rightarrow \neg A. \tag{3.4.34}$$

- 假言三段论 (hypothelical syllogism):

$$A \rightarrow B, \ B \rightarrow C \Rightarrow A \rightarrow C. \tag{3.4.35}$$

- 二难推论 (dilemma):

$$A \vee B, \ A \rightarrow I, \ B \rightarrow I \Rightarrow I. \tag{3.4.36}$$

命题 3.4.3 以下为谓词等价公式.

● 改名规则:

$$\exists x(A(x)) = \exists y(A(y)); \tag{3.4.37}$$

$$\forall x(A(x)) = \forall y(A(y)). \tag{3.4.38}$$

● 量词转化律:

$$\neg\exists x(A(x)) = \forall x(\neg A(x)); \tag{3.4.39}$$

$$\neg\forall x(A(x)) = \exists x(\neg A(x)). \tag{3.4.40}$$

● 量词辖域扩收律:

$$\forall x(A(x) \vee B) = [\forall x(A(x))] \vee B; \tag{3.4.41}$$

$$\forall x(A(x) \wedge B) = [\forall x(A(x))] \wedge B. \tag{3.4.42}$$

$$\exists x(A(x) \vee B) = [\exists x(A(x))] \vee B; \tag{3.4.43}$$

$$\exists x(A(x) \wedge B) = [\exists x(A(x))] \wedge B. \tag{3.4.44}$$

● 量词分配律:

$$\forall x(A(x) \wedge B(x)) = [\forall x(A(x))] \wedge [\forall x(B(x))]; \tag{3.4.45}$$

$$\exists x(A(x) \vee B(x)) = [\exists x(A(x))] \vee [\exists x(B(x))]. \tag{3.4.46}$$

●

$$[\forall x(A(x))] \vee [\forall x(B(x))] = \forall x\forall y(A(x) \vee B(y)); \tag{3.4.47}$$

$$[\exists x(A(x))] \wedge [\exists x(B(x))] = \exists x\exists y(A(x) \wedge B(y)). \tag{3.4.48}$$

●

$$\forall x\forall y(A(x,y)) = \forall y\forall x(A(x,y)); \tag{3.4.49}$$

$$\exists x\exists y(A(x,y)) = \exists y\exists x(A(x,y)). \tag{3.4.50}$$

命题 3.4.4 以下为谓词蕴涵公式:

(i) $$\forall x(A(x)) \Rightarrow \exists x(A(x)). \tag{3.4.51}$$

(ii) $$[\forall x(A(x))] \vee [\forall x(B(x))] \Rightarrow \forall x(A(x) \vee B(x)); \tag{3.4.52}$$

$$\exists x(A(x) \wedge B(x)) \Rightarrow [\exists x(A(x))] \wedge [\exists x(B(x))]. \tag{3.4.53}$$

(iii) $$\forall x(A(x) \rightarrow B(x)) \Rightarrow [\forall x(A(x))] \rightarrow [\forall x(B(x))]; \tag{3.4.54}$$

$$\exists x(A(x) \rightarrow B(x)) \Rightarrow [\exists x(A(x))] \rightarrow [\exists x(B(x))]. \tag{3.4.55}$$

(iv) $$\exists x \forall y(A(x,y)) \Rightarrow \forall y \exists x(A(x,y)); \tag{3.4.56}$$

$$\forall y \forall x(A(x,y)) \Rightarrow \exists x \forall y(A(x,y)); \tag{3.4.57}$$

$$\exists y \forall x(A(x,y)) \Rightarrow \forall x \exists y(A(x,y)); \tag{3.4.58}$$

$$\forall x \exists y(A(x,y)) \Rightarrow \exists y \exists x(A(x,y)); \tag{3.4.59}$$

$$\forall y \exists x(A(x,y)) \Rightarrow \exists x \exists y(A(x,y)). \tag{3.4.60}$$

3.4.3 逻辑的演绎

谓词逻辑 (包括命题逻辑) 的演绎也称为推理或证明. 它指从一些条件 (已知公式) 出发, 推导出结论 (新公式), 即证明 $G_1, \cdots, G_n \rightarrow H$ 为真.

逻辑公式的演绎, 即推理过程, 除应用 3.4.2 节给出的等价公式与蕴涵公式外, 还可应用以下的推理规则.

● 命题逻辑的推理规则.

1) 前提引用规则 (P).

在推理过程中, 可随时引入前提集合中任何公式.

2) 逻辑结果引用规则 (T).

在推理过程中, 可随时引入其前已经得到的任何公式.

3) 附加前提规则 (CP).

如果在前提集合 Γ 与公式 P 下可推出 S, 则可从前提集合下推出 $P \rightarrow S$.

● 谓词逻辑的推理规则.

1) 全称特指规则 (US):

$$\forall x(A(x)) \Rightarrow A(y),$$

其中 $y \in D$ 是论域中任一个体.

2) 存在特指规则 (ES):

$$\exists x(A(x)) \Rightarrow A(c),$$

其中 $c \in D$ 是论域中某个个体.

3) 全称推广规则 (UG):

$$A(y) \Rightarrow \forall x(A(x)),$$

其中 $y \in D$ 是论域中任一个体.

　　4) 存在推广规则 (EG):

$$A(c) \Rightarrow \exists x(A(x)),$$

其中 $c \in D$ 是论域中某个个体.

　　下面用一个例子说明逻辑公式的演绎.

　　例 3.4.5[6]　　证明下述推理的正确性: 每一个报考研究生的大学毕业生要么参加研究生入学考试, 要么被保研; 报考研究生当且仅当学习成绩达标才能被保研; 有些报考研究生学习成绩达标, 但不是所有报考生学习成绩都达标. 因此, 有些报考研究生要参加研究生入学考试.

　　证明: 设 $P(x)$: x 是报考研究生的大学毕业生;

$Q(x)$: x 参加研究生入学考试;

$R(x)$: x 是保研的大学毕业生;

$S(x)$: 是学习成绩达标的大学毕业生.

　　于是, 上述论断可以用以下式子表示:

$$\forall x(P(x) \to (Q(x) \bar\vee R(x))), \quad \forall x(P(x) \to (R(x) \leftrightarrow S(x))),$$
$$\exists x(P(x) \wedge S(x)), \qquad \neg\forall x(P(x) \to S(x)) \qquad (3.4.61)$$
$$\Rightarrow \qquad \exists x(P(x) \wedge Q(x)).$$

(1)	$\neg\forall x(P(x) \to S(x))$	P
(2)	$\exists x(P(x) \wedge \neg S(x))$	$T, (1), E$
(3)	$P(c) \wedge \neg S(c)$	$ES, (2)$
(4)	$P(c)$	$T, (3), I$
(5)	$\forall x(P(x) \to (Q(x) \bar\vee R(x)))$	P
(6)	$P(c) \to (Q(c) \bar\vee R(c))$	$US, (5)$
(7)	$Q(c) \bar\vee R(c)$	$T, (4), (6), I$
(8)	$\forall x(P(x) \to (R(x) \leftrightarrow S(x)))$	P
(9)	$P(c) \to (R(c) \leftrightarrow S(c))$	$US, (8)$
(10)	$R(c) \leftrightarrow S(c)$	$T, (4), (9), I$
(11)	$\neg S(c)$	$T, (3), I$

(12)	$(R(c) \to S(c)) \land (S(c) \to R(c))$	$T, (10), E$
(13)	$R(c) \to S(c)$	$T, (12), I$
(14)	$\neg R(c)$	$T, (11), (13), I$
(15)	$Q(c)$	$T, (7), (14), I$
(16)	$P(c) \land Q(c)$	$T, (4), (15), I$
(17)	$\exists x(P(x) \land Q(x))$	$ES, (16).$

实际上, 我们可以将 $D := P(x)$ 当作论域, 则 (3.4.61) 可简化为

$$\forall x(Q(x) \bar{\lor} R(x)), \quad \forall x(R(x) \leftrightarrow S(x)), \quad \exists x S(x),$$
$$\neg \forall x S(x) \Rightarrow \exists x Q(x). \tag{3.4.62}$$

3.5 有限论域下的谓词逻辑

谓词逻辑的判定问题是指判定一个谓词公式是否恒真 (等价地, 恒假). 谓词逻辑貌似非常强大, 因为任何数学命题都可以写成谓词公式. 因此, 任何数学问题都可以转化为其相应的谓词公式的判定问题. 另一方面, 早在 1936 年, 图灵 (Turing) 就证明了对任一谓词公式, 即使是一阶逻辑公式, 当论域为无穷集时, 判定问题是不可解的. 因此, 如果想用逻辑推理的方法解决数学问题, 一种有效的方法就是要把问题转化为有限集上的问题. 例如, 著名的四色问题的计算机证明, 就是首先将所有平面图的拓扑形式分成有限种类型 (2000 余种) 再通过计算机证明.

因此, 人工智能方法真正能解决的问题是有限论域或可化成有限论域的问题. 文献 [314] 讨论基于逻辑的智能方法, 它强调 "全书假定论域有限". 这些说明了假定论域有限的必要性. 一旦论域有限, 则理论上说, 任何谓词逻辑的判定问题都是可解的. (实际操作可能要解决计算复杂性的问题.)

下面这个结论是显见的.

命题 3.5.1 当论域有限时, 任何谓词公式都有它相应的 (唯一的) 结构矩阵.

推论 3.5.1 设 φ_i, $i = 1, 2$ 为两个谓词公式, 它们有共同的论域 D, $|D| = k$. 其结构矩阵分别为 M_i, $i = 1, 2$.

(i) $\varphi_1 = \varphi_2$, 当且仅当,

$$M_\leftrightarrow M_1 M_2 \mathrm{PR}_k = \delta_2 [\underbrace{1, 1, \cdots, 1}_{k}], \tag{3.5.1}$$

这里, $M_\leftrightarrow = \delta_2[1,2,2,1]$ 是 $\leftrightarrow$ 的结构矩阵, PR_k 是降幂矩阵.

(ii) $\varphi_1 \Rightarrow \varphi_2$, 当且仅当,

$$M_\to M_1 M_2 \mathrm{PR}_k = \delta_2[\underbrace{1,1,\cdots,1}_{k}], \tag{3.5.2}$$

这里, $M_\to = \delta_2[1,2,1,1]$ 是 $\to$ 的结构矩阵.

例 3.5.1　设 $D = \{0,1,2\}$, $f: D \to D$. 证明, 对任何 x 都存在 f, 使得

$$x - f(x) = 1 (\mathrm{mod}\ 3).$$

令 $P(x,f(x)): x - f(x) = 1 (\mathrm{mod}\ 3)$. 则要证明

$$\varphi = \forall x \exists f(x)(P(x,f(x))) = 1.$$

记 $x = 0 \sim \delta_3^1$, $x = 1 \sim \delta_3^2$, $x = 2 \sim \delta_3^3$.

$$f_i(x) = M_i x, \quad i = 1,2,\cdots,27,$$

这里,

$$M_1 = \delta_3[1,1,1], \quad M_2 = \delta_3[1,1,2], \quad \cdots, \quad M_{27} = \delta_3[3,3,3].$$

不难验证

$$M_P = \delta_2[2,1,2,1,2,1,2,1,2].$$

则

$$\begin{aligned}
M_\varphi &= \bigwedge_{x \in D} \bigvee_{i=1}^{27} M_P(I_3 \otimes M_i)\mathrm{PR}_3 x \\
&= \bigwedge_{j=1}^{3} \bigvee_{i=1}^{27} M_P(I_3 \otimes M_i)\mathrm{PR}_3 \delta_3^j \\
&= \delta_2^1.
\end{aligned}$$

注意: 这里 φ 不是一阶逻辑公式.

例 3.5.2　有一逻辑学家误入某部落, 被因于牢狱, 酋长欲意放行, 他对逻辑学家说: "今有两门, 一为自由, 一为死亡, 你可以任意开启一门. 你可从两守门人中任选一人问一个关于门的问题. 其中一人只说真话, 一人只说假话. 今后生死由你自己选择."

逻辑学家沉思片刻, 即向一看门人发问, 然后开门从容离去. 该逻辑学家应如何发问?

设论域是

$$D = X \cup Y,$$

这里, $X = \{x_1(诚实人), x_2(撒谎者)\}$, $Y = \{y_1(生门), y_2(死门)\}$. 记 $y(x): X \to Y$ 为 x 对 "哪个门是活门?" 给出的答复. 你知道的是

$$y(x) = \begin{cases} 1, & x = x_1, \\ 0, & x = x_2, \end{cases}$$

即 x_1 告诉你的门是活门, x_2 告诉你的门是死门.

设 φ 是真实情况, 它依赖于你问的人, 记作 x, 和他的回答, 记作 $y(x)$. 于是有两种情况: 一个是, $\varphi(x, y(x))$ (问 x, "哪个是活门?"), 另一个是 $\varphi(x, y(\neg x))$ (问 x, "他 ($\neg x$) 会告诉我哪个是活门?"). 第一种情况显然不行. 考察第二种情况, 记诚实人为 δ_2^1, 活门为 δ_2^1. 于是有

$$\varphi_x = \begin{cases} y(\neg x), & x = \delta_2^1, \\ \neg y(\neg x), & x = \delta_2^2. \end{cases}$$

这里, 由 $y(x) = I_2 x$ 可知 $y(\neg x) = \delta_2[2, 1]x$. 于是

$$\varphi(x) = \delta_2[2, 1, 1, 2]x^2 = \delta_2[2, 1, 1, 2]\mathrm{PR}_2 x = \delta_2[2, 2]x.$$

于是

$$\forall x \varphi(x, y(\neg x)) = 0.$$

即问任一看门人: "他 (另一个看门人) 会告诉我哪个是活门?" 得到的回答都是 "死门". 于是可从另一个门出去.

例 3.5.3 一个大厅有 n 个门, 门旁有开关 (双态开关). 为控制照明, 要求从每个门进来都可以开灯, 从每个门出去都可以关灯, 问线路应如何设计?

记 $D = \{x_1, \cdots, x_n\}$ 为开关. 记 $x_{-i} = D \backslash \{x_i\}$. 则线路的逻辑函数应满足:

$$\forall i F(\neg x_i, x_{-i}) = \neg F(x_1, \cdots, x_n).$$

现在如果 $M_F \in \mathcal{L}_{2 \times 2^n}$ 为 F 的结构矩阵. 将 $i - 1$ 表示为 2 进制数, 记其 1 的个数为 $N(i)$. 那么, 令

$$\mathrm{Col}_i(M_F) := \begin{cases} \delta_2^1, & N(i) \text{ 为偶数}, \\ \delta_2^2, & N(i) \text{ 为奇数}. \end{cases}$$

由 M_F 可唯一确定逻辑函数 F. 从而设计逻辑线路.

设 $n = 4$. 于是可得

$$M_F = \delta_2[1, 2, 2, 1, 2, 1, 1, 2, 2, 1, 1, 2, 1, 2, 2, 1].$$

则 F 可表示为

$$F = (x_1 \bar{\vee} x_2) \bar{\vee} (x_1 \bar{\vee} x_2).$$

其电路图见图 3.5.1, 其中开关 $\bar{\vee}$ 的元件设置见图 3.5.2.

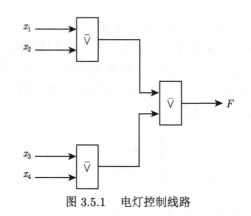

图 3.5.1   电灯控制线路

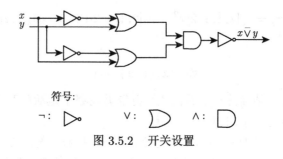

符号:

¬: ▷○   ∨: ⫯   ∧: ⫯

图 3.5.2   开关设置

3.6   语言与逻辑

"逻辑" 是人们日常生活中经常用到的一个词, 常常听到人们评价一个人, 会说他说话或写文章 "逻辑性强", 或者 "逻辑混乱". 虽然本丛书此前大量讨论了基于命题逻辑的逻辑动态系统, 而本章此前也讨论了谓词逻辑, 但是, 到底什么是逻辑呢? 这是一个 "你不问我我清楚, 你一问我, 我就糊涂了" 的问题. 教科书会告诉你: "逻辑是研究思维形式及其规律的一门学科." 而语言 (表现为说话或写文章) 是思维的表现形式. 因此, 可以说, 语言是逻辑研究的对象. 要真正理解逻辑, 就必须先将 "语言" 作为学术概念界定清楚.

什么是语言? 一种语言的基本结构是两个部分: 语法 (syntax) 和语义 (semantics). 我们学一门外语, 要学语法, 才知道怎么用单词构造句子; 还要背单词, 就是要掌握这些词的意思.

要构造一种语言, 就是要给出语法和语义. 用很少的一些 "元素", 通过合理的规则, 就可以形式地构造出一些语言. 这种人造的语言通常称为形式语言 (formal language). 逻辑通常指的是语言的合理性. 例如三段论的推理方法: "所有的人都会死, 苏格拉底是人," 所以 "苏格拉底会死". 又如, 正命题与逆否命题的等价性: "有 A 则有 B" 可知 "无 B 则无 A", 反之亦然. 逻辑学要研究的就是语言的合理性.

我们学外语, 通常要通过另一种熟悉的语言来理解它. 例如, 学英语, 需要一本英汉词典. 那么, 通常将要研究的语言称为对象语言 (object language), 将用来解释对象语言的语义的语言称为元语言 (metalanguage). 在数理逻辑中, 形式语言是我们的对象语言, 而元语言就是我们的自然语言. (这时与英语或汉语无关, 它们都是自然语言.)

因此, 可以说, 逻辑研究的对象是语言, 而形式语言, 则是一些 "陈述" (statement) 或 "命题" (proposition) 用逻辑算子联结而成的. 在形式语言中, 逻辑是一个严格定义的概念.

3.7 形式语言的语法

形式语言里的陈述称为公式. 形式语言的语法就是指如何生成公式.

定义 3.7.1 一个形式语言记作 **L**. 它的构成包括两个部分:

1) 逻辑符号集合 $\mathbf{L}^C$. 它是各种语言的共享部分, 包括

(i) 变量: 记作 V. 如 $V = \{x, y, \cdots\}$ (或 $V = \{x_1, x_2, \cdots\}$).

(ii) 逻辑算子: $\neg$, $\wedge$, $\vee$, $\rightarrow$, $\leftrightarrow$, $\cdots$.

(iii) 量词: $\forall, \exists$.

(iv) 等式: $=$.

(v) 括号: ( ).

2) 非逻辑符号集合 $\mathbf{L}^S$. 它是每种语言的独享部分, 包括

(i) 常数 $\mathbf{L}_c$: 记作 $a, b, \cdots$.

(ii) 函数 $\mathbf{L}_f$: (k 元函数) 记作 $f(x_1, \cdots, x_k)$.

(iii) 命题 $\mathbf{L}_P$: (k 元命题) 记作 $P(t_1, \cdots, t_k)$.

例 3.7.1 初等算术语言 $\mathcal{A}$. 它包括

(i) 常数集: $\mathcal{A}_c = \{0\}$.

(ii) 函数集: $\mathcal{A}_f = \{S, +, \times\}$, 这里, S 表示算术里的后继数 (即 $n \rightarrow n+1$).

(iii) 谓词集: $\mathcal{A}_P = \{<\}$, 这里, $<$ 是二元谓词, $< (x, y) \Leftrightarrow x < y$.

定义 3.7.2 (i) *形式语言中的项* (term), *由常量及变量递推地生成. 即如果* $t_1, \cdots, t_n$ *是项, 那么, 对* $f \in \mathbf{L}_f, f(t_1, \cdots, t_n)$ *也是项. 用* t *表示, 则*

$$t ::= c|x|f(t_1, \cdots, t_n),$$

这里, | 表示或者, ::= 表示递推定义.

(ii) 所有的谓词称为原子公式 (atomic formula). 即 $P(t_1, \cdots, t_k)$.

(iii) 由原子公式利用一组逻辑算子经递推生成的称为公式.

例 3.7.2 设 Φ 为一组原子公式. 则由 Φ 生成的公式记作 Fma(Φ).

(i) 如果使用的逻辑算子集合为 $\{\bot, \rightarrow\}$, 这里 $\bot$ 为常数 "假", 则生成的公式是命题逻辑公式 (或曰命题逻辑的语言), 即命题逻辑的研究对象. 由 Φ 递推生成的公式为

$$A ::= p \in \Phi|\bot|A_1 \rightarrow A_2.$$

(ii) 如果使用的逻辑算子集合为 $\{\bot, \rightarrow, \exists, \forall\}$, 则生成的公式是谓词逻辑公式 (或曰谓词逻辑的语言), 即谓词逻辑的研究对象.

(iii) 如果使用的逻辑算子集合为 $\{\bot, \rightarrow, \exists, \forall, \Box\}$, 则生成的公式是模态逻辑公式 (或曰模态逻辑的语言), 即模态逻辑的研究对象.

注 3.7.1 (i) 模态算子 $\Box$ 表示 "总是" (always). 故 $\Box A$ 表示 A 总是对的, 或已知 A, 或 A 总成立等.

(ii) 为方便, 在公式中可使用生成的新算子, 例如

$$\neg A := A \rightarrow \bot,$$

$$\top := \neg\bot,$$

$$A \vee B := (\neg A) \rightarrow B,$$

$$A \wedge B := \neg(A \rightarrow (\neg B)),$$

$$A \leftrightarrow B := (A \rightarrow B) \wedge (B \rightarrow A),$$

$$\Diamond A := \neg\Box\neg A.$$

3.8　形式语言的语义

形式语言的语义是通过模型来定义的. 要定义语义, 就要对语言, 即公式, 进行说明. 对于形式语言, 这种说明有两个部分.

(i) 论域 (D): 语言讨论的对象称为论域 (domain). 对于一个形式语言, 一旦论域定了, 那么, 语言结构 (项或公式) 中的常量 $c \in D$, 变量 $x \in D$, k 元函数 $f(x_1, \cdots, x_k)$ 则为 $f : D^k \to D$.

(ii) 解释 (I): 解释实际上要用元语言说明语言结构中 "常量"、"变量", 以及 "谓词" 的实际意义.

定义 3.8.1[121]   (i) $\mathcal{F} = (D, I)$ 称为一个结构 (Frame).

(ii) 设 Φ 是一组原子公式, $\mathcal{F}$ 是一个结构, 结构 $\mathcal{F}$ 上的 Φ 模型, 记作 $\mathcal{M} := (\mathcal{F}, \sigma)$, 这里, $\sigma : \Phi \to 2^D$ 称为一个赋值 (assignment).

注 3.8.1   定义 3.8.1 来自文献 [121], 它与文献 [8] 不同. 在定义 3.8.1 中, 设 $p \in \Phi$, 赋值可以理解为

$$\sigma(p) = \{d \in D \mid p(d) = \top\}. \tag{3.8.1}$$

这对于单变量的命题是定义好的. 但如果是多变量的命题, 这个定义中的 D 应改为 D^k. 即设 p 为 k 元命题, 则 $\sigma(p) \in 2^{D^k}$. 因此, 令 $\sigma : \Phi \to \cup_{k=0}^{\infty} 2^{D^k}$ 更为准确.

为了进行逻辑推理, 也要对模型里的公式进行赋值.

定义 3.8.2   设 $\mathcal{M}$ 为 Φ 模型, $A \in \mathrm{Fma}(\Phi)$. 设 A 在 $d \in D$ 为真, 则记

$$\mathcal{M} \models_d A. \tag{3.8.2}$$

这里, 对 A 的赋值由以下规则递推地定义.

(i) $\qquad\qquad \mathcal{M} \models_d p$, 当且仅当, $d \in \sigma(p)$. $\qquad\qquad$ (3.8.3)

(ii) $\qquad\qquad \mathcal{M} \not\models_d \bot$, i.e., $\neg \mathcal{M} \models_d \bot$. $\qquad\qquad$ (3.8.4)

(iii) $\quad \mathcal{M} \models_d (A_1 \to A_2)$, 当且仅当, $\mathcal{M} \models_d A_1 \Rightarrow \mathcal{M} \models_d A_2$. $\quad$ (3.8.5)

定义 3.8.3   设 $\mathcal{M}$ 为 Φ 模型, 并且 $\mathcal{M} = (\mathcal{F}, \sigma)$. 考察 $A \in \mathrm{Fma}(\Phi)$.

(i) 如果 $\mathcal{M} \models_d A$, $\forall d \in D$, 则称 A 在模型 $\mathcal{M}$ 上为真, 记作 $\mathcal{M} \models A$.

(ii) 如果对任何 σ, $\mathcal{M} = (\mathcal{F}, \sigma)$ 均成立 $\mathcal{M} \models A$, 则称 A 在结构 $\mathcal{F}$ 上为真, 记作 $\mathcal{F} \models A$.

例 3.8.1   回顾例 3.7.1 中的初等算术语言 $\mathcal{A}$.

1) 结构: 要得到一个关于 $\mathcal{A}$ 的结构 $\mathcal{F}_{\mathcal{A}}(D, I)$, 需要

(i) 论域 D: 设论域为自然数 $D = \mathbb{N} = \{0, 1, 2, \cdots\}$.

(ii) 解释 I:

$$
\begin{aligned}
&I(c) = 0, \\
&I(S) = s, \quad s(n) := n+1, \\
&I(+) = +, \\
&I(\times) = \times, \\
&I(<) = < .
\end{aligned}
\tag{3.8.6}
$$

2) 模型: 要定义 $\mathcal{M}_{\mathcal{A}} = (\mathcal{F}_{\mathcal{A}}, \sigma)$, 需要

(i) 原子命题集 Φ: 设 $\Phi = \{p_1, p_2, p_3\}$, 这里

$$
\begin{aligned}
&p_1(x): \quad x \text{ 是素数}, \\
&p_2(x): \quad x \text{ 是偶数}, \\
&p_3(x): \quad x \text{ 是最大数}.
\end{aligned}
\tag{3.8.7}
$$

(ii) 赋值 σ:

$$
\begin{aligned}
&\sigma(p_1) = \{2, 3, 5, 7, \cdots\}, \\
&\sigma(p_2) = \{2, 4, 6, 8, \cdots\}, \\
&\sigma(p_3) = \varnothing.
\end{aligned}
\tag{3.8.8}
$$

3) (i) 设 $A = p_1 \wedge p_2$,

$$
\begin{aligned}
&\mathcal{M} \models_s A, \quad s = 2, \\
&\mathcal{M} \not\models_s A, \quad s \neq 2.
\end{aligned}
$$

(ii) 设 $A = \neg p_3$,

$$
\mathcal{M} \models A.
$$

(iii) 设 $A = p \vee \neg p$,

$$
\mathcal{F} \models A.
$$

定义 3.8.4[121]   (i) 如果结构 $\mathcal{F}$ 上带有一个关系 $R \subset D \times D$, 则 $\mathcal{F} = (D, I, R)$ 称为一个关系结构 (relation frame).

(ii) 设 Φ 是一组原子公式, $\mathcal{F} = (D, I, R)$ 是一个关系结构, 关系结构 $\mathcal{F}$ 上的 Φ 模型 $\mathcal{M} = (D, I, R, \sigma)$ 称为关系模型.

因为关系可视为一个二元谓词, 关系结构或关系模型也是普通的结构或模型. 只有当这个关系 R 被用到时才需强调.

定义 3.8.5 设 Φ 是一组原子公式, $\mathcal{M} = (M, I, R, \sigma)$ 是一个关系模型, $A \in \mathrm{Fma}(\Phi)$, 那么,

$$\mathcal{M} \models_d \Box A, \text{ 当且仅当}, \forall s \in D, dRs \Rightarrow \mathcal{M} \models_s A. \tag{3.8.9}$$

例 3.8.2 考察初等算术语言 $\mathcal{A}$, 设 $\Phi = \{p\}$, 这里,

$$p(x) := ``x > 10".$$

(i) 设关系 R 定义为: xRy, 当且仅当 $y < x$. 于是有

$$\mathcal{M}_{\mathcal{A}} \models_{11} \Box p.$$

(ii) 如果将 $A(x, y)$ 当作一个 2 元谓词, 定义为 $A(x, y)$ 表示 $x < y$. 同时定义一个 2 元关系 $R \subset D^2 \times D^2$ 为

$$(a, b)R(c, d) \Leftrightarrow c - a = d - b.$$

那么, 在这个关系下有

$$\mathcal{M}_{\mathcal{A}} \models_{(2,3)} \Box A.$$

当我们考虑形式语言时, 其实有一个假定, 即任何逻辑语言都要有法判断真假, 因此, 至少要有一个 "假" ($\bot$) (等价地, 也可设有一个 "真"). 要能进行推断, 故需要 "蕴涵" ($\to$). 由于 $(\bot, \to)$ 的完备性, 故任何逻辑语言都包括命题逻辑中的逻辑算子:

$$\bot, \top, \neg, \wedge, \vee, \to, \leftrightarrow, \bar{\vee} 等.$$

定义 3.8.6 1) 给定一种形式语言, 设 Φ 为一个原子命题的可数集合, $\Lambda \subset \mathrm{Fma}(\Phi)$ 称为一个逻辑, 如果

(i) Λ 包含所有的恒真命题, 即若 $\sigma(p) = D$ 则 $p \in \Lambda$.

(ii) 如果 $A \in \Lambda$, 且 $A \to B \in \Lambda$, 则 $B \in \Lambda$.

2) 设 Λ 为一个逻辑, $A \in \Lambda$ 则称 A 为 Λ 的一个定理, 记作 $\vdash_\Lambda A$. 即

$$\vdash_\Lambda A, \text{ 当且仅当}, A \in \Lambda. \tag{3.8.10}$$

定义 3.8.7 设 $\mathcal{C}$ 为一组结构或一组模型, Λ 为一个逻辑.

(i) Λ 称为对 $\mathcal{C}$ 可靠的 (sound), 如果

$$\vdash_\Lambda A \text{ 可推出 } \mathcal{C} \vdash A. \tag{3.8.11}$$

(ii) Λ 称为对 $\mathcal{C}$ 完备的 (complete), 如果

$$\mathcal{C} \vdash A \text{ 可推出 } \vdash_\Lambda A. \tag{3.8.12}$$

(iii) Λ 称为由 $\mathcal{C}$ 确定的 (determined by), 如果 Λ 对 $\mathcal{C}$ 既是可靠的又是完备的.

3.9　有限论域下的语言和逻辑

下面考虑论域有限的情况.

命题 3.9.1　设 **L** 为有限论域上的形式语言, $D = \mathcal{D}_n = \{1, 2, \cdots, n\}$. 那么, 在向量形式下, 即令 $\mathcal{D} \sim \Delta_n$.

(i) 每一个 k 元函数 $f(x_1, x_2, \cdots, x_k)$ 可表示为

$$f(x_1, x_2, \cdots, x_k) = M_f \ltimes_{i=1}^k x_i := M_f x, \tag{3.9.1}$$

这里, $M_f \in \mathcal{L}_{n \times n^k}$ 为 f 的结构矩阵, $x = \ltimes_{i=1}^k x_i$.

(ii) 每一个 k 元公式 $A(x_1, x_2, \cdots, x_k)$ 可表示为

$$A(x_1, x_2, \cdots, x_k) = M_A x, \tag{3.9.2}$$

这里, $M_A \in \mathcal{L}_{2 \times n^k}$ 为 A 的结构矩阵.

例 3.9.1　考察初等算术语言 $\mathcal{A}$.

1) 构造结构 $\mathcal{F}$: 设 $D = \mathbb{Z}_6 = \{0, 1, 2, 3, 4, 5\}$. 作如下解释:

(i) $I(0) := 0$.

(ii) $I(+) := \oplus$, 　这里 $a \oplus b = a + b \pmod 6$.

(iii) $I(\times) := \otimes$, 　这里 $a \otimes b = a \times b \pmod 6$.

(iv) $I(S) := s$, 　这里 $s(a) = a \oplus 1$.

(v) $I(<):$ 　$0 < 1 < 2 < 3 < 4 < 5$.

2) 构造模型.

(i) 给出一组原子公式.

$$\Phi = \{p_1(x), p_2(x), p_3(x)\},$$

这里,

$$p_1(x) : x \text{ 可逆, 即存在 } x^{-1} \text{ 使 } x \otimes x^{-1} = 1.$$
$$p_2(x) : x \text{ 如果 } x > a, \text{ 则 } s(x) > a.$$
$$p_3(x) : x \text{ 是最大元}.$$

(ii) 赋值函数

$$\sigma(p_1) = \{1, 5\}.$$
$$\sigma(p_2) = \{0, 1, 2, 3, 4\}.$$
$$\sigma(p_3) = \{5\}.$$

于是可由 Φ 和 $\mathcal{F}$ 得 $\mathcal{M} = (\mathcal{F}, \sigma)$.

3) 逻辑推理.

从前面的讨论不难得出

$$\mathcal{M} \models_i p_1, \quad i = 1, 5.$$

$$\mathcal{M} \not\models_i p_1, \quad i = 0, 2, 3, 4.$$

$$\mathcal{M} \models p_2 \vee p_3$$

等.

第 4 章 离散时间系统的形式化方法

混杂系统或信息物理系统中用到的方法, 可统一称为形式化方法. 它将逻辑决策与动态系统统一考虑, 是处理复杂系统的一种有效方法. 也是用人工智能方法控制动力系统的一个有效途径. 本章首先讨论迁移系统, 利用矩阵半张量积给出其代数状态空间表示. 同时介绍了线性时序逻辑及其在迁移系统与有限自动机中的应用. 然后讨论输出等价下商空间, 形成仿真或双仿真. 并将仿真方法应用于有限值逻辑网络, 提出大型网络聚类仿真近似方法, 用以克服计算复杂性. 本章用到的基本概念主要参考文献 [29].

4.1 迁 移 系 统

定义 4.1.1　$T = (X, U, \Sigma, O, h)$ 称为一个迁移系统(transition system), 这里

(i) X: 状态集;

(ii) U: 输入集;

(iii) $\Sigma : X \times U \to 2^X$: 迁移映射;

(iv) O: 观测集;

(v) $h : X \to O$: 观测映射.

如果 $|\Sigma(x, u)| \leqslant 1$, 则称 T 为确定的, 否则为不确定的.

对于一个迁移系统, 设 $|X| = n$, $|U| = m$, $|O| = p$, 用向量形式表示, 则 $X = \Delta_n$, $U = \Delta_m$, $O = \Delta_p$. 那么, 类似于多值逻辑, 可以得到迁移系统的代数状态空间表示

$$\begin{cases} x(t+1) = Lx(t)u(t), \\ y(t) = Hx(t), \end{cases} \tag{4.1.1}$$

这里, $L \in \mathcal{B}_{n \times nm}$ 为一布尔矩阵, $H \in \mathcal{L}_{p \times n}$ 为一逻辑矩阵.

例 4.1.1[29]　考虑系统 $T = (X, U, \Sigma, O, h)$ (图 4.1.1), 这里,

(i) $X = \{x_1, x_2, x_3, x_4\}$.

(ii) $U = \{u_1, u_2\}$.

(iii)　　　　　　　　$\Sigma(x_1, u_1) = \{x_2, x_3\}$, $\Sigma(x_2, u_1) = \{x_2, x_3\}$,

$$\Sigma(x_2, u_2) = \{x_4\}, \qquad \Sigma(x_3, u_2) = \{x_2, x_3\},$$
$$\Sigma(x_4, u_1) = \{x_2, x_4\}.$$

(iv) $O = \{O_1, O_2, O_3\}$.

(v) $\qquad\qquad h(x_1) = O_1, \quad h(x_2) = h(x_4) = O_2, \quad h(x_3) = O_3.$

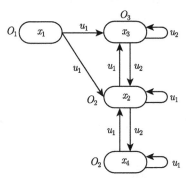

图 4.1.1　例 4.1.1 迁移系统

令

$$x_i = \delta_4^i, \quad i = 1, 2, 3, 4;$$
$$\sigma_j = \delta_2^j, \quad j = 1, 2;$$
$$o_k = \delta_3^k, \quad k = 1, 2, 3,$$

则有 T 的代数状态空间表示

$$\begin{cases} x(t+1) = L\sigma(t)x(t), \\ o(t) = Hx(t), \end{cases} \tag{4.1.2}$$

这里

$$L = \begin{bmatrix} 0 & 0 & 0 & 0 & 0 & 0 & 0 & 0 \\ 1 & 1 & 0 & 1 & 0 & 0 & 1 & 0 \\ 1 & 1 & 0 & 0 & 0 & 0 & 1 & 0 \\ 0 & 0 & 0 & 1 & 0 & 1 & 0 & 0 \end{bmatrix},$$

$$H = \delta_3[1, 2, 3, 2].$$

定义 4.1.2　考察迁移系统 (4.1.1).

(i) 设 $u = (u(0), u(1), \cdots)$ 为一输入序列, 则 $x(t, u) = (x(0), x(1), x(2), \cdots)$ 称为迁移系统的一条从 x_0 出发的轨线, 如果 $x(0) = x_0$ 并且

$$x(t+1) \in \Sigma(x(t), u(t)), \quad t \geqslant 0.$$

(ii) 迁移系统对应于一条轨线的输出序列记作 O^ω, 这里 ω 表示无穷序列. 把输出当作一个无穷的词集 (words), O^ω 也可表示为 $W_O = W_O(0)W_O(1)W_O(2)\cdots$.

例 4.1.2　回顾例 4.1.1. 由方程 (4.1.2) (或直接观察图 4.1.1), 可看出它的一条轨线为

$$x_1 \xrightarrow{u_1} x_3 \xrightarrow{u_2} x_2 \xrightarrow{u_2} x_4 \xrightarrow{u_1} x_2 \xrightarrow{u_1} x_3 \xrightarrow{\cdots}$$

相应的输出词集为

$$O^\omega = O_1 \ O_3 \ O_2 \ O_2 \ O_2 \ O_3 \ \cdots := O_1(O_3O_2^3)^\omega.$$

最后的上标 ω 表示无限次重复.

下面考虑一个机器人运动的模型.

例 4.1.3　考虑一个机器人在室内移动的模型. 建筑物室内平面图见图 4.1.2. 图中, B 为基点, 机器人从此点出发, 要到 G 点去视察, 收集数据. R 是充电地点, D 是危险地点, I 是交叉路口. 假定机器人只受东 (e)、西 (w)、南 (s)、北 (n) 四个方向指令的控制, 其状态迁移模型见图 4.1.3. 于是, 这个迁移系统可描述如下.

$$T = (X, U, \Sigma, O, h),$$

这里,

(i) $X = \{x_1, x_2, x_3, x_4, x_5, x_6, x_7, x_8\}$;

(ii) $U = \{e, w, s, n\}$;

(iii) $O = \{B, G, R, D, I\}$;

(iv) Σ 和 h 如图 4.1.3 所示.

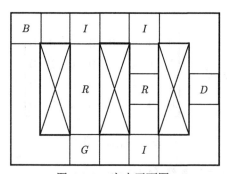

图 4.1.2　室内平面图

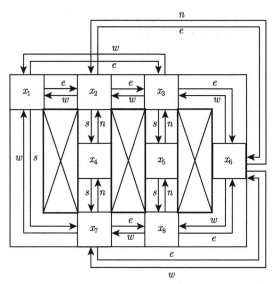

图 4.1.3　机器人移动图

由图 4.1.3 不难得到这个迁移系统的代数状态空间表示

$$\begin{cases} x(t+1) = L\sigma(t)x(t), \\ o(t) = Hx(t), \end{cases} \tag{4.1.3}$$

这里,

$$L = \delta_8[2/3, 3/6, 6, 0, 0, 0, 6/8, 6, 0, 1, 1/2, 0, 0, 0, 1, 7,$$

$$7, 4, 5, 7, 8, 7/8, 0, 0, 0, 0, 0, 3, 3, 2/3, 4, 5],$$

$$H = \delta_5[1, 5, 5, 3, 3, 4, 2, 5].$$

(注: 在 L 的表达式中, 我们用 a/b 表示该列有两个 "1", 分别在第 a 位和第 b 位, 例如, $\text{Col}_1(L) = [0, 1, 1, 0, 0, 0, 0, 0]^{\mathrm{T}}$.)

4.2　时序逻辑

从语言学分析来看, 是先有了形式语言, 再利用论域来构造结构和模型. 但从实际应用角度看, 是先有了论域, 即我们所要研究的对象, 再去建立适当的形式语言. 但当然, 任何逻辑语言都必须有判断对错的 $\perp$ 和用于推理的 $\to$, 因此, 任何形式语言都包括基本逻辑算子 $\neg$, $\wedge$, $\vee$, $\to$, $\leftrightarrow$ 等. 然后, 针对具体论域, 增加相关的逻辑算子.

所谓时序逻辑 (temporal logic), 就是论域为时间序列的形式逻辑. 时间序列记为 $(T, \prec)$, 这里, T 代表时间集合, 例如,

(i) 离散时间序列: $T = \{0, 1, 2, \cdots\}$.

(ii) 连续时间序列: $T = [0, \infty)$.

这是我们常见的两种时间序列. 这两种时间序列中的普通前后关系决定了 $\prec$. 一般时序逻辑里的时间序列可以更复杂, 如有限的、双向无限的, 甚至树状的等. $\prec$ 决定的也未必是一个全序集.

线性时序逻辑 (linear temporal logic) 的论域是 $T = \{0, 1, 2, \cdots\}$. 线性时序逻辑增加的时序算子如下:

$\bigcirc$: next (下一个);

U: until (直到);

$\square$: always (总是);

$\Diamond$: eventually (最终).

这几个时序算子的物理意义见图 4.2.1.

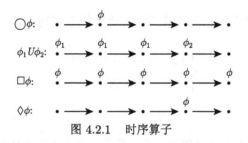

图 4.2.1　时序算子

下面的定义给出线性时序逻辑的语法.

定义 4.2.1 (语法 (Syntax))　线性时序逻辑 (LTL) 关于观测集 O 的公式 ϕ 递推地定义如下:

$$\phi ::= \top \mid o \mid \phi_1 \wedge \phi_2 \mid \neg\phi \mid \bigcirc \phi \mid \phi_1 U \phi_2, \tag{4.2.1}$$

这里, $\top$ 为真, $o \in O$.

虽然在式 (4.2.1) 里只用到 $\neg$ 和 $\wedge$, 但它们是完备集, 因此, 其他基本逻辑算子, 如 $\vee$, $\rightarrow$, $\leftrightarrow$ 等均可由它们生成, 所以均可用于生成线性时序逻辑公式. 同样道理, 因为

$$\Diamond\phi = \top U \phi,$$
$$\square\psi = \neg\Diamond\neg\phi,$$

故 $\Diamond$ 和 $\square$ 也可用于生成线性时序逻辑公式.

下面定义线性时序逻辑的语义.

定义 4.2.2 (语义 (semantics))   设观测 $W_O = W_O(0)W_O(1)W_O(2)\cdots \in O^\omega$ 给定. 则

1) 公式 ϕ 在 $k \in \mathbb{N}$ 满足观测 O, 记作 $W_O(k) \models \phi$, 递推地定义如下:

(i) $W_O(k) \models \top$.

(ii) $W_O(k) \models o, o \in O$, 如果 $W_O(k) = o$.

(iii) $W_O(k) \models \neg\phi$, 如果 $W_O(k) \not\models \phi$.

(iv) $W_O(k) \models \phi_1 \wedge \phi_2$, 如果 $W_O(k) \models \phi_1$ 并且 $W_O(k) \models \phi_2$.

(v) $W_O(k) \models \bigcirc\phi$, 如果 $W_O(k+1) \models \phi$.

(vi) $W_O(k) \models \phi_1 U \phi_2$, 如果存在 $j \geq k$ 使得 $W_O(j) \models \phi_2$ 并且对 $k \leq k < j$ 均有 $W_O(i) \models \phi_1$.

2) 称词 W_O 满足线性时序公式 ϕ, 记作 $W_O \models \phi$, 如果 $W_O(0) \models \phi$. 记满足公式 ϕ 的无穷词集语言为 $\mathbf{L}_\phi$.

下面给出一些常用的时序逻辑公式的解释.

(i) $\bigcirc\phi$ 在当前时刻满足, 表示 ϕ 在下一时刻满足.

(ii) $\phi_1 U \phi_2$ 满足, 表示 ϕ_1 在 ϕ_2 出现前一直满足.

(iii) $\square\phi$ 满足, 表示 ϕ 始终满足.

(iv) $\square\neg\phi$ 满足, 表示 $\neg\phi$ 始终满足, 即 ϕ 从不出现.

(v) $\Diamond\phi$ 满足, 表示 ϕ 会在将来某时出现, 即 ϕ 终将满足.

(vi) $\Diamond\square\phi$ 满足, 表示 ϕ 会在将来某时之后永远满足.

(vii) $\square\Diamond\phi$ 满足, 表示 ϕ 会无数次被满足.

时序逻辑公式可以用来指导或规范迁移系统的动态过程. 下面的例子展示如何用时序逻辑公式规划迁移系统的行为.

例 4.2.1   回顾例 4.1.3, 考虑机器人在室内移动的模型. 假定要求机器人完成以下工作:

1) 任务一:

(i) 机器人要到 G 处收集数据;

(ii) 要将收集到的数据带回基地 B;

(iii) 机器人要到 R 处充电;

(iv) 机器人要始终规避危险点 D.

这些要求可分别用以下公式表示.

(i) $\square\Diamond G$;

(ii) $\square\Diamond B$;

(iii) $\square\Diamond R$;

(iv) $\square\neg D$.

于是这个任务可由如下公式设定:

$$\phi = (\Box \Diamond G) \wedge (\Box \Diamond B) \wedge (\Box \Diamond R) \wedge (\Box \neg D).$$

2) 任务二: 对任务一作如下补充要求:

(v) 机器人在两次回基地之间要收集一次数据;

(vi) 机器人在两次回基地之间要充电一次.

这些要求可分别用以下公式表示.

(v) $\Box(B \to \bigcirc(\neg BUG))$;

(vi) $\Box(B \to \bigcirc(\neg BUR))$.

不难看出, (i) 和 (iii) 分别被 (v) 和 (vi) 蕴涵, 于是这个任务可由如下公式
设定

$$\psi = (\Box \Diamond G) \wedge (\Box \neg D) \wedge \Box(B \to \bigcirc(\neg BUG)) \wedge \Box(B \to \bigcirc(\neg BUR)).$$

4.3   有限状态自动机

考察一个迁移系统, 设 O 为观测集, O^* 表示一个有限长度观测词组. 有限状
态自动机是一个机构, 它的有限状态是指观测值所对应的状态, 根据任务要求, 使
自动机接受预先指定的状态. 图 4.3.1 是一个示意图, 其中, T 是迁移系统, $A(\phi)$
表示依线性时序逻辑公式 ϕ 的要求设计的有限状态自动机.

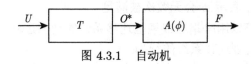

图 4.3.1   自动机

定义 4.3.1   一个有限状态自动机可表示为 $A = (S, s_0, O, \delta, F)$, 这里,

• S: (有限) 状态;

• s_0: 初态;

• O: 输入字符;

• $\delta : S \times O \to S$: 迁移映射;

• $F \subset S$: 可接受的 (终点) 集合.

一个有限状态自动机的语义是这样定义的, 设输入词为

$$W_O = W_O(1)W_O(2) \cdots W_O(n) \in O^*,$$

则 A 的相应轨线为

$$W_S = W_S(1)W_S(2) \cdots W_S(n+1),$$

这里

$$\begin{cases} W_S(1) = s_0, \\ W_S(k+1) = \delta(W_S(k), W_O(k)), \quad k \in [1, n]. \end{cases}$$

W_O 被 A 所接受, 当且仅当, $W_S(n+1) \in F$. A 所能接受的语言记作 $\mathbf{L}_A$.

有限状态自动机的可接受状态 $F \subset S$ 是由一个时序逻辑公式决定的, 因此, 这个公式也决定了自动机的动态过程. 这个动态过程通常是用图来刻画的.

例 4.3.1 考察一个有限自动机 A. 其中 $O = \{O_1, O_2, O_3, O_4\}, F : W_O \models \phi$.

(i) 设

$$\phi_1 = \Diamond O_1.$$

则其状态转移图见图 4.3.2, 其中 S_0 为初态, S_1 为终态 (即可接受状态, 图中用双线圈表示).

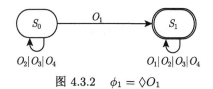

图 4.3.2　$\phi_1 = \Diamond O_1$

(ii) 设

$$\phi_2 = \Diamond O_3 \wedge (O_1 U O_2).$$

则其状态转移图见图 4.3.3, 其中 S_0 为初态, S_1 为终态.

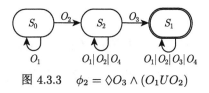

图 4.3.3　$\phi_2 = \Diamond O_3 \wedge (O_1 U O_2)$

(iii) 设

$$\phi_3 = (\neg O_3 U (O_1 \vee O_2)) \wedge \Diamond O_3.$$

则其状态转移图见图 4.3.4, 其中 S_0 为初态, S_1 为终态.

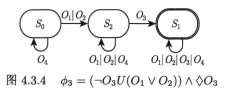

图 4.3.4　$\phi_3 = (\neg O_3 U (O_1 \vee O_2)) \wedge \Diamond O_3$

有限状态自动机的动态演化可用代数状态空间表示. 考察例 4.3.1 中的有限状态自动机, 则有如下结果.

例 4.3.2　(i) 考察

$$\phi_1 = \Diamond O_1.$$

设 $S_0 = \delta_2^1$, $S_1 = \delta_2^2$, $O_i = \delta_4^i$, $i = 1,2,3,4$. 则 ϕ_1 的代数状态空间表示为

$$s(t+1) = Lo(t)s(t), \tag{4.3.1}$$

这里

$$L = \delta_2[2,1,1,1,2,2,2,2].$$

注意到可接受状态为 δ_2^2.

(ii) 考察

$$\phi_2 = \Diamond O_3 \wedge (O_1 U O_2).$$

设 $S_0 = \delta_3^1$, $S_2 = \delta_3^2$, $S_1 = \delta_3^3$, $O_i = \delta_4^i$, $i = 1,2,3,4$. 则 ϕ_2 的代数状态空间表示为

$$s(t+1) = Lo(t)s(t), \tag{4.3.2}$$

这里

$$L = \delta_3[1,2,3,2,2,3,0,3,3,0,2,3].$$

可接受状态为 δ_3^3.

(iii) 考察

$$\phi_3 = (\neg O_3 U(O_1 \vee O_2)) \wedge \Diamond O_3.$$

设 $S_0 = \delta_3^1$, $S_2 = \delta_3^2$, $S_1 = \delta_3^3$, $O_i = \delta_4^i$, $i = 1,2,3,4$. 则 ϕ_2 的代数状态空间表示为

$$s(t+1) = Lo(t)s(t), \tag{4.3.3}$$

这里

$$L = \delta_3[2,2,3,2,2,3,0,3,3,1,2,3].$$

可接受状态为 δ_3^3.

注 4.3.1　(i) 定义 4.3.1 给出的是确定型的有限状态自动机. 如果 $s_0 \in S$ 用 $S_0 \subset S$ 代替, 且 $\delta: S \times O \to S$ 用 $\delta: S \times O \to 2^S$ 代替, 则所给的模型是不确定型的有限状态自动机.

(ii) 有限状态自动机可以独立地定义, 对可接受集合 F 可定义一个输出 $h:$ $S \to \mathcal{D} = \{0,1\}$ 如下:

$$h(x(t)) = \begin{cases} 1, & x(t) \in F, \\ 0, & x(t) \notin F. \end{cases}$$

因此, 有限状态自动机可以看作是一种迁移系统.

(iii) 用矩阵半张量积方法讨论有限自动机是矩阵半张量积的一个有代表性的应用. 这方面最早的工作应数文献 [366, 368]. 这两篇论文分别讨论了有限自动机的能达性与能观性. 更多的有关矩阵半张量积方法在有限自动机研究中的应用可参见综述文献 [378]. 这些结果均可用到迁移系统. 本章后面还要作进一步讨论.

4.4 离散时间动态系统的迁移实现

考察一个离散时间连续状态控制系统:

$$\begin{cases} x(t+1) = f(x(k), u(k)), & k = 1, 2, \cdots, \\ y(k) = g(x(k)), \end{cases} \tag{4.4.1}$$

这里, $x(k) \in \mathbb{R}^n$ 为状态, $u(k) \in \mathbb{R}^m$ 为控制, $y(k) \in \mathbb{R}^p$ 为输出 (或曰观测), $f : \mathbb{R}^n \times \mathbb{R}^m \to \mathbb{R}^n$ 为向量场 (或曰状态方程), $g : \mathbb{R}^n \to \mathbb{R}^p$ 为输出映射.

显然可以将系统 (4.4.1) 形式地视为一个迁移系统 $T = (X, U, \Sigma, O, h)$, 这里

(i) $X = \mathbb{R}^n$;

(ii) $U = \mathbb{R}^m$;

(iii) $\Sigma = f$;

(iv) $O = \mathbb{R}^p$;

(v) $h = g$.

这种形式化的描述无法有效地将迁移系统方法用于连续状态系统. 因此, 如何将系统转化为一个有限状态的迁移系统是一个重要问题, 下面给出一种方法.

设 $p_i : \mathbb{R}^n \to \mathbb{R}, i \in [1, r]$ 为一组实函数, 譬如超平面, 它们分别代表我们感兴趣的系统的某些性质. 设

$$z_i = \begin{cases} 1 \sim \delta_2^1, & p_i(x) \geqslant 0, \\ 0 \sim \delta_2^2, & p_i(x) < 0, \quad i \in [1, r]. \end{cases}$$

用向量表示 z_i 并令 $z = \ltimes_{i=1}^r z_i$,

$$X_i := \{x \mid z(x) = \delta_{2^r}^i\}, \quad i \in [1, r].$$

这样就可以得到状态空间的一个覆盖

$$\mathbb{R}^n = \bigcup_{i=1}^{2^r} X_i. \tag{4.4.2}$$

相应的输出覆盖为

$$\mathbb{R}^p = \bigcup_{i=1}^{2^r} O_i, \tag{4.4.3}$$

这里

$$O_i = g(X_i), \quad i \in [1, 2^r].$$

利用这个覆盖, 可以构造一个有限迁移系统 T 如下:

(i) $X = \{X_1, X_2, \cdots, X_{2^r}\}$;

(ii) $U = \{u_1, \cdots, u_s\}$;

(iii) $\Sigma(t+1) = \{X_i \mid f(x(t), u(t)) \in X_i\}$;

(iv) $O = \{O_1, O_2, \cdots, O_{2^r}\}$;

(v) $h(t) = O_\ell, \ell = \min\{s \mid y(t) \in g(X_s)\}$.

注 4.4.1　(i) 因为某些 X_i 可能是空集, $|X|$ 可能小于 2^r.

(ii) (4.4.2) 可以用其他方法确定. 如果 (4.4.2) 是一个分割, 则 T 是一个确定的迁移系统. 如果 (4.4.2) 只是一个覆盖, 则 T 一般是一个不确定的迁移系统.

(iii) 输出 O 可以由其他方法确定. 例如, 设

$$\mathbb{R}^p = \bigcup_{j=1}^{k} Y_j. \tag{4.4.4}$$

$$y(t) = O_j \Leftrightarrow y(t) \in Y_j, \quad j \in [1, k].$$

这里 (4.4.4) 是一个分割.

(iv) 控制集 U 可任选, 但必须是有限集.

下面举一个例子.

例 4.4.1　考察二维控制系统

$$\begin{cases} x_1(t+1) = 2\cos(x_2(t) + u(t)), \\ x_2(t+1) = x_1(t) + x_2(t), \\ y(t) = \sin(x_1(t) - x_2(t)). \end{cases} \tag{4.4.5}$$

设

$$x(0) = (0,0), \ U(t) = \begin{cases} 0, & t = 0, 2, 4, \cdots, \\ 1, & t = 1, 3, 5, \cdots. \end{cases}$$

状态空间依 $p_i(x) > 0$, $p_i(x) \leqslant 0$, $i = 1, 2, 3$ 分割, 其中

$$p_1(x) = x_1 - 1,$$
$$p_2(x) = x_1 + x_2 - 1,$$
$$p_3(x) = 2x_2 - x_2.$$

见图 4.4.1, 其中

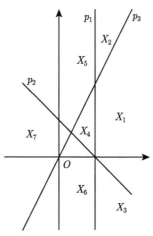

图 4.4.1 状态空间分割

$$X_1 := (p_1(x) > 0, p_2(x) > 0, p_3(x) > 0) := (1, 1, 1),$$

$$X_2 := (p_1(x) > 0, p_2(x) > 0, p_3(x) \leqslant 0) := (1, 1, 0),$$

$$X_3 := (1, 0, 1),$$

$$X_4 := (0, 1, 1),$$

$$X_5 := (0, 1, 0),$$

$$X_6 := (0, 0, 1),$$

$$X_7 := (0, 0, 1);$$

$$Y_1 := y(t) > 0,$$

$$Y_2 := y(t) \leqslant 0.$$

直接计算可得, 转化后的迁移系统 T 的

(i) 输入序列

$$U = \{U(0) = 0, U(1) = 1, U(2) = 0, U(3) = 1, \cdots\}.$$

(ii) 状态序列

$$x = \{x(0) = X_7, x(1) = X_1, x(2) = X_1, x(3) = X_5, x(4) = X_5, x(5) = X_7,$$

$$x(6) = X_7, x(7) = X_3, x(8) = X_1, x(9) = X_2, x(10) = X_5, x(11) = X_5,$$

$$x(12) = X_7, x(13) = X_6, x(14) = X_1, x(15) = X_1, \cdots\}.$$

(iii) 输出序列

$$y = \{y(1) = Y_1, y(2) = Y_2, y(3) = Y_1, y(4) = Y_1, y(5) = Y_2,$$

$$y(6) = Y_2, y(7) = Y_1, y(8) = Y_1, y(9) = Y_2, y(10) = Y_1, y(11) = Y_1,$$

$$y(12) = Y_1, y(13) = Y_1, y(14) = Y_1, y(15) = Y_1, \cdots\}.$$

4.5   迁移系统的仿真与商系统

定义 4.5.1   考察迁移系统 $T = (X, U, \Sigma, O, h)$. $x_1, x_2 \in X$ 称为观测等价 (observationally equivalent), 记为 $x_1 \sim x_2$, 如果

$$h(x_1) = h(x_2).$$

设 $Z \in X/\sim$ 为一等价类, $\mathrm{con}(Z) \subset X$ 为等价类元素集合. 其中 $\mathrm{con} : X/\sim \to 2^X$,

$$\mathrm{con}(Z) = \{x \mid x \in Z\} \subset X$$

称为具体化映射 (concretization map).

定义 4.5.2   考察迁移系统 $T = (X, U, \Sigma, O, h)$. $x_1, x_2 \in X$. $T/\sim := (X/\sim, U, \Sigma_\sim, O, h_\sim)$ 称为 T 在观测等价下的商系统, 其中

(i) $X/\sim = \{x/\sim \mid x \in X\}$ 为等价类集合.

(ii) U 为原来的输入集.

(iii) $\Sigma_\sim : X/\sim \times U \to 2^{X/\sim}$ 定义如下: 设 $X_i, X_j \in X/\sim$, $X_j \in \Sigma_\sim(X_i, u)$, 当且仅当, 存在 $x_i \in \mathrm{con}(X_i)$, $x_j \in \mathrm{con}(X_j)$ 使得

$$x_j \in \Sigma(x_i, u).$$

(iv) O 为原来的观测集.

(v) $h_\sim : X/\sim \to O$ 定义如下:

$$h_\sim(X_i) := h(x_i), \quad x_i \in \mathrm{con}(X_i).$$

例 4.5.1 (i) 回顾例 4.1.1 [29], 考虑图 4.1.1 描述的系统 T. 在观测等价下,

$$\mathrm{con}(X_1) = \{x_1\}, \quad \mathrm{con}(X_2) = \{x_2, x_4\}, \quad \mathrm{con}(X_3) = \{x_3\}.$$

于是可得商系统 $T/\sim$ 如图 4.5.1 所示.

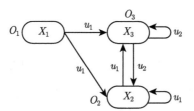

图 4.5.1 例 4.1.1 迁移系统的商系统

从图 4.5.1 中不难直接看出, $T/\sim$ 的代数状态空间表示

$$\begin{cases} X(t+1) = L_q \sigma(t) X(t), \\ o(t) = H_q X(t), \end{cases} \tag{4.5.1}$$

这里

$$L_q = \begin{bmatrix} 0 & 0 & 0 & 0 & 0 & 0 \\ 1 & 1 & 0 & 0 & 1 & 1 \\ 1 & 1 & 0 & 0 & 0 & 1 \end{bmatrix}, \quad H_q = I_3.$$

(ii) [29] 考虑图 4.5.2 描述的系统 T_2.

从图 4.5.2 中不难看出, T_2 的代数状态空间表示

$$\begin{cases} x(t+1) = L\sigma(t)x(t), \\ o(t) = Hx(t), \end{cases} \tag{4.5.2}$$

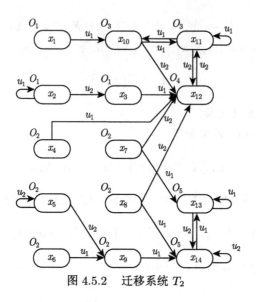

图 4.5.2　迁移系统 T_2

这里

$$L = \delta_{14}[10, 2, 12, 12, 0, 9, 13, 14, 14, 11, 10/11, 0, 13, 13,$$

$$0, 3, 0, 0, 5/9, 0, 12, 12, 0, 12, 12, 11, 14, 14],$$

$$H = \delta_5[1, 1, 1, 2, 2, 2, 2, 2, 2, 3, 3, 4, 5, 5].$$

在观测等价下, 有

$$\mathrm{con}(X_1) = \{x_1, x_2, x_3\},$$

$$\mathrm{con}(X_2) = \{x_4, x_5, x_6, x_7, x_8, x_9\},$$

$$\mathrm{con}(X_3) = \{x_{10}, x_{11}\},$$

$$\mathrm{con}(X_4) = \{x_{12}\},$$

$$\mathrm{con}(X_5) = \{x_{13}, x_{14}\}.$$

于是可得图 4.5.3 描述的商系统 $T_2/\sim$.

从图中不难直接看出, $T/\sim$ 的代数状态空间表示

$$\begin{cases} X(t+1) = L_q \sigma(t) X(t), \\ o(t) = H_q X(t), \end{cases} \tag{4.5.3}$$

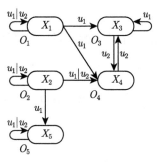

图 4.5.3　商系统 $T_2/\sim$

这里

$$L_q = \begin{bmatrix} 1 & 0 & 0 & 0 & 0 & 1 & 0 & 0 & 0 & 0 \\ 0 & 1 & 0 & 0 & 0 & 0 & 1 & 0 & 0 & 0 \\ 1 & 0 & 1 & 0 & 0 & 0 & 0 & 0 & 1 & 0 \\ 1 & 1 & 0 & 0 & 0 & 0 & 1 & 1 & 0 & 0 \\ 0 & 1 & 0 & 0 & 1 & 0 & 0 & 0 & 0 & 1 \end{bmatrix}, \quad H_q = I_5.$$

用图形来刻画一个迁移系统形象易懂, 但不易进行理论分析. 特别是当系统较大时, 图形方法难以实现. 不难看出, 代数状态空间的表示在理论上与图形表示是等效的. 但从应用角度看, 代数状态空间表示无论在用于系统性质分析或系统控制设计, 都要方便许多. 下面的定理告诉我们如何得到商系统的代数状态空间表示.

定理 4.5.1 给定一个迁移系统

$$\begin{cases} x(t+1) = Lu(t)x(t), \\ y(t) = Hx(t), \end{cases} \tag{4.5.4}$$

这里 $x(t) \in \mathcal{B}^n$, $y(t) = \mathcal{B}^p$ 为布尔向量, $u(t) \in \Delta_m$ 为逻辑向量, $L \in \mathcal{B}_{n \times mn}$ 为布尔矩阵, $H \in \mathcal{L}_{p \times n}$ 为逻辑矩阵. 在输出等价意义下其商系统为

$$\begin{cases} X(t+1) = L_q u(t)X(t), \\ y(t) = H_q X(t), \end{cases} \tag{4.5.5}$$

这里 X_i 为 y_i 的等价类, $i \in [1, q]$,

$$\begin{aligned} L_q &= H \times_{\mathcal{B}} L \times_{\mathcal{B}} (I_m \otimes H^{\mathrm{T}}), \\ H_q &= I_p, \end{aligned} \tag{4.5.6}$$

这里 $\times_B$ 是矩阵的布尔积.

证明　公式 (4.5.6) 的第二个式是显然的. 直接计算可知, (4.5.6) 的第一个等式与下式等价

$$L_q = \sum_{j=1}^m (\delta_m^j)^{\mathrm{T}} \otimes H \times_B (L\delta_m^j) \times_B H^{\mathrm{T}}. \tag{4.5.7}$$

故只要证明 (4.5.7) 即可.

因为 X_i 是 y_i 的等价类, 即 $x \in \mathrm{con}(X_i) \Leftrightarrow y(x) = O_i$. 要证明 (4.5.7), 记

$$L_q = [L_q^1, L_q^2, \cdots, L_q^m],$$

这里 $L_q^j = L_q \delta_m^j$, $j \in [1, m]$. 同样地将 L 分割成

$$L = [L^1, L^2, \cdots, L^m].$$

首先注意到, 根据公式 (4.5.5) 可知, L_q^j 是当控制 $u = \delta_m^j$ 时子集族 $(\mathrm{con}(X_1),$ $\mathrm{con}(X_2), \cdots, \mathrm{con}(X_p))$ 到子集族 $(\mathrm{con}(X_1), \mathrm{con}(X_2), \cdots, \mathrm{con}(X_p))$ 的转移矩阵.

其次, 根据构造可知, $\mathrm{Row}_j(H)$ 就是集合 $\mathrm{con}(X_j)$ 的示性函数, $j \in [1, p]$.

再回顾集合能控性中子集族到子集族转移矩阵的构造方法 (见本丛书第二卷第 4 章, 或文献 [65]), 根据相同原理可知, 当控制 $u = \delta_m^j$ 时子集族 $(\mathrm{con}(X_1),$ $\mathrm{con}(X_2), \cdots, \mathrm{con}(X_p))$ 到子集族 $(\mathrm{con}(X_1), \mathrm{con}(X_2), \cdots, \mathrm{con}(X_p))$ 的转移矩阵应当是

$$H \times_B L^j \times_B H^{\mathrm{T}}.$$

于是有

$$L_q^j = H \times_B L^j \times_B H^{\mathrm{T}}, \quad j \in [1, m]. \tag{4.5.8}$$

将 (4.5.8) 中的 m 个等式拼接到一起, 即得 (4.5.7).　　□

没有输入的迁移系统称为自治迁移系统 (autonomous transition system).

推论 4.5.1　设 $T = (X, \Sigma, O, h)$ 为自治迁移系统. 其代数状态空间表示为

$$\begin{cases} x(t+1) = Mx(t), \\ y(t) = Hx(t). \end{cases} \tag{4.5.9}$$

那么, 在输出等价意义下其商系统为

$$\begin{cases} X(t+1) = M_q X(t), \\ y(t) = H_q X(t), \end{cases} \tag{4.5.10}$$

这里,

$$M_q = H \times_{\mathcal{B}} M \times_{\mathcal{B}} H^{\mathrm{T}},$$
$$H_q = I_p. \tag{4.5.11}$$

记迁移系统 T 从 $x \in X$ 出发的输出序列 (也称输出词) 集合为 $\mathbf{L}_T(x)$ (如果 T 不确定, 则轨线不唯一). 如果 $S_0 \subset X$, 则

$$\mathbf{L}_T(S_0) = \bigcup_{x \in S_0} \mathbf{L}_T(x).$$

设 T 为一迁移系统, $T/\sim$ 为基于输出等价的商系统. 那么, 根据定义则有

$$\mathbf{L}_T(\mathrm{con}(X_i)) \subset \mathbf{L}_{T/\sim}(X_i). \tag{4.5.12}$$

即原系统的每个输出列都可由其商系统生成. 于是我们把商系统称为原系统的一个仿真 (simulation).

下面的简单例子表明, 不是商系统的每一个输出列都代表原系统的一个输出列.

例 4.5.2 考察图 4.5.4.

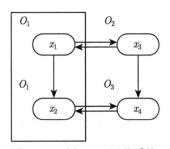

图 4.5.4 例 4.5.2 迁移系统

显然, $\mathbf{L}_{T/\sim}(X_3) = O_3 O_1 O_2 \cdots$, 但是这个输出序列不是 $\mathbf{L}_T(\mathrm{con}(X_3))$ 的.

定义 4.5.3 考察迁移系统 $T = (X, U, \Sigma, O, h)$. 设 $x_1 \sim x_2$ 输出等价, 如果对每一个 $u \in U$, $x_1' \in \Sigma(x_1, u)$ 都存在 $x_2' \in \Sigma(x_2, u)$ 使得 $x_1' \sim x_2'$, 则称 $x_1 \approx x_2$. 如果对任何 $x_1 \sim x_2$, 均有 $x_1 \approx x_2$, 则称 $T/\sim$ 为 T 的**双仿真** (bisimulation), 记作 $T/\approx$.

根据定义不难看出, 双仿真等价于对所有 $X_i \in T/\sim$ 成立

$$\mathbf{L}_T(\mathrm{con}(X_i)) = \mathbf{L}_{T/\approx}(X_i). \tag{4.5.13}$$

下面是关于双仿真的一个主要性质.

命题 4.5.1[29]　　考察迁移系统 $T = (X, U, \Sigma, O, h)$.

(i) 如果 $T/\sim$ 是一个确定系统, 则 $T/\sim = T/\approx$ 是一个双仿真.

(ii) 如果 T 是一个确定系统, 则 $T/\sim = T/\approx$ 是双仿真, 当且仅当, $T/\sim$ 是一个确定系统.

4.6　不确定迁移系统的拓扑结构

设 $T = (X, \Sigma)$ 为自治迁移系统, 设 $X \sim \Delta_n$, 其代数状态空间表示为

$$x(t+1) = Mx(t), \tag{4.6.1}$$

这里, $x(t) \in \mathcal{B}^n$, $L \in \mathcal{B}_{n \times n}$.

那么, 一个自然的问题就是它的拓扑结构是什么样的? 或者更严格地说, 它的不动点和极限环有多少? 类似于布尔网络或 k 值逻辑网络的情况, 我们不难证明一个类似的结论.

命题 4.6.1　考察自治有限迁移系统 (4.6.1). 它的吸引子个数可计算如下:

$$\begin{cases} N_1 = \operatorname{tr}(M), \\ N_s = \dfrac{\operatorname{tr}(M^s) - \displaystyle\sum_{k \in \mathcal{P}(s)} k N_k}{s}, \quad 2 \leqslant s \leqslant n, \end{cases} \tag{4.6.2}$$

这里 N_s 为长度为 s 的极限环个数, $\mathcal{P}(s)$ 是 s 的真因子 (含 1, 不含 s) 集合.

注意到公式 (4.6.2) 形式上与布尔网络或 k 值逻辑网络的相应公式并无区别, (见本丛书第二卷或文献 [53]). 但其实, 它们之间有本质的区别. 在布尔网络或 k 值网络的情况下, 最长环的长度是有限的 (不超过状态个数), 但对迁移系统却不见得. 当迁移系统不确定时, 可能有任意长度的极限环. 考虑下面这个简单系统.

例 4.6.1　考察系统

$$x(t+1) = \begin{bmatrix} 1 & 1 \\ 1 & 0 \end{bmatrix} x(t). \tag{4.6.3}$$

显然,

$$\underbrace{(1, 1, \cdots, 1, 2)}_{s}{}^{\omega}, \quad s = 1, 2, 3, \cdots$$

是一条轨线, 它是长度为 $s+1$ 的环.

下面考虑带有输入的情况. 为讨论其吸引子的情况, 我们设法将其转化为自治系统.

考察一个迁移系统 T, 设其代数状态空间表示为

$$\begin{cases} x(t+1) = Lu(t)x(t), \\ y(t) = Hx(t), \end{cases} \tag{4.6.4}$$

这里 $u(t) \in \Delta_m$, $x(t) \in \mathcal{B}_n$, $L \in \mathcal{B}_{n \times mn}$.

(i) 无控制转换:

$$\begin{cases} x(t+1) = M_I x(t), \\ y(t) = Hx(t), \end{cases} \tag{4.6.5}$$

称为 (4.6.4) 的无控制下的自治转换系统, 这里

$$M_I = \bigvee_{i=1}^{m} (L\delta_m^i). \tag{4.6.6}$$

(ii) 带控制转换:

$$\begin{cases} z(t+1) = M_D z(t), \\ y(t) = H_D z(t), \end{cases} \tag{4.6.7}$$

称为 (4.6.4) 带控制的自治转换系统, 这里 $z(t) = u(t)x(t)$,

$$\begin{aligned} M_D &= \mathbf{1}_m \otimes L, \\ H_D &= H\mathbf{1}_m^{\mathrm{T}}. \end{aligned} \tag{4.6.8}$$

注 4.6.1 (i) 由构造不难看出, 无控制自治转换得到的是状态在所有可能控制下的状态转移系统. 而控制自治转换得到的是控制以及状态的联合转移系统.

(ii) 根据自治转换后的系统 (4.6.5), 就可以利用公式 (4.6.2) 来计算控制系统的不同长度吸引子的个数了. 当然, 系统 (4.6.7) 则可以用来计算控制状态联合考虑时的不同长度吸引子的个数.

(iii) 系统 (4.6.5) 及系统 (4.6.7) 在一般情况下都是不确定的迁移系统.

下面讨论一个例子.

例 4.6.2 回顾例 4.1.1.

(i) 直接计算可知, 其无控制自治转换系统为

$$x(t+1) = \boldsymbol{M}_I x(t),$$

其中, 转换矩阵为

$$M_I = \begin{bmatrix} 0 & 0 & 0 & 0 \\ 1 & 1 & 1 & 1 \\ 1 & 1 & 1 & 0 \\ 0 & 1 & 0 & 1 \end{bmatrix}. \tag{4.6.9}$$

(ii) 其控制自治转换系统为

$$z(t+1) = M_D z(t),$$

其中, 转换矩阵为

$$M_D = \begin{bmatrix} 0 & 0 & 0 & 0 & 0 & 0 & 0 & 0 \\ 1 & 1 & 0 & 1 & 0 & 0 & 1 & 0 \\ 1 & 1 & 0 & 0 & 0 & 0 & 1 & 0 \\ 0 & 0 & 0 & 1 & 0 & 1 & 0 & 0 \\ 0 & 0 & 0 & 0 & 0 & 0 & 0 & 0 \\ 1 & 1 & 0 & 1 & 0 & 0 & 1 & 0 \\ 1 & 1 & 0 & 0 & 0 & 0 & 1 & 0 \\ 0 & 0 & 0 & 1 & 0 & 1 & 0 & 0 \end{bmatrix}. \tag{4.6.10}$$

(iii) 利用 (4.6.9) 可计算不同长度吸引子个数:
(a) $N_1 = 3$:

$$X_{不动点} = \{2,3,4\},$$

这里, i 代表 x_i, $i = 1,2,3,4$.

(b) $N_2 = 2$:

$$C_1^2 = (2,3); \quad C_2^2 = (2,4).$$

(c) $N_3 = 4$:

$$C_1^3 = (2,2,3); \quad C_2^3 = (2,3,3);$$
$$C_3^3 = (2,2,4); \quad C_4^3 = (2,4,4).$$

(d) $N_4 = 7$:

$$C_1^4 = (2,2,2,3); \quad C_2^4 = (2,2,3,3);$$
$$C_3^4 = (2,3,3,3); \quad C_4^4 = (2,2,2,4);$$
$$C_5^4 = (2,2,4,4); \quad C_6^4 = (2,4,4,4);$$
$$C_7^4 = (2,3,2,4).$$

(e) $N_5 = 16$:

$$C_1^5 = (2,2,2,2,3); \quad C_2^5 = (2,2,2,3,3);$$
$$C_3^5 = (2,2,3,3,3); \quad C_4^5 = (2,3,3,3,3);$$
$$C_5^5 = (2,3,2,2,3); \quad C_6^5 = (2,3,2,3,3);$$
$$C_7^5 = (2,2,2,2,4); \quad C_8^5 = (2,2,2,4,4);$$
$$C_9^5 = (2,2,4,4,4); \quad C_{10}^5 = (2,4,4,4,4);$$
$$C_{11}^5 = (2,4,2,2,4); \quad C_{12}^5 = (2,4,2,4,4);$$
$$C_{13}^5 = (2,3,2,2,4); \quad C_{14}^5 = (2,3,2,4,2);$$
$$C_{15}^5 = (2,3,3,2,4); \quad C_{16}^5 = (2,4,4,2,3).$$

4.7　大网络的聚类仿真

使用矩阵半张量积以及代数状态空间方法处理布尔网络或 k 值网络, 在理论上十分成功. 但在实际应用中, 有一个瓶颈问题: 即计算复杂性或曰维数灾难问题. 针对这个问题, 目前有几种处理方案: (a) 利用特殊的网络结构[43,433]; (b) 设计适当的关联控制[440,455]; (c) 聚类方法[429,430]; (d) 不变子空间与最小实现[67,69,407]; (e) 仿真/双仿真方法[154,201-204,367].

本节的目的是介绍一种新的克服计算复杂性的方法, 称为聚类仿真, 它可视为聚类与仿真两种方法的有机结合.

4.7.1　块聚类仿真与聚类双仿真

首先回顾 k 值网络与 k 值控制网络.

定义 4.7.1　(i) 一个 k 值 (自治) 网络定义如下:

$$\begin{cases} x_1(t+1) = f_1(x_1(t), \cdots, x_n(t)), \\ x_2(t+1) = f_2(x_1(t), \cdots, x_n(t)), \\ \qquad\qquad \vdots \\ x_n(t+1) = f_n(x_1(t), \cdots, x_n(t)), \end{cases} \tag{4.7.1}$$

这里 $x_i(t) \in \mathcal{D}_k$, $i \in [1,n]$ 为状态, $f_i : \mathcal{D}_k^n \to \mathcal{D}_k$, $i \in [1,n]$ 为状态转移函数.

(ii) 一个 k 值控制网络定义如下:

$$\begin{cases} x_1(t+1) = f_1(x_1(t), \cdots, x_n(t), u_1(t), \cdots, u_m(t)), \\ x_2(t+1) = f_2(x_1(t), \cdots, x_n(t), u_1(t), \cdots, u_m(t)), \\ \qquad\qquad \vdots \\ x_n(t+1) = f_n(x_1(t), \cdots, x_n(t), u_1(t), \cdots, u_m(t)), \\ y_j(t) = h_j(x_1(t), \cdots, x_n(t)), \quad j \in [1,p], \end{cases} \tag{4.7.2}$$

这里, $x_i(t) \in \mathcal{D}_k$, $i \in [1, n]$ 为状态, $u_s(t) \in \mathcal{D}_k$, $s \in [1, m]$ 为输入 (或曰控制), $y_j(t) \in \mathcal{D}_k$, $j \in [1, p]$ 为输出 (或曰观测), $f_i : \mathcal{D}_k^n \times \mathcal{D}_k^m \to \mathcal{D}_k$, $i \in [1, n]$ 为状态转移函数, $h_j : \mathcal{D}_k^n \to \mathcal{D}_k$, $j \in [1, p]$ 为输出函数.

考察网络 (4.7.1), 通常只有部分变量出现在某个 f_i 中, 例如

$$f_i = f_i(x_{r_1}, x_{r_2}, \cdots, x_{r_{n_i}}), \quad i \in [1, n].$$

类似地, 对网络 (4.7.2), 记

$$f_i = f_i(x_{r_1}, x_{r_2}, \cdots, x_{r_{n_i}}, u_{s_1}, u_{s_2}, \cdots, u_{s_{m_i}}), \quad i \in [1, n],$$
$$h_j = h_j(x_{\ell_1}, x_{\ell_2}, \cdots, x_{\ell_{p_i}}), \quad j \in [1, p].$$

定义 4.7.2 (i) 一个有向图 (N, E) 称为 (4.7.1) 的网络图, 如果

$$N = \{x_1, x_2, \cdots, x_n\},$$
$$(x_\alpha, x_\beta) \in E \Leftrightarrow x_\alpha \in f_\beta.$$

(ii) 一个有向图 (N, E) 称为 (4.7.2) 的网络图, 如果

$$N = \{x_1, x_2, \cdots, x_n, u_1, u_2, \cdots, u_m, o_1, o_2, \cdots, o_p\},$$
$$\begin{cases} (x_\alpha, x_\beta) \in E \Leftrightarrow x_\alpha \in f_\beta, \\ (u_\alpha, x_\beta) \in E \Leftrightarrow u_\alpha \in f_\beta, \\ (x_\alpha, o_\beta) \in E \Leftrightarrow x_\alpha \in h_\beta. \end{cases}$$

例 4.7.1 考察一个布尔网络

$$\begin{cases} x_1(t+1) = \neg x_1(t), \\ x_2(t+1) = x_1(t) \wedge x_3(t), \\ x_3(t+1) = x_3(t) \vee x_4(t), \\ x_4(t+1) = x_3(t) \to x_5(t), \\ x_5(t+1) = x_2(t) \bar\vee x_4(t), \\ x_6(t+1) = x_4(t) \leftrightarrow x_6(t), \\ y(t) = x_6(t). \end{cases} \tag{4.7.3}$$

则其网络图如图 4.7.1 所示.

定义 4.7.3 考察一个自治网络 Σ, 其网络图 (N, E) 已知, 其中, $N = \{x_1, x_2, \cdots, x_n\}$. 设 $A = \{x_{a_1}, \cdots, x_{a_{n_A}}\} \subset N$, 这里, $\{a_1, a_2, \cdots, a_{n_A}\} \subset [1, n]$.

(i) 如果 $(x_i, x_j) \in E$, $x_i \in A^c$, $x_j \in A$, x_i 称为 A 的块输入.

(ii) 如果 $(x_i, x_j) \in E$, $x_i \in A$, $x_j \in A^c$, x_i 称为 A 的块输出.

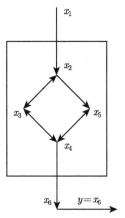

图 4.7.1 布尔网络 (4.7.3)

命题 4.7.1 设 $A \subset N$, $\{x_{i_1}, \cdots, x_{i_\alpha}\}$ 为其块输入, $\{x_{j_1}, \cdots, x_{j_\beta}\}$ 为其块输出. 那么, A 可以表示成一个控制子块, Σ_A, 其块输入为

$$v_\ell := x_{i_\ell}, \quad \ell \in [1, \alpha],$$

块输出为

$$y_\ell := x_{j_\ell}, \quad \ell \in [1, \beta].$$

将 A 在 Σ 中的动态方程用控制子块 Σ_A 代替, 不改变 Σ 其余部分的动态性质.

注 4.7.1 (i) 命题 4.7.1 是显然的, 因为这里没有改变动态网络的任何结构, 只是改变观测角度.

(ii) 这种构造方法可以推广到控制网络上去. 只是这时, 除了块输入和块输出外, 还应将加在 A 上的原输入和原输出分别加在块输入和块输出上, 构成块动态系统 Σ_A 的输入和输出.

例 4.7.2 回顾例 4.7.1. 网络 (4.7.3) 的代数状态空间表示可算得为

$$x(t+1) = Mx(t), \tag{4.7.4}$$

这里 $x(t) = \ltimes_{i=1}^6 x_i(t)$,

$$\begin{aligned}
M = \delta_{64}[&35, 36, 39, 40, 34, 33, 38, 37, 51, 52, 51, 52, 58, 57, 58, 57, \\
&33, 34, 37, 38, 36, 35, 40, 39, 49, 50, 49, 50, 60, 59, 60, 59, \\
&19, 20, 23, 24, 18, 17, 22, 21, 19, 20, 19, 20, 26, 25, 26, 25, \\
&17, 18, 21, 22, 20, 19, 24, 23, 17, 18, 17, 18, 28, 27, 28, 27].
\end{aligned}$$

其次, 考察 $A = \{x_2, x_3, x_4, x_5\} \subset N$. 易知, A 的块输入为 $v = x_1$ 块输出为 $o = x_4$. 则其块动态系统 Σ_A 为

$$\begin{cases} z(t+1) = L_A v(t) z(t), \\ y(t) = Hz(t), \end{cases} \tag{4.7.5}$$

这里, $\{z_1(t), z_2(t), z_3(t), z_4(t)\} = \{x_2(t), x_3(t), x_4(t), x_5(t)\}$, $z(t) = \ltimes_{i=2}^{5} x_i(t) = \ltimes_{i=1}^{4} z_i(t)$, $v(t) = x_1(t)$, $y(t) = z_3(t) = x_4(t)$,

$$L_A = \delta_{16}[2, 4, 1, 3, 10, 10, 13, 13, 1, 3, 2, 4, 9, 9, 14, 14,$$
$$10, 12, 9, 11, 10, 10, 13, 13, 9, 11, 10, 12, 9, 9, 14, 14],$$
$$H = \delta_2[1, 1, 2, 2, 1, 1, 2, 2, 1, 1, 2, 2, 1, 1, 2, 2].$$

定义 4.7.4 考察一个网络 Σ, 其网络图为 (N, E). 设子块 $A \subset N$, 其网络动力系统为 Σ_A. $\Sigma_A/\sim$ 称为 A 的聚类仿真. A 称为被聚类仿真近似, 如果 Σ_A 用商系统 $\Sigma_A/\sim$ 替代.

例 4.7.3 回顾例 4.7.1 (亦见例 4.7.5). 根据定理 4.5.1, 并利用例 4.7.5 的数据, 可得 $\Sigma_A/\sim$ 如下:

$$\begin{cases} w(t+1) = Lv(t)w(t), \\ y(t) = w(t), \end{cases} \tag{4.7.6}$$

这里, $v(t) = x_1(t)$, $w(t) = y(t) = x_4(t)$,

$$L = H \times_{\mathcal{B}} L_A \times_{\mathcal{B}} (I_2 \otimes H^{\mathrm{T}}) = \begin{bmatrix} 1 & 1 & 1 & 1 \\ 1 & 1 & 1 & 1 \end{bmatrix}.$$

注 4.7.2 (i) 由例 4.7.3 可知, 当一个聚类块用它的仿真近似时, 其状态变量减少了. 但得到的只是一个迁移系统 (商系统), 它一般不是一个确定性系统.

(ii) 聚类仿真近似可直接推广到控制网络. 它本质上是对原始系统的每一个相关控制 $u_s = \delta_m^s$ 分别进行.

(iii) 对一个块 $A \subset N$ 的聚类仿真, 如果 $\Sigma_A/\sim = \Sigma_A/\approx$, 则成聚类双仿真.

命题 4.7.2 设 Σ 为一控制网络其网络图为 (N, E), $A \subset N$ 为一子集. 设 $\Sigma_A/\sim = \Sigma_A/\approx$ 是一个双仿真, 那么, 当聚类块 A 用 $\Sigma_A/\sim$ 代替时, 全网络的输入输出关系不受影响.

证明 根据双仿真的定义不难看出, $\Sigma_A/\sim = \Sigma_A/\approx$ 是子系统 A 的一个等价实现, 故结论显见.   □

例 4.7.4 考察一个布尔控制网络 Σ, 其网络图如图 4.7.2 所示.

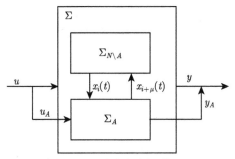

图 4.7.2 布尔控制网络 Σ

设 Σ 的节点集为 N 且 $A \subset N$, 这里,

$$A = \{x_{i+1}, x_{i+1}, \cdots, x_{i+\mu}\}, \quad \mu > 1.$$

A 的动态方程, 记作 Σ_A, 为

$$\begin{cases} x_{i+1}(t+1) = [(x_i(t)\bar{\vee}x_{i+1}(t)) \wedge u(t)] \vee [(x_i(t) \leftrightarrow x_{i+1}(t)) \wedge \neg u(t)], \\ x_{i+2}(t+1) = [(x_{i+1}(t)\bar{\vee}x_{i+2}(t)) \wedge u(t)] \vee [(x_{i+1}(t) \leftrightarrow x_{i+2}(t)) \wedge \neg u(t)], \\ \qquad\qquad \vdots \\ x_{i+\mu}(t+1) = [(x_{i+\mu-1}(t)\bar{\vee}x_{i+\mu}(t)) \wedge u(t)] \vee [(x_{i+\mu-1}(t) \leftrightarrow x_{i+\mu}(t)) \wedge \neg u(t)], \\ y(t) = x_{i+\mu}(t). \end{cases}$$

$$(4.7.7)$$

根据定理 4.5.1, 商系统 $\Sigma_A/\sim$ 可计算如下

$$y(t+1) = \delta_2[2,1,1,2,1,2,2,1]u(t)v(t)y(t), \qquad (4.7.8)$$

这里, $y(t) = x_{i+\mu}(t)$, $v(t) = x_i(t)$. 根据命题 4.5.1, $\Sigma_A/\sim = \Sigma_A/\approx$ 是一个双仿真. 再根据命题 4.7.2, 式 (4.7.7) 可用式 (4.7.8) 代替而不会影响整个系统 Σ 的输入输出关系.

4.7.2 聚类仿真的概率模块近似

考察一个 k 值网络 Σ, 其网络图为 (N, E). 设 $A \subset N$ 是一个聚类块, 其输出等价仿真如图 4.7.3 所示.

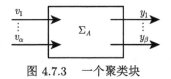

图 4.7.3 一个聚类块

并且, 假定 A 的块输入为 $v_1, \cdots, v_\alpha \in N \backslash A$, 块输出为 $y_1, \cdots, y_\beta \in A$, 子系统 Σ_A 动态方程为

$$\begin{cases} z(t+1) = L_A u(t)v(t)z(t), \\ y(t) = H_A z(t). \end{cases} \tag{4.7.9}$$

其输出等价聚类系统 $\Sigma_A / \sim$ 的动态方程为

$$y(t+1) = \tilde{L}_A u(t)v(t)y(t), \tag{4.7.10}$$

这里, $\tilde{L}_A = H_A \times_B L_A \times (I_{k^{m+\alpha}} \otimes H_A^{\mathrm{T}}) \in \mathcal{B}_{k^\beta \times k^{m+\alpha+\beta}} := \mathcal{B}_{\xi \times \eta}$, 并且,

$$\xi := k^\beta, \quad \eta := k^{m+\alpha+\beta}.$$

如果 $\tilde{L}_A$ 是逻辑矩阵, 那么, $\Sigma_A / \sim = \Sigma_A / \approx$ 是确定型的, 于是可以利用双仿真, 直接用 $\Sigma_A / \sim$ 代替 Σ_A. 但一般情况下这是做不到的, 在 $\Sigma_A / \sim$ 不是确定型的情况下, 可以考虑以下的概率网络近似.

定义 4.7.5　给定一个 k 值网络 Σ, 其网络图为 (N, E). $A \subset N$ 为一子网络. Σ_A 概率网络近似构造如下:

- 第 1 步: 构造仿真商系统 $\Sigma_A / \sim$.
- 第 2 步: 利用 $\Sigma_A / \sim$ 构造近似概率网络 Σ_A^P. 设

$$M_A := H_A L_A (I_{k^{m+\alpha}} \otimes H_A^{\mathrm{T}}) = (m_{i,j}) \in \mathcal{M}_{\xi \times \eta}.$$

记

$$m_j := \sum_{i=1}^{\xi} m_{i,j}, \quad j \in [1, \eta].$$

定义概率网络 Σ_A^P 如下:

$$y(t+1) = M^{i_1, i_2, \cdots, i_\eta} u(t)v(t)y(t), \quad i_j \in [1, \xi], j \in [1, \eta],$$

这里,

$$M^{i_1, i_2, \cdots, i_\eta} = \delta_\xi [i_1, i_2, \cdots, i_\eta],$$

其概率为

$$p_{i_1, i_2, \cdots, i_\eta} = \frac{\prod_{j=1}^{\eta} m_{i_j, j}}{\prod j = 1^{\eta} m_j}.$$

- 第 3 步: 子网络 Σ_A 用 Σ_A^P 替代.

例 4.7.5　回顾例 4.7.1 (以及例 4.7.5 和例 4.7.3), 利用定义 4.7.5, Σ_A^P 可构造如下:

$$M_A = HL_A(I_2 \otimes H^{\mathrm{T}}) = \begin{bmatrix} 6 & 6 & 6 & 6 \\ 2 & 2 & 2 & 2 \end{bmatrix}. \tag{4.7.11}$$

于是 Σ_A 可用下述概率网络 Σ_A^P 近似:

$$z(t+1) = L_A^P v(t) z(t), \qquad (4.7.12)$$

这里,

$$L_A^P = \begin{bmatrix} 2/3 & 2/3 & 2/3 & 2/3 \\ 1/3 & 1/3 & 1/3 & 1/3 \end{bmatrix}.$$

4.7.3 一个生物系统的聚类仿真

本小节讨论一个生物系统模型, 称 T 细胞受体动力系统 (T-cell receptor kinetics)[163]. 下面的模型来自文献 [455] (节点物理意义略去).

T 细胞受体动力系统有 37 个状态节点、3 个控制节点. 其网络图如图 4.7.4 所示, 动态方程见 (4.7.13).

$$
\begin{aligned}
&x_1(*) = x_9 \wedge x_{18}, && x_{36}(*) = x_{10} \vee (x_{20} \wedge x_{35}), \\
&x_3(*) = x_2, && x_2(*) = x_{14}, \\
&x_5(*) = x_6, && x_4(*) = x_{37}, \\
&x_7(*) = x_{25}, && x_6(*) = x_{32}, \\
&x_9(*) = x_8, && x_8(*) = x_{21}, \\
&x_{11}(*) = x_{19}, && x_{10}(*) = (x_{20} \wedge u_2) \vee (x_{35} \wedge u_2), \\
&x_{12}(*) = x_{19}, && x_{13}(*) = x_{24}, \\
&x_{14}(*) = x_{25}, && x_{15}(*) = x_{34} \wedge x_{37}, \\
&x_{16}(*) = \overline{x_{13}}, && x_{17}(*) = x_{33}, \\
&x_{18}(*) = x_{17}, && x_{19}(*) = x_{37}, \\
&x_{20}(*) = \overline{x_{26}} \wedge u_1 \wedge u_2, && x_{21}(*) = x_{28}, \\
&x_{22}(*) = x_3, && x_{23}(*) = \overline{x_{16}}, \\
&x_{24}(*) = x_7, && x_{25}(*) = (x_{15} \wedge x_{27} \wedge x_{34} \wedge x_{37}) \\
&x_{26}(*) = x_{10} \vee \overline{x_{35}}, && \qquad \vee (x_{27} \wedge x_{31} \wedge x_{34} \wedge x_{37}), \\
&x_{27}(*) = x_{19}, && x_{29}(*) = x_{12} \vee x_{14}, \\
&x_{28}(*) = x_{29}, && x_{31}(*) = x_{20}, \\
&x_{30}(*) = x_7 \wedge x_{13}, && x_{33}(*) = x_{24}, \\
&x_{32}(*) = x_8, && x_{35}(*) = \overline{x_4} \wedge u_3, \\
&x_{34}(*) = x_{11}, && x_{37}(*) = \overline{x_4} \wedge x_{20} \wedge x_{36},
\end{aligned}
\qquad (4.7.13)
$$

这里, $x_i(*)$ 表示 $x_i(t+1)$, x_i 表示 $x_i(t)$.

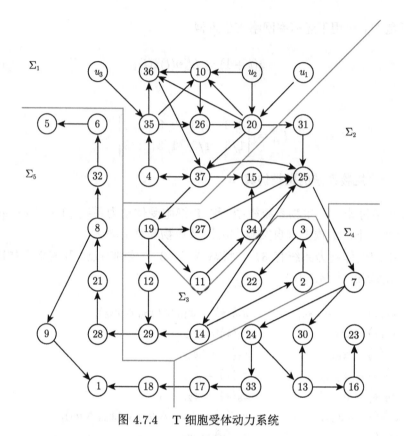

图 4.7.4　T 细胞受体动力系统

不妨将出度 (out-degree) 为零的节点作为观测, 于是有

$$
\begin{aligned}
y_1 &= x_1, \\
y_2 &= x_5, \\
y_3 &= x_{22}, \\
y_4 &= x_{23}, \\
y_5 &= x_{30}.
\end{aligned}
\tag{4.7.14}
$$

如图 4.7.4 所示, 网络被聚类分割成 5 块. 下面分别对 5 个块做聚类仿真近似.

● 考察 Σ_1. 将节点重新命名如下:

$$
\begin{aligned}
z_1 &= x_4, & z_2 &= x_{10}, & z_3 &= x_{20}, \\
z_4 &= x_{26}, & z_5 &= x_{35}, & z_6 &= x_{36}, \\
z_7 &= x_{37}; & q_1 &= x_{20}, & q_2 &= x_{37},
\end{aligned}
$$

这里 q_1, q_2 为块输出.

于是, 块动态系统可表示为

$$\begin{cases} z(t+1) = L_1 u(t) z(t), \\ q(t) = H_1 z(t), \end{cases} \tag{4.7.15}$$

这里,

$$L_1 = \delta_{128}[22, 86, 22, \cdots, 120, 56, 120] \in \mathcal{L}_{128 \times 1024},$$
$$H_1 = \delta_4[1, 2, 1, \cdots, 4, 3, 4] \in \mathcal{L}_{4 \times 128}.$$

由于

$$H_1 L_1 (I_8 \otimes H_1^{\mathrm{T}}) := T^1 = \begin{bmatrix} T_1^1 & T_2^1 \end{bmatrix},$$

这里,

$$T_1^1 = \begin{bmatrix} 4 & 4 & 0 & 0 & 4 & 4 & 0 & 0 & 0 & 0 & 0 & 0 & 0 & 0 & 0 & 0 \\ 12 & 12 & 16 & 16 & 12 & 12 & 16 & 16 & 0 & 0 & 0 & 0 & 0 & 0 & 0 & 0 \\ 4 & 4 & 0 & 0 & 4 & 4 & 0 & 0 & 8 & 8 & 0 & 0 & 8 & 8 & 0 & 0 \\ 12 & 12 & 16 & 16 & 12 & 12 & 16 & 16 & 24 & 24 & 32 & 32 & 24 & 24 & 32 & 32 \end{bmatrix};$$

$$T_2^1 = \begin{bmatrix} 0 & 0 & 0 & 0 & 0 & 0 & 0 & 0 & 0 & 0 & 0 & 0 & 0 & 0 & 0 & 0 \\ 0 & 0 & 0 & 0 & 0 & 0 & 0 & 0 & 0 & 0 & 0 & 0 & 0 & 0 & 0 & 0 \\ 8 & 8 & 0 & 0 & 8 & 8 & 0 & 0 & 8 & 8 & 0 & 0 & 8 & 8 & 0 & 0 \\ 24 & 24 & 32 & 32 & 24 & 24 & 32 & 32 & 24 & 24 & 32 & 32 & 24 & 24 & 32 & 32 \end{bmatrix}.$$

于是, (4.7.15) 的商系统可通过将 T^1 更新如下得到

$$T_1^1 = \begin{bmatrix} 1 & 1 & 0 & 0 & 1 & 1 & 0 & 0 & 0 & 0 & 0 & 0 & 0 & 0 & 0 & 0 \\ 1 & 1 & 1 & 1 & 1 & 1 & 1 & 1 & 0 & 0 & 0 & 0 & 0 & 0 & 0 & 0 \\ 1 & 1 & 0 & 0 & 1 & 1 & 0 & 0 & 1 & 1 & 0 & 0 & 1 & 1 & 0 & 0 \\ 1 & 1 & 1 & 1 & 1 & 1 & 1 & 1 & 1 & 1 & 1 & 1 & 1 & 1 & 1 & 1 \end{bmatrix};$$

$$T_2^1 = \begin{bmatrix} 0 & 0 & 0 & 0 & 0 & 0 & 0 & 0 & 0 & 0 & 0 & 0 & 0 & 0 & 0 & 0 \\ 0 & 0 & 0 & 0 & 0 & 0 & 0 & 0 & 0 & 0 & 0 & 0 & 0 & 0 & 0 & 0 \\ 1 & 1 & 0 & 0 & 1 & 1 & 0 & 0 & 1 & 1 & 0 & 0 & 1 & 1 & 0 & 0 \\ 1 & 1 & 1 & 1 & 1 & 1 & 1 & 1 & 1 & 1 & 1 & 1 & 1 & 1 & 1 & 1 \end{bmatrix}.$$

(4.7.15) 的概率近似可通过将 T^1 更新如下得到

$$T_1^1 = \begin{bmatrix} 1/8 & 1/8 & 0 & 0 & 1/8 & 1/8 & 0 & 0 & 0 & 0 & 0 & 0 & 0 & 0 & 0 & 0 \\ 3/8 & 3/8 & 1/2 & 1/2 & 3/8 & 3/8 & 1/2 & 1/2 & 0 & 0 & 0 & 0 & 0 & 0 & 0 & 0 \\ 1/8 & 1/8 & 0 & 0 & 1/8 & 1/8 & 0 & 0 & 1/4 & 1/4 & 0 & 0 & 1/4 & 1/4 & 0 & 0 \\ 3/8 & 3/8 & 1/2 & 1/2 & 3/8 & 3/8 & 1/2 & 1/2 & 3/4 & 3/4 & 1 & 1 & 3/4 & 3/4 & 1 & 1 \end{bmatrix};$$

$$T_2^1 = \begin{bmatrix} 0 & 0 & 0 & 0 & 0 & 0 & 0 & 0 & 0 & 0 & 0 & 0 & 0 & 0 & 0 & 0 \\ 0 & 0 & 0 & 0 & 0 & 0 & 0 & 0 & 0 & 0 & 0 & 0 & 0 & 0 & 0 & 0 \\ 1/4 & 1/4 & 0 & 0 & 1/4 & 1/4 & 0 & 0 & 1/4 & 1/4 & 0 & 0 & 1/4 & 1/4 & 0 & 0 \\ 3/4 & 3/4 & 1 & 1 & 3/4 & 3/4 & 1 & 1 & 3/4 & 3/4 & 1 & 1 & 3/4 & 3/4 & 1 & 1 \end{bmatrix}.$$

- 考察 Σ_2. 将节点重新命名如下:

$$z_1 = x_{11}, \quad z_2 = x_{15}, \quad z_3 = x_{19},$$
$$z_4 = x_{25}, \quad z_5 = x_{27}, \quad z_6 = x_{31},$$
$$z_7 = x_{34}; \quad v_1 = x_{20}, \quad v_2 = x_{37};$$
$$q_1 = x_{19}, \quad q_2 = x_{25}.$$

这里 v_1, v_2 为块输入, q_1, q_2 为块输出.

于是, 块动态系统可表示为

$$\begin{cases} z(t+1) = L_2 v(t) z(t), \\ q(t) = H_2 z(t), \end{cases} \tag{4.7.16}$$

这里,

$$L_2 = \delta_{128}[1, 41, 1, \cdots, 128, 128, 128] \in \mathcal{L}_{128 \times 512},$$
$$H_2 = \delta_4[1, 1, 1, \cdots, 4, 4, 4] \in \mathcal{L}_{4 \times 128}.$$

由于

$$H_2 L_2 (I_4 \otimes H_2^{\mathrm{T}}) := T^2,$$

这里,

$$T^2 = \begin{bmatrix} 4 & 4 & 4 & 4 & 0 & 0 & 0 & 0 & 4 & 4 & 4 & 4 & 0 & 0 & 0 & 0 \\ 28 & 28 & 28 & 28 & 0 & 0 & 0 & 0 & 28 & 28 & 28 & 28 & 0 & 0 & 0 & 0 \\ 0 & 0 & 0 & 0 & 0 & 0 & 0 & 0 & 0 & 0 & 0 & 0 & 0 & 0 & 0 & 0 \\ 0 & 0 & 0 & 0 & 32 & 32 & 32 & 32 & 0 & 0 & 0 & 0 & 32 & 32 & 32 & 32 \end{bmatrix}.$$

于是, (4.7.16) 的商系统可通过将 T^2 更新如下得到:

$$T^2 = \begin{bmatrix} 1 & 1 & 1 & 1 & 0 & 0 & 0 & 0 & 1 & 1 & 1 & 1 & 0 & 0 & 0 & 0 \\ 1 & 1 & 1 & 1 & 0 & 0 & 0 & 0 & 1 & 1 & 1 & 1 & 0 & 0 & 0 & 0 \\ 0 & 0 & 0 & 0 & 0 & 0 & 0 & 0 & 0 & 0 & 0 & 0 & 0 & 0 & 0 & 0 \\ 0 & 0 & 0 & 0 & 1 & 1 & 1 & 1 & 0 & 0 & 0 & 0 & 1 & 1 & 1 & 1 \end{bmatrix}.$$

(4.7.16) 的概率近似可通过将 T^2 更新如下得到:

$$T^2 = \begin{bmatrix} 1/8 & 1/8 & 1/8 & 1/8 & 0 & 0 & 0 & 0 & 1/8 & 1/8 & 1/8 & 1/8 & 0 & 0 & 0 & 0 \\ 7/8 & 7/8 & 7/8 & 7/8 & 0 & 0 & 0 & 0 & 7/8 & 7/8 & 7/8 & 7/8 & 0 & 0 & 0 & 0 \\ 0 & 0 & 0 & 0 & 0 & 0 & 0 & 0 & 0 & 0 & 0 & 0 & 0 & 0 & 0 & 0 \\ 0 & 0 & 0 & 0 & 1 & 1 & 1 & 1 & 0 & 0 & 0 & 0 & 1 & 1 & 1 & 1 \end{bmatrix}.$$

- 考察 Σ_3. 将节点重新命名如下:

$$z_1 = x_2, \qquad z_2 = x_3, \quad z_3 = x_{12},$$
$$z_4 = x_{14}, \qquad z_5 = x_{22}, \quad z_6 = x_{29};$$
$$v_1 = x_{19}, \qquad v_2 = x_{25};$$
$$q_1 = y_3 = x_{22}, \quad q_2 = x_{29},$$

这里 v_1, v_2 为块输入, $q_1 = y_3$ 是原系统输出, q_2 为块输出.

于是, 块动态系统可表示为

$$\begin{cases} z(t+1) = L_3 v(t) z(t), \\ q(t) = H_3 z(t), \end{cases} \tag{4.7.17}$$

这里,

$$L_3 = \delta_{64}[1, 1, 1, \cdots, 64, 64, 64] \in \mathcal{L}_{64 \times 256},$$
$$H_3 = \delta_4[1, 2, 3, \cdots, 2, 3, 4] \in \mathcal{L}_{4 \times 64}.$$

由于

$$H_3 L_3 (I_4 \otimes H_3^{\mathrm{T}}) := T^3,$$

这里

$$T^3 = \begin{bmatrix} 6 & 6 & 6 & 6 & 6 & 6 & 6 & 6 & 6 & 6 & 6 & 6 & 6 & 6 & 6 & 6 \\ 2 & 2 & 2 & 2 & 2 & 2 & 2 & 2 & 2 & 2 & 2 & 2 & 2 & 2 & 2 & 2 \\ 6 & 6 & 6 & 6 & 6 & 6 & 6 & 6 & 6 & 6 & 6 & 6 & 6 & 6 & 6 & 6 \\ 2 & 2 & 2 & 2 & 2 & 2 & 2 & 2 & 2 & 2 & 2 & 2 & 2 & 2 & 2 & 2 \end{bmatrix}.$$

于是, (4.7.17) 的商系统可通过将 T^3 更新如下得到:

$$T^3 = \begin{bmatrix} 1 & 1 & 1 & 1 & 1 & 1 & 1 & 1 & 1 & 1 & 1 & 1 & 1 & 1 & 1 & 1 \\ 1 & 1 & 1 & 1 & 1 & 1 & 1 & 1 & 1 & 1 & 1 & 1 & 1 & 1 & 1 & 1 \\ 1 & 1 & 1 & 1 & 1 & 1 & 1 & 1 & 1 & 1 & 1 & 1 & 1 & 1 & 1 & 1 \\ 1 & 1 & 1 & 1 & 1 & 1 & 1 & 1 & 1 & 1 & 1 & 1 & 1 & 1 & 1 & 1 \end{bmatrix}.$$

(4.7.17) 的概率近似可通过将 T^3 更新如下得到

$$T^3 = \begin{bmatrix} 3/8 & 3/8 & 3/8 & 3/8 & 3/8 & 3/8 & 3/8 & 3/8 & 3/8 & 3/8 & 3/8 & 3/8 & 3/8 & 3/8 & 3/8 \\ 1/8 & 1/8 & 1/8 & 1/8 & 1/8 & 1/8 & 1/8 & 1/8 & 1/8 & 1/8 & 1/8 & 1/8 & 1/8 & 1/8 & 1/8 \\ 3/8 & 3/8 & 3/8 & 3/8 & 3/8 & 3/8 & 3/8 & 3/8 & 3/8 & 3/8 & 3/8 & 3/8 & 3/8 & 3/8 & 3/8 \\ 1/8 & 1/8 & 1/8 & 1/8 & 1/8 & 1/8 & 1/8 & 1/8 & 1/8 & 1/8 & 1/8 & 1/8 & 1/8 & 1/8 & 1/8 \end{bmatrix}.$$

- 考察 Σ_4. 将节点重新命名如下:

$$\begin{aligned} z_1 &= x_7, & z_2 &= x_{13}, & z_3 &= x_{16}, \\ z_4 &= x_{17}, & z_5 &= x_{23}, & z_6 &= x_{24}, \\ z_7 &= x_{30}, & z_8 &= x_{33}; & v_1 &= x_{25}; \\ q_1 &= y_4 = x_{23}, & q_2 &= y_5 = x_{30}, & q_3 &= x_{17}. \end{aligned}$$

这里 v_1 为块输入, $q_1 = y_4$, $q_2 = y_5$ 是原系统输出, q_3 为块输出.

于是, 块动态系统可表示为

$$\begin{cases} z(t+1) = L_4 v(t) z(t), \\ q(t) = H_4 z(t), \end{cases} \tag{4.7.18}$$

这里, 不难算得

$$H_4 L_4 (I_2 \otimes H_4^{\mathrm{T}}) := T^4,$$

这里

$$T^4 = \begin{bmatrix} 2 & 2 & 2 & 2 & 2 & 2 & 2 & 2 & 2 & 2 & 2 & 2 & 2 & 2 & 2 \\ 2 & 2 & 2 & 2 & 2 & 2 & 2 & 2 & 2 & 2 & 2 & 2 & 2 & 2 & 2 \\ 2 & 2 & 2 & 2 & 2 & 2 & 2 & 2 & 2 & 2 & 2 & 2 & 2 & 2 & 2 \\ 2 & 2 & 2 & 2 & 2 & 2 & 2 & 2 & 2 & 2 & 2 & 2 & 2 & 2 & 2 \\ 6 & 6 & 6 & 6 & 6 & 6 & 6 & 6 & 6 & 6 & 6 & 6 & 6 & 6 & 6 \\ 6 & 6 & 6 & 6 & 6 & 6 & 6 & 6 & 6 & 6 & 6 & 6 & 6 & 6 & 6 \\ 6 & 6 & 6 & 6 & 6 & 6 & 6 & 6 & 6 & 6 & 6 & 6 & 6 & 6 & 6 \\ 6 & 6 & 6 & 6 & 6 & 6 & 6 & 6 & 6 & 6 & 6 & 6 & 6 & 6 & 6 \end{bmatrix}.$$

于是, (4.7.18) 的商系统可通过将 T^4 更新如下得到

$$T^4 = \begin{bmatrix} 1 & 1 & 1 & 1 & 1 & 1 & 1 & 1 & 1 & 1 & 1 & 1 & 1 & 1 & 1 & 1 \\ 1 & 1 & 1 & 1 & 1 & 1 & 1 & 1 & 1 & 1 & 1 & 1 & 1 & 1 & 1 & 1 \\ 1 & 1 & 1 & 1 & 1 & 1 & 1 & 1 & 1 & 1 & 1 & 1 & 1 & 1 & 1 & 1 \\ 1 & 1 & 1 & 1 & 1 & 1 & 1 & 1 & 1 & 1 & 1 & 1 & 1 & 1 & 1 & 1 \\ 1 & 1 & 1 & 1 & 1 & 1 & 1 & 1 & 1 & 1 & 1 & 1 & 1 & 1 & 1 & 1 \\ 1 & 1 & 1 & 1 & 1 & 1 & 1 & 1 & 1 & 1 & 1 & 1 & 1 & 1 & 1 & 1 \\ 1 & 1 & 1 & 1 & 1 & 1 & 1 & 1 & 1 & 1 & 1 & 1 & 1 & 1 & 1 & 1 \\ 1 & 1 & 1 & 1 & 1 & 1 & 1 & 1 & 1 & 1 & 1 & 1 & 1 & 1 & 1 & 1 \end{bmatrix}.$$

(4.7.18) 的概率近似可通过将 T^4 更新如下得到

$$T^4 = \begin{bmatrix} 1/16 & 1/16 & \cdots & 1/16 \\ 1/16 & 1/16 & \cdots & 1/16 \\ 1/16 & 1/16 & \cdots & 1/16 \\ 1/16 & 1/16 & \cdots & 1/16 \\ 3/16 & 3/16 & \cdots & 3/16 \\ 3/16 & 3/16 & \cdots & 3/16 \\ 3/16 & 3/16 & \cdots & 3/16 \\ 3/16 & 3/16 & \cdots & 3/16 \end{bmatrix} \in \Upsilon_{8 \times 16}.$$

- 考察 Σ_5. 将节点重新命名如下:

$$\begin{array}{lll} z_1 = x_1, & z_2 = x_5, & z_3 = x_6, \\ z_4 = x_8, & z_5 = x_9, & z_6 = x_{18}, \\ z_7 = x_{21}, & z_8 = x_{28}, & z_9 = x_{32}; \\ v_1 = x_{17}, & v_2 = x_{29}; & q_1 = y_1 = x_1, \\ q_2 = y_2 = x_5. \end{array}$$

这里 v_1, v_2 为块输入, $q_1 = y_1$, $q_2 = y_2$ 是原系统输出.

于是, 块动态系统可表示为

$$\begin{cases} z(t+1) = L_5 v(t) z(t), \\ q(t) = H_5 z(t), \end{cases} \tag{4.7.19}$$

这里

$$L_5 = \delta_{512}[1, 65, 5, \cdots, 508, 448, 512] \in \mathcal{L}_{512 \times 2048},$$
$$H_5 = \delta_4[1, 1, 1, \cdots, 4, 4, 4] \in \mathcal{L}_{4 \times 512}.$$

不难算得

$$H_5 L_5 (I_4 \otimes H_5^{\mathrm{T}}) := T^5,$$

这里

$$T^5 = \begin{bmatrix} 16 & 16 & \cdots & 16 \\ 16 & 16 & \cdots & 16 \\ 48 & 48 & \cdots & 48 \\ 48 & 48 & \cdots & 48 \end{bmatrix} \in \mathcal{M}_{4 \times 16}.$$

于是, (4.7.19) 的商系统可通过将 T^5 更新如下得到

$$T^5 = \mathbf{1}_{4 \times 16}$$

(4.7.19) 的概率近似可通过将 T^5 更新如下得到

$$T^5 = \begin{bmatrix} 1/8 & 1/8 & \cdots & 1/8 \\ 1/8 & 1/8 & \cdots & 1/8 \\ 3/8 & 3/8 & \cdots & 3/8 \\ 3/8 & 3/8 & \cdots & 3/8 \end{bmatrix} \in \Upsilon_{4 \times 16}.$$

将上述聚类仿真块放到一起, 就可得到 T 细胞受体动力系统的整体聚类仿真近似系统. 图 4.7.5 是整体示意图, 其中

$$
\begin{aligned}
z_1^1 &= x_{20}, & z_2^1 &= x_{37}, & z_1^2 &= x_{19}, \\
z_2^2 &= x_{25}, & z_1^3 &= x_{22}, & z_2^3 &= x_{29}, \\
z_1^4 &= x_{23}, & z_2^4 &= x_{30}, & z_3^4 &= x_{17}, \\
z_1^5 &= x_1, & z_2^5 &= x_5.
\end{aligned}
$$

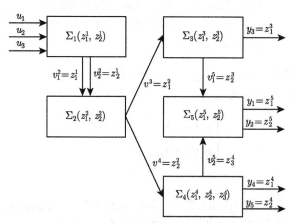

图 4.7.5　T 细胞聚类仿真近似系统

这个聚类仿真近似系统只有 11 个状态节点与 3 个控制系统. 利用这个聚类仿真近似系统, 可以做进一步近似, 使它只含 5 个状态节点: $y_i, i = 1, 2, 3, 4, 5.$ 当然, 这是一种交易, 近似系统越小, 误差越大.

第 5 章 奇异布尔网络的分析

自 Kauffman[160] 首次用布尔网络模型研究复杂非线性生物系统之后, 布尔网络的理论在很多领域都备受关注, 如基因调控和细胞网络[77,138]. 然而, 在某些生物系统或者社交网络中, 系统状态往往受一些约束条件的限制, 因此就有了动态代数布尔网络, 也称为奇异布尔网络. 利用矩阵半张量积, 将其形式上转化为一般的线性奇异系统. 目前, 在文献 [104] 中, 作者讨论了奇异布尔网络的一些基本的问题, 如代数表示形式、正规化问题、可解性以及极限集等问题. 文献 [251] 提出了奇异布尔网络的一般形式, 并研究了其可解性及拓扑结构等问题.

5.1 奇异布尔网络的描述

5.1.1 带静态方程约束的动态逻辑网络

考虑如下有 n 个节点的布尔网络[54], 其中包括 s 个动态方程和 $n-s$ 个静态方程:

$$\begin{cases} x_1(t+1) = f_1(x_1(t), x_2(t), \cdots, x_n(t)), \\ x_2(t+1) = f_2(x_1(t), x_2(t), \cdots, x_n(t)), \\ \qquad\qquad\vdots \\ x_s(t+1) = f_s(x_1(t), x_2(t), \cdots, x_n(t)), \\ c_{s+1} = f_{s+1}(x_1(t), x_2(t), \cdots, x_n(t)), \\ \qquad\qquad\vdots \\ c_n = f_n(x_1(t), x_2(t), \cdots, x_n(t)), \end{cases} \tag{5.1.1}$$

其中 $f_j(x_1(t), x_2(t), \cdots, x_n(t))$, $j = 1, 2, \cdots, n$ 是关于 $x_1(t), x_2(t), \cdots, x_n(t)$ 的逻辑函数, $c_j = 1$ 或 $c_j = 0$, $j = s+1, s+2, \cdots, n$.

注 5.1.1 系统 (5.1.1) 和传统布尔网络的不同之处在于, 传统布尔网络有 n 个动态逻辑方程, 但是在 (5.1.1) 中有 s $(s < n)$ 个动态方程和 $n-s$ 个代数方程的约束. 这种布尔网络称为动态-代数布尔网络[54].

在 (5.1.1) 中, 不失一般性, 我们可以假设 $c_j = 1$, $j = s+1, s+2, \cdots, n$. 否则, 如果存在 $c_j = 0$, 我们可以在 $c_j = f_j(x_1(t), x_2(t), \cdots, x_n(t))$ 两边取否运算.

记

$$\tilde{f}_j(x_1(t), x_2(t), \cdots, x_n(t)) = \neg f_j(x_1(t), x_2(t), \cdots, x_n(t)),$$

我们得到 $1 = \tilde{f}_j(x_1(t), x_2(t), \cdots, x_n(t))$. 因此, 我们假设系统 (5.1.1) 满足 $c_j = 1, j = s + 1, s + 2, \cdots, n$.

在 (5.1.1) 中的 $n - s$ 个静态逻辑方程中, 假设变量 $x_{s+1}, x_{s+2}, \cdots, x_n$ 可以用变量 $x_1, x_2, \cdots, x_s$ 表示出来, 即, 存在关于 $(x_1, x_2, \cdots, x_s)$ 的逻辑函数 $\bar{f}_j$ 使得 $x_j = \bar{f}_j(x_1, x_2, \cdots, x_s)$, $j = s + 1, s + 2, \cdots, n$. 将它们代入 (5.1.1), 可得如下形式:

$$\begin{cases} x_1(t+1) = \bar{f}_1(x_1(t), x_2(t), \cdots, x_s(t)), \\ x_2(t+1) = \bar{f}_2(x_1(t), x_2(t), \cdots, x_s(t)), \\ \qquad\qquad\vdots \\ x_s(t+1) = \bar{f}_s(x_1(t), x_2(t), \cdots, x_s(t)), \\ x_{s+1}(t) = \bar{f}_{s+1}(x_1(t), x_2(t), \cdots, x_s(t)), \\ \qquad\qquad\vdots \\ x_n(t) = \bar{f}_n(x_1(t), x_2(t), \cdots, x_s(t)), \end{cases} \tag{5.1.2}$$

其中, 对任意的 $j = 1, 2, \cdots, s$,

$$\bar{f}_j(x_1(t), \cdots, x_s(t))$$
$$= f_j(x_1(t), \cdots, x_s(t), \bar{f}_{s+1}(x_1(t), \cdots, x_s(t)), \cdots, \bar{f}_n(x_1(t), \cdots, x_s(t))). \tag{5.1.3}$$

显然, (5.1.2) 由一个传统的布尔网络 (s 个节点和 s 个动态逻辑方程) 和 $n - s$ 个静态逻辑方程构成. 进一步地, 给定初始状态 $(x_1(0), x_2(0), \cdots, x_s(0))$, (5.1.2) 的所有逻辑变量 $(x_1(t), x_2(t), \cdots, x_n(t))$ 在 t 时刻的值都可以被唯一确定.

例 5.1.1　考虑如下逻辑方程:

$$\begin{cases} A(t+1) = B(t) \wedge C(t), \\ B(t+1) = \neg A(t), \\ 1 = (A(t) \to B(t)) \leftrightarrow C(t). \end{cases} \tag{5.1.4}$$

它的节点集为 $\mathcal{N} = \{x_1 = A, x_2 = B, x_3 = C\}$. 这些节点之间的动态和静态关系如图 5.1.1 所示.

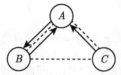

图 5.1.1   实线表示动态关系, 虚线表示静态关系

注意到 $1 = (A(t) \to B(t)) \leftrightarrow C(t)$ 等价于 $C(t) = A(t) \to B(t)$. 于是, 得到 (5.1.4) 的等价形式为

$$
\begin{cases}
A(t+1) = B(t) \wedge (A(t) \to B(t)), \\
B(t+1) = \neg A(t), \\
C(t) = A(t) \to B(t),
\end{cases}
\tag{5.1.5}
$$

它们之间的关系如图 5.1.2 所示.

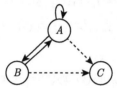

图 5.1.2 $A \to B$ 表示 $A(t)$ 影响 $B(t+1)$; $A \dashrightarrow C$ 表示 $A(t)$ 影响 $C(t)$

5.1.2   动态-代数布尔网络 (5.1.1) 的两种代数形式

根据文献 [3] 中的定理 12.2.1, 对于逻辑函数 $f_j(x_1(t), x_2(t), \cdots, x_n(t))$, $j = 1, 2, \cdots, n$, 存在结构矩阵 $M_j \in \mathcal{L}_{2 \times 2^n}$, $j = 1, 2, \cdots, n$, 得其代数形式

$$
f_j(x_1(t), x_2(t), \cdots, x_n(t)) = M_j x(t),
$$

其中 $x(t) = \ltimes_{i=1}^n x_i(t)$. 因此我们可以得到 (5.1.1) 的等价代数形式为

$$
\begin{cases}
x_1(t+1) = M_1 x(t), \\
x_2(t+1) = M_2 x(t), \\
\quad\quad\vdots \\
x_s(t+1) = M_s x(t), \\
\delta_2^1 = M_{s+1} x(t), \\
\quad\quad\vdots \\
\delta_2^1 = M_n x(t).
\end{cases}
\tag{5.1.6}
$$

又因为 $\delta_2[1,1]x_i(t+1) = \delta_2^1, i = s+1, s+2, \cdots, n$, (5.1.6) 的等价形式可以进一步表示为

$$
\begin{cases}
x_1(t+1) = M_1 x(t), \\
x_2(t+1) = M_2 x(t), \\
\qquad \vdots \\
x_s(t+1) = M_s x(t), \\
\delta_2[1,1]x_{s+1}(t+1) = M_{s+1} x(t), \\
\qquad \vdots \\
\delta_2[1,1]x_n(t+1) = M_n x(t).
\end{cases}
\tag{5.1.7}
$$

最后, 利用矩阵半张量积, 根据上述方程得到 (5.1.1) 的简化代数形式

$$
Ex(t+1) = Fx(t),
\tag{5.1.8}
$$

其中 $x(t) = \ltimes_{i=1}^n x_i(t)$, $F = M_1 * M_2 * \cdots * M_n$, $E = I_{2^s} \otimes \delta_{2^{n-s}}[1,1,\cdots,1]$ 且 $\delta_{2^{n-s}}[1,1,\cdots,1] \in \mathcal{L}_{2^{n-s} \times 2^{n-s}}$.

易知, (5.1.8) 中的矩阵 F 和 E 属于 $\mathcal{L}_{2^n \times 2^n}$, 并且 E 是奇异的. 因此我们称 (5.1.8) (或者其等价形式 (5.1.1)) 为**奇异布尔网络**, 它与奇异离散时间系统的形式完全相同[75].

例 5.1.2 回顾例 5.1.1 中的布尔网络.

利用 $\delta_2[1,1]C(t+1) = \delta_2^1 \sim 1$, 容易将 (5.1.4) 转化为它的分量代数形式

$$
\begin{cases}
A(t+1) = \delta_2[1,2,2,2,1,2,2,2]A(t)B(t)C(t), \\
B(t+1) = \delta_2[2,2,2,2,1,1,1,1]A(t)B(t)C(t), \\
\delta_2[1,1]C(t+1) = \delta_2[1,2,2,1,1,2,1,2]A(t)B(t)C(t).
\end{cases}
\tag{5.1.9}
$$

通过计算, 得到 (5.1.4) 的代数形式

$$
Ex(t+1) = Fx(t),
\tag{5.1.10}
$$

其中 $x(t) = A(t) \ltimes B(t) \ltimes C(t)$, $E = \delta_8[1,1,3,3,5,5,7,7]$, $F = \delta_8[3,8,8,7,1,6,5,6]$.

另一方面, 在得到代数形式 (5.1.8) 的过程中, 如果我们不引入 $x_s(t+1), \cdots,$ $x_n(t+1)$ 到逻辑方程 (5.1.6) 中, 利用矩阵半张量积, (5.1.1) 的另一个等价代数形式可以表示为

$$
\check{E}x^1(t+1) = Fx(t),
\tag{5.1.11}
$$

其中 $x^1(t+1) = \ltimes_{i=1}^s x_i(t+1), x(t) = \ltimes_{i=1}^n x_i(t), \check{E} = I_{2^s} \otimes \delta_{2^{n-s}}^1 \in \mathcal{L}_{2^n \times 2^s}$, F 与 (5.1.8) 中的是相同的. 这里 $\check{E}$ 的秩为 2^s, 不是方阵. 因为它等价于 (5.1.1), 我们也称 (5.1.11) 为**奇异布尔网络**.

例 5.1.3　考虑例 5.1.1 中的布尔网络. 在 (5.1.9) 中用 δ_2^1 替换 $\delta_2[1,1]C(t+1)$, 通过简单的计算, 我们得到 (5.1.9) 形如 (5.1.11) 的代数形式, 其系数矩阵为 $\check{E} = \delta_8[1,3,5,7]$, $F = \delta_8[3,8,8,7,1,6,5,6]$.

注 5.1.2　奇异布尔网络的两种代数形式 (5.1.8) 和 (5.1.11) 中, 前者具有与奇异离散时间系统相同的形式, 而后者不具有与奇异离散时间系统相应的形式[75], 因此后者可以看作是奇异布尔网络的一种特殊形式.

5.2　奇异布尔网络的正规化

5.2.1　问题描述

考虑奇异布尔网络

$$Ex(t+1) = Fx(t), \tag{5.2.1}$$

其中 $x(t) = \ltimes_{i=1}^n x_i(t)$, $E, F \in \mathcal{L}_{2^n \times 2^n}$, 且 $\text{rank}(E) = 2^s \leqslant 2^n$.

显然, 如果 E 是非奇异的逻辑矩阵, 则系统 (5.2.1) 可以转化为 $x(t+1) = \tilde{M}x(t) := E^T F x(t)$ (注意到 $E^{-1} = E^T$). 现在的问题是: 如果矩阵 E 是奇异的, 在什么条件下, 系统 (5.2.1) 可以转化为一个具有代数约束的正规布尔网络? 称上述问题为**奇异布尔网络的正规化问题**. 首先介绍下面定义.

定义 5.2.1　奇异布尔网络 (5.2.1) 的正规化问题是可解的, 如果存在一个坐标变换 $z = Qx$ 使得在 z 坐标下, 奇异布尔网络 (5.2.1) 等价于如下布尔网络:

$$\begin{cases} z^1(t+1) = M^1 z^1(t), \\ z^2(t) = M^2 z^1(t), \end{cases} \tag{5.2.2}$$

其中 $z(t) = z^1(t) \ltimes z^2(t)$, $M^1 \in \mathcal{L}_{2^s \times 2^s}$, $M^2 \in \mathcal{L}_{2^{n-s} \times 2^s}$.

因此, 奇异布尔网络 (5.2.1) 的相关性质可以通过研究 (5.2.2) 来得到. 根据定义 5.2.1, 正规化问题可以通过两个关键步骤来解决:

(i) 将奇异布尔网络 (5.2.1) 转化为

$$\begin{cases} z^1(t+1) = \bar{M}^1 z(t), \\ \delta_{2^{n-s}}^1 = \bar{M}^2 z(t), \end{cases} \tag{5.2.3}$$

其中 $z^1(t)$ 的维数是 2^s, $\bar{M}^1 \in \mathcal{L}_{2^s \times 2^n}$, $\bar{M}^2 \in \mathcal{L}_{2^{n-s} \times 2^n}$.

(ii) 从 $\delta_{2^{n-s}}^1 = \bar{M}^2 z(t)$ 解出 $z^2(t)$, 然后将 (5.2.3) 转化为 (5.2.2).

假设从 $\delta_{2^{n-s}}^1 = \bar{M}^2 z(t)$ 得到 $z^2(t) = M^2 z^1(t)$. 将其代入 (5.2.3) 的动态逻辑方程. 从而 (5.2.3) 可以转化为 (5.2.2), 其中

$$M^1 = \bar{M}^1(I_{2^s} \otimes M^2)\mathrm{PR}_{2^s}, \tag{5.2.4}$$

这里

$$\mathrm{PR}_r := \left[\delta_r^1 \otimes \delta_r^1, \delta_r^2 \otimes \delta_r^2, \cdots, \delta_r^r \otimes \delta_r^r\right] \in \mathcal{L}_{r^2 \times r}$$

为降阶矩阵.

5.2.2 正规化问题的解

本节解决奇异布尔网络 (5.2.1) 的正规化问题.

● **奇异布尔网络 (5.2.1) 转化为 (5.2.3)**

首先记

$$E = \begin{bmatrix} e_{1,1} & e_{1,2} & \cdots & e_{1,2^n} \\ e_{2,1} & e_{2,2} & \cdots & e_{2,2^n} \\ \vdots & \vdots & & \vdots \\ e_{2^n,1} & e_{2^n,2} & \cdots & e_{2^n,2^n} \end{bmatrix}, \tag{5.2.5}$$

我们有如下结论:

定理 5.2.1 *存在非奇异矩阵 $P, Q \in \mathcal{L}_{2^n \times 2^n}$ 使得 $PEQ = I_{2^s} \otimes L$, 其中 $L \in \mathcal{L}_{2^{n-s} \times 2^{n-s}}$, 当且仅当, E 的每一行都满足 $\sum_{j=1}^{2^n} e_{i,j} = 0$ 或者 $\sum_{j=1}^{2^n} e_{i,j} = 2^{n-s}$.*

证明 (充分性) 注意到 $E \in \mathcal{L}_{2^n \times 2^n}$, 我们有 $\sum_{i=1}^{2^n} \sum_{j=1}^{2^n} e_{i,j} = 2^n$. 此外, 根据 $\sum_{j=1}^{2^n} e_{i,j} = 0$ 或者 $\sum_{j=1}^{2^n} e_{i,j} = 2^{n-s}$, 得到 $\mathrm{rank}(E) = 2^s$. 因此, 通过适当的行列置换, 即, 存在非奇异矩阵 $P, Q \in \mathcal{L}_{2^n \times 2^n}$, 使得

$$PEQ = \delta_{2^n}[\underbrace{1, \cdots, 1}_{2^{n-s}}, \underbrace{2^{n-s} + 1, \cdots, 2^{n-s} + 1}_{2^{n-s}}, \cdots,$$

$$\underbrace{2^n - 2^{n-s} + 1, \cdots, 2^n - 2^{n-s} + 1}_{2^{n-s}}]. \tag{5.2.6}$$

显然, $PEQ = I_{2^s} \otimes L$, $L = \delta_{2^{n-s}}[1, 1, \cdots, 1] \in \mathcal{L}_{2^{n-s} \times 2^{n-s}}$.

(必要性) 注意到 $P, Q \in \mathcal{L}_{2^n \times 2^n}$, 从 E 到矩阵 PEQ, 我们所做的只是适当的行置换和列置换. 因此, 这种矩阵变换不会改变矩阵 E 的任意行中 0 或 1 的个数. 此外, 记

$$\bar{E} = PEQ = \begin{bmatrix} \bar{e}_{1,1} & \bar{e}_{1,2} & \cdots & \bar{e}_{1,2^n} \\ \bar{e}_{2,1} & \bar{e}_{2,2} & \cdots & \bar{e}_{2,2^n} \\ \vdots & \vdots & & \vdots \\ \bar{e}_{2^n,1} & \bar{e}_{2^n,2} & \cdots & \bar{e}_{2^n,2^n} \end{bmatrix}. \tag{5.2.7}$$

根据 $\bar{E} = I_{2^s} \otimes L$, 可知 $\sum_{j=1}^{2^n} \bar{e}_{i,j} = 0$ 或者 $\sum_{j=1}^{2^n} \bar{e}_{i,j} = 2^{n-s}$. 因此, 矩阵 $\boldsymbol{E}$ 的任何一行都是一样的.   □

在定理 5.2.1 的条件下, 存在非奇异矩阵 $P, Q \in \mathcal{L}_{2^n \times 2^n}$, 使得 $PEQ = I_{2^s} \otimes L$, 并且 $L \in \mathcal{L}_{2^{n-s} \times 2^{n-s}}$ 是常值矩阵. 不失一般性, 我们假设 $L = \delta_{2^{n-s}}[1, 1, \cdots, 1]$. 从 (5.2.1) 的两边左乘 P, 得到

$$PEx(t+1) = PFx(t). \tag{5.2.8}$$

进而, 进行坐标变换 $z = Q^{\mathrm{T}}x$ (Q 是正交矩阵), 得到 (5.2.1) 的等价形式

$$PEQz(t+1) = PFQz(t). \tag{5.2.9}$$

因为 $PEQ = I_{2^s} \otimes L$, $L = \delta_{2^{n-s}}[1, 1, \cdots, 1] \in \mathcal{L}_{2^{n-s} \times 2^{n-s}}$, $PEQz(t+1)$ 可以等价地表示为

$$PEQz(t+1) = z^1(t+1) \ltimes Lz^2(t+1),$$

其中 $z(t+1) = z^1(t+1) \ltimes z^2(t+1)$, $z^1(t+1)$ 是 2^s 维的逻辑向量. 另一方面, 存在矩阵 $\bar{M}_1 \in \mathcal{L}_{2^s \times 2^n}, \bar{M}_2 \in \mathcal{L}_{2^{n-s} \times 2^n}$ 使得 $PFQz(t) = \bar{M}_1 z(t) \ltimes \bar{M}_2 z(t)$, $PFQ = \bar{M}_1 * \bar{M}_2$ (这种分解是唯一的[53]). 根据 $Lz^2(t+1) = \delta_{2^{n-s}}^1$, (5.2.9) 可以表示为

$$z^1(t+1) \ltimes \delta_{2^{n-s}}^1 = \bar{M}_1 z(t) \ltimes \bar{M}_2 z(t).$$

显然, 上式等价于 (5.2.3). 因此 (5.2.9) 可以被等价转化为 (5.2.3). 综上所述, 我们有以下结论:

定理 5.2.2 布尔网络 (5.2.1) 可等价地转换为 (5.2.3), 当且仅当, 对于矩阵 $\boldsymbol{E}$ 的任一行向量, 有 $\sum_{j=1}^{2^n} e_{i,j} = 0$ 或者 $\sum_{j=1}^{2^n} e_{i,j} = 2^{n-s}$.

- **奇异布尔网络 (5.2.3) 转换为 (5.2.2)**

接下来, 我们尝试在 (5.2.3) 的静态方程中解出 $z^2(t)$, 即用 $z^1(t)$ 的逻辑函数表示 $z^2(t)$. 为此, 首先引入 k 值等价逻辑算子, 这是传统二值逻辑算子到 k 值情况的推广.

定义 5.2.2 k 值等价逻辑算子, 记为 $\leftrightarrow$, 定义为

$$x \leftrightarrow y = \begin{cases} 1, & x = y, \\ 0, & x \neq y. \end{cases}$$

容易验证, 上述等价算子的结构矩阵 (称为等价矩阵) 为

$$M_\leftrightarrow^k = \delta_k[1, \underbrace{k, k, \cdots, k}_{k}, 1, \cdots, 1, \underbrace{k, k, \cdots, k}_{k}, 1] \in \mathcal{L}_{k \times k^2}.$$

例如:

当 $k = 2$ 时, $M_\leftrightarrow^2 = \delta_2[1, 2, 2, 1]$;

当 $k = 3$ 时, $M_\leftrightarrow^3 = \delta_3[1, 3, 3, 3, 1, 3, 3, 3, 1]$;

当 $k = 4$ 时, $M_\leftrightarrow^4 = \delta_4[1, 4, 4, 4, 4, 1, 4, 4, 4, 1, 4, 4, 4, 4, 1]$.

定理 5.2.3 如果 $\bar{M}^2 = M_\leftrightarrow M^2$, 则 $z^2(t)$ 可由 $\delta_{2^{n-s}}^1 = \bar{M}^2 z(t)$ 解出, 其中 $M_\leftrightarrow \in \mathcal{L}_{2^{n-s} \times 2^{2(n-s)}}$ 是等价矩阵, $M^2 \in \mathcal{L}_{2^{n-s} \times 2^s}$.

证明 如果 $\bar{M}^2 = M_\leftrightarrow M^2$, 那么 $\delta_{2^{n-s}}^1 = M_\leftrightarrow M^2 z^1(t) z^2(t)$. 因此有 $z^2(t) = M^2 z^1(t)$. $\square$

例 5.2.1 考虑

$$\bar{M}^2 = \delta_4[1, 4, 4, 4, 4, 4, 1, 4, 4, 4, 1, 4, 4, 4, 4, 1].$$

取 $M^2 = \delta_4[1, 3, 3, 4]$, 则有 $\bar{M}^2 = M_\leftrightarrow^4 M^2$.

推论 5.2.1 假设 $\bar{M}^2 = \delta_{2^{n-s}}[i_1, i_2, \cdots, i_{2^n}] \in \mathcal{L}_{2^{n-s} \times 2^n}$. 如果存在等价矩阵 $M_\leftrightarrow \in \mathcal{L}_{2^{n-s} \times 2^{2(n-s)}}$ 和 $M^2 \in \mathcal{L}_{2^{n-s} \times 2^s}$ 使得 $\bar{M}^2 = M_\leftrightarrow M^2$, 那么在 $\{i_1, i_2, \cdots, i_{2^n}\}$ 中分别有 2^{n-s} 个 1 和 $2^n - 2^{n-s}$ 个 2^{n-s}.

虽然定理 5.2.3 给出了 $z^2(t)$ 可以由 $\delta_{2^{n-s}}^1 = \bar{M}^2 z(t)$ 解出的条件, 但这个条件不是必要的. 为了得到 $z^2(t)$ 可由 $\delta_{2^{n-s}}^1 = \bar{M}^2 z(t)$ 解出的一个充要条件, 我们引入下列逻辑矩阵集, 称之为条件逻辑矩阵集.

定义 5.2.3 对任意的正整数 k, 条件逻辑矩阵集, 记为 $M_\rightleftharpoons^k$, 定义为

$$M_\rightleftharpoons^k = \{\delta_k[1, \underbrace{i_1^1, i_2^1, \cdots, i_k^1}_{k}, 1, \cdots, 1, \underbrace{i_1^{k-1}, i_2^{k-1}, \cdots, i_k^{k-1}}_{k}, 1] \in \mathcal{L}_{k \times k^2}\},$$

$i_j^l \neq 1, l = 1, 2, \cdots, k-1, j = 1, 2, \cdots, k$. $M_\rightleftharpoons^k$ 中的任意矩阵称为条件矩阵.

例如:

当 $k = 2$, $M_\rightleftharpoons^2 = \{M_\leftrightarrow^2\}$;

当 $k = 3$, $M_\rightleftharpoons^3 = \{\delta_3[1, i_1^1, i_2^1, i_3^1, 1, i_1^2, i_2^2, i_3^2, 1], i_j^l \neq 1, l = 1, 2, j = 1, 2, 3\}$;

当 $k = 4$, $M_\rightleftharpoons^4 = \{\delta_4[1, i_1^1, i_2^1, i_3^1, i_4^1, 1, i_1^2, i_2^2, i_3^2, i_4^2, 1, i_1^3, i_2^3, i_3^3, i_4^3, 1], i_j^l \neq 1, l = 1, 2, 3, j = 1, 2, 3, 4\}$.

定理 5.2.4 $z^2(t)$ 可以唯一地由 $\delta_{2^{n-s}}^1 = \bar{M}^2 z(t)$ 解出, 当且仅当, $\bar{M}^2 = M_\rightleftharpoons M^2$, 其中 $M_\rightleftharpoons \in M_\rightleftharpoons^{2^{n-s}} \subseteq \mathcal{L}_{2^{n-s} \times 2^{2(n-s)}}$ 是一个条件矩阵, $M^2 \in \mathcal{L}_{2^{n-s} \times 2^s}$.

证明 (充分性) 如果 $\bar{M}^2 = M_{\leftrightharpoons} M^2$, 那么 $\delta^1_{2^{n-s}} = M_{\leftrightharpoons} M^2 z^1(t) z^2(t)$. 因此有 $z^2(t) = M^2 z^1(t)$.

(必要性) 由于 $z^2(t)$ 可以唯一地由 $\delta^1_{2^{n-s}} = \bar{M}^2 z(t)$ 解出, 不妨设 $z^2(t) = M^2 z^1(t)$. 那么 $\delta^1_{2^{n-s}} = M_{\leftrightharpoons} M^2 z^1(t) z^2(t)$. 于是有 $\bar{M}^2 = M_{\leftrightharpoons} M^2$. □

将矩阵 $\bar{M}^2 = \delta_{2^{n-s}}[i_1, i_2, \cdots, i_{2^n}] \in \mathcal{L}_{2^{n-s} \times 2^n}$ 划分为 k 个同等大小的部分, 也就是说, $\bar{M}^2 = \delta_{2^{n-s}}[i_1, i_2, \cdots, i_k, \cdots, i_{2^n-k+1}, i_{2^n-k+2}, \cdots, i_{2^n}]$, 则有下面的推论:

推论 5.2.2 存在一个条件矩阵 $M_{\leftrightharpoons} \in M_{\leftrightharpoons}^{2^{n-s}} \subseteq \mathcal{L}_{2^{n-s} \times 2^{2(n-s)}}$ 和 $M^2 \in \mathcal{L}_{2^{n-s} \times 2^s}$ 使得 $\bar{M}^2 = M_{\leftrightharpoons} M^2$, 当且仅当, 每个部分中只有一个 $\delta^1_{2^{n-s}}$.

设

$$
\bar{M}^2 = \begin{bmatrix}
\bar{m}^2_{1,1} & \bar{m}^2_{1,2} & \cdots & \bar{m}^2_{1,2^n} \\
\bar{m}^2_{2,1} & \bar{m}^2_{2,2} & \cdots & \bar{m}^2_{2,2^n} \\
\vdots & \vdots & & \vdots \\
\bar{m}^2_{2^{n-s},1} & \bar{m}^2_{2^{n-s},2} & \cdots & \bar{m}^2_{2^{n-s},2^n}
\end{bmatrix},
$$

由推论 5.2.1 和推论 5.2.2 知, 如果 $\sum_{j=1}^{2^n} \bar{m}^2_{1,j} \neq 2^{n-s}$, 则 $z^2(t)$ 不能由 $\delta^1_{2^{n-s}} = \bar{M}^2 z(t)$ 解出.

例 5.2.2 考虑 $\bar{M}^2 = \delta_4[1,3,4,4,4,4,1,4,4,1,1,4,4,4,4,1]$. 由推论 5.2.1 知, 不存在 M^2 使得 $\bar{M}^2 = M^4_{\leftrightarrow} M^2$. 取

$$
M_{\leftrightharpoons} = \delta_4[1,3,4,4,4,1,4,4,4,1,1,4,4,4,4,1] \in M^4_{\leftrightharpoons}
$$

和 $M^2 = \delta_4[1,3,3,4]$, 则容易检验 $\bar{M}^2 = M_{\leftrightharpoons} M^2$.

例 5.2.3 考虑奇异布尔网络 (5.2.1), 其系数如下

$$
E = \delta_8[7,2,4,4,5,5,7,2], \quad F = \delta_8[8,5,5,8,3,4,5,1].
$$

可验证 E 满足定理 5.2.1 的条件. 取

$$
P = \delta_8[2,1,4,3,5,6,7,8], \quad Q = \delta_8[8,2,3,4,5,6,7,1],
$$

则有

$$
PEQ = \delta_8[1,1,3,3,5,5,7,7], \quad PFQ = \delta_8[2,5,5,8,4,3,5,8].
$$

此外, $PFQ = \delta_4[1,3,3,4,2,2,3,4] * \delta_2[2,1,1,2,2,1,1,2]$. 于是在坐标变换 $z = Q^{\mathrm{T}} x$ 下, 可以将原奇异布尔网络转换为

$$
\begin{cases}
z^1(t+1) = \delta_4[1,3,3,4,2,2,3,4] z(t), \\
\delta^1_2 = \delta_2[2,1,1,2,2,1,1,2] z(t).
\end{cases} \tag{5.2.10}
$$

由于 $\delta_2[2,1,1,2,2,1,1,2] = \delta_2[1,2,2,1] \ltimes \delta_2[2,1,2,1]$, 则 $z^2(t)$ 可由上述代数方程解出, 即有, $z^2(t) = \delta_2[2,1,2,1]z^1(t)$. 最后将 $z^2(t)$ 代入 (5.2.10) 中的动态方程, 得到奇异布尔网络 (5.2.10) 的等价形式如下

$$\begin{cases} z^1(t+1) = \delta_4[1,3,3,4,2,2,3,4](I_4 \otimes \delta_2[2,1,2,1])\delta_{16}[1,6,11,16]z^1(t), \\ z^2(t) = \delta_2[2,1,2,1]z^1(t), \end{cases}$$

$$(5.2.11)$$

即

$$\begin{cases} z^1(t+1) = \delta_4[3,3,2,3]z^1(t), \\ z^2(t) = \delta_2[2,1,2,1]z^1(t). \end{cases} \qquad (5.2.12)$$

因此, 我们可以通过原始奇异布尔网络的等价形式 (5.2.12) 讨论其所有性质.

5.2.3 奇异布尔网络 $\check{E}x^1(t+1) = Fx(t)$ 的正规化

对于奇异布尔网络的第二种形式, 即

$$\check{E}x^1(t+1) = Fx(t) \qquad (5.2.13)$$

的正规化问题, 其中 $x^1(t+1) = \ltimes_{i=1}^s x_i(t+1), x(t) = \ltimes_{i=1}^n x_i(t), \check{E} \in \mathcal{L}_{2^n \times 2^s}$. 首先我们有如下结论.

定理 5.2.5 奇异布尔网络 (5.2.13) 具有等价形式 (5.2.3), 当且仅当, $\check{E} \in \mathcal{L}_{2^n \times 2^s}$ 是列满秩的.

证明 必要性是显而易见的. 这里只给出充分性的证明. 假设 $\check{E} \in \mathcal{L}_{2^n \times 2^s}$ 是列满秩的. 通过行置换, 也就是利用 $P \in \mathcal{L}_{2^n \times 2^n}$ 得到

$$P\check{E} = \delta_{2^n}[1, 2^{n-s}+1, 2 \cdot 2^{n-s}+1, \cdots, (2^s-1) \cdot 2^{n-s}+1].$$

容易验证 $P\check{E} = I_{2^s} \otimes \delta_{2^{n-s}}^1$. 然后在 (5.2.13) 的两边左乘矩阵 P, 得到 $P\check{E}x^1(t+1) = PFx(t)$. 看方程 $P\check{E}x^1(t+1) = PFx(t)$ 的两边, 一方面, 我们有 $P\check{E}x^1(t+1) = x^1(t+1) \ltimes \delta_{2^{n-s}}^1$; 另一方面, 存在矩阵 $\bar{M}_1 \in \mathcal{L}_{2^s \times 2^n}, \bar{M}_2 \in \mathcal{L}_{2^{n-s} \times 2^n}$ 使得 $PFx(t) = \bar{M}_1 x(t) \ltimes \bar{M}_2 x(t), PF = \bar{M}_1 * \bar{M}_2$. 于是我们有 $x^1(t+1) \ltimes \delta_{2^{n-s}}^1 = \bar{M}_1 x(t) \ltimes \bar{M}_2 x(t)$, 这等价于

$$\begin{cases} x^1(t+1) = \bar{M}^1 x(t), \\ \delta_{2^{n-s}}^1 = \bar{M}^2 x(t). \end{cases} \qquad (5.2.14)$$

即 (5.2.14) 与 (5.2.3) 等价, 证毕. $\qquad \square$

推论 5.2.3 奇异布尔网络 (5.2.13) 具有等价形式 (5.2.3), 当且仅当, $\mathrm{Col}_i(\check{E}) \neq \mathrm{Col}_j(\check{E}), i \neq j$.

至于 (5.2.14) 进一步化为 (5.2.2) 的过程与第一种情形完全相同, 故将其省略.

5.3 奇异布尔网络的可解性

考虑奇异布尔网络 (5.2.1) 解的问题, 容易看出, 对于任意初始值 $x(0)$, (5.2.1) 都有解 $x(t)$, 当且仅当, $\mathrm{rank}([E\ F]) = \mathrm{rank}(E)$. 首先讨论解的唯一性. 请看下面的简单数值例子.

例 5.3.1 设 (5.2.1) 的系数矩阵如下

$$E = \begin{bmatrix} 1 & 1 & 0 & 0 \\ 0 & 0 & 1 & 0 \\ 0 & 0 & 0 & 1 \\ 0 & 0 & 0 & 0 \end{bmatrix}, \quad F = \begin{bmatrix} 1 & 0 & 1 & 0 \\ 0 & 1 & 0 & 0 \\ 0 & 0 & 0 & 1 \\ 0 & 0 & 0 & 0 \end{bmatrix}. \tag{5.3.1}$$

显然 $\mathrm{rank}([E\ F]) = \mathrm{rank}(E)$; 因此, 对于任意初始值 $x(0)$, (5.2.1) 有解 $x(t)$. 但是当 $x(0) = [1,0,0,0]^{\mathrm{T}}$ 或者 $x(0) = [0,0,1,0]^{\mathrm{T}}$ 时解是不唯一的, 当 $x(0) = [0,0,0,1]^{\mathrm{T}}$ 时解是唯一的. 更进一步, 当 $x(0) = [0,1,0,0]^{\mathrm{T}}$ 时, 第一步的解是唯一的, 而第二步的解则不是.

若 (5.2.1) 的系数矩阵为

$$E = \begin{bmatrix} 1 & 1 & 0 & 0 \\ 0 & 0 & 1 & 0 \\ 0 & 0 & 0 & 1 \\ 0 & 0 & 0 & 0 \end{bmatrix}, \quad F = \begin{bmatrix} 0 & 0 & 0 & 0 \\ 1 & 1 & 0 & 0 \\ 0 & 0 & 1 & 1 \\ 0 & 0 & 0 & 0 \end{bmatrix}, \tag{5.3.2}$$

我们可以推出 (5.2.1) 的解对于任意初始值 $x(0)$ 都是唯一的.

设

$$E = \begin{bmatrix} g_{1,1} & g_{1,2} & \cdots & g_{1,2^n} \\ g_{2,1} & g_{2,2} & \cdots & g_{2,2^n} \\ \vdots & \vdots & & \vdots \\ g_{2^n,1} & g_{2^n,2} & \cdots & g_{2^n,2^n} \end{bmatrix}, \quad F = \begin{bmatrix} f_{1,1} & f_{1,2} & \cdots & f_{1,2^n} \\ f_{2,1} & f_{2,2} & \cdots & f_{2,2^n} \\ \vdots & \vdots & & \vdots \\ f_{2^n,1} & f_{2^n,2} & \cdots & f_{2^n,2^n} \end{bmatrix}. \tag{5.3.3}$$

对于 E 和 F 的同一行, 如果 $\sum_{j=1}^{2^n} g_{i,j} > 1$, $\sum_{j=1}^{2^n} f_{i,j} \neq 0$, 那么对于满足 $Fx(0) = \delta_{2^n}^i$ 的任意初始值 $x(0)$, (5.2.1) 的解 $x(t+1)$ 是不唯一的. 此外, 如果 $\sum_{j=1}^{2^n} g_{i,j} = 0$, $\sum_{j=1}^{2^n} f_{i,j} \neq 0$, 那么对于满足 $Fx(0) = \delta_{2^n}^i$ 的任意初始值 $x(0)$, (5.2.1) 都无解. 因此, 我们有下面的结论.

定理 5.3.1 对任意初始值 $x(0)$, 奇异布尔网络 (5.2.1) 有唯一解, 当且仅当, $\mathrm{rank}([E\ F]) = \mathrm{rank}(E)$, 并且对于这两个矩阵的任意一行, $\sum_{j=1}^{2^n} f_{i,j} \neq 0$ 蕴涵着 $\sum_{j=1}^{2^n} g_{i,j} = 1$.

由定理 5.3.1 直接得下面的推论.

推论 5.3.1 如果奇异布尔网络 (5.2.1) 满足定理 5.2.1 中的条件, 且 $n \neq s$, 则对于任意的 $x(0)$, (5.2.1) 都不存在唯一解 $x(1)$.

如果奇异布尔网络 (5.2.1) (或 (5.2.13)) 不仅满足定理 5.2.1 (或定理 5.2.5) 的条件, 而且满足定理 5.2.4 的条件, 则 (5.2.1) (或 (5.2.13)) 可等价地转换为 (5.2.2), 即

$$\begin{cases} z^1(t+1) = M^1 z^1(t), \\ z^2(t) = M^2 z^1(t). \end{cases} \tag{5.3.4}$$

显然, 只有当初始值 $z(0)$ 满足 $z^2(0) = M^2 z^1(0)$ 时, (5.3.4) 才有唯一解. 我们称这种初始值为奇异布尔网络 (5.3.4) 的**容许初值**. 在该条件下, 我们得到 (5.3.4) 的唯一解 $z(t)$. 然后再通过坐标变换 $x = Qz$, 得到 (5.2.1) 对应的解 $x(t)$.

如果奇异布尔网络 (5.2.1) (或 (5.2.13)) 不满足定理 5.2.4 的条件, 仅满足定理 5.2.1 (或定理 5.2.5) 的条件, 则 (5.2.1) (或 (5.2.13)) 不能转化为 (5.3.4), 但可转化为其等价形式 (5.2.3), 即

$$\begin{cases} z^1(t+1) = \bar{M}^1 z(t), \\ \delta^1_{2^{n-s}} = \bar{M}^2 z(t). \end{cases} \tag{5.3.5}$$

因此 (5.3.4) 的容许初值集可以定义为 $\{z(0) = z^1(0)z^2(0) : z^2(0) = M^2 z^1(0)\}$, 而 (5.3.5) 的容许初值集应为 $\{z(0) : \delta^1_{2^{n-s}} = \bar{M}^2 z(0)\}$. 显然 (5.3.4) 的容许初值集 $\{z(0) = z^1(0)z^2(0) : z^2(0) = M^2 z^1(0)\}$ 非空. 关于 (5.3.5) 的容许初值集 $\{z(0) : \delta^1_{2^{n-s}} = \bar{M}^2 z(0)\}$, 我们有以下结论:

命题 5.3.1 记 $\bar{M}^2 = \delta_{2^{n-s}}[i_1, i_2, \cdots, i_{2^n}]$, 则 $\{z(0) : \delta^1_{2^{n-s}} = \bar{M}^2 z(0)\} \neq \varnothing$ 当且仅当 $\{i_1, i_2, \cdots, i_{2^n}\}$ 中至少存在一个元素等于 1.

对于任何容许初值, (5.3.4) 有唯一的解, 但 (5.3.5) 却不一定. 我们给出下面的数值例子.

例 5.3.2 考虑奇异布尔网络 (5.3.5), 其系数如下

$$\bar{M}^1 = \delta_4[1, 3, 3, 4, 2, 2, 3, 4], \quad \bar{M}^2 = \delta_2[1, 2, 2, 2, 2, 2, 1, 2].$$

取容许初值 $z(0) = \delta_8^7$ 满足 $\delta^1_{2^{n-s}} = \bar{M}^2 z(0)$, 通过简单的计算, 容易得到 $z^1(1) = \delta_4^3$. 但是不存在 $z^2(1)$ 满足 $\delta^1_{2^{n-s}} = \bar{M}^2 z^1(1)z^2(1)$. 取容许初值 $z(0) = \delta_8^1$, 得到 $z(t) = \delta_8^1$ 对任意 t 成立, 这意味着 δ_8^1 是不动点.

上面的例子说明, 即使对于容许初值, (5.3.5) 的解轨迹也不一定存在, 下面给出 (5.3.5) 的解轨迹存在的充要条件.

推论 5.3.2　对任意容许初值, 奇异布尔网络 (5.3.5) 有唯一解, 当且仅当对任意 $z(0) \in \{z(0) : \delta_{2^{n-s}}^1 = \bar{M}^2 z(0)\}$, $\bar{M}^1 z(0) z^2 \in \{z(0) : \delta_{2^{n-s}}^1 = \bar{M}^2 z(0)\}$ 都有唯一解 z^2.

事实上, 存在唯一的 z^2 满足 $\bar{M}^1 z(0) z^2 \in \{z(0) : \delta_{2^{n-s}}^1 = \bar{M}^2 z(0)\}$ 等价于 z^2 可以从 $\delta_{2^{n-s}}^1 = \bar{M}^2 z(t)$ 中唯一解出. 回顾定理 5.2.4, 我们得到:

定理 5.3.2　对于任意容许初值, 奇异布尔网络 (5.3.5) 有唯一解, 当且仅当奇异布尔网络 (5.3.5) 能等价地转化为 (5.3.4).

5.4　奇异布尔网络的拓扑结构

本节讨论奇异布尔网络 (5.2.1)

$$Ex(t+1) = Fx(t) \tag{5.4.1}$$

的拓扑结构, 即不动点和极限环, 其中 $x(t) = \ltimes_{i=1}^n x_i(t)$, $E, F \in \mathcal{L}_{2^n \times 2^n}$, $\text{rank}(E) = 2^s \leqslant 2^n$. 为此, 首先将不动点和极限环的定义[55] 推广到奇异布尔网络.

定义 5.4.1　1) 如果 $Ex_0 = Fx_0$, 则称 $x_0 \in \Delta_{2^n}$ 为奇异布尔网络 (5.4.1) 的一个不动点.

2) 如果 $\{x_0, x_1, \cdots, x_{k-1}\}$ 中的元素两两不同, $x_k = x_0$ 且 $Ex_{i+1} = Fx_i$, 则称 $\{x_0, x_1, \cdots, x_k\}$ 为奇异布尔网络 (5.4.1) 的一个长度为 k 的极限环.

下面的定理说明一个奇异布尔网络有多少不动点.

定理 5.4.1　考虑奇异布尔网络 (5.4.1). $\delta_{2^n}^i$ 是它的不动点, 当且仅当 $\text{Col}_i(E) = \text{Col}_i(F)$. 奇异布尔网络 (5.4.1) 的不动点个数, 用 N_e 表示, 等于满足 $\text{Col}_i(E) = \text{Col}_i(F)$ 的 i 的个数.

证明　假设 $\delta_{2^n}^i$ 是 (5.4.1) 一个不动点. 注意到 $E\delta_{2^n}^i = \text{Col}_i(E)$, $F\delta_{2^n}^i = \text{Col}_i(F)$. 显然, $\delta_{2^n}^i$ 是 (5.4.1) 的不动点当且仅当 $\text{Col}_i(E) = \text{Col}_i(F)$.　□

如果奇异布尔网络 (5.4.1) 可以正规化, 即其具有等价形式 (5.2.2), 则由定理 5.4.1 和文献 [55] 的第 5 节直接得如下结果:

推论 5.4.1　设奇异布尔网络 (5.4.1) 可以正规化为 (5.2.2), 则满足 $\text{Col}_i(E) = \text{Col}_i(F)$ 的 i 的个数等于 $\text{Trace}(M^1)$, 其中矩阵 M^1 为 (5.2.4) 中动态系统的结构矩阵. 另外, 如果 $\delta_{2^n}^i$ 是 (5.2.2) 的不动点, 则 $Q^{\text{T}} \delta_{2^n}^i$ 是 (5.4.1) 对应的不动点.

如果奇异布尔网络 (5.4.1) 具有正规化形式 (5.2.2), 那么我们可以间接地讨论系统 (5.4.1) 的拓扑结构. 为此, 我们先用文献 [55] 第 5 节中提供的方法得到 (5.2.2) 的所有极限环, 然后再推导出奇异布尔网络 (5.4.1) 的所有极限环. 如

果 $\{x_0, x_1, \cdots, x_k\}$ 是 (5.2.2) 的一个极限环, 那么 $\{Q^{\mathrm{T}} x_0, Q^{\mathrm{T}} x_1, \cdots, Q^{\mathrm{T}} x_k\}$ 是 (5.4.1) 的一个极限环. 为此, 我们需要先正规化奇异布尔网络 (5.4.1), 得到其正规化形式 (5.2.2).

下面在没有正规化的前提下, 给出一类特殊奇异布尔网络拓扑结构的求法.

假设在奇异布尔网络 (5.4.1) 中 $\mathrm{Row}(F) \subseteq \mathrm{Row}(E)$, 则存在非奇异矩阵 $P \in \mathcal{L}_{2^n \times 2^n}$ 使得 $F = PE$. 记 $Ex(t) = \widehat{x}(t)$, 则 (5.4.1) 等价于 $\widehat{x}(t+1) = P\widehat{x}(t)$. 因此, 利用文献 [55] 中第 5 节, 得到 $\widehat{x}(t+1) = P\widehat{x}(t)$ 的所有极限环. 对于 $\widehat{x}(t+1) = P\widehat{x}(t)$ 的一个极限环 $\{\widehat{x}_0, \widehat{x}_1, \cdots, \widehat{x}_k\}$, 如果 $\widehat{x}_i \in \mathrm{Col}(E), i = 0, 1, \cdots, k$, 则对应于 $\{\widehat{x}_0, \widehat{x}_1, \cdots, \widehat{x}_k\}$, 我们得到奇异布尔网络 (5.4.1) 的一个极限环 $\{x_0, x_1, \cdots, x_k\}$. 这意味着, 如果存在某个 i 使得 $\widehat{x}_i$ 不属于 $\mathrm{Col}(E)$, 则对应于奇异布尔网络 $\widehat{x}(t+1) = P\widehat{x}(t)$ 的环 $\{\widehat{x}_0, \widehat{x}_1, \cdots, \widehat{x}_k\}$, (5.4.1) 中不存在极限环 $\{x_0, x_1, \cdots, x_k\}$ 与之对应.

注意到 $E\delta_{2^n}^j = \mathrm{Col}_j(E)$, $F\delta_{2^n}^i = \mathrm{Col}_i(F)$, 于是对于奇异布尔网络长度为 2 的极限环, 我们有下面的结论:

定理 5.4.2 考虑奇异布尔网络 (5.4.1). $(\delta_{2^n}^i, \delta_{2^n}^j)$ 是一个极限环, 当且仅当, $\mathrm{Col}_i(E) = \mathrm{Col}_j(F)$, $\mathrm{Col}_j(E) = \mathrm{Col}_i(F)$. 奇异布尔网络 (5.4.1) 长度为 2 的极限环的个数, 用 C_2 表示, 等于满足 $\mathrm{Col}_i(E) = \mathrm{Col}_j(F)$, $\mathrm{Col}_j(E) = \mathrm{Col}_i(F)$ 的 (i, j) 的对数.

显然该结果可推广到长度为 k 的极限环的情形.

5.5 奇异布尔网络的一般形式

本节我们将讨论奇异布尔网络的一般形式. 首先看一个例子.

例 5.5.1 考虑下面形式的布尔网络:

$$\begin{cases} x_1(t+1) = [x_1(t) \wedge x_3(t)] \vee [\neg x_1(t) \wedge (x_2(t) \uparrow x_3(t))], \\ x_2(t+1) = \neg x_1(t) \vee (x_2(t) \wedge x_3(t)), \\ \neg x_1(t+1) \vee x_3(t+1) = [\neg x_1(t) \wedge x_2(t)] \vee [x_1(t) \wedge (x_2(t) \uparrow x_3(t))]. \end{cases} \tag{5.5.1}$$

令 $x(t) = x_1(t) x_2(t) x_3(t)$, 则 (5.5.1) 的代数形式为

$$Ex(t+1) = Fx(t), \tag{5.5.2}$$

其中 $E = \delta_8[1\ 2\ 3\ 4\ 5\ 5\ 7\ 7]$, $F = \delta_8[2\ 3\ 7\ 7\ 5\ 1\ 2\ 2]$, 显然 E 是奇异矩阵.

从上面的例子可以看出, 奇异布尔网络的左侧也可以是 $t+1$ 时刻关于状态的布尔函数形式, 因此我们奇异布尔网络的一般形式如下:

$$
\begin{cases}
g_1(X(t+1)) = f_1(X(t)), \\
g_2(X(t+1)) = f_2(X(t)), \\
\qquad\qquad \vdots \\
g_n(X(t+1)) = f_n(X(t)),
\end{cases} \tag{5.5.3}
$$

其中 $X = (x_1, x_2, \cdots, x_n)$, $g_i, f_i : \mathcal{D}^n \to \mathcal{D}$, $i = 1, 2, \cdots, n$. 假设 g_i, f_i 的结构矩阵分别为 $G_i, F_i \in \mathcal{L}_{2 \times 2^n}$. 那么其等价形式为

$$
\begin{cases}
G_1 x(t+1) = F_1 x(t), \\
G_2 x(t+1) = F_2 x(t), \\
\qquad\qquad \vdots \\
G_n x(t+1) = F_n x(t).
\end{cases} \tag{5.5.4}
$$

于是得 (5.5.3) 的代数形式为

$$
Ex(t+1) = Fx(t), \tag{5.5.5}
$$

其中 $E = G_1 * G_2 * \cdots * G_n \in \mathcal{L}_{2^n \times 2^n}$, $F = F_1 * F_2 * \cdots * F_n \in \mathcal{L}_{2^n \times 2^n}$, 且 E 为奇异矩阵, 否则 (5.5.3) 等价于一个无约束的布尔网络.

另外, 如果

$$
g_i(X(t+1)) = \begin{cases}
x_i(t+1), & i = 1, 2, \cdots, s, \\
1 \text{ 或 } 0, & i = s+1, \cdots, n.
\end{cases} \tag{5.5.6}
$$

那么奇异布尔网络 (5.5.3) 变为动态代数布尔网络 (5.1.1), 显然, 奇异布尔网络 (5.5.3) 是一种更一般的形式.

5.5.1　一般形式奇异布尔网络的可解性

本节主要讨论一般形式的奇异布尔网络 (5.5.5) 的可解性问题. 如果矩阵 E 中存在两列 $\mathrm{Col}_j(E), \mathrm{Col}_h(E)$ 满足 $\mathrm{Col}_j(E) = \mathrm{Col}_h(E)$, 那么对于某些初始值 (5.5.5) 的解可能是不唯一的. 然而对于某些初始值, (5.5.5) 的解却是唯一的. 相对于前者, 我们更关心使得系统存在唯一解的初始值. 为此, 我们给出容许条件集的定义, 也就是当要求奇异布尔网络的解存在且唯一时, 其状态所属的集合称为容许条件集.

对于奇异矩阵 E, 用一个合适的坐标变换将其转化为一般的形式, 步骤如下:

(i) 令 $s_0 = |R_0|$, 其中 $R_0 = \left\{ i \;\middle|\; \sum_{j=1}^{2^n} E_{(i,j)} = 1 \right\}$.

(ii) 考虑 E 的非零行, 令 $R = \left\{ i \;\middle|\; \sum_{j=1}^{2^n} E_{(i,j)} > 1 \right\}$, $k = |R|$. 记 $R = \{r_1, r_2, \cdots, r_k\}$.

(iii) 对应于步骤 (ii) 中得到的 k 个非零行, 定义 $s_i = \sum_{j=1}^{2^n} E_{(r_i,j)}$, $i = 1, 2, \cdots, k$. 因此 $s_0 + s_1 + \cdots + s_k = 2^n$. 将 E 的行列相互交换, 即存在非奇异逻辑矩阵 P, Q 使得

$$PEQ = \begin{bmatrix} I_{s_0} & & & \\ & \delta_{s_1}[\underbrace{1 \cdots 1}_{s_1}] & & \\ & & \ddots & \\ & & & \delta_{s_k}[\underbrace{1 \cdots 1}_{s_k}] \end{bmatrix}, \tag{5.5.7}$$

其中 P, Q 是置换矩阵且满足 $P^{-1} = P^{\mathrm{T}}$, $Q^{-1} = Q^{\mathrm{T}}$.

下面给一个例子来阐述这个过程.

例 5.5.2 设 $E = \delta_8[1, 4, 5, 6, 7, 7, 6, 7]$. 由步骤 (i), 可得 $R_0 = \{1, 4, 5\}$, 且 $s_0 = |R_0| = 3$. 根据步骤 (ii), 易得 $R = \{6, 7\}$, $k = 2$, $s_1 = 2$, $s_2 = 3$. 取

$$P = \delta_8[1, 7, 5, 2, 3, 4, 6, 8], \quad Q = \delta_8[1, 2, 3, 4, 7, 6, 5, 8],$$

则有

$$PEQ = \begin{bmatrix} I_3 & & \\ & \delta_2[1\ 1] & \\ & & \delta_3[1\ 1\ 1] \end{bmatrix}.$$

因此我们可以用合适的坐标变换 $z = Q^{\mathrm{T}} x$, 使得矩阵 E 有特殊的形式 (5.5.7). 由于坐标变换不改变解的存在唯一性, 所以不失一般性, 假设 E 的形式为

$$E = \begin{bmatrix} I_{s_0} & & & \\ & \delta_{s_1}[\underbrace{1 \cdots 1}_{s_1}] & & \\ & & \ddots & \\ & & & \delta_{s_k}[\underbrace{1 \cdots 1}_{s_k}] \end{bmatrix}, \tag{5.5.8}$$

其中 $s_0 + s_1 + \cdots + s_k = 2^n$.

对初始值 $x(0) = \delta_{2^n}^{i_0}$, 有 $Ex(1) = \mathrm{Col}_{i_0}(F)$. 那么 $\mathrm{Col}_{i_0}(F)$ 一定在 E 的列集合 $\mathrm{Col}(E)$ 中, 否则 (5.5.5) 的解不存在. 为了保证解的存在唯一性, 所以在容许条件集中不能同时存在两个元素 x^1, x^2 使得 $Ex^1 = Ex^2$. 所以令

$$C_0 = \{\delta_{2^n}^1, \cdots, \delta_{2^n}^{s_0}, \delta_{2^n}^{s_0+j_1}, \cdots, \delta_{2^n}^{s_0+s_1+\cdots+s_{k-1}+j_k}\}, \quad |C_0| = s_0 + k, \quad (5.5.9)$$

其中 $j_i \in \{1, 2, \cdots, s_i\}$, $i = 1, 2, \cdots, k$,

$$C_1 = \{\delta_{2^n}^i \mid \mathrm{Col}_i(F) \notin \mathrm{Col}(E), \ i = 1, 2, \cdots, 2^n\}. \quad (5.5.10)$$

定义容许条件集 $C = C_0 \backslash C_1$, 根据这个集合的定义可知, 对 C 中两个任意不同的元素 $\delta_{2^n}^i, \delta_{2^n}^j \in C$, 满足 $\mathrm{Col}_i(E) \neq \mathrm{Col}_j(E)$, 并且在容许条件集 C 中的元必在 $\mathrm{Col}(E)$ 中. 这种容许条件集不是唯一的, 但是所含元素数是相等的. 从容许条件集中取的初始值称为容许初始值. 将所有的容许条件集的集合记为 $\mathcal{C}$. 下面给出基于容许条件集的可解性结论.

定理 5.5.1 考虑容许条件集 $C = \{\delta_{2^n}^{i_1}, \delta_{2^n}^{i_2}, \cdots, \delta_{2^n}^{i_r}\}$, 对于 C 中的任意初始值, 奇异布尔网络 (5.5.5) 的解关于 C 是存在且唯一, 当且仅当对每一个 $j \in \{1, 2, \cdots, r\}$, 都存在一个整数 $h \in \{1, 2, \cdots, r\}$ 使得 $\mathrm{Col}_{i_h}(E) = \mathrm{Col}_{i_j}(F)$.

证明 (充分性) 根据 (5.5.9) 中 C_0 的构造, 可知如果解存在, 那么解肯定是唯一的. 因为对每一个 $j \in \{1, 2, \cdots, r\}$, 都存在一个整数 $h \in \{1, 2, \cdots, r\}$ 使得 $\mathrm{Col}_{i_h}(E) = \mathrm{Col}_{i_j}(F)$, 即 $E\delta_{2^n}^{i_h} = F\delta_{2^n}^{i_j}$. 因此, 从集合 C 中任取初始值, 奇异布尔网络的解均存在. 充分性得证.

(必要性) 如果解存在, 那么对每一个 $j \in \{1, 2, \cdots, r\}$, 都存在一个整数 $h \in \{1, 2, \cdots, r\}$ 使得 $E\delta_{2^n}^{i_h} = F\delta_{2^n}^{i_j}$, 即 $\mathrm{Col}_{i_h}(E) = \mathrm{Col}_{i_j}(F)$. 得证. $\qquad\square$

定理 5.5.2 对于任意容许初始值, 奇异布尔网络 (5.5.5) 的解存在且唯一, 当且仅当存在一个容许条件集 C, 使得 (5.5.5) 关于 C 的解是存在且唯一的.

注 5.5.1 定理 5.5.2 关于奇异布尔网络的可解性结论与文献 [104] 相比更具有一般性.

5.5.2　一般形式奇异布尔网络的拓扑结构

极限环 (包括不动点) 是布尔网络中最重要的概念之一. 文献 [104] 根据 E 和 F 的关系讨论不动点, 并将奇异布尔网络转化为一种布尔网络讨论了系统的极限环. 在本节中, 我们将给一种更直接的方法来计算奇异布尔网络的所有不动点和极限环. 类似于布尔网络, 先给出奇异布尔网络的不动点和极限环的定义.

定义 5.5.1 (i) 称状态 $x_0 \in C$ 为奇异布尔网络 (5.5.5) 的不动点, 如果 $Ex_0 = Fx_0$.

(ii) 称 $\{x_0, x_1, \cdots, x_l\} \subseteq C$ 为奇异布尔网络 (5.5.5) 的长为 l 的极限环, 如果 $x_l = x_0$, $Ex_{i+1} = Fx_i$, $i = 1, 2, \cdots, l-1$, 且在集合 $\{x_0, x_1, \cdots, x_{l-1}\}$ 中的元素两两不同.

注 5.5.2 这里关于不动点和极限环的定义类似于定义 5.4.1, 不同之处是这里要求不动点和极限环中的点都在一个容许条件集 C 中.

下面引入奇异布尔网络的一个新矩阵, 称其为状态转移矩阵. 为了方便研究奇异布尔网络拓扑结构的性质, 我们不妨假设以下研究的奇异布尔网络的解都是存在且唯一的. 设一个容许条件集为 $C = \{\delta_{2^n}^{i_1}, \delta_{2^n}^{i_2}, \cdots, \delta_{2^n}^{i_r}\}$, $i_1 < i_2 < \cdots < i_r$. 那么对任意 $\delta_{2^n}^{i_j} \in C$, 均存在一个元素 $\delta_{2^n}^{i_h}$ 满足 $E\delta_{2^n}^{i_h} = F\delta_{2^n}^{i_j}$. 基于以上的初始条件集, 我们给出下面的定义.

定义 5.5.2 称矩阵 T 为奇异布尔网络 (5.5.5) 的关于 C 的**状态转移矩阵**, 如果 T 满足

$$T_{(h,j)} = \begin{cases} 1, & E\delta_{2^n}^{i_h} = F\delta_{2^n}^{i_j}; \\ 0, & \text{其他}. \end{cases} \tag{5.5.11}$$

注 5.5.3 状态转移矩阵 T 是一个 $r \times r$ 逻辑矩阵, 并包含所有的奇异布尔网络 (5.5.5) 中状态的传递信息. 由状态转移矩阵 T 的构造知 $T_{(h,j)} = 1$ 意味着 (5.5.5) 将状态由 $\delta_{2^n}^{i_j}$ 转移到 $\delta_{2^n}^{i_h}$.

基于状态转移矩阵 T 的定义, 类似于布尔网络, 可求得奇异布尔网络的所有的不动点和极限环.

定理 5.5.3 假设奇异布尔网络 (5.5.5) 的解存在且唯一, 对应的容许条件集为 $C = \{\delta_{2^n}^{i_1}, \delta_{2^n}^{i_2}, \cdots, \delta_{2^n}^{i_r}\}$, $i_1 < i_2 < \cdots < i_r$.

(i) $\delta_{2^n}^{i_j}$ 是一个不动点当且仅当状态转移矩阵对角元 $T_{(j,j)}$ 为 1. 那么, 奇异布尔网络 (5.5.5) 的不动点的个数 N_e 为

$$N_e = \text{Trace}(T). \tag{5.5.12}$$

(ii) 长为 l 的极限环的个数 N_l 可以通过以下递推公式求得:

$$\begin{cases} N_1 = N_e, \\ N_l = \dfrac{\text{Trace}(T^l) - \sum\limits_{h \in \mathcal{P}(l)} h N_h}{l}, \ 2 \leqslant l \leqslant 2^n, \end{cases} \tag{5.5.13}$$

其中 $\mathcal{P}(l)$ 为 l 的 (含 1 不含 l) 真因子集合.

(iii) 长为 l 的极限环 C_l 作为一个集合满足

$$C_l = D(T^l) \backslash \cup_{h \in \mathcal{P}(l)} D(T^h), \tag{5.5.14}$$

其中 $D(T) := \{\delta_{2^n}^{ij} | T_{(j,j)} = 1\}$.

证明　(i) 根据定义 5.5.1 和定义 5.5.2, 设 $\delta_{2^n}^{ij}$ 是一个不动点, 当且仅当 $E\delta_{2^n}^{ij} = F\delta_{2^n}^{ij}$, 即 $T_{(j,j)} = 1$.

(ii) 根据定义 5.5.2 和注 5.5.3, 可知奇异布尔网络 (5.5.5) 将 $\delta_{2^n}^{ij}$ 转移到 $\delta_{2^n}^{ih}$ 等价于 T 将 δ_r^j 变为了 δ_r^h. 因为 T 包含 (5.5.5) 所有的状态转移信息, 所以 $\delta_{2^n}^{ij}$ 为长为 l 的极限环的点当且仅当 δ_r^j 满足 $T^l\delta_r^j = \delta_r^h$. 然后根据文献 [53] 中布尔网络极限环的结果知 (5.5.13) 成立.

(iii) 类似于 [53] 中结果, 该结论很容易证明.　　　　　　　　　　　　□

注 5.5.4　与文献 [104] 相比, 上述求奇异布尔网络不动点和极限环的方法更为直接. 需要注意的是, 这里 $\delta_r^j \backsim \delta_{2^n}^{ij}$. 因此, 如果通过 T 求得一个极限环是 $\{\delta_r^{j_1}, \cdots, \delta_r^{j_l}, \delta_r^{j_1}\}$, 则奇异布尔网络 (5.5.5) 的极限环为 $\{\delta_{2^n}^{i_{j_1}}, \cdots, \delta_{2^n}^{i_{j_l}}, \delta_{2^n}^{i_{j_1}}\}$.

例 5.5.3　回顾例 5.5.1, 由容许条件集的定义和定理 5.5.1 知奇异布尔网络 (5.5.5) 的解关于如下的容许条件集是存在且唯一的

$$C = \{\delta_{2^n}^{i_1}, \delta_{2^n}^{i_2}, \delta_{2^n}^{i_3}, \delta_{2^n}^{i_4}, \delta_{2^n}^{i_5}, \delta_{2^n}^{i_6}\},$$

其中 $i_h = h, h = 1, 2, 3, 4, 5, i_6 = 7$. 则 $r = 6, T \in \mathcal{L}_{6 \times 6}$. 因此状态转移矩阵 T 为

$$T = \begin{bmatrix} 0 & 0 & 0 & 0 & 0 & 0 \\ 1 & 0 & 0 & 0 & 0 & 1 \\ 0 & 1 & 0 & 0 & 0 & 0 \\ 0 & 0 & 0 & 0 & 0 & 0 \\ 0 & 0 & 0 & 0 & 1 & 0 \\ 0 & 0 & 1 & 1 & 0 & 0 \end{bmatrix} = \delta_6[2\ 3\ 6\ 6\ 5\ 2].$$

容易验证

$$\begin{cases} \text{Trace}(T^{3h+1}) = 1, & h = 0, 1, \cdots, \\ \text{Trace}(T^{3h+2}) = 1, & h = 0, 1, \cdots, \\ \text{Trace}(T^{3h}) = 4, & h = 1, 2, \cdots. \end{cases} \qquad (5.5.15)$$

根据定理 5.5.3 和注 5.5.4, 得奇异布尔网络 (5.5.1) 有一个不动点和极限环. 因为 $T_{(5,5)} = 1$, 所以不动点为 $\delta_8^{i_5} = \delta_8^5$. 另外,

$$T^3 = \delta_6[6\ 2\ 3\ 3\ 5\ 6].$$

对角线上非零元为 $\delta_6^2, \delta_6^3, \delta_6^5, \delta_6^6$. 因此长为 3 的极限环上点为 $\delta_8^{i_2} = \delta_8^2$, $\delta_8^{i_3} = \delta_8^3$, $\delta_8^{i_6} = \delta_8^7$. 从任一点出发都可以形成这个极限环, 选择 $x_0 = \delta_8^2$, 那么这个极限环为

$$F\delta_8^2 = E\delta_8^3, \ F\delta_8^3 = E\delta_8^7, \ F\delta_8^7 = E\delta_8^2.$$

第 6 章　奇异布尔网络的控制与优化

　　矩阵半张量积为布尔网络的研究提供了一个很好的数学工具. 能控能观性问题是控制理论中一个重要的问题. 文献 [52, 427] 讨论了一般的布尔控制网络的能控性和能观性. 从布尔网络的代数形式出发, 布尔控制网络的最优控制问题得到了不同程度的解决[170,428]. 另外, 文献 [56] 研究了布尔控制网络的解耦问题. 本章基于奇异布尔网络的代数形式, 在系统解存在且唯一的前提下, 讨论其能控性能观性[252]、干扰解耦问题[251]、最优控制问题[253] 和输出跟踪问题[423], 最后讨论奇异布尔网络的同步问题[425].

6.1　奇异布尔网络的能控性

　　考虑如下形式的奇异布尔控制网络:

$$\begin{cases} x_1(t+1) = f_1(x_1(t), x_2(t), \cdots, x_n(t), u_1(t), u_2(t), \cdots, u_m(t)), \\ x_2(t+1) = f_2(x_1(t), x_2(t), \cdots, x_n(t), u_1(t), u_2(t), \cdots, u_m(t)), \\ \qquad\qquad\qquad\qquad \vdots \\ x_s(t+1) = f_s(x_1(t), x_2(t), \cdots, x_n(t), u_1(t), u_2(t), \cdots, u_m(t)), \\ 1 = f_{s+1}(x_1(t), x_2(t), \cdots, x_n(t), u_1(t), u_2(t), \cdots, u_m(t)), \\ \qquad\qquad\qquad\qquad \vdots \\ 1 = f_n(x_1(t), x_2(t), \cdots, x_n(t), u_1(t), u_2(t), \cdots, u_m(t)), \end{cases} \tag{6.1.1}$$

其中 $x_i \in \mathcal{D}$ 为状态, $u_j \in \mathcal{D}$ 为控制输入, $f_i : \mathcal{D}_{n+m} \to \mathcal{D}$, $i = 1, 2, \cdots, n$, $j = 1, 2, \cdots, m$. 考虑其向量表示形式, 为叙述方便, 变量的向量形式仍沿用原来的符号, 即 $x_i, u_j \in \Delta$, 相应地有 $f_i : \Delta^{n+m} \to \Delta$, $i = 1, 2, \cdots, n$, $j = 1, 2, \cdots, m$. 假设 (6.1.1) 中 f_i 的结构矩阵为 $F_i \in \mathcal{L}_{2 \times 2^{n+m}}$, $i = 1, 2, \cdots, n$. 则 (6.1.1) 的代数等价形式为

$$\begin{cases} x^1(t+1) = F^1 u(t) x(t), \\ \delta_{2^{n-s}}^1 = F^2 u(t) x(t), \end{cases} \tag{6.1.2}$$

其中 $x(t) = \ltimes_{i=1}^{n} x_i(t)$, $u(t) = \ltimes_{j=1}^{m} u_j(t)$, $x^1(t) = \ltimes_{i=1}^{s} x_i(t) \in \Delta_{2^s}$, $x^2(t) = \ltimes_{i=s+1}^{n} x_i(t) \in \Delta_{2^{n-s}}$, $F^1 = F_1 * F_2 * \cdots * F_s \in \mathcal{L}_{2^s \times 2^{n+m}}$, $F^2 = F_{s+1} * \cdots * F_n \in \mathcal{L}_{2^{n-s} \times 2^{n+m}}$, 或者等价地,

$$Ex(t+1) = Fu(t)x(t), \tag{6.1.3}$$

其中 $E = I_{2^s} \otimes \delta_{2^{n-s}} \underbrace{[1\ 1\ \cdots\ 1]}_{2^{n-s}} \in \mathcal{L}_{2^n \times 2^n}$, $F = F^1 * F^2 \in \mathcal{L}_{2^n \times 2^{n+m}}$.

奇异布尔控制网络 (6.1.3) 中系数矩阵 E, F 分别属于逻辑矩阵集合 $\mathcal{L}_{2^n \times 2^n}$, $\mathcal{L}_{2^n \times 2^{n+m}}$, 并且 E 是一个奇异矩阵. 为了使得我们的结果适用于更一般的情形. 当我们提及 (6.1.3) 时, 矩阵 E, F 均为一般的逻辑矩阵形式, 分别属于 $\mathcal{L}_{2^n \times 2^n}$, $\mathcal{L}_{2^n \times 2^{n+m}}$, 且 $\mathrm{rank}(E) \leqslant 2^n$. 为了清楚地阐述本节中结论, 我们先给一个生物振子布尔模型的例子[100,270].

例 6.1.1　考虑细胞循环中生物振子的一个布尔模型, 生物振子控制细胞循环中的有丝分裂和 DNA 复制, 模型中包含细胞周期蛋白、依赖于细胞周期蛋白的激酶和连接酶, 分别记为 x_1, x_2 和 x_3. 如果考虑外部环境和人为因素的干扰, 另外一种细胞周期蛋白, 记为 u, 可能会影响这个细胞循环. 图 6.1.1 描述其影响关系, 且其动态方程为

$$\begin{cases} x_1(t+1) = \neg x_3(t) \vee \neg u(t), \\ x_2(t+1) = x_1(t), \\ 1 = x_2(t) \leftrightarrow x_3(t). \end{cases} \tag{6.1.4}$$

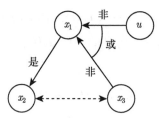

图 6.1.1　生物振子布尔模型

显然 (6.1.4) 是一个奇异布尔控制网络, 利用矩阵的半张量积将其转化成如 (6.1.3) 的代数形式, 其中

$$E = \delta_8[1,1,3,3,5,5,7,7], \quad F = \delta_8[5,2,6,1,7,4,8,3,1,2,2,1,3,4,4,3],$$

$x(t) = x_1(t) \ltimes x_2(t) \ltimes x_3(t) \in \Delta_8$, $u(t) \in \Delta_2$. 从这个例子可见, 生物振子可以用一个奇异布尔网络模型来描述, 所以其对应的控制问题可以用本章中得到的结果来解决.

下面我们来分析奇异布尔控制网络的可解性问题. 将 (6.1.3) 中矩阵 F 等分 2^m 块:

$$F = [\mathrm{Blk}_1(F)\ \mathrm{Blk}_2(F)\ \cdots\ \mathrm{Blk}_{2^m}(F)],$$

其中 $\mathrm{Blk}_i(F) \in \mathcal{L}_{2^n \times 2^n}$, 得如下结论.

引理 6.1.1 考虑奇异布尔控制网络 (6.1.3), 对任意的控制 $u(t)$ 以及任意的初始值, (6.1.3) 的解存在且唯一, 当且仅当, (i) $\mathrm{Col}(F) \subseteq \mathrm{Col}(E)$, (ii) 存在一个整数 $j \in \{1, 2, \cdots, 2^n\}$ 满足 $\mathrm{Col}_j(E) = \mathrm{Col}_i(F)$, $i \in \{1, 2, \cdots, 2^{n+m}\}$.

证明 取 $u(t) = \delta_{2^m}^l$, 则 (6.1.3) 为 $Ex(t+1) = F_l x(t)$. 所以对于任意的控制 $u(t)$, (6.1.3) 的解是唯一的, 当且仅当, 每一个奇异布尔网络 $Ex(t+1) = F_l x(t)$, $l \in \{1, 2, \cdots, 2^m\}$ 的解是唯一的. 由第 5 章的讨论知, 对于任意的控制 $u(t)$, (6.1.3) 的解是唯一的, 当且仅当, 下面两个条件对任意的 $l \in \{1, 2, \cdots, 2^m\}$ 成立:

(i) $\mathrm{Col}(F_l) \subseteq \mathrm{Col}(E)$;

(ii) 仅存在一个整数 $j \in \{1, 2, \cdots, 2^n\}$ 满足 $\mathrm{Col}_j(E) = \mathrm{Col}_i(F_l)$, $i \in \{1, 2, \cdots, 2^n\}$.

这等价于引理条件, 从而结论得证. □

类似于布尔网络能控性, 下面给出奇异布尔网络的能控性定义.

定义 6.1.1 考虑奇异布尔控制网络 (6.1.3). 称状态 x_d 为初始值 $x(0) = x_0$ 在某个时刻 $k > 0$ 是能达的, 如果存在一个控制序列 $u(0)$, $u(1)$, $\cdots$, $u(k-1)$ 使得 (6.1.3) 的状态轨线 $x(t)$ 在初始值 x_0 和控制输入 $u(0)$, $u(1)$, $\cdots$, $u(k-1)$ 下满足 $x(k) = x_d$.

设初始值 $x(0) = x_0$ 在时刻 k 能达的所有状态集合为 $R_k(x_0)$, 则初始值 x_0 在任意时刻的能达集为 $R(x_0) = \bigcup_{k=1}^{\infty} R_k(x_0)$. 由于 E 是奇异矩阵, 奇异布尔控制网络 (6.1.3) 的能达集 $R(x_0)$ 可能不是整个状态集合 Δ_{2^n}. 注意到奇异布尔网络的可解性分析, 记 $\mathcal{X} = \{\delta_{2^n}^i \mid \mathrm{Col}_i(E) \neq \mathrm{Col}_j(E),\ j \neq i,\ j = 1, 2, \cdots, 2^n\}$. 则 $R(x_0) \subseteq \mathcal{X}$.

定义 6.1.2 称奇异布尔控制网络 (6.1.3) 的初始值 x_0 是能控的, 如果 $R(x_0) = \mathcal{X}$. 称奇异布尔控制网络 (6.1.3) 是能控的, 如果它的任意初始值均是能控的.

在分析系统的能控性之前, 首先定义奇异布尔控制网络的输入–状态关联矩阵. 布尔控制网络的输入–状态关联矩阵首先是由赵寅等在文献 [427] 中提出的, 并成功用其来分析布尔控制网络的能控性、能观性及其拓扑结构. 类似于文献 [427], 我们将给出奇异布尔控制网络的输入–状态关联矩阵. 首先看一个例子.

例 6.1.2 假设奇异布尔控制网络 (6.1.3) 的系数矩阵为

$$E = \begin{bmatrix} 1 & 1 & 0 & 0 \\ 0 & 0 & 1 & 0 \\ 0 & 0 & 0 & 1 \\ 0 & 0 & 0 & 0 \end{bmatrix}, \quad F = \begin{bmatrix} 0 & 0 & 0 & 0 & 0 & 0 & 0 & 0 \\ 1 & 1 & 0 & 0 & 1 & 0 & 1 & 0 \\ 0 & 0 & 1 & 1 & 0 & 1 & 0 & 1 \\ 0 & 0 & 0 & 0 & 0 & 0 & 0 & 0 \end{bmatrix}.$$

此时, $x(t) = x_1(t)x_2(t) \in \Delta_4$, $u(t) \in \Delta$. 显然, E, F 满足引理 6.1.1, 所以奇异布尔控制网络 (6.1.3) 的解存在且唯一. 因为输入–状态的乘积空间为 $\Delta \times \Delta_4$, 定义其中的点为 $Q_1 = \delta_2^1 \times \delta_4^1 = u^1 \times x^1$, $Q_2 = \delta_2^1 \times \delta_4^2 = u^2 \times x^2$, $\cdots$, $Q_8 = \delta_2^2 \times \delta_4^4 = u^8 \times x^8$. 如果 $Ex^i = Fu^j x^j$, 那么从 Q_j 到 Q_i 有一条有向边 (Q_j, Q_i). 于是, 根据 (6.1.3) 的动态方程可以画出一个顶点为 $\Delta \times \Delta_4$ 的图, 称这个图为输入–状态转移图, 见图 6.1.2. 根据输入–状态转移图可以构建一个输入–状态关联矩阵:

$$\mathcal{J}_{(i,j)} = \begin{cases} 1, & \text{存在一条从 } Q_j \text{ 到 } Q_i \text{ 的边}, \\ 0, & \text{其他.} \end{cases}$$

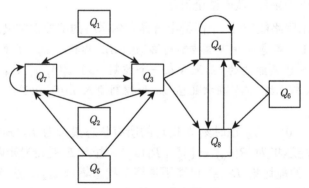

图 6.1.2　输入–状态转移图

则

$$\mathcal{J} = \begin{bmatrix} 0 & 0 & 0 & 0 & 0 & 0 & 0 & 0 \\ 0 & 0 & 0 & 0 & 0 & 0 & 0 & 0 \\ 1 & 1 & 0 & 0 & 1 & 0 & 1 & 0 \\ 0 & 0 & 1 & 1 & 0 & 1 & 0 & 1 \\ 0 & 0 & 0 & 0 & 0 & 0 & 0 & 0 \\ 0 & 0 & 0 & 0 & 0 & 0 & 0 & 0 \\ 1 & 1 & 0 & 0 & 1 & 0 & 1 & 0 \\ 0 & 0 & 1 & 1 & 0 & 1 & 0 & 1 \end{bmatrix}.$$

在这个关联矩阵中, $\mathcal{J}_{(4,3)} = 1$ 意味着从 $Q_3 = \delta_2^1 \times \delta_4^3$ 到 $Q_4 = \delta_2^1 \times \delta_4^4$ 有一条边, 也就是 $E\delta_4^4 = F\delta_2^1\delta_4^3$, 即 $\mathrm{Col}_4(E) = \mathrm{Col}_3(F_1)$. 如果从 Q_3 到 Q_4 有一条边, 那么从 Q_3 到 $Q_8 = \delta_2^2 \times \delta_4^4$ 也有一条边. 从而关联矩阵 $\mathcal{J}$ 可记为 $\mathcal{J} \triangleq \begin{bmatrix} B \\ B \end{bmatrix}$, 其中

$$B = \begin{bmatrix} 0 & 0 & 0 & 0 & 0 & 0 & 0 & 0 \\ 0 & 0 & 0 & 0 & 0 & 0 & 0 & 0 \\ 1 & 1 & 0 & 0 & 1 & 0 & 1 & 0 \\ 0 & 0 & 1 & 1 & 0 & 1 & 0 & 1 \end{bmatrix}.$$

如果 $\mathrm{Col}_i(E) = \mathrm{Col}_j(F)$, 那么 $\mathrm{Col}_j(B) = \delta_4^i$, $j = 1, 2, \cdots, 8$.

从上面的例子可知奇异布尔控制网络的输入–状态关联矩阵可以直接由动态方程得到. 首先构造矩阵 $B \in \mathcal{L}_{2^n \times 2^{n+m}}$:

若 $\mathrm{Col}_i(E) = \mathrm{Col}_j(F)$, 那么 $\mathrm{Col}_j(B) = \delta_{2^n}^i$, $j = 1, 2, \cdots, 2^{n+m}$.

B 的第 j 列对应于点 Q_j 中的状态 $x(t+1)$, 由于 $u(t+1) \in \Delta_{2^m}$, 所以奇异布尔控制网络 (6.1.3) 的输入–状态关联矩阵为

$$\mathcal{J} = \left. \begin{bmatrix} B \\ B \\ \vdots \\ B \end{bmatrix} \right\} 2^m \text{个} \in \mathcal{B}_{2^{n+m} \times 2^{n+m}}, \tag{6.1.5}$$

其中第 i 块对应于 $u(t+1) = \delta_{2^m}^i$, $i = 1, 2, \cdots, 2^m$.

注 6.1.1 利用文献 [427] 中布尔控制网络的输入–状态关联矩阵的性质, 得到奇异布尔控制网络的输入–状态关联矩阵 $\mathcal{J}$ 是一个行周期矩阵, 周期为 2^n, 基本块 $\mathcal{J}_0$ 为 B. 另外, $\mathcal{J}$ 和 $\mathcal{J}_0$ 满足文献 [427] 中推论 2.4 和命题 2.5 的性质. 与布尔控制网络能控性研究一样, 基于输入–状态关联矩阵, 关于奇异布尔控制网络的能控性我们也有类似的结论 (参见文献 [427] 中第 3, 4 节).

事实上, 考虑到 E 是奇异矩阵, 能达集 $R(x_0)$ 包含在 $\mathcal{X}$ 中, 并不是整个状态空间, 即状态轨线 $x(t)$, $t \geqslant 1$ 都在 $\mathcal{X}$ 中. 于是为了分别讨论, 我们定义奇异布尔控制网络的广义输入–状态关联矩阵. 令 $\mathcal{I} = \{i | \delta_{2^n}^i = x, \ x \in \mathcal{X}\} \triangleq \{i_1, i_2, \cdots, i_r\}$, $i_1 < i_2 < \cdots < i_r$, 则 $|\mathcal{I}| = |\mathcal{X}| = r$.

定义 6.1.3 假设 $\mathcal{J}$ 是奇异布尔控制网络 (6.1.3) 的输入–状态关联矩阵, 如

果

$$\mathcal{P} = \left.\begin{bmatrix} P \\ P \\ \vdots \\ P \end{bmatrix}\right\} 2^m \in \mathcal{B}_{r2^m \times r2^m}, \tag{6.1.6}$$

其中 $P = [\mathrm{Blk}_1(P)\ \mathrm{Blk}_2(P)\ \cdots\ \mathrm{Blk}_{2^m}(P)]$, $\mathrm{Blk}_i(P)$ 是 $\mathrm{Blk}_i(\mathcal{J}_0)$ 指标集取 $\mathcal{I}$ 的主子阵, 那么称 $\mathcal{P}$ 为 (6.1.3) 的广义输入–状态关联矩阵.

注 6.1.2　定义 6.1.3 中 $P \in \mathcal{L}_{r \times r2^m}$. 因此 $\mathrm{Blk}_i(P) \in \mathcal{L}_{r \times r}$, $i = 1, 2, \cdots, 2^m$.

注 6.1.3　定义 6.1.3 中 $\mathcal{P}$ 是一个行周期矩阵, 且周期是 r. P 是 $\mathcal{P}$ 的基本块, 即 $\mathcal{P}_0 = P$. 文献 [427] 中推论 2.4 和命题 2.5 的结论对 $\mathcal{P}$ 和 $\mathcal{P}_0$ 也成立.

例 6.1.3　再次考虑例 6.1.2. 因为 $\mathcal{I} = \{3, 4\}$, 列指标和行指标都取自 $\mathcal{I}$, $\mathrm{Blk}_i(\mathcal{J}_0)$, $i = 1, 2$ 的主子阵分别为

$$\mathrm{Blk}_1(\mathcal{P}_0) = \begin{bmatrix} 0 & 0 \\ 1 & 1 \end{bmatrix}, \quad \mathrm{Blk}_2(\mathcal{P}_0) = \begin{bmatrix} 1 & 0 \\ 0 & 1 \end{bmatrix},$$

则 $\mathcal{P}_0 = \begin{bmatrix} 0 & 0 & 1 & 0 \\ 1 & 1 & 0 & 1 \end{bmatrix}$. 因此广义输入–状态关联矩阵为

$$\mathcal{P} = \begin{bmatrix} \mathcal{P}_0 \\ \mathcal{P}_0 \end{bmatrix} = \begin{bmatrix} 0 & 0 & 1 & 0 \\ 1 & 1 & 0 & 1 \\ 0 & 0 & 1 & 0 \\ 1 & 1 & 0 & 1 \end{bmatrix}.$$

基于广义输入–状态关联矩阵 $\mathcal{P}$, 称矩阵

$$\mathcal{C} = \sum_{l=1}^{r2^m - 1} \sum_{i=1}^{2^m} \mathrm{Blk}_i(\mathcal{P}_0^{(l)}) \tag{6.1.7}$$

为奇异布尔控制网络 (6.1.3) 的广义能控矩阵, 这里 $\mathcal{P}_0^{(l)} := \ltimes_{i=1}^l {}_B\mathcal{P}$. 类似于矩阵的半张量积, 我们定义矩阵的布尔半张量积如下:

定义 6.1.4　令 $A \in \mathcal{D}_k^{m \times n}$, $C \in \mathcal{D}_k^{p \times q}$. 矩阵 A 与 C 的布尔半张量积定义为

$$A \ltimes_B C = (A \otimes_B I_{l/n})(C \otimes_B I_{l/p}), \tag{6.1.8}$$

其中 $l = \mathrm{lcm}\{n, p\}$ 为 n 和 p 的最小公倍数, 并且 $\otimes_B$ 中乘法和加法分别取布尔乘法和布尔加法.

于是我们有下面的结论.

定理 6.1.1 考虑奇异布尔控制网络 (6.1.3), 给定初始值 $x(0) = x_0$, 求得 $x(1) \in \mathcal{X}$, 则 $x_d = \delta_{2^n}^{i_s}$ 为初始值 $x(0) = x_0$ 的可达状态, 当且仅当, 下面两种情形:

(i) $x(1) = x_d$;

(ii) 存在 $i_h \in \mathcal{I}$, $i_s \neq i_h$ 使得 $x(1) = \delta_{2^n}^{i_h}$, $\mathcal{C}_{(s,h)} > 0$, 有一个成立.

证明 (必要性) 如果 $x_d = \delta_{2^n}^{i_s}$ 是初始值 $x(0) = x_0$ 的可达状态, 那么状态轨线从 x_0 出发在第 k 步达到 x_d, 其中 $k = 1, 2, \cdots$. 若 $k = 1$, 则 $x(1) = x_d$. 若 $k > 1$, 则 x_d 为 $x(1)$ 的可达状态, 设 $x(1) = \delta_{2^n}^{i_h} \in \mathcal{X}$. 根据 $\mathcal{P}_0$ 的构建可知对某个 α, $[\mathrm{Blk}_\alpha(\mathcal{P}_0^{(k)})]_{(s,h)} > 0$. 所以 $\mathcal{C}_{(s,h)} > 0$.

(充分性) 如果 $x(1) = x_d$, 显然充分性得证. 如果条件 (ii) 成立, 则存在 α, k 使得 $[\mathrm{Blk}_\alpha(\mathcal{P}_0^{(k)})]_{(s,h)} > 0$. $x(k+1) = x_d$ 为从 $x(1)$ 出发在第 k 步可达的状态, 因此 $x_d = \delta_{2^n}^{i_s}$ 为初始值 $x(0) = x_0$ 的可达状态. $\qquad \square$

定理 6.1.2 奇异布尔控制网络 (6.1.3) 是能控的, 当且仅当 $\mathcal{C}_{(s,h)} > 0$, $s, h = 1, 2, \cdots, r$.

证明 (必要性) 如果奇异布尔控制网络 (6.1.3) 是能控的, 那么对任意的初始值 x_0, $R(x_0) = \mathcal{X}$. 取 $x_0 \in \mathcal{X}$, 则根据定理 6.1.1, 有 $\mathcal{C}_{(s,h)} > 0$, $s, h = 1, 2, \cdots, r$.

(充分性) 对任意的初始值 x_0, 奇异布尔控制网络 (6.1.3) 有唯一解, 则 $x(1)$ 存在, 且 $x(1) \in \mathcal{X}$. 因为 $\mathcal{C}_{(s,h)} > 0$, $s, h = 1, 2, \cdots, r$, 所以 $R(x(1)) = \mathcal{X}$. 从而 $R(x_0) = \mathcal{X}$. 由 x_0 的任意性可知, 奇异布尔控制网络 (6.1.3) 是能控的. $\qquad \square$

注 6.1.4 由 $\mathcal{J}_0$ 的构建可知, 状态 $\delta_{2^n}^{i_h}$ 可达 $\delta_{2^n}^{i_s}$ 当且仅当 $[\mathrm{Blk}_\alpha(\mathcal{J}_0^{(k)})]_{(i_s, i_h)} > 0$. 由定理 6.1.1 的证明知, 状态 $\delta_{2^n}^{i_h}$ 可达 $\delta_{2^n}^{i_s}$ 等价于 $[\mathrm{Blk}_\alpha(\mathcal{P}_0^{(k)})]_{(s,h)} > 0$. 因此, $[\mathrm{Blk}_\alpha(\mathcal{J}_0^{(k)})]_{(i_s, i_h)} > 0$ 等价于 $[\mathrm{Blk}_\alpha(\mathcal{P}_0^{(k)})]_{(s,h)} > 0$.

注 6.1.5 利用矩阵半张量积, 可以将奇异布尔控制网络形式上等价地转化为奇异离散双线性系统形式 (6.1.3), 但该系统并不是奇异离散系统. 在 (6.1.3) 中的系数矩阵只能是逻辑矩阵. 所以 Klamka 的专著 [164] 中线性系统的能控性判据不能应用于此类系统的能控性分析.

例 6.1.4 设奇异布尔控制网络 (6.1.3) 的系数矩阵为

$$E = \delta_8[1, 1, 4, 6, 6, 5, 2, 3],$$
$$F = \delta_8[2, 4, 2, 5, 4, 5, 2, 3, 3, 4, 5, 2, 2, 3, 4, 4],$$

且 $x(t) = x_1(t)x_2(t)x_3(t) \in \Delta_8$, $u(t) \in \Delta$. 容易验证 E, F 满足引理 6.1.1 的条件, 所以奇异布尔控制网络 (6.1.3) 的解存在且唯一. 设输入–状态关联矩阵 $\mathcal{J}$ 的基本块为 $\mathcal{J}_0 = B$:

$$\mathcal{J}_0 = \delta_8[7, 3, 7, 6, 3, 6, 7, 8, 8, 3, 6, 7, 7, 8, 3, 3],$$

$\mathcal{X} = \{\delta_8^3, \delta_8^6, \delta_8^7, \delta_8^8\}$, $\mathcal{I} = \{3, 6, 7, 8\} = \{i_1, i_2, i_3, i_4\}$, 其中 $i_1 = 3$, $i_2 = 6$, $i_3 = 7$, $i_4 = 8$. 按照列指标和行指标 $\mathcal{I}$ 取 $\mathrm{Blk}_i(\mathcal{J}_0)$, $i = 1, 2$ 的主子阵:

$$\mathrm{Blk}_1(\mathcal{P}_0) = \begin{bmatrix} 0 & 0 & 0 & 0 \\ 0 & 1 & 0 & 0 \\ 1 & 0 & 1 & 0 \\ 0 & 0 & 0 & 1 \end{bmatrix}, \quad \mathrm{Blk}_2(\mathcal{P}_0) = \begin{bmatrix} 0 & 0 & 1 & 1 \\ 1 & 0 & 0 & 0 \\ 0 & 0 & 0 & 0 \\ 0 & 1 & 0 & 0 \end{bmatrix}.$$

则广义的输入–状态关联矩阵 $\mathcal{P} = \begin{bmatrix} \mathcal{P}_0 \\ \mathcal{P}_0 \end{bmatrix}$ 基本块为

$$\mathcal{P}_0 = [\mathrm{Blk}_1(\mathcal{P}_0) \ \mathrm{Blk}_2(\mathcal{P}_0)] = \delta_4[3, 2, 3, 4, 2, 4, 1, 1].$$

通过计算可得

$$\mathcal{C} = \sum_{l=1}^{4 \times 2 - 1} \sum_{i=1}^{2} \mathrm{Blk}_i(\mathcal{P}_0^{(l)}) = \begin{bmatrix} 1 & 1 & 1 & 1 \\ 1 & 1 & 1 & 1 \\ 1 & 1 & 1 & 1 \\ 1 & 1 & 1 & 1 \end{bmatrix}.$$

下面来看 $x_d = \delta_8^6 = \delta_8^{i_2}$ 从 $x(0) = \delta_8^5$ 是否可达. 首先计算 $x(1)$. 取 $u(0) = \delta_2^1$, 则 $x(1) = \delta_8^3 = \delta_8^{i_1}$. 取 $u(0) = \delta_2^2$, 则 $x(1) = \delta_8^7 = \delta_8^{i_3}$. 因为 $\mathcal{C}_{(2,1)} > 0$ 且 $\mathcal{C}_{(2,3)} > 0$, 所以 x_d 从 δ_8^5 是可达的. 事实上, 根据定理 6.1.2 知奇异布尔控制网络 (6.1.3) 是能控的.

下面我们主要分析如何找到一个控制序列 $u(0), u(1), \cdots$ 使得初始状态 x_0 达到 x_d. 由于从 x_0 到 x_d 的轨线是不唯一的, 所以我们的主要目标是找到一条最短的轨线. 这里给出的方法可以找到从 x_0 到 x_d 的所有路径. 给定 $x_d = \delta_{2^n}^{i_s}$, $i_s \in \mathcal{I}$, $x_0 = \delta_{2^n}^i$, 我们有下面的算法.

算法 6.1.1　给定 $x_d \in R(x_0)$.

1) 计算 (6.1.5) 中 $\mathcal{J}_0 = B$, 如果存在一个整数 $j \in \{1, 2, \cdots, 2^m\}$ 使得 $[\mathrm{Blk}_j(\mathcal{J}_0)]_{(i_s, i)} > 0$, 那么 $x(1) = x_d$, 此时对应的控制为 $u(0) = \delta_{2^m}^j$. 终止. 否则转步骤 2).

2) 记

$$X_0 = \{(x(1), \delta_{2^m}^j) | \ x(1) = \mathrm{Col}_i(\mathrm{Blk}_j(\mathcal{J}_0)), \ j = 1, 2, \cdots, 2^m\} \tag{6.1.9}$$

和

$$\mathcal{I}_0 = \{l | \ x(1) = \delta_{2^n}^l, (x(1), \delta_{2^m}^j) \in X_0\} \triangleq \{i_{s_1}, i_{s_2}, \cdots, i_{s_h}\}. \tag{6.1.10}$$

计算 (6.1.6) 中 $\mathcal{P}_0 = P$.

3) 找最小的满足

$$[\text{Blk}_\alpha(\mathcal{P}_0^{(k)})]_{(s,s_c)} > 0, \tag{6.1.11}$$

非负整数 k, 其中 $\alpha \in \{1, 2, \cdots, 2^m\}$ 和 $c \in \{1, 2, \cdots, h\}$. 则取 $u(1) = \delta_{2^m}^\alpha$, $x(1) = \delta_{2^n}^{i_{s_c}}$, $x(k+1) = \delta_{2^n}^{i_s}$ 和

$$u(0) \in \{\delta_{2^m}^j | (\delta_{2^n}^{i_{s_c}}, \delta_{2^m}^j) \in X_0\}.$$

如果 $k = 1$, 终止. 否则, 转步骤 4).

4) 找 β, γ 使得

$$[\text{Blk}_\beta(\mathcal{P}_0)]_{(s,\gamma)} > 0; \quad [\text{Blk}_\alpha(\mathcal{P}_0^{(k-1)})]_{(\gamma,s_c)} > 0. \tag{6.1.12}$$

令 $u(k) = \delta_{2^m}^\beta$, $x(k) = \delta_{2^n}^{i_\gamma}$.

5) 如果 $k - 1 = 1$, 终止. 否则, 令 $k := k - 1$, 用 i_γ 替换 i_s. 返回步骤 4).

定理 6.1.3 设 $x_d \in R(x_0)$. 根据算法 6.1.1 求得一个控制序列 $\{u(0), u(1), \cdots, u(k)\}$, 系统状态 x_0 在该控制序列作用下在第 $(k+1)$ 步到达 x_d, 这里 k 可以取 0, 对应的状态轨线为 $\{x(0) = x_0, x(1), \cdots, x(k), x(k+1) = x_d\}$.

证明 因为 x_d 从 x_0 可达, 所以存在整数 k 使得 $x(k+1) = x_d$. 如果存在整数 $j \in \{1, 2, \cdots, 2^m\}$ 使得 $(\text{Blk}_j(\mathcal{J}_0))_{(i_s,i)} > 0$, 那么基于 $\mathcal{J}_0$ 的构建, 可知 $x(1) = \delta_{2^n}^{i_s} = x_d$, 控制输入 $u(0) = \delta_{2^m}^j$. 此时 $k = 0$. 否则, 因为

$$x(1) \in \{\text{Col}_i(\text{Blk}_j(\mathcal{J}_0)) | j = 1, 2, \cdots, 2^m\} \subseteq \mathcal{X},$$

所以 x_d 至少从集合 $\{\text{Col}_i(\text{Blk}_j(\mathcal{J}_0)) | j = 1, 2, \cdots, 2^m\}$ 中一个元素可达. 假设 $x(1) = \delta_{2^n}^{i_{s_c}}$, $x_d \in R(x(1))$. 那么存在最小的整数 k 使得存在 $\alpha \in \{1, 2, \cdots, 2^m\}$ 满足 $[\text{Blk}_\alpha(\mathcal{P}_0^{(k)})]_{(s,s_c)} > 0$. 也就是说, 从 $x(1)$ 到 $x(k+1) = \delta_{2^n}^{i_s}$ 存在最小的路径, 此时 $u(1) = \delta_{2^m}^\alpha$, $x(1) = \delta_{2^n}^{i_{s_c}}$. 另外如果 $u(0) = \delta_{2^m}^j$, 那么

$$\text{Col}_{i_{s_c}}(E) = \text{Col}_i(\text{Blk}_j(F)).$$

因为 $u(0)$ 满足 $Ex(1) = Fu(0)x_0$, 所以此时 $u(0)$ 满足

$$u(0) \in \{\delta_{2^m}^j | \text{Col}_{i_{s_c}}(E) = \text{Col}_i(\text{Blk}_j(F)), j = 1, 2, \cdots, 2^m\}. \tag{6.1.13}$$

因此, x_d 可从 x_0 在 $(k+1)$ 步达到. 注意到 $x(t) \in \mathcal{X}, t \geqslant 1$. 因此, 存在 γ 使得 $x(1)$ 在 k 时刻达到 $\delta_{2^n}^{i_\gamma}$, 且存在 β 使得 $u(k) = \delta_{2^m}^\beta$ 满足 $F\delta_{2^m}^\beta \delta_{2^n}^{i_\gamma} = E\delta_{2^n}^{i_s}$, 即 $\text{Col}_{i_\gamma}(\text{Blk}_\beta(F)) = \text{Col}_{i_s}(E)$. 等价地, 存在 β, γ 满足

$$[\text{Blk}_\beta(\mathcal{J}_0)]_{(i_s,i_\gamma)} > 0, \quad [\text{Blk}_\alpha(\mathcal{J}_0^{(k-1)})]_{(i_\gamma,i_{s_c})} > 0. \tag{6.1.14}$$

亦即 (6.1.12) 成立. 同理, 可以找到整数 $\tilde{\gamma}$ 和 $\tilde{\beta}$ 使得从 x_0 出发在第 $(k-1)$ 步可达到 $\delta_{2^n}^{i_7}$, 令 $\gamma = \tilde{\gamma}$, $\beta = \tilde{\beta}$ 可得 (6.1.14). 继续这个过程, 最终可得到从 x_0 到 x_d 的状态轨线. □

例 6.1.5　再次考虑例 6.1.4 中奇异布尔控制网络 (6.1.3). 从例 6.1.4 知 $x_d = \delta_8^6 = \delta_8^{i_2}$ 从 $x_0 = \delta_8^5$ 是能达的. 基于算法 6.1.1 和定理 6.1.3, 可得到从 x_0 到 x_d 的状态轨线. 对于任意的控制 $u(0)$, $x(1) \neq x_d$. 根据算法 6.1.1 中步骤 2, 可得

$$X_0 = \{(\delta_8^3, \delta_2^1)(\delta_8^7, \delta_2^2)\}, \quad \mathcal{I}_0 = \{3, 7\} = \{i_1, i_3\}.$$

另外由于 $[\mathrm{Blk}_2(\mathcal{P}_0)]_{(2,1)} > 0$, 所以 $x(2) = \delta_8^{i_2}$, 此时 $u(1) = \delta_2^2$, $x(1) = \delta_8^{i_1}$. 这种情形下, $u(0) \in \{\delta_2^j | (\delta_8^{i_1}, \delta_2^j) \in X_0\} = \{\delta_2^1\}$, 因此, $u(0) = \delta_2^1$. 所以得到控制序列 $u(0) = \delta_2^1$, $u(1) = \delta_2^2$, 使 x_0 到达 $x(1) = \delta_8^3$, 然后到达 $x(2) = x_d$.

6.2　奇异布尔控制网络的能观性

考虑奇异布尔控制网络 (6.1.3), 设其输出方程的代数形式为 $y(t) = Hx(t)$, 其中 $y(t) = \ltimes_{j=1}^p y_j(t) \in \Delta_{2^p}$, $H \in \mathcal{L}_{2^p \times 2^n}$. 奇异布尔控制网络的能观性定义与布尔控制网络的相似[427].

定义 6.2.1　(i) 称 x_0^1 和 x_0^2 是可区分的, 如果存在一个控制序列 $\{u(0), u(1), \cdots, u(k)\}$ 使得 $y^1(k+1) \neq y^2(k+1)$, $k \geqslant 0$, 其中 y^1, y^2 分别为对应初始状态 x_0^1, x_0^2 的输出.

(ii) 称奇异布尔控制网络 (6.1.3) 是能观的, 如果任意两个初始值 $x_0^1, x_0^2 \in \mathcal{X}$ 都是可区分的.

根据上一节中广义输入–状态矩阵 $\mathcal{P}$ 的定义, 知道 $\mathrm{Blk}_j(\mathcal{P}_0)$ 对应于控制输入 $u = \delta_{2^m}^j$, 且 $\mathrm{Col}_s(\mathrm{Blk}_j(\mathcal{P}_0))$ 对应于状态 $x = \delta_{2^n}^{i_s}$. 利用换位矩阵则有

$$\tilde{\mathcal{P}}_0^{(l)} = \mathcal{P}_0^{(l)} W_{[r, 2^m]}, \tag{6.2.1}$$

并将其等分为 r 块:

$$\tilde{\mathcal{P}}_0^{(l)} = \left[\mathrm{Blk}_1(\tilde{\mathcal{P}}_0^{(l)}) \quad \mathrm{Blk}_2(\tilde{\mathcal{P}}_0^{(l)}) \quad \cdots \quad \mathrm{Blk}_r(\tilde{\mathcal{P}}_0^{(l)}) \right],$$

其中 $\mathrm{Blk}_s(\tilde{\mathcal{P}}_0^{(l)}) \in \mathcal{B}_{r \times 2^m}$, $s = 1, 2, \cdots, r$. 那么 $\mathrm{Blk}_s(\tilde{\mathcal{P}}_0^{(l)})$ 对应于状态 $x = \delta_{2^n}^{i_s}$ 且 $\mathrm{Col}_j(\mathrm{Blk}_s(\tilde{\mathcal{P}}_0^{(l)}))$ 对应于控制输入 $u = \delta_{2^m}^j$. 但要注意的是, 如果初始状态为 $x_0 = \delta_{2^n}^{i_s}$, 控制输入为 $u(0) = \delta_{2^m}^j$, 那么 $\mathrm{Col}_j(\mathrm{Blk}_s(\tilde{\mathcal{P}}_0^{(l)})) = \delta_r^s$ 表示下一个状态为 $\delta_{2^n}^{i_s}$ 而不是 δ_r^s. 从而得到如下关于能观性的定理.

定理 6.2.1　奇异布尔控制网络 (6.1.3) 是能观的, 如果

$$\bigvee_{l=1}^{r 2^m - 1} \left[\left(\mathrm{Col}_\mathcal{I}(H) \ltimes \mathrm{Blk}_s(\tilde{\mathcal{P}}_0^{(l)}) \right) \right] \bar{\nabla} \left[\left(\mathrm{Col}_\mathcal{I}(H) \ltimes \mathrm{Blk}_h(\tilde{\mathcal{P}}_0^{(l)}) \right) \right] \neq 0, \tag{6.2.2}$$
$$1 \leqslant s < h \leqslant r,$$

其中 $\mathrm{Col}_{\mathcal{I}}(H)$ 表示 H 的部分列组成的新的矩阵, 其对应的列指标集为 $\mathcal{I}$.

证明 因为 $x(t) \in \mathcal{X}$, $t > 0$, 所以输出 $y(t) = Hx(t) \in \mathrm{Col}_{\mathcal{I}}(H)$. 根据广义输入–状态关联矩阵的定义, 得 (6.2.2) 成立意味着与初始状态 $x_0^1 = \delta_{2^n}^{i_s}$ 和 $x_0^2 = \delta_{2^n}^{ih}$ 对应的输出是不同的. 所以奇异布尔控制网络 (6.1.3) 是能观的. □

例 6.2.1 回顾例 6.1.4, 设输出矩阵 H 为 $H = \delta_4[1\,3\,2\,1\,2\,3\,4\,4]$. 取 $x_0^1 = \delta_8^7$, $x_0^2 = \delta_8^8$. 当 $u(0) = \delta_2^1$ 时 $x^1(1) = \delta_8^7$, $x^2(1) = \delta_8^8$; 当 $u(0) = \delta_2^2$ 时 $x^1(1) = \delta_8^3$, $x^2(1) = \delta_8^3$. 并且 $H\delta_8^7 = H\delta_8^8$, 故有 δ_8^7 和 δ_8^8 是不可区分的. 事实上, (6.2.2) 不成立. 因为定理 6.2.1 仅是充分条件, 据此无法推得奇异布尔控制网络 (6.1.3) 是不能观的. 进一步讨论可知 (6.1.3) 是不能观的, 这里略去.

6.3 奇异布尔控制网络的最优控制

考虑奇异布尔控制网络 (6.1.1) 的代数形式 (6.1.2), 将系数矩阵等分为 2^m 块: $F^1 = [F_1^1\,F_2^1\,\cdots\,F_{2^m}^1]$, $F^2 = [F_1^2\,F_2^2\,\cdots\,F_{2^m}^2]$. 取 $u(t) = \delta_{2^m}^j$, 则由 (6.1.2) 得

$$\begin{cases} x^1(t+1) = F_j^1 x(t), \\ \delta_{2^{n-s}}^1 = F_j^2 x(t). \end{cases} \tag{6.3.1}$$

在任意控制序列下, 对于任意的容许初始值, (6.1.2) 的解存在且唯一的充分必要条件为存在逻辑矩阵 $M_j^1 \in \mathcal{L}_{2^s \times 2^s}$, $M_j^2 \in \mathcal{L}_{2^{n-s} \times 2^s}$ 使得奇异布尔网络 (6.3.1) 可等价地变为

$$\begin{cases} x^1(t+1) = M_j^1 x^1(t), \\ x^2(t) = M_j^2 x^1(t), \end{cases} \tag{6.3.2}$$

其中 $j = 1, 2, \cdots, 2^m$. 于是关于奇异布尔控制网络 (6.1.2) 的可解性, 我们有下面的结论.

引理 6.3.1 对于任意的控制 $u(t)$, 任意的容许初始值 $x(0)$, (6.1.2) 的解存在且唯一的充分必要条件为, 存在逻辑矩阵 $M^1 = [M_1^1\,M_2^1\,\cdots\,M_{2^m}^1] \in \mathcal{L}_{2^s \times 2^{s+m}}$ 和 $M^2 = [M_1^2\,M_2^2\,\cdots\,M_{2^m}^2] \in \mathcal{L}_{2^{n-s} \times 2^{s+m}}$, 其中 $M_j^1 \in \mathcal{L}_{2^s \times 2^s}$, $M_j^2 \in \mathcal{L}_{2^{n-s} \times 2^s}$, $j = 1, 2, \cdots, 2^m$, 使得 (6.1.2) 可等价地转化为

$$\begin{cases} x^1(t+1) = M^1 u(t) x^1(t), \\ x^2(t) = M^2 u(t) x^1(t). \end{cases} \tag{6.3.3}$$

注 6.3.1 计算 (6.3.3) 中逻辑矩阵 M^1, M^2 有两种方法, 见文献 [104] 和 [59]. 这里我们不再详细叙述.

最优控制问题就是寻找一个控制序列最大化或者最小化某一给定的性能指标:

$$J(u) = \lambda^{\mathrm{T}} x(N; u). \tag{6.3.4}$$

其中 $\lambda \in \mathbb{R}^{2^n}$ 为给定列向量.

假设 $N > 0$ 为最终时刻. 令

$$\mathbb{U} = \{\{u(0), u(1), \cdots, u(N)\} : u(t) \in \Delta_{2^m}, \ t = 0, 1, \cdots, N\}.$$

对应一个控制 $u \in \mathbb{U}$, 记 $x(t; u)$ 为 t 时刻对应初始值 $x(0) = x_0$ 的状态.

本节的目的是寻找一个控制序列 $u \in \mathbb{U}$ 使得性能指标 J 最大, 称使得性能指标最大的控制 u^* 为最优控制.

注意到 (6.3.4) 中 λ 是给定的向量, 并且 $x(N; u) \in \Delta_{2^n}$, 要保证性能指标 $J(\cdot)$ 最大, 仅需要确定 λ 最大元素的位置. 这样选择的物理意义很明显, 比如在博弈论中, 将所有的局势的收益列入到一个向量中, 于是对应的最优控制问题就是如何达到最大的收益.

注 6.3.2 因为 $\mathbb{U}$ 是一个有限集, 计算 $\mathbb{U}$ 中每一个控制序列 u 对应的状态 $x(N; u)$, 并比较之即可得到最优控制 u^*. 但是当 N 比较大时, 需要的计算量就比较大. 于是本节将采用 Mayer 型最优控制的分析方法, 来讨论奇异布尔控制网络的最优控制问题.

注 6.3.3 为设计最优控制, 首先需要确定最终时刻的状态 $x^*(N)$. 因为 λ 给定, 且 $x(N; u) \in \Delta_{2^n}$, 如果 $\lambda_i = \max_j\{\lambda_j\}$, 其中 $\lambda = [\lambda_1, \lambda_2, \cdots, \lambda_{2^n}]^{\mathrm{T}}$, 那么最终时刻的状态应为 $x^*(N) = \delta_{2^n}^i$.

研究 (6.1.2) 的最优控制问题, 首先要保证 (6.1.2) 对任意的容许初始条件, 其解都是存在且唯一的. 所以研究 (6.1.2) 的最优控制问题也等价地研究 (6.3.3) 的最优控制问题. 首先考虑 (6.3.3) 中第一个方程, $k \leqslant t$ 时有

$$x^1(t) = M^1 u(t-1) M^1 u(t-2) \cdots M^1 u(k) x^1(k)$$

$$:= H(t, k; u(k), \cdots, u(t-1)) x^1(k), \tag{6.3.5}$$

其中

$$H(t, k; u(k), \cdots, u(t-1)) = M^1 u(t-1) \cdots M^1 u(k), \tag{6.3.6}$$

并且当 $t = k$ 时, $H(t, k; u(k), \cdots, u(t-1)) = I_{2^s}$.

由 (6.3.6) 易得对任意的 $k \leqslant l \leqslant t$ 有

$$H(t, k; u(k), \cdots, u(t-1)) = H(t, l; u(l), \cdots, u(t-1)) H(l, k; u(k), \cdots, u(l-1)). \tag{6.3.7}$$

从而有如下结论.

定理 6.3.1 考虑奇异布尔控制网络 (6.1.2), 并假设在任意的初始容许条件下其解都是存在且唯一的, 或者等价地考虑系统 (6.3.3). 记最优控制为 $u^* = \{u^*(0), u^*(1), \cdots, u^*(N)\} \in \mathbb{U}$, $x^* = (x^{1*}, x^{2*})$ 为最优轨线. 定义辅助函数: $\alpha : \{1, 2, \cdots, N\} \to \mathbb{R}^{2^s}$ 满足

$$
\begin{cases}
\alpha(t) = (M^1 u^*(t))^{\mathrm{T}} \alpha(t+1), \ t < N, \\
\alpha(N) = (W u^*(N))^{\mathrm{T}} \lambda
\end{cases}
\tag{6.3.8}
$$

和函数 $\beta_i : \{0, 1, \cdots, N\} \to \mathbb{R}$ 满足

$$
\beta_i(k) =
\begin{cases}
\alpha^{\mathrm{T}}(k+1) M^1 \delta_{2^m}^i x^{1*}(k), & k < N, \\
\lambda^{\mathrm{T}} W \delta_{2^m}^i x^{1*}(k), & k = N,
\end{cases}
\tag{6.3.9}
$$

其中 $i = 1, 2, \cdots, 2^m$, $W = (I_{2^s} \otimes M^2) W_{[2^m, 2^s]} (I_{2^m} \otimes M_{r, 2^s})$. 那么对任意的 $k \in \{0, 1, \cdots, N\}$, 如果存在整数 i_k 使得对任意的 $j \neq i_k$, 都有 $\beta_{i_k}(k) > \beta_j(k)$, 那么 $u^*(k) = \delta_{2^m}^{i_k}$, $k \in \{0, 1, \cdots, N\}$, 使得 (6.3.4) 中性能指标 $J(\cdot)$ 达到最大值.

证明 给定任意的整数 $k \in \{0, 1, \cdots, N\}$ 和任意的向量 $v \in \Delta_{2^m}$, 定义一个新的控制序列 $u \in \mathbb{U}$:

$$
u(j) =
\begin{cases}
v, & j = k, \\
u^*(j), & \text{其他.}
\end{cases}
\tag{6.3.10}
$$

可见 u 和最优控制 u^* 仅在时刻 k 时不同. 令 $x^*(t) = x(t; u^*)$ 为对应于控制 u^* 的状态轨线. 首先确定在第 N 时刻的最优控制: $u^*(N)$, 然后确定其他时刻的最优控制: $u^*(j)$, $j = 0, 1, \cdots, N-1$.

1) 确定在第 N 时刻的最优控制: $u^*(N)$. 令 $k = N$, 则

$$
\begin{aligned}
x^*(N) &= x^{1*}(N) M^2 u^*(N) x^{1*}(N) \\
&= (I_{2^s} \otimes M^2) W_{[2^m, 2^s]} (I_{2^m} \otimes M_{r, 2^s}) u^*(N) x^{1*}(N) \\
&= W u^*(N) x^{1*}(N),
\end{aligned}
$$

类似地可得

$$
\begin{aligned}
x(N) &= x^1(N) M^2 u(N) x^1(N) \\
&= (I_{2^s} \otimes M^2) W_{[2^m, 2^s]} (I_{2^m} \otimes M_{r, 2^s}) u(N) x^1(N) \\
&= W v x^{1*}(N),
\end{aligned}
$$

所以

$$J(u^*) - J(u) = \lambda^{\mathrm{T}}(x^*(N) - x(N))$$

$$= \lambda^{\mathrm{T}} W(u^*(N) - v)x^{1*}(N). \tag{6.3.11}$$

如果存在整数 $i_N \in \{1, 2, \cdots, 2^m\}$ 使得对所有的 $j = 1, 2, \cdots, 2^m$ 且 $j \neq i_N$ 时有 $\beta_{i_N}(N) > \beta_j(N)$, 下面我们只需要证明 $u^*(N) = \delta_{2^m}^{i_N}$.

假设 $u^*(N) \neq \delta_{2^m}^{i_N}$, $u^*(N) = \delta_{2^m}^{j}$, $j \neq i_N$. 取 $v = \delta_{2^m}^{i_N}$, 由 (6.3.11) 得

$$J(u^*) - J(u) = \lambda^{\mathrm{T}} W(\delta_{2^m}^{j} - \delta_{2^m}^{i_N})x^{1*}(N)$$

$$= \beta_j(N) - \beta_{i_N}(N) < 0. \tag{6.3.12}$$

这与 u^* 是最优控制矛盾, 所以 $u^*(N) = \delta_{2^m}^{i_N}$.

2) 依次取 $k = N-1, N-2, \cdots, 0$, 确定其他时刻的最优控制 $u^*(k)$. 对于整数 $k < N$, 有

$$x^*(N) = x^{1*}(N)M^2 u^*(N)x^{1*}(N)$$

$$= Wu^*(N)H(N, k+1; u^*(k+1), \cdots, u^*(N-1))x^{1*}(k+1).$$

类似地,

$$x(N) = x^1(N)M^2 u(N)x^1(N)$$

$$= Wu^*(N)H(N, k+1; u^*(k+1), \cdots, u^*(N-1))x^1(k+1),$$

那么

$$J(u^*) - J(u) = \lambda^{\mathrm{T}}(x^*(N) - x(N))$$

$$= \tilde{\alpha}^{\mathrm{T}}(k+1)(x^{1*}(k+1) - x^1(k+1))$$

$$= \tilde{\alpha}^{\mathrm{T}}(k+1)M^1(u^*(k) - v)x^{1*}(k),$$

其中 $\tilde{\alpha}^{\mathrm{T}}(k+1) = \lambda^{\mathrm{T}} Wu^*(N)H(N, k+1; u^*(k+1), \cdots, u^*(N-1))$. 则 $\tilde{\alpha}^{\mathrm{T}}(N) = \lambda^{\mathrm{T}} Wu^*(N)$, 且由 (6.3.7) 得

$$H(N, k; u^*(k), \cdots, u^*(N-1))$$
$$= H(N, k+1; u^*(k+1), \cdots, u^*(N-1))M^1 u^*(k).$$

因此

$$\tilde{\alpha}(k) = (Wu^*(N)H(N, k; u^*(k), \cdots, u^*(N-1)))^{\mathrm{T}}\lambda$$

$$= (M^1 u^*(k))^T \tilde{\alpha}(k+1).$$

令 $\alpha(k) = \tilde{\alpha}(k)$, $k \in \{1, 2, \cdots, N\}$, 则 α 满足 (6.3.8). 因此

$$J(u^*) - J(u) = \alpha^T(k+1) M^1 (u^*(k) - v) x^{1*}(k). \tag{6.3.13}$$

如果存在整数 $i_k \in \{1, 2, \cdots, 2^m\}$ 使得对所有的 $j = 1, 2, \cdots, 2^m$ 和 $j \neq i_k$ 满足 $\beta_{i_k}(k) > \beta_j(k)$, 那么我们仅需要证明最优控制 $u^*(k) = \delta_{2^m}^{i_k}$.

假设 $u^*(k) \neq \delta_{2^m}^{i_k}$ 且 $u^*(k) = \delta_{2^m}^{j}$, $j \neq i_k$. 取 $v = \delta_{2^m}^{i_k}$, 由 (6.3.13) 得

$$J(u^*) - J(u) = \alpha^T(k+1) M^1 (\delta_{2^m}^{j} - \delta_{2^m}^{i_k}) x^{1*}(k)$$

$$= \beta_j(k) - \beta_{i_k}(k) < 0.$$

这与 u^* 为最优控制矛盾, 所以 $u^*(k) = \delta_{2^m}^{i_k}$.   □

如果考虑特殊情形: $m = 1$, 也即单输入的奇异布尔控制网络, 直接得到如下推论.

推论 6.3.1   考虑单输入的奇异布尔控制网络 (6.1.2), 并假设在任意的初始容许条件下其解都是存在且唯一的, 或者等价地考虑系统 (6.3.3). 记最优控制为 $u^* = \{u^*(0), u^*(1), \cdots, u^*(N)\} \in \mathbb{U}$. 定义两个辅助函数: 定义 $\alpha: \{1, 2, \cdots, N\} \to \mathbb{R}^{2^s}$ 为

$$\begin{cases} \alpha(t) = (M^1 u^*(t))^T \alpha(t+1), \ t < N, \\ \alpha(N) = (W u^*(N))^T \lambda, \end{cases} \tag{6.3.14}$$

函数 $\beta: \{0, 1, \cdots, N\} \to \mathbb{R}$ 为

$$\beta(k) = \begin{cases} \alpha^T(k+1) M^1 [1 \ \ -1]^T x^{1*}(k), & k < N, \\ \lambda^T W [1 \ \ -1]^T x^{1*}(k), & k = N, \end{cases} \tag{6.3.15}$$

其中 $W = (I_{2^s} \otimes M^2) W_{[2,2^s]}(I_2 \otimes M_{r,2^s})$. 则对任意的 $k \in \{0, 1, \cdots, N\}$ 有

$$u^*(k) = \begin{cases} \delta_2^1, & \beta(k) > 0, \\ \delta_2^2, & \beta(k) < 0. \end{cases} \tag{6.3.16}$$

证明   如果 $m = 1$, 定理 6.3.1 中 (6.3.9) 为两个函数:

$$\beta_1(k) = \begin{cases} \alpha^T(k+1) M^1 \delta_2^1 x^{1*}(k), & k < N, \\ \lambda^T W \delta_2^1 x^{1*}(k), & k = N, \end{cases}$$

$$\beta_2(k) = \begin{cases} \alpha^{\mathrm{T}}(k+1)M^1\delta_2^2 x^{1*}(k), & k < N, \\ \lambda^{\mathrm{T}} W \delta_2^2 x^{1*}(k), & k = N, \end{cases}$$

那么 $\beta_1(k) - \beta_2(k) = \beta(k)$. 因此 $\beta_1(k) > \beta_2(k)$ 等价于 $\beta(k) > 0$; $\beta_1(k) < \beta_2(k)$ 等价于 $\beta(k) < 0$. 推论显然得证. □

注 6.3.4　如果对某个 k 不存在整数 i_k 使得对所有的 $j \neq i_k$ 时 $\beta_{i_k}(k) > \beta_j(k)$, 定理 6.3.1 将失去其可行性. 事实上, 如果存在一个集合 $S_k = \{i_1, i_2, \cdots, i_r\} \subset \{1, 2, \cdots, 2^m\}$ 使得对所有的 $j \notin S_k$ 都有 $\beta_{i_1}(k) = \beta_{i_2}(k) = \cdots = \beta_{i_r}(k) > \beta_j(k)$, 这时对任意两个不同的整数 $i_h, i_l \in S_k$, 记

$$u^1(j) = \begin{cases} \delta_{2^m}^{i_h}, & j = k, \\ u^*(j), & \text{其他}, \end{cases}$$

$$u^2(j) = \begin{cases} \delta_{2^m}^{i_l}, & j = k, \\ u^*(j), & \text{其他}. \end{cases}$$

利用定理 6.3.1 的证明, 有 $J(u^1) = J(u^2)$. 因此, $u^*(k) \in \{\delta_{2^m}^{i_1}, \delta_{2^m}^{i_2}, \cdots, \delta_{2^m}^{i_r}\}$, $k = 0, 1, \cdots, N$. 另外, 如果 u^* 是最优控制, 定义

$$w(j) = \begin{cases} v, & j = k, \\ u^*(j), & \text{其他}, \end{cases} \tag{6.3.17}$$

其中 $v \in \{\delta_{2^m}^{i_1}, \delta_{2^m}^{i_2}, \cdots, \delta_{2^m}^{i_r}\}$, 那么 w 也是最优控制. 当 $m = 1$ 时, 有类似的结果.

注 6.3.5　布尔控制网络的最优控制序列是从时刻 0 到时刻 $N-1$, 但是奇异布尔控制网络的最优控制序列是从时刻 0 到时刻 N, 并且首先要确定时刻 N 的最优控制 $u^*(N)$, 当 $s = n$ 时, 奇异布尔控制网络就是布尔控制网络, 因此本节中的结果也适用于处理布尔控制网络的最优控制问题.

基于定理 6.3.1, 下面我们给出一个算法来确定最优控制 u^*. 对于单输入的奇异布尔控制网络, 类似地也可以给一个算法计算最优控制, 这里我们将不再叙述.

算法 6.3.1　假设最终时刻为 N, 性能指标为 $J(u) = \lambda^{\mathrm{T}} x(N; u)$. 那么根据以下的步骤可以确定最优控制 $u^* = \{u^*(0), u^*(1), \cdots, u^*(N)\}$.

1) 计算定理 6.3.1 中矩阵 W.

2) 确定时刻 N 的最优控制 $u^*(N)$. 首先根据 W 可以求得 (6.3.9) 中所有的函数值 $\beta_i(N), i = 1, 2, \cdots, 2^m$. 如果存在整数 i_N 使得对所有的 $j \in \{1, 2, \cdots, 2^m\}$ 满足 $\beta_{i_N}(N) \geq \beta_j(N)$, 那么 $u^*(N) = \delta_{2^m}^{i_N}$.

3) 将 $u^*(N)$ 代入 (6.3.8) 求得 $\alpha(N)$. 令 $k = N - 1$.

4) 计算 (6.3.9) 中函数值 $\beta_i(k)$. 如果存在整数 i_k 使得对所有的 j 都满足 $\beta_{i_k}(k) \geqslant \beta_j(k)$, 那么 $u^*(k) = \delta_{2^m}^{i_k}$.

5) 如果 $k = 0$, 终止. 否则, 计算 (6.3.8) 中 $\alpha(k)$, 令 $k := k - 1$, 返回到步骤 4). 最后可得到一个最优控制序列

$$u^* = \{u^*(0), u^*(1), \cdots, u^*(N)\}.$$

下面给两个例子来验证本节结果的可行性.

例 6.3.1 考虑奇异布尔控制网络:

$$\begin{cases} x_1(t+1) = (x_2(t) \wedge x_3(t)) \vee u_2(t), \\ x_2(t+1) = \neg x_1(t) \wedge u_1(t), \\ 1 = ((x_1(t) \rightarrow x_2(t)) \wedge u_2(t)) \leftrightarrow x_3(t). \end{cases} \tag{6.3.18}$$

这里 $n = 3$, $m = 2$, $s = 2$. 取容许初始值 $x_1(0) = x_2(0) = x_3(0) = 0$, 最终时刻为 $N = 3$, 且性能指标为 $J(u) = \lambda^{\mathrm{T}} x(N; u)$, 其中 $\lambda = \delta_8^2$. 所以最优控制问题是设计一个最优控制 $\{u(0), u(1), u(2), u(3)\} \in \mathbb{U}$ 使得 $J(u) = (\delta_8^2)^{\mathrm{T}} x(3)$ 最大. 即, 如果最优控制存在, 那么该控制序列应该使得状态满足 $x_1(3) = x_2(3) = 1$, $x_3(3) = 0$.

奇异布尔控制网络 (6.3.18) 的代数等价形式为

$$\begin{cases} x^1(t+1) = F^1 u(t) x(t), \\ \delta_2^1 = F^2 u(t) x(t), \end{cases} \tag{6.3.19}$$

其中 $x^1(t) = x_1(t) x_2(t)$, $x(t) = x_1(t) x_2(t) x_3(t)$, $u(t) = u_1(t) u_2(t)$, 且

$$F^1 = \delta_4[2, 2, 2, 2, 1, 1, 1, 1, 2, 4, 4, 4, 1, 3, 3, 3, 2, 2, 2, 2, 2, 2, 2, 2, 2, 4, 4, 4, 2, 4, 4, 4],$$
$$F^2 = \delta_2[1, 2, 2, 1, 1, 2, 1, 2, 2, 1, 2, 1, 2, 1, 2, 1, 1, 2, 2, 1, 1, 2, 2, 1, 2, 1, 2, 1, 2, 1, 2, 1].$$

因为 (6.3.18) 的最后一个方程等价于 $x_3(t) = (x_1(t) \rightarrow x_2(t)) \wedge u_2(t)$, 所以 (6.3.18) 代数等价形式也可以表述为

$$\begin{cases} x^1(t+1) = M^1 u(t) x^1(t), \\ x^2(t) = M^2 u(t) x^1(t), \end{cases} \tag{6.3.20}$$

其中 $x^2(t) = x_3(t)$,

$$M^1 = \delta_4[2, 2, 1, 1, 4, 4, 3, 3, 2, 2, 2, 2, 4, 4, 4, 4],$$

$$M^2 = \delta_2[1, 2, 1, 1, 2, 2, 2, 2, 1, 2, 1, 1, 2, 2, 2, 2].$$

根据定理 6.3.1, 计算可得

$$W = \delta_8[1\ 4\ 5\ 7\ 2\ 4\ 6\ 8\ 1\ 4\ 5\ 7\ 2\ 4\ 6\ 8],$$

$$\beta_i(3) = \lambda^{\mathrm{T}} W \delta_{2m}^i x^{1*}(3) = (\delta_8^2)^{\mathrm{T}} W \delta_4^i \delta_4^1, \quad i = 1, 2, 3, 4. \tag{6.3.21}$$

于是易得 $\beta_1(3) = \beta_3(3) = 0$, $\beta_2(3) = \beta_4(3) = 1$. 因此根据算法 6.3.1, 可得 $u^*(3) = \delta_4^2$ 或者 δ_4^4. 取 $u^*(3) = \delta_4^2$. 那么

$$\alpha(3) = (W u^*(3))^{\mathrm{T}} \lambda = (W \delta_4^2)^{\mathrm{T}} \delta_8^2 = \delta_4^1,$$

且

$$\begin{aligned}
\beta_i(2) &= \alpha^{\mathrm{T}}(3) M^1 \delta_{2m}^i x^{1*}(2) \\
&= (\delta_4^1)^{\mathrm{T}} M^1 \delta_4^i x^{1*}(2) \\
&= [0, 0, 1, 1, 0, 0, 0, 0, 0, 0, 0, 0, 0, 0, 0, 0] \delta_4^i x^{1*}(2),
\end{aligned}$$

其中 $i = 1, 2, 3, 4$. 显然, $\beta_1(2) \geqslant \beta_i(2) = 0$, $i = 2, 3, 4$. 因此取 $u^*(2) = \delta_4^1$. 此时

$$\alpha(2) = (M^1 u^*(2))^{\mathrm{T}} \alpha(3) = (M^1 \delta_4^1)^{\mathrm{T}} \delta_4^1 = [0\ 0\ 1\ 1]^{\mathrm{T}}.$$

那么

$$\beta_i(1) = \alpha^{\mathrm{T}}(2) M^1 \delta_{2m}^i x^{1*}(1) = [0, 0, 1, 1] M^1 \delta_4^i x^{1*}(1), \quad i = 1, 2, 3, 4.$$

经计算可得

$$\beta_1(1) = \beta_3(1) = 0, \quad \beta_2(1) = \beta_4(1) = 1.$$

由于 $u^*(1) \in \{\delta_4^2, \delta_4^4\}$, 故取 $u^*(1) = \delta_4^2$. 因此

$$\alpha(1) = (M^1 u^*(1))^{\mathrm{T}} \alpha(2) = (M^1 \delta_4^2)^{\mathrm{T}} [0, 0, 1, 1]^{\mathrm{T}} = [1, 1, 1, 1]^{\mathrm{T}},$$

且

$$\beta_i(0) = \alpha^{\mathrm{T}}(1) M^1 \delta_{2m}^i x^{1*}(0) = [1, 1, 1, 1] M^1 \delta_4^i x^{1*}(0) = 1, \quad i = 1, 2, 3, 4.$$

类似地, 有 $u^*(0) \in \Delta_4$. 取 $u^*(0) = \delta_4^1$. 最后得到最优控制为

$$\{u^*(0), u^*(1), u^*(2), u^*(3)\} = \{\delta_4^1, \delta_4^2, \delta_4^1, \delta_4^2\}.$$

事实上, 最优控制是不唯一的, 例如 $\{v_1, \delta_4^2, \delta_4^1, \delta_4^2\}$, 其中 $v_1 \in \Delta_4$ 也是一个最优控制.

另一方面, 当初始值为 $x_1(0) = x_2(0) = x_3(0) = 0$, 最优控制为

$$\{u^*(0), u^*(1), u^*(2), u^*(3)\} = \{\delta_4^1, \delta_4^2, \delta_4^1, \delta_4^2\} \sim \{(1,1), (1,0), (1,1), (1,0)\},$$

奇异布尔控制网络 (6.3.18) 的状态为

$$x^*(1) = (1,1,0), \quad x^*(2) = (0,0,1), \quad x^*(3) = (1,1,0).$$

此时性能指标 $J(u^*) = \lambda^{\mathrm{T}} x(3; u^*) = 1$. 因此 u^* 是一个最优控制.

6.4　奇异布尔控制网络的干扰解耦

本节主要讨论一般形式的奇异布尔控制网络的干扰解耦问题. 首先给出一般形式的奇异布尔控制网络:

$$
\begin{cases}
g_1(X(t+1)) = f_1(X(t), U(t)), \\
g_2(X(t+1)) = f_2(X(t), U(t)), \\
\quad\quad\vdots \\
g_n(X(t+1)) = f_n(X(t), U(t)),
\end{cases}
\tag{6.4.1}
$$

其中 $g_i : \mathcal{D}^n \to \mathcal{D}$, $f_i : \mathcal{D}^{m+n} \to \mathcal{D}$, $U(t) = (u_1(t), u_2(t), \cdots, u_m(t))$, $u_j \in \mathcal{D}$ 为输入, $i = 1, 2, \cdots, n$, $j = 1, 2, \cdots, m$. 假设 g_i, f_i 的结构矩阵分别为 $G_i \in \mathcal{L}_{2 \times 2^n}$, $F_i \in \mathcal{L}_{2 \times 2^{n+m}}$. 则其代数形式为

$$Ex(t+1) = Fu(t)x(t), \tag{6.4.2}$$

其中 $x(t) = \ltimes_{i=1}^n x_i(t) \in \Delta_{2^n}$, $u(t) = \ltimes_{j=1}^m u_j(t) \in \Delta_{2^m}$, $E = G_1 * G_2 * \cdots * G_n \in \mathcal{L}_{2^n \times 2^n}$, $F = F_1 * F_2 * \cdots * F_n \in \mathcal{L}_{2^n \times 2^{n+m}}$. 将 F 等分 2^m 块:

$$F = [F^1\ F^2\ \cdots\ F^{2^m}],$$

其中 $F^j \in \mathcal{L}_{2^n \times 2^n}$, $j = 1, 2, \cdots, 2^m$. 取 $u = \delta_{2^m}^j$, 则 (6.4.2) 简化为

$$Ex(t+1) = F^j x(t), \quad j = 1, 2, \cdots, 2^m. \tag{6.4.3}$$

根据定理 5.5.2 得一般形式的奇异布尔控制网络 (6.4.2) 的可解性结论.

推论 6.4.1　对于任意的初始值, (6.4.2) 的解存在且唯一, 当且仅当, 存在一个容许条件集 C 使得对每一个 $j \in \{1, 2, \cdots, 2^m\}$, (6.4.3) 关于 C 的解存在且唯一.

考虑一个受干扰的奇异布尔控制网络:

$$
\begin{cases}
g_1(X(t+1)) = f_1(X(t), U(t), \Xi(t)), \\
g_2(X(t+1)) = f_2(X(t), U(t), \Xi(t)), \\
\quad\quad\quad \vdots \\
g_n(X(t+1)) = f_n(X(t), U(t), \Xi(t)), \\
y_j(t) = h_j(X(t)), \quad j = 1, \cdots, p,
\end{cases}
\tag{6.4.4}
$$

其中 $\Xi(t) = (\xi_1(t), \xi_2(t), \cdots, \xi_q(t))$, $\xi_i(t) \in \mathcal{D}$, $i = 1, 2, \cdots, q$ 为干扰, $y_j(t) \in \mathcal{D}$, $j = 1, 2, \cdots, p$ 为输出. 令 $\xi(t) = \ltimes_{i=1}^q \xi_i(t)$. 则 (6.4.4) 的代数等价形式为

$$
\begin{cases}
Ex(t+1) = Lu(t)\xi(t)x(t), \\
y(t) = Hx(t),
\end{cases}
\tag{6.4.5}
$$

其中 $E \in \mathcal{L}_{2^n \times 2^n}$, $L \in \mathcal{L}_{2^n \times 2^{n+m+q}}$, $H \in \mathcal{L}_{2^p \times 2^n}$. 类似于布尔控制网络的干扰解耦问题, 首先回顾文献 [56] 中 Y 友好子空间的定义.

定义 6.4.1 [56]　令 $\mathcal{X} = F_l\{x_1, x_2, \cdots, x_n\}$, $Y = \{y_1, y_2, \cdots, y_p\}$, $\mathcal{Z} = F_l\{z_1, z_2, \cdots, z_k\}$, 其中 $z_1, z_2, \cdots, z_k \in \mathcal{X}$.

(1) 设 $\mathcal{Z}$ 的正规基为 $\{z_1, z_2, \cdots, z_k\}$, 称 $\mathcal{Z}$ 为 k 维正规子空间, 如果存在 $z_{k+1}, \cdots, z_n \in \mathcal{X}$ 使得 $\{x_1, x_2, \cdots, x_n\} \to \{z_1, z_2, \cdots, z_n\}$ 是一个坐标变换.

(2) 称正规子空间 $\mathcal{Z}$ 为一个 Y 友好子空间, 如果 $y_i \in \mathcal{Z}$, $i = 1, 2, \cdots, p$. 维数最小的 Y 友好子空间称为最小 Y 友好子空间.

Y 友好子空间的求解方法已经在文献 [56] 中具体给出, 这里不再重复叙述. 令 $Y = \{y_1, y_2, \cdots, y_p\}$, 其中 y_i 为 (6.4.4) 的输出. 假设最小的 Y 友好子空间为 $\mathcal{Z} = F_l\{z_{n-k+1}, z_{n-k+2}, \cdots, z_n\}$ 且 $Z = \{z_1, \cdots, z_{n-k}, z_{n-k+1}, \cdots, z_n\}$ 是一个新的坐标变换, 满足 $z = Px$, 其中 P 可逆且满足 $P^{\mathrm{T}} = P^{-1}$. 此时容许条件集 C 变为 $PC = \{Px \mid x \in C\} := \{\delta_{2^n}^{j_1}, \cdots, \delta_{2^n}^{j_r}\}$. 根据 Y 友好子空间的定义, 奇异布尔控制网络 (6.4.5) 转化为

$$
\begin{cases}
EP^{\mathrm{T}} z(t+1) = L(I_{2^{m+q}} \otimes P^{\mathrm{T}}) u(t) \xi(t) z(t), \\
y(t) = Gz^2(t),
\end{cases}
$$

其中 $z(t) = \ltimes_{i=1}^n z_i(t) \in \Delta_{2^n}$, $z^2(t) = \ltimes_{i=n-k+1}^n z_i(t) \in \Delta_{2^k}$. 令 $\tilde{E} = EP^{\mathrm{T}}$, $\tilde{L} = L(I_{2^{m+q}} \otimes P^{\mathrm{T}})$, 那么

$$\begin{cases} \tilde{E}z(t+1) = \tilde{L}u(t)\xi(t)z(t), \\ y(t) = Gz^2(t). \end{cases} \quad (6.4.6)$$

寻找 $E^1 \in \mathcal{L}_{2^{n-k} \times 2^n}$, $E^2 \in \mathcal{L}_{2^k \times 2^n}$, $L^1 \in \mathcal{L}_{2^{n-k} \times 2^{n+m+q}}$ 和 $L^2 \in \mathcal{L}_{2^k \times 2^{n+m+q}}$ 使得 $E^1 * E^2 = \tilde{E}$, $L^1 * L^2 = \tilde{L}$, 将 (6.4.6) 化为

$$\begin{cases} E^1 z(t+1) = L^1 u(t)\xi(t)z(t), \\ E^2 z(t+1) = L^2 u(t)\xi(t)z(t), \\ y(t) = Gz^2(t). \end{cases} \quad (6.4.7)$$

如果可以找到控制序列 $u_1, u_2, \cdots, u_m$, 使得受控系统中的输出 $y_1, y_2, \cdots, y_p$ 不受干扰 $\xi_1, \xi_2, \cdots, \xi_q$ 的影响, 那么奇异布尔控制网络 (6.4.4) 的干扰解耦问题可解. 即 (6.4.7) 可以转化为如下形式:

$$\begin{cases} G^1 z^1(t+1) = L^1 u(t)\xi(t)z(t), \\ G^2 z^2(t+1) = \tilde{L}^2 z^2(t), \\ y(t) = Gz^2(t), \end{cases} \quad (6.4.8)$$

其中 $z^1(t) = \ltimes_{i=1}^{n-k} z_i(t) \in \Delta_{2^{n-k}}$, $G^1 \in \mathcal{L}_{2^{n-k} \times 2^{n-k}}$, $G^2, \tilde{L}^2 \in \mathcal{L}_{2^k \times 2^k}$.

如果存在一个常控制 u 使得 (6.4.7) 可以转换为 (6.4.8), 那么 (6.4.4) 的干扰解耦问题可由一个常值控制解决, 也就是任取 C 中值作为初始状态, 下面方程成立

$$E^1 z(t+1) \equiv G^1 z^1(t+1) \quad (6.4.9a)$$
$$E^2 z(t+1) \equiv G^2 z^2(t+1), \quad (6.4.9b)$$
$$L^2 u(t)\xi(t)z(t) \equiv \tilde{L}^2 z^2(t). \quad (6.4.9c)$$

记
$$C^1 = \left\{ \delta_{2^{n-k}}^{j_1^1}, \delta_{2^{n-k}}^{j_2^1}, \cdots, \delta_{2^{n-k}}^{j_r^1} \right\}, \quad C^2 = \left\{ \delta_{2^k}^{j_1^2}, \delta_{2^k}^{j_2^2}, \cdots, \delta_{2^k}^{j_r^2} \right\},$$

其中 $\delta_{2^{n-k}}^{j_h^1} \delta_{2^k}^{j_h^2} = \delta_{2^n}^{j_h}$, $h = 1, 2, \cdots, r$.

首先, 考虑第一个方程 (6.4.9a). 因为
$$E^1 z(t+1) = E^1 W_{[2^k, 2^{n-k}]} z^2(t+1) z^1(t+1),$$

将 $E^1 W_{[2^k, 2^{n-k}]}$ 等分为 2^k 块:
$$E^1 W_{[2^k, 2^{n-k}]} = [E_1^1 \ E_2^1 \ \cdots \ E_{2^k}^1].$$

那么对于任意的 $z^2 \in C^2$, 有

$$E^1 W_{[2^k, 2^{n-k}]} z^2(t+1) z^1(t+1) \equiv G^1 z^1(t+1),$$

当且仅当,

$$\text{Col}_{j_h^1}(E_{j_l^2}^1) = \text{Col}_{j_h^1}(G^1), \ h, l = 1, 2, \cdots, r. \tag{6.4.10}$$

对于第二个方程 (6.4.9b), 将 E^2 等分为 2^{n-k} 块:

$$E^2 = [E_1^2 \ E_2^2 \ \cdots \ E_{2^{n-k}}^2].$$

对任意的 $z^1 \in C^1$, (6.4.9b) 成立, 当且仅当,

$$\text{Col}_{j_l^2}(E_{j_h^1}^2) = \text{Col}_{j_l^2}(G^2), \ h, l = 1, 2, \cdots, r. \tag{6.4.11}$$

最后将 L^2 等分为 2^m 块:

$$L^2 = [\text{Blk}_1(L^2) \ \text{Blk}_2(L^2) \ \cdots \ \text{Blk}_{2^m}(L^2)].$$

取常控制 $u(t) = \delta_{2^m}^i$, 那么 (6.4.9c) 成立, 当且仅当, $\text{Blk}_i(L^2)\xi(t)z^1(t)z^2(t) \equiv \tilde{L}^2 z^2(t)$. 类似地, 将 $\text{Blk}_i(L^2)$ 等分为 2^{n-k+q} 块: $\text{Blk}_i(L^2) = [L_1^2 \ L_2^2 \ \cdots \ L_{2^{n-k+q}}^2]$, 那么 (6.4.9c) 成立, 当且仅当,

$$\text{Col}_{j_l^2}(L_{(s-1)2^{n-k}+j_h^1}^2) = \text{Col}_{j_l^2}(\tilde{L}^2), \ s = 1, 2, \cdots, 2^q, \ h, l = 1, 2, \cdots, r. \tag{6.4.12}$$

根据以上的分析可得下面的定理.

定理 6.4.1　存在常值控制, 使得奇异布尔控制网络 (6.4.4) 的干扰解耦问题可解, 当且仅当, (6.4.10)~(6.4.12) 成立.

注 6.4.1　由上面的分析可知, 条件 (6.4.10) 和 (6.4.11) 与控制无关. 于是为了求解奇异布尔控制网络的干扰解耦问题, 首先应该检验条件 (6.4.10) 和 (6.4.11) 是否成立. 因此求解干扰解耦问题的关键在于找到一个常值控制 u 满足 (6.4.12), 这与布尔控制网络的干扰解耦问题是一样的[56]. 所以当奇异布尔控制网络 (6.4.4) 的干扰解耦问题可解时, 我们不仅能够找到一个干扰解耦的常值控制, 而且还可以利用文献 [56] 中的方法设计状态反馈解耦控制器 $u(t) = u(z(t))$, 这里不再叙述.

例 6.4.1　考虑奇异布尔控制网络:

$$\begin{cases} x_1(t+1) = [u(t) \wedge (\xi(t) \wedge x_2(t)) \vee (\neg\xi(t) \wedge x_3(t))] \vee [\neg u(t) \wedge \neg x_3(t)], \\ x_2(t+1) = [u(t) \wedge (x_2(t) \to x_3(t))] \\ \qquad\qquad \vee [\neg u(t) \wedge ((\xi(t) \wedge (x_2(t) \uparrow x_3(t))) \vee (\neg\xi(t) \wedge \neg x_2(t)))], \\ x_2(t+1) \to x_3(t+1) = [u(t) \wedge (x_2(t) \uparrow x_3(t))] \vee [\neg u(t) \wedge \neg x_2(t)], \\ y_1(t) = x_2(t), \\ y_2(t) = x_3(t). \end{cases}$$

$$(6.4.13)$$

令 $x(t) = x_1(t)x_2(t)x_3(t)$, $y(t) = y_1(t)y_2(t)$, 得 (6.4.13) 的代数等价形式为

$$\begin{cases} Ex(t+1) = Fu(t)\xi(t)x(t), \\ y(t) = Hx(t), \end{cases}$$

$$(6.4.14)$$

其中

$$E = \delta_8[1,2,3,3,5,6,7,7],$$

$$H = \delta_4[1,2,3,4,1,2,3,4],$$

$$F = \delta_8[2,3,5,5,2,3,5,5,2,7,1,5,2,7,1,5,7,1,6,2,7,1,6,2,7,3,6,2,7,3,6,2].$$

系统 (6.4.13) 的容许条件集为

$$C = \{\delta_8^1, \delta_8^2, \delta_8^3, \delta_8^5, \delta_8^6, \delta_8^7\} = \{\delta_8^{i_1}, \delta_8^{i_2}, \delta_8^{i_3}, \delta_8^{i_4}, \delta_8^{i_5}, \delta_8^{i_6}\},$$

其中 $i_1 = 1, i_2 = 2, i_3 = 3, i_4 = 5, i_5 = 6, i_6 = 7$. 容易验证 $F_l\{x_2, x_3\}$ 是一个维数为 2 的 Y 友好子空间. 将 C 分解为 $C^1 = \{\delta_2^1, \delta_2^2\}$, $C^2 = \{\delta_4^1, \delta_4^2, \delta_4^3\}$. 令 $x^1(t) = x_1(t)$, $x^2(t) = x_2(t)x_3(t)$, 则有如下等价形式:

$$\begin{cases} E^1 x(t+1) = L^1 u(t)\xi(t)x(t), \\ E^2 x(t+1) = L^2 u(t)\xi(t)x(t), \\ y(t) = x^2(t), \end{cases}$$

$$(6.4.15)$$

其中

$$E^1 = \delta_2[1,1,1,1,2,2,2,2],$$
$$E^2 = \delta_4[1,2,3,3,1,2,3,3],$$
$$L^1 = \delta_2[1,1,2,2,1,1,2,2,1,2,1,2,1,2,1,2,2,1,2,1,2,1,2,1,2,1,2,1,2,1,2,1],$$
$$L^2 = \delta_4[2,3,1,1,2,3,1,1,2,3,1,1,2,3,1,1,3,1,2,2,3,1,2,2,3,3,2,2,3,3,2,2].$$

因为

$$E^1 W_{[4,2]} = \delta_2[1,2,1,2,1,2,1,2],$$

将 $E^1 W_{[4,2]}$ 等分为 4 块: $E^1 W_{[4,2]} = [E_1^1\ E_2^1\ E_3^1\ E_4^1]$. 于是有 $E_1^1 = E_2^1 = E_3^1 = E_4^1 = \delta_2[1\ 2]$ 与 $E^1 x(t+1) \equiv \delta_2[1\ 2]x^1(t+1) = x^1(t+1)$.

将 E^2 等分为 2 块: $E^2 = [E_1^2\ E_2^2]$. 于是有 $E_1^2 = E_2^2 = \delta_4[1\ 2\ 3\ 3] := G^2$ 与 $E^2 x(t+1) \equiv G^2 x^2(t+1)$.

最后取 $u = \delta_2^1$, 将 $\mathrm{Blk}_1(L^2)$ 等分为 4 块: $\mathrm{Blk}_1(L^2) = [L_1^2\ L_2^2\ L_3^2\ L_4^2]$, 且 $L_1^2 = L_2^2 = L_3^2 = L_4^2 = \delta_4[2\ 3\ 1\ 1] := \tilde{L}^2$. 于是有 $L^2 u(t)\xi(t)x(t) = \tilde{L}^2 x^2(t)$.

故根据定理 6.4.1, 取常值控制 $u = \delta_2^1$, 奇异布尔控制网络 (6.4.13) 的干扰解耦问题可解, 且此时系统 (6.4.13) 化为

$$\begin{cases} x^1(t+1) = L^1 \delta_2^1 \xi(t)x(t), \\ G^2 x^2(t+1) = \tilde{L}^2 x^2(t), \\ y(t) = x^2(t). \end{cases}$$

6.5　奇异布尔控制网络的输出跟踪

本节主要讨论奇异布尔控制网络的输出跟踪问题.

考虑如下包含 s 个动态方程和 $n-s$ 个静态方程的奇异布尔控制网络:

$$\begin{cases} x_1(t+1) = f_1(u_1(t),\cdots,u_m(t),x_1(t),\cdots,x_n(t)), \\ \qquad\vdots \\ x_s(t+1) = f_s(u_1(t),\cdots,u_m(t),x_1(t),\cdots,x_n(t)), \\ 1 = f_{s+1}(u_1(t),\cdots,u_m(t),x_1(t),\cdots,x_n(t)), \\ \qquad\vdots \\ 1 = f_n(u_1(t),\cdots,u_m(t),x_1(t),\cdots,x_n(t)), \\ y_j(t) = g_j(x_1(t),\cdots,x_n(t)),i=1,\cdots,p, \end{cases} \tag{6.5.1}$$

其中, $x_i,u_j,y_k \in \mathcal{D}$, $i=1,2,\cdots,n$, $j=1,2,\cdots,m$, $k=1,2,\cdots,p$ 分别是状态变量、控制变量和输出变量. $f_i:\mathcal{D}^{m+n}\to\mathcal{D}$ 和 $g_j:\mathcal{D}^n\to\mathcal{D}$, $i=1,2\cdots,n$, $j=1,2,\cdots,p$ 是逻辑函数.

假设 M_i 和 G_j 分别是 f_i 和 g_j, $i=1,\cdots,n$, $j=1,\cdots,p$ 的结构矩阵. 根据

文献 [3] 中的定理 12.2.1, 系统 (6.5.1) 可以转化为代数形式:

$$\begin{cases} x^1(t+1) = M^1 u(t)x(t), \\ \delta_{2^{n-s}}^1 = M^2 u(t)x(t), \\ y(t) = Hx(t), \end{cases} \tag{6.5.2}$$

其中, $x(t) = x^1(t)x^2(t) \in \Delta_{2^n}$, $x^1(t) = \ltimes_{i=1}^s x_i(t) \in \Delta_{2^s}$, $x^2(t) = \ltimes_{i=s+1}^n x_i(t) \in \Delta_{2^{n-s}}$, $u(t) = \ltimes_{i=1}^m u_i(t) \in \Delta_{2^m}$, $y(t) = \ltimes_{i=1}^p y_i(t) \in \Delta_{2^p}$, $M^1 = M_1 * M_2 * \cdots * M_s \in \mathcal{L}_{2^s \times 2^{m+n}}$, $M^2 = M_{s+1} * \cdots * M_n \in \mathcal{L}_{2^{n-s} \times 2^{m+n}}$, $H = G_1 * G_2 * \cdots * G_p \in \mathcal{L}_{2^p \times 2^n}$.

进而, 系统 (6.5.2) 等价于如下代数形式:

$$\begin{cases} Ex(t+1) = Fu(t)x(t), \\ y(t) = Hx(t), \end{cases} \tag{6.5.3}$$

其中 $E = I_{2^s} \otimes \delta_{2^{n-s}}[1, \cdots, 1] \in \mathcal{L}_{2^n \times 2^n}$, $F = M^1 * M^2 \in \mathcal{L}_{2^n \times 2^{m+n}}$. 显然 $\mathrm{rank}(E) \leqslant 2^n$, 当且仅当, $s = n$ 时等式成立, 本节假设 $s < n$.

对于一个控制序列 $u := (u(0), u(1), \cdots, u(n), \cdots)$, 记奇异布尔控制网络 (6.5.3) 从初始状态 $x_0 \in \Delta_{2^n}$ 出发的状态和输出轨迹分别为 $x(t; x_0, u)$ 和 $y(t; x_0, u)$.

由于 E 是奇异的, 奇异布尔控制网络 (6.5.3) 的解可能不存在或者不唯一. 因此, 本节所讨论的输出跟踪问题均是在引理 6.1.1 的条件下进行的, 也就是说假设奇异布尔控制网络 (6.5.3) 的解是存在唯一的.

6.5.1 问题描述

首先给出奇异布尔控制网络输出跟踪的定义.

定义 6.5.1 考虑奇异布尔控制网络 (6.5.3) 和一个常值参考信号 $y^* = \delta_{2^p}^\alpha \in \Delta_{2^p}$. 称奇异布尔控制网络 (6.5.3) 的输出可以跟踪 y^*, 如果对任意的初始状态 $x_0 \in \Delta_{2^n}$, 存在一个整数 $\tau > 0$ 和一个控制序列 u, 使得 $y(t; x_0, u) = y^*$ 对任意的 $t \geqslant \tau$ 成立.

定义

$$O(\alpha) = \{\delta_{2^n}^i : \ \mathrm{Col}_i(H) = \delta_{2^p}^\alpha, 1 \leqslant i \leqslant 2^n\}. \tag{6.5.4}$$

不难发现集合 $O(\alpha)$ 中的状态对应的输出恰好等于参考信号 y^*.

根据定义 6.5.1, 奇异布尔控制网络 (6.5.3) 的输出可以跟踪给定的参考信号 y^*, 当且仅当, 对任意的初始状态 $x_0 \in \Delta_{2^n}$, 存在一个整数 $\tau > 0$ 和一个控制序列 u, 使得 $x(t; x_0, u) \in O(\alpha)$, $t \geqslant \tau$. 设集合

$$\mathcal{X} = \{\delta_{2^n}^i : \mathrm{Col}_i(E) \neq \mathrm{Col}_j(E), i \neq j, j = 1, 2, \cdots, 2^n\} \subseteq \Delta_{2^n}. \tag{6.5.5}$$

考虑到解的存在唯一性, 我们知道奇异布尔控制网络 (6.5.3) 的状态 $x_d \in O(\alpha) \backslash \mathcal{X}$ 从任意初始状态是不能达的. 因此, 令

$$\widetilde{O}(\alpha) = O(\alpha) \cap \mathcal{X}. \tag{6.5.6}$$

显然, 如果 $\widetilde{O}(\alpha) = \varnothing$, 输出跟踪问题是不可解的. 不失一般性, 本节假设 $\widetilde{O}(\alpha) \neq \varnothing$.

基于上面的分析可知, 输出跟踪问题可解, 当且仅当, 对任意的初始状态 $x_0 \in \Delta_{2^n}$, 存在一个正整数 $\tau > 0$ 和一个控制序列 u, 使得 $x(t; x_0, u) \in \widetilde{O}(\alpha)$, $t \geqslant \tau$.

6.5.2　奇异布尔控制网络的控制不变子集

下面, 我们讨论奇异布尔控制网络的控制不变子集, 这是一个解决输出跟踪问题的有效辅助工具.

首先给出奇异布尔控制网络控制不变子集的概念:

定义 6.5.2　给定两个非空集合 $V \subseteq \mathcal{X}$, $S \subseteq V$. 称 S 是 V 的一个控制不变子集, 如果对任意的 $x_0 \in S$, 存在一个控制 $u(t) \in \Delta_{2^m}$ 使得 $x(1; x_0, u) \in S$ 成立.

注 6.5.1　1) 任意两个控制不变子集的并仍是一个控制不变子集.

2) 集合 V 的所有控制不变子集的并称为 V 的最大控制不变子集, 记为 $I_m(V)$.

为了得到判别控制不变子集的充分必要条件, 构造矩阵 $L_s \in \mathcal{L}_{2^n \times 2^{m+n}}$ 如下:

$$\mathrm{Col}_j(L_s) = \delta_{2^n}^i, \text{ 若 } \mathrm{Col}_i(E) = \mathrm{Col}_j(F), i = 1, \cdots, 2^n, j = 1, \cdots, 2^{m+n}. \tag{6.5.7}$$

记

$$M_s = \sum_{\mathcal{B}}{}_{i=1}^{2^m} L_s \delta_{2^m}^i \in \mathcal{B}_{2^n \times 2^n}. \tag{6.5.8}$$

取

$$[\widetilde{M_s}]_{k,l} = [M_s]_{i_k, i_l}, \quad k, l = 1, 2, \cdots, r. \tag{6.5.9}$$

$\widetilde{M_s} \in \mathcal{B}_{r \times r}$ 称为关于 $\mathcal{X}$ 的控制转移矩阵. $[\widetilde{M_s}]_{k,l} = 1$ 意味着 $\delta_{2^n}^{i_k} \in \mathcal{X}$ 是从 $\delta_{2^n}^{i_l} \in \mathcal{X}$ 一步能达的. 定义

$$\widetilde{C}_s = \sum_{\mathcal{B}}{}_{t=1}^{r} \widetilde{M}_s^{(t)} \in \mathcal{B}_{r \times r}. \tag{6.5.10}$$

$[\widetilde{C}_s]_{k,l} = 1$ 意味着 $\delta_{2^n}^{i_k} \in \mathcal{X}$ 是从 $\delta_{2^n}^{i_l} \in \mathcal{X}$ 能达的.

定义

$$\Lambda = \{i : \delta_{2^n}^i \in \mathcal{X}\} = \{i_1, i_2, \cdots, i_r\}, \quad i_1 < i_2 < \cdots < i_r. \tag{6.5.11}$$

考虑两个非空集合 $V \subseteq \mathcal{X}$, $S \subseteq V$. 假设 $S = \{\delta_{2^n}^{i_{j_1}}, \delta_{2^n}^{i_{j_2}}, \cdots, \delta_{2^n}^{i_{j_{|S|}}}\}$, 其中, $i_{j_h} \in \Lambda, j_h \in \{1, 2, \cdots, r\}, h = 1, 2, \cdots, |S|$. 对于集合 S, 我们定义它的指标向量 J_S 和指标矩阵 $\widehat{J}_S$ 分别为

$$J_S = \sum_{\delta_{2^n}^{i_j} \in S} \delta_r^j, \tag{6.5.12}$$

$$\widehat{J}_S = \delta_r[j_1, j_2, \cdots, j_{|S|}]. \tag{6.5.13}$$

下面的命题给出了控制不变子集的一个判据.

命题 6.5.1 给定两个非空集合 $V \subseteq \mathcal{X}$, $S \subseteq V$. S 是 V 的一个控制不变子集, 当且仅当 $J_S^{\mathrm{T}} \times_{\mathcal{B}} \widetilde{M}_s \times_{\mathcal{B}} \widehat{J}_S = \mathbf{1}_{|S|}^{\mathrm{T}}$.

证明 (必要性) 假设 S 是 V 的一个控制不变子集. 那么对任意的 $x_0 \in S$, 存在一个控制 $u(t) \in \Delta_{2^m}$ 使得 $x(1; x_0, u) \in S$. 取 $x_0 = \delta_{2^n}^{i_{j_h}} \in S$. 存在状态 $x_d = \delta_{2^n}^{i_{j_k}} \in S$ 使得 x_d 是从 x_0 一步能达的, 即 $[\widetilde{M}_s]_{j_k, j_h} = 1$, 这也蕴涵着 $[J_S^{\mathrm{T}} \times_{\mathcal{B}} \widetilde{M}_s \times_{\mathcal{B}} \widehat{J}_S]_h = 1$. 由 x_0 的任意性得 $J_S^{\mathrm{T}} \times_{\mathcal{B}} \widetilde{M}_s \times_{\mathcal{B}} \widehat{J}_S = \mathbf{1}_{|S|}^{\mathrm{T}}$.

(充分性) 假设 $J_S^{\mathrm{T}} \times_{\mathcal{B}} \widetilde{M}_s \times_{\mathcal{B}} \widehat{J}_S = \mathbf{1}_{|S|}^{\mathrm{T}}$. 那么对任意的 $h = 1, 2, \cdots, |S|$, 存在 $\theta \in \{1, 2, \cdots, |S|\}$ 使得 $[\widetilde{M}_s]_{j_\theta, j_h} = 1$. 这意味着 $\delta_{2^n}^{i_{j_\theta}} \in S$ 是从 $\delta_{2^n}^{i_{j_h}} \in S$ 一步能达的. 根据 h 的任意性可知, S 是 V 的一个控制不变子集. $\square$

基于命题 6.5.1, 下面给出一个求 V 的最大控制不变子集的算法.

算法 6.5.1 如下步骤旨在寻找 V 的最大控制不变子集.

第 1 步: 计算 $\widetilde{M}_s$.

第 2 步: 设 $i = 0$, $S_0 = V$.

第 3 步: 根据 (6.5.12) 和 (6.5.13), 分别计算 J_{S_i} 和 $\widehat{J}_{S_i}$.

第 4 步: 计算

$$N_i = \{\delta_{2^n}^{i_{j_h}} : [J_{S_i}^{\mathrm{T}} \times_{\mathcal{B}} \widetilde{M}_s \times_{\mathcal{B}} \widehat{J}_{S_i}]_h = 0, 1 \leqslant h \leqslant |S_i|\}.$$

第 5 步: 若 $N_i = \varnothing$, 令 $\Gamma = S_i$, 停止. 否则, 令 $S_{i+1} = S_i \backslash N_i$.

第 6 步: 若 $S_{i+1} = \varnothing$, 令 $\Gamma = \varnothing$, 停止. 否则, 令 $i = i + 1$, 返回第 3 步.

注 6.5.2 1) 由于 V 是一个有限集, 算法 6.5.1 迭代有限次后一定能够停止. 算法 6.5.1 的迭代次数为 $w \leqslant |S_0|$.

2) 第 1 步、第 3 步和第 4 步的计算复杂度分别为 $O(2^{m+2n})$, $O(r)$ 和 $O(r^2)$. 因此, 算法 6.5.1 的计算复杂度为 $O(2^{m+2n} + r^2)$. 文献 [130] 中结果的计算复杂度为 $O(2^{m+3n} + |S_0| 2^{3n})$, 显然远大于该算法的计算复杂度.

3) 根据算法 6.5.1, 如果 $\Gamma = \varnothing$, 那么不存在 V 的控制不变子集.

假设由算法 6.5.1 得到的 Γ 非空. 下面定理证明了 Γ 是 V 的最大控制不变子集.

定理 6.5.1 算法 6.5.1 得到的 Γ 是 V 的最大控制不变子集.

证明 根据命题 6.5.1, 状态子集 Γ 是 V 的一个控制不变子集. 接下来, 我们证明对 V 的任意控制不变子集 S, 有 $S \subseteq \Gamma$ 成立. 假设算法 6.5.1 得到的一组集合为 $\{S_0 = V, S_1, \cdots, S_{w-1}, S_w = \Gamma\}$, 显然有 $S_w \subset S_{w-1} \subset \cdots \subset S_1 \subset S_0$. 如果存在一个控制不变子集 S' 使得 $S' \subseteq V$, 但是 $S' \not\subseteq \Gamma$, 那么一定存在 $w_0 \leqslant w$ 使得 $S' \not\subseteq S_{w_0}$, 但是 $S' \subseteq S_{w_0-1}$, 这意味着 $S' \cap N_{w_0-1} \neq \varnothing$. 设 $\delta_{2^n}^{i_j h} \in S' \cap N_{w_0-1}$. 因为 S' 是一个控制不变子集, 我们得到 $\left[J_{S_{w_0-1}}^{\mathrm{T}} \times_{\mathcal{B}} \widetilde{M}_s \times_{\mathcal{B}} \widehat{J}_{S_{w_0-1}} \right]_h = 1$. 然而, $\delta_{2^n}^{i_j h} \in N_{w_0-1}$ 蕴涵着 $\left[J_{S_{w_0-1}}^{\mathrm{T}} \times_{\mathcal{B}} \widetilde{M}_s \times_{\mathcal{B}} \widehat{J}_{S_{w_0-1}} \right]_h = 0$, 矛盾. 因此, $I_m(V) = \Gamma$. $\qquad\square$

6.5.3 奇异布尔控制网络的输出跟踪

接下来, 我们讨论奇异布尔控制网络的输出跟踪问题, 并且给出相应的方法设计时间最优的状态反馈控制器.

基于最大控制不变子集, 下面的定理给出了输出跟踪问题可解的充要条件.

定理 6.5.2 考虑奇异布尔控制网络 (6.5.3) 和参考信号 $y^* = \delta_{2^p}^\alpha$. 系统的输出可以跟踪 y^*, 当且仅当, $I_m(\widetilde{O}(\alpha))$ 存在, 并且对任意的 $x_0 \in \Delta_{2^n}$, 存在一个控制序列 u 和一个正整数 $\tau > 0$, 使得对任意的 $t \geqslant \tau$, $x(t; x_0, u) \in I_m(\widetilde{O}(\alpha))$ 都成立.

证明 (充分性) 假设对任意的 $x_0 \in \Delta_{2^n}$, 存在一个控制序列 u 和一个正整数 $\tau > 0$ 使得对任意的 $t \geqslant \tau$, $x(t; x_0, u) \in I_m(\widetilde{O}(\alpha))$. 由于 $I_m(\widetilde{O}(\alpha)) \subseteq \widetilde{O}(\alpha)$, 则对任意 $t \geqslant \tau$, $x(t; x_0, u) \in \widetilde{O}(\alpha)$ 都成立, 即输出跟踪问题可解.

(必要性) 用反证法. 假设存在 $x_0' \in \Delta_{2^n}$ 使得对任意的控制序列 u 和任意的正整数 $\tau > 0$, 都存在 $t \geqslant \tau$ 且 $x(t; x_0', u) \notin I_m(\widetilde{O}(\alpha))$. 由于奇异布尔控制网络 (6.5.3) 的输出可以跟踪 y^*, 因此存在一个控制序列 u' 和一个整数 $\tau' > 0$ 使得 $x(t; x_0', u') \in \widetilde{O}(\alpha)$ 对任意的 $t \geqslant \tau'$ 成立. 从而, $x(t; x_0', u') \in \widetilde{O}(\alpha) \backslash I_m(\widetilde{O}(\alpha))$ 对任意的 $t \geqslant \tau'$ 成立, 这意味着 $\{x(t; x_0', u') : t \geqslant \tau\}$ 是一个控制不变子集. 这与 $I_m(\widetilde{O}(\alpha))$ 是 $\widetilde{O}(\alpha)$ 的最大控制不变子集相矛盾. $\qquad\square$

针对输出跟踪问题是否可解, 下面的定理给出了一个便于验证的判别准则.

定理 6.5.3 考虑奇异布尔控制网络 (6.5.3) 和参考信号 $y^* = \delta_{2^p}^\alpha$. 输出跟踪问题可解, 当且仅当,

$$J_S^{\mathrm{T}} \times_{\mathcal{B}} \widetilde{C}_s = \mathbf{1}_r^{\mathrm{T}}, \tag{6.5.14}$$

其中 $S = I_m(\widetilde{O}(\alpha))$.

证明 （充分性）假设 $J_S^T \times_B \widetilde{C}_s = \mathbf{1}_r^T$. 那么对任意的 $x_0 = \delta_{2^n}^{i_h} \in \mathcal{X}$, 存在 $x_d = \delta_{2^n}^{i_k} \in S$ 使得 $[\widetilde{C}_s]_{k,h} = 1$. 这意味着 x_d 是从 x_0 一步能达的. 因此对任意的 $x_0 \in \Delta_{2^n}$, x_0 能够到达集合 S. 由于 $S = I_m(\widetilde{O}(\alpha))$ 是一个控制不变子集, 则对任意的 $x_0 \in \Delta_{2^n}$, 存在一个控制序列 u 和一个正整数 $\tau > 0$ 使得 $x(t; x_0, u) \in S$, $t \geqslant \tau$. 根据定理 6.5.2, 输出跟踪问题是可解的.

（必要性）假设奇异布尔控制网络 (6.5.3) 的输出跟踪问题是可解的. 根据定理 6.5.2, 对任意的初始状态 $x_0 \in \Delta_{2^n}$, 存在一个正整数 $\tau > 0$ 和一个控制序列 u 使得 $x(t; x_0, u) \in S, t \geqslant \tau$. 因此, 对任意的 $x_0 = \delta_{2^n}^{i_h} \in \mathcal{X}$, 存在一个 $x_d = \delta_{2^n}^{i_l} \in S$ 使得 x_d 是从 x_0 能达的, 这意味着 $[\widetilde{C}_s]_{l,h} = 1$. 因此, $J_S^T \times_B \widetilde{C}_s = \mathbf{1}_r^T$. $\square$

下面, 考虑奇异布尔控制网络 (6.5.3) 的输出跟踪给定参考信号 $y^* = \delta_{2^p}^\alpha$ 的状态反馈控制器的设计问题. 设状态反馈控制器具有如下形式

$$u(t) = \boldsymbol{K}x(t), \tag{6.5.15}$$

其中 $u(t) \in \Delta_{2^m}$, $x(t) \in \Delta_{2^n}$ 以及 $\boldsymbol{K} \in \mathcal{L}_{2^m \times 2^n}$.

给定一个非空集合 $S \subseteq \mathcal{X}$ 和一个正整数 q. 记

$$\Upsilon_q(S)$$
$$= \{x_0 \in \Delta_{2^n} : 存在控制序列\ (u(0), u(1), \cdots, u(q-1)), 使得\ x(q; x_0, u) \in S\}. \tag{6.5.16}$$

如果 $x_0 \in \Upsilon_q(S)$, 那么存在 $x_d \in S$ 使得 x_d 是从 x_0 出发 q 步能达的.

根据 $\Upsilon_q(S)$ 的定义, 下面的定理给出了一个输出跟踪问题在状态反馈控制下可解的充分必要条件.

定理 6.5.4 奇异布尔控制网络 (6.5.3) 的输出在状态反馈控制 $u(t) = Kx(t)$ 下可以跟踪参考信号 $y^* = \delta_{2^p}^\alpha$, 当且仅当, 存在 $\widetilde{O}(\alpha)$ 的一个控制不变子集 S 和一个正整数 τ 使得

$$\Upsilon_\tau(S) = \mathcal{X}. \tag{6.5.17}$$

证明 （充分性）假设存在一个控制不变子集 $S \subseteq \widetilde{O}(\alpha)$ 和一个正整数 τ 使得 (6.5.17) 成立.

令 $\Upsilon_q^\circ(S) = \Upsilon_q(S) \backslash \Upsilon_{q-1}(S)$, $q = 1, 2, \cdots, \tau$, 其中 $\Upsilon_0(S) = \varnothing$. 则 $\Upsilon_q^\circ(S)$, $q = 1, 2, \cdots, \tau$ 两两不相交.

根据 $\Upsilon_\tau(S) = \mathcal{X}$, 对每个 $i_j \in \Lambda$, 存在唯一的 $q_j \in \{1, 2, \cdots, \tau\}$ 使得 $\delta_{2^n}^{i_j} \in \Upsilon_{q_j}^\circ(S)$. 如果 $q_j = 1$, 那么可以找到一个整数 $p_{i_j} \in \{1, 2, \cdots, 2^m\}$ 和唯一的 $i_\lambda \in \Lambda$ 满足 $\text{Col}_{i_\lambda}(E) = \text{Col}_l(F)$ 和 $\delta_{2^n}^{i_\lambda} \in S$, 其中 $l := (p_{i_j} - 1)2^n + i_j$. 如果 $2 \leqslant q_j \leqslant \tau$,

那么存在 $p_{i_j} \in \{1, 2, \cdots, 2^m\}$ 和唯一的 $i_\lambda \in \Lambda$ 满足 $\mathrm{Col}_{i_\lambda}(E) = \mathrm{Col}_l(F)$ 和 $\delta_{2^n}^{i_\lambda} \in \Upsilon_{q_j-1}^{\circ}(S)$, 其中 $l := (p_{i_j} - 1)2^n + i_j$.

对于 $h = 1, 2, \cdots, 2^n$, 令

$$\begin{cases} v_h = p_h, & h \in \Lambda, \\ v_h \in \{1, 2, \cdots, 2^m\}, & h \notin \Lambda. \end{cases} \tag{6.5.18}$$

进而我们可以设计状态反馈控制器 $K = \delta_{2^m}[v_1, v_2, \cdots, v_{2^n}]$.

在反馈控制 $u(t) = Kx(t)$ 下, 对任意的 $x_0 = \delta_{2^n}^{i_j} \in \mathcal{X}$, $x(q_j; x_0, u) \in S$ 都成立. 因为 S 是 $\widetilde{O}(\alpha)$ 的一个控制不变子集, 则对任意的 $x_0 \in \mathcal{X}$ 以及 $t \geqslant \tau$, 都有 $x(t; x_0, u) \in \widetilde{O}(\alpha)$. 因此, 奇异布尔控制网络 (6.5.3) 的输出可以在状态反馈控制下跟踪 y^*.

(必要性) 假设在状态反馈控制 $u(t) = Kx(t)$, $K \in \mathcal{L}_{2^m \times 2^n}$ 下, 奇异布尔控制网络 (6.5.3) 输出可以跟踪 y^*. 那么奇异布尔控制网络 (6.5.3) 与 $u(t) = Kx(t)$ 构成一个闭环系统:

$$\begin{cases} Ex(t+1) = \hat{F}x(t), \\ y(t) = Hx(t), \end{cases} \tag{6.5.19}$$

其中 $\hat{F} = FKM_{r,2^n}$.

令 S 是系统 (6.5.19) 所有不动点和极限环的集合. 换言之, $S = S_1 \cup S_2$, 其中 $S_1 = \{x_0 : Ex_0 = \hat{F}x_0\}$, $S_2 = \{x_0, x_1, \cdots, x_k : Ex_i = \hat{F}x_{i-1}, i = 1, 2, \cdots, k, \ x_0 = x_k \text{ 且 } x_0, x_1, \cdots, x_{k-1} \text{ 是两两不同的}\}$. 显然, S 是一个控制不变子集. 并且 (6.5.17) 对 S 成立. 否则, 存在 $x_0 \notin S$ 使得对任意的 $x \in S$, x 是从 x_0 不能达的. 但是又存在 $x' \in \Delta_{2^n}$ 使得 x' 是从 x_0 能达的, 并且 x' 能到达 S, 矛盾.

下面, 我们证明 $S \subseteq \widetilde{O}(\alpha)$. 事实上, 如果 $S \not\subseteq \widetilde{O}(\alpha)$, 那么存在 $x_0 \in S$ 使得 $x_0 \notin \widetilde{O}(\alpha)$, 这意味着输出跟踪问题不可解. 矛盾. $\qquad\square$

注 6.5.3 1) 在定理 6.5.4 中, 条件 (6.5.17) 蕴涵着 S 是从 $\mathcal{X}$ 中的任意状态能达的. 且控制不变子集 S 的作用是保证奇异布尔控制网络 (6.5.3) 的输出在 τ 时刻之后等于 y^*.

2) 毫无疑问, 在定理 6.5.4 的条件下, 一定存在自由控制序列使得奇异布尔控制网络 (6.5.3) 的输出可以跟踪参考信号 y^*. 事实上, 定理 6.5.4 的充分性证明给出了一个利用自由控制序列设计状态反馈控制器的构造过程.

考虑奇异布尔控制网络 (6.5.3). 称状态反馈控制器 (6.5.15) 是时间最优的, 如果在此状态反馈控制器下, 奇异布尔控制网络 (6.5.3) 的输出可以在最短的时间

内跟踪参考信号 y^*. 显然, 在定理 6.5.4 中, 如果 $S = I_m(\widetilde{O}(\alpha))$, 那么对应的状态反馈控制器是时间最优的.

基于算法 6.5.1 和定理 6.5.4, 得到下面算法来设计状态反馈控制器.

算法 6.5.2 假设奇异布尔控制网络 (6.5.3) 的输出跟踪问题是可解的. 下面的步骤用于设计系统输出跟踪 $y^* = \delta_{2^p}^{\alpha}$ 的时间最优状态反馈控制器 $u(t) = Kx(t)$, $K \in \mathcal{L}_{2^m \times 2^n}$.

第 1 步: 根据算法 6.5.1 计算 $I_m(\widetilde{O}(\alpha))$.

第 2 步: 令 $S = I_m(\widetilde{O}(\alpha))$, $j = 1$.

第 3 步: 对于 $i_j \in \Lambda$, 找唯一的 $q_j \in \{1, 2, \cdots, \tau\}$ 满足 $\delta_{2^n}^{i_j} \in \Upsilon_{q_j}^{\circ}(S)$.

第 4 步: 找 $p_{i_j} \in \{1, 2, \cdots, 2^m\}$ 和唯一的 $i_{\lambda} \in \Lambda$ 使得 $\mathrm{Col}_{i_{\lambda}}(E) = \mathrm{Col}_l(F)$ 以及

$$\begin{cases} \delta_{2^n}^{i_{\lambda}} \in S, & q_j = 1, \\ \delta_{2^n}^{i_{\lambda}} \in \Upsilon_{q_j-1}^{\circ}(S), & 2 \leqslant q_j \leqslant \tau, \end{cases}$$

其中 $l := (p_{i_j} - 1)2^n + i_j$.

第 5 步: 记所有满足第 4 步中条件的 p_{i_j} 构成的集合为 $P(i_j)$.

第 6 步: 如果 $j < r$, 令 $j = j + 1$, 返回第 3 步. 否则, 令

$$\Omega(h) = \begin{cases} P(h), & h \in \Lambda, \\ \{1, 2, \cdots, 2^m\}, & h \notin \Lambda. \end{cases}$$

进而, 时间最优的状态反馈控制器为 $u(t) = Kx(t)$, $K = \delta_{2^m}[v_1, v_2, \cdots, v_{2^n}]$, $v_h \in \Omega(h)$, 停止.

注 6.5.4 注意到, 算法 6.5.2 中第 1 步的计算复杂度为 $O(2^{m+2n} + r^2)$. 并且, 第 3 步和第 4 步的计算复杂度分别为 $O(\tau)$ 和 $O(2^m r)$. 因此, 算法 6.5.2 的计算复杂度为 $O(2^{m+2n} + 2^m r^2)$.

下面, 给出一个数值算例以说明所得结果的可行性.

例 6.5.1 考虑如下奇异布尔控制网络:

$$\begin{cases} Ex(t+1) = Fu(t)x(t), \\ y(t) = Hx(t), \end{cases} \tag{6.5.20}$$

其中 $E = \delta_8[7, 7, 4, 8, 8, 5, 2, 3]$, $H = \delta_4[1, 1, 2, 2, 4, 2, 2, 4]$,

$F = \delta_8[2, 4, 2, 5, 4, 3, 3, 3, 3, 4, 3, 2, 2, 3, 3, 4, 2, 5, 3, 5, 2, 3, 4, 3, 5, 4, 3, 2, 4, 3, 3, 4]$,

且参考信号为 $y^* = \delta_4^2$.

根据 (6.5.5)~(6.5.6), 可计算得

$$\mathcal{X} = \{\delta_8^3, \delta_8^6, \delta_8^7, \delta_8^8\}, \quad r = |\mathcal{X}| = 4,$$

$$\Lambda = \{3, 6, 7, 8\} := \{i_1, i_2, i_3, i_4\}, \quad 其中 i_1 < i_2 < i_3 < i_4.$$

$$O(\alpha) = \{\delta_8^3, \delta_8^4, \delta_8^6, \delta_8^7\}, \quad \widetilde{O}(\alpha) = O(\alpha) \cap \mathcal{X} = \{\delta_8^3, \delta_8^6, \delta_8^7\}.$$

由 (6.5.7)~(6.5.10) 得

$$L_s = \delta_8[7,3,7,6,3,8,8,8,8,3,8,7,7,8,8,3,7,6,8,6,7,8,3,8,6,3,8,7,3,8,8,3],$$

$$M_s = \sum_{\mathcal{B}}{}^4_{i=1} L_s \delta_4^i = \begin{bmatrix} 0 & 0 & 0 & 0 & 0 & 0 & 0 & 0 \\ 0 & 0 & 0 & 0 & 0 & 0 & 0 & 0 \\ 0 & 1 & 0 & 0 & 1 & 0 & 1 & 1 \\ 0 & 0 & 0 & 0 & 0 & 0 & 0 & 0 \\ 0 & 0 & 0 & 0 & 0 & 0 & 0 & 0 \\ 1 & 1 & 0 & 1 & 0 & 0 & 0 & 0 \\ 1 & 0 & 1 & 1 & 1 & 0 & 0 & 0 \\ 1 & 0 & 1 & 0 & 0 & 1 & 1 & 1 \end{bmatrix},$$

$$\widetilde{M}_s = \begin{bmatrix} 0 & 0 & 1 & 1 \\ 0 & 0 & 0 & 0 \\ 1 & 0 & 0 & 0 \\ 1 & 1 & 1 & 1 \end{bmatrix}, \quad \widetilde{C}_s = \begin{bmatrix} 1 & 1 & 1 & 1 \\ 0 & 0 & 0 & 0 \\ 1 & 1 & 1 & 1 \\ 1 & 1 & 1 & 1 \end{bmatrix}.$$

基于算法 6.5.1, 计算得 $\Gamma = \{\delta_8^3, \delta_8^7\} \neq \varnothing$. 根据定理 6.5.1, $I_m(\widetilde{O}(\alpha)) = \Gamma = \{\delta_8^3, \delta_8^7\}$.

进而得 $J_\Gamma^{\mathrm{T}} \times_{\mathcal{B}} \widetilde{C}_s = \mathbf{1}_4^{\mathrm{T}}$. 因此, 根据定理 6.5.3, 奇异布尔控制网络 (6.5.20) 的输出跟踪问题是可解的.

基于算法 6.5.2, 我们设计时间最优的状态反馈控制器. 通过简单的计算得到 $\Upsilon_1^\circ(\Gamma) = \{\delta_8^3, \delta_8^7, \delta_8^8\}$, $\Upsilon_2^\circ(\Gamma) = \{\delta_8^6\}$. 且有

$$\begin{cases} P(3) = \{1\}, & i_1 = 3, \\ P(6) = \{1,2,3,4\}, & i_2 = 6, \\ P(7) = \{3\}, & i_3 = 7, \\ P(8) = \{2,4\}, & i_4 = 8. \end{cases}$$

令

$$\Omega(h) = \begin{cases} P(h), & h \in \Lambda, \\ \{1,2,3,4\}, & h \notin \Lambda. \end{cases}$$

最终得时间最优状态反馈控制器 $u(t) = Kx(t)$, 其中 $K = \delta_4[v_1, v_2, \cdots, v_8]$, $v_h \in \Omega(h)$, $h = 1, 2, \cdots, 8$.

注 6.5.5   本章主要讨论了奇异布尔控制网络的能控性、能观性、最优控制、干扰解耦以及输出跟踪等问题. 本章所有控制问题都是在奇异布尔控制网络的解存在且唯一的前提下讨论的, 在 $s = n$ 时, 奇异布尔控制网络即为正常的布尔控制网络, 因此本章所得结论对布尔控制网络也适用. 另一方面我们也可以将相关的结果推广到高阶奇异布尔控制网络情形.

比如考虑 μ 阶奇异布尔控制网络

$$Ex(t+1) = Fu(t) \cdots u(t-\mu+1)x(t) \cdots x(t-\mu+1), \tag{6.5.21}$$

其中 $F \in \mathcal{L}_{2^n \times 2^{\mu(m+n)}}$. 令 $v(t) = u(t+\mu-1) \cdots u(t)$, $z(t) = x(t+\mu-1) \cdots x(t)$, 则 $Ex(t+1) = Fv(t-\mu+1)z(t-\mu+1)$. 因此

$$\begin{aligned}
Ez(t+1) &= Ex(t+\mu)x(t+\mu-1) \cdots x(t+1) \\
&= Fv(t)z(t)D_f^{2^{(\mu-1)n, 2^n}}x(t+\mu-1) \cdots x(t+1)x(t) \\
&= F(I_{2^{\mu(m+n)}} \otimes D_f^{2^{(\mu-1)n, 2^n}})v(t)M_{r, 2^{\mu n}}z(t) \\
&= F(I_{2^{\mu(m+n)}} \otimes D_f^{2^{(\mu-1)n, 2^n}})(I_{2^{\mu m}} \otimes M_{r, 2^{\mu n}})v(t)z(t) \\
&\triangleq Mv(t)z(t),
\end{aligned}$$

其中

$$M = F(I_{2^{\mu(m+n)}} \otimes D_f^{2^{(\mu-1)n, 2^n}})(I_{2^{\mu m}} \otimes M_{r, 2^{\mu n}}) \in \mathcal{L}_{2^{\mu n} \times 2^{\mu(m+n)}}.$$

注意到 $E \in \mathcal{L}_{2^n \times 2^n}$, $z \in \Delta_{2^{\mu n}}$, 那么

$$Ez(t+1) = (E \otimes I_{2^{(\mu-1)n}})z(t+1).$$

因此令 $G = E \otimes I_{2^{(\mu-1)n}}$, 得 μ 阶奇异布尔控制网络 (6.5.21) 的代数等价形式

$$Gz(t+1) = Mv(t)z(t), \tag{6.5.22}$$

这与奇异布尔控制网络的形式相同, 因此我们也可以类似地解决 μ 阶奇异布尔控制网络的控制问题.

第 7 章 模糊关系方程的求解

"模糊集合"的概念是由美国学者 Zadeh 于 1965 年首次提出的[396]. 在描述客观事物时, "模糊集合"比"清晰集合"拥有更大的信息量, 内涵更丰富, 更符合客观世界. 模糊理论体系主要包括模糊集合、模糊推理、模糊控制以及模糊逻辑等方面的内容. 模糊关系方程的求解问题是模糊集合与模糊系统中最重要的问题之一. 它在模糊控制中扮演着重要的角色[277,321,406], 在模糊推理[166,307]、影像压缩[272]、医疗诊断[298] 等方面也有着非常重要的应用.

模糊关系方程求解的重要性及其挑战性使得该问题很长时间以来一直受到相关学者们的关注, 并已取得很多优秀的成果, 例如, 为了求解模糊关系方程, 学者们提出了很多算法, 包括辨识算法[278]、规则方法[22]、准则矩阵和辅助矩阵的算法[262]、最大最小解方法[264]、图论方法[41] 等等. 这里我们将利用矩阵半张量积研究模糊关系方程的求解方法, 将逻辑关系方程等价地转化为代数方程, 从而给出求解模糊关系方程完全解集的算法[58]. 受此方法的启发, 文献 [97] 与 [4] 分别研究了一般模糊关系 $X \circ Y = R$ 的分解问题与模糊关系不等式 $A \circ X \circ B \leqslant C$ 的求解问题.

7.1 模糊关系方程

我们这里所说的模糊关系方程, 是建立在"布尔和"与"布尔积"基础上的模糊关系矩阵方程, 为此首先给出"布尔和"与"布尔积"的定义, 用 $\vee$ 与 $\wedge$ 分别表示"布尔和"与"布尔积", 即

$$a +_{\mathcal{B}} b := a \vee b = \max\{a, b\}, \quad a, b \in [0, 1]; \tag{7.1.1}$$

$$a \times_{\mathcal{B}} b := a \wedge b = \min\{a, b\}, \quad a, b \in [0, 1]. \tag{7.1.2}$$

于是, 对于两个矩阵 $A = (a_{i,j}) \in \mathcal{D}^\infty_{m \times n}$ 与 $B = (b_{i,j}) \in \mathcal{D}^\infty_{n \times s}$, 这里 $\mathcal{D}^\infty := \{a \mid 0 \leqslant a \leqslant 1\} = [0, 1]$, 定义它们的乘积

$$C = (c_{i,j}) = A \circ B \in \mathcal{D}^\infty_{m \times s}, \tag{7.1.3}$$

其中,

$$c_{i,j} = \sum_{k=1}^{n} a_{i,k} b_{k,j} = (a_{i,1} \times_{\mathcal{B}} b_{1,j}) +_{\mathcal{B}} (a_{i,2} \times_{\mathcal{B}} b_{2,j}) +_{\mathcal{B}} \cdots +_{\mathcal{B}} (a_{i,n} \times_{\mathcal{B}} b_{n,j}),$$
$$i = 1, \cdots, m; \ j = 1, \cdots, s.$$

容易验证该矩阵乘积满足结合律与分配律.

命题 7.1.1 (i) 结合律:

给定矩阵 $A \in \mathcal{D}_{m \times n}^{\infty}$, $B \in \mathcal{D}_{n \times p}^{\infty}$ 与 $C \in \mathcal{D}_{p \times q}^{\infty}$, 则有

$$(A \circ B) \circ C = A \circ (B \circ C). \tag{7.1.4}$$

(ii) 分配律:

给定适维矩阵 A, B, C, 三个矩阵的元素皆在 $\mathcal{D}^{\infty}$ 中取值, 则有

$$A \circ (B +_{\mathcal{B}} C) = (A \circ B) +_{\mathcal{B}} (A \circ C), \\ (A +_{\mathcal{B}} B) \circ C = (A \circ C) +_{\mathcal{B}} (B \circ C). \tag{7.1.5}$$

设 E 为论域, 即我们讨论的对象集, 它是有限集, 本章中考虑的论域都是有限的.

定义 7.1.1 设论域

$$E = \{e_1, e_2, \cdots, e_n\}.$$

(i) $A \subset E$ 为一子集.

$$\mu_A(x) := \begin{cases} 1, & x \in E, \\ 0, & x \notin E. \end{cases} \tag{7.1.6}$$

μ_A 称为 A 的示性函数. 于是, A 由其示性向量

$$\mu_A = (\mu_A(e_1), \mu_A(e_1), \cdots, \mu_A(e_n))$$

唯一确定.

(ii) A 称为 E 的一个模糊 (子) 集, 如果存在 $\mu_A : E \to [0,1]^n$, 满足

$$0 \leqslant \mu_A(x) \leqslant 1, \quad x \in E. \tag{7.1.7}$$

这里, $\mu_A(x)$ 称为 x 隶属度. 同样, A 由其隶属度向量

$$\mathcal{V}_A = (\mu_A(e_1), \mu_A(e_1), \cdots, \mu_A(e_n))$$

唯一确定.

$\mathcal{P}(E)$ 与 $\mathcal{F}(E)$ 分别表示集合 E 上的子集与模糊集的所有集合. 特别地, 以下记常用论域

$$U = \{u_1, \cdots, u_m\}, \quad V = \{v_1, \cdots, v_n\}, \quad W = \{w_1, \cdots, w_s\}.$$

由于 $A \in \mathcal{F}(E)$ 由其隶属度向量唯一确定, 因此, $A \in \mathcal{F}(E)$ 可记为

$$(\mu_A(e_1), \mu_A(e_2), \cdots, \mu_A(e_n)) \in \mathcal{F}(E).$$

定义 7.1.2　(i) 设 U, V 为两个有限集. 一个 U 与 V 上的模糊关系 R 是乘积集合上的一个模糊子集, 即 $R \in \mathcal{F}(U \times V)$.

(ii) 给定模糊关系 $R \in \mathcal{F}(U \times V)$, R 上的模糊关系矩阵用 M_R 可以表示如下

$$M_R = \begin{bmatrix} \mu_R(u_1, v_1) & \mu_R(u_1, v_2) & \cdots & \mu_R(u_1, v_n) \\ \mu_R(u_2, v_1) & \mu_R(u_2, v_2) & \cdots & \mu_R(u_2, v_n) \\ \vdots & \vdots & & \vdots \\ \mu_R(u_m, v_1) & \mu_R(u_m, v_2) & \cdots & \mu_R(u_m, v_n) \end{bmatrix}, \tag{7.1.8}$$

这里 μ_R 是集合 $U \times V$ 上模糊关系 R 的隶属度.

显然, 模糊关系矩阵就是二维隶属度向量. 它唯一决定了模糊关系 R.

给定两个模糊关系矩阵 $A \in \mathcal{F}(U \times V)$ 与 $B \in \mathcal{F}(U \times W)$, 寻找模糊关系矩阵 $X \in \mathcal{F}(V \times W)$ 满足下面的模糊关系方程

$$A \circ X = B. \tag{7.1.9}$$

关于模糊关系方程 (7.1.9) 的一些经典求解方法, 可以参考文献 [24, 147, 449], 然而就像文献 [147] 所说, "很难找到所有的解"(it is very difficult to find all the solutions). 尽管文献 [24] 讨论了模糊关系方程的一般解集, 但该文献并没有给出求解模糊关系方程一般解集的数值方法. 这里我们将利用矩阵半张量积以及多值逻辑的向量表示[55], 对于任意的模糊关系矩阵 A 与 B, 给出求解模糊关系方程 (7.1.9) 所有解的算法.

为了讨论模糊关系方程 (7.1.9) 解的结构, 需要给出矩阵偏序的定义.

定义 7.1.3　(i) 给定矩阵 $A = (a_{i,j}), B = (b_{i,j}) \in \mathcal{D}_{m \times n}^{\infty}$, 如果有

$$a_{i,j} \geqslant b_{i,j}, \quad i = 1, \cdots, m; \, j = 1, \cdots, n.$$

则称 $A \geqslant B$.

(ii) 如果 $A \geqslant B$ 且 $A \neq B$, 则称 $\boldsymbol{A} > \boldsymbol{B}$.

(iii) 令 $\Theta \subset \mathcal{D}_{m \times n}^{\infty}$, 如果没有矩阵 $B \in \Theta$ 满足 $B > A$ $(B < A)$, 则称 $A \in \Theta$ 是极大 (小) 元.

(iv) 如果有

$$A \geqslant B, \quad \forall B \in \Theta \qquad (A \leqslant B, \quad \forall B \in \Theta).$$

则称 $A \in \Theta$ 是最大 (小) 元.

结合 (7.1.3) 中矩阵乘积的定义, 容易验证矩阵偏序具有如下的性质.

命题 7.1.2　给定矩阵 $A, B \in \mathcal{D}_{m \times n}^{\infty}$ 与 $C, D \in \mathcal{D}_{n \times p}^{\infty}$, 假设 $A \geqslant B$ 与 $C \geqslant D$, 则有

$$A \circ C \geqslant B \circ D. \tag{7.1.10}$$

7.2　逻辑关系的矩阵表示

给定 $x \in \mathcal{D}^k$, 这里

$$\mathcal{D}^k := \left\{ 0, \frac{1}{k-1}, \frac{2}{k-1}, \cdots, \frac{k-2}{k-1}, 1 \right\}, \quad k \geqslant 2, \ k < \infty.$$

令

$$\frac{i}{k-1} \sim \delta_k^{k-i}, \quad i = 0, 1, \cdots, k-1.$$

于是有 $x \in \Delta_k$, 并称 $x \in \Delta_k$ 为 $x \in \mathcal{D}^k$ 的向量形式.

称 $\sigma : \underbrace{\mathcal{D}^k \times \cdots \times \mathcal{D}^k}_{r} \to \mathcal{D}^k$ 为一个 r 元 k 值逻辑算子 (或者, 逻辑函数). 如果用逻辑变量的向量表示形式, 则 σ 变为映射 $\sigma : \underbrace{\Delta_k \times \cdots \times \Delta_k}_{r} \to \Delta_k$.

引理 7.2.1[55]　令 f 是一个 r 元 k 值逻辑函数, 则有唯一的逻辑矩阵 $M_f \in \mathcal{L}_{k \times k^r}$, 满足下面的向量形式

$$f(x_1, \cdots, x_r) = M_f \ltimes x_1 \ltimes \cdots \ltimes x_r. \tag{7.2.1}$$

称 (7.2.1) 为逻辑函数 f 的向量形式, 并且称 M_f 为逻辑函数 f 的结构矩阵. 至于如何从逻辑形式求其结构矩阵 M_f 或者如何由结构矩阵求其所对应的逻辑函数, 读者可参考文献 [55].

特别地, 当 σ 为一个一元算子时, 其结构矩阵 M_σ 满足

$$\sigma x = M_\sigma x, \quad x \in \Delta_k.$$

当 σ 为一个二元算子时, 其结构矩阵 M_σ 满足

$$x\sigma y = M_\sigma \ltimes x \ltimes y, \quad x,y \in \Delta_k.$$

下面分别给出逻辑算子 $\neg$, $\wedge$ 与 $\vee$ 的结构矩阵.

例 7.2.1　为了方便, 引入如下 k 维向量记号:

$$U_s = (1\,2\,\cdots\,s-1\,\underbrace{s\,\cdots\,s}_{k-s+1}),$$

$$V_s = (\underbrace{s\,\cdots\,s}_{s}\,s+1\,s+2\,\cdots\,k), \quad s=1,2,\cdots,k.$$

于是有

(i) 对于 k 值否定算子 ($\neg$), 其结构矩阵为

$$M_n^k = \delta_k[k\ k-1\ \cdots\ 1]. \tag{7.2.2}$$

当 $k=3$ 时有

$$M_n^3 = \delta_3[3\ 2\ 1]. \tag{7.2.3}$$

当 $k=4$ 时有

$$M_n^4 = \delta_4[4\ 3\ 2\ 1]. \tag{7.2.4}$$

(ii) 对于 k 值析取算子 ($\vee$), 其结构矩阵为

$$M_d^k = \delta_k[U_1\ U_2\ \cdots\ U_k]. \tag{7.2.5}$$

当 $k=3$ 时有

$$M_d^3 = \delta_3[1\ 1\ 1\ 1\ 2\ 2\ 1\ 2\ 3]. \tag{7.2.6}$$

当 $k=4$ 时有

$$M_d^4 = \delta_4[1\ 1\ 1\ 1\ 1\ 2\ 2\ 2\ 1\ 2\ 3\ 3\ 1\ 2\ 3\ 4]. \tag{7.2.7}$$

(iii) 对于 k 值合取算子 ($\wedge$), 其结构矩阵为

$$M_c^k = \delta_k[V_1\ V_2\ \cdots\ V_k]. \tag{7.2.8}$$

当 $k=3$ 时有

$$M_c^3 = \delta_3[1\ 2\ 3\ 2\ 2\ 3\ 3\ 3\ 3]. \tag{7.2.9}$$

当 $k=4$ 时有

$$M_c^4 = \delta_4[1\ 2\ 3\ 4\ 2\ 2\ 3\ 4\ 3\ 3\ 3\ 4\ 4\ 4\ 4\ 4]. \tag{7.2.10}$$

7.3 模糊关系方程解集合的结构

考虑模糊关系矩阵方程 (7.1.9). 令 $A = (a_{i,j})$, $B = (b_{i,j})$ 与 $X = (x_{i,j})$, 这里 X 是一个未知的关系矩阵. 进一步地, 可以将 (7.1.9) 转化为线性代数方程形式

$$A \circ X_i = B_i, \quad i = 1, \cdots, s, \tag{7.3.1}$$

这里 X_i 与 B_i 分别为矩阵 X 和 B 的第 i 列.

将矩阵 A 与 B 中所有元素的取值放在一个集合 S 中, 即

$$S = \{a_{i,j}, b_{p,q} | i = 1, \cdots, m; j = 1, \cdots, n; p = 1, \cdots, m; q = 1, \cdots, s\},$$

并添加 1 和 0 到集合 S 中 (如果它们不在 S 中), 构造有序集合

$$\Xi = \{\xi_i | i = 1, \cdots, r; \xi_1 = 0 < \xi_2 < \cdots < \xi_{r-1} < \xi_r = 1\}.$$

显然有 $S \subset \Xi$.

定义 7.3.1 令 $x \in [0, 1]$, 则

(i) 定义 $\pi_* : [0, 1] \to \Xi$ 满足

$$\pi_*(x) = \max_i \{\xi_i \in \Xi | \xi_i \leqslant x\}; \tag{7.3.2}$$

(ii) 定义 $\pi^* : [0, 1] \to \Xi$ 满足

$$\pi^*(x) = \min_i \{\xi_i \in \Xi | \xi_i \geqslant x\}. \tag{7.3.3}$$

注意到, 如果 $x = \xi_i \in \Xi$, 那么

$$\pi_*(x) = \pi^*(x) = \xi_i.$$

否则, 存在唯一的 i 满足

$$\xi_i < x < \xi_{i+1}.$$

于是有

$$\pi_*(x) = \xi_i; \quad \pi^*(x) = \xi_{i+1}.$$

为了方便, 用 δ_r^{r-i+1} 表示 ξ_i, $i = 1, \cdots, r$, 则向量集合 $\mathcal{D}_r$ 等价地表示标量集合 Ξ. 于是有下面的结论, 利用该结果, 我们只需在一个有限集上寻找模糊关系方程的解即可.

引理 7.3.1　假设 $X = (x_{i,j}) \in \mathcal{D}_{n \times s}^{\infty}$ 是 (7.1.9) 的解. 那么 $\pi_*(X) := (\pi_*(x_{i,j}))$ 也是 (7.1.9) 的解.

证明　只需证明: 对于任意的 $i = 1, \cdots, s$, (7.3.1) 成立即可, 为叙述方便, 将其记为

$$A \circ z_0 = b. \tag{7.3.4}$$

假设 $z_0 = (z_1^0, \cdots, z_n^0)^{\mathrm{T}}$ 是 (7.3.4) 的一个解. 令

$$Z^0 = \{z_1^0, \cdots, z_n^0\} \backslash \Xi.$$

若 $Z^0 = \varnothing$, 则结论自然成立. 否则令

$$z^0 = \max_{z_j} \{z_j \in Z^0\}.$$

存在某个 i_0 满足

$$\xi_{i_0} < z^0 < \xi_{i_0+1}. \tag{7.3.5}$$

然后, 用 ξ_{i_0} 替换 z_0 中所有比 ξ_{i_0} 大的元素. 这个替换将 z_0 变成一个新的向量, 用 $z_1 = (z_1^1, \cdots, z_n^1)^{\mathrm{T}}$ 表示. 下面证明 z_1 也是方程 (7.3.4) 的解.

考虑 (7.3.4) 的第 j 个方程

$$[a_{j,1} \wedge z_1^0] \vee [a_{j,2} \wedge z_2^0] \vee \cdots \vee [a_{j,n} \wedge z_n^0] = b_j. \tag{7.3.6}$$

首先, 假设 $b_j \geqslant \xi_{i_0+1}$, 则至少有一项 $a_{j,s} \wedge z_s^0$ 等于 b_j. 于是用 ξ_{i_0} 替换任意满足 $\xi_{i_0} < z^0 < \xi_{i_0+1}$ 的 z^0 不影响该等式.

下面假设 $b_j \leqslant \xi_{i_0}$. 在 (7.3.6) 两边同时乘以 ξ_{i_0} (即, 在等式两边同时做运算 $\xi_{i_0} \wedge$), 则等式右边仍然是 b_j, 由于等式的左边的每一项都不大于 b_j, 因此等式的左边保持不变. 但如果存在某项, 比如说 $a_{j,s} \wedge z_s^0$ 中的 z_s^0 满足 (7.3.5), 用下面的式子替换它

$$\xi_{i_0} \wedge a_{j,s} \wedge z_s^0 = a_{j,s} \wedge \xi_{i_0}.$$

这就证明了 z_1 仍然是 (7.3.4) 的解.

对于 z_1, 重复上面的操作过程, 令

$$Z^1 = \{z_1^1, \cdots, z_n^1\} \backslash \Xi,$$

定义

$$z^1 = \max_{z_j} \{z_j \in Z^1\},$$

并且找满足

$$\xi_{i_1} < z^1 < \xi_{i_1+1} \tag{7.3.7}$$

的 i_1. 在解 $z_1 = (z_1^1, \cdots, z_n^1)^{\mathrm{T}}$ 中用 ξ_{i_1} 替换所有满足 (7.3.7) 的 z_j^1, 得到一个新的解 z_2. 注意到 $\xi_{i_1} < \xi_{i_0}$. 继续上面的操作直到 $Z^{k^*} = \varnothing$, 这里 $k^* \leqslant r$. □

类似于引理 7.3.1, 有下面的结论.

引理 7.3.2 假设 $X = (x_{i,j}) \in \mathcal{D}_{n\times s}^\infty$ 是 (7.1.9) 的一个解. 则 $\pi^*(X) := (\pi^*(x_{i,j}))$ 也是 (7.1.9) 的一个解.

下面的结果给出 (7.1.9) 解的结构.

定理 7.3.1 $X = (x_{i,j}) \in \mathcal{D}_{n\times s}^\infty$ 是 (7.1.9) 的一个解, 当且仅当, $\pi_*(X)$ 与 $\pi^*(X)$ 都是 (7.1.9) 的解.

证明 由引理 7.3.1 与 7.3.2 知必要性成立. 这里只证明充分性. 即若 $\pi_*(X)$ 与 $\pi^*(X)$ 都是 (7.1.9) 的解, 则 X 也是 (7.1.9) 的解.

若 $X = \pi_*(X)$ 或 $X = \pi^*(X)$, 则结论自然成立. 因此假设 $X \neq \pi_*(X)$ 且 $X \neq \pi^*(X)$. 用反证法. 假设 X 不是 (7.1.9) 的解. 由于 $X \geqslant \pi_*(X)$, 根据命题 7.1.2 有 $A \circ X \geqslant B$. 但由于 X 不是 (7.1.9) 的解, 则有

$$A \circ X > B.$$

又由于 $\pi^*(X) \geqslant X$, 则有

$$A \circ \pi^*(X) \geqslant A \circ X > B.$$

这与假设 $\pi^*(X)$ 是 (7.1.9) 的解矛盾, 于是结论成立. □

定理 7.3.1 给出了 (7.1.9) 解的结构, 由此可得, 只要在集合 Ξ^n 中找到方程的所有解 (称之为解的参数) 就可以找到 (7.1.9) 的所有解. 于是得下面的命题, 事实上, 它是文献 [449] 中相应结果的推广.

命题 7.3.1 若在 Ξ^n 中有方程 (7.3.4) 的解. 那么在 Ξ^n 中有方程 (7.3.4) 的最大解.

证明 如果最大解是唯一的, 则结论成立. 假设 z_1^* 与 z_2^* 是两个不同的最大解. 利用 (7.1.5) 式, 容易证明 $z_1^* +_\mathcal{B} z_2^*$ 也是方程的解. 但 $z_1^* +_\mathcal{B} z_2^* > z_1^*$, 矛盾, 故结论成立. □

7.4 模糊关系方程的求解

这里我们假设所有的矩阵乘积都是矩阵半张量积, 为叙述方便, 省略乘积符号 $\ltimes$ (除了要强调它以外).

　　求解方程 (7.1.9), 只需求解方程 (7.3.1) 即可. 也就是说, 只需要找到求解方程 (7.3.4) 的方法即可. 为此, 利用逻辑运算的向量表达式, 特别地, 需要如下的表达式.

　　利用代数形式, 将方程 (7.3.6) 的左边 (即方程 (7.3.4) 的第 j 个方程) 转化为如下的形式:

$$LHS$$

$$=(M_d^r)^{n-1}(M_c^r a_{j,1} z_1) \cdots (M_c^r a_{j,n} z_n)$$

$$=(M_d^r)^{n-1} M_c^r a_{j,1}[I_r \otimes (M_c^r a_{j,2})][I_{r^2} \otimes (M_c^r a_{j,3})] \cdots [I_{r^{n-1}} \otimes (M_c^r a_{j,n})] \ltimes_{i=1}^n z_i$$

$$:=L_j z, \tag{7.4.1}$$

这里,

$$L_j = (M_d^r)^{n-1} M_c^r a_{j,1}[I_r \otimes (M_c^r a_{j,2})][I_{r^2} \otimes (M_c^r a_{j,3})] \cdots [I_{r^{n-1}} \otimes (M_c^r a_{j,n})]$$

$$\in \mathcal{L}_{r \times r^n},$$

$$z = \ltimes_{i=1}^n z_i.$$

于是, 方程 (7.3.6) 等价地变为

$$L_j z = b_j, \quad j = 1, \cdots, m. \tag{7.4.2}$$

　　把 (7.4.2) 中 m 个方程的左右两边各乘在一起, 方程 (7.3.4) 可等价地表示为

$$Lz = b, \tag{7.4.3}$$

其中 $L = L_1 * L_2 * \cdots * L_m \in \mathcal{L}_{r^m \times r^n}$, 且 $b = \ltimes_{i=1}^m b_i$. 这里 "$*$" 表示矩阵的 Khatri-Rao 乘积[233], 也就是说,

$$\text{Col}_t(L) = \text{Col}_t(L_1) \ltimes \text{Col}_t(L_2) \ltimes \cdots \ltimes \text{Col}_t(L_m), \quad t = 1, \cdots, r^n.$$

　　注意到 L 是一个逻辑矩阵, 且有 $b \in \Delta_{r^m}$ 与 $z \in \Delta_{r^n}$. 于是, 下面的定理将给出逻辑矩阵方程 (7.4.3) 有解的充要条件.

　　定理 7.4.1　逻辑矩阵方程 (7.4.3) 有解, 当且仅当,

$$b \in \text{Col}(L). \tag{7.4.4}$$

假设

$$\Lambda = \{\lambda | \text{Col}_\lambda(L) = b\}.$$

于是, 方程 (7.4.3) 的解集合为

$$\left\{ z_\lambda = \delta_{rn}^\lambda \,\middle|\, \lambda \in \Lambda \right\}. \tag{7.4.5}$$

最后, 将逻辑解 z 变为解 $(z_1, \cdots, z_n) \in \Xi^n$ 即得 (7.3.6) 的解.

7.5 数 值 算 例

本节将给出两个数值例子以说明求解模糊关系方程的具体算法. 事实上, 这里的方法也适合用于求解一般的模糊逻辑方程. 先给出一个简单的例子来说明具体的求解过程.

例 7.5.1 考虑下面的逻辑方程组

$$\begin{cases} x \vee (0.32 \wedge y) = 0.32, \\ (0.32 \wedge x) \vee y = 0.68. \end{cases} \tag{7.5.1}$$

首先得到集合

$$\Xi = \{0, \ 0.32 \ 0.68, \ 1\}.$$

给出 Ξ 中四个元素对应的向量形式

$$1 \sim \delta_4^1; \quad 0.68 \sim \delta_4^2; \quad 0.32 \sim \delta_4^3; \quad 0 \sim \delta_4^4.$$

且令 $z = x \ltimes y$, 则 (7.5.1) 可以等价地转化为

$$\begin{cases} G_1 z = \delta_4^3, \\ G_2 z = \delta_4^2, \end{cases} \tag{7.5.2}$$

其中

$$G_1 = \delta_4[1,1,1,1,2,2,2,2,3,3,3,3,3,3,3,4],$$
$$G_2 = \delta_4[1,2,3,3,1,2,3,3,1,2,3,3,1,2,3,4].$$

将 (7.5.2) 中两个方程相乘得

$$Lz = b, \tag{7.5.3}$$

其中

$$L = G_1 * G_2 = \delta_{16}[1,2,3,3,5,6,7,7,9,10,11,11,9,10,11,16],$$

$$b = \delta_4^3 \ltimes \delta_4^2 = \delta_{16}^{10}.$$

由于

$$\mathrm{Col}_{10}(L) = \mathrm{Col}_{11}(L) = \delta_{16}^{10},$$

则有解

$$z_1 = \delta_{16}^{10}, \quad z_2 = \delta_{16}^{11}.$$

于是有

$$\begin{cases} x_1 = \delta_4^3, \\ y_1 = \delta_4^2, \end{cases} \qquad \begin{cases} x_2 = \delta_4^4, \\ y_2 = \delta_4^2. \end{cases}$$

返回到其模糊值形式, 则有

$$\begin{cases} 0 \leqslant x \leqslant 0.32, \\ y = 0.68. \end{cases}$$

下面的例子摘自文献 [299]. 这个例子可以详细说明模糊关系方程解集合的结构性质.

例 7.5.2   考虑下面的模糊关系方程[299]

$$Q \circ X = T, \tag{7.5.4}$$

其中

$$Q = \begin{bmatrix} 0.2 & 0 & 0.8 & 1 \\ 0.4 & 0.3 & 0 & 0.7 \\ 0.5 & 0.9 & 0.2 & 0 \end{bmatrix}; \quad T = \begin{bmatrix} 0.7 & 0.3 & 1 \\ 0.6 & 0.4 & 0.7 \\ 0.8 & 0.9 & 0.2 \end{bmatrix}.$$

首先给出所有隶属度对应的向量形式:

$$1 \sim \delta_{10}^1; \quad 0.9 \sim \delta_{10}^2; \quad 0.8 \sim \delta_{10}^3; \quad 0.7 \sim \delta_{10}^4; \quad 0.6 \sim \delta_{10}^5;$$
$$0.5 \sim \delta_{10}^6; \quad 0.4 \sim \delta_{10}^7; \quad 0.3 \sim \delta_{10}^8; \quad 0.2 \sim \delta_{10}^9; \quad 0 \sim \delta_{10}^{10}.$$

先求解矩阵 X 的第一列. 令 $X_1 = (x_{11}, x_{21}, x_{31}, x_{41})^{\mathrm{T}} = \mathrm{Col}_1(X)$. 于是得到关于解向量 X_1 的代数方程 ①

$$\begin{cases} (\delta_{10}^9 \wedge x_{11}) \vee (\delta_{10}^{10} \wedge x_{21}) \vee (\delta_{10}^3 \wedge x_{31}) \vee (\delta_{10}^1 \wedge x_{41}) = \delta_{10}^4 \\ (\delta_{10}^7 \wedge x_{11}) \vee (\delta_{10}^8 \wedge x_{21}) \vee (\delta_{10}^{10} \wedge x_{31}) \vee (\delta_{10}^4 \wedge x_{41}) = \delta_{10}^5 \\ (\delta_{10}^6 \wedge x_{11}) \vee (\delta_{10}^2 \wedge x_{21}) \vee (\delta_{10}^9 \wedge x_{31}) \vee (\delta_{10}^{10} \wedge x_{41}) = \delta_{10}^3. \end{cases} \tag{7.5.5}$$

---

① 有关计算的工具箱可参考 http://lsc.amss.ac.cn/ dcheng/stp/STP.zip.

令 $x_1 = \ltimes_{i=1}^4 x_{i1}$, 则方程 (7.5.5) 可以转化为代数形式

$$Lx_1 = b_1, \tag{7.5.6}$$

其中

$$L = \delta_{1000}[32, 132, 232, 232, 242, 252, 262, 262, 262, 262, \cdots,$$

$$899, 40, 140, 240, 340, 450, 560, 670, 780, 890, 1000] \in \mathcal{L}_{1000 \times 10000},$$

且

$$b_1 = \delta_{10}^4 \ltimes \delta_{10}^5 \ltimes \delta_{10}^3 = \delta_{1000}^{343}.$$

利用工具箱 [1], 得到解

$$X_1^1 = \delta_{10}[1, 3, 4, 5]^{\mathrm{T}}, \qquad X_1^2 = \delta_{10}[2, 3, 4, 5]^{\mathrm{T}}, \qquad X_1^3 = \delta_{10}[3, 3, 4, 5]^{\mathrm{T}},$$
$$X_1^4 = \delta_{10}[4, 3, 4, 5]^{\mathrm{T}}, \qquad X_1^5 = \delta_{10}[5, 3, 4, 5]^{\mathrm{T}}, \qquad X_1^6 = \delta_{10}[6, 3, 4, 5]^{\mathrm{T}},$$
$$X_1^7 = \delta_{10}[7, 3, 4, 5]^{\mathrm{T}}, \qquad X_1^8 = \delta_{10}[8, 3, 4, 5]^{\mathrm{T}}, \qquad X_1^9 = \delta_{10}[9, 3, 4, 5]^{\mathrm{T}},$$
$$X_1^{10} = \delta_{10}[10, 3, 4, 5]^{\mathrm{T}}.$$

对于第二列同样有

$$Lx_2 = b_2, \tag{7.5.7}$$

其中

$$b_2 = \delta_{10}^8 \ltimes \delta_{10}^7 \ltimes \delta_{10}^2 = \delta_{1000}^{762}.$$

求解上面的逻辑方程得

$$X_2^1 = \delta_{10}[1, 1, 8, 8]^{\mathrm{T}}, \qquad X_2^2 = \delta_{10}[1, 1, 8, 9]^{\mathrm{T}}, \qquad X_2^3 = \delta_{10}[1, 1, 8, 10]^{\mathrm{T}},$$

$$X_2^4 = \delta_{10}[1, 1, 9, 8]^{\mathrm{T}}, \qquad X_2^5 = \delta_{10}[1, 1, 10, 8]^{\mathrm{T}}, \qquad X_2^6 = \delta_{10}[1, 2, 8, 8]^{\mathrm{T}},$$

$$X_2^7 = \delta_{10}[1, 2, 8, 9]^{\mathrm{T}}, \qquad X_2^8 = \delta_{10}[1, 2, 8, 10]^{\mathrm{T}}, \qquad X_2^9 = \delta_{10}[1, 2, 9, 8]^{\mathrm{T}},$$

$$X_2^{10} = \delta_{10}[1, 2, 10, 8]^{\mathrm{T}}, \qquad X_2^{11} = \delta_{10}[2, 1, 8, 8]^{\mathrm{T}}, \qquad X_2^{12} = \delta_{10}[2, 1, 8, 9]^{\mathrm{T}},$$

$$X_2^{13} = \delta_{10}[2, 1, 8, 10]^{\mathrm{T}}, \qquad X_2^{14} = \delta_{10}[2, 1, 9, 8]^{\mathrm{T}}, \qquad X_2^{15} = \delta_{10}[2, 1, 10, 8]^{\mathrm{T}},$$

$$X_2^{16} = \delta_{10}[2, 2, 8, 8]^{\mathrm{T}}, \qquad X_2^{17} = \delta_{10}[2, 2, 8, 9]^{\mathrm{T}}, \qquad X_2^{18} = \delta_{10}[2, 2, 8, 10]^{\mathrm{T}},$$

$$X_2^{19} = \delta_{10}[2, 2, 9, 8]^{\mathrm{T}}, \qquad X_2^{20} = \delta_{10}[2, 2, 10, 8]^{\mathrm{T}}, \qquad X_2^{21} = \delta_{10}[3, 1, 8, 8]^{\mathrm{T}},$$

$$X_2^{22} = \delta_{10}[3, 1, 8, 9]^{\mathrm{T}}, \qquad X_2^{23} = \delta_{10}[3, 1, 8, 10]^{\mathrm{T}}, \qquad X_2^{24} = \delta_{10}[3, 1, 9, 8]^{\mathrm{T}},$$

$$X_2^{25} = \delta_{10}[3, 1, 10, 8]^{\mathrm{T}}, \qquad X_2^{26} = \delta_{10}[3, 2, 8, 8]^{\mathrm{T}}, \qquad X_2^{27} = \delta_{10}[3, 2, 8, 9]^{\mathrm{T}},$$

$$X_2^{28} = \delta_{10}[3, 2, 8, 10]^{\mathrm{T}}, \qquad X_2^{29} = \delta_{10}[3, 2, 9, 8]^{\mathrm{T}}, \qquad X_2^{30} = \delta_{10}[3, 2, 10, 8]^{\mathrm{T}},$$

$$X_2^{31} = \delta_{10}[4, 1, 8, 8]^{\mathrm{T}}, \qquad X_2^{32} = \delta_{10}[4, 1, 8, 9]^{\mathrm{T}}, \qquad X_2^{33} = \delta_{10}[4, 1, 8, 10]^{\mathrm{T}},$$

$$X_2^{34} = \delta_{10}[4, 1, 9, 8]^{\mathrm{T}}, \qquad X_2^{35} = \delta_{10}[4, 1, 10, 8]^{\mathrm{T}}, \qquad X_2^{36} = \delta_{10}[4, 2, 8, 8]^{\mathrm{T}},$$

$$X_2^{37} = \delta_{10}[4, 2, 8, 9]^{\mathrm{T}}, \qquad X_2^{38} = \delta_{10}[4, 2, 8, 10]^{\mathrm{T}}, \qquad X_2^{39} = \delta_{10}[4, 2, 9, 8]^{\mathrm{T}},$$

$$X_2^{40} = \delta_{10}[4, 2, 10, 8]^{\mathrm{T}}, \qquad X_2^{41} = \delta_{10}[5, 1, 8, 8]^{\mathrm{T}}, \qquad X_2^{42} = \delta_{10}[5, 1, 8, 9]^{\mathrm{T}},$$

$$X_2^{43} = \delta_{10}[5, 1, 8, 10]^{\mathrm{T}}, \qquad X_2^{44} = \delta_{10}[5, 1, 9, 8]^{\mathrm{T}}, \qquad X_2^{45} = \delta_{10}[5, 1, 10, 8]^{\mathrm{T}},$$

$$X_2^{46} = \delta_{10}[5, 2, 8, 8]^{\mathrm{T}}, \qquad X_2^{47} = \delta_{10}[5, 2, 8, 9]^{\mathrm{T}}, \qquad X_2^{48} = \delta_{10}[5, 2, 8, 10]^{\mathrm{T}},$$

$$X_2^{49} = \delta_{10}[5, 2, 9, 8]^{\mathrm{T}}, \qquad X_2^{50} = \delta_{10}[5, 2, 10, 8]^{\mathrm{T}}, \qquad X_2^{51} = \delta_{10}[6, 1, 8, 8]^{\mathrm{T}},$$

$$X_2^{52} = \delta_{10}[6, 1, 8, 9]^{\mathrm{T}}, \qquad X_2^{53} = \delta_{10}[6, 1, 8, 10]^{\mathrm{T}}, \qquad X_2^{54} = \delta_{10}[6, 1, 9, 8]^{\mathrm{T}},$$

$$X_2^{55} = \delta_{10}[6, 1, 10, 8]^{\mathrm{T}}, \qquad X_2^{56} = \delta_{10}[6, 2, 8, 8]^{\mathrm{T}}, \qquad X_2^{57} = \delta_{10}[6, 2, 8, 9]^{\mathrm{T}},$$

$$X_2^{58} = \delta_{10}[6, 2, 8, 10]^{\mathrm{T}}, \qquad X_2^{59} = \delta_{10}[6, 2, 9, 8]^{\mathrm{T}}, \qquad X_2^{60} = \delta_{10}[6, 2, 10, 8]^{\mathrm{T}},$$

$$X_2^{61} = \delta_{10}[7, 1, 8, 8]^{\mathrm{T}}, \qquad X_2^{62} = \delta_{10}[7, 1, 8, 9]^{\mathrm{T}}, \qquad X_2^{63} = \delta_{10}[7, 1, 8, 10]^{\mathrm{T}},$$

$$X_2^{64} = \delta_{10}[7, 1, 9, 8]^{\mathrm{T}}, \qquad X_2^{65} = \delta_{10}[7, 1, 10, 8]^{\mathrm{T}}, \qquad X_2^{66} = \delta_{10}[7, 2, 8, 8]^{\mathrm{T}},$$

$$X_2^{67} = \delta_{10}[7, 2, 8, 9]^{\mathrm{T}}, \qquad X_2^{68} = \delta_{10}[7, 2, 8, 10]^{\mathrm{T}}, \qquad X_2^{69} = \delta_{10}[7, 2, 9, 8]^{\mathrm{T}},$$

$$X_2^{70} = \delta_{10}[7, 2, 10, 8]^{\mathrm{T}}.$$

对应最后一列有

$$Lx_3 = b_3, \qquad\qquad (7.5.8)$$

其中

$$b_3 = \delta_{10}^1 \ltimes \delta_{10}^4 \ltimes \delta_{10}^9 = \delta_{1000}^{39}.$$

解之得

$$X_3^1 = \delta_{10}[9, 9, 1, 1]^{\mathrm{T}}, \qquad X_3^2 = \delta_{10}[9, 9, 2, 1]^{\mathrm{T}}, \qquad X_3^3 = \delta_{10}[9, 9, 3, 1]^{\mathrm{T}},$$

$$X_3^4 = \delta_{10}[9, 9, 4, 1]^{\mathrm{T}}, \qquad X_3^5 = \delta_{10}[9, 9, 5, 1]^{\mathrm{T}}, \qquad X_3^6 = \delta_{10}[9, 9, 6, 1]^{\mathrm{T}},$$

$$X_3^7 = \delta_{10}[9, 9, 7, 1]^{\mathrm{T}}, \qquad X_3^8 = \delta_{10}[9, 9, 8, 1]^{\mathrm{T}}, \qquad X_3^9 = \delta_{10}[9, 9, 9, 1]^{\mathrm{T}},$$

$$X_3^{10} = \delta_{10}[9, 9, 10, 1]^{\mathrm{T}}, \qquad X_3^{11} = \delta_{10}[9, 10, 1, 1]^{\mathrm{T}}, \qquad X_3^{12} = \delta_{10}[9, 10, 2, 1]^{\mathrm{T}},$$

$X_3^{13} = \delta_{10}[9, 10, 3, 1]^{\mathrm{T}}, \qquad X_3^{14} = \delta_{10}[9, 10, 4, 1]^{\mathrm{T}}, \qquad X_3^{15} = \delta_{10}[9, 10, 5, 1]^{\mathrm{T}},$

$X_3^{16} = \delta_{10}[9, 10, 6, 1]^{\mathrm{T}}, \qquad X_3^{17} = \delta_{10}[9, 10, 7, 1]^{\mathrm{T}}, \qquad X_3^{18} = \delta_{10}[9, 10, 8, 1]^{\mathrm{T}},$

$X_3^{19} = \delta_{10}[9, 10, 9, 1]^{\mathrm{T}}, \qquad X_3^{20} = \delta_{10}[9, 10, 10, 1]^{\mathrm{T}}, \qquad X_3^{21} = \delta_{10}[10, 9, 1, 1]^{\mathrm{T}},$

$X_3^{22} = \delta_{10}[10, 9, 2, 1]^{\mathrm{T}}, \qquad X_3^{23} = \delta_{10}[10, 9, 3, 1]^{\mathrm{T}}, \qquad X_3^{24} = \delta_{10}[10, 9, 4, 1]^{\mathrm{T}},$

$X_3^{25} = \delta_{10}[10, 9, 5, 1]^{\mathrm{T}}, \qquad X_3^{26} = \delta_{10}[10, 9, 6, 1]^{\mathrm{T}}, \qquad X_3^{27} = \delta_{10}[10, 9, 7, 1]^{\mathrm{T}},$

$X_3^{28} = \delta_{10}[10, 9, 8, 1]^{\mathrm{T}}, \qquad X_3^{29} = \delta_{10}[10, 9, 9, 1]^{\mathrm{T}}, \qquad X_3^{30} = \delta_{10}[10, 9, 10, 1]^{\mathrm{T}},$

$X_3^{31} = \delta_{10}[10, 10, 1, 1]^{\mathrm{T}}, \qquad X_3^{32} = \delta_{10}[10, 10, 2, 1]^{\mathrm{T}}, \qquad X_3^{33} = \delta_{10}[10, 10, 3, 1]^{\mathrm{T}},$

$X_3^{34} = \delta_{10}[10, 10, 4, 1]^{\mathrm{T}}, \qquad X_3^{35} = \delta_{10}[10, 10, 5, 1]^{\mathrm{T}}, \qquad X_3^{36} = \delta_{10}[10, 10, 6, 1]^{\mathrm{T}},$

$X_3^{37} = \delta_{10}[10, 10, 7, 1]^{\mathrm{T}}, \qquad X_3^{38} = \delta_{10}[10, 10, 8, 1]^{\mathrm{T}}, \qquad X_3^{39} = \delta_{10}[10, 10, 9, 1]^{\mathrm{T}}.$

综上, 有下面的结论:

(1) 在 Ξ^4 中共有模糊关系方程 (7.5.4) 的 $10 \times 70 \times 39 = 27300$ 个解.

(2) 方程的最大解 (对应于每一列的最大解) 为

$$X^* = [X_1^1 \quad X_2^1 \quad X_3^1] \sim \begin{bmatrix} 1 & 1 & 0.2 \\ 0.8 & 1 & 0.2 \\ 0.7 & 0.3 & 1 \\ 0.6 & 0.3 & 1 \end{bmatrix}.$$

(3) 没有最小解, 因为第二列有两个极小解

$$X_2^{68} = \delta_{10}[7 \ 2 \ 8 \ 10]^{\mathrm{T}} \sim \begin{bmatrix} 0.4 \\ 0.9 \\ 0.3 \\ 0 \end{bmatrix}; \quad X_2^{70} = \delta_{10}[7 \ 2 \ 10 \ 8]^{\mathrm{T}} \sim \begin{bmatrix} 0.4 \\ 0.9 \\ 0 \\ 0.3 \end{bmatrix}.$$

于是, X 有两个极小解

$$X_*^1 = [X_1^{10} \quad X_2^{68} \quad X_3^{39}] \sim \begin{bmatrix} 0 & 0.4 & 0 \\ 0.8 & 0.9 & 0 \\ 0.7 & 0.3 & 0.2 \\ 0.6 & 0 & 1 \end{bmatrix}$$

与

$$X_*^2 = [X_1^{10} \; X_2^{70} \; X_3^{39}] \sim \begin{bmatrix} 0 & 0.4 & 0 \\ 0.8 & 0.9 & 0 \\ 0.7 & 0 & 0.2 \\ 0.6 & 0.3 & 1 \end{bmatrix}.$$

(4) 文献 [299] 中给出的解

$$X = \begin{bmatrix} 0.3 & 0.5 & 0.2 \\ 0.8 & 1 & 0 \\ 0.7 & 0 & 0.5 \\ 0.6 & 0.3 & 1 \end{bmatrix}$$

对应于这里的

$$X = [X_1^8 \; X_2^{55} \; X_3^{16}].$$

(5) 最后, 得到模糊关系方程所有解的集合. 利用解集合的参数形式, 则有

$$X_1 = \delta_{10}[a \; 3 \; 4 \; 5]^{\mathrm{T}}, \quad 1 \leqslant a \leqslant 10.$$

由定理 7.3.1 得

$$X_1 = \begin{bmatrix} \alpha \\ 0.8 \\ 0.7 \\ 0.6 \end{bmatrix}, \quad 0 \leqslant \alpha \leqslant 1.$$

类似地, 关于 X_2 有

$$X_2^1 = \begin{bmatrix} \alpha \\ \beta \\ 0.3 \\ \eta \end{bmatrix}, \quad 0.4 \leqslant \alpha \leqslant 1, \; 0.9 \leqslant \beta \leqslant 1, \; 0 \leqslant \eta \leqslant 0.3,$$

或

$$X_2^2 = \begin{bmatrix} \alpha \\ \beta \\ \gamma \\ 0.3 \end{bmatrix}, \quad 0.4 \leqslant \alpha \leqslant 1, \; 0.9 \leqslant \beta \leqslant 1, \; 0 \leqslant \gamma \leqslant 0.3.$$

X_3 可以表示为

$$X_3^1 = \begin{bmatrix} 0.2 \\ \beta \\ \gamma \\ 1 \end{bmatrix}, \quad 0 \leqslant \beta \leqslant 0.2,\ 0 \leqslant \gamma \leqslant 1,$$

或

$$X_3^2 = \begin{bmatrix} \alpha \\ 0.2 \\ \gamma \\ 1 \end{bmatrix}, \quad 0 \leqslant \alpha \leqslant 0.2,\ 0 \leqslant \gamma \leqslant 1,$$

或

$$X_3^3 = \begin{bmatrix} \alpha \\ \beta \\ \gamma \\ 1 \end{bmatrix}, \quad 0 \leqslant \alpha \leqslant 0.2,\ 0 \leqslant \beta \leqslant 0.2,\ 0.2 \leqslant \gamma \leqslant 1.$$

综上讨论, 得到方程 (7.5.4) 的 6 组解:

$$R_1 = \begin{bmatrix} 0 \leqslant r_{11} \leqslant 1 & 0.4 \leqslant r_{12} \leqslant 1 & 0.2 \\ 0.8 & 0.9 \leqslant r_{22} \leqslant 1 & 0 \leqslant r_{23} \leqslant 0.2 \\ 0.7 & 0.3 & 0 \leqslant r_{33} \leqslant 1 \\ 0.6 & 0 \leqslant r_{42} \leqslant 0.3 & 1 \end{bmatrix},$$

或

$$R_2 = \begin{bmatrix} 0 \leqslant r_{11} \leqslant 1 & 0.4 \leqslant r_{12} \leqslant 1 & 0 \leqslant r_{13} \leqslant 0.2 \\ 0.8 & 0.9 \leqslant r_{22} \leqslant 1 & 0.2 \\ 0.7 & 0.3 & 0 \leqslant r_{33} \leqslant 1 \\ 0.6 & 0 \leqslant r_{42} \leqslant 0.3 & 1 \end{bmatrix},$$

或

$$R_3 = \begin{bmatrix} 0 \leqslant r_{11} \leqslant 1 & 0.4 \leqslant r_{12} \leqslant 1 & 0 \leqslant r_{13} \leqslant 0.2 \\ 0.8 & 0.9 \leqslant r_{22} \leqslant 1 & 0 \leqslant r_{23} \leqslant 0.2 \\ 0.7 & 0.3 & 0.2 \leqslant r_{33} \leqslant 1 \\ 0.6 & 0 \leqslant r_{42} \leqslant 0.3 & 1 \end{bmatrix},$$

或

$$R_4 = \begin{bmatrix} 0 \leqslant r_{11} \leqslant 1 & 0.4 \leqslant r_{12} \leqslant 1 & 0.2 \\ 0.8 & 0.9 \leqslant r_{22} \leqslant 1 & 0 \leqslant r_{23} \leqslant 0.2 \\ 0.7 & 0 \leqslant r_{32} \leqslant 0.3 & 0 \leqslant r_{33} \leqslant 1 \\ 0.6 & 0.3 & 1 \end{bmatrix},$$

或

$$R_5 = \begin{bmatrix} 0 \leqslant r_{11} \leqslant 1 & 0.4 \leqslant r_{12} \leqslant 1 & 0 \leqslant r_{13} \leqslant 0.2 \\ 0.8 & 0.9 \leqslant r_{22} \leqslant 1 & 0.2 \\ 0.7 & 0 \leqslant r_{32} \leqslant 0.3 & 0 \leqslant r_{33} \leqslant 1 \\ 0.6 & 0.3 & 1 \end{bmatrix},$$

或

$$R_6 = \begin{bmatrix} 0 \leqslant r_{11} \leqslant 1 & 0.4 \leqslant r_{12} \leqslant 1 & 0 \leqslant r_{13} \leqslant 0.2 \\ 0.8 & 0.9 \leqslant r_{22} \leqslant 1 & 0 \leqslant r_{23} \leqslant 0.2 \\ 0.7 & 0 \leqslant r_{32} \leqslant 0.3 & 0.2 \leqslant r_{33} \leqslant 1 \\ 0.6 & 0.3 & 1 \end{bmatrix}.$$

第 8 章 多输入多输出模糊控制系统

模糊控制理论是模糊逻辑理论与自动控制技术交叉融合的产物[176,177], 它在工业控制中的作用越来越大[206,408]. 关于模糊控制有许多好的参考书如文献 [178, 449] 以及综述论文 [102,280,297]. 作为智能控制策略, 模糊控制最显著的特点是它不需要目标系统的精确模型, 当然这并不是说模糊控制的研究就不能有系统的模型.

关于模糊控制的数字实现, 学者们提出了许多控制器的设计方法, 包括基于神经网络的模糊控制[247,341]、自适应模糊控制[216,223] 以及基于滑动模态的模糊控制[304]. 值得一提的是, 目前关于多输入多输出系统的模糊控制大都基于 T-S 推理方法. 而我们这里要研究的多输入多输出模糊系统基于 Mamdani 推理方法, 且输入输出耦合的多重模糊关系关于控制输入是不可解耦的. 已有的传统设计方法不再适用这样的模糊控制系统, 因为传统方法中的多个控制变量是互相独立的. 针对多重模糊关系不能解耦的情形, 我们将利用矩阵半张量积, 结合高阶模糊关系的矩阵表示与模糊逻辑变量的向量表示, 给出多输入多输出耦合系统模糊控制器设计的具体方法[103]. 基于本章的研究方法, 文献 [241] 与 [242] 分别研究了多变量模糊系统的近似与建模, 而文献 [243] 研究了多输入多输出连续时间模糊系统的参数辨识与优化.

8.1 模糊集合的向量表示

假设论域 E 是有限的, 可以表示为 $E = \{e_1, \cdots, e_n\}$. 设 A 是论域 E 上的模糊集合, 则 A 通常可以用其隶属度向量

$$\mathcal{V}_A = (\mu_1, \mu_2, \cdots, \mu_n)^{\mathrm{T}} \in [0,1]^n$$

表示. 设 $A \in \mathcal{P}(E)$, 则其示性向量可视为特殊的隶属度向量. 特别地, 论域 E 中的元素 e_i 可以表示为 $\mathcal{V}_{e_i} = \delta_n^i$. 于是有

$$E \in \mathcal{P}(E) \subset \mathcal{F}(E). \tag{8.1.1}$$

不失一般性, 本章的讨论中需要以下三个假设:
(A1) 论域是有限集, 即 $|E| < \infty$.

(A2) 要研究的模糊集合个数是有限的.

(A3) 每个模糊集合中的隶属度是有限的.

事实上, 假设条件 (A2) 与 (A3) 可以推得 (A1), 即在假设条件 (A2) 与 (A3) 下, 其论域存在有限划分. 因此, 考虑到假设条件 (A2) 与 (A3), 假设条件 (A1) 是合理的. 给出一个例子说明.

例 8.1.1　设论域 E 为人们年龄的集合, 它可以表示为 $[0, \infty)$. 考虑两个模糊集合, A: 老年人; B: 理性的人. 假设

$$\mu_A(x) = \begin{cases} 0, & x < 20, \\ \dfrac{1}{3}, & 20 \leqslant x < 40, \\ \dfrac{2}{3}, & 40 \leqslant x < 60, \\ 1, & x \geqslant 60; \end{cases} \qquad \mu_B(x) = \begin{cases} 0, & x < 10, \\ \dfrac{1}{4}, & 10 \leqslant x < 14, \\ \dfrac{1}{2}, & 14 \leqslant x < 18, \\ \dfrac{3}{4}, & 18 \leqslant x < 25, \text{ 或 } x \geqslant 80, \\ 1, & 25 \leqslant x < 80. \end{cases}$$

此时, 可以划分无限集论域 E 为有限个子集:

$$E = \{E_{11}, E_{12}, E_{13}, E_{14}, E_{24}, E_{25}, E_{35}, E_{45}, E_{44}\},$$

其中

$$E_{11} = [0, 10); \quad E_{12} = [10, 14); \quad E_{13} = [14, 18);$$
$$E_{14} = [18, 20); \quad E_{24} = [20, 25); \quad E_{25} = [25, 40);$$
$$E_{35} = [40, 60); \quad E_{45} = [60, 80); \quad E_{44} = [80, \infty).$$

也就是说, 当关于论域 E 只考虑上面的两个模糊集合 A 与 B 时, E 可以看作是一个只有 9 个元素的论域.

下面考虑如何将映射 $f: E \to F$ 推广到其模糊集合上, 记为 $f: \mathcal{F}(E) \to \mathcal{F}(F)$. 考虑到包含关系 (8.1.1), 首先将该映射推广到其幂集上, 记为 $f: \mathcal{P}(E) \to \mathcal{P}(F)$.

定义 8.1.1　给定两个集合 E 与 F 及映射 $f: E \to F$.

(i) 定义映射 $f: \mathcal{P}(E) \to \mathcal{P}(F)$ 为

$$f(S) = \{f(x) | x \in S\} \in \mathcal{P}(F), \quad S \in \mathcal{P}(E) \tag{8.1.2}$$

(ii) 定义逆映射 $f^{-1}: \mathcal{P}(F) \to \mathcal{P}(E)$ 为

$$f^{-1}(T) = \{x | f(x) \in T\}, \quad T \in \mathcal{P}(F). \tag{8.1.3}$$

映射 f 在模糊集合 $\mathcal{F}(E) \to \mathcal{F}(F)$ 的推广是由 Zadeh 提出的[397].

定义 8.1.2 给定映射 $f: E \to F$.

(i) 定义模糊集上的映射 $f: \mathcal{F}(E) \to \mathcal{F}(F)$ 为

$$\mu_{f(A)}(y) = \begin{cases} \vee_{x \in f^{-1}(y)} \mu_A(x), & A \in \mathcal{F}(E), \\ 0, & f^{-1}(y) = \varnothing. \end{cases} \tag{8.1.4}$$

(ii) 定义逆映射 $f^{-1}: \mathcal{F}(F) \to \mathcal{F}(E)$ 为

$$\mu_{f^{-1}(B)}(x) = \mu_B(f(x)), \quad B \in \mathcal{F}(F). \tag{8.1.5}$$

给定两个有限集合 $E = \{e_1, e_2, \cdots, e_n\}$ 与 $F = \{d_1, d_2, \cdots, d_m\}$, 映射 $f: E \to F$ 定义为: $f(e_i) = d_{j_i}, i = 1, \cdots, n; 1 \leqslant j_i \leqslant m$. 将元素 e_i 与 d_j 表示为向量形式 $e_i \sim \mathcal{V}_{e_i} = \delta_n^i, i = 1, \cdots, n$ 与 $d_j \sim \mathcal{V}_{d_j} = \delta_m^j, j = 1, \cdots, m$, 则有

$$\mathcal{V}_{f(x)} = M_f \mathcal{V}_x, \tag{8.1.6}$$

称 $M_f := \delta_m[j_1, j_2, \cdots, j_n]$ 为映射 f 的结构矩阵.

例 8.1.2 设 $E = \{1, 2, 3, 4, 5\}$, $F = \{0, 1, 2\}$, 映射 $f: E \to F$ 定义为 $f(x) = x^3 (\bmod 3)$. 容易计算 $M_f = \delta_3[2, 3, 1, 2, 3]$. 令 $x = 4$, 由 (8.1.6) 得 $\mathcal{V}_x = \delta_5^4$, 且

$$\mathcal{V}_{f(x)} = M_f \mathcal{V}_x = \delta_3[2, 3, 1, 2, 3]\delta_5^4 = \delta_3^2 \sim 1.$$

定理 8.1.1 给定两个论域 $E = \{e_1, \cdots, e_n\}$, $G = \{g_1, \cdots, g_m\}$, 映射 $f: E \to G$ 及其结构矩阵 $M_f \in \mathcal{L}_{m \times n}$. 则映射 f 在模糊集上的推广映射 $f: \mathcal{F}(E) \to \mathcal{F}(G)$ 满足

(i) $$\mathcal{V}_{f(A)} = M_f \times_\mathcal{B} \mathcal{V}_A, \quad \forall A \in \mathcal{F}(E); \tag{8.1.7}$$

(ii) $$\mathcal{V}_{f^{-1}(B)} = M_f^\mathrm{T} \times_\mathcal{B} \mathcal{V}_B, \quad \forall B \in \mathcal{F}(G). \tag{8.1.8}$$

证明 (i) 记 $M_f = (m_{p,q}) \in \mathcal{L}_{m \times n}$. 假设 $y \in G$ 且 $\mathcal{V}_y = \delta_m^j$. 若 $f^{-1}(y) = \varnothing$, 由定义 8.1.2 有 $\mu_{f(A)}(y) = 0$. 因为 $\mathcal{V}_y = \delta_m^j$, 由 $f(A)$ 的定义得 $\mathcal{V}_{f(A)}$ 的第 j 个元素是 0. 事实上, 由 M_f 定义知: $m_{ji} = 1$ 表示 $f(e_i) = g_j$. 因此 $f^{-1}(y) = \varnothing$ 意味着 $\mathrm{Row}_j(M_f) = 0$. 于是 $M_f \times_\mathcal{B} \mathcal{V}_A$ 的第 j 个元素是 0. 即 (8.1.7) 成立.

下面, 假设 $f^{-1}(y) = \{e_{i_1}, \cdots, e_{i_s}\}$, 则 $\mathrm{Row}_j(M_f)$ 的所有元素满足

$$m_{j,i_1} = m_{j,i_2} = \cdots = m_{j,i_s} = 1,$$

且

$$m_{j,t} = 0, \ t \notin \{i_1, \cdots, i_s\}.$$

于是有

$$\left(\mathcal{V}_{f(A)}\right)_j = \left(\mathcal{V}_A\right)_{i_1} +_{\mathcal{B}} \cdots +_{\mathcal{B}} \left(\mathcal{V}_A\right)_{i_s} = \mu_A(e_{i_1}) \vee \cdots \vee \mu_A(e_{i_s}), \qquad (8.1.9)$$

其中 $(\mathcal{V}_A)_k$ 是 $\mathcal{V}_A$ 的第 k 个元素, $k = i_1, \cdots, i_s$. 另一方面,

$$\mathrm{Row}_j(M_f) \times_{\mathcal{B}} \mathcal{V}_A = (8.1.9) \text{ 的 RHS}$$

(这里 RHS 表示 "右手边"). 根据定义 8.1.2 得 $\mu_{f(A)}(y)$.

(ii) 令 $x \in E$ 且 $\mathcal{V}_x = \delta_n^i$, 则 $\mathcal{V}_{f(x)} = \mathrm{Col}_i(M_f)$. 记 $f(x) = g_j$, 即 $\mathcal{V}_{f(x)} = \delta_m^j$ 表示 $\mathrm{Col}_i(M_f) = \delta_m^j$. 由定义 8.1.2 得

$$\mu_{f^{-1}(B)}(x) = \mu_B(f(x)) = (\mathcal{V}_B)_j$$
$$= (\delta_m^j)^{\mathrm{T}} \mathcal{V}_B = \mathcal{V}_{f(x)}^{\mathrm{T}} \mathcal{V}_B$$
$$= \mathrm{Col}_i^{\mathrm{T}}(M_f) \mathcal{V}_B$$
$$= \mathrm{Row}_i(M_f^{\mathrm{T}}) \mathcal{V}_B. \qquad (8.1.10)$$

注意到

$$\mathcal{V}_{f^{-1}(B)} = \begin{bmatrix} \mu_{f^{-1}(B)}(e_1) & \cdots & \mu_{f^{-1}(B)}(e_n) \end{bmatrix}^{\mathrm{T}}.$$

令 $i = 1, \cdots, n$. 则由 (8.1.10) 得 (8.1.8).   □

8.2 多重模糊关系

8.2.1 多重模糊关系的矩阵表示

这一小节将给出多重模糊关系的矩阵表示. 大多数文献中, 只讨论两个论域上的模糊关系. 而实际工程中经常需要处理多个论域上的模糊关系. 为此, 给出下面的定义.

定义 8.2.1 给定 k 个论域 E_i, $i = 1, \cdots, k$. E_i, $i = 1, \cdots, k$ 上的一个多重模糊关系 R 定义为其乘积空间 $\prod_{i=1}^k E_i = E_1 \times \cdots \times E_k$ 上的一个模糊集合, 即任一点 $(e_1, \cdots, e_k) \in \prod_{i=1}^k E_i$, 有隶属度 $\mu_R(e_1, \cdots, e_k) \in [0, 1]$.

为给出多重模糊关系的矩阵表示, 需要引入多重指标的定义.

定义 8.2.2[55] 标记数据集合

$$A = \{a_{i_1, \cdots, i_k} \mid i_j = 1, \cdots, n_j; \ j = 1, \cdots, k\}$$

的 k 重指标为 $i = (i_1, \cdots, i_k)$. 则 $\mathbf{Id}(i_1, \cdots, i_k; n_1, \cdots, n_k)$ 是一个指标序, 在该指标序下, 元素 $a_{i_1, \cdots, i_k}$ 排在元素 $a_{i_1', \cdots, i_k'}$ 前面, 当且仅当, 存在 $1 \leqslant s \leqslant k$, 满足 $i_j = i_j'$, $j < s$, 且 $i_s < i_s'$.

假设 $E_i = \{e_1^i, \cdots, e_{n_i}^i\}$, $i = 1, \cdots, k$. 记

$$r_{j_1, \cdots, j_k} = \mu_R(e_{j_1}^1, \cdots, e_{j_k}^k), \quad j_t = 1, \cdots, n_t,\ t = 1, \cdots, k.$$

令 $\{\alpha_1, \cdots, \alpha_p\}$ 与 $\{\beta_1, \cdots, \beta_q\}$ $(p+q=k)$ 是 $\{1, 2, \cdots, k\}$ 的一个划分. 将数据集合

$$\{r_{j_1, \cdots, j_k} \mid j_t = 1, \cdots, n_t,\ t = 1, \cdots, k\}$$

按指标序

$$\mathbf{Id}(j_{\alpha_1}, \cdots, j_{\alpha_p}; n_{\alpha_1}, \cdots, n_{\alpha_p}) \times \mathbf{Id}(j_{\beta_1}, \cdots, j_{\beta_q}; n_{\beta_1}, \cdots, n_{\beta_q}),$$

写成矩阵 $M_R \in \mathcal{M}_{(n_{\alpha_1} \times \cdots \times n_{\alpha_p}) \times (n_{\beta_1} \times \cdots \times n_{\beta_q})}$, 即矩阵 M_R 的行和列分别按指标序 $\mathbf{Id}(j_{\alpha_1}, \cdots, j_{\alpha_p}; n_{\alpha_1}, \cdots, n_{\alpha_p})$ 与 $\mathbf{Id}(j_{\beta_1}, \cdots, j_{\beta_q}; n_{\beta_1}, \cdots, n_{\beta_q})$ 排列.

例 8.2.1 给定三个论域 $E = \{e_1, e_2, e_3, e_4\}$, $F = \{f_1, f_2, f_3\}$ 以及 $G = \{g_1, g_2\}$. 设 R 是 $E \times F \times G$ 上的一个模糊集合, 且

$$r_{j_1, j_2, j_3} = \mu_R(e_{j_1}, f_{j_2}, g_{j_3}), \quad j_1 = 1, 2, 3, 4;\ j_2 = 1, 2, 3;\ j_3 = 1, 2.$$

(i) 按指标序 $\mathbf{Id}(j_1; 4) \times \mathbf{Id}(j_2, j_3; 3, 2)$ 排列关系矩阵 M_R, 则有

$$M_R = \begin{bmatrix} r_{1,1,1} & r_{1,1,2} & r_{1,2,1} & r_{1,2,2} & r_{1,3,1} & r_{1,3,2} \\ r_{2,1,1} & r_{2,1,2} & r_{2,2,1} & r_{2,2,2} & r_{2,3,1} & r_{2,3,2} \\ r_{3,1,1} & r_{3,1,2} & r_{3,2,1} & r_{3,2,2} & r_{3,3,1} & r_{3,3,2} \\ r_{4,1,1} & r_{4,1,2} & r_{4,2,1} & r_{4,2,2} & r_{4,3,1} & r_{4,3,2} \end{bmatrix}.$$

(ii) 按指标序 $\mathbf{Id}(j_1, j_3; 4, 2) \times \mathbf{Id}(j_2; 3)$ 排列关系矩阵 M_R, 则有

$$M_R = \begin{bmatrix} r_{1,1,1} & r_{1,2,1} & r_{1,3,1} \\ r_{1,1,2} & r_{1,2,2} & r_{1,3,2} \\ r_{2,1,1} & r_{2,2,1} & r_{2,3,1} \\ r_{2,1,2} & r_{2,2,2} & r_{2,3,2} \\ r_{3,1,1} & r_{3,2,1} & r_{3,3,1} \\ r_{3,1,2} & r_{3,2,2} & r_{3,3,2} \\ r_{4,1,1} & r_{4,2,1} & r_{4,3,1} \\ r_{4,1,2} & r_{4,2,2} & r_{4,3,2} \end{bmatrix}.$$

8.2.2 多重模糊推理

考虑模糊关系 $R \in \mathcal{F}(P \times Q)$, 其中 P 与 Q 是两个有限集合. 模糊推理就是给定模糊集合 $A \in \mathcal{F}(Q)$, 根据模糊关系 R 得到模糊集合 $B \in \mathcal{F}(P)$[147]. 事实上,

$$\mathcal{V}_B = M_R \times_{\mathcal{B}} \mathcal{V}_A. \tag{8.2.1}$$

并且, 模糊关系取转置, 由模糊集合 $B \in \mathcal{F}(P)$ 也可得到 $A \in \mathcal{F}(Q)$

$$\mathcal{V}_A = M_R^{\mathrm{T}} \times_{\mathcal{B}} \mathcal{V}_B. \tag{8.2.2}$$

下面考虑多重模糊推理.

定义 8.2.3 考虑一个乘积空间上的多重模糊关系 $R \in \mathcal{F}\left(\prod_{i=1}^k E_i\right)$. 设 $\alpha = \{\alpha_1, \cdots, \alpha_p\}$ 与 $\beta = \{\beta_1, \cdots, \beta_q\}$ 是 $\{1, 2, \cdots, k\}$ 的一个划分. 给定一个模糊集合 A_{α_i}, $i = 1, \cdots, p$, 多重模糊推理就是, 利用 A_{α_i} 得到模糊关系

$$R_\beta \in \mathcal{F}\left(\prod_{j=1}^q E_{\beta_j}\right).$$

即

$$M_{R_\beta} = M_R \times_{\mathcal{B}} (\ltimes_{j=1}^p \mathcal{V}_{A_{\alpha_j}}). \tag{8.2.3}$$

特别地, 当 $|\beta| = 1$, M_{R_β} 变为 $\mathcal{V}_{A_\beta}$, 其中 $A_\beta \in \mathcal{F}(E_\beta)$.

当考虑多重模糊关系时需要注意的是, 每个模糊推理需要用与之对应的指标序.

例 8.2.2 考虑例 8.2.1 中的论域 E, F 以及 G. 给定模糊关系 $R \in \mathcal{F}(E \times F \times G)$,

$$r_{i,j,k} = \mu_R(e_i, f_j, g_k), \quad i = 1, 2, 3, 4; \ j = 1, 2, 3; \ k = 1, 2.$$

假设有模糊集合 $A \in \mathcal{F}(E)$ 与 $B \in \mathcal{F}(F)$. 利用模糊关系 R 可以得到 $C \in \mathcal{F}(G)$.

令多重模糊关系矩阵 M_R 按指标序 $\mathbf{Id}(k; 2) \times \mathbf{Id}(i, j; 4, 3)$ 排列

$$M_R = \begin{bmatrix} 0 & 0.3 & 0.7 & 1 & 0.5 & 0.9 & 0.4 & 0.1 & 0 & 0.3 & 0.1 & 0 \\ 1 & 0.2 & 0.3 & 0.5 & 0.3 & 0.2 & 0.7 & 0.8 & 1 & 0.4 & 0.6 & 1 \end{bmatrix},$$

且模糊集合 A 与 B 的向量形式分别为

$$\mathcal{V}_A = [0.1\ 0.5\ 1\ 0.4]^{\mathrm{T}}; \quad \mathcal{V}_B = [0.8\ 0.7\ 0.5]^{\mathrm{T}}.$$

于是得模糊集合 C

$$\mathcal{V}_C = M_R \ltimes_{\mathcal{B}} \mathcal{V}_A \ltimes_{\mathcal{B}} \mathcal{V}_B = [0.5 \ 0.7]^{\mathrm{T}}.$$

假设只有模糊集合 $A \in \mathcal{F}(E)$. 由模糊推理可以得到模糊关系 $R' \in \mathcal{F}(F, G)$ 的矩阵形式:

$$M_{R'} = M_R \ltimes_{\mathcal{B}} \mathcal{V}_A.$$

仍用上面 R 与 A 的取值, 则有

$$M_{R'} = \begin{bmatrix} 0.5 & 0.5 & 0.5 \\ 0.7 & 0.8 & 1 \end{bmatrix}.$$

8.2.3 多重模糊关系的复合

本小节考虑多重模糊关系的复合, 首先考虑传统情形[147,449].

定义 8.2.4 给定三个集合 E, F, G, 设 R 与 S 分别是 $E \times F$ 与 $F \times G$ 上的模糊关系, 即 $R \in \mathcal{F}(E \times F), S \in \mathcal{F}(F \times G)$. 则复合模糊关系 $R \circ S \in \mathcal{F}(E \times G)$ 是 $E \times G$ 上的一个模糊关系, 定义为

$$\mu_{R \circ S}(e, g) = \vee_{d \in F} \left[\mu_R(e, d) \wedge \mu_S(d, g) \right], \quad e \in E, \ g \in G.$$

考虑到复合模糊关系的定义, 下面的结论是显然的.

命题 8.2.1 给定三个集合 E, F, G, 以及模糊关系 $R \in \mathcal{F}(E \times F), S \in \mathcal{F}(F \times G)$. 假设 M_R 与 M_S 分别为 R 与 S 的矩阵形式. 于是有

$$M_{R \circ S} = M_R \times_{\mathcal{B}} M_S. \tag{8.2.4}$$

为了叙述方便, 下面只给出三个集合上的模糊关系的定义, 对于多个集合上模糊关系的情形完全类似.

定义 8.2.5 给定三个集合 X, Y 与 Z, 它们上面的一个模糊集合 $R \in \mathcal{F}(X \times Y \times Z)$ 即为它们之间的一个模糊关系.

考虑 $X = \{x_1, x_2, \cdots, x_m\}, Y = \{y_1, y_2, \cdots, y_n\}$ 与 $Z = \{z_1, z_2, \cdots, z_r\}$. 将模糊关系 $\{\mu_R(x_i, y_j, z_k) | i = 1, \cdots, m; j = 1, \cdots, n; k = 1, \cdots, r\}$ 写成矩阵的形式有几种方法. 按指标序 $\mathbf{Id}(i; m) \times \mathbf{Id}(j, k; n, r)$ 得

$$M_{R(X \times YZ)} = \begin{bmatrix} \mu_A(x_1, y_1, z_1) & \cdots & \mu_A(x_1, y_1, z_r) \\ \mu_A(x_2, y_1, z_1) & \cdots & \mu_A(x_2, y_1, z_r) \\ \vdots & & \vdots \\ \mu_A(x_m, y_1, z_1) & \cdots & \mu_A(x_m, y_1, z_r) \end{bmatrix}$$

$$\left.\begin{array}{ccc} \cdots & \mu_A(x_1,y_n,z_1) & \cdots \quad \mu_A(x_1,y_n,z_r) \\ \cdots & \mu_A(x_2,y_n,z_1) & \cdots \quad \mu_A(x_2,y_n,z_r) \\ & \vdots & \vdots \\ \cdots & \mu_A(x_m,y_n,z_1) & \cdots \quad \mu_A(x_m,y_n,z_r) \end{array}\right]. \tag{8.2.5}$$

按指标序 $\mathbf{Id}(j;n) \times \mathbf{Id}(i,k;m,r)$ 得

$$M_{R(Y \times XZ)} = \left[\begin{array}{ccc} \mu_A(x_1,y_1,z_1) & \cdots & \mu_A(x_1,y_1,z_r) \\ \mu_A(x_1,y_2,z_1) & \cdots & \mu_A(x_1,y_2,z_r) \\ \vdots & & \vdots \\ \mu_A(x_1,y_n,z_1) & \cdots & \mu_A(x_1,y_n,z_r) \end{array}\right.$$

$$\left.\begin{array}{ccc} \cdots & \mu_A(x_m,y_1,z_1) & \cdots \quad \mu_A(x_m,y_1,z_r) \\ \cdots & \mu_A(x_m,y_2,z_1) & \cdots \quad \mu_A(x_m,y_2,z_r) \\ & \vdots & \vdots \\ \cdots & \mu_A(x_m,y_n,z_1) & \cdots \quad \mu_A(x_m,y_n,z_r) \end{array}\right]. \tag{8.2.6}$$

对于多重模糊关系通常有两种复合. 首先推广定义 8.2.4 到多重模糊关系情形. 给定三组论域 $\{E_1,\cdots,E_\alpha; F_1,\cdots,F_\beta; G_1,\cdots,G_\gamma\}$, 分别设为

$$E_i = \left\{e_1^i,\cdots,e_{n_i^\alpha}^i\right\}, \quad i=1,\cdots,\alpha;$$

$$F_i = \left\{f_1^i,\cdots,f_{n_i^\beta}^i\right\}, \quad i=1,\cdots,\beta;$$

$$G_i = \left\{g_1^i,\cdots,g_{n_i^\gamma}^i\right\}, \quad i=1,\cdots,\gamma.$$

假设有两个多重模糊关系

$$R \in \mathcal{F}(E_1 \times \cdots \times E_\alpha \times F_1 \times \cdots \times F_\beta),$$

$$S \in \mathcal{F}(F_1 \times \cdots \times F_\beta \times G_1 \times \cdots \times G_\gamma). \tag{8.2.7}$$

模糊关系 R 的矩阵形式 $M_{R(E_1\cdots E_\alpha \times F_1 \cdots F_\beta)}$ 按指标序

$$\mathbf{Id}(\xi_1,\cdots,\xi_\alpha; n_1^\alpha,\cdots n_\alpha^\alpha) \times \mathbf{Id}\left(\eta_1,\cdots,\eta_\beta; n_1^\beta,\cdots,n_\beta^\beta\right)$$

排列各元素

$$\left\{\mu_{e_{\xi_1}^1\cdots e_{\xi_\alpha}^\alpha f_{\eta_1}^1 \cdots f_{\eta_\beta}^\beta} \,\middle|\, 1 \leqslant \xi_i \leqslant n_i^\alpha; 1 \leqslant \eta_i \leqslant n_i^\beta\right\}.$$

类似地, 模糊关系 S 的矩阵形式 $M_{S(F_1\cdots F_\beta \times G_1\cdots G_\gamma)}$ 按指标序

$$\mathbf{Id}\Big(\eta_1,\cdots,\eta_\beta; n_1^\beta,\cdots,n_\beta^\beta\Big)\times\mathbf{Id}\Big(\zeta_1,\cdots,\zeta_\gamma; n_1^\gamma,\cdots,n_\gamma^\gamma\Big)$$

排列各元素

$$\left\{\mu_{f_{\eta_1}^1\cdots f_{\eta_\beta}^\beta g_{\zeta_1}^1\cdots g_{\zeta_\gamma}^\gamma}\;\middle|\;1\leqslant\eta_i\leqslant n_i^\beta; 1\leqslant\zeta_i\leqslant n_i^\gamma\right\}.$$

下面给出模糊关系传递复合的定义.

定义 8.2.6 考虑 (8.2.7) 中的模糊关系 R 与 S. 模糊关系 R 与 S 的传递复合, 记为 $R\circ S$, 是一个模糊关系 $R\circ S\in\mathcal{F}(E_1\cdots E_\alpha\times G_1\cdots G_\gamma)$, 其结构矩阵为

$$M_{R\circ S}=M_{R(E_1\cdots E_\alpha\times F_1\cdots F_\beta)}\times_{\mathcal{B}} M_{S(F_1\cdots F_\beta\times G_1\cdots G_\gamma)},\qquad(8.2.8)$$

其中 $M_{R(E_1\cdots E_\alpha\times F_1\cdots F_\beta)}$ 与 $M_{S(F_1\cdots F_\beta\times G_1\cdots G_\gamma)}$ 分别为 R 与 S 的结构矩阵.

下面定义模糊关系的另外一种复合, 称为联合复合.

定义 8.2.7 考虑 (8.2.7) 中的模糊关系 R 与 S, 以及它们的结构矩阵

$$M_{R(E_1\cdots E_\alpha\times F_1\cdots F_\beta)};\quad M_{S(G_1\cdots G_\gamma\times F_1\cdots F_\beta)},\qquad(8.2.9)$$

则模糊关系 R 与 S 的联合复合, 记为 $R*S\in\mathcal{F}(E_1\cdots E_\alpha G_1\cdots G_\gamma\times F_1\cdots F_\beta)$, 其结构矩阵如下:

$$\boldsymbol{M}_{R*S(E_1\cdots E_\alpha G_1\cdots G_\gamma\times F_1\cdots F_\beta)}=M_{R(E_1\cdots E_\alpha\times F_1\cdots F_\beta)}*_{\mathcal{B}} M_{S(G_1\cdots G_\gamma\times F_1\cdots F_\beta)},\quad(8.2.10)$$

这里, $*_{\mathcal{B}}$ 是以布尔积作元素乘法的 Khatri-Rao 积.

传递复合与联合复合都可以用来计算多重模糊关系. 下面给出例子说明它们的具体应用, 后面控制器的设计中将会用到.

例 8.2.3 考虑四个论域 $X=\{x_1,x_2\}$, $Y=\{y_1,y_2,y_3\}$, $Z=\{z_1,z_2\}$ 以及 $W=\{w_1,w_2,w_3\}$. 给定模糊关系 $R\in\mathcal{F}(X\times Y\times Z)$, $S\in\mathcal{F}(Y\times W)$ 以及 $T\in\mathcal{F}(Z\times W)$. 它们的矩阵形式为

$$M_{R(X\times YZ)}=\begin{bmatrix}0.2 & 0 & 0.1 & 0.5 & 0.9 & 1\\0.4 & 0.3 & 0.7 & 0.8 & 0 & 0\end{bmatrix};$$

$$M_S=\begin{bmatrix}0 & 0.5 & 0.6\\0.1 & 0.3 & 0.8\\0.2 & 0.7 & 1\end{bmatrix};\quad M_T=\begin{bmatrix}0 & 0.1 & 0.9\\0.5 & 1 & 0.3\end{bmatrix}.$$

显然论域 W 通过 Y 与 Z 可以和 X 建立关系. 要建立 X 与 W 之间的关系. 首先计算 M_S 与 M_T 的乘积得到 $Y \times Z \times W$ 上的一个关系

$$M_{S*T(YZ\times W)} := M_S *_{\mathcal{B}} M_T = \begin{bmatrix} 0 & 0.1 & 0.6 \\ 0 & 0.5 & 0.3 \\ 0 & 0.1 & 0.8 \\ 0.1 & 0.3 & 0.3 \\ 0 & 0.1 & 0.9 \\ 0.2 & 0.7 & 0.3 \end{bmatrix}.$$

于是得 X 与 W 上的一个模糊关系 $\Psi = R \circ (S * T) \in \mathcal{F}(X \times W)$, 其结构矩阵为

$$M_\Psi = M_{R(X\times YZ)} \times_{\mathcal{B}} M_{S*T(YZ\times W)} = \begin{bmatrix} 0.2 & 0.7 & 0.9 \\ 0.1 & 0.3 & 0.7 \end{bmatrix}.$$

8.3　耦合模糊控制

本节提出一种利用多重模糊关系设计控制器的新方法.

8.3.1　模糊化

本小节讨论变量的模糊化, 首先引入对偶模糊结构.

定义 8.3.1　(i) 考虑论域 E, 及 E 上的一组模糊集合 $\mathcal{A} = \{A_1, \cdots, A_k\}$. 则称 $(E, \mathcal{A})$ 为一个模糊结构. 定义模糊集合 A_i 的支集为

$$\mathrm{Supp}(A_i) = \{e \in E \mid \mu_{A_i}(e) \neq 0\} \subset E.$$

(ii) 假设 E 是良序的. 如果对任意的 $i = 1, \cdots, k-1$,

$$\sup(\mathrm{Supp}(A_i)) < \sup(\mathrm{Supp}(A_{i+1})), \ \inf(\mathrm{Supp}(A_i)) < \inf(\mathrm{Supp}(A_{i+1})), \quad (8.3.1)$$

则称 $\mathcal{A} = \{A_1, \cdots, A_k\}$ 为一个基于度的模糊集的集合 (a set of degree-based fuzzy sets).

(iii) 考虑 (i) 中的模糊结构 $(E, \mathcal{A})$. 假设 E 是良序的, 且 $\mathcal{A}$ 是一个基于度的模糊集的集合, 即, 它满足 (8.3.1). 则可认为 $(\mathcal{A}, E)$ 是一个模糊结构, 其中 $\mathcal{A} = \{A_1, \cdots, A_k\}$ 是论域, 每个元素 $e \in E$ 是一个模糊集合, 且

$$\mu_e(A_i) := \mu_{A_i}(e), \quad i = 1, \cdots, k. \tag{8.3.2}$$

称 $(\mathcal{A}, E)$ 为 $(E, \mathcal{A})$ 的对偶结构. 当 $\mathcal{A}$ 为有限集时, 对偶结构的论域是有限集.

事实上, 模糊化本质上就是求得一个模糊结构的对偶结构, 为此给出下面的例子.

例 8.3.1 考虑测量误差 $e \in [-14, 14]$. 假设有 7 个模糊集合, 它们分别是: NB (negative big), NM (negative medium), NS (negative small), ZO (zero), PS (positive small), PM (positive medium) 与 PB (positive big). 这些模糊集合的隶属函数见图 8.3.1. 论域 $E = [-14, 14]$ 中任一点 e 在每个模糊集合中都有一个隶属度. 例如, 对于点 A 有

$$\mu_{NS}(A) = 0.75; \quad \mu_{ZO}(A) = 0.25; \; \mu_Y(A) = 0,$$
$$Y = NB, NM, PS, PM, PB. \tag{8.3.3}$$

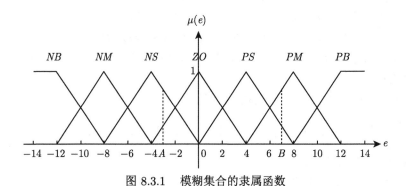

图 8.3.1 模糊集合的隶属函数

类似地, 对于点 B 有

$$\mu_{PS}(B) = 0.25; \; \mu_{PM}(B) = 0.75; \; \mu_Y(B) = 0,$$
$$Y = NB, NM, NS, ZO, PB. \tag{8.3.4}$$

模糊化就是将点 $e \in E$ 化为一个模糊集合. 为此, 需要将论域与基于度的模糊集的集合交换一下. 具体地, 考虑例 8.3.1, 将集合

$$D := \{d_1 = NB, \; d_2 = NM, \; d_3 = NS, \; d_4 = ZO, \; d_5 = PS, \; d_6 = PM, \; d_7 = PB\}$$

看作论域, 将每个点 $e \in E$ 看成一个模糊集合. 于是 (8.3.3) 与 (8.3.4) 可分别表示为

$$\mu_A(d_3) = 0.75; \; \mu_A(d_4) = 0.25; \; \mu_A(d_i) = 0, \; i = 1, 2, 5, 6, 7;$$
$$\mu_B(d_5) = 0.25; \; \mu_B(d_6) = 0.75; \; \mu_B(d_i) = 0, \; i = 1, 2, 3, 4, 7. \tag{8.3.5}$$

用其向量形式表示, 则有

$$
\begin{aligned}
\mathcal{V}_A &= [0\ 0\ 0.75\ 0.25\ 0\ 0\ 0]^{\mathrm{T}}; \\
\mathcal{V}_B &= [0\ 0\ 0\ 0\ 0.25\ 0.75\ 0]^{\mathrm{T}}.
\end{aligned}
\tag{8.3.6}
$$

8.3.2　耦合模糊控制的设计

粗略地讲, 一个模糊控制就是一个模糊推理机制. 假设一个系统有 m 个输入与 p 个输出, 则其模糊控制器的形式为

$$
\Sigma \in \mathcal{F}(Y_1 \times \cdots \times Y_p \times U_1 \times \cdots \times U_m),
\tag{8.3.7}
$$

其中 Y_i, $i = 1, \cdots, p$, 与 U_j, $j = 1, \cdots, m$ 按前面讲的方法模糊化. 注意对控制器而言, $\{Y_i\}$ 与 $\{U_i\}$ 分别是输入集合与输出集合, 举例说明.

例 8.3.2[449]　假设系统只有一个决策变量 U, 该变量由输出变量 A 与 B 决定. 变量 A 与 B 都有 7 个取值 $\{NB, NM, NS, ZO, PS, PM, PB\}$, U 有 13 个取值 $\{NVB, NB, NMB, NMS, NS, NVS, ZO, PVS, PS, PMS, PMB, PB, PVB\}$.

利用上面的自然序及对偶结构, 分别用

$$
E_A = \{a_1, \cdots, a_7\}, \ E_B = \{b_1, \cdots, b_7\}, \ E_U = \{u_1, \cdots, u_{13}\}
$$

表示 A, B 与 U 的论域.

(i) 通常情况下将关系集合

$$
\{\mu_\Sigma(a_i, b_j, u_k)\,|\,i = 1, \cdots, 7;\ j = 1, \cdots, 7;\ k = 1, \cdots, 13\}
$$

按序排列 $\mathbf{Id}(k; 13) \times \mathbf{Id}(i, j; 7, 7)$ 写成关系矩阵 M_Σ, 则

$$
M_\Sigma \in \mathcal{D}_{13 \times 7^2}^{\infty}.
\tag{8.3.8}
$$

(ii) 特别地, 利用 "If $A = \times$, $B = \times$, Then $U = \times$" 语句得到一个规则表. 例如规则表 8.3.1.

表 8.3.1　规则表

$A\backslash U\backslash B$	NB	NM	NS	ZO	PS	PM	PB
NB	-1	-0.8	-0.6	-0.4	-0.2	-0.1	0
NM	-0.8	-0.6	-0.4	-0.2	-0.1	0	0.1
NS	-0.6	-0.4	-0.2	-0.1	0	0.1	0.2
ZO	-0.4	-0.2	-0.1	0	0.1	0.2	0.4
PS	-0.2	-0.1	0	0.1	0.2	0.4	0.6
PM	-0.1	0	0.1	0.2	0.4	0.6	0.8
PB	0	0.1	0.2	0.4	0.6	0.8	1

利用向量表示法, 则有

$$
\begin{aligned}
&NB \sim \delta_7^1;\ NM \sim \delta_7^2;\ \cdots;\ PB \sim \delta_7^7;\\
&-1 \sim \delta_{13}^1;\ -0.8 \sim \delta_{13}^2;\ \cdots;\ 1 \sim \delta_{13}^{13}.
\end{aligned}
\tag{8.3.9}
$$

于是 M_Σ 可以表示为

$$
\begin{aligned}
M_\Sigma = \delta_{13}[&1,\ 2,\ 3,\ 4,\ 5,\ 6,\ 7,\ 2,\ 3,\ 4,\ 5,\ 6,\ 7,\ 8,\ 3,\ 4,\ 5,\ 6,\\
&7,\ 8,\ 9,\ 4,\ 5,\ 6,\ 7,\ 8,\ 9,\ 10,\ 5,\ 6,\ 7,\ 8,\ 9\ 10,\ 11,\ 6,\\
&7,\ 8,\ 9,\ 10,\ 11,\ 12,\ 7,\ 8,\ 9,\ 10,\ 11,\ 12,\ 13] \in \mathcal{B}_{13\times49}.
\end{aligned}
\tag{8.3.10}
$$

关系矩阵 (8.3.10) 是根据 "If···, Then···" 规则得到的, 显然 (8.3.10) 是 (8.3.8) 的一种特殊情形.

通常情况下, 一个模糊控制器在数学上等价于一个模糊关系 (8.3.7). 下面给出具体解释, 首先指定 Y_i 与 U_j 基于度的模糊集合:

$$
\begin{aligned}
E_{Y_i} &= \left\{y_1^i, \cdots, y_{\alpha_i}^i\right\},\quad i = 1, \cdots, p;\\
E_{U_j} &= \left\{u_1^j, \cdots, u_{\beta_j}^j\right\},\quad j = 1, \cdots, m.
\end{aligned}
\tag{8.3.11}
$$

由于 y_k^i, $k = 1, \cdots, \alpha_i$, 对应于 "NB", "NM", $\cdots$, 这意味着 Y_i 是基于度的模糊集合.

利用对偶模糊结构, 即把 E_{Y_i} 与 E_{U_j} 分别作为 Y_i 与 U_j 的论域; 同时把真实值 $y_i \in Y_i$ 与 $u_j \in U_j$ 分别作为 E_{Y_i} 与 E_{U_j} 上的模糊集合.

变量集合 $\{Y_1, \cdots, Y_p; U_1, \cdots, U_m\}$ 的一个模糊关系就是一个模糊控制器, 而模糊关系通常来自于实际经验. 假设模糊关系 Σ 已知, 即 Σ 是 $\prod_{i=1}^p Y_i \times \prod_{j=1}^m U_j$ 上的一个模糊关系. 则对于这个乘积空间的每个元素, 其隶属度为

$$
\begin{aligned}
\mu_\Sigma\left(y_{\xi_1}^1, \cdots, y_{\xi_p}^p, u_{\eta_1}^1, \cdots, u_{\eta_m}^m\right) &:= \gamma_{\eta_1\cdots\eta_m}^{\xi_1\cdots\xi_p},\\
\xi_i = 1, \cdots, \alpha_i,\ i &= 1, \cdots, p;\\
\eta_j = 1, \cdots, \beta_j,\ j &= 1, \cdots, m.
\end{aligned}
\tag{8.3.12}
$$

将该隶属度集合 $\left\{\gamma_{\eta_1\cdots\eta_m}^{\xi_1\cdots\xi_p}\right\}$ 按指标序

$$
\mathbf{Id}(\eta_1, \cdots, \eta_m; \beta_1, \cdots, \beta_m) \times \mathbf{Id}(\xi_1, \cdots, \xi_p; \alpha_1, \cdots, \alpha_p)
$$

写为矩阵形式, 则有

$$
M_\Sigma = \begin{bmatrix}
\gamma_{1\cdots11}^{1\cdots11} & \gamma_{1\cdots11}^{1\cdots12} & \cdots & \gamma_{1\cdots11}^{1\cdots1\alpha_p} & \cdots & \gamma_{1\cdots11}^{\alpha_1\cdots\alpha_p} \\
\gamma_{1\cdots12}^{1\cdots11} & \gamma_{1\cdots12}^{1\cdots12} & \cdots & \gamma_{1\cdots12}^{1\cdots1\alpha_p} & \cdots & \gamma_{1\cdots12}^{\alpha_1\cdots\alpha_p} \\
\vdots & \vdots & & \vdots & & \vdots \\
\gamma_{\beta_1\cdots\beta_m}^{1\cdots11} & \gamma_{\beta_1\cdots\beta_m}^{1\cdots12} & \cdots & \gamma_{\beta_1\cdots\beta_m}^{1\cdots1\alpha_p} & \cdots & \gamma_{\beta_1\cdots\beta_m}^{\alpha_1\cdots\alpha_p}
\end{bmatrix}. \tag{8.3.13}
$$

由于一个模糊控制器就是输出与输入之间的一个模糊关系, 因此当该模糊关系写成矩阵形式之后, 模糊控制器本质上就是其模糊矩阵, 表示形式如式 (8.3.13).

给定输出集合 $y_i \in Y_i$, $i = 1, \cdots, p$, 而在对偶模糊结构中, 它们是模糊集合, 且模糊化给出了其向量形式 $\mathcal{V}_{y_i}$, $i = 1, \cdots, p$. 于是对应的控制器 u_j, $j = 1, \cdots, m$ 可由模糊控制器得

$$
\ltimes_{j=1}^m \mathcal{V}_{u_j} = M_\Sigma \ltimes_{i=1}^p \mathcal{V}_{y_i}. \tag{8.3.14}
$$

给出下面的例子说明.

例 8.3.3　考虑例 8.3.2. 假设输出 A 与 B 的模糊化是根据图 8.3.1 给出的, 且设 $A = -3$, $B = 7$. 利用 (8.3.6) 与 (8.2.3), 得对应的控制器为

$$
\begin{aligned}
\mathcal{V}_u &= M_\Sigma \times_{\mathcal{B}} \mathcal{V}_A \times_{\mathcal{B}} \mathcal{V}_B \\
&= 0.25 \times_{\mathcal{B}} \mathrm{Col}_{19}(M_\Sigma) +_{\mathcal{B}} 0.75 \times_{\mathcal{B}} \mathrm{Col}_{20}(M_\Sigma) \\
&\quad +_{\mathcal{B}} 0.25 \times_{\mathcal{B}} \mathrm{Col}_{26}(M_\Sigma) +_{\mathcal{B}} 0.25 \times_{\mathcal{B}} \mathrm{Col}_{27}(M_\Sigma) \\
&= 0.25 \times_{\mathcal{B}} \delta_{13}^7 +_{\mathcal{B}} 0.75 \times_{\mathcal{B}} \delta_{13}^8 +_{\mathcal{B}} 0.25 \times_{\mathcal{B}} \delta_{13}^8 +_{\mathcal{B}} 0.25 \times_{\mathcal{B}} \delta_{13}^9 \\
&= [0, 0, 0, 0, 0, 0, 0.25, 0.75, 0.25, 0, 0, 0, 0]^{\mathrm{T}}.
\end{aligned} \tag{8.3.15}
$$

8.3.3　解模糊

一个模糊控制器就是一个模糊关系, 它给出了一个从输出到控制的模糊映射. 因此, 设计模糊控制器需要做两个辅助工作: ① 模糊化, 即将输出转化为模糊集合; ② 解模糊, 即将由模糊映射得到的结果——控制变量的模糊集合形式——转化为控制的具体数值. 因此, 解模糊是模糊控制的一个关键步骤. 关于解模糊已有一些不同的方法, 见文献 [294, 295, 306]. 这里我们主要用 "加权平均" 方法[449], 但为了将模糊集合的乘积 (或者等价地说, 多个控制变量之间的模糊关系) 转化为控制 u_i, $i = 1, \cdots, m$ 的标量形式, 需要对文献 [449] 中的方法做部分修改.

由于这里处理的是多控制情形, 即 $m > 1$. 首先对 "加权平均" 解模糊方法做以下修改.

由模糊映射 (8.3.14) 得

$$\mathcal{V}_u := \mathcal{V}_{u_1} \ltimes_\mathcal{B} \cdots \ltimes_\mathcal{B} \mathcal{V}_{u_m}. \tag{8.3.16}$$

解模糊的目的是从模糊集合 $u \in \mathcal{F}(U_1 \times \cdots \times U_m)$ 得到具体的控制数值 $(u_1, \cdots, u_m)$. 这里针对多控制变量的情形给出两种解模糊的方法.

方法 1 联合解模糊 (joined-defuzzification, JD)

这种方法是同时解模糊所有的控制变量 $u = (u_1, \cdots, u_m)$, 给出一个简单的例子以示说明.

例 8.3.4 假设有两个控制变量 $u_1 \in [-4, 4]$ 与 $u_2 \in [-6, 6]$, 并且它们基于度的模糊集合由图 8.3.2 给出.

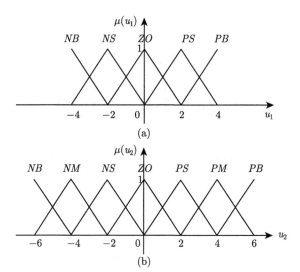

图 8.3.2 控制变量 u_1 与 u_2 基于度的模糊集合

设控制变量 u_1 与向量的对应关系为

$$V_1 := NB \sim \delta_5^1; \ V_2 := NS \sim \delta_5^2; \ V_3 := ZO \sim \delta_5^3; \ V_4 := PS \sim \delta_5^4; \ V_5 := PB \sim \delta_5^5.$$

设控制变量 u_2 与向量的对应关系为

$$W_1 := NB \sim \delta_7^1; \quad W_2 := NM \sim \delta_7^2; \quad W_3 := NS \sim \delta_7^3; \quad W_4 := ZO \sim \delta_7^4;$$
$$W_5 := PS \sim \delta_7^5; \quad W_6 := PM \sim \delta_7^6; \quad W_7 := PB \sim \delta_7^7.$$

于是有

$$\mu_{V_i \times W_j}(u_1, u_2) = \mu_{V_i}(u_1) \wedge \mu_{W_j}(u_2), \quad i = 1, \cdots, 5; \ j = 1, \cdots, 7. \tag{8.3.17}$$

注意在这个例子中有唯一的

$$\mu_{V_i \times W_j}^{-1}(1), \quad i = 1, \cdots, 5; \ j = 1, \cdots, 7. \tag{8.3.18}$$

即

$$\mu_{V_1 \times W_1}^{-1}(1) = (-4, -6), \quad \mu_{V_1 \times W_2}^{-1}(1) = (-4, -4), \quad \cdots, \quad \mu_{V_5 \times W_7}^{-1}(1) = (4, 6). \tag{8.3.19}$$

于是选 $\mu_{V_i \times W_j}^{-1}(1)$ 作为 $\delta_5^i \ltimes \delta_7^j$ 的解模糊值.

注意由 (8.3.16) 得的模糊值形如

$$\mathcal{V}_u = [b_{11} \ \cdots \ b_{17} \ b_{21} \ \cdots \ b_{27} \ \cdots \ b_{51} \ \cdots \ b_{57}]^{\mathrm{T}}. \tag{8.3.20}$$

取其加权值作为控制变量的解模糊数值, 即

$$(u_1, u_2) = \sum_{i=1}^{5} \sum_{j=1}^{7} \left(\frac{b_{i,j}}{\sum\limits_{i=1}^{5} \sum\limits_{j=1}^{7} b_{ij}} \right) \mu_{V_i \times W_j}^{-1}(1). \tag{8.3.21}$$

把例 8.3.4 中解模糊的过程推广到一般情形. 假设控制变量基于度的模糊集合具有等腰三角形或等腰梯形的形式, 则

$$\mu_{U_{i_1}^1 \times \cdots \times U_{i_m}^m}^{-1}(1), \quad i_s = 1, \cdots, \beta_s; \ s = 1, \cdots, m \tag{8.3.22}$$

或者是一个点或者是一部分区域, 此时取其平均 $\overline{\mu_{U_{i_1}^1 \times \cdots \times U_{i_m}^m}^{-1}(1)}$ 作为控制 $\delta_{\beta_1}^{i_1} \ltimes \delta_{\beta_2}^{i_2} \ltimes \cdots \ltimes \delta_{\beta_m}^{i_m}$ 的解模糊数值. (注意一般情形下, 为避免空集情形或为提高近似程度等原因, 也可以取合适的 $0 \ll \epsilon < 1$ 代替 1.)

假设由 (8.3.16) 所得控制的模糊值为

$$\mathcal{V}_u = [b_{1\cdots 11} \ \cdots b_{1\cdots 1\beta_m} \cdots b_{1\beta_2\cdots\beta_m} \ \cdots b_{\beta_1\beta_2\cdots\beta_m}]^{\mathrm{T}}. \tag{8.3.23}$$

利用修改的加权平均方法, 取控制变量的解模糊值为

$$(u_1, \cdots, u_m) = \sum_{j_1=1}^{\beta_1} \cdots \sum_{j_m=1}^{\beta_m} \left(\frac{b_{j_1 \cdots j_m}}{\sum\limits_{i_1=1}^{\beta_1} \cdots \sum\limits_{i_m=1}^{\beta_m} b_{i_1 \cdots i_m}} \right) \overline{\mu_{U_{j_1}^1 \times \cdots \times U_{j_m}^m}^{-1}(1)}. \tag{8.3.24}$$

方法 2　单独解模糊 (separated-defuzzification, SD)

单独解模糊方法是从 $\mathcal{V}_u$ 中先分每个模糊变量的模糊集合形式 $\mathcal{V}_{u_i}$, $i=1,\cdots,$ m, 然后逐一解模糊 $\mathcal{V}_{u_i}$ 得到控制变量 u_i 具体数值.

仍然用例 8.3.4 来演示该解模糊过程. 假设已有控制变量 $\mathcal{V}_u$ 形如 (8.3.20), 则可计算

$$b_i^1 = \sum_{j=1}^{7} {}_{\mathcal{B}} b_{ij}, \quad i=1,\cdots,5. \tag{8.3.25}$$

于是有

$$\mathcal{V}_{u_1} = (b_1^1,\ b_2^1,\ b_3^1,\ b_4^1,\ b_5^1)^{\mathrm{T}}. \tag{8.3.26}$$

由此解模糊得 u_1.

类似地有

$$b_j^2 = \sum_{i=1}^{5} {}_{\mathcal{B}} b_{ij}, \quad j=1,\cdots,7. \tag{8.3.27}$$

于是有

$$\mathcal{V}_{u_2} = (b_1^2,\ b_2^2,\ \cdots,\ b_7^2)^{\mathrm{T}}. \tag{8.3.28}$$

由此解模糊得 u_2.

一般情形下假设有形如 (8.3.23) 的模糊值, 然后计算

$$b_k^\alpha = \sum_{i_1=1}^{\beta_1} {}_{\mathcal{B}} \cdots \sum_{i_{\alpha-1}=1}^{\beta_{\alpha-1}} {}_{\mathcal{B}} \sum_{i_{\alpha+1}=1}^{\beta_{\alpha+1}} {}_{\mathcal{B}} \cdots \sum_{i_m=1}^{\beta_m} {}_{\mathcal{B}} b_{i_1\cdots i_{\alpha-1} k i_{\alpha+1}\cdots i_m}, \quad k=1,\cdots,\beta_\alpha, \tag{8.3.29}$$

得到

$$\mathcal{V}_{u_\alpha} = (b_1^\alpha,\ b_2^\alpha,\ \cdots,\ b_{\beta_\alpha}^\alpha)^{\mathrm{T}}, \quad \alpha=1,\cdots,m. \tag{8.3.30}$$

最后得

$$u_\alpha = \sum_{j=1}^{\beta_\alpha} \left(\frac{b_j^\alpha}{\sum\limits_{j=1}^{\beta_\alpha} b_j^\alpha} \right) \mu_{U_j^\alpha}^{-1}(1), \quad \alpha=1,\cdots,m. \tag{8.3.31}$$

注意: 当 $m=1$ 时联合解模糊方法与单独解模糊方法是一致的.

例 8.3.5　考虑例 8.3.2 与例 8.3.3 中的系统. 由 (8.3.9) 得 $\delta_{13}^7 \sim 0$, $\delta_{13}^8 \sim 0.1$, $\delta_{13}^9 \sim 0.2$. 假设控制变量 u 基于度的模糊集合具有等腰三角形的形式, 则有

$$\mu_{u_7}^{-1}(1) = 0, \quad \mu_{u_8}^{-1}(1) = 0.1, \quad \mu_{u_9}^{-1}(1) = 0.2.$$

利用解模糊公式 (8.3.21) 得

$$u = \frac{0.25 \times 0 + 0.75 \times 0.1 + 0.25 \times 0.2}{0.25 + 0.75 + 0.25} = 0.1.$$

若利用解模糊公式 (8.3.31), 所得结果相同.

联合解模糊方法适用于控制变量耦合的情形, 即各变量之间相互作用. 而单独解模糊方法则适用于各控制变量互相独立的情形. 而在判定各控制变量是否具有耦合关系时, 往往需要参考实际工程经验.

综上, 总结耦合模糊控制的设计步骤如下:

(1) 建立对偶模糊结构, 模糊化控制器的输入变量 (实际系统的输出变量), 给出 (8.3.14) 中的输入向量 $\mathcal{V}_{y_i}$, 如 (8.3.6) 中的 $\mathcal{V}_A$ 与 $\mathcal{V}_B$.

(2) 建立模糊推理机制, 给出形如 (8.3.10) 的模糊矩阵 M_Σ.

(3) 利用 (8.3.14) 得模糊控制器输出变量 (实际系统的控制变量) 的模糊集合形式.

(4) 利用联合解模糊方法或单独解模糊方法, 对模糊向量解模糊得系统控制变量的标量形式.

8.4　算例分析

例 8.4.1　假设在例 8.3.2 中除了系统 $u = U$ 外, 还有一个控制变量 v, 它满足规则表 8.4.1.

表 8.4.1　控制变量 v 规则表

$A \backslash V \backslash B$	NB	NM	NS	ZO	PS	PM	PB
NB	-1	-1	-1	-1	-1	-1	-1
NM	-1	-1	-1	-1	-1	-1	1
NS	-1	-1	-1	-1	-1	1	1
ZO	-1	-1	-1	-1	1	1	1
PS	-1	-1	-1	1	1	1	1
PM	-1	-1	1	1	1	1	1
PB	-1	1	1	1	1	1	1

传统方法 利用文献 [178] 中的传统方法, u 与 v 单独处理. 于是类似于 (8.3.10), 得变量 Y_1, Y_2, V 之间的模糊关系矩阵

$$M_{\Sigma'} = \delta_2[1,\ 1,\ 1,\ 1,\ 1,\ 1,\ 1,\ 1,\ 1,\ 1,\ 1,\ 1,\ 1,\ 2,\ 1,\ 1,\ 1,\ 1,$$
$$1,\ 2,\ 2,\ 1,\ 1,\ 1,\ 1,\ 2,\ 2,\ 1,\ 1,\ 1,\ 2,\ 2,\ 2,\ 2,\ 1,\ 1, \qquad (8.4.1)$$
$$2,\ 2,\ 2,\ 2,\ 2,\ 1,\ 2,\ 2,\ 2,\ 2,\ 2,\ 2] \in \mathcal{B}_{2\times49}.$$

取 $Y_1 = A = -3, Y_2 = B = 7$, 类似于例 8.3.3 有

$$\mathcal{V}_v = M_{\Sigma'} \times_{\mathcal{B}} \mathcal{V}_A \times_{\mathcal{B}} \mathcal{V}_B = [0.25, 0.75]^{\mathrm{T}}. \qquad (8.4.2)$$

解模糊得到控制变量 v 为

$$v = \frac{0.25 \times (-1) + 0.75 \times 1}{0.25 + 0.75} = 0.5.$$

结合例 8.3.5 中的结果得 $u = 0.1$ 与 $v = 0.5$.

联合解模糊方法 假设控制变量 u 与 v 是强耦合在一起的, 则用联合解模糊方法.

根据定义 8.2.7, 变量 Y_1, Y_2, U, V 之间的模糊关系矩阵为

$$M = M_\Sigma *_{\mathcal{B}} M_{\Sigma'}$$
$$= \delta_{26}[1,\ 3,\ 5,\ 7,\ 9,\ 11,\ 13,\ 3,\ 5,\ 7,\ 9,\ 11,\ 13,\ 16,$$
$$5,\ 7,\ 9,\ 11,\ 13,\ 16,\ 18,\ 7,\ 9,\ 11,\ 13,\ 16,\ 18,$$
$$20,\ 9,\ 11,\ 13,\ 16,\ 18,\ 20,\ 22,\ 11,\ 13,\ 16,\ 18,$$
$$20,\ 22,\ 24,\ 13,\ 16,\ 18,\ 20,\ 22,\ 24,\ 26]$$
$$\in \mathcal{B}_{26\times49}. \qquad (8.4.3)$$

利用联合解模糊方法且假设 $Y_1 = A = -3, Y_2 = B = 7$, 得到

$$\mathcal{V}_u \times_{\mathcal{B}} \mathcal{V}_v$$
$$= M \times_{\mathcal{B}} \mathcal{V}_A \times_{\mathcal{B}} \mathcal{V}_B$$
$$= 0.25 \times_{\mathcal{B}} \mathrm{Col}_{19}(M) +_{\mathcal{B}} 0.75 \times_{\mathcal{B}} \mathrm{Col}_{20}(M)$$
$$+_{\mathcal{B}} 0.25 \times_{\mathcal{B}} \mathrm{Col}_{26}(M) +_{\mathcal{B}} 0.25 \times_{\mathcal{B}} \mathrm{Col}_{27}(M)$$

$$= 0.25 \times_\mathcal{B} \delta_{26}^{13} +_\mathcal{B} 0.75 \times_\mathcal{B} \delta_{26}^{16} +_\mathcal{B} 0.25 \times_\mathcal{B} \delta_{26}^{16} +_\mathcal{B} 0.25 \times_\mathcal{B} \delta_{26}^{18}$$

$$= [\underbrace{0,0,\cdots,0}_{12}, 0.25, 0, 0, 0.75, 0, 0.25, \underbrace{0,0,\cdots,0}_{8}]^\mathrm{T}. \tag{8.4.4}$$

利用解模糊公式 (8.3.21) 得到控制 (u,v) 为

$$(u,v) = \frac{0.25 \times (0,-1) + 0.75 \times (0.1,1) + 0.25 \times (0.2,1)}{0.25 + 0.75 + 0.25} = (0.1, 0.6).$$

单独解模糊方法 假设控制变量 u 与 v 是各自独立的, 则用单独解模糊方法. 即, 解模糊之前先分离控制变量 $\mathcal{V}_u$ 与 $\mathcal{V}_v$. 由 (8.4.4) 得

$$\mathcal{V}_u \times_\mathcal{B} \mathcal{V}_v$$

$$= 0.25 \times_\mathcal{B} \delta_{26}^{13} +_\mathcal{B} 0.75 \times_\mathcal{B} \delta_{26}^{16} +_\mathcal{B} 0.25 \times_\mathcal{B} \delta_{26}^{18}$$

$$= 0.25 \times_\mathcal{B} (\delta_{13}^7 \times_\mathcal{B} \delta_2^1) +_\mathcal{B} 0.75 \times_\mathcal{B} (\delta_{13}^8 \times_\mathcal{B} \delta_2^2) +_\mathcal{B} 0.25 \times_\mathcal{B} (\delta_{13}^9 \times_\mathcal{B} \delta_2^2). \tag{8.4.5}$$

于是有

$$\mathcal{V}_u = 0.25 \times_\mathcal{B} \delta_{13}^7 +_\mathcal{B} 0.75 \times_\mathcal{B} \delta_{13}^8 +_\mathcal{B} 0.25 \times_\mathcal{B} \delta_{13}^9$$

$$= [0,0,0,0,0,0,0.25,0.75,0.25,0,0,0,0]^\mathrm{T},$$

$$\mathcal{V}_v = 0.25 \times_\mathcal{B} \delta_2^1 +_\mathcal{B} 0.75 \times_\mathcal{B} \delta_2^2 +_\mathcal{B} 0.25 \times_\mathcal{B} \delta_2^2 = [0.25, 0.75]^\mathrm{T},$$

这与 (8.3.15) 以及 (8.4.2) 中的结果都相等. 解模糊得控制 $(u,v) = (0.1, 0.5)$ 也与传统方法的结果完全一致.

在上面的例子以及传统模糊控制中, 我们假设模糊规则具有下面的形式[178]

$$\text{如果 } y_1 = *,\cdots, y_p = *, \text{ 则 } u_1 = *,\cdots, u_m = *. \tag{8.4.6}$$

事实上, 这只是模糊规则的一种特殊情形, 这种模糊规则忽略了控制变量 u_i, $i = 1,\cdots,m$ 之间的相互作用. 模糊规则的一般情形应该是

$$\text{如果 } y_1 = *,\cdots, y_p = *, \text{ 则 } g(u_1,\cdots,u_m) = a, \tag{8.4.7}$$

这里 g 是一个逻辑函数. 对于这种一般情形, 传统的设计方法不再适用, 此时就要用到我们这里给出的解模糊方法, 下面给出具体算例以示说明.

例 8.4.2 再次考虑例 8.3.2 与例 8.4.1.

假设变量 Y_1, Y_2, U, V 之间的模糊关系矩阵为 $\tilde{M} = M + M_1 + M_2$, 其中 M 的取值同例 8.4.1, 并且

$$M_1 = 0.8 \times_\mathcal{B} \delta_{26}[2,\ 4,\ 6,\ 8,\ 10,\ 12,\ 14,\ 4,\ 6,\ 8,\ 10,$$

$$12,\ 14,\ 17,\ 6,\ 8,\ 10,\ 12,\ 14,\ 17,\ 19,\ 8,\ 10,$$

$$12,\ 14,\ 17,\ 19,\ 21,\ 10,\ 12,\ 14,\ 17,\ 19,\ 21,$$

$$23,\ 12,\ 14,\ 17,\ 19,\ 21,\ 23,\ 25,\ 14,\ 17,\ 19,$$

$$21,\ 23,\ 25,\ 26] \in \mathcal{B}_{26 \times 49}, \tag{8.4.8}$$

$$M_2 = 0.5 \times_{\mathcal{B}} \delta_{26}[3,\ 5,\ 7,\ 9,\ 11,\ 13,\ 15,\ 5,\ 7,\ 9,\ 11,$$

$$13,\ 15,\ 18,\ 7,\ 9,\ 11,\ 13,\ 15,\ 18,\ 20,\ 9,\ 11,$$

$$13,\ 15,\ 18,\ 20,\ 22,\ 11,\ 13,\ 15,\ 18,\ 20,\ 22,$$

$$24,\ 13,\ 15,\ 18,\ 20,\ 22,\ 24,\ 26,\ 15,\ 18,\ 20,$$

$$22,\ 24,\ 26,\ 26] \in \mathcal{B}_{26 \times 49}. \tag{8.4.9}$$

容易验证, 不存在矩阵 $M_3 \in \mathcal{M}_{13 \times 49}$ 与 $M_4 \in \mathcal{M}_{2 \times 49}$ 满足 $\tilde{M} = M_3 * M_4$. 也就是说, 控制规则中的两个控制变量不可以分离. 于是, 传统模糊控制方法不再适用.

仍然取 $Y_1 = A = -3, Y_2 = B = 7$, 对变量 (u, v) 采用两种方法解模糊.

联合解模糊方法　利用 8.3 节的方法得

$$\mathcal{V}_u \times_{\mathcal{B}} \mathcal{V}_v$$

$$= \tilde{M} \times_{\mathcal{B}} \mathcal{V}_A \times_{\mathcal{B}} \mathcal{V}_B$$

$$= 0.25 \times_{\mathcal{B}} \mathrm{Col}_{19}(\tilde{M}) +_{\mathcal{B}} 0.75 \times_{\mathcal{B}} \mathrm{Col}_{20}(\tilde{M})$$

$$\quad +_{\mathcal{B}} 0.25 \times_{\mathcal{B}} \mathrm{Col}_{26}(\tilde{M}) +_{\mathcal{B}} 0.25 \times_{\mathcal{B}} \mathrm{Col}_{27}(\tilde{M})$$

$$= 0.25 \times_{\mathcal{B}} \delta_{26}^{13} +_{\mathcal{B}} 0.25 \times_{\mathcal{B}} 0.8 \times_{\mathcal{B}} \delta_{26}^{14}$$

$$\quad +_{\mathcal{B}} 0.25 \times_{\mathcal{B}} 0.5 \times_{\mathcal{B}} \delta_{26}^{15} +_{\mathcal{B}} 0.75 \times_{\mathcal{B}} \delta_{26}^{16}$$

$$\quad +_{\mathcal{B}} 0.75 \times_{\mathcal{B}} 0.8 \times_{\mathcal{B}} \delta_{26}^{17} +_{\mathcal{B}} 0.75 \times_{\mathcal{B}} 0.5 \times_{\mathcal{B}} \delta_{26}^{18}$$

$$\quad +_{\mathcal{B}} 0.25 \times_{\mathcal{B}} \delta_{26}^{16} +_{\mathcal{B}} 0.25 \times_{\mathcal{B}} 0.8 \times_{\mathcal{B}} \delta_{26}^{17}$$

$$\quad +_{\mathcal{B}} 0.25 \times_{\mathcal{B}} 0.5 \times_{\mathcal{B}} \delta_{26}^{18} +_{\mathcal{B}} 0.25 \times_{\mathcal{B}} \delta_{26}^{18}$$

$$\quad +_{\mathcal{B}} 0.25 \times_{\mathcal{B}} 0.8 \times_{\mathcal{B}} \delta_{26}^{19} +_{\mathcal{B}} 0.25 \times_{\mathcal{B}} 0.5 \times_{\mathcal{B}} \delta_{26}^{20}$$

$$= [\underbrace{0, 0, \cdots, 0}_{12}, 0.25, 0.25, 0.25, 0.75, 0.75, 0.5, 0.25, 0.25, \underbrace{0, 0, \cdots, 0}_{6}]^{\mathrm{T}}.$$

根据解模糊公式 (8.3.21) 得控制 (u, v):

$$
\begin{aligned}
(u, v) = \ & [0.25 \times (0, -1) + 0.25 \times (0, 1) + 0.25 \times (0.1, -1) \\
& + 0.75 \times (0.1, 1) + 0.75 \times (0.2, -1) + 0.5 \times (0.2, 1) \\
& + 0.25 \times (0.4, -1) + 0.25 \times (0.4, 1)]/[0.25 + 0.25 \\
& + 0.25 + 0.75 + 0.75 + 0.5 + 0.25 + 0.25] \\
= \ & \left(\frac{11}{65}, \frac{1}{13} \right).
\end{aligned}
$$

单独解模糊方法　解模糊之前先分解控制变量 $\mathcal{V}_u$ 与 $\mathcal{V}_v$. 类似于例 8.4.1 有

$$
\begin{aligned}
\mathcal{V}_u &= 0.25 \times_{\mathcal{B}} \delta_{13}^7 +_{\mathcal{B}} 0.75 \times_{\mathcal{B}} \delta_{13}^8 +_{\mathcal{B}} 0.75 \times_{\mathcal{B}} \delta_{13}^9 +_{\mathcal{B}} 0.25 \times_{\mathcal{B}} \delta_{13}^{10} \\
&= [\underbrace{0, \cdots, 0}_{6}, 0.25, 0.75, 0.75, 0.25, 0, 0, 0]^{\mathrm{T}},
\end{aligned}
$$

$$
\mathcal{V}_v = 0.75 \times_{\mathcal{B}} \delta_2^1 +_{\mathcal{B}} 0.75 \times_{\mathcal{B}} \delta_2^2 = [0.75, 0.75]^{\mathrm{T}}.
$$

根据解模糊公式 (8.3.31) 得控制变量 (u, v), 其中

$$
u = \frac{0.25 \times 0 + 0.75 \times 0.1 + 0.75 \times 0.2 + 0.25 \times 0.4}{0.25 + 0.75 + 0.75 + 0.25} = 0.1625,
$$

$$
v = \frac{0.75 \times (-1) + 0.75 \times 1}{0.75 + 0.75} = 0.
$$

第 9 章 基于 NFSR 的流密码

以非线性反馈移位寄存器 (nonlinear feedback shift register, NFSR) 为主要组件是自 2005 年以来流密码的主流设计趋势. 然而, 由于缺乏有效的数学工具, NFSR 理论仍很不完整, 现有基于 NFSR 的流密码算法的一些设计部分仅凭经验或计算机实验验证, 并没有理论支撑. 在第 9~12 章, 我们将采用矩阵半张量积这个强有力的数学工具, 利用布尔网络理论来研究基于 NFSR 的流密码算法的设计理论. 在本章中, 我们先介绍这些章节所需的基本概念和相关知识.

9.1 流 密 码

密码是国之重器, 是保障信息安全的关键技术. 密码学是研究密码系统或通信安全的一门科学[5]. 它包含密码编码学和密码分析学. 前者寻求保证消息的保密性或认证性, 后者寻求加密消息的破译或消息的伪造.

密码技术可隐蔽需保密的消息, 使未授权者不能提取信息. 被隐蔽的消息称为明文, 隐蔽后的消息称为密文. 由明文转为密文的过程称为加密, 由密文恢复出明文的过程称为解密. 加密和解密的操作通常均在一组密码控制下进行, 分别称为加密密钥和解密密钥.

根据密钥的特点, 密码体制分为对称 (也称单钥) 和非对称 (也称公钥) 两种. 根据加密方式, 又可将对称密码体制分为流密码 (也称序列密码) 和分组密码. 在流密码中, 明文按字符逐位加密. 在分组密码中, 明文中的多个字符被分为一组, 逐组加密.

流密码具有实现简单、加解密速度快、错误传播无或低等特点, 广泛应用于无线通信和外交通信中, 特别地, 在政府、军事和外交部门保持着其他密码体制无法比拟的优势. 流密码以往主要以线性反馈移位寄存器 (linear feedback shift register, LFSR) 为主要组件, 但它容易受到相关攻击[303] 和代数攻击[74]; 自 2005 年开始采用非线性反馈移位寄存器为主要组件, 例如: 欧洲 eSTREAM 计划中面向硬件的胜选算法 Grain[142]、Trivium[40]、Mickey[24], 以及国际密码协会主办的 CAESAR 竞赛中的胜选算法 Acorn[353]. 不同于基于 LFSR 的流密码, 基于 NFSR 的流密码迄今仍未有强有力的攻击方法. 但由于缺乏有效的数学工具, NFSR 理论仍很不完整, 现有基于 NFSR 的流密码算法的一些设计部分仅凭经验或计算机实验验证, 并没有理论支撑; 也无法从理论上阐明为什么一些基于 NFSR 的流密

码算法如此的 "好" 以致能抵抗现有的各种密码攻击. 因此, 如何从理论上刻画基于 NFSR 的流密码的安全性是国际密码学者需解决的重要问题.

9.2　布 尔 函 数

回忆 $\mathbb{Z}_p = \{0, 1, \cdots, p-1\}$. 其上的加法 $\oplus$ 和乘法 $\odot$ 分别定义如下:

$$
\begin{cases}
a \oplus b := a + b \pmod{p}, \\
a \odot b := ab \pmod{p}, \quad a, b \in \mathbb{Z}_p.
\end{cases}
$$

则当 p 为素数时, $\mathbb{Z}_p$ 为一有限域 (参见第一卷). 记 $\mathbb{Z}_p$ 上的一元多项式为 $\mathbb{Z}_p[x]$. 设 $f(x) \in \mathbb{Z}_p[x]$ 为一首 1 的 m 次多项式, $f(0) \neq 0$. $n = p^m - 1$ 是最小的正整数 n 使 $f(x)$ 整除 $x^n - 1$, 那么, $f(x)$ 称为本原多项式[185].

记二元域 $\mathbb{F}_2 := \mathbb{Z}_2$. $\mathbb{F}_2$ 仅含两个元素, 即 0 和 1. $\mathbb{F}_2$ 中很容易看出, 对于任意的 $a, b \in \mathbb{F}_2$, 满足 $a \oplus b = a \triangledown b$ 和 $a \odot b = a \wedge b$, 这里 $\triangledown$ 为逻辑算子 "异或", $\wedge$ 为逻辑算子 "合取".

一个 n 元布尔函数 f, 是从 $\mathbb{F}_2^n$ 到 $\mathbb{F}_2$ 的一个映射. 它可以表示为

$$
f(X) = c_0 \bigoplus_{1 \leqslant i \leqslant n} c_i X_i \bigoplus_{1 \leqslant i < j \leqslant n} c_{ij} X_i X_j \bigoplus \cdots \bigoplus c_{12\cdots n} X_1 X_2 \cdots X_n,
$$

这称为布尔函数 f 的代数规范型. 假设 i 是一个十进制数. 它通过映射 $i = i_1 2^{n-1} + i_2 2^{n-2} + \cdots + i_n$ 对应于一个二进制 $(i_1, i_2, \cdots, i_n)$. 那么, i 的范围为 0 到 $2^n - 1$. 为了表示简单, 令 $f(i) = f(i_1, i_2, \cdots, i_n)$. 那么, $[f(2^n - 1), f(2^n - 2), \cdots, f(0)]$ 称为 f 的按逆字典序排列的真值表. 矩阵

$$
F = \begin{bmatrix}
f(2^n - 1) & f(2^n - 2) & \cdots & f(0) \\
1 - f(2^n - 1) & 1 - f(2^n - 2) & \cdots & 1 - f(0)
\end{bmatrix}
$$

称为 f 的结构矩阵[55,282]. 例如, 布尔函数 $f(X_1, X_2, X_3) = X_1 \oplus X_2 \oplus X_2 X_3$, 它的按逆字典序排列的真值表为 [1, 0, 1, 1, 0, 1, 0, 0], 它的结构矩阵为

$$
F = \begin{bmatrix}
1, & 0, & 1, & 1, & 0, & 1, & 0, & 0 \\
0, & 1, & 0, & 0, & 1, & 0, & 1, & 1
\end{bmatrix} = \delta_2[1, 2, 1, 1\,2, 1, 2, 2].
$$

对于一个 n 元布尔函数 f, 如果对任意 $[X_1 \; X_2 \; \cdots \; X_n]^{\mathrm{T}} \in \mathbb{F}_2^n$, 函数 $D(f)$ 均满足 $D(f)(X_1, X_2, \cdots, X_n) = f(X_1 \oplus 1, X_2 \oplus 1, \cdots, X_n \oplus 1)$, 则称 $D(f)$ 为 f

的对偶函数. 如果两个 n 元布尔函数 f 和 $\bar{f}$ 满足 $\bar{f} = f \oplus 1$ (或者 $\bar{f} = D(f) \oplus 1$), 则 $\bar{f}$ 称为 f 的补 (或者对偶补). 此时, 也称 f 和 $\bar{f}$ 是互补的 (或者是对偶互补的). 当函数 $\mathbf{f} = [f_1 \quad f_2 \quad \cdots \quad f_n]^T$ 的自变量 $f_1, f_2, \cdots, f_n$ 均为布尔函数时, $\mathbf{f}$ 称为向量函数.

有限长的二进制字符串 α 的汉明重量, 定义为 α 中 "1" 的个数, 记为 $\mathrm{wt}(\alpha)$. 布尔函数 f 的汉明重量定义为它的真值表的汉明重量, 记为 $\mathrm{wt}(f)$. 汉明重量是布尔函数的一个基本属性, 也是一个关键的密码学指标[27]. 如果一个 n 元布尔函数的汉明重量为 2^{n-1}, 那么称这个布尔函数是平衡的. 若存在某个正整数 $i, 1 \leqslant i \leqslant n$, 使得 n 元布尔函数 $f(X_1, X_2, \cdots, X_n) = X_i \oplus \tilde{f}(X_1, X_2, \cdots, X_{i-1}, X_{i+1}, \cdots, X_n)$, 则称该布尔函数关于变量 X_i 是线性的; 注意到, 此时 f 也是平衡的.

9.3 布尔 (控制) 网络

NFSR 与布尔网络有相同的数学模型. 布尔网络是通过布尔函数进行演变的有限状态自动机. 当强调布尔网络有外部输入时, 称它为布尔控制网络. 本节回顾布尔 (控制) 网络的一些基本概念和相关的已有结果.

9.3.1 布尔 (控制) 网络的线性系统表示

带有 n 个节点和 m 个输入的布尔控制网络可表示为以下非线性系统:

$$\mathbf{X}(t+1) = \mathbf{g}_u(\mathbf{X}(t), \mathbf{U}(t)), \quad t \in \mathbb{Z}_+, \tag{9.3.1}$$

这里 $\mathbf{X} = [X_1 \quad X_2 \quad \cdots \quad X_n]^T \in \mathbb{F}_2^n$ 是状态, $\mathbf{U} \in \mathbb{F}_2^m$ 是输入, 向量函数 $\mathbf{g}_u : \mathbb{F}_2^{n+m} \to \mathbb{F}_2^n$ 被称为状态转移函数或者后状态算子.

引理 9.3.1[55] 令 $\mathbf{x} = [X_1 \quad X_1 \oplus 1]^T \ltimes [X_2 \quad X_2 \oplus 1]^T \ltimes \cdots \ltimes [X_n \quad X_n \oplus 1]^T$, 其中 $X_i \in \mathbb{F}_2, i = 1, 2, \cdots, n$, 则以下性质成立:

(1) $\mathbf{x} \in \Delta_{2^n}$.

(2) 状态 $\mathbf{X} = [X_1 \quad X_2 \quad \cdots \quad X_n]^T \in \mathbb{F}_2^n$ 与状态 $\mathbf{x} = \delta_{2^n}^j \in \Delta_{2^n}$, $j = 2^n - (2^{n-1}X_1 + 2^{n-2}X_2 + \cdots + X_n)$, 是一一对应的.

(3) 对于每个 $i \in \{1, 2, \cdots, n\}$, 有 $x_i = F_i \mathbf{x}$, 这里 $F_i = [\underbrace{\tilde{F}_i \cdots \tilde{F}_i}_{2^{i-1}}]$, $\tilde{F}_i = \delta_2[\underbrace{1 \cdots 1}_{2^{n-i}} \underbrace{2 \cdots 2}_{2^{n-i}}]$.

引理 9.3.2[55] 布尔控制网络 (9.3.1) 可以等价地表示为线性系统

$$\mathbf{x}(t+1) = L_{\mathbf{u}} \mathbf{x}(t) \mathbf{u}(t), \quad t \in \mathbb{Z}_+, \tag{9.3.2}$$

这里 $\mathbf{x} \in \Delta_{2^n}$ 是状态, $\mathbf{u} \in \Delta_{2^m}$ 是输入, $L_{\mathbf{u}} \in \mathcal{L}_{2^n \times 2^{n+m}}$ 是状态转移矩阵, 并且对所有的 $j = 1, 2, \cdots, 2^{n+m}$, $L_{\mathbf{u}}$ 的第 j 列满足

$$\mathrm{Col}_j(L_{\mathbf{u}}) = \mathrm{Col}_j(G_{\mathbf{u}1}) \otimes \mathrm{Col}_j(G_{\mathbf{u}2}) \otimes \cdots \otimes \mathrm{Col}_j(G_{\mathbf{u}n}), \tag{9.3.3}$$

这里 $G_{\mathbf{u}i}$ $(i \in \{1, 2, \cdots, n\})$ 是 (9.3.1) 中 $\mathbf{g}_{\mathbf{u}}$ 的第 i 个分量的结构矩阵.

　　虽然布尔控制网络的两个表示 (9.3.1) 和 (9.3.2) 是等价的, 但是定义在不同的集合上. 为了区别这两个表示, 我们称系统 (9.3.1) 为布尔控制网络的非线性系统表示, 系统 (9.3.2) 为布尔控制网络的线性系统表示.

　　类似地, 对布尔网络

$$\mathbf{X}(t+1) = \mathbf{g}(\mathbf{X}(t)), \ t \in \mathbb{Z}_+, \tag{9.3.4}$$

这里状态 $\mathbf{X} = [X_1 \ X_2 \ \cdots \ X_n]^{\mathrm{T}} \in \mathbb{F}_2^n$, 向量函数 $\mathbf{g} \colon \mathbb{F}_2^n \to \mathbb{F}_2^n$, 它也有等价的线性系统表示

$$\mathbf{x}(t+1) = L\mathbf{x}(t), \ t \in \mathbb{Z}_+, \tag{9.3.5}$$

这里状态 $\mathbf{x} \in \Delta_{2^n}$, 状态转移矩阵 $L \in \mathcal{L}_{2^n \times 2^n}$, 并且对所有的 $j = 1, 2, \cdots, 2^n$, L 的第 j 列满足

$$\mathrm{Col}_j(L) = \mathrm{Col}_j(G_1) \otimes \mathrm{Col}_j(G_2) \otimes \cdots \otimes \mathrm{Col}_j(G_n), \tag{9.3.6}$$

这里 G_i $(i \in \{1, 2, \cdots, n\})$ 是 $\mathbf{g}$ 的第 i 个分量的结构矩阵.

　　与前面类似, 我们称系统 (9.3.4) 为布尔网络的非线性系统表示, 系统 (9.3.5) 为布尔网络的线性系统表示.

　　对于有输出的布尔网络, 可以用以下非线性系统描述:

$$\begin{cases} \mathbf{X}(t+1) = g(\mathbf{X}(t)), \\ \mathbf{Y}(t) = h(\mathbf{X}(t)), \quad t \in \mathbb{Z}_+, \end{cases} \tag{9.3.7}$$

这里 $\mathbf{X} = [X_1 \ X_2 \ \cdots \ X_n]^{\mathrm{T}} \in \mathbb{F}_2^n$ 是状态, $\mathbf{Y} = [Y_1 \ Y_2 \ \cdots \ Y_p]^{\mathrm{T}} \in \mathbb{F}_2^p$ 是输出, 向量函数 $g \colon \mathbb{F}_2^n \to \mathbb{F}_2^n$ 是状态转移函数, $h \colon \mathbb{F}_2^n \to \mathbb{F}_2^p$ 是输出函数.

　　引理 9.3.3[55]　布尔网络 (9.3.7) 可以等价地描述为以下线性系统:

$$\begin{cases} \mathbf{x}(t+1) = L\mathbf{x}(t), \\ \mathbf{y}(t) = M\mathbf{x}(t), \quad t \in \mathbb{Z}_+, \end{cases} \tag{9.3.8}$$

这里 $\mathbf{x} \in \Delta_{2^n}$ 是状态, $\mathbf{y} \in \Delta_{2^p}$ 是输出, $L \in \mathcal{L}_{2^n \times 2^n}$ 状态转移矩阵, $M \in \mathcal{L}_{2^p \times 2^n}$ 是输出矩阵.

　　类似地, 我们称系统 (9.3.7) 为带输出的布尔网络的非线性系统表示, 系统 (9.3.8) 为带输出的布尔网络的线性系统表示.

9.3.2　布尔控制网络的可达集

定义 9.3.1[55]　对于布尔控制网络 (9.3.2), 给定初始状态 $\mathbf{x}_0$ 和目标状态 $\mathbf{x}_d$, 如果存在输入序列 $\mathbf{u}(t_0), \mathbf{u}(t_0+1), \cdots, \mathbf{u}(t_d)$, 使得 $\mathbf{x}(t_0) = \mathbf{x}_0$ 和 $\mathbf{x}(t_d) = \mathbf{x}_d$, 那么称 $\mathbf{x}_d$ 从 $\mathbf{x}_0$ 是可达的.

令 $\mathcal{R}(\mathbf{x}_0)$ 表示在输入序列作用下, 从 $\mathbf{x}_0$ 可以到达的所有状态的集合. 那么, $\mathcal{R}(\mathbf{x}_0)$ 通常称为 $\mathbf{x}_0$ 的可达集.

引理 9.3.4[55]　对于布尔控制网络 (9.3.2), 令满足条件

$$\mathrm{Col}\left(L_{\mathbf{u}}^{p+1}\mathbf{x}_0\right) \subseteq \bigcup_{k=1}^{p}\left[\mathrm{Col}\left(L_{\mathbf{u}}^{k}\mathbf{x}_0\right)\right]$$

的最小正整数 p 为 p^*, 那么

$$\mathcal{R}(\mathbf{x}_0) = \bigcup_{k=1}^{p^*}\left[\mathrm{Col}\left(L_{\mathbf{u}}^{k}\mathbf{x}_0\right)\right].$$

注意: 对任意的正整数 k, $\mathbf{x}(k) = L_{\mathbf{u}}\mathbf{x}_0\mathbf{u}(0)\mathbf{u}(1)\cdots\mathbf{u}(k-1)$. 事实上, 上式中的 p^* 是输入序列的最短长度, 使得布尔网络的轨迹跑遍 $\mathbf{x}_0$ 的可达集的所有状态.

9.3.3　布尔网络的瞬态周期

定义 9.3.2[55]　状态 $\mathbf{X} \in \mathbb{F}_2^n$ 称为布尔网络 (9.3.4) (或布尔控制网络 (9.3.1)) 的平衡状态, 如果 $\mathbf{g}(\mathbf{X}) = \mathbf{X}$ (或对某个输入 U_0, 满足 $\mathbf{g_u}(\mathbf{X}, U_0) = \mathbf{X}$).

等价地, 我们有如下定义.

定义 9.3.3[55]　状态 $\mathbf{x} \in \Delta_{2^n}$ 称为布尔网络 (9.3.5) (或布尔控制网络 (9.3.2)) 的平衡状态, 如果 $L\mathbf{x} = \mathbf{x}$ (或对某个输入 $\mathbf{u}_0$, 满足 $L_{\mathbf{u}}\mathbf{x}\mathbf{u}_0 = \mathbf{x}$).

定义 9.3.4[55]　$\{\mathbf{x}, L\mathbf{x}, \cdots, L^k\mathbf{x}\}$ 称为布尔网络 (9.3.5) 的长度为 k 的极限环, 如果 $L^k\mathbf{x} = \mathbf{x}$, 且集合 $\{\mathbf{x}, L\mathbf{x}, \cdots, L^{k-1}\mathbf{x}\}$ 中的元素互不相同. 特别地, 平衡状态 $\mathbf{x}$ 也称为布尔网络 (9.3.5) 的一个单位环. 布尔网络的极限环也称为布尔网络的吸引子.

引理 9.3.5[55]　布尔网络 (9.3.5) 的长度为 k 的极限环的个数 N_k, 可按如下递归计算:

$$\begin{cases} N_1 = \mathrm{tr}(L), \\ N_k = \dfrac{1}{k}\left[\mathrm{tr}(L^k) - \displaystyle\sum_{q|k,\, 0<q<k} qN_q\right], & 2 \leqslant k \leqslant 2^n, \end{cases} \quad (9.3.9)$$

这里 q 为 k 的真因子.

定义 9.3.5[55]　集合 $\mathcal{B}$ 称为布尔网络 (9.3.4) 的平衡状态 $\mathbf{X} \in \mathbb{F}_2^n$ 的流入域, 如果 $\mathcal{B}$ 是最终达到平衡状态 $\mathbf{X}$ 的所有状态的集合.

等价地, 我们有如下定义.

定义 9.3.6[55]　集合 $\mathcal{B}$ 称为布尔网络 (9.3.5) 的平衡状态 $\mathbf{x} \in \Delta_{2^n}$ 的流入域, 如果 $\mathcal{B}$ 是最终达到平衡状态 $\mathbf{x}$ 的所有状态的集合.

定义 9.3.7[55]　对布尔网络 (9.3.5) 的一个给定状态 $\mathbf{x}_0 \in \Delta_{2^n}$, $\mathbf{x}_0$ 的瞬态周期定义为满足条件 $\mathbf{x}(0) = \mathbf{x}_0$ 和 $\mathbf{x}(k) \in \Omega$ 的最小正整数 k, 记为 $K(\mathbf{x}_0)$, 这里 Ω 为布尔网络 (9.3.5) 的一个吸引子. 对所有的 $\mathbf{x}_0 \in \Delta_{2^n}$, 最大的 $K(\mathbf{x}_0)$ 称为这个布尔网络的瞬态周期.

引理 9.3.6[55]　令 K 为布尔网络 (9.3.5) 的瞬态周期, C 为布尔网络 (9.3.5) 的一个吸引子. 对任意的正整数 κ, 记 $L^{-\kappa}(C) = \{\mathbf{x} | L^\kappa \mathbf{x} \in C\}$, 这里 L 为布尔网络 (9.3.5) 的状态转移矩阵. 那么吸引子 C 的流入域

$$\bar{\mathcal{B}}(C) = L^{-1}(C) \cup L^{-2}(C) \cup \cdots \cup L^{-K}(C). \tag{9.3.10}$$

引理 9.3.7[55]　令 K 为布尔网络 (9.3.5) 的瞬态周期, 那么 K 是满足条件 $L^\kappa \in \{L^{\kappa+1}, L^{\kappa+2}, \cdots, L^{2^{2^n}}\}$ 的最小正整数 κ.

9.4　非线性反馈移位寄存器的基本概念

非线性反馈移位寄存器 (NFSR) 的实现结构一般有两种: Fibonacci 结构和 Galois 结构. 这两种结构的 NFSR 分别称为 Fibonacci NFSR 和 Galois NFSR, 如图 9.4.1. 显然, 前者是后者的一种特殊情况. 但相比前者, 后者可减少传播时间, 提高吞吐量[90]. 事实上, 现有基于 NFSR 的流密码算法均采用后者作为主要组件, 它们是一些不同于 Fibonacci NFSR 的特殊 Galois NFSR. 值得指出的是: 在已有的文献, 特别是早期的文献中, 如果没有特别说明, 文中的非线性反馈移位寄存器 (或 NFSR) 均指 Fibonacci NFSR; 而在本书的第 7~10 章中, 如果没有特别说明, 文中的 NFSR 为 Fibonacci NFSR 或 Galois NFSR.

图 9.4.1(a) 是一个 n 级 Galois NFSR 的方框图, 其中每个小方框代表一个二元存储器, 也称之为比特. 一个 NFSR 二元存储器的个数称为它的级数. 这 n 个二元存储器的内容用 $X_1, X_2, \cdots, X_n$ 表示, 它们组成了 Galois NFSR 的一个状态 $[X_1 \ X_2 \ \cdots \ X_n]^{\mathrm{T}}$. 第 i 个二元存储器有布尔函数 f_i 作为自己的反馈函数, 所有的反馈函数 f_i 形成了 Galois NFSR 的反馈 $\mathbf{f} = [f_1 \ f_2 \ \cdots \ f_n]^{\mathrm{T}}$. 在主时钟控制的每个周期时间内, 每个二元存储器的内容通过它的反馈函数在上一时刻的值来进行更新. 一个 n 级 Galois NFSR 可用以下非线性系统来描述:

$$\begin{cases} X_1(t+1) = f_1(X_1(t), X_2(t), \cdots, X_n(t)), \\ X_2(t+1) = f_2(X_1(t), X_2(t), \cdots, X_n(t)), \\ \qquad\qquad\qquad \vdots \\ X_n(t+1) = f_n(X_1(t), X_2(t), \cdots, X_n(t)), \end{cases} \tag{9.4.1}$$

这里 $t \in \mathbb{Z}_+$ 代表时刻. 如无特殊说明, Galois NFSR 以第一比特的值为输出.

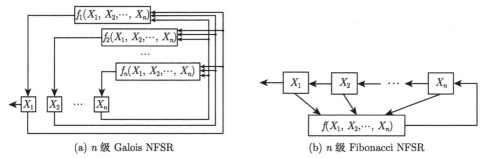

(a) n 级 Galois NFSR   (b) n 级 Fibonacci NFSR

图 9.4.1 Galois NFSR 和 Fibonacci NFSR

特别地, 如果一个 n 级 Galois NFSR 的反馈 $\mathbf{f} = [f_1 \quad f_2 \quad \cdots \quad f_n]^{\mathrm{T}}$ 满足 $f_i(X_1, X_2, \cdots, X_n) = X_{i+1}, i = 1, 2, \cdots, n-1$, 则该 Galois NFSR 退化为一个 n 级 Fibonacci NFSR. 图 9.4.1(b) 是一个 n 级 Fibonacci NFSR 的方框图, 非线性布尔函数 f 为这个 Fibonacci NFSR 的反馈函数. 一个 n 级 Fibonacci NFSR 是非奇异的, 当且仅当它的反馈函数 f 是非奇异的, 即 $f(X_1, X_2, \cdots, X_n) = X_1 \oplus \tilde{f}(X_2, X_3, \cdots, X_n)$[122]. 当反馈函数 f 退化为线性布尔函数时, 那么这个 Fibonacci NFSR 退化为一个 Fibonacci 型的线性移位寄存器 (LFSR).

对于一个 n 级 Fibonacci LFSR, 假设它的反馈函数为 $f(X_1, X_2, \cdots, X_n) = a_1 X_1 \oplus a_2 X_2 \oplus \cdots \oplus a_n X_n$, 这里每个 $a_i \in \mathbb{F}_2$, 那么这个 Fibonacci LFSR 的特征多项式 (character poly) 定义为

$$p(X) := X^n \oplus a_{n-1} X^{n-1} \oplus \cdots \oplus a_2 X \oplus a_1.$$

对于一个 n 级 Fibonacci NFSR, 假设它的反馈函数为 $f(X_1, X_2, \cdots, X_n)$, 那么它的特征函数 (character function) 定义为

$$g(X_1, X_2, \cdots, X_{n+1}) := X_{n+1} \oplus f(X_1, X_2, \cdots, X_n).$$

一个 n 级 NFSR 的状态图是由 2^n 个顶点和 2^n 条边组成的有向图, 这里的顶点表示 NFSR 的状态, 边表示 NFSR 状态之间的转移. 一条从状态 $\mathbf{X}$ 到状态 $\mathbf{Y}$

的边, 表示状态 $\mathbf{X}$ 更新到状态 $\mathbf{Y}$. 这时, $\mathbf{X}$ 称为 $\mathbf{Y}$ 的前继, $\mathbf{Y}$ 称为 $\mathbf{X}$ 的后继. 多于一个前继的状态称为分支状态, 没有前继的状态称为起始状态. 如果 p 个互不相同的状态 $\mathbf{X}_1, \mathbf{X}_2, \cdots, \mathbf{X}_p$, 对任意的 $i \in \{1, 2, \cdots, p-1\}$ 满足 $\mathbf{X}_{i+1}$ 是 $\mathbf{X}_i$ 的后继, 且 $\mathbf{X}_1$ 为 $\mathbf{X}_p$ 的后继, 那么这 p 个状态和它们之间的边构成了一个长度为 p 的极限环. 类似地, 如果 p 个互不相同的状态 $\mathbf{X}_1, \mathbf{X}_2, \cdots, \mathbf{X}_p$ 满足以下四个条件: ① 它们没有形成一个极限环; ② $\mathbf{X}_1$ 是一个起始点; ③ 对于任意的 $i \in \{1, 2, \cdots, p-1\}$, $\mathbf{X}_{i+1}$ 是 $\mathbf{X}_i$ 的后继; ④ $\mathbf{X}_p$ 的后继在圈上, 那么这连续 p 个状态和它们之间的边形成了一条长度为 p 的枝.

设 $G = (V, A)$ 和 $\bar{G} = (\bar{V}, \bar{A})$ 为两个 n 级 NFSR 的状态图, 其中 V 和 $\bar{V}$ 分别为它们的顶点的集合, A 和 $\bar{A}$ 分别为它们的边的集合. 如果存在一个双射 $\varphi : V \to \bar{V}$, 使得对任意的一条从顶点 $\mathbf{X}$ 到 $\mathbf{Y}$ 的边 $E \in A$, 都存在一条从 $\varphi(\mathbf{X})$ 到 $\varphi(\mathbf{Y})$ 的边 $\bar{E} \in \bar{A}$, 则称状态图 G 与 $\bar{G}$ 同构.

9.5　Fibonacci NFSR 的线性化

Fibonacci NFSR 是目前为止研究得最多的一种 NFSR, 本节研究 Fibonacci NFSR 的线性化问题. 我们把 Fibonacci NFSR 看作一个布尔网络, 利用矩阵半张量积, 给出它的一个新的状态转移矩阵, 以及这个新的状态转移矩阵的一些性质. 与文献 [38, 283, 409] 中的状态转移矩阵相比, 这个新的状态转移矩阵可以通过非线性反馈移位寄存器的反馈函数的真值表简单算出、形式也更简洁. 本节内容主要基于文献 [434].

9.5.1　新状态转移矩阵的具体形式

对于反馈函数为 f 的一个 n 级 Fibonacci NFSR, 根据 9.4 节中介绍的 NFSR 的状态更新规律, 它可表示为以下非线性系统:

$$\begin{cases} X_1(t+1) = X_2(t), \\ X_2(t+1) = X_3(t), \\ \qquad \vdots \\ X_{n-1}(t+1) = X_n(t), \\ X_n(t+1) = f(X_1(t), X_2(t), \cdots, X_n(t)), \end{cases} \tag{9.5.1}$$

这里 $t \in \mathbb{Z}_+$ 表示时刻.

定理 9.5.1　对于反馈函数为 f 的一个 n 级 Fibonacci NFSR, 假定 $[s_1, s_2, \cdots, s_{2^n}]$ 是 f 的按逆字典序排列的真值表. 令矩阵

$$L = \delta_{2^n}[\eta_1 \ \cdots \ \eta_{2^{n-1}} \ \eta_{2^{n-1}+1} \ \cdots \ \eta_{2^n}], \tag{9.5.2}$$

其中

$$\begin{cases} \eta_i = 2i - s_i, \quad i = 1, 2, \cdots, 2^{n-1}, \\ \eta_{2^{n-1}+i} = 2i - s_{2^{n-1}+i}, \end{cases} \tag{9.5.3}$$

那么这个 Fibonacci NFSR 可以唯一地表示为以下线性系统

$$\mathbf{x}(t+1) = L\mathbf{x}(t), \quad t \in \mathbb{Z}_+, \tag{9.5.4}$$

这里 $\mathbf{x} \in \Delta_{2^n}$ 是状态, $L \in \mathcal{L}_{2^n \times 2^n}$ 是状态转移矩阵.

证明 令 $g_1(\mathbf{X}(t)) = X_2(t), \cdots, g_{n-1}(\mathbf{X}(t)) = X_n(t), g_n(\mathbf{X}(t)) = f(\mathbf{X}(t))$, $G_i(i \in \{1, 2, \cdots, n\})$, 为 g_i 的结构矩阵. 那么, 很容易看出

$$G_1 = [\ \tilde{G}_1 \ \underbrace{\tilde{G}_1}_{2^1} \ ], \quad \text{这里} \quad \tilde{G}_1 = \delta_2[\ \underbrace{1, \ \cdots, \ 1}_{2^{n-2}} \ \underbrace{2, \ \cdots, \ 2}_{2^{n-2}} \ ],$$

$$G_2 = [\ \underbrace{\tilde{G}_2 \ \tilde{G}_2 \ \tilde{G}_2 \ \tilde{G}_2}_{2^2} \ ], \quad \text{这里} \quad \tilde{G}_2 = \delta_2[\ \underbrace{1, \ \cdots, \ 1}_{2^{n-3}} \ \underbrace{2, \ \cdots, \ 2}_{2^{n-3}} \ ],$$

$$\vdots$$

$$G_{n-1} = [\ \underbrace{\tilde{G}_{n-1} \ \cdots \ \tilde{G}_{n-1}}_{2^{n-1}} \ ], \quad \text{这里} \quad \tilde{G}_{n-1} = \delta_2[1, \ 2].$$

记 $G_n = \delta_2[w_1, \ w_2, \ \cdots, \ w_{2^n}]$. 根据方程 (9.3.6) 直接计算, 可得 L 的列满足

$$\begin{cases} \eta_i = w_i + 2(i-1), \quad i = 1, 2, \cdots, 2^{n-1}, \\ \eta_{2^{n-1}+i} = w_{2^{n-1}+i} + 2(i-1). \end{cases}$$

注意: 对任意的 $i \in \{1, 2, \cdots, 2^n\}$, 有 $w_i = 2 - s_i$. 由此可知结论成立. $\square$

n 级 Fibonacci NFSR 的线性系统表示 (9.5.4) 用一个 2^n 阶方阵 L 来刻画. 事实上, 这个线性系统表示就是 Fibonacci NFSR 的线性化. 矩阵 L 称为这个 Fibonacci NFSR 的状态转移矩阵. 为了区别起见, 我们称系统 (9.5.1) 为这个 Fibonacci NFSR 的非线性系统表示, 称系统 (9.5.4) 为这个 Fibonacci NFSR 的线性系统表示. 方程 (9.5.2) 和 (9.5.3) 揭示了状态转移矩阵 L 与 Fibonacci NFSR 的反馈函数 f 的真值表之间的简单关系. 同时, 这两个方程也表明了 Fibonacci NFSR 的状态转移矩阵 L 和它的反馈函数 f 是一一对应的.

命题 9.5.1   假定系统 (9.5.4) 是一个 n 级 Fibonacci NFSR 的线性系统表示, 状态转移矩阵为 $L = \delta_{2^n}[\eta_1, \eta_1, \cdots, \eta_{2^n}]$, f 是这个 Fibonacci NFSR 的反馈函数, 那么 f 的按逆字典序排列的真值表 $[s_1\ s_2\ \cdots\ s_{2^n}]$, 满足条件:

(1) 如果 η_i, $i \in \{1, 2, \cdots, 2^n\}$ 是奇数, 那么 $s_i = 1$;

(2) 如果 η_i, $i \in \{1, 2, \cdots, 2^n\}$ 是偶数, 那么 $s_i = 0$.

证明   由方程 (9.5.2) 和 (9.5.3) 可知结论成立.   □

定义映射

$$\sigma: \quad \sigma(i) = \eta_i, \ i = 1, 2, \cdots, 2^n, \tag{9.5.5}$$

这里所有的 η_i 均来自方程 (9.5.2). 于是, 状态转移矩阵 L 和映射 σ 是一一对应的. 相应地, 对任意的正整数 k, L^k 和 σ^k 也是一一对应的. 从而, 对于矩阵 L 的储存, 只需要储存它的所有列中元素 1 的位置, 即所有的 η_i, 并且对任意的 $i \in \{1, 2, \cdots, 2^n\}$, $L^k \delta_{2^n}^i$ 的计算归结为 $\sigma^k(i)$ 的计算.

状态转移矩阵的比较: 下面我们把前面获得的新的状态转移矩阵 L 与文献 [38, 283, 409] 中已有的状态矩阵进行比较. 因为后两个文献也是把 Fibonacci NFSR 看作是一个布尔网络, 并利用半张量积对布尔网络所构建的代数框架来对它进行研究, 因此我们先与后两篇文献进行比较, 然后与第一篇文献进行比较.

文献 [409] 所使用的 n 级 Fibonacci NFSR 的状态转移矩阵, 事实上是文献 [54] 所给出的一般布尔网络的状态转移矩阵的统一公式

$$\tilde{L} = G_1 \ltimes [(I_{2^n} \otimes G_1) \ltimes \Phi_n] \ltimes \cdots \ltimes [(I_{2^n} \otimes G_n) \ltimes \Phi_n], \tag{9.5.6}$$

这里 G_i, $i \in \{1, 2, \cdots, n\}$ 是方程 (9.3.4) 中向量函数 $\mathbf{g}$ 的第 i 个分量的结构矩阵, 并且

$$\Phi_n = [(I_2 \otimes W_{[2, 2^{n-1}]}) \ltimes \mathrm{PR}_2] \ltimes \{I_2 \otimes [(I_2 \otimes W_{[2, 2^{n-2}]}) \ltimes \mathrm{PR}_2]\}$$
$$\ltimes \cdots \ltimes \{I_{2^{n-1}} \otimes [(I_2 \otimes W_{[2, 1]}) \ltimes \mathrm{PR}_2]\},$$

这里 $\mathrm{PR}_2 = \delta_4[1\ 4]$ 为降阶矩阵, $W_{[2, 2^{n-i}]}$, $i = 1, 2, \cdots, n$ 是换位矩阵.

值得指出的是, 文献 [57] 已证明: $\tilde{L}$ 属于集合 $\mathcal{L}_{2^n \times 2^n}$, 且方程 (9.5.6) 的右边可简化为 $G_1 \ltimes G_2 \ltimes \cdots \ltimes G_n$, 且可继续转化为方程 (9.3.6). 因此, 类似于矩阵 L, 对于 $\tilde{L}$ 的存储, 只需要存储它的所有列中元素 1 的位置. 假定 Fibonacci NFSR 的反馈函数的代数规范型已知. 如果反馈函数的真值表已根据其代数规范型计算出, 那么很明显, 虽然状态转移矩阵 L 和 $\tilde{L}$ 占用的存储空间大小相同, 但是前者的形式更简洁, 并且更容易计算.

与大多数已有的 Fibonacci NFSR 的工作相比, 文献 [283] 考虑的是多值的 Fibonacci NFSR, 即它的每一个存储器取值于集合 $\mathbb{F}_q = \{0, 1, \cdots, q - 1\}$, 这里

q 是正整数. 从而, 这个多值的 Fibonacci NFSR 的反馈函数是一个取值于 $\mathbb{F}_q$ 的逻辑函数. 布尔函数是一个特殊的逻辑函数, 它的取值是 0 或 1. 然而, 类似于布尔函数, 任何一个逻辑函数都有自己唯一的结构矩阵[57]. 令多值的 Fibonacci NFSR 的反馈函数的结构矩阵为 $\hat{G}_n = \delta_q[\zeta_1, \zeta_2, \cdots, \zeta_{q^n}]$, 那么它的状态转移矩阵 $\hat{L}$ 为[283]

$$\hat{L} = [\hat{L}_1 \ \hat{L}_2 \ \cdots \ \hat{L}_q], \tag{9.5.7}$$

这里

$$\hat{L}_j = \delta_{q^n}[(j-1)q^{n-1} + \zeta_{(j-1)q^{n-1}+1} \quad (j-1)q^{n-1} + \zeta_{(j-1)q^{n-1}+2} \\ \cdots \ (j-1)q^{n-1} + \zeta_{(j-1)q^{n-1}+q}], \quad j = 1, 2, \cdots, q. \tag{9.5.8}$$

事实上, 如果在方程 (9.5.7) 和 (9.5.8) 中令 $q = 2$, 然后把它们与方程 (9.5.2) 和 (9.5.3) 进行比较, 很容易发现: 方程 (9.5.8) 给出的形式有一些错误, 但这些错误的更正不是显而易见的. 我们已在文献 [349] 中把 $\hat{L}$ 的表示更正为

$$\text{Col}_i(\hat{L}) = \delta_{q^n}[(i-1) \bmod q^{n-1} + 1]q - s_i, \quad i = 1, 2, \cdots, q^n.$$

对于一个 n 级 Fibonacci NFSR, 文献 [38] 是根据它的状态图来构造出它的状态转移矩阵. 首先, 把它在 $\mathbb{F}_2^n$ 上的所有可能的状态按以下对应方式分别表示为 Δ_{2^n} 中的向量:

$$\begin{cases} \begin{array}{cc} \text{状态} & \text{表示} \\ [0 \ 0 \ \cdots \ 0 \ 0]^\mathrm{T} & [1 \ 0 \ \cdots \ 0]^\mathrm{T} = \alpha_1, \\ [0 \ 0 \ \cdots \ 0 \ 1]^\mathrm{T} & [0 \ 1 \ \cdots \ 0]^\mathrm{T} = \alpha_2, \\ \vdots & \vdots \\ [1 \ 1 \ \cdots \ 1 \ 1]^\mathrm{T} & [0 \ 0 \ \cdots \ 1]^\mathrm{T} = \alpha_{2^n}. \end{array} \end{cases} \tag{9.5.9}$$

记 $B = (b_{ij})$ 为文献 [38] 中给出的状态转移矩阵, 那么

$$b_{ij} = \begin{cases} 1, & \text{如果 } \alpha_i \text{ 是 } \alpha_j \text{ 后继}, \\ 0, & \text{其他情况}. \end{cases} \tag{9.5.10}$$

方程 (9.5.9) 表明: 文献 [38] 中 $\mathbb{F}_2^n$ 上状态与 Δ_{2^n} 上状态的对应关系与本章中的对应关系不同. 事实上, 这两者之间存在一个置换关系 ρ: $(1, 2, \cdots, 2^n) \to (2^n, 2^n - 1, \cdots, 1)$. 因此, 状态转移矩阵 L 和 B 是相似的关系:

$$L = PBP^{-1},$$

这里 P 是由置换映射 ρ 所确定的置换矩阵, 表示为

$$P = \delta_{2^n}[2^n \ \ 2^n - 1 \ \cdots \ 1].$$

文献 [38] 已经给出了矩阵 B 的奇异性以及特征多项式. 因为 L 相似于 B, 所以它的奇异性和特征多项式与矩阵 B 是一样的. 在下节中, 我们将给出矩阵 L 的一些其他性质, 包括他的行列式、阶 (order), 以及与 Fibonacci NFSR 的状态图的关系.

为了获得状态转移矩阵 B, 需要储存反馈函数的代数规范型, 以及矩阵 B 的表示形式, 即, 方程 (9.5.9) 和 (9.5.10). 类似地, 为了获得状态转移矩阵 L, 需要储存反馈函数的代数规范型, 以及 L 的表示形式, 即, 方程 (9.5.2) 和 (9.5.3). 很明显, 后者比前者需要储存的信息所占用的空间更小. 因为矩阵 B 的每一行只有一个元素为 1, 其他元素为 0, 所以, 为了存储状态转移矩阵 B, 只需存储它的所有行中元素 1 的位置. 因此, 矩阵 L 和矩阵 B 占用的存储空间大小相同.

与前面一样, 我们假设 Fibonacci NFSR 的反馈函数的代数规范型已知. 于是, 状态转移矩阵 B (或 L) 的时间计算复杂度分为两个部分:

(1) 根据反馈函数的代数规范型, 来计算它的真值表的时间复杂度;

(2) 根据反馈函数的真值表, 以及方程 (9.5.9) 和 (9.5.10) (或方程 (9.5.2) 和 (9.5.3)) 来计算矩阵 B (或 L) 的时间复杂度.

显然, 第 (2) 部分导致了矩阵 B 和 L 之间的时间计算复杂度的差异. 在第 (2) 部分中, 矩阵 B 导致的时间计算复杂度为 2^{2n} 个运算, 而矩阵 L 导致的时间计算复杂度为 2^{n+1} 个运算. 因此, 当 $n > 1$ 时, 状态转移矩阵 L 比状态转移矩阵 B 需要的时间计算复杂度更低.

状态转移矩阵 L 的维数随 Fibonacci NFSR 的级数呈指数增加, 这限制了它只能应用于级数不大于 20 的 Fibonacci NFSR. 然而, 由下节可以看出: 状态转移矩阵 L 诱导了很多非常有用的理论结果.

9.5.2 状态转移矩阵的性质

在本小节中, 我们将给出状态转移矩阵 L 的一些性质. 这些性质有利于从理论上来分析 Fibonacci NFSR. 我们依次讨论一般的 Fibonacci NFSR、非奇异的 Fibonacci NFSR 和最大长度的 Fibonacci NFSR. 在给出相应结果之前, 我们先给出本小节中用到的一些记号.

对于一个 $n \times n$ 的矩阵 $A = (a_{ij})$, $\det(A)$ 表示 A 的行列式; $\text{tr}(A)$ 表示矩阵 A 的迹, 即 $\text{tr}(A) = a_{11} + a_{22} + \cdots + a_{nn}$; $\text{ord}(A)$ 表示置换矩阵 A 的阶, 即使得 $A^p = I_n$ 的最小正整数 p. $\gcd(m, n)$ 表示正整数 m 和 n 的最大公倍数.

首先, 我们讨论一般的 Fibonacci NFSR.

定理 9.5.2 考虑 n 级 Fibonacci NFSR 的线性化 (9.5.4). 状态转移矩阵 $L = \delta_{2^n}[\eta_1\ \eta_2\ \cdots\ \eta_{2^n}]$ 是奇异的, 当且仅当, 存在某个 $i \in \{1, 2, \cdots, 2^{n-1}\}$, 使得 $\eta_i = \eta_{2^{n-1}+i}$. 而且, 如果 $\eta_i = \eta_{2^{n-1}+i} = j$, 那么 $j \in \{2i-1, 2i\}$, 且 $\delta_{2^n}^j$ 是一个分支状态.

证明 根据定理 9.5.1, 对任意的 $i \in \{1, 2, \cdots, 2^{n-1}\}$, 有 $\eta_i, \eta_{2^{n-1}+i} \in \{2i-1, 2i\}$. 于是, 很容易看出, 定理中的充要条件成立; 而且, 如果 $\eta_i = \eta_{2^{n-1}+i} = j$, 那么 $j \in \{2i-1, 2i\}$. 另外, $L\delta_{2^n}^i = L\delta_{2^n}^{2^{n-1}+i} = \delta_{2^n}^j$ 意味着 $\delta_{2^n}^j$ 有两个前继, $\delta_{2^n}^i$ 和 $\delta_{2^n}^{2^{n-1}+i}$. 所以, $\delta_{2^n}^j$ 是一个分支状态. □

命题 9.5.2 考虑 n 级 Fibonacci NFSR 的线性化 (9.5.4). 对于任意的 $i \in \{1, 2, \cdots, 2^n\}$, 状态 $\delta_{2^n}^i$ 是起始状态, 当且仅当, $\delta_{2^n}^i$ 不是状态转移矩阵 L 的列.

证明 我们用反证法来证明. (必要性) 假设 $\delta_{2^n}^i$ 是 L 的列. 不失一般性, 我们假定 $\delta_{2^n}^i$ 是 L 的第 j 列, 这里 $j \in \{1, 2, \cdots, 2^n\}$. 于是, $L\delta_{2^n}^j = \delta_{2^n}^i$ 意味着 $\delta_{2^n}^j$ 是 $\delta_{2^n}^i$ 的前继. 这与已知条件 $\delta_{2^n}^i$ 是起始状态相矛盾.

(充分性) 假设 $\delta_{2^n}^i$ 不是起始状态, 那么 $\delta_{2^n}^i$ 至少有一个前继. 不失一般性, 我们假定 $\delta_{2^n}^j, j \in \{1, 2, \cdots, 2^n\}$, 是 $\delta_{2^n}^i$ 的前继. 于是, 我们可以推断 $L\delta_{2^n}^j = \delta_{2^n}^i$, 这意味着 $\delta_{2^n}^i$ 是 L 的第 j 列. 这与已知条件 $\delta_{2^n}^i$ 不是状态转移矩阵 L 的列相矛盾. □

定理 9.5.3 考虑 n 级 Fibonacci NFSR 的线性化 (9.5.4). 假设 $L = \delta_{2^n}[\eta_1\ \eta_2\ \cdots\ \eta_{2^n}]$ 是状态转移矩阵, 那么

(1) $\eta_1 = 1$, 当且仅当, Fibonacci NFSR 的状态图有包含状态 $[1\ 1\ \cdots\ 1]^T$ 的单位环;

(2) $\eta_{2^n} = 2^n$, 当且仅当, Fibonacci NFSR 的状态图有包含状态 $[0\ 0\ \cdots\ 0]^T$ 的单位环.

证明 假定 f 是 Fibonacci NFSR 的反馈函数. 定理 9.5.1 表明: $\eta_1 = 1$, 当且仅当, $f(1,1,\cdots,1) = 1$, 这等价于 $[1\ 1\ \cdots\ 1]^T$ 的后继是它自己. 从而, 性质 1 成立. 对 $\eta_{2^n} = 2^n$, 类似证明, 可知性质 (2) 成立. □

其次, 我们讨论非奇异的 Fibonacci NFSR.

定理 9.5.4 考虑 n 级 Fibonacci NFSR 的线性化 (9.5.4). 反馈函数 f 是非奇异的, 当且仅当, 状态转移矩阵 L 是非奇异的.

证明 (必要性) 注意到, 对任意的状态 $\mathbf{X} = [X_1\ X_2\ \cdots\ X_n] \in \mathbb{F}_2^n$, 通过一一映射
$$\chi = 2^{n-1}X_1 + 2^{n-2}X_2 + \cdots + X_n,$$
存在唯一的 $\chi \in [0, 2^n - 1]$ 对应于 $\mathbf{X}$.

为了区别起见, 我们记 $\mathbf{X}^{(\mu)} = [X_1^{(\mu)} \ X_2^{(\mu)} \ \cdots \ X_n^{(\mu)}]$ 为对应于整数 $\chi = \mu$ 的状态 $\mathbf{X} = [X_1 \ X_2 \ \cdots \ X_n]$. 于是, 很容易看出

(1) $X_1^{(\mu)} = \begin{cases} 0, & \mu \in \{0, 1, \cdots, 2^{n-1} - 1\}, \\ 1, & \mu \in \{2^{n-1}, 2^{n-1} + 1, \cdots, 2^n - 1\}; \end{cases}$

(2) $X_i^{(\mu)} = X_i^{(2^{n-1}+\mu)}$, $i = 2, 3, \cdots, n$, $\mu = 0, 1, \cdots, 2^{n-1} - 1$.

假设 $[s_1, s_2, \cdots, s_{2^n}]$ 是反馈函数 f 的按逆字典序排列的真值表. 如果 $f(X_1, X_2, \cdots, X_n)$ 是非奇异的, 那么 $f(X_1, X_2, \cdots, X_n) = X_1 \oplus \tilde{f}(X_2, \cdots, X_n)$. 从而, 对任意的 $i \in \{1, 2, 3, \cdots, 2^{n-1}\}$, s_i 和 $s_{2^{n-1}+i}$ 是互不相同的. 令 $L = \delta_{2^n}[\eta_1 \ \cdots \ \eta_{2^{n-1}} \ \eta_{2^{n-1}+1} \ \cdots \ \eta_{2^n}]$. 于是, 根据定理 9.5.1, 我们有

$$\begin{cases} \eta_i = 2i - s_i, & i = 1, 2, \cdots, 2^{n-1}, \\ \eta_{2^{n-1}+i} = 2i - s_{2^{n-1}+i}. \end{cases}$$

因此, 所有的 η_i, $i = 1, 2, 3, \cdots, 2^n$, 是互不相同的. 从而, L 是非奇异的.

(充分性) 我们用反证法证明. 假设反馈函数 f 是奇异的, 那么 f 必定包含项 $X_1 X_{i_2} \cdots X_{i_m}$, 这里正整数 $m \leqslant n$, $i_2, \cdots, i_m \in \{2, 3, \cdots, n\}$. 不失一般性, 我们假设 $f = X_1 X_{i_2} \cdots X_{i_m} \oplus \tilde{f}(X_2, X_3, \cdots, X_n)$. 于是, 存在某个 $\mu_0 \in [0, 2^n - 1]$, 使得 $X_{i_{k_0}}^{(\mu_0)} = 0$, 这里 $k_0 \in \{2, \cdots, m\}$, 且 $X_{i_{k_0}}^{(\mu_0)}$ 是对应于正整数 $\chi = \mu_0$ 的状态 $\mathbf{X} = [X_1 \ X_2 \ \cdots \ X_n]^{\mathrm{T}}$ 的第 i_{k_0} 个分量. 于是, 我们有 $X_1 X_{i_2} \cdots X_{i_m} = 0$. 从必要性的证明, 我们可以看出, 反馈函数 f 的真值表, $[s_1 \ s_2 \ \cdots \ s_{2^n}]$, 满足以下条件:

(1) 如果 $\mu_0 \leqslant 2^{n-1} - 1$, 那么 $s_{\mu_0+1} = s_{2^{n-1}+\mu_0+1}$;

(2) 如果 $\mu_0 > 2^{n-1} - 1$, 那么 $s_{\mu_0+1} = s_{\mu_0-2^{n-1}+1}$.

所以, 当 $\mu_0 \leqslant 2^{n-1} - 1$ 时, $L = \delta_{2^n}[\eta_1 \ \eta_2 \ \cdots \ \eta_{2^n}]$ 满足 $\eta_{\mu_0+1} = \eta_{2^{n-1}+\mu_0+1}$; 当 $\mu_0 > 2^{n-1} - 1$ 时, L 满足 $\eta_{\mu_0+1} = \eta_{\mu_0-2^{n-1}+1}$. 因而, L 是奇异的. □

引理 9.5.1 令 $A = \delta_m[\zeta_1, \zeta_2, \cdots, \zeta_m] \in \mathcal{L}_{m \times m}$ 是循环置换矩阵. 如果对某个 $i_0 \in \{1, 2, \cdots, m-1\}$ 有 $\zeta_{i_0} = m$, 那么对任意的正整数 $\kappa < \mathrm{ord}(A)$, 有 $\mathrm{ord}(A) = \dfrac{m}{\gcd(m, i_0)}$ 和 $\mathrm{tr}(A^\kappa) = 0$.

证明 我们把 A^2 看作矩阵 A 与自身相乘一次, A^ι ($\iota \geqslant 2$) 看作矩阵 A 与自身相乘 $\iota - 1$ 次. 如果对某个 $i_0 \in \{1, 2, \cdots, m-1\}$ 有 $\zeta_{i_0} = m$, 那么通过直接计算可知: 每乘一次, 元素 m 向右移 i_0 位. 注意到: 当元素 m 第一次移到所产生的矩阵 A^ν (ν 待定) 的第 m 分量时, A^ν 就等于单位矩阵 I_m. 这时, 元素 m 总共向右移动了 $i_0(\nu - 1)$ 位. 于是, 我们有 $i_0(\nu - 1) = pm - i_0$, 这里 p 是正整数. 显然, 满足上式的最小正整数 $\nu = \dfrac{m}{\gcd(m, i_0)}$, 或者等价地, 这个 ν 是满

足条件 $A^\nu = I_m$ 的最小正整数. 也就是说, $\nu = \mathrm{ord}(A)$. 由循环置换矩阵的结构, 我们断言: 对任意的 $\kappa < \mathrm{ord}(A)$, 有 $\mathrm{tr}(A^\kappa) = 0$. 否则, 假设对某个正整数 $\kappa < \mathrm{ord}(A)$, 有 $\mathrm{tr}(A^\kappa) \neq 0$. 由于 A 是循环矩阵, 所以 A^κ 也是循环矩阵. 因此, $\mathrm{tr}(A^\kappa) = m$. 另一方面, 因为 A^κ 是置换矩阵, 所以 $A^\kappa = I_m$. 换句话说, 存在一个正整数 $\kappa < \mathrm{ord}(A)$ 使得 $A^\kappa = I_m$, 这与 $\mathrm{ord}(A)$ 的定义相矛盾. 所以, 我们的断言成立. $\square$

推论 9.5.1 令 $A = \delta_m[\zeta_1, \zeta_2, \cdots, \zeta_m] \in \mathcal{L}_{m \times m}$ 是一个循环置换矩阵. 如果对某个 $i_0 \in \{1, 2, \cdots, m-1\}$, 有 $\zeta_{i_0} = m$, $\gcd(m, i_0) = 1$, 那么对任意的正整数 $\kappa < m$, 有 $\mathrm{ord}(A) = m$, $\mathrm{tr}(A^\kappa) = 0$.

例 9.5.1 不等于单位矩阵的循环置换矩阵 $A = \delta_8[\zeta_1, \zeta_2, \cdots, \zeta_8] \in \mathcal{L}_{8 \times 8}$, 总共有 7 种可能的形式:

(1) $A = \delta_8[2, 3, 4, 5, 6, 7, 8, 1]$.

直接计算可知: 8 是满足条件 $A^k = I_8$ 的最小正整数 k, 这与引理 9.5.1 的结果 $\mathrm{ord}(A) = \dfrac{8}{\gcd(8, 7)} = 8$ 是一致的. 类似地, 我们可以验证其他的情形.

(2) $A = \delta_8[3, 4, 5, 6, 7, 8, 1, 2]$, $\mathrm{ord}(A) = \dfrac{8}{\gcd(8, 6)} = 4$;

(3) $A = \delta_8[4, 5, 6, 7, 8, 1, 2, 3]$, $\mathrm{ord}(A) = \dfrac{8}{\gcd(8, 5)} = 8$;

(4) $A = \delta_8[5, 6, 7, 8, 1, 2, 3, 4]$, $\mathrm{ord}(A) = \dfrac{8}{\gcd(8, 4)} = 2$;

(5) $A = \delta_8[6, 7, 8, 1, 2, 3, 4, 5]$, $\mathrm{ord}(A) = \dfrac{8}{\gcd(8, 3)} = 8$;

(6) $A = \delta_8[7, 8, 1, 2, 3, 4, 5, 6]$, $\mathrm{ord}(A) = \dfrac{8}{\gcd(8, 2)} = 4$;

(7) $A = \delta_8[8, 1, 2, 3, 4, 5, 6, 7]$, $\mathrm{ord}(A) = \dfrac{8}{\gcd(8, 1)} = 8$.

命题 9.5.3 考虑 n 级 Fibonacci NFSR 的线性化 (9.5.4). 假定反馈函数 f 是非奇异的, 而且状态转移矩阵 L 的特征值 λ_i, $i = 0, 1, 2, \cdots, 2^n - 1$, 对某个 $k \in \{1, \cdots, 2^n - 1\}$ 满足 $\lambda_i = \varepsilon_i^k$, 这里 $\varepsilon_i = \cos\dfrac{\pi i}{2^{n-1}} + J\sin\dfrac{\pi i}{2^{n-1}}$, 其中 $J^2 = -1$, 那么 $\mathrm{ord}(L) = \dfrac{2^n}{\gcd(2^n, k)}$.

证明 定理 9.5.1 意味着 $L \neq I_{2^n}$. 因此, L 所有的特征值 λ_i ($i = 0, 1, 2, \cdots, 2^n - 1$) 不全为 1. 因为反馈函数 f 是非奇异的, 根据定理 9.5.4 可知, L 也是非奇异的. 因此, L 是一个置换矩阵. 于是, 存在一个非奇异的矩阵 P, 使得 $P^{-1}LP = \mathrm{diag}(\lambda_0, \lambda_1, \cdots, \lambda_{2^n-1})$, 这里方程的右边表示对角矩阵, 其对角元素是 $\lambda_0, \lambda_1, \cdots$,

λ_{2^n-1}. 因为任何可对角化的矩阵都相似于一个循环矩阵, 所以我们可假设 L 相似于矩阵

$$A = \begin{bmatrix} a_0 & a_1 & a_2 & \cdots & a_{2^n-1} \\ a_{2^n-1} & a_0 & a_1 & \cdots & a_{2^n-2} \\ \vdots & \vdots & \vdots & & \vdots \\ a_1 & a_2 & a_3 & \cdots & a_0 \end{bmatrix},$$

这里 $[a_0\ a_1 \cdots a_{2^n-1}]$ 待定. A 的生成多项式为

$$\varphi(x) = a_0 + a_1 x + a_2 x^2 + \cdots + a_{2^n-1} x^{2^n-1},$$

并且 A 的特征值为 $\varphi(\varepsilon_0), \varphi(\varepsilon_1), \cdots, \varphi(\varepsilon_{2^n-1})$. 因为已假定 L 相似于 A, 所以它们有相同的特征值. 不失一般性, 我们假设 $\varphi(\varepsilon_i) = \lambda_i, i = 0, 1, 2, \cdots, 2^n - 1$, 即

$$\begin{cases} a_0 + a_1 \varepsilon_0 + a_2 \varepsilon_0^2 + \cdots + a_{2^n-1} \varepsilon_0^{2^n-1} = \lambda_0, \\ a_0 + a_1 \varepsilon_1 + a_2 \varepsilon_1^2 + \cdots + a_{2^n-1} \varepsilon_1^{2^n-1} = \lambda_1, \\ \qquad\qquad\qquad\qquad \vdots \\ a_0 + a_1 \varepsilon_{2^n-1} + a_2 \varepsilon_{2^n-1}^2 + \cdots + a_{2^n-1} \varepsilon_{2^n-1}^{2^n-1} = \lambda_{2^n-1}. \end{cases}$$

因为对某个 $k \in \{1, \cdots, 2^n - 1\}$ 和所有的 $i = 0, 1, 2, \cdots, 2^n - 1$, 有 $\lambda_i = \varepsilon_i^k$, 我们断定:

1) $a_0 = 0$;

2) $a_k = 1$, $a_i = 0$, 任意的 $i \in \{1, \cdots, 2^n - 1\} \setminus \{k\}$.

换句话说, L 相似于循环置换矩阵

$$A = \delta_{2^n}[2^n - k + 1,\ 2^n - k + 2,\ \cdots,\ \underset{k-\text{th}}{2^n},\ 1,\ 2,\ \cdots,\ 2^n - k], \quad k \in \{1, 2, \cdots, 2^n - 1\}.$$

于是, 存在一个非奇异的矩阵 P_1 使得 $L = P_1^{-1} A P_1$. 所以, $\operatorname{ord}(L) = \operatorname{ord}(A)$. 推论 9.5.1 表明: $\operatorname{ord}(A) = \dfrac{2^n}{\gcd(2^n, k)}$. □

通过一个 $\mathcal{L}_{2^n \times 2^n}$ 中的矩阵, 如何找到一个 n 级 Fibonacci NFSR? 下面的结果给出了回答.

定理 9.5.5　如果矩阵 $L = \delta_{2^n}[\eta_1, \cdots, \eta_{2^{n-1}}, \eta_{2^{n-1}+1}, \cdots, \eta_{2^n}] \in \mathcal{L}_{2^n \times 2^n}$ 满足

$$\eta_i,\ \eta_{2^{n-1}+i} \in \{2i - 1, 2i\}, \quad i = 1, 2, \cdots, 2^{n-1}, \tag{9.5.11}$$

那么, 存在一个 n 级 Fibonacci NFSR, 使得 L 是它的状态转移矩阵. 如果 L 是非奇异的, 那么这个 n 级 Fibonacci NFSR 也是非奇异的.

证明 方程 (9.5.2) 和 (9.5.3) 表明: 对于满足方程 (9.5.11) 的矩阵 L, 存在一个 Fibonacci NFSR, 它的状态转移矩阵就是 L. 而且, 由命题 9.5.1 可知, 反馈函数 f 的按逆字典序排列的真值表 $[s_1\ s_2\ \cdots\ s_{2^n}]$ 满足条件:

(1) 如果 $\eta_i\ (i \in \{1, 2, \cdots, 2^n\})$ 是奇数, 那么 $s_i = 1$.

(2) 如果 $\eta_i\ (i \in \{1, 2, \cdots, 2^n\})$ 是偶数, 那么 $s_i = 0$.

而且, 如果 L 是非奇异的, 那么反馈函数 f 也是非奇异的. 因此, 这个 Fibonacci NFSR 是非奇异的. □

最后, 我们讨论最大长度的 Fibonacci NFSR.

命题 9.5.4 一个 n 级 Fibonacci NFSR 是最大长度的, 当且仅当, 它的状态转移矩阵 L 满足条件 $L^{2^n} = I_{2^n}$, 且对任意的正整数 $\kappa < 2^n$, 有 $\mathrm{tr}(L^\kappa) = 0$.

证明 由引理 9.3.5 直接推得. □

引理 9.5.2 如果矩阵 $L \in \mathcal{L}_{2^n \times 2^n}$ 满足条件 $\mathrm{ord}(L) = 2^n$, 那么

(1) L 的特征值是互不相同的, 且可表示为

$$\lambda_i = \cos i\alpha + J \sin i\alpha, \quad i = 0, 1, 2, \cdots, 2^n - 1, \tag{9.5.12}$$

这里 $\alpha = \dfrac{\pi}{2^{n-1}}$, $J^2 = -1$;

(2) 对任意的正整数 $\kappa < 2^n$, 有 $\mathrm{tr}(L^\kappa) = 0$;

(3) $\det(L) = -1$.

证明 因为 $\mathrm{ord}(L) = 2^n$, 所以, $L \neq I_{2^n}$, $L^{2^n} = I_{2^n}$, 这意味着 L 是 $p(\lambda) = \lambda^{2^n} - 1$ 的根, 且 L 的特征值为单位根. 另一方面, 因为 $p(\lambda)$ 没有重根, 所以 L 的最小多项式也没有重根. 由于 L 为 2^n 阶的矩阵, 所以我们可以推知: L 有 2^n 个互不相同的特征值, 且它的特征多项式为 $p(\lambda)$. 因此, L 的特征值如式 (9.5.12) 所示, 而且 $\det(L) = (-1)^{2^n} \times (-1) = -1$. 因而, 性质 (1) 和性质 (3) 成立.

因为 L 的特征值 λ_i, $i = 1, 2, \cdots, 2^n$, 如式 (9.5.12) 所示, 所以, 对任意的 $\kappa < 2^n$, L^κ 的特征值为 λ_i^κ, $i = 1, 2, \cdots, 2^n$. 注意到: 对任意的正整数 $\kappa < 2^n$ 和任意的 $i \in \{0, 1, \cdots, 2^n - 1\}$, 有 $\lambda_i^\kappa = e^{J\alpha\kappa i}$. 而且, $e^{J\alpha\kappa 2^n} = 1$, 且对任意的 $\kappa < 2^n$, 有 $e^{J\alpha\kappa} \neq 1$. 于是, 对任意的 $\kappa < 2^n$, 有

$$\mathrm{tr}(L^\kappa) = \sum_{i=0}^{2^n-1} \lambda_i^\kappa = \sum_{i=0}^{2^n-1} e^{J\alpha\kappa i} = \frac{1 - e^{J\alpha\kappa 2^n}}{1 - e^{J\alpha\kappa}} = 0.$$

所以, 性质 (2) 成立. □

我们知道: n 级最大长度的 Fibonacci LFSR (即, 所产生序列的周期为 $2^n - 1$ 的 n 级 Fibonacci LFSR) 的充分必要条件是它的特征多项式为本原多项式. 下面

的结果给出了 n 级最大长度的 Fibonacci NFSR 的一个充分必要条件, 类似于 n 级最大长度的 Fibonacci LFSR 的结果.

命题 9.5.5 n 级 Fibonacci NFSR 是最大长度的, 当且仅当, 它的状态转移矩阵 L 满足条件 $\mathrm{ord}(L) = 2^n$.

证明   (必要性) 对 n 级最大长度的 Fibonacci NFSR, 根据命题 9.5.4, 状态转移矩阵 L 满足条件 $L^{2^n} = I_{2^n}$, 且对任意的 $\kappa < 2^n$, 有 $\mathrm{tr}(L^\kappa) = 0$, 这意味着 $\mathrm{ord}(L) = 2^n$.

(充分性) $\mathrm{ord}(L) = 2^n$ 意味着 $L^{2^n} = I_{2^n}$. 而且, 根据引理 9.5.2 可知, 对任意的正整数 $\kappa < 2^n$, 有 $\mathrm{tr}(L^\kappa) = 0$. 再根据命题 9.5.4 知: 这个 n 级 Fibonacci NFSR 是最大长度的. $\square$

定理 9.5.6 n 级最大长度的 Fibonacci NFSR 的状态转移矩阵 L 满足条件 $\det(L) = -1$.

证明   命题 9.5.5 表明: $\mathrm{ord}(L) = 2^n$. 于是, 由引理 9.5.2 可知结果成立. $\square$

例 9.5.2   对一个 3 级最大长度的 Fibonacci NFSR, 它的状态转移矩阵 L 必为如下情形之一:

1) $L = \delta_8[2, 3, 6, 8, 1, 4, 5, 7]$;

2) $L = \delta_8[2, 4, 5, 8, 1, 3, 6, 7]$.

很容易验证, 上面的两种情形均满足条件: $\det(L) = -1$, $\mathrm{ord}(L) = 8$, 且有 8 个互不相同的特征值: $\pm 1, \pm J, \pm 0.7071 \pm 0.0701J$. 根据命题 9.5.1, 对于情形 1, 反馈函数 f 的按逆字典序排列的真值表为 $[0, 1, 0, 0, 1, 0, 1, 1]$, 从而可计算知 f 的代数规范型为 $f = X_1 \oplus X_2 X_3 \oplus X_2 \oplus 1$. 同理, 对于情形 2, 反馈函数 f 的按逆字典序排列的真值表为 $[0, 0, 1, 0, 1, 1, 0, 1]$, 代数规范型为 $f = X_1 \oplus X_2 X_3 \oplus X_3 \oplus 1$. 显然, 上面两种可能的反馈函数 f 都是非奇异的, 且是平衡的, 这与已知的结果一致.

命题 9.5.6   假设 $L = \delta_{2^n}[\eta_1, \cdots, \eta_{2^{n-1}}, \eta_{2^{n-1}+1}, \cdots, \eta_{2^n}]$ 是 n 级最大长度的 Fibonacci NFSR 的状态转移矩阵. 令

$$\Omega_L = \{ L = \delta_{2^n}[\eta_1, \cdots, \eta_{2^{n-1}}, \eta_{2^{n-1}+1}, ,\cdots, \eta_{2^n}] | \det(L) = -1;$$
$$\eta_i, \eta_{2^{n-1}+i} \in \{2i-1, 2i\}, i = 1, 2, \cdots, 2^{n-1}\},$$

那么 L 满足条件

$$L = \delta_{2^n}[2, \star, \cdots, \star, \underbrace{2^n}_{\text{第 } 2^{n-1} \text{ 个}}, 1, \star, \cdots, \star, 2^n - 1] \in \Omega_L, \tag{9.5.13}$$

这里 $\star$ 表示未确定的元素. 而且, 满足方程 (9.5.13) 的矩阵 L 的个数为

(1) 1, 如果 $n = 1, 2$;

(2) $2^{2^{n-1}-3}$, 如果 $n \geqslant 3$.

证明 由定理 9.5.1 和定理 9.5.6 可知: $L \in \Omega_L$. 我们只需要证明: L 形如方程 (9.5.13). 因为 Fibonacci NFSR 是非奇异的, 所以, 状态转移矩阵

$$L = \delta_{2^n}[\eta_1, \cdots, \eta_{2^{n-1}}, \eta_{2^{n-1}+1}, \cdots, \eta_{2^n}]$$

也是非奇异的, 这意味着所有的 η_i $(i = 1, 2, \cdots, 2^n)$, 是互不相同的. 因此, 对任意的 $i \in \{1, 2, \cdots, 2^{n-1}\}$, 如果 η_i 是 $\Gamma_i = \{2i-1, 2i\}$ 的一个元素, 那么, $\eta_{2^{n-1}+i}$ 必为 Γ_i 中的另一元素. 而且, $\mathrm{ord}(L) = 2^n$, 且对任意的正整数 $\kappa < 2^n$ 有 $\mathrm{tr}(L^\kappa) = 0$. 因此, $\eta_1 = 2$, $\eta_{2^{n-1}} = 2^n$, 这意味着 $\eta_{2^{n-1}+1} = 1$, $\eta_{2^n} = 2^n - 1$. 所以, L 形如式 (9.5.13).

显然, 如果 $n = 1$ 或 2, 那么 L 的个数为 1. 我们仅需要证明性质 2, 即, $n \geqslant 3$ 的情形. 把 $\eta_i, \eta_{2^{n-1}+i} \in \{2i-1, 2i\}$, $i = 1, 2, \cdots, 2^{n-1}$, 记为条件 1. 很明显, 满足条件 1 的矩阵 $L = \delta_{2^n}[\eta_1, \cdots, \eta_{2^{n-1}}, \eta_{2^{n-1}+1}, \cdots, \eta_{2^n}]$ 的个数为 $2^{2^{n-1}-2}$. 很容易看出, 满足条件 1 和 $\det(L) = -1$ 的矩阵 L 的个数等于满足条件 1 和 $\det(L) = 1$ 的 L 的个数. 所以, 当 $n \geqslant 3$ 时, 满足方程 (9.5.13) 的 L 的个数为 $2^{2^{n-1}-3}$. $\quad\square$

注 9.5.1 由定理 9.5.1 和方程 (9.5.13) 中 L 的形式可知, $f(1, 1, \cdots, 1) = s_1 = 0$, $f(1, 0, \cdots, 0) = s_{2^{n-1}} = 0$, $f(0, 1, \cdots, 1) = s_{2^{n-1}+1} = 1$, 且 $f(0, 0, \cdots, 0) = s_{2^n} = 1$, 这与文献 [317] 中介绍的最大长度的 Fibonacci NFSR 的反馈函数需要满足的必要条件一致.

注 9.5.2 $\mathbb{F}_2$ 上的 n 级最大长度的 Fibonacci NFSR 的个数为 $2^{2^{n-1}-n}$ [37]. 当 $n > 3$ 时, 这个数目小于 $2^{2^{n-1}-3}$. 这意味着: 当 $n > 3$ 时, 满足式 (9.5.13) 的一些矩阵 L, 它们对应的 Fibonacci NFSR 并不是最大长度的. 如果我们期望通过 $\mathcal{L}_{2^n \times 2^n}$ 中的矩阵找出 n 级最大长度的 Fibonacci NFSR, 那么我们可以先找出满足方程 (9.5.13) 的所有矩阵 L, 然后, 检验 $k = 2^n$ 是否为满足条件 $L^k \delta_{2^n}^{2^n} = \delta_{2^n}^{2^n}$ 的最小幂次, 最后, 我们选择理想的 Fibonacci NFSR. 注意: 对任意的正整数 k, $L^k \delta_{2^n}^{2^n}$ 的计算归结为 $\sigma^k(2^n)$ 的计算, 这里 σ 的定义如方程 (9.5.5).

注 9.5.3 对于给定长度 n, n 级最大长度的 Fibonacci NFSR 的个数为 $2^{2^{n-1}-n}$. 然而, 次数为 n 的本原多项式的个数为 $\dfrac{\phi(2^n - 1)}{n}$, 这里, ϕ 为 Euler 函数 [122]. 显然, 使得有些 Fibonacci NFSR 不对应于本原多项式的 Fibonacci NFSR 的最小级数是 4. 以下列出了所有的 4 级最大长度的 Fibonacci NFSR.

1) $L = \delta_{16}[2, 3, 6, 7, 9, 12, 14, 16, 1, 4, 5, 8, 10, 11, 13, 15]$;

2) $L = \delta_{16}[2, 3, 6, 7, 10, 11, 14, 16, 1, 4, 5, 8, 9, 12, 13, 15]$;

3) $L = \delta_{16}[2, 3, 6, 7, 10, 12, 13, 16, 1, 4, 5, 8, 9, 11, 14, 15]$;

4) $L = \delta_{16}[2, 3, 6, 8, 10, 12, 14, 16, 1, 4, 5, 7, 9, 11, 13, 15]$;

5) $L = \delta_{16}[2, 3, 6, 8, 9, 12, 13, 16, 1, 4, 5, 7, 10, 11, 14, 15]$;

6) $L = \delta_{16}[2, 3, 6, 8, 10, 11, 13, 16, 1, 4, 5, 7, 9, 12, 14, 15]$;

7) $L = \delta_{16}[2, 3, 6, 8, 9, 12, 13, 16, 1, 4, 5, 7, 10, 11, 14, 15]$;

8) $L = \delta_{16}[2, 4, 5, 7, 9, 12, 14, 16, 1, 3, 6, 8, 10, 11, 13, 15]$;

9) $L = \delta_{16}[2, 4, 5, 8, 9, 12, 13, 16, 1, 3, 6, 7, 10, 11, 14, 15]$;

10) $L = \delta_{16}[2, 4, 6, 7, 9, 11, 14, 16, 1, 3, 5, 8, 10, 12, 13, 15]$;

11) $L = \delta_{16}[2, 4, 6, 7, 9, 12, 13, 16, 1, 3, 5, 8, 10, 11, 14, 15]$;

12) $L = \delta_{16}[2, 4, 6, 7, 9, 11, 14, 16, 1, 3, 5, 8, 10, 12, 13, 15]$;

13) $L = \delta_{16}[2, 4, 6, 7, 10, 12, 14, 16, 1, 3, 5, 8, 9, 11, 13, 15]$;

14) $L = \delta_{16}[2, 4, 6, 8, 9, 11, 13, 16, 1, 3, 5, 7, 10, 12, 14, 15]$;

15) $L = \delta_{16}[2, 4, 6, 8, 9, 12, 14, 16, 1, 3, 5, 7, 10, 11, 13, 15]$;

16) $L = \delta_{16}[2, 4, 6, 8, 10, 12, 13, 16, 1, 3, 5, 7, 9, 11, 14, 15]$.

由定理 9.5.1 可知, 它们对应的反馈函数 f 依次如下:

1) $f = X_2X_3X_4 \oplus X_2X_4 \oplus X_3X_4 \oplus X_1 \oplus X_2 \oplus 1$;

2) $f = X_2X_3X_4 \oplus X_2X_3 \oplus X_2X_4 \oplus X_3X_4 \oplus X_1 \oplus X_2 \oplus X_3 \oplus 1$;

3) $f = X_2X_3X_4 \oplus X_3X_4 \oplus X_1 \oplus X_2 \oplus X_4 \oplus 1$;

4) $f = X_2X_3X_4 \oplus X_2X_3 \oplus X_1 \oplus 1$;

5) $f = X_2X_3X_4 \oplus X_2X_3 \oplus X_2X_4 \oplus X_1 \oplus X_4 \oplus 1$;

6) $f = X_2X_3X_4 \oplus X_2X_4 \oplus X_1 \oplus X_3 \oplus X_4 \oplus 1$;

7) $f = X_2X_3X_4 \oplus X_2X_3 \oplus X_2X_4 \oplus X_1 \oplus X_4 \oplus 1$;

8) $f = X_2X_3X_4 \oplus X_2X_3 \oplus X_3X_4 \oplus X_1 \oplus X_2 \oplus 1$;

9) $f = X_2X_3X_4 \oplus X_1 \oplus X_4 \oplus 1$;

10) $f = X_2X_3X_4 \oplus X_2X_4 \oplus X_1 \oplus X_2 \oplus X_3 \oplus 1$;

11) $f = X_2X_3X_4 \oplus X_2X_3 \oplus X_1 \oplus X_2 \oplus X_4 \oplus 1$;

12) $f = X_2X_3X_4 \oplus X_2X_4 \oplus X_1 \oplus X_2 \oplus X_3 \oplus 1$;

13) $f = X_2X_3X_4 \oplus X_2X_3 \oplus X_2X_4 \oplus X_1 \oplus X_2 \oplus 1$;

14) $f = X_2X_3X_4 \oplus X_2X_3 \oplus X_2X_4 \oplus X_3X_4 \oplus X_1 \oplus X_3 \oplus X_4 \oplus 1$;

15) $f = X_2X_3X_4 \oplus X_3X_4 \oplus X_1 \oplus 1$;

16) $f = X_2X_3X_4 \oplus X_2X_4 \oplus X_3X_4 \oplus X_1 \oplus X_4 \oplus 1$.

我们可以看出: 以上每个反馈函数 f 包含单项式 $X_2X_3X_4$ 和常数项 1, 但是没有包含所有的线性项, 这与文献 [317] 给出的最大长度的 Fibonacci NFSR 的反馈函数需满足的必要条件是一致的. $\mathbb{F}_2$ 上次数为 4 的本原多项式为 $X^4 \oplus X \oplus 1$ 和 $X^4 \oplus X^3 \oplus 1$. 显然, 在上面这些情形中, 情形 1, 8, 13 的 Fibonacci NFSR 对应于前一个本原多项式; 情形 5, 7, 9, 16 的 Fibonacci NFSR 对应于后一个本原多项式; 其他情形的 Fibonacci NFSR 不对应于本原多项式.

第 10 章　NFSR 的稳定性

卷积码广泛地应用于数字视频、无线电、移动通信和卫星通信中. NFSR 是卷积码译码器的主要组件. 在译码过程中, 一个译码错误可能导致一系列或者无限长的译码错误. 虽然已提出一些策略, 如通过周期同步法来控制错误的扩散, 等, 但是它们都以牺牲编码队列为代价. (驱动) 稳定的 NFSR 可作为另一种选择策略来限制译码错误 (无限长) 的扩散.

本章研究 NFSR 的稳定性. 把 NFSR 看作布尔网络, 利用矩阵半张量积, 先研究 Fibonacci NFSR 的稳定性, 再研究带输入 Galois NFSR 的驱动稳定性, 依次得到它们稳定和驱动稳定的充分/必要条件.

10.1　Fibonacci NFSR 的稳定性

本节研究 Fibonacci NFSR 的稳定性. 基于前章中给出的状态转移矩阵, 我们给出 Fibonacci NFSR 全局 (局部) 稳定的充分/必要条件. 与已有的稳定性的结果相比, 我们同时考虑了全局稳定和局部稳定, 而已有的结果只考虑全局稳定. 而且, 对于判别 Fibonacci NFSR 的全局稳定性来说, 这种布尔网络方法需要的时间计算复杂度更低. 另一方面, 相对于系统与控制领域中一般的布尔网络的稳定性研究而言, 我们关注的是 Fibonacci NFSR 这种特殊的布尔网络, 因此我们可以得到更深刻、更简洁的结果. 本节内容主要基于文献 [435].

10.1.1　稳定性的基本概念和性质

在 9.5.1 节中, 我们已经知道: 对于一个 Fibonacci NFSR, 如果它的反馈函数为 f, 那么它的非线性系统表示为

$$\mathbf{X}(t+1) = \mathbf{g}(\mathbf{X}(t)), \tag{10.1.1}$$

这里 $\mathbf{X} = [X_1 \ X_2 \ \cdots \ X_n]^{\mathrm{T}} \in \mathbb{F}_2^n$ 是状态, 向量函数 $\mathbf{g} = [g_1 \ g_2 \ \cdots \ g_n]^{\mathrm{T}}$ 是状态转移函数, 表示为

$$g_1(\mathbf{X}(t)) = X_2(t), \cdots, g_{n-1}(\mathbf{X}(t)) = X_n(t), \ g_n(\mathbf{X}(t)) = f(\mathbf{X}(t)). \tag{10.1.2}$$

它的线性系统表示为

$$\mathbf{x}(t+1) = L\mathbf{x}(t), \quad t \in \mathbb{Z}_+, \tag{10.1.3}$$

这里 $\mathbf{x} \in \Delta_{2^n}$ 是状态, $L \in \mathcal{L}_{2^n \times 2^n}$ 是状态转移矩阵, 表示为

$$L = \delta_{2^n}[\eta_1, \cdots, \eta_{2^{n-1}}, \eta_{2^{n-1}+1}, \cdots, \eta_{2^n}], \tag{10.1.4}$$

其中

$$\begin{cases} \eta_i = 2i - s_i,, \quad i = 1, 2, \cdots, 2^{n-1}, \\ \eta_{2^{n-1}+i} = 2i - s_{2^{n-1}+i}, \end{cases} \tag{10.1.5}$$

这里 $[s_1, s_2, \cdots, s_{2^n}]$ 是反馈函数 f 的按逆字典排列的真值表.

对任意的正整数 N 和方程 (10.1.1) 中状态转移函数 $\mathbf{g}$, 令 $\mathbf{g}^{N+1}(\mathbf{X}) = \mathbf{g}\left(\mathbf{g}^N(\mathbf{X})\right)$, 这意味着 $\mathbf{g}^N(\mathbf{X})$ 是状态 $\mathbf{X}$ 更新 N 次得到的状态.

如果方程 (10.1.1) 是 Fibonacci NFSR 的非线性系统表示, 那么 (10.1.1) 的平衡状态称为是这个 Fibonacci NFSR 的平衡状态.

显然, Fibonacci NFSR 的平衡状态在它的状态图中就是一个单位环. 另一方面, 很容易看出, 非线性系统 (10.1.1) 有两个可能的平衡状态, $\mathbf{0} = [0\ 0\ \cdots\ 0]^{\mathrm{T}}$ 和 $\mathbf{1} = [1\ 1\ \cdots\ 1]^{\mathrm{T}}$. 对于平衡状态 $\mathbf{1}$, 经过坐标变换

$$\bar{\mathbf{X}} = \mathbf{X} \oplus \mathbf{1}, \tag{10.1.6}$$

非线性系统 (10.1.1) 变化为

$$\bar{\mathbf{X}}(t+1) = \mathbf{g}(\bar{\mathbf{X}}(t) \oplus \mathbf{1}) \oplus \mathbf{1}. \tag{10.1.7}$$

显然, $\mathbf{0}$ 是非线性系统 (10.1.7) 的平衡点. 这意味着: 平衡点 $\mathbf{1}$ 经过坐标变换 (10.1.6), 可以变化为平衡点 $\mathbf{0}$. 不失一般性, 在本章中, 我们假设 $\mathbf{0}$ 是 Fibonacci NFSR 的非线性表示 (10.1.1) 的平衡点, 或者等价地, Fibonacci NFSR 的反馈函数 f 满足条件 $f(\mathbf{0}) = 0$.

定义 10.1.1   一个 n 级 Fibonacci NFSR 对于平衡状态 $\mathbf{0}$ 是全局稳定的, 如果对任意的状态 $\mathbf{X} \in \mathbb{F}_2^n$, 存在正整数 N, 使得它的非线性系统表示 (10.1.1) 的状态转移函数 $\mathbf{g}$ 满足条件 $\mathbf{g}^N(\mathbf{X}) = \mathbf{0}$, 换句话说, $\mathbf{0}$ 是这个 Fibonacci NFSR 的状态图的唯一的平衡点, 并且没有其他的极限环.

定义 10.1.2   一个 n 级 Fibonacci NFSR 对于平衡状态 $\mathbf{0}$ 是局部稳定的, 如果存在某个状态 $\mathbf{X}_0 \in \mathbb{F}_2^n \setminus \{\mathbf{0}\}$, 使得对某个正整数 N, 它的非线性系统表示 (10.1.1) 的状态转移函数 $\mathbf{g}$ 满足条件 $\mathbf{g}^N(\mathbf{X}_0) = \mathbf{0}$.

因为一个 n 级 Fibonacci NFSR 有等价的线性系统表示, 所以, 相应地, 其全局 (局部) 稳定有如下的等价定义.

定义 10.1.3   一个 n 级 Fibonacci NFSR 对于平衡状态 $\mathbf{0}$ (或等价地, 状态 $\delta_{2^n}^{2^n}$) 是全局稳定的, 如果对任意的状态 $\mathbf{x} \in \Delta_{2^n}$, 存在正整数 N, 使得它的线性系统表示 (10.1.3) 的状态转移矩阵 L 满足条件 $L^N \mathbf{x} = \delta_{2^n}^{2^n}$.

定义 10.1.4 一个 n 级 Fibonacci NFSR 对于平衡状态 **0** (或等价地, 状态 $\delta_{2^n}^{2^n}$) 是局部稳定的, 如果存在某个状态 $\mathbf{x}_0 \in \Delta_{2^n} \setminus \{\delta_{2^n}^{2^n}\}$, 使得对某个正整数, 它的线性系统表示 (10.1.3) 的状态转移矩阵 L 满足条件 $L^N \mathbf{x}_0 = \delta_{2^n}^{2^n}$.

如果对平衡状态没有歧义, 我们仅简单地说 Fibonacci NFSR 是全局 (局部) 稳定的. 在以下的小节中, Fibonacci NFSR 的全局 (局部) 稳定是指它相对于平衡状态 **0** 是全局 (局部) 稳定的. 从定义可以看出, 全局稳定的 Fibonacci NFSR 一定是局部稳定, 反之不然.

定义 10.1.5 如果一个 Fibonacci NFSR 是全局稳定的, 并且它只有一个起始状态, 那么称该 Fibonacci NFSR 是全局稳定最大瞬态的.

引理 10.1.1[265] 全局稳定最大瞬态的 Fibonacci NFSR 的起始状态是 $[0 \; 0 \; \cdots \; 0 \; 1]^{\mathrm{T}}$.

引理 10.1.2[265] 全局稳定的 Fibonacci NFSR 的反馈函数 f 满足条件 $f(1, 1, \cdots, 1) = 0$ 和 $f(1, 0, \cdots, 0) = 0$.

引理 10.1.3[186] 非线性系统 $\mathbf{x}(t+1) = L\mathbf{x}(t)$, 这里 $\mathbf{x} \in \Delta_{2^n}$, $L \in \mathcal{L}_{2^n \times 2^n}$, 对平衡状态 $\delta_{2^n}^i$ ($i \in \{1, 2, \cdots, 2^n\}$) 是全局稳定的, 当且仅当存在一个正整数 N, 使得 L^N 的每一列都等于 $\delta_{2^n}^i$.

引理 10.1.4[266] 一个 Fibonacci NFSR 的分支状态的个数等于起始状态的个数.

引理 10.1.5[265] n 级全局稳定最大瞬态的 Fibonacci NFSR 的个数为 $2^{2^{n-1}-n}$.

10.1.2 反馈函数和状态图的性质

定理 10.1.1 Fibonacci NFSR 是局部稳定的, 当且仅当, 它的反馈函数 f 满足条件 $f(0, 0, \cdots, 0) = f(1, 0, \cdots, 0) = 0$.

证明 (必要性) 由定义 10.1.2 易知, $f(0, 0, \cdots, 0) = 0$ 是 Fibonacci NFSR 局部稳定的一个必要条件. 对于反馈函数满足 $f(0, 0, \cdots, 0) = 0$ 的 Fibonacci NFSR, 其状态 **0** 有两个可能的前继: 它自身和 $[1 \; 0 \; \cdots \; 0]^{\mathrm{T}}$. 如果这个 Fibonacci NFSR 是局部稳定的, 那么存在某个状态 $\mathbf{X}_0 \in \mathbb{F}_2^n \setminus \{\mathbf{0}\}$, 使得对某个正整数 N, 满足条件 $\mathbf{g}^N(\mathbf{X}_0) = 0$. 于是, **0** 有不同于自身的前继. 从而, $[1 \; 0 \; \cdots \; 0]^{\mathrm{T}}$ 一定是 **0** 的前继, 这意味着 $f(1, 0, \cdots, 0) = 0$.

(充分性) $f(0, 0, \cdots, 0) = 0$ 意味着 **0** 是 Fibonacci NFSR 的平衡状态. 如果 $f(1, 0, \cdots, 0) = 0$, 那么 $[1 \; 0 \; \cdots \; 0]^{\mathrm{T}}$ 是 **0** 的前继. 换句话说, 存在一个状态 $\mathbf{X}_0 = [1 \; 0 \; \cdots \; 0]^{\mathrm{T}}$, 使得 $\mathbf{g}(\mathbf{X}_0) = 0$, 这意味着这个 Fibonacci NFSR 是局部稳定. □

文献 [265] 曾指出: 全局稳定最大瞬态的 Fibonacci NFSR 的起始状态是 $[0 \; 0 \; \cdots \; 0 \; 1]^{\mathrm{T}}$. 事实上, 它也是局部稳定的 Fibonacci NFSR 的一个起始状态.

命题 10.1.1　$[0 \ 0 \ \cdots \ 0 \ 1]^{\mathrm{T}}$ 是局部稳定的 Fibonacci NFSR 的一个起始状态.

证明　因为 Fibonacci NFSR 是局部稳定的, 根据定理 10.1.1 可知, $f(0, 0, \cdots, 0) = f(1, 0, \cdots, 0) = 0$. 因此, $[1 \ 0 \ \cdots \ 0]^{\mathrm{T}}$ 是 $[0 \ 0 \ \cdots \ 0]^{\mathrm{T}}$ 的前继. $[0 \ 0 \ \cdots \ 0 \ 1]^{\mathrm{T}}$ 的两个可能前继为: $[0 \ 0 \ \cdots \ 0]^{\mathrm{T}}$, $[1 \ 0 \ \cdots \ 0]^{\mathrm{T}}$. 如果 $[0 \ 0 \ \cdots \ 0]^{\mathrm{T}}$ 是 $[0 \ 0 \ \cdots \ 0 \ 1]^{\mathrm{T}}$ 的前继, 那么 $f(0, 0, \cdots, 0) = 1$, 这与已证明的 $f(0, 0, \cdots, 0) = 0$ 相矛盾. 如果 $[1 \ 0 \ \cdots \ 0]^{\mathrm{T}}$ 是 $[0 \ 0 \ \cdots \ 0 \ 1]^{\mathrm{T}}$ 的前继, 那么 $[1 \ 0 \ \cdots \ 0]^{\mathrm{T}}$ 有两个后继: $[0 \ 0 \ \cdots \ 1]^{\mathrm{T}}$ 和 $[0 \ 0 \ \cdots \ 0]^{\mathrm{T}}$, 这与 Fibonacci NFSR 的任何一个状态有唯一的后继相矛盾. □

由文献 [266] 可知, n 级全局稳定的 Fibonacci NFSR 的反馈函数的重量不超过 $2^n - n - 1$, 而且这些全局稳定的 Fibonacci NFSR 是二项式分布的. 下面, 我们将进一步表明: n 级全局稳定最大瞬态的 Fibonacci NFSR 的反馈函数的汉明重量是 $2^{n-1} - 1$. 而且, 反馈函数的按逆字典序排列的真值表除了第 2^{n-1} 个和第 2^n 分量为 0 外, 它的前一半元素是后一半的补.

定理 10.1.2　如果 n 级 Fibonacci NFSR 是全局稳定最大瞬态的, 那么它的反馈函数 f 具有以下性质:

(1) f 的汉明重量为 $2^{n-1} - 1$.

(2) f 的按逆字典序排列的真值表 $[s_1 \ s_2 \ \cdots \ s_{2^n}]$, 满足以下条件:

(a) $s_1 = s_{2^{n-1}} = s_{2^n} = 0$;

(b) $s_i = s_{2^{n-1}+i} \oplus 1$, 对任意的 $i \in \{1, 2, 3, \cdots, 2^{n-1} - 1\}$ 和任意的 $n \geqslant 2$.

证明　令 $L = \delta_{2^n}[\eta_1, \eta_2, \cdots, \eta_{2^n}]$ 为 Fibonacci NFSR 的状态转移矩阵. 由方程 (10.1.4) 和 (10.1.5) 可知, 对任意的 $i \in \{1, 2, \cdots, 2^{n-1}\}$, 有 $\eta_i, \eta_{2^{n-1}+i} \in \{2i - 1, 2i\}$. 根据命题 10.1.4 可知, 对全局稳定最大瞬态的 Fibonacci NFSR, 有 $\eta_1 = 2$ 和 $\eta_{2^{n-1}} = \eta_{2^n} = 2^n$. 而且, 如果 $n \geqslant 2$, 那么所有的 η_i, $i = 1, 2, 3, \cdots, 2^{n-1} - 1, 2^{n-1} + 1, \cdots, 2^n - 1$, 是互不相同的. 于是, 由命题 9.5.1 可知结论成立. □

10.1.3　状态转移矩阵的性质

命题 10.1.2　令 $L = \delta_{2^n}[\eta_1, \eta_2, \cdots, \eta_{2^n}]$ 是一个 n 级 Fibonacci NFSR 的状态转移矩阵. Fibonacci NFSR 是局部稳定的, 当且仅当 $\eta_{2^{n-1}} = \eta_{2^n} = 2^n$.

证明　由定理 10.1.1, 以及方程 (10.1.4) 和 (10.1.5) 可知结论成立. □

定理 10.1.3　一个 n 级 Fibonacci NFSR 是全局稳定的, 当且仅当, 存在一个正整数 $N \leqslant 2^n - 1$, 使得 L^N 的每一列等于 $\delta_{2^n}^{2^n}$, 这里 L 是 Fibonacci NFSR 的状态转移矩阵. 特别地, 一个 n 级 Fibonacci NFSR 是全局稳定最大瞬态的, 当且仅当 $N = 2^n - 1$ 是使得 L^N 的每一列等于 $\delta_{2^n}^{2^n}$ 的最小幂次 N.

证明　显然, 如果一个 n 级全局稳定的 Fibonacci NFSR 有一个以上的起始状态, 那么相比一个 n 级全局稳定最大瞬态的 Fibonacci NFSR 来说, 它的任何一个状态只需要更新更少的次数就可以达到平衡状态 **0**. 对于一个 n 级全局稳定最大瞬态的 Fibonacci NFSR, 它的起始状态 $\delta_{2^n}^{2^n-1}$ (或者等价地, 状态 $[0\ \cdots\ 0\ 1]^{\mathrm{T}}$) 必须更新 2^n-1 次才能走遍其他的状态, 最终达到平衡状态 $\delta_{2^n}^{2^n}$ (或者等价地, 状态 **0**), 并且一直停留在这个状态. 因此, $N = 2^n-1$ 是使得 L^N 的每一列等于 $\delta_{2^n}^{2^n}$ 的最小幂次 N. 由引理 10.1.3 知结论成立. □

令 $L = \delta_{2^n}[\eta_1, \eta_2, \cdots, \eta_{2^n}]$ 为一个 n 级 Fibonacci NFSR 的状态转移矩阵. 定义映射

$$\phi(i) = \eta_i, \quad i = 1, 2, \cdots, 2^n, \tag{10.1.8}$$

那么状态转移矩阵 L 与映射 ϕ 是一一对应的. 而且, 如果 L 已知, 那么对任意的正整数 k, L^k 的计算归结为 ϕ^k 的计算.

注 10.1.1　定理 10.1.3 意味着: 判别级数大于 1 的 Fibonacci NFSR 的全局稳定性, 布尔网络方法比穷举法和文献 [244] 中的 Lyapunov 直接法需要的时间计算复杂度更低. 原因如下: 假设已知反馈函数 f 的代数规范型 $f(X_1, X_2, \cdots, X_n) = \sum_{i=0}^{2^n-1} a_i X_1^{i_1} X_2^{i_2} \cdots X_n^{i_n}$, 这里 $a_i \in \mathbb{F}_2$, i 是对应于二进制数 $(i_1, i_2, \cdots, i_n)$ 的十进制数. 于是, 从反馈函数 f 的代数规范型计算它的真值表的时间复杂度为 $2^n\left[1 + \sum_{i=1}^{d}(i+1)\binom{n}{i}\right]$ 个运算, 这里 d 为反馈函数 f 的代数次数. 由方程 (10.1.5) 可知: 从反馈函数 f 的真值表计算状态转移矩阵 L 的时间复杂度为 2^{n+1} 个运算. 对任意的正整数 k, L^k 是 L^{k-1} 的置换, 它的计算归结根据 ρ^{k-1} 计算 ρ^k, 这里 ρ 的定义见方程 (10.1.8). 根据定理 10.1.3, 由 ρ 产生的运算最多是 2^n-1 个. 判别一个 n 级 Fibonacci NFSR 的全局稳定性, 布尔网络方法需要的时间计算复杂度总共为

$$C_{bn} = 2^{n+1} + 2^n\left[1 + \sum_{i=1}^{d}(i+1)\binom{n}{i}\right] \tag{10.1.9}$$

个运算. 穷举法需要的时间计算复杂度为

$$C_{es} = \frac{n}{2}2^{2n} + n2^{n-1} + 2^n\left[1 + \sum_{i=1}^{d}(i+1)\binom{n}{i}\right] \tag{10.1.10}$$

个运算. 文献 [244] 的 Lyapunov 直接法需要的时间计算复杂度为

$$C_{ld} = 2^{2n} + n2^{2n-1} + \sum_{j=1}^{M}2^n|\mathcal{S}_j| + M\left[n + \sum_{i=1}^{d}(i+1)\binom{n}{i}\right] \tag{10.1.11}$$

个运算, 这里正整数 M 满足 $1 \leqslant M \leqslant 2^n$, $|\mathcal{S}_j|$ 表示集合 $\mathcal{S}_j$ 的个数, 其中集合 $\mathcal{S}_j$ 是由文献 [244] 构造的 Lyapunov 函数确定. 由此可看出: 当 $n > 1$ 时, $C_{bn} < C_{es}$, 而对任意的正整数 n, $C_{bn} < C_{ld}$ 成立.

命题 10.1.3　假定 $L = \delta_{2^n}[\eta_1, \eta_2, \cdots, \eta_{2^n}]$ 是一个 n 级 Fibonacci NFSR 的状态转移矩阵, 那么 $\delta_{2^n}^j$ ($j \in \{1, 2, \cdots, 2^n\}$) 是分支状态, 当且仅当 $\eta_i = \eta_{2^{n-1}+i} = j$, 其中 $i = \left\lceil \dfrac{j}{2} \right\rceil$, 这里, $\lceil x \rceil$ 指 x 的最小整数上界.

证明　(充分性) 如果 $\eta_i = \eta_{2^{n-1}+i} = j$, $i = \left\lceil \dfrac{j}{2} \right\rceil$, 那么 $L\delta_{2^n}^i = L\delta_{2^n}^{2^{n-1}+i} = \delta_{2^n}^j$, 这意味着 $\delta_{2^n}^j$ 有两个前继, $\delta_{2^n}^i$ 和 $\delta_{2^n}^{2^{n-1}+i}$. 因此, $\delta_{2^n}^j$ 是分支状态.

(必要性) 假设 $\delta_{2^n}^j$ 是分支状态. 由引理 9.3.1 可知, 状态 $\delta_{2^n}^j$ 唯一地对应于满足条件 $2^{n-1}X_1 + 2^{n-2}X_2 + \cdots + X_n = 2^n - j$ 的状态 $\mathbf{X} = [X_1 \ X_2 \ \cdots \ X_n]^{\mathrm{T}} \in \mathbb{F}_2^n$. 状态 $\mathbf{X}$ 有两个可能的前继, $[1 \ X_1 \ X_2 \ \cdots \ X_{n-1}]^{\mathrm{T}}$ 和 $[0 \ X_1 \ X_2 \ \cdots \ X_{n-1}]^{\mathrm{T}}$. 假定 $\delta_{2^n}^i$ 对应于状态 $[1 \ X_1 \ X_2 \ \cdots \ X_{n-1}]^{\mathrm{T}}$. 那么, $\delta_{2^n}^{2^{n-1}+i}$ 对应于状态 $[0 \ X_1 \ X_2 \ \cdots \ X_{n-1}]^{\mathrm{T}}$. 换句话说, $\delta_{2^n}^i$ 和 $\delta_{2^n}^{2^{n-1}+i}$ 是 $\delta_{2^n}^j$ 的两个前继, 这意味着 $L\delta_{2^n}^i = \delta_{2^n}^j$ 和 $L\delta_{2^n}^{2^{n-1}+i} = \delta_{2^n}^j$. 由此可知, L 的第 i 列和第 $(2^{n-1}+i)$ 列都等于 $\delta_{2^n}^j$, 即有, $\eta_i = \eta_{2^{n-1}+i} = j$. 另一方面, 由引理 9.3.1 得

$$2^n - j = 2^{n-1}X_1 + 2^{n-2}X_2 + \cdots + 2X_{n-1} + X_n$$
$$= 2\left(2^{n-2}X_1 + 2^{n-3}X_2 + \cdots + X_{n-1}\right) + X_n$$
$$= 2\left(2^n - 2^{n-1} - i\right) + X_n.$$

即有 $2i = j + X_n$. 由 $X_n \in \mathbb{F}_2$ 可知 $i = \left\lceil \dfrac{j}{2} \right\rceil$. □

例 10.1.1　考虑两个 3 级 Fibonacci NFSR. 它们的反馈函数分别如下:
(1) $f(X_1, X_2, X_3) = X_1X_2 \oplus X_2X_3 \oplus X_2 \oplus X_3$;
(2) $f(X_1, X_2, X_3) = X_1X_2X_3 \oplus X_1X_2 \oplus X_1X_3 \oplus X_3$.
直接计算得, 它们的状态转移矩阵分别为
(1) $\boldsymbol{L} = \delta_8[2, 4, 5, 8, 1, 3, 5, 8]$;
(2) $\boldsymbol{L} = \delta_8[2, 4, 5, 8, 1, 3, 6, 8]$.
由命题 10.1.3 可知, 第一个 Fibonacci NFSR 有两个分支状态: δ_8^5 和 δ_8^8, 而第二个 Fibonacci NFSR 只有一个分支状态, δ_8^8. 于是, 根据引理 10.1.4 可知, 第一个有两个起始状态, 而第二个只有一个起始状态. 很容易验证: 对于第一个, $N = 6$ 是使得 L^N 的每一列都等于 δ_8^8 的最小幂次 N, 而对于第二个, $N = 7$. 由定理 10.1.3 可知, 这两个 Fibonacci NFSR 都是全局稳定, 并且第二个是全局稳定最大

瞬态的. 图 10.1.1 给出它们的状态图. 很容易看出, 以上这些性质与状态图是一致的.

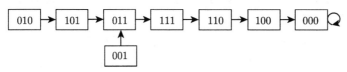

(a) 反馈函数为情形 (1) 的 Fibonacci NFSR 的状态图

(b) 反馈函数为情形 (2) 的 Fibonacci NFSR 的状态图

图 10.1.1　例 10.1.1 的 3 级 Fibonacci NFSR 的状态图

命题 10.1.4　假定 $L = \delta_{2^n}[\eta_1, \eta_2, \cdots, \eta_{2^n}]$ 是一个 n 级 Fibonacci NFSR 的状态转移矩阵. 如果 Fibonacci NFSR 是全局稳定最大瞬态的, 那么

(1) $\eta_1 = 2$, $\eta_{2^{n-1}} = \eta_{2^n} = 2^n$;

(2) 如果 $n \geqslant 2$, 那么对于 $i = 1, 2, 3, \cdots, 2^{n-1} - 1$, η_i 和 $\eta_{2^{n-1}+i}$ 是互不相同的, 并且属于集合 $\{2i - 1, 2i\}$.

证明　由方程 (10.1.4) 和 (10.1.5) 可知, $\eta_i, \eta_{2^{n-1}+i} \in \{2i - 1, 2i\}$, $i = 1, 2,$ $\cdots, 2^{n-1}$. 因为全局稳定的 Fibonacci NFSR 一定是局部稳定的, 由定理 10.1.1, 以及方程 (10.1.4) 和 (10.1.5) 可知, $\eta_{2^{n-1}} = \eta_{2^n} = 2^n$. 由方程 (10.1.4) 和 (10.1.5) 以及引理 10.1.2 得 $\eta_1 = 2$. 于是, 我们可以断定: 当 $n \geqslant 2$ 时, 这些 η_i, $i = 1, 2, \cdots, 2^{n-1} - 1, 2^{n-1} + 1, \cdots, 2^n - 1$ 是互不相同的. 否则, 如果当 $n \geqslant 2$ 时, 存在某些 η_i 相等, 这里 $i \in \{1, 2, \cdots, 2^{n-1} - 1, 2^{n-1} + 1, \cdots, 2^n - 1\}$, 那么不失一般性, 我们假设对某个 $i \in \{1, 2, \cdots, 2^{n-1} - 1, 2^{n-1} + 1, \cdots, 2^n - 1\}$, 有 $\eta_i = \eta_{2^{n-1}+i} = 2i$. 于是, 对于状态 $\delta_{2^n}^i$ 和 $\delta_{2^n}^{2^{n-1}+i}$, 有 $L\delta_{2^n}^i = L\delta_{2^n}^{2^{n-1}+i} = \delta_{2^n}^{2i}$, 这意味着 $\delta_{2^n}^{2i}$ 有两个前继, $\delta_{2^n}^i$ 和 $\delta_{2^n}^{2^{n-1}+i}$. 因此, 这个 Fibonacci NFSR 有不同于 $\delta_{2^n}^{2^n}$ 的分支状态 $\delta_{2^n}^{2i}$. 从而, 它不是全局稳定最大瞬态的, 这与已知相矛盾. □

命题 10.1.4 的逆是不成立的. 以下的例子说明了这一点.

例 10.1.2　考虑一个 3 级 Fibonacci NFSR, 它的反馈函数为 $f = X_1 X_2 X_3 \oplus X_1 X_2 \oplus X_1 X_3 \oplus X_2 X_3$. 直接计算得 f 的按逆字典序排列的真值表为 $[0, 1, 1, 0, 1, 0, 0, 0]$. 由方程 (10.1.4) 和 (10.1.5) 可知, 它的状态转移矩阵为 $L^7 = \delta_8[5, 1, 2, 8, 3, 8, 8, 8]$. 根据定理 10.1.3 可知: 这个 Fibonacci NFSR 不是全局稳定最大瞬态的. 事实上, 它的状态图如图 10.1.2. 这个状态图包含长度为 4 的一个圈和长度为 3 的一个瞬态.

一般来说, 我们有下面的结果.

命题 10.1.5　假定 $L = \delta_{2^n}[\eta_1, \eta_2, \cdots, \eta_{2^n}]$ 是一个 n 级 Fibonacci NFSR

的状态转移矩阵. 如果

(1) $\eta_1 = 2$, $\eta_{2^{n-1}} = \eta_{2^n} = 2^n$;

(2) 如果 $n \geqslant 2$, 那么对所有的 $i = 1, 2, 3, \cdots, 2^{n-1} - 1$, η_i 和 $\eta_{2^{n-1}+i}$ 是互不相同的, 且属于集合 $\{2i - 1, 2i\}$.

那么这个 Fibonacci NFSR 的状态图必定是下面两情形之一: (1) 长度为 $2^n - 1$ 的瞬态; (2) 由没有分支状态的一个瞬态和没有分支状态的一些圈组成. 而且, 当 $n \geqslant 2$ 时, 状态图属于第二情形的 Fibonacci NFSR 的个数为 $2^{2^{n-1}-2} - 2^{2^{n-1}-n}$.

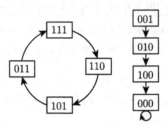

图 10.1.2　例 10.1.2 的 3 级 Fibonacci NFSR 的状态图

证明　显然, 当 $n = 1$ 时, $\eta_1 = \eta_2 = 2$, 并且状态图是长度为 1 的瞬态. 由 $\eta_1 = 2$ 和 $\eta_{2^{n-1}} = \eta_{2^n} = 2^n$ 可知, $\delta_{2^n}^{2^n}$ (或者等价地, 状态 $\mathbf{0}$) 是唯一的平衡状态. 因为, 除了 $\eta_{2^{n-1}} = \eta_{2^n} = 2^n$ 外, 其他的 η_i 当 $n \geqslant 2$ 时都是互不相同的, 于是, 我们可以断定: Fibonacci NFSR 是局部稳定的, 并且 $\eta_{2^n}^{2^{n-1}}$ 是 $\delta_{2^n}^{2^n}$ 的前继. 而且, 根据命题 10.1.3 和引理 9.3.1 可推知, $\delta_{2^n}^{2^n}$ 是唯一的分支状态. 由命题 10.1.1 和引理 9.3.1 可知, $\delta_{2^n}^{2^n-1}$ 是起始状态. 再根据引理 10.1.4, 我们可以推知 $\delta_{2^n}^{2^n-1}$ 是唯一的起始状态. 另外, 很容易看出: 当 $n \geqslant 2$ 时, 满足上面条件的矩阵 L 总共有 $2^{2^{n-1}-2}$ 个. 这意味着, 当 $n \geqslant 2$ 时, 满足条件的 Fibonacci NFSR 总共有 $2^{2^{n-1}-2}$ 个, 这比引理 10.1.5 给出的全局稳定最大瞬态的 Fibonacci NFSR 的个数 $2^{2^{n-1}-n}$ 要大. 因此, 当 $n \geqslant 2$ 时, 除了 $2^{2^{n-1}-n}$ 个全局稳定最大瞬态的 Fibonacci NFSR 外, 还有 $2^{2^{n-1}-2} - 2^{2^{n-1}-n}$ 个 Fibonacci NFSR, 它们的状态图由没有分支状态的一个瞬态和没有分支状态的一些极限环组成. 由此可知, 结论成立. 　□

注 10.1.2　命题 10.1.5 给出了构造所有全局稳定最大瞬态的 Fibonacci NFSR 的一种方法: 先构造出满足命题 10.1.5 中条件的所有的状态转移矩阵, 然后根据定理 10.1.3 选择理想的 Fibonacci NFSR.

10.2　带输入 Galois NFSR 的驱动稳定性

与 10.1 节不同, 为了强调是否带有输入, 在本节中我们用自治的 NFSR 表示不带输入的 NFSR, 用非自治的 NFSR 表示带输入的 NFSR. 类似于自治的

NFSR, 非自治的 NFSR 可以看作是一个布尔控制网络. 因此, 本节利用布尔控制网络方法, 来研究卷积码译码器中的一种带输入 Galois NFSR[244] 的驱动稳定性. 本节内容主要基于文献 [436].

一个带输入的 NFSR 是驱动稳定的, 当且仅当, 平衡状态的可达集是它的流入集的子集. 把带输入的 NFSR 看作是一个布尔控制网络, 我们首先给出它的布尔控制网络表示. 这个表示通过一个状态转移矩阵来刻画. 我们给出了这个状态转移矩阵的一些性质; 并且基于这个布尔控制网络表示, 我们给出了可达集和流入集的具体表达形式, 以及获得这两个集合的新算法. 在本节中, 我们限制 NFSR 的输入是单输入, 但文中所用的方法和结果可以直接推广到多输入的情形.

10.2.1 带输入 Galois NFSR 的描述

图 10.2.1 给出了一个带单输入 U 的 n 级 Galois NFSR[267]. 图中最上面一行的 $b_1, b_2, \cdots, b_n \in \mathbb{F}_2$ 是输入连接数. 向量 $\mathbf{b} = [b_1 \ b_2 \ \cdots \ b_n]^{\mathrm{T}}$ 被称为输入连接向量. 中间一行的每一个小方块是一个二元存储器, 也称为比特. 下面一行的 $a_1, a_2, \cdots, a_n \in \mathbb{F}_2$ 是反馈连接数. 向量 $\mathbf{a} = [a_1 \ a_2 \ \cdots \ a_n]^{\mathrm{T}}$ 被称为反馈连接向量. 这 n 个二元存储器的内容用变量 $X_1, X_2, \cdots, X_n$ 表示, 它们形成这个 NFSR 的一个状态, $[X_1 \ X_2 \ \cdots \ X_n]^{\mathrm{T}}$. 最左边的二元存储器的内容是这个 NFSR 的输出. 这 n 个二元存储器的内容 $X_1, X_2, \cdots, X_n$ 和输入 U, 通过一个布尔函数 $f: \mathbb{F}_2^{n+1} \to \mathbb{F}_2$ 进行组合. f 称为这个带输入 NFSR 的反馈函数. 这反馈函数 $f(X_1, \cdots, X_n, U)$ 表示解码算法. 由于纠错检验的需要, 反馈函数 f 满足 $f(0, \cdots, 0, 0) = 0$. 在整节中, 我们假设反馈函数 f 满足 $f(0, \cdots, 0, 0) = 0$. 在每一个移位脉冲后, 这个带输入 Galois NFSR 的状态由 $[X_1 \ \cdots \ X_{n-1} \ X_n]^{\mathrm{T}}$ 转移到

$$[X_2 \oplus a_1 f \oplus b_1 U \ \cdots \ X_n \oplus a_{n-1} f \oplus b_{n-1} U \ a_n f \oplus b_n U]^{\mathrm{T}}.$$

它可描述为以下非线性系统:

$$\mathbf{X}(t+1) = \mathbf{g}_{\mathrm{u}}(\mathbf{X}(t), U(t)), \quad t \in \mathbb{Z}_+, \tag{10.2.1}$$

这里 $\mathbf{X} = [X_1 \ X_2 \ \cdots \ X_n]^{\mathrm{T}} \in \mathbb{F}_2^n$ 是状态, $U \in \mathbb{F}_2$ 是输入, 向量函数 $\mathbf{g}_{\mathrm{u}} = [g_{\mathrm{u}1} \ g_{\mathrm{u}2} \ \cdots \ g_{\mathrm{u}n}]^{\mathrm{T}}$ 是状态转移函数, 表示为

$$\begin{cases} g_{\mathrm{u}1}(\mathbf{X}(t), U(t)) = X_2(t) \oplus a_1 f(\mathbf{X}(t), U(t)) \oplus b_1 U(t), \\ g_{\mathrm{u}2}(\mathbf{X}(t), U(t)) = X_3(t) \oplus a_2 f(\mathbf{X}(t), U(t)) \oplus b_2 U(t), \\ \qquad\qquad\qquad \vdots \\ g_{\mathrm{u}(n-1)}(\mathbf{X}(t), U(t)) = X_n(t) \oplus a_{n-1} f(\mathbf{X}(t), U(t)) \oplus b_{n-1} U(t), \\ g_{\mathrm{u}n}(\mathbf{X}(t), U(t)) = a_n f(\mathbf{X}(t), U(t)) \oplus b_n U(t). \end{cases} \tag{10.2.2}$$

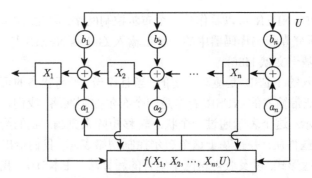

图 10.2.1　带单输入的 n 级 Galois NFSR

定理 10.2.1　令方程 (10.2.2) 中 g_{ui} $(i=1,2,\cdots,n)$ 的按逆字典序排列的真值表为 $[s_1^{(i)}, s_2^{(i)}, \cdots, s_{2^{n+1}}^{(i)}]$,那么非线性系统 (10.2.1) 表示的带单输入的 n 级 Galois NFSR 可等价地表示为线性系统:

$$\mathbf{x}(t+1) = L_{\mathbf{u}}\mathbf{x}(t)\mathbf{u}(t), \quad t \in \mathbb{Z}_+, \tag{10.2.3}$$

这里 $\mathbf{x} \in \Delta_{2^n}$ 是状态,$\mathbf{u} \in \Delta_2$ 是输入,$L_{\mathbf{u}} \in \mathcal{L}_{2^n \times 2^{n+1}}$ 状态转移函数,它的第 j 列 $\mathrm{Col}_j(L_{\mathbf{u}}) = \delta_{2^n}^{p_j}$ 满足

$$p_j = 2^n - 2^{n-1}s_j^{(1)} - 2^{n-2}s_j^{(2)} - \cdots - 2s_j^{(n-1)} - s_j^{(n)}, \quad j \in \{1,2,\cdots,2^{n+1}\}. \tag{10.2.4}$$

特别地,$p_{2^{n+1}} = 2^n$.

证明　由引理 9.3.1 和引理 9.3.2 可知,$L_{\mathbf{u}}$ 的第 j 列,$j \in \{1,2,\cdots,2^n\}$,满足式 (10.2.4). 特别地,由 $f(0,\cdots,0,0) = 0$ 得 $g_{un}(0,\cdots,0,0) = 0$. 另一方面,很容易看出: 对任意的 $i \in \{1,2,\cdots,n-1\}$,有 $g_{ui}(0,\cdots,0) = 0$. 因此,$s_{2^{n+1}}^{(i)} = 0$,$i = 1,2,\cdots,n$. 于是,$p_{2^{n+1}} = 2^n$.　　　　　□

特别地,如果对任意的 $t \in \mathbb{Z}_+$,输入 $U(t) \equiv 0$,那么非自治的 NFSR 就退化为自治的 NFSR. 对于这种情形,为了简单起见,我们记

$$h(X_1, X_2, \cdots, X_n) = f(X_1, X_2, \cdots, X_n, 0), \tag{10.2.5}$$

并且称 h 是对应的自治 NFSR 的反馈函数. 因为我们已经假设 f 满足 $f(0,0,\cdots,0,0) = 0$,所以,在本节中的自治 NFSR 的反馈函数 h 满足 $h(0,0,\cdots,0) = 0$.

据 9.4 节的介绍可知,如果自治 NFSR 的反馈应用到每一个存储器,则该自治的 NFSR 是 Galois NFSR; 如果反馈只应用到最右边的存储器,即,连接向量 $\mathbf{a} = [0 \cdots 0\ 1]$,那么,这个自治 NFSR 是 Fibonacci NFSR. 在本节中,我们假设反馈连接向量 $\mathbf{a} = [0 \cdots 0\ 1]$,即自治的 NFSR 是 Fibonacci NFSR,且它的反馈函数 h 满足 $h(0,0,\cdots,0) = 0$.

由 10.2.1 节可知, 自治 NFSR 可表示为非线性系统:

$$\mathbf{X}(t+1) = \mathbf{g}(\mathbf{X}(t)), \tag{10.2.6}$$

这里 $\mathbf{g}(\mathbf{X}) = \mathbf{g_u}(\mathbf{X}, 0)$. 对任意的正整数 N, 令 $\mathbf{g}^{N+1}(\mathbf{X}) = \mathbf{g}\left(\mathbf{g}^N(\mathbf{X})\right)$, 这意味着: 状态 $\mathbf{g}^N(\mathbf{X})$ 是状态 $\mathbf{X}$ 经过 N 次更新得到的. 为了简单起见, 以下我们称非线性系统 (10.2.6) 表示的 NFSR 是非线性控制系统 (10.2.1) 表示的非自治 NFSR 对应的自治 NFSR.

对自治 NFSR (即 Fibonacci NFSR), 定理 9.5.1 给出了它的线性系统表示. 假定方程 (10.2.5) 中的反馈函数 h 按逆字典序排列的真值表为 $[\zeta_1, \zeta_2, \cdots, \zeta_{2^n}]$, 那么这个自治 NFSR 的线性系统表示为

$$\mathbf{x}(t+1) = \boldsymbol{L}\mathbf{x}(t), \quad t \in \mathbb{Z}_+, \tag{10.2.7}$$

这里 $\mathbf{x} \in \Delta_{2^n}$ 是状态, $\boldsymbol{L} \in \mathcal{L}_{2^n \times 2^n}$ 是状态转移矩阵, 满足

$$\boldsymbol{L} = \delta_{2^n}[q_1, \cdots, q_{2^{n-1}}, q_{2^{n-1}+1}, \cdots, q_{2^n}], \tag{10.2.8}$$

其中

$$\begin{cases} q_i = 2i - \zeta_i, \\ q_{2^{n-1}+i} = 2i - \zeta_{2^{n-1}+i}, \quad i = 1, 2, \cdots, 2^{n-1}. \end{cases} \tag{10.2.9}$$

为了简单起见, 在本节中, 我们称方程 (10.2.1) 中的函数 $\mathbf{g_u}$ 为非自治 NFSR 的状态转移函数, 称方程 (10.2.3) 中的矩阵 $L_\mathbf{u}$ 为这个非自治 NFSR 的状态转移矩阵. 类似地, 我们称方程 (10.2.6) 中的函数 $\mathbf{g}$ 为自治 NFSR 的状态转移函数, 方程 (10.2.7) 中的矩阵 L 为这个自治 NFSR 的状态转移矩阵.

下面介绍状态转移矩阵的性质.

命题 10.2.1 方程 (10.2.3) 中的矩阵 $L_\mathbf{u}$ 和式 (10.2.7) 中的矩阵 L 满足

$$\mathrm{Col}_j(L) = \mathrm{Col}_{2j}(L_\mathbf{u}), \quad j = 1, 2, \cdots, 2^n. \tag{10.2.10}$$

证明 记方程 (10.2.6) 中 $\mathbf{g}$ 的第 i 个分量 g_i 的按逆字典序排列的真值表为: $[\zeta_1^{(i)}, \zeta_2^{(i)}, \cdots, \zeta_{2^n}^{(i)}]$, $i = 1, 2, \cdots, n$. 令 L 的第 j 列为 $\mathrm{Col}_j(L) = \delta_{2^n}^{q_j}$. 类似于定理 10.2.1, 我们有

$$q_j = 2^n - 2^{n-1}\zeta_j^{(1)} - 2^{n-2}\zeta_j^{(2)} - \cdots - 2\zeta_j^{(n-1)} - \zeta_j^{(n)}, \quad j \in \{1, 2, \cdots, 2^n\}. \tag{10.2.11}$$

对任意的 $k \in \{1, 2, \cdots, 2^{n+1}\}$, 记 $[X_1^{[k]} \cdots X_n^{[k]} \ U^{[k]}]^{\mathrm{T}}$ 为对应于十进制数 $k - 1$ 的状态 $[X_1 \cdots X_n \ U]^{\mathrm{T}} \in \mathbb{F}_2^{n+1}$. 于是

$$U^{[k]} = \begin{cases} 1, & k \text{ 是奇数}, \\ 0, & k \text{ 是偶数}. \end{cases} \tag{10.2.12}$$

类似地, 对任意的 $j \in \{1, 2, \cdots, 2^n\}$, 记 $[X_1^{[j]} \cdots X_{n-1}^{[j]} X_n^{[j]}]^{\mathrm{T}}$ 为对应于十进制数 $j-1$ 的状态 $[X_1 \cdots X_{n-1} X_n]^{\mathrm{T}} \in \mathbb{F}_2^n$. 注意到: 方程 (10.2.1) 中的状态转移函数 $\mathbf{g}_{\mathbf{u}}$ 和方程 (10.2.6) 中的状态转移函数 $\mathbf{g}$ 满足 $\mathbf{g}(\mathbf{X}) = \mathbf{g}_{\mathbf{u}}(\mathbf{X}, 0)$. 于是, 我们有

$$[X_1^{[j]} \cdots X_{n-1}^{[j]} \ 0] = [X_1^{[k]} \cdots X_{n-1}^{[k]} U^{[k]}], \quad k = 2j.$$

因此, 我们可以推知: $g_{\mathbf{u}i}$ 的按逆字典序排列的真值表, $s_k^{(i)}$ ($k = 1, 2, \cdots, 2^{n+1}$, $i = 1, 2, \cdots, n$) 和 g_i 的按逆字典序排列的真值表, $\zeta_j^{(i)}$ ($j = 1, 2, \cdots, 2^n$, $i = 1, 2, \cdots, n$) 满足条件 $s_k^{(i)} = \zeta_j^{(i)}$, 这里 $k = 2j$. 于是, 根据方程 (10.2.4) 和 (10.2.11) 可知, $q_j = p_{2j}$. 故结论成立. □

推论 10.2.1　方程 (10.2.3) 中的矩阵 $L_{\mathbf{u}}$ 和方程 (10.2.7) 中的矩阵 L 满足

$$\mathrm{Col}(L) \subseteq \mathrm{Col}(L_{\mathbf{u}}). \tag{10.2.13}$$

我们知道: 布尔函数 $\varphi(X_1, \cdots, X_n, U)$ 称为对变量 U 是退化的, 如果 φ 与 U 无关, 即

$$\varphi(X_1, \cdots, X_n, 1) = \varphi(X_1, \cdots, X_n, 0).$$

向量函数 $\psi_{\mathbf{u}} = [\psi_{\mathbf{u}1} \ \psi_{\mathbf{u}2} \ \cdots \ \psi_{\mathbf{u}n}]^{\mathrm{T}}$ 称为对变量 U 是退化的, 如果它的每一个分量 $\psi_{\mathbf{u}i}, i \in \{1, 2, \cdots, n\}$, 对变量 U 是退化的. 如果方程 (10.2.1) 中的状态转移函数 $\mathbf{g}_{\mathbf{u}}$ 对变量 U 是退化的, 那么这个非自治的 NFSR 就退化为自治的 NFSR.

命题 10.2.2　方程 (10.2.1) 中的状态转移函数 $\mathbf{g}_{\mathbf{u}}$ 对变量 U 不是退化的, 当且仅当, 方程 (10.2.3) 中的状态转移矩阵 $L_{\mathbf{u}}$ 满足

$$\mathrm{Col}_{2j-1}(L_{\mathbf{u}}) \neq \mathrm{Col}_{2j}(L_{\mathbf{u}}), \quad j = 1, 2, \cdots, 2^n. \tag{10.2.14}$$

证明　由命题 10.2.1 的证明过程可知, 对任意的 $k \in \{1, 2, \cdots, 2^{n+1}\}$, 对应于十进制数 $k-1$ 的状态 $[X_1^{[k]} \cdots X_n^{[k]} U^{[k]}]^{\mathrm{T}}$ 满足式 (10.2.12).

$\mathbf{g}_{\mathbf{u}}$ 对变量 U 不是退化的, 当且仅当, 存在某个分量 $g_{\mathbf{u}i_0}$, $i_0 \in \{1, 2, \cdots, n\}$, 对变量 U 不是退化的, 这等价于 $g_{\mathbf{u}i_0}$ 的按逆字典序排列的真值表 $[s_1^{(i_0)}, s_2^{(i_0)}, \cdots, s_{2^{n+1}}^{(i_0)}]$ 满足条件

$$s_{2j-1}^{(i_0)} = s_{2j}^{(i_0)} \oplus 1 \neq s_{2j}^{(i_0)}, \quad j = 1, 2, \cdots, 2^n. \tag{10.2.15}$$

另外, 引理 9.3.1 表明: $\mathbb{F}_2^n$ 中状态与 Δ_{2^n} 中状态是一一对应的. 因此, 由方程 (10.2.4) 可知: 方程 (10.2.15) 等价于 $p_{2j-1} \neq p_{2j}$, 即 $\mathrm{Col}_{2j-1}(L_{\mathbf{u}}) \neq \mathrm{Col}_{2j}(L_{\mathbf{u}})$, $j = 1, 2, \cdots, 2^n$. □

推论 10.2.2　方程 (10.2.1) 中的状态转移矩阵 $\mathbf{g}_{\mathbf{u}}$ 对于变量 U 是退化的, 当且仅当方程 (10.2.3) 的状态转移矩阵 $L_{\mathbf{u}}$ 满足条件

$$\mathrm{Col}_{2j-1}(L_{\mathbf{u}}) = \mathrm{Col}_{2j}(\boldsymbol{L_{\mathbf{u}}}), \quad j = 1, 2, \cdots, 2^n. \tag{10.2.16}$$

10.2.2 带输入 Galois NFSR 的驱动稳定

本小节首先简单介绍驱动稳定的定义, 然后给出我们驱动稳定的主要结果.

除了平衡状态 $\mathbf{0} = [0\ 0\ \cdots\ 0]^T$, 非线性控制系统 (10.2.1) 所表示的非自治的 n 级 Galois NFSR 还有 3 个可能的平衡状态, 详情见文献 [266]. 显然, 由非线性系统 (10.2.6) 所表示的自治 NFSR (即 Fibonacci NFSR) 只有两个可能的平衡状态: $\mathbf{0}$ 和 $\mathbf{1} = [1\ 1\ \cdots\ 1]^T$.

定义 10.2.1 带输入的 n 级 Galois NFSR 对于平衡状态 $\mathbf{0}$ 是驱动稳定的, 如果在输入序列的驱动下, 从状态 $\mathbf{0}$ 可达到的每一个状态 $\mathbf{X} \in \mathbb{F}_2^n$ (或者等价地, 从状态 $\delta_{2^n}^{2^n}$ 可以达到的每一个状态 $\mathbf{x} \in \Delta_{2^n}$), 均存在某个正整数 N, 使得它对应的自治 NFSR 的状态转移函数 $\mathbf{g}$ (或者等价地, 状态转移矩阵 L) 满足条件: $\mathbf{g}^N(\mathbf{X}) = \mathbf{0}$ (或者等价地, $L^N\mathbf{x} = \delta_{2^n}^{2^n}$).

与前一节类似, 为了简洁起见, 以下我们忽略平衡状态 $\mathbf{0}$, 仅简单地说 NFSR 是全局稳定的, 或局部稳定的, 或驱动稳定的.

定义 10.2.2 对于一个自治 NFSR, 最终达到它平衡状态 $\mathbf{X}$ 的状态集合 $\mathcal{B}$ 称为这个自治 NFSR 的平衡状态 $\mathbf{X}$ 的流入集.

令 $\mathcal{R}(\delta_{2^n}^{2^n})$ 是状态 $\delta_{2^n}^{2^n}$ 的可达集, 即, 在输入序列驱动下, 到达状态 $\delta_{2^n}^{2^n}$ 的状态集合. 令 $\mathcal{B}(\delta_{2^n}^{2^n})$ 为平衡状态 $\delta_{2^n}^{2^n}$ 的流入集. 注意: 可达集 $\mathcal{R}(\delta_{2^n}^{2^n})$ 与输入有关, 而流入集 $\mathcal{B}(\delta_{2^n}^{2^n})$ 与输入无关.

由 NFSR 的全局稳定、局部稳定、驱动稳定的概念可知以下几点事实:

(1) 全局稳定的自治 NFSR 一定是局部稳定的, 反之不然.

(2) 带输入 NFSR 是驱动稳定的, 如果它对应的自治 NFSR 是全局稳定的. 然而, 驱动稳定的带输入 NFSR 并不意味着它对应的自治 NFSR 是全局稳定的.

(3) 带输入的 n 级 NFSR 是驱动稳定的, 当且仅当, 它的可达集 $\mathcal{R}(\delta_{2^n}^{2^n})$ 是流入集 $\mathcal{B}(\delta_{2^n}^{2^n})$ 的子集.

(4) 如果驱动稳定的 n 级 NFSR 的可达集 $\mathcal{R}(\delta_{2^n}^{2^n})$ 等于全局状态集 Δ_{2^n}, 那么它对应的自治 NFSR 是全局稳定的.

NFSR 的驱动稳定完全取决于两个集合: 可达集 $\mathcal{R}(\delta_{2^n}^{2^n})$ 和流入集 $\mathcal{B}(\delta_{2^n}^{2^n})$. 下面, 我们研究如何得到这两个集合.

首先, 考虑可达集. 下面的引理是显而易见的.

引理 10.2.1 对任意两个向量, $\delta_{2^n}^i$ 和 $\delta_{2^n}^j$, $i,j \in \{1,2,\cdots,2^n\}$, 以下性质成立:

(1) $\delta_{2^n}^i \otimes I_2 = \delta_{2^{n+1}}[2i-1\ \ 2i]$;

(2) $[\delta_{2^n}^i\ \ \delta_{2^n}^j] \otimes I_2 = [\delta_{2^n}^i \otimes I_2\ \ \delta_{2^n}^j \otimes I_2]$.

定理 10.2.2 如果带输入的 n 级 Galois NFSR(10.2.3) 的状态转移函数 $\mathbf{g}_u$

对变量 U 是退化的, 那么可达集

$$\mathcal{R}(\delta_{2^n}^{2^n}) = \mathrm{Col}\left(L_u \delta_{2^n}^{2^n}\right) = \{\delta_{2^n}^{2^n}\}. \tag{10.2.17}$$

证明 由推论 10.2.2 可知: $\mathrm{Col}_{2j-1}(L_u) = \mathrm{Col}_{2j}(L_u)$, $j = 1, 2, \cdots, 2^n$. 定理 10.2.1 表明: $\mathrm{Col}_{2^{n+1}-1}(L_u) = \mathrm{Col}_{2^{n+1}}(L_u) = \delta_{2^n}^{2^n}$. 另外, 由引理 10.2.1 得, $\mathrm{Col}\left(L_u^2 \delta_{2^n}^{2^n}\right) = \mathrm{Col}\left(L_u \delta_{2^n}^{2^n}\right) = \{\mathrm{Col}_{2^{n+1}-1}(L_u), \mathrm{Col}_{2^{n+1}}(L_u)\}$. 根据引理 9.3.4 可知结论成立. □

引理 10.2.2[55] 令矩阵 $L_u \in \mathcal{L}_{2^n \times 2^{n+1}}$, 那么对任意的正整数 k 和任意的 $i \in \{1, 2, \cdots, 2^n\}$, 有

$$L_u^{k+1} \delta_{2^n}^i = L_u\left[\left(L_u^k \delta_{2^n}^i\right) \otimes I_2\right]. \tag{10.2.18}$$

定理 10.2.3 如果带输入的 n 级 Galois NFSR (10.2.3) 的状态转移函数 g_u 对变量 U 是不退化的, 那么可达集

$$\mathcal{R}(\delta_{2^n}^{2^n}) = \bigcup_{k=1}^{2^{n-1}} \left[\mathrm{Col}\left(L_u^k \delta_{2^n}^{2^n}\right)\right]. \tag{10.2.19}$$

而且, 可达集 $\mathcal{R}(\delta_{2^n}^{2^n})$ 中元素的个数 $|\mathcal{R}(\delta_{2^n}^{2^n})|$ 满足 $|\mathcal{R}(\delta_{2^n}^{2^n})| \geqslant 2$.

证明 对任意的正整数 k, 直接计算可知: $L_u^k \delta_{2^n}^{2^n} \in \mathcal{L}_{2^n \times 2^k}$, $\mathrm{Col}(L_u^k \delta_{2^n}^{2^n}) \subseteq \mathrm{Col}(L_u)$. 因为状态转移函数 g_u 对变量 U 是不退化的, 所以根据命题 10.2.2 可知,

$$\mathrm{Col}_{2j-1}(L_u) \neq \mathrm{Col}_{2j}(L_u), \quad j = 1, 2, \cdots, 2^n.$$

于是, 如果对某个正整数 k_0, $L_u^{k_0+1} \delta_{2^n}^{2^n}$ 不是 $\bigcup_{i=1}^{k_0}\left(L_u^i \delta_{2^n}^{2^n}\right)$ 的子集, 那么由引理 10.2.2 和引理 10.2.1 可知: $L_u^{k_0+1} \delta_{2^n}^{2^n}$ 比 $L_u^{k_0} \delta_{2^n}^{2^n}$ 多两个不同的列. 注意到: 矩阵 L_u 最多有 2^n 个不同的列. 于是, 为了得到可达集 $\mathcal{R}(\delta_{2^n}^{2^n})$, 至多需要对 $L_u^k \delta_{2^n}^{2^n}$ 作 2^{n-1} 次迭代, 并且 $L_u^{2^{n-1}+1} \delta_{2^n}^{2^n}$ 将不再有不同于 $\bigcup_{k=1}^{2^{n-1}}\left(L_u^k \delta_{2^n}^{2^n}\right)$ 的列. 从而, 由引理 9.3.4 可知, 方程 (10.2.19) 成立.

另一方面, 因为 $\mathrm{Col}_{2j-1}(L_u) \neq \mathrm{Col}_{2j}(L_u)$, $j = 1, 2, \cdots, 2^n$, 所以, 特别地, 有 $\mathrm{Col}_{2^{n+1}-1}(L_u) \neq \mathrm{Col}_{2^{n+1}}(L_u)$. 考虑到

$$L_u \delta_{2^n}^{2^n} = [\mathrm{Col}_{2^{n+1}-1}(L_u) \quad \mathrm{Col}_{2^{n+1}}(L_u)],$$

可推知 $\mathrm{Col}_{2^{n+1}-1}(L_u)$ 和 $\mathrm{Col}_{2^{n+1}}(L_u)$ 属于集合 $\mathcal{R}(\delta_{2^n}^{2^n})$. 从而, $|\mathcal{R}(\delta_{2^n}^{2^n})| \geqslant 2$. □

定理 10.2.2 和定理 10.2.3 表明: 带输入的 Galois NFSR 作为一个特殊的布尔控制网络, 有一个明确的 p^* 满足引理 9.3.4 中的条件. 这个 p^* 实际上就是输入序列的最短长度, 使得 NFSR 的轨迹 (即, 描述状态转移情况的路径) 走遍 $\mathbf{x}_0$ 能到达的所有状态.

推论 10.2.3 如果带输入的 n 级 Galois NFSR(10.2.3) 的状态转移函数 $\mathbf{g}_\mathbf{u}$ 对变量 U 是不退化的, 而且这个带输入 Galois NFSR 是驱动稳定的, 那么它对应的自治 NFSR 一定是局部稳定的.

证明 令 $L_\mathbf{u}$ 为这个带输入的 Galois NFSR 的状态转移矩阵. 于是, 根据定理 10.2.3 的证明可知: 两个不同的状态 $\mathrm{Col}_{2^{n+1}-1}(L_\mathbf{u})$ 和 $\mathrm{Col}_{2^{n+1}}(L_\mathbf{u})$ 属于可达集 $\mathcal{R}(\delta_{2^n}^{2^n})$. 因为这个带输入 Galois NFSR 是驱动稳定的, 且 $\mathrm{Col}_{2^{n+1}}(L_\mathbf{u}) = \delta_{2^n}^{2^n}$, 所以, 不同于 $\delta_{2^n}^{2^n}$ 的状态 $\mathrm{Col}_{2^{n+1}-1}(L_\mathbf{u})$ 最终到达平衡状态 $\delta_{2^n}^{2^n}$. 故结论成立. $\square$

下面, 我们给出可达集 $\mathcal{R}(\delta_{2^n}^{2^n})$ 的一个新算法. 引理 10.2.2 表明: 对任意的正整数 k, 有 $L_\mathbf{u}^{k+1}\delta_{2^n}^{2^n} = L_\mathbf{u}\left[(L_\mathbf{u}^k\delta_{2^n}^{2^n}) \otimes I_2\right]$. 令 $Y_k = L_\mathbf{u}^k\delta_{2^n}^{2^n}$. 于是, $Y_{k+1} = L_\mathbf{u}(Y_k\otimes I_2)$, $Y_k \in \mathcal{L}_{2^{n+1}\times 2^k}$. 为了获得可达集 $\mathcal{R}(\delta_{2^n}^{2^n})$, 至多需要对 Y_k 作 2^{n-1} 次迭代. 为了降低空间复杂度, 我们仅储存每个矩阵或向量中元素 1 的位置.

假定已计算出状态转移矩阵

$$L_\mathbf{u} = \delta_{2^n}[p_1,\ p_2,\ \cdots,\ p_{2^{n+1}}]. \tag{10.2.20}$$

对于矩阵 $L_\mathbf{u}$, 我们仅需存储 $p_1, p_2, \cdots, p_{2^{n+1}}$. 类似地, 我们定义 $\mathcal{R}(2^n)$ 为 $\mathcal{R}(\delta_{2^n}^{2^n})$ 中每一个状态的元素 1 的位置的集合. 具体地说, 如果 $\mathcal{R}(\delta_{2^n}^{2^n}) = \{\delta_{2^n}^{i_1}, \delta_{2^n}^{i_2}, \cdots, \delta_{2^n}^{i_m}\}$, 那么 $\mathcal{R}(2^n) = \{i_1, i_2, \cdots, i_m\}$. 为了方便, 我们也称 $\mathcal{R}(2^n)$ 为可达集.

定义两个向量:

$$\alpha = [\alpha_1\ \ \alpha_2\ \cdots\ \alpha_r], \tag{10.2.21}$$

$$\varsigma = [\varsigma_1\ \ \varsigma_2\ \cdots\ \varsigma_{2r}], \tag{10.2.22}$$

这里 $\alpha_i \in \{1, 2, \cdots, 2^n\}$, $\varsigma_j \in \{1, 2, \cdots, 2^{n+1}\}$, $i = 1, 2, \cdots, r$, $j = 1, 2, \cdots, 2r$, r 为正整数. 定义映射 ρ 和 σ 如下:

$$\varsigma = \rho(\alpha) = [2\alpha_1 - 1\ \ 2\alpha_1\ \cdots\ 2\alpha_r - 1\ \ 2\alpha_r], \tag{10.2.23}$$

$$\gamma = \sigma(\varsigma) = [p_{\varsigma_1}\ \ \ p_{\varsigma_2}\ \ \cdots\ \ p_{\varsigma_{2r}}], \tag{10.2.24}$$

这里 $p_{\varsigma_1}, p_{\varsigma_2}, \cdots, p_{\varsigma_{2r}}$ 来自方程 (10.2.20).

很容易看出, 矩阵 $Z_k = Y_k \otimes I_2$ 的所有列中元素 1 的位置变化对应于映射 ρ, 而矩阵 $Y_{k+1} = L_\mathbf{u}Z_k$ 的所有列中元素 1 的位置变化对应于映射 σ. 注意到: $L_\mathbf{u}$ 总共有 2^{n+1} 个列, 且至多有 2^n 个互不相同的列. 于是, $p_1, p_2, \cdots, p_{2^{n+1}}$ 中必有一些相同的元素. 从而, 基于已知的形如方程 (10.2.20) 的状态转移矩阵, 可以得到可达集 $\mathcal{R}(2^n)$ 的一个新算法.

算法 10.2.1 (可达集)

第 1 步: 令 $\alpha = 2^n$, $\mathcal{R}(2^n) = \varnothing$.

第 2 步: 计算 $\rho(\alpha)$, 并令 $\varsigma = \rho(\alpha)$.

第 3 步: 计算 $\sigma(\varsigma)$, 并令 $\alpha = \sigma(\varsigma)$.

第 4 步: 删除 α 中重复的元素, 得到的新向量仍记为 α.

第 5 步: 如果 $\mathrm{Col}(\alpha) \nsubseteq \mathcal{R}(2^n)$, 那么删除 α 中属于 $\mathcal{R}(2^n)$ 的元素, 得到的新向量仍记为 α, 并令 $\mathcal{R}(2^n) = \mathcal{R}(2^n) \bigcup \mathrm{Col}(\alpha)$, 且返回步骤 2. 否则, 输出 $\mathcal{R}(2^n)$, 并结束计算.

在算法 10.2.1 中, 步骤 4 和 5 分别是为了删除 α 中重复的元素, 以及删除与前面 α 相同的元素. 在 MATLAB 语言中, 我们可以用命令 "unique" 来实现步骤 4 中的删除, 而用命令 "setdiff" 实现步骤 5 中的删除. 因为矩阵 L_u 有 2^{n+1} 个列, 且至多有 2^n 个互不相同的列, 上面两种删除需要的时间计算复杂度为 $2^{n+1} + 2^n$ 个运算. 而且, 映射 ρ 导致的时间计算复杂度至多为 2^{n+1} 个运算, σ 至多为 2^n 个运算. 总之, 如果状态转移矩阵 L_u 已知, $\mathcal{R}(2^n)$ (或者等价地, $\mathcal{R}(\delta_{2^n}^{2^n})$) 需要的时间计算复杂度至多为 $2^{n+2} + 2^{n+1}$ 个运算.

其次, 我们考虑流入集.

定理 10.2.4　考虑 n 级自治 NFSR(10.2.6). 如果这个 NFSR 的反馈函数 $h(X_1, X_2, \cdots, X_n)$ 满足条件 $h(0, 0, \cdots, 0) = 0$ 和 $h(1, 0, \cdots, 0) = 1$, 那么流入集 $\mathcal{B}(\delta_{2^n}^{2^n}) = \{\delta_{2^n}^{2^n}\}$. 而且, 如果对应的非自治 Galois NFSR(10.2.1) 的状态转移函数 $\mathbf{g_u}$ 对于变量 U 是 (或者, 不是) 退化的, 那么这个非自治的 Galois NFSR 是 (或者, 不是) 驱动稳定的.

证明　自治 NFSR 的状态 $[0\ 0 \cdots 0]^T$ (或者等价地, 状态 $\delta_{2^n}^{2^n}$) 有两个可能的前继, $[1\ 0\ \cdots\ 0]^T$ 和它自身. 因为反馈函数 h 满足 $h(0, 0, \cdots, 0) = 0$ 和 $h(1, 0, \cdots, 0) = 1$, 所以, 我们可以推知: $[0\ 0 \cdots 0]^T$ 只有一个前继, 即, 它自身. 这意味着 $[0\ 0\ \cdots\ 0]^T$ 形成了一个单位环, 并且这个单位环没有与别的状态相连接. 于是, $\mathcal{B}(\delta_{2^n}^{2^n}) = \{\delta_{2^n}^{2^n}\}$. 从而, 集合 $\mathcal{B}(\delta_{2^n}^{2^n})$ 的元素的个数为 1.

而且, 如果它对应的非自治 Galois NFSR 的状态转移函数 $\mathbf{g_u}$ 对变量 U 是退化的, 那么由定理 10.2.2 可知: 可达集 $\mathcal{R}(\delta_{2^n}^{2^n}) = \{\delta_{2^n}^{2^n}\}$, 这意味着 $\mathcal{R}(\delta_{2^n}^{2^n}) = \mathcal{B}(\delta_{2^n}^{2^n})$. 因此, 在这种情形下, 这个非自治 Galois NFSR 是驱动稳定的. 然而, 如果其转状态转移函数 $\mathbf{g_u}$ 对变量 U 不是退化的, 那么根据定理 10.2.3 可知, 可达集 $\mathcal{R}(\delta_{2^n}^{2^n})$ 的元素个数至少为 2, 这意味着 $\mathcal{R}(\delta_{2^n}^{2^n})$ 不是 $\mathcal{B}(\delta_{2^n}^{2^n})$ 的子集. 所以, 在这种情形下, 这个非自治 Galois NFSR 不是驱动稳定的. □

命题 10.2.3　n 级自治 NFSR 的起始状态最多 2^{n-1} 个.

证明　令起始状态个数为 N_s, 分支状态个数为 N_b. 对于自治 NFSR 的任一状态, 它或者为没有前继的起始状态, 或者为有两个前继的分支状态, 或者为只有一个前继的状态. 另一方面, n 级自治 NFSR 总共有 2^n 个可能的状态. 因此, $N_s + N_b \leqslant 2^n$. 引理 10.1.4 表明: $N_s = N_b$. 故结论成立. □

命题 10.2.4 如果 n 级自治 NFSR 的反馈函数 h 满足 $h(0,0,\cdots,0) = h(1, 0,\cdots,0) = 0$, 那么它最少有一个分支状态.

证明 如果反馈函数 h 满足 $h(0,0,\cdots,0) = h(1,0,\cdots,0) = 0$, 那么状态 $[0\,0\cdots0]^T$ 有两个前继, $[1\,0\cdots0]^T$ 和它自身, 这意味着 $[0\,0\cdots0]^T$ 是一个分支状态. 因此, 由引理 10.1.4 可知结论成立. □

注意: 命题 9.5.2 基于自治 NFSR 的状态转移矩阵, 给出了找到它所有分支状态的一个方法.

定理 10.2.5 考虑 n 级自治 NFSR (10.2.6), 它的反馈函数 h 满足 $h(0,0,\cdots, 0) = h(1,0,\cdots,0) = 0$. 假设 L 是它的状态转移矩阵, 那么平衡状态 $\delta_{2^n}^{2^n}$ 的流入集

$$\mathcal{B}(\delta_{2^n}^{2^n}) = \left\{ L^k \delta_{2^n}^i | 1 \leqslant k \leqslant K_i, K_i \text{ 是满足 } L^{k_i}\delta_{2^n}^i = \delta_{2^n}^{2^n} \right.$$
$$\left. \text{的最小正整数} k_i, \delta_{2^n}^i \notin \text{Col}(L) \, i \leqslant 2^n \right\}. \tag{10.2.25}$$

证明 由命题 10.2.4 和引理 9.5.2 知结论成立. □

文献 [54] 中证明: 布尔网络 $\mathbf{x}(t+1) = L\mathbf{x}(t)$ 的瞬态周期 K 是满足条件 $L^\kappa \in \{L^{\kappa+1}, L^{\kappa+2}, \cdots, L^{2^n}\}$ 的最小正整数 κ. 计算这个 K 导致 $(2^n - 1)2^n$ 个运算, 因为它需要计算矩阵 $L^2, L^3, \cdots, L^{2^n}$ 的所有列的元素 1 的位置, 而且 $L^{\kappa+1}$ 的列仅为 L^κ 的列的一个置换. 另外, 对任意的正整数 $\kappa \leqslant K$, 计算 $L^{-\kappa}(C)$ 需要穷搜 L^κ 的所有列的元素 1 的位置, 这导致 2^n 个运算. 假设矩阵 L 已知, 那么计算 $\bar{\mathcal{B}}(C)$ 总共需要 $(2^{2n} + K - 1)2^n$ 个运算. 相比较而言, 由于 $L^{\kappa+1}\delta_{2^n}^{2^n} = L(L^\kappa \delta_{2^n}^{2^n})$, 且 n 级的自治 NFSR 总共只有 2^n 个可能的状态, 所以, 定理 10.2.5 中的方法需要的时间计算复杂度至多为 $2^n - 1$ 个运算, 这远远小于文献 [54] 中的方法需要的时间计算复杂度.

下面, 我们将给出流入集 $\mathcal{B}(\delta_{2^n}^{2^n})$ 的一个新算法. 考虑 n 级的自治 NFSR 的线性系统表示 (10.2.7), 且它的反馈函数 h 满足 $h(0,0,\cdots,0) = h(1,0,\cdots,0) = 0$. 令 $\mathcal{S}$ 为这个自治 NFSR 在 Δ_{2^n} 中的所有起始状态的集合, $|\mathcal{S}|$ 表示它的元素个数. 于是, $1 \leqslant |\mathcal{S}| \leqslant 2^{n-1}$. 假定根据命题 9.5.2 已获得集合 $\mathcal{S}$, 它的元素被记为 $\delta_{2^n}^{j_v}$, $v = 1, 2, \cdots, |\mathcal{S}|$. 令

$$\mathcal{J} = \{j_1, j_2, \cdots, j_{|\mathcal{S}|}\}. \tag{10.2.26}$$

这是 $\mathcal{S}$ 的所有状态中元素 1 的位置的集合.

类似于 $R(2^n)$, 我们定义 $\mathcal{B}(2^n)$ 为 $\mathcal{B}(\delta_{2^n}^{2^n})$ 的所有状态中元素 1 的位置的集合. 为了方便, 我们仍然称 $\mathcal{B}(2^n)$ 为流入集. 假定这个自治 NFSR 的状态转移矩

阵 $L = \delta_{2^n}[q_1 \ q_2 \ \cdots \ q_{2^n}]$ 已知. 与 10.1 节一样, 我们定义映射

$$\phi : \phi(i) = q_i, \ i = 1, 2, \cdots, 2^n. \tag{10.2.27}$$

于是, 映射 ϕ 与矩阵 L 是一一对应的, 且对任意的正整数 k, 映射 ϕ^k 和矩阵 L^k 也是一一对应的. 注意: 自治 NFSR 的任何一个状态最终会到达一个极限环, 并且永远停留在这个极限环上. $\mathcal{B}(\delta_{2^n}^{2^n})$ 仅仅是由最终能到达平衡状态 $\delta_{2^n}^{2^n}$ 的一些起始状态和期间它们途径的那些状态所组成的. 而且, 如果这个 NFSR 有分支状态, 那么分支状态所经过的那些状态只需要对其中对应的一个起始状态计算即可.

对于 n 级的自治 NFSR, 如果它的反馈函数 h 满足条件 $h(0, 0, \cdots, 0) = h(1, 0, \cdots, 0) = 0$, 那么基于映射 ϕ 和集合 $\mathcal{J}$, 下面给出了计算流入集 $\mathcal{B}(2^n)$ 的一个新算法.

算法 10.2.2 (流入集)

第 1 步: 令 $v = 1$, $\mathcal{B}(2^n) = \varnothing$.

第 2 步: 令 $i = j_v$, $\mathcal{B}_1 = \varnothing$.

第 3 步: 计算 $\phi(i)$, 并令 $i = \phi(i)$.

第 4 步: 如果 $i < 2^n$ 且 $(i \notin \mathcal{B}_1$ 或 $i \notin \mathcal{B}(2^n))$, 那么令 $\mathcal{B}_1 = \mathcal{B}_1 \cup \{i\}$, 并且返回步骤 3; 如果 $i < 2^n$ 且 $(i \in \mathcal{B}_1$ 或 $i \in \mathcal{B}(2^n))$, 那么令 $v = v + 1$; 如果 $i = 2^n$, 那么令 $\mathcal{B}(2^n) = \mathcal{B}(2^n) \cup \mathcal{B}_1 \cup \{i\}$.

第 5 步: 如果 $v \leqslant |\mathcal{S}|$, 那么返回步骤 2. 否则, 输出 $\mathcal{B}(2^n)$, 并结束计算.

例 10.2.1　考虑带单输入 U 的 3 级 NFSR, 且它的反馈函数为

$$f(X_1, X_2, X_3, U) = X_1 X_2 X_3 \oplus X_1 X_2 \oplus X_1 X_3 \oplus X_2 X_3 \oplus X_2 \oplus X_3 \oplus U,$$

反馈连接向量 $\mathbf{a} = [0 \ 0 \ 1]^{\mathrm{T}}$, 输入连接向量 $\mathbf{b} = [1 \ 1 \ 0]^{\mathrm{T}}$.

使用布尔控制网络方法和前面的记号, 我们得到这个非自治 NFSR 的状态转移矩阵为

$$L_{\mathbf{u}} = \delta_8[7, \ 2, \ 5, \ 4, \ 3, \ 6, \ 1, \ 8, \ 8, \ 1, \ 6, \ 3, \ 4, \ 5, \ 1, \ 8],$$

而它对应的自治 NFSR 的状态转移矩阵为

$$L = \delta_8[2, \ 4, \ 6, \ 8, \ 1, \ 3, \ 5, \ 8].$$

很容易看出

$$\mathrm{Col}_j(L) = \mathrm{Col}_{2j}(L_{\mathbf{u}}),$$
$$\mathrm{Col}_{2j-1}(L_{\mathbf{u}}) \neq \mathrm{Col}_{2j}(L_{\mathbf{u}}), \quad j = 1, 2, \cdots, 8,$$

这与命题 10.2.1 和命题 10.2.2 的结果一致. 显然, 仅 δ_8^7 不属于 $\mathrm{Col}(L)$ 的列. 根据命题 9.5.2, δ_8^7 是这个自治 NFSR 的唯一起始状态. 利用算法 10.2.2, 可得流入

集

$$\mathcal{B}(8) = \{1, 2, 4, 5, 7, 8\}.$$

利用算法 10.2.1, 可得可达集

$$\mathcal{R}(8) = \{1, 2, 4, 5, 7, 8\}.$$

由此可看出: $\mathcal{R}(8) = \mathcal{B}(8)$. 从而, 这个带输入的 NFSR 是驱动稳定的.

然而, 如果输入连接向量修改为 $\bar{\mathbf{b}} = [0, 1, 1]^T$, 那么这个带输入的非线性反馈移位寄存器的状态转移矩阵更新为

$$\bar{L}_{\mathbf{u}} = \delta_8[4, \ 2, \ 2, \ 4, \ 8, \ 6, \ 6, \ 8, \ 3, \ 1, \ 1, \ 3, \ 7, \ 5, \ 6, \ 8].$$

同样地, 我们利用算法 10.2.1 知: 可达集变为

$$\bar{\mathcal{R}}(8) = \{1, 2, 3, 4, 6, 8\}.$$

显然, $\bar{\mathcal{R}}(8) \not\subseteq \mathcal{B}(8)$. 因此, 这个更新的带输入 NFSR 不是驱动稳定的.

最后, 我们比较判别 NFSR 驱动稳定的三种方法的时间计算复杂度. 这三种方法为: 穷举法、状态算子法和布尔控制网络方法.

假定带输入 NFSR 的反馈函数的代数规范型已知, 记为 $f(X_1, \cdots, X_n, U) = \sum_{i=0}^{2^{n+1}-1} a_i X_1^{i_1} \cdots X_n^{i_n} U^{i_{n+1}}$, 这里 $a_i \in \mathbb{F}_2$, i 是对应于二进制数 $(i_1, \cdots, i_n, i_{n+1})$ 的十进制数. 于是, 它对应的自治 NFSR 的反馈函数 $h(X_1, \cdots, X_n) = f(X_1, \cdots, X_n, 0)$ 的规范型也已知. 假设 $d_{\mathbf{u}}$ 和 d 分别为 $f(X_1, \cdots, X_n, U)$ 和 $h(X_1, \cdots, X_n)$ 的代数次数. 令 $\mathcal{R}(\mathbf{0})$ 为状态 $\mathbf{0}$ 的可达集, 它唯一地对应于可达集 $\mathcal{R}(\delta_{2^n}^{2^n})$. 令 $\mathcal{B}(\mathbf{0})$ 为平衡状态 $\mathbf{0}$ 的流入集, 它唯一地对应于流入集 $\mathcal{B}(\delta_{2^n}^{2^n})$.

的时间计算复杂度的比较: 利用布尔控制网络方法, 计算可达集 $\mathcal{R}(\delta_{2^n}^{2^n})$ 的时间复杂度 C_{bcn}^R 包括 3 个部分, $C_{bcn}^R(i)$, $i = 1, 2, 3$.

(i) 由方程 (10.2.1) 中的状态转移函数 $\mathbf{g}_{\mathbf{u}}$ 的代数规范型计算其真值表的时间复杂度为

$$C_{bcn}^R(1) = n 2^{n+2} + 2^{n+1} \left[\sum_{i=1}^{d_{\mathbf{u}}} (i+1) \binom{n+1}{i} \right] + 2^n$$

个运算.

(ii) 计算方程 (10.2.3) 中的状态转移矩阵 $L_{\mathbf{u}}$ 的时间复杂度为

$$C_{bcn}^R(2) = 2^n \left(n^2 + 3n - 2 \right)$$

个运算.

(iii) 根据状态转移矩阵 $L_{\mathbf{u}}$ 计算 $\mathcal{R}(\delta_{2^n}^{2^n})$ 的时间复杂度为

$$C_{bcn}^R(3) = 2^{n+2} + 2^{n+1}$$

个运算. 这个可从算法 10.2.1 看出.

如果状态转移矩阵 $L_{\mathbf{u}}$ 已知, 那么从可达集 $\mathcal{R}(\delta_{2^n}^{2^n})$ 计算可达集 $\mathcal{R}(\mathbf{0})$, 不需要额外的时间复杂度. 于是, 布尔控制网络方法计算可达集 $\mathcal{R}(\mathbf{0})$ 需要的时间复杂度至多为

$$C_{bcn}^R = (n+1)2^{n+2} + 2^{n+1}\left[\sum_{i=1}^{d_{\mathbf{u}}}(i+1)\binom{n}{i} + 1\right]$$
$$+ 2^n(n^2 + 3n - 1) \tag{10.2.28}$$

个运算.

文献 [267] 利用后状态算子来获得可达集 $\mathcal{R}(\mathbf{0})$. 它给出了后状态算子作用于状态的具体形式. 这个形式依赖于 4 个 $2^n \times 2^n$ 的矩阵, 和 4 个 2^n 维的向量, 并且文中给出了它们的具体形式. 类似于计算布尔控制网络方法需要的时间复杂度, 我们得到: 文献 [267] 中的状态算子法需要的时间计算复杂度为

$$C_{so}^R = 2^{n+3}N + 2^{n+1}\left[\sum_{i=1}^{d_{\mathbf{u}}}(i+1)\binom{n+1}{i} + n + N + 1\right]$$
$$+ 2^n(n^2 + n - 2) \tag{10.2.29}$$

个运算, 这里迭代次数 $N \leqslant 2^n$.

因为 n 级 NFSR 总共有 2^n 个可能的状态, 所以, 需要考虑长度为 2^n 的输入序列. 考虑到输入是二元的, 所以穷举法需要的时间计算复杂度为

$$C_{es}^R = 2^{2^n}\left[4n + \sum_{i=1}^{d_{\mathbf{u}}}(i+1)\binom{n+1}{i}\right] \tag{10.2.30}$$

个运算.

显然, 当 $n > 1$ 时, C_{bcn}^R 小于 C_{es}^R; 并且对任意的正整数 n, C_{bcn}^R 也小于 C_{so}^R. 虽然, 它们都随 NFSR 的级数 n 呈指数增长, 但是 C_{bcn}^R 中 2 的幂次是最小的. 从而, 当级数 n 变得越大时, C_{bcn}^R 比 C_{es}^R 和 C_{so}^R 低得越多.

流入集的时间计算复杂度的比较: 使用布尔控制网络方法, 计算流入集 $\mathcal{B}(\delta_{2^n}^{2^n})$ 的时间复杂度 C_{bcn}^B 包含 4 个部分, 记为 $C_{bcn}^B(i)$, $i = 1, 2, 3, 4$.

(i) 由自治 NFSR 的反馈函数 h 的代数规范型计算它的真值表的时间复杂度为

$$C_{bcn}^{B}(1) = 2^n \left[\sum_{i=1}^{d} (i+1) \binom{n}{i} + 1 \right]$$

个运算.

(ii) 由反馈函数 h 的真值表计算这个自治 NFSR 的状态转移矩阵 L 的时间复杂度为

$$C_{bnc}^{B}(2) = 2^{n+1}$$

个运算. 这可以从方程 (10.2.8) 和 (10.2.9) 看出.

(iii) 根据状态转移矩阵 L 计算起始状态集合 $\mathcal{S}$ 的时间复杂度为

$$C_{bcn}^{B}(3) = 2^{n+1}$$

个运算. 假设 $L = \delta_{2^n}[q_1, q_2, \cdots, q_{2^n}]$. 为了计算 $\mathcal{S}$, 我们只需令 $\mathcal{S}$ 为 $[q_{i_1} \ q_{i_2} \cdots q_{i_{2^n}}]$ 与 $[1 \ 2 \ \cdots \ 2^n]$ 之间的差即可. 这里, $q_{i_1}, q_{i_2}, \cdots, q_{i_{2^n}}$ 是 $q_1, q_2, \cdots, q_{2^n}$ 的一个置换, 且满足条件 $q_{i_1} \leqslant q_{i_2} \leqslant \cdots \leqslant q_{i_{2^n}}$.

(iv) 根据集合 $\mathcal{S}$ 和矩阵 L 计算流入集 $\mathcal{B}(\delta_{2^n}^{2^n})$ 的时间复杂度至多为

$$C_{bcn}^{B}(4) = 2^n - 1$$

个运算. 原因为: n 级自治 NFSR 总共有 2^n 个可能的状态, 其中包括状态 $\delta_{2^n}^{2^n}$. 于是, 根据算法 10.2.2 可知, 为了获得流入集 $\mathcal{B}(\delta_{2^n}^{2^n})$, 对式 (10.2.27) 中的映射 ϕ 至多需要做 $2^n - 1$ 次迭代.

类似地, 如果状态转移矩阵 L 已知, 那么根据流入集 $\mathcal{B}(\delta_{2^n}^{2^n})$ 计算 $\mathcal{B}(\mathbf{0})$ 不需要额外的时间复杂度. 因此, 用布尔网络方法计算流入集 $\mathcal{B}(\mathbf{0})$ 需要的时间复杂度至多为

$$C_{bcn}^{B} = 2^{n+2} + 2^n \left[\sum_{i=1}^{d} (i+1) \binom{n}{i} + 2 \right] - 1 \tag{10.2.31}$$

个运算.

利用穷举法, 根据反馈函数 h 的代数规范型, 计算流入集 $\mathcal{B}(\mathbf{0})$ 需要的时间复杂度为

$$C_{es}^{B} = 2^{2n} \left[\sum_{i=1}^{d} (i+1) \binom{n}{i} + 2n \right] \tag{10.2.32}$$

个运算. 另一方面, 文献 [267] 使用的状态算子法需要的时间计算复杂度为

$$C_{so}^B = 2^{n+2}M + 2^n\left[\sum_{i=1}^{d}(i+1)\binom{n}{i} + M + 1\right]$$
$$+ 2^{n-1}(n^2 + 2n - 2) \tag{10.2.33}$$

个运算, 这里迭代次数 $M \leqslant 2^n$.

显然, 当级数 $n > 1$ 时, C_{bcn}^B 小于 C_{es}^B, 且对任意的级数 n, C_{bcn}^B 也小于 C_{so}^B. 由方程 (10.2.31)~(10.2.33) 中 2 的最高幂次项可知, 随着级数 n 的增大, C_{bcn}^B 比 C_{es}^B 和 C_{so}^B 低得越来越多.

基于上面的比较, 我们得到以下的结果.

命题 10.2.5　布尔控制网络方法判别级数大于 1 的带输入 Galois NFSR 的驱动稳定性比穷举法需要的时间计算复杂度更低, 用它判别任意级数的带输入 Galois NFSR 的驱动稳定比文献 [267] 中的状态算子法需要的时间复杂度也更低. 而且, 随着 NFSR 级数的增大, 布尔控制网络法比后两种方法需要的时间计算复杂度降低得越多.

第 11 章　Grain 结构 NFSR 的最小周期

流密码算法 Grain 是 2004~2008 年欧洲 eSTREAM 计划中面向硬件的三个胜选算法之一. 它的主要组件称为 Grain 结构 NFSR, 是一个 Fibonacci LFSR 到一个 Fibonacci NFSR 的串联, 其中 LFSR 的特征多项式是本原的, NFSR 的反馈函数是非奇异的. 本章研究 Grain 结构 NFSR 的最小周期, 证明了 Grain 结构 NFSR 达到最小周期的概率很小, 基本上解决了 Hu-Gong 于 2011 年提出的 Grain 结构 NFSR 最小周期的公开问题[148]; 从周期的角度, 理论上说明了 Grain 算法的安全性. 本章内容主要基于文献[437].

11.1　Grain 结构的 NFSR

图 11.1.1 表示一个 Grain 结构的 NFSR. 它是一个 Fibonacci LFSR 到一个 Fibonacci NFSR 的串联. 这里每一个小方框代表一个二元存储器. 二元存储器中的内容按从左到右的顺序表示为 $X_1, \cdots, X_n, Y_1, \cdots, Y_m$. 它们形成了 Grain 结构 NFSR 的状态, 表示为 $[X_1 \cdots X_n \ Y_1 \cdots Y_m]^{\mathrm{T}}$. X_1 是 Grain 结构 NFSR 的输出. 左边的 NFSR 的反馈函数 f 为一个非线性布尔函数, 右边的 LFSR 的反馈函数 g 是一个线性布尔函数.

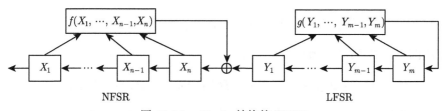

图 11.1.1　Grain 结构的 NFSR

在每一次时针脉冲, 串联的当前状态转换到下一个状态. 对于任意的 $t \in \mathbb{Z}_+$, 令 $[X_1(t) \cdots X_n(t) \ Y_1(t) \cdots Y_m(t)]^{\mathrm{T}}$ 表示 Grain 结构 NFSR 在时刻 t 的状态, $[X_1(t+1) \cdots X_n(t+1) \ Y_1(t+1) \cdots Y_m(t+1)]^{\mathrm{T}}$ 表示 Grain 结构 NFSR 在时刻 $t+1$ 的状态. 在时刻 $t+1$, 对所有的 $i = 1, 2, \cdots, m-1$, $Y_{i+1}(t)$ 被转换成 $Y_i(t+1)$, 且 $g(Y_1(t), Y_2(t), \cdots, Y_m(t))$ 被转换成 $Y_m(t+1)$. 类似地, 对所有的 $i = 1, 2, \cdots, n-1$, $X_{i+1}(t)$ 被转换成 $X_i(t+1)$, 且 $f(X_1(t), X_2(t), \cdots, X_n(t)) \oplus Y_1(t)$

为 $X_n(t+1)$. 换句话说, 对于 Grain 结构 NFSR 在时刻 t 和 $t+1$ 的状态有如下关系式:

$$
\begin{cases}
Y_1(t+1) = Y_2(t), \\
\quad\vdots \\
Y_{m-1}(t+1) = Y_m(t), \\
Y_m(t+1) = g(Y_1(t), \cdots, Y_m(t)), \\
X_1(t+1) = X_2(t), \\
\quad\vdots \\
X_{n-1}(t+1) = X_n(t), \\
X_n(t+1) = f(X_1(t), \cdots, X_n(t)) \oplus Y_1(t).
\end{cases}
\tag{11.1.1}
$$

右边的 LFSR 的特征多项式是本原的. 令它的反馈函数 g 为

$$
g(Y_1, Y_2, \cdots, Y_m) = a_1 Y_1 \oplus a_2 Y_2 \oplus \cdots \oplus a_m Y_m,
$$

其中 $a_i \in \mathbb{F}_2$, $i = 1, 2, \cdots, m$. 则它的特征多项式为

$$
p(X) = X^m \oplus a_m X^{m-1} \oplus \cdots \oplus a_2 X \oplus a_1.
$$

我们知道: 多项式 $p(X)$ 是本原的, 当且仅当, 由 LFSR 产生的序列可以达到最大周期 $2^m - 1$[122]. 这样的 LFSR 称为最大长度的 LFSR. 左边 NFSR 的反馈函数 f 是非奇异的, 即 $f(X_1, \cdots, X_n) = X_1 \oplus \tilde{f}(X_2, \cdots, X_n)$. 可以产生周期为 2^n 的序列的 n 级 NFSR 称为最大长度的 NFSR. 右边的 LFSR 的特征函数为

$$
g_c(Y_1, Y_2, \cdots, Y_{m+1}) = g(Y_1, Y_2, \cdots, Y_m) \oplus Y_{m+1},
$$

而左边的 NFSR 的特征函数为

$$
f_c(X_1, X_2, \cdots, X_{n+1}) = f(X_1, X_2, \cdots, X_n) \oplus X_{n+1}.
$$

在文献 [269] 中, Mykkeltveit 等已经证明: Grain 结构 NFSR 与特征函数为

$$
\begin{aligned}
& h_c(X_1, X_2, \cdots, X_{m+n+1}) \\
&= g_c(f_c(X_1, X_2, \cdots, X_{n+1}), f_c(X_2, X_3, \cdots, X_{n+2}), \\
&\qquad \cdots, f_c(X_{m+1}, X_{m+2}, \cdots, X_{m+n+1}))
\end{aligned}
$$

的 NFSR 产生相同的输出序列集合. 为了表述方便, 在后文中, Grain 结构 NFSR 表示为 NFSR(h_c), 右边的 LFSR 表示为 LFSR(g_c), 左边的 NFSR 表示为 NFSR(f_c).

而且, 我们通常假设: NFSR(f_c) 的反馈函数是非奇异的, LFSR(g_c) 的特征多项式是本原的.

Hu-Gong 公开问题. 对于由一个 n 级 NFSR (f_c) 和一个 m 级 LFSR(g_c) 串联而成的 Grain 结构 NFSR(h_c), 2011 年 Hu 和 Gong 证明了: 当 LFSR(g_c) 的初始状态非零时, 由 NFSR(h_c) 生成的序列的周期是 $2^m - 1$ 的倍数[148]. 他们因此提出了一个公开问题: 给定 n 级 NFSR (f_c) 和 m 阶 LFSR(g_c) 的反馈函数, 当 LFSR(g_c) 的初始状态非零时, 确定 Grain 结构 NFSR(h_c) 生成的序列是否可以达到最小周期 $2^m - 1$. 如果可以, 给出 NFSR (f_c) 和 LFSR(g_c) 的至少一对初始状态.

当给定 LFSR(g_c) 的初始状态时, LFSR(g_c) 生成的序列可以很容易地计算出. 注意到, NFSR(h_c) 的输出就是 NFSR (f_c) 的输出. 那么, 该公开问题就简化为: 当输入序列的周期大于 1 时, 带输入的 NFSR (f_c) 的生成序列的周期问题. 在本章余下部分, 我们只关注这样的 NFSR.

11.1.1 带输入 NFSR 的状态转移矩阵

考虑带输入的 n 级 NFSR

$$\begin{cases} X_1(t+1) = X_2(t), \\ \qquad \vdots \\ X_{n-1}(t+1) = X_n(t), \\ X_n(t+1) = f(\mathbf{X}(t)) \oplus U(t),\ t \in \mathbb{Z}_+, \end{cases} \tag{11.1.2}$$

这里 $\mathbf{X}(t) = [X_1(t)\ X_2(t)\ \cdots\ X_n(t)]^{\mathrm{T}} \in \mathbb{F}_2^n$ 是在时刻 t 的状态, $U(t) \in \mathbb{F}_2$ 是在时刻 t 的输入, f 是 NFSR 的反馈函数.

引理 11.1.1 对任意的 $i \in \{1, 2, \cdots, n-1\}$, 假设 G_i 是布尔函数 $g_i(X_1, \cdots, X_n, U) = X_{i+1}$ 的结构矩阵. 令

$$\mathrm{Col}_i(A) = \mathrm{Col}_i(G_1) \otimes \mathrm{Col}_i(G_2) \otimes \cdots \otimes \mathrm{Col}_i(G_{n-1}), \quad i = 1, 2, \cdots, 2^{n+1}.$$

则

$$\mathrm{Col}_i(A) = \mathrm{Col}_{2^n+i}(A) = \delta_{2^{n-1}}^{\left\lceil \frac{i}{2} \right\rceil}, \quad i = 1, 2, \cdots, 2^n. \tag{11.1.3}$$

证明 对于布尔函数 $g_1(X_1, \cdots, X_n, U) = X_2$, 其按逆字典序排列的真值表为

$$[\overbrace{1 \cdots 1}^{2^{n-1}}\ \overbrace{0 \cdots 0}^{2^{n-1}}\ \overbrace{1 \cdots 1}^{2^{n-1}}\ \overbrace{0 \cdots 0}^{2^{n-1}}].$$

那么, 根据 9.2 节中布尔函数结构矩阵的定义可知, g_1 的结构矩阵为

$$G_1 = \begin{bmatrix} \overbrace{1 \cdots 1}^{2^{n-1}} & \overbrace{0 \cdots 0}^{2^{n-1}} & \overbrace{1 \cdots 1}^{2^{n-1}} & \overbrace{0 \cdots 0}^{2^{n-1}} \\ 0 \cdots 0 & 1 \cdots 1 & 0 \cdots 0 & 1 \cdots 1 \end{bmatrix}.$$

那么我们有

$$G_1 = \delta_2[\underbrace{1, \cdots, 1}_{2^{n-1}} \ \underbrace{2, \cdots, 2}_{2^{n-1}} \ \underbrace{1, \cdots, 1}_{2^{n-1}} \ \underbrace{2, \cdots, 2}_{2^{n-1}}],$$

也可以重写为

$$G_1 = [\underbrace{\tilde{G}_1 \ \tilde{G}_1}_{2^1}], \quad \text{其中} \quad \tilde{G}_1 = \delta_2[\underbrace{1, \cdots, 1}_{2^{n-1}} \ \underbrace{2, \cdots, 2}_{2^{n-1}}].$$

同理, 对于 $i = 2, 3, \cdots, n-1$, 我们也可以得出其他结构矩阵 $g_i(X_1, \cdots, X_n, U) = X_{i+1}$ 如下:

$$G_2 = [\underbrace{\tilde{G}_2 \cdots \tilde{G}_2}_{2^2}], \quad \text{其中} \quad \tilde{G}_2 = \delta_2[\underbrace{1, \cdots, 1}_{2^{n-2}} \ \underbrace{2, \cdots, 2}_{2^{n-2}}],$$

$$G_3 = [\underbrace{\tilde{G}_3 \cdots \tilde{G}_3}_{2^3}], \quad \text{其中} \quad \tilde{G}_3 = \delta_3[\underbrace{1, \cdots, 1}_{2^{n-3}} \ \underbrace{2, \cdots, 2}_{2^{n-3}}],$$

$$\vdots$$

$$G_{n-1} = [\underbrace{\tilde{G}_{n-1} \cdots \tilde{G}_{n-1}}_{2^{n-1}}], \quad \text{其中} \quad \tilde{G}_{n-1} = \delta_2[1, 1, 2, 2].$$

显然, 对于任意的 $j \in \{1, 2, \cdots, n-1\}$, G_j 的左半部分等于右半部分. 因此, $\text{Col}_i(A) = \text{Col}_{2^n+i}(A)$, $i = 1, 2, \cdots, 2^n$. 所以, 证明等式 (11.1.3) 就简化为证明

$$\text{Col}_i(A) = \delta_{2^{n-1}}^{\lceil \frac{i}{2} \rceil}, \quad i = 1, 2, \cdots, 2^n. \tag{11.1.4}$$

由 G_j 的结构, 这里 $j = 1, 2, \cdots, n-1$, 我们有以下断言.

- **C1.** $\text{Col}_{2i-1}(A) = \text{Col}_{2i}(A)$, $i = 1, 2, \cdots, 2^n$.
- **C2.** 对任意的 $i \in \{1, 2, \cdots, 2^n - 1\}$, 如果存在正整数 $p_0 < 2^{n-1}$ 使得 $\text{Col}_{2i}(A) = \delta_{2^{n-1}}^{p_0}$, 那么 $\text{Col}_{2i+1}(A) = \delta_{2^{n-1}}^{p_0+1}$.

显然, G_j 的第 $(2i-1)$ 列等于它的第 $2i$ 列. 因此, 断言 C1 得证. 为了证明断言 C2, 我们需要找出 $\text{Col}_{2i}(G_j)$ 的哪个分量与它们对应的 $\text{Col}_{2i+1}(G_j)$ 的分量不同. 注意到, 对任意的正整数 k 和 m, 都有 $\delta_k^p \otimes \delta_m^q = \delta_{km}^{(p-1)m+q}$, 这里正整数

$p \leqslant k$ 且 $q \leqslant m$. 那么, 我们可以推出 $\mathrm{Col}_{2i}(A)$ 和 $\mathrm{Col}_{2i+1}(A)$ 必为以下四种情形之一.

情形 1: 如果 $i = 2k-1$, 这里正整数 $k \leqslant 2^{n-1}$, 那么对正整数 $k_0 \leqslant 2^{n-2}$, 有 $\mathrm{Col}_{2i}(A) = \delta_{2^{n-2}}^{k_0} \otimes \delta_2^1 = \delta_{2^{n-1}}^{2k_0-1}$ 且 $\mathrm{Col}_{2i+1}(A) = \delta_{2^{n-2}}^{k_0} \otimes \delta_2^2 = \delta_{2^{n-1}}^{2k_0}$.

情形 2: 如果 $i = 2(2k-1)$, 这里正整数 $k \leqslant 2^{n-2}$, 那么对于正整数 $k_0 \leqslant 2^{n-3}$, 有 $\mathrm{Col}_{2i}(A) = \delta_{2^{n-3}}^{k_0} \otimes \delta_2^1 \otimes \delta_2^2 = \delta_{2^{n-1}}^{4k_0-2}$ 且 $\mathrm{Col}_{2i+1}(A) = \delta_{2^{n-3}}^{k_0} \otimes \delta_2^2 \otimes \delta_2^1 = \delta_{2^{n-1}}^{4k_0-1}$.

情形 3: 如果 $i = 4k$, 这里正整数 $k \leqslant 2^{n-2}-1$, $i \neq 2^{n-2}, 3 \times 2^{n-2}$, 那么对于满足 $n_1 + n_2 = n-2$ 的正整数 n_1 和 n_2 以及 $k_0 \leqslant 2^{n_1}$, 有 $\mathrm{Col}_{2i}(A) = \delta_{2^{n_1}}^{k_0} \otimes \delta_2^1 \otimes \delta_{2^{n_2}}^{2^{n_2}} = \delta_{2^{n-1}}^{2^{n_2+1}k_0-2^{n_2}}$ 和 $\mathrm{Col}_{2i+1}(A) = \delta_{2^{n_1}}^{k_0} \otimes \delta_2^2 \otimes \delta_{2^{n_2}}^{1} = \delta_{2^{n-1}}^{2^{n_2+1}k_0-2^{n_2}+1}$.

情形 4: 如果 $i = 2^{n-2}, 3 \times 2^{n-2}$, 则 $\mathrm{Col}_{2i}(A) = \delta_2^1 \otimes \delta_{2^{n-2}}^{2^{n-2}} = \delta_{2^{n-1}}^{2^{n-2}}$ 且 $\mathrm{Col}_{2i+1}(A) = \delta_2^2 \otimes \delta_{2^{n-2}}^{1} = \delta_{2^{n-1}}^{2^{n-2}+1}$.

总结情形 1~情形 4, 我们可以看出断言 C2 成立.

下面, 我们应用断言 C1 和 C2, 通过数学归纳法来证明等式 (11.1.4). 首先, 我们通过直接计算得

$$\mathrm{Col}_1(A) = \mathrm{Col}_2(A) = \underbrace{\delta_2^1 \otimes \cdots \otimes \delta_2^1}_{n-1} = \delta_{2^{n-1}}^1,$$

这表明等式 (11.1.4) 对于 $i = 1, 2$ 的情况成立. 假设等式 (11.1.4) 对正整数 $i < 2^n$ 的情况也成立. 接下来, 我们证明 (11.1.4) 对于 $i+1$ 的情况仍然成立.

情形 1: 如果 i 是奇数, 不妨设 $i = 2j_0 - 1$, 这里 $j_0 \leqslant 2^{n-1}$, 那么 $\mathrm{Col}_{i+1}(A) = \mathrm{Col}_{2j_0}(A)$. 由断言 **C1** 可知, $\mathrm{Col}_{2j_0}(A) = \mathrm{Col}_{2j_0-1}(A)$. 因此,

$$\mathrm{Col}_{i+1}(A) = \mathrm{Col}_{2j_0-1}(A) = \mathrm{Col}_i(A) = \delta_{2^{n-1}}^{\lceil \frac{i}{2} \rceil} = \delta_{2^{n-1}}^{\lceil \frac{2j_0-1}{2} \rceil} = \delta_{2^{n-1}}^{\lceil \frac{2j_0}{2} \rceil} = \delta_{2^{n-1}}^{\lceil \frac{i+1}{2} \rceil}.$$

情形 2: 如果 i 是偶数, 不妨设 $i = 2j_0$, 这里正整数 $j_0 \leqslant 2^{n-1}$, 那么

$$\mathrm{Col}_{2j_0}(A) = \mathrm{Col}_i(A) = \delta_{2^{n-1}}^{\lceil \frac{i}{2} \rceil} = \delta_{2^{n-1}}^{\lceil \frac{2j_0}{2} \rceil} = \delta_{2^{n-1}}^{j_0}.$$

因此, 由推论 C2 可知, $\mathrm{Col}_{2j_0+1}(A) = \delta_{2^{n-1}}^{j_0+1}$. 因此,

$$\mathrm{Col}_{i+1}(A) = \mathrm{Col}_{2j_0+1}(A) = \delta_{2^{n-1}}^{j_0+1} = \delta_{2^{n-1}}^{\lceil \frac{2j_0+1}{2} \rceil} = \delta_{2^{n-1}}^{\lceil \frac{i+1}{2} \rceil}.$$

情形 1 和情形 2 表明等式 (11.1.4) 对于 $i+1$ 也是成立的. 因此, 由数学归纳法, 等式 (11.1.4) 对于 $i = 1, 2, \cdots, 2^n$ 均成立. $\qquad\square$

定理 11.1.1　考虑带输入 U 的反馈函数为 $f(X_1, \cdots, X_n)$ 的 n 级 NFSR. 令 $g_n(X_1, \cdots, X_n, U) = f(X_1, \cdots, X_n) \oplus U$, 且令 $[s_1, s_2, \cdots, s_{2^{n+1}}]$ 为它的按逆字典序排列的真值表. 则 NFSR 的非线性系统表示 (11.1.2) 可以等价地表示为以下线性系统

$$\mathbf{x}(t+1) = L_u \mathbf{x}(t) u(t), \quad t \in \mathbb{Z}_+, \tag{11.1.5}$$

这里 $\mathbf{x}(t) \in \Delta_{2^n}$ 是时刻 t 的状态, $u(t) \in \Delta_2$ 是时刻 t 的输入, 且

$$L_u = \delta_{2^n}[\eta_1 \ \eta_2 \ \cdots \ \eta_{2^{n+1}}] \in \mathcal{L}_{2^n \times 2^{n+1}} \tag{11.1.6}$$

是状态转移矩阵, 满足

$$\begin{cases} \eta_i = 2\left\lceil \dfrac{i}{2} \right\rceil - s_i, & i = 1, 2, \cdots, 2^n, \\[3mm] \eta_{2^n+i} = 2\left\lceil \dfrac{i}{2} \right\rceil - s_{2^n+i}. \end{cases} \tag{11.1.7}$$

证明　令 $g_i(X_1, \cdots, X_n, U) = X_{i+1}, i \in \{1, 2, \cdots, n-1\}$. 记 $\mathbf{g} = [g_1 \ g_2 \ \cdots \ g_n]^{\mathrm{T}}$. 则 NFSR 的非线性系统表示 (11.1.2) 可以重写为

$$\mathbf{X}(t+1) = \mathbf{g}(\mathbf{X}(t), U(t)), \quad t \in \mathbb{Z}_+,$$

这里 $\mathbf{X} = [X_1 \ X_2 \ \cdots \ X_n]^{\mathrm{T}}$. 令 G_i 为 g_i 的结构矩阵, 这里 $i \in \{1, 2, \cdots, n\}$. 因为带输入的 NFSR 可以看作为一个特殊的布尔控制网络, 由引理 9.3.2 可知, 非线性系统 (11.1.2) 可以等价地表示为线性系统 (11.1.5), 其中状态转移矩阵 L_u 满足

$$\mathrm{Col}_i(L_u) = \mathrm{Col}_i(G_1) \otimes \cdots \otimes \mathrm{Col}_i(G_{n-1}) \otimes \mathrm{Col}_i(G_n), \quad i = 1, 2, \cdots, 2^{n+1}.$$

接下来, 我们将计算上述等式右边的部分. 首先令

$$\mathrm{Col}_i(A) = \mathrm{Col}_i(G_1) \otimes \cdots \otimes \mathrm{Col}_i(G_{n-1}), \quad i = 1, 2, \cdots, 2^{n+1}.$$

由引理 11.1.1 可知

$$\mathrm{Col}_i(A) = \mathrm{Col}_{2^n+i}(A) = \delta_{2^{n-1}}^{\left\lceil \frac{i}{2} \right\rceil}, \quad i = 1, 2, \cdots, 2^n.$$

记结构矩阵 G_n 为

$$G_n = \delta_2[\omega_1 \ \omega_2 \ \cdots \ \omega_{2^{n+1}}].$$

则

$$\mathrm{Col}_i(L_u) = \mathrm{Col}_i(A) \otimes \mathrm{Col}_i(G_n) = \delta_{2^{n-1}}^{\left\lceil \frac{i}{2} \right\rceil} \otimes \delta_2^{\omega_i} = \delta_{2^n}^{2(\left\lceil \frac{i}{2} \right\rceil - 1) + \omega_i}, \quad i = 1, 2, \cdots, 2^n.$$

又因为对任意的 $i = 1, 2, \cdots, 2^n$ 都有 $\omega_i = 2 - s_i$, 所以我们可以得到 $\mathrm{Col}_i(L_u) = \delta_{2^n}^{2\lceil \frac{i}{2} \rceil - s_i}$, 这表明对任意的 $i = 1, 2, \cdots, 2^n$ 都有 $\eta_i = 2\left\lceil \dfrac{i}{2} \right\rceil - s_i$. 因此, (11.1.7) 中的第一个方程成立. (11.1.7) 中的第二个方程可类似证明. □

11.1.2 状态转移矩阵的性质

本节给出带输入 NFSR 的状态转移矩阵的一些性质. 这些性质将会对分析 Grain 结构 NFSR 的最小周期有极大帮助.

命题 11.1.1 线性系统 (11.1.5) 表示的带输入 n 级 NFSR 的状态转移矩阵 $L_u = \delta_{2^n}[\eta_1 \ \eta_2 \cdots \eta_{2^{n+1}}]$ 满足如下性质:

(i) $\eta_i, \eta_{2^n + i} \in \left\{ 2\left\lceil \dfrac{i}{2} \right\rceil - 1, 2\left\lceil \dfrac{i}{2} \right\rceil \right\}$, 这里 $i = 1, 2, \cdots, 2^n$.

(ii) $|\eta_{2i-1} - \eta_{2i}| = 1$, 这里 $i = 1, 2, \cdots, 2^n$.

(iii) $\eta_1, \eta_2, \cdots, \eta_{2^n}$ 互不相等, $\eta_{2^n+1}, \eta_{2^n+2}, \cdots, \eta_{2^{n+1}}$ 也互不相等.

(iv) 如果 NFSR 的状态转移矩阵是非奇异的, 那么

(a) η_i 和 η_{2^n+i} 互不相同, 这里 $i = 1, 2, \cdots, 2^n$;

(b) $\eta_{2i-1} = \eta_{2^n+2i}, \eta_{2i} = \eta_{2^n+2i-1}$, 这里 $i = 1, 2, \cdots, 2^{n-1}$.

证明 如前文, 我们令 $g_n(X_1, \cdots, X_n, U) = f(X_1, \cdots, X_n) \oplus U$, 其中 f 和 U 分别是 NFSR 的反馈函数和输入. 令 $[s_1, s_2, \cdots, s_{2^{n+1}}]$ 是 g_n 按逆字典序排列的真值表. 显然对于所有的 $i = 1, 2, \cdots, 2^n$, 都有 $s_i, s_{2^n+i} \in \{0, 1\}$. 那么性质 (i) 可由方程 (11.1.6) 和 (11.1.7) 直接推得.

令 $[X_1^{(v)} \ \cdots \ X_n^{(v)} \ U^{(v)}]^{\mathrm{T}}$ 表示对应于十进制数 $2^{n+1} - v$ 的向量 $[X_1 \ \cdots \ X_n \ U]^{\mathrm{T}}$. 换句话说, $2^n X_1^{(v)} + 2^{n-1} X_2^{(v)} + \cdots + 2X_n^{(v)} + U^{(v)} = 2^{n+1} - v$. 则易知, 对所有的 $i = 1, 2, \cdots, 2^n$, 都有

$$\begin{cases} [X_1^{(2i-1)} \ \cdots \ X_n^{(2i-1)}]^{\mathrm{T}} = [X_1^{(2i)} \ \cdots \ X_n^{(2i)}]^{\mathrm{T}}, \\ U^{(2i-1)} = 1, \quad U^{(2i)} = 0 \end{cases} \tag{11.1.8}$$

和

$$\begin{cases} [X_2^{(i)} \ \cdots \ X_n^{(i)} \ U^{(i)}]^{\mathrm{T}} = [X_2^{(2^n+i)} \ \cdots \ X_n^{(2^n+i)} \ U^{(2^n+i)}]^{\mathrm{T}}, \\ X_1^{(i)} = 1, \quad X_1^{(2^n+i)} = 0. \end{cases} \tag{11.1.9}$$

由方程 (11.1.8) 可得

$$s_{2i-1} = s_{2i} \oplus 1, \quad i = 1, 2, \cdots, 2^n. \tag{11.1.10}$$

如果反馈函数 f 是非奇异的, 那么有

$$f(X_1, X_2, \cdots, X_n) = X_1 \oplus \tilde{f}(X_2, \cdots, X_n),$$

则由方程 (11.1.9) 可知

$$s_i = s_{2^n+i} \oplus 1, \quad i = 1, 2, \cdots, 2^n. \tag{11.1.11}$$

因此, 性质 2 可由性质 1 和方程 (11.1.7) 和 (11.1.10) 得到. 性质 (ii) 表明: 对于所有的 $i = 1, 2, \cdots, 2^n$, η_{2i-1} 和 η_{2i} 互不相同. 那么性质 (iii) 可由方程 (11.1.7) 得到. 方程 (11.1.7) 和 (11.1.11) 可推出性质 (iv)(a), 而由性质 (i), (ii) 和 (iv)(a) 可进一步推出 (iv)(b). □

命题 11.1.2 如果一个带输入的 n 级 NFSR 表示为状态转移矩阵为 L_u 的线性系统 (11.1.5), 则对任意的状态 $\delta_{2^n}^i$, $i \in \{1, 2, \cdots, 2^n\}$, 都存在 L_u 的两个列向量等于 $\delta_{2^n}^i$, 且这两列必为以下几种情形之一:

情形 1: $\mathrm{Col}_{2\lceil \frac{i}{2} \rceil - 1}(L_u)$ 和 $\mathrm{Col}_{2^n + 2\lceil \frac{i}{2} \rceil}(L_u)$;

情形 2: $\mathrm{Col}_{2\lceil \frac{i}{2} \rceil}(L_u)$ 和 $\mathrm{Col}_{2^n + 2\lceil \frac{i}{2} \rceil - 1}(L_u)$;

情形 3: $\mathrm{Col}_{2\lceil \frac{i}{2} \rceil - 1}(L_u)$ 和 $\mathrm{Col}_{2^n + 2\lceil \frac{i}{2} \rceil - 1}(L_u)$;

情形 4: $\mathrm{Col}_{2\lceil \frac{i}{2} \rceil}(L_u)$ 和 $\mathrm{Col}_{2^n + 2\lceil \frac{i}{2} \rceil}(L_u)$. 更进一步地, 如果 NFSR 的反馈函数是非奇异的, 那么这两列必为情形 1 或情形 2.

证明 如前面, 我们令 $L_u = \delta_{2^n}[\eta_1, \eta_2, \cdots, \eta_{2^{n+1}}]$. 从定理 11.1.1, 我们可以得出

$$\eta_j = \begin{cases} 2\left\lceil \dfrac{j}{2} \right\rceil - 1 \text{ 或 } 2\left\lceil \dfrac{j}{2} \right\rceil, & j \in \{1, 2, \cdots, 2^n\}, \\ 2\left\lceil \dfrac{j - 2^n}{2} \right\rceil - 1 \text{ 或 } 2\left\lceil \dfrac{j - 2^n}{2} \right\rceil, & j \in \{2^n + 1, 2^n + 2, \cdots, 2^{n+1}\}. \end{cases} \tag{11.1.12}$$

假设存在 $j \in \{1, 2, \cdots, 2^{n+1}\}$, 使得 $\mathrm{Col}_j(L_u) = \delta_{2^n}^i$, 那么 $\delta_{2^n}^{\eta_j} = \delta_{2^n}^i$. 于是, 有

$$\eta_j = i. \tag{11.1.13}$$

为了证明命题中的结论, 我们只需要解出方程 (11.1.13) 中的变量 j. 由方程 (11.1.12) 可以得出: 如果 i 是奇数, 则方程 (11.1.13) 可以简化为

$$\begin{cases} 2\left\lceil \dfrac{j}{2} \right\rceil - 1 = i, & j \in \{1, 2, \cdots, 2^n\}, \\ 2\left\lceil \dfrac{j - 2^n}{2} \right\rceil - 1 = i, & j \in \{2^n + 1, 2^n + 2, \cdots, 2^{n+1}\}; \end{cases} \tag{11.1.14}$$

如果 i 是偶数, 则方程 (11.1.13) 可以简化为

$$\begin{cases} 2\left\lceil \dfrac{j}{2} \right\rceil = i, & j \in \{1, 2, \cdots, 2^n\}, \\ 2\left\lceil \dfrac{j - 2^n}{2} \right\rceil = i, & j \in \{2^n + 1, 2^n + 2, \cdots, 2^{n+1}\}. \end{cases} \tag{11.1.15}$$

另一方面, 如果 i 是奇数, 则 $\dfrac{i+1}{2} = \left\lceil \dfrac{i}{2} \right\rceil$. 如果 i 是偶数, 则 $\dfrac{i}{2} = \left\lceil \dfrac{i}{2} \right\rceil$. 因此, 方程 (11.1.14) 和 (11.1.15) 可以被简化为

$$\begin{cases} \left\lceil \dfrac{j}{2} \right\rceil = \left\lceil \dfrac{i}{2} \right\rceil, & j \in \{1, 2, \cdots, 2^n\}, \\ \left\lceil \dfrac{j - 2^n}{2} \right\rceil = \left\lceil \dfrac{i}{2} \right\rceil, & j \in \{2^n + 1, 2^n + 2, \cdots, 2^{n+1}\}. \end{cases} \tag{11.1.16}$$

因此, 求解方程 (11.1.13) 可简化为求解方程 (11.1.16).

如果 j 是奇数, 则 (11.1.16) 中的第一个方程可化为 $\dfrac{j+1}{2} = \left\lceil \dfrac{i}{2} \right\rceil$, 那么有 $j = 2\left\lceil \dfrac{i}{2} \right\rceil - 1$. 但是, 如果 j 是偶数, 则第一个方程可化为 $\dfrac{j}{2} = \left\lceil \dfrac{i}{2} \right\rceil$, 于是有 $j = 2\left\lceil \dfrac{i}{2} \right\rceil$. 因此, 存在两个可能的 $j \in \{1, 2, \cdots, 2^n\}$, 使得 (11.1.16) 中的第一个方程成立. 但是, 由命题 11.1.1 的性质 2 可知, 对一个给定的状态转移矩阵 L_u, $\eta_{2\lceil \frac{i}{2} \rceil - 1}$ 和 $\eta_{2\lceil \frac{i}{2} \rceil}$ 不等. 因此, 如果 $j \in \{1, 2, \cdots, 2^n\}$, 那么 $j = 2\left\lceil \dfrac{i}{2} \right\rceil - 1$ 或 $j = 2\left\lceil \dfrac{i}{2} \right\rceil$ 为方程 (11.1.13) 的一个解. 同理, 由 (11.1.16) 中的第二个方程, 我们可以推出: 如果 $j \in \{2^n + 1, 2^n + 2, \cdots, 2^{n+1}\}$, 那么 $j = 2^n + 2\left\lceil \dfrac{i}{2} \right\rceil - 1$ 或 $j = 2^n + 2\left\lceil \dfrac{i}{2} \right\rceil$ 为方程 (11.1.13) 的一个解.

综上, 对于给定的状态 $\delta_{2^n}^i$, 仅存在 L_u 的两个列向量与之相等, 且它们必满足上述情形 1~情形 4 中的一种. 更进一步地, 如果 NFSR 的反馈函数是非奇异的, 则由命题 11.1.1 的性质 4, 我们可以推出: 这两个列向量必为情形 1 或情形 2 中的一种. $\qquad\qquad\square$

例 11.1.1　考虑一个带有输入 U 的 3 级 NFSR, 表示为以下非线性系统:

$$\begin{cases} X_1(t+1) = X_2(t), \\ X_2(t+1) = X_3(t), \\ X_3(t+1) = X_2(t)X_3(t) \oplus X_1(t) \oplus X_2(t) \oplus 1 \oplus U(t). \end{cases}$$

使用穷举法, 我们可以得到 NFSR 的状态图, 如图 11.1.2, 其中边上的数字表示输入. 带输入的 NFSR 是一个特殊的布尔控制网络, 此 NFSR 的线性系统表示为 $\mathbf{x}(t+1) = L_u\mathbf{x}(t)u(t)$, 这里状态 $\mathbf{x} \in \Delta_8$, 输入 $u \in \Delta_2$, 状态转移矩阵 $L_u \in \mathcal{L}_{8\times16}$. 下面, 我们利用状态图计算状态转移矩阵 L_u.

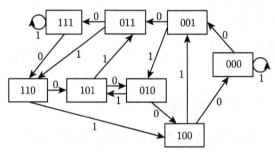

图 11.1.2　例 11.1.1 的带输入的 NFSR 的状态图, 其中边上的数字表示输入

我们使用前面一样的符号. 由图 11.1.2, 我们可以看出当输入 $U = 1$ 时, 状态 $\mathbf{X} = [1\ 1\ 1]^{\mathrm{T}}$ 转移为它本身. 换句话说, 当输入 $u = \delta_2^1$ 时, 状态 $\mathbf{x} = \delta_8^1$ 转移为它本身, 所以有 $\delta_8^1 = L_u\delta_8^1\delta_2^1$. 注意到, $L_u\delta_8^1\delta_2^1 = L_u\delta_{16}^1 = \mathrm{Col}_1(L_u)$. 因此, $\mathrm{Col}_1(L_u) = \delta_8^1$. 类似地, 当输入 $U = 0$ 时, 状态 $[1\ 1\ 1]^{\mathrm{T}}$ 被转移为下一个状态 $[1\ 1\ 0]^{\mathrm{T}}$. 类似地, 在输入 $u = \delta_2^2$ 下, 状态 δ_8^1 转移为下一个状态 δ_8^2, 所以有 $\delta_8^2 = L_u\delta_8^1\delta_2^2$. 显然, $L_u\delta_8^1\delta_2^2 = L_u\delta_{16}^2 = \mathrm{Col}_2(L_u)$. 因此, $\mathrm{Col}_2(L_u) = \delta_8^2$. 类似地, 我们可以确定 L_u 的其他列, 最终状态转移矩阵 L_u 可表示为

$$L_u = \delta_8[1,\ 2,\ 4,\ 3,\ 5,\ 6,\ 7,\ 8,\ 2,\ 1,\ 3,\ 4,\ 6,\ 5,\ 8,\ 7]. \tag{11.1.17}$$

另一方面, 显然, NFSR 的反馈函数为 $f(X_1, X_2, X_3) = X_2X_3 \oplus X_1 \oplus X_2 \oplus 1$ 为非奇异的. 如果我们令 $g_n(X_1, X_2, X_3, U) = f(X_1, X_2, X_3) \oplus U$, 则我们可以很容易地得到, g_n 按逆字典序排列的真值表为 $[1, 0, 0, 1, 1, 0, 1, 0, 0, 1, 1, 0, 0, 1, 0, 1]$. 由方程 (11.1.6) 和 (11.1.7) 我们可得, 状态转移矩阵 L_u 确实表示为方程 (11.1.17), 从而验证了定理 11.1.1 的正确性. 而且, 很容易看出, 方程 (11.1.17) 中的 L_u 满足命题 11.1.1 和命题 11.1.2 中的性质.

在进一步给出我们的结果前, 我们先回顾矩阵半张量积的一些相关概念和性质.

引理 11.1.2[55] 对于一个 $n \times pm$ 维矩阵 A 和一个 $p \times q$ 维矩阵 B, 它们的半张量积满足

$$A \ltimes B = A(B \otimes I_m). \tag{11.1.18}$$

回顾换位矩阵 $W_{[m,n]}$, 它可表示为

$$W_{[m,n]} = [\delta_n^1 \ltimes \delta_m^1 \quad \delta_n^2 \ltimes \delta_m^1 \quad \cdots \quad \delta_n^n \ltimes \delta_m^1 \quad \cdots \\ \delta_n^1 \ltimes \delta_m^m \quad \delta_n^2 \ltimes \delta_m^m \quad \cdots \quad \delta_n^n \ltimes \delta_m^m]. \tag{11.1.19}$$

引理 11.1.3[55] 令 $\mathbf{X}$ 为一个 m 维向量, $\mathbf{Y}$ 为一个 n 维向量. 那么

$$\mathbf{Y} \ltimes \mathbf{X} = W_{[m,n]} \ltimes \mathbf{X} \ltimes \mathbf{Y}. \tag{11.1.20}$$

下面的引理是显而易见的.

引理 11.1.4 对任意的正整数 n 和 m, 有以下性质:

(i) $\delta_m^i \otimes I_n = \delta_{mn}[(i-1)n+1, \ (i-1)n+2, \ \cdots, \ in]$, 这里正整数 i 满足 $1 \leqslant i \leqslant m$.

(ii) $[\delta_m^{i_1} \quad \delta_m^{i_2} \quad \cdots \quad \delta_m^{i_p}] \otimes I_n = [\delta_m^{i_1} \otimes I_n \quad \delta_m^{i_2} \otimes I_n \quad \cdots \quad \delta_m^{i_p} \otimes I_n]$ 这里 p 为正整数且正整数 $i_1, i_2, \cdots, i_p \leqslant m$.

命题 11.1.3 考虑带输入的 n 级 NFSR. 它表示为线性系统 (11.1.5), 状态转移矩为 L_u. 对任意给定的初始状态 $\mathbf{x}(0) \in \Delta_{2^n}$ 和任意的正整数 $k \leqslant n$, $\mathrm{Col}\left(L_u^k \mathbf{x}(0)\right)$ 为 L_u 的左半列或者右半列.

证明 假设 $\mathbf{x}(0) = \delta_{2^n}^{i_0}$, $i_0 \in \{1, 2, \cdots, 2^n\}$. 如前文, 我们令 $L_{\mathbf{u}} = \delta_{2^n}[\eta_1, \eta_2, \cdots, \eta_{2^{n+1}}]$. 显然, 矩阵 $L_{\mathbf{u}}$ 的列数 2^{n+1} 不等于向量 $\mathbf{x}(0)$ 的行数 2^n, 于是

$$L_{\mathbf{u}}\mathbf{x}(0) = L_{\mathbf{u}} \ltimes \mathbf{x}(0) = L_{\mathbf{u}}(\delta_{2^n}^{i_0} \otimes I_2) = L_{\mathbf{u}}\delta_{2^{n+1}}[2i_0 - 1, 2i_0] \\ = [\mathrm{Col}_{2i_0-1}(L_{\mathbf{u}}) \quad \mathrm{Col}_{2i_0}(L_{\mathbf{u}})] = \delta_{2^n}[\eta_{2i_0-1}, \eta_{2i_0}]. \tag{11.1.21}$$

在上述推导中, 第二个等号应用了引理 11.1.2, 第三个等号应用了引理 11.1.4 的性质 (i) 由命题 11.1.1 的性质 (ii), 我们可以推出: η_{2i_0-1} 和 η_{2i_0} 是两个相邻的正整数. 并且, 从命题 11.1.1 的性质 (i), 我们可以得出以下两个结论.

1) 如果 $1 \leqslant i_0 \leqslant 2^{n-1}$, 则 $\delta_{2^n}^{\eta_{2i_0-1}}$ 和 $\delta_{2^n}^{\eta_{2i_0}}$ 为 $L_{\mathbf{u}}$ 的左半列, 且 $\eta_{2i_0-1}, \eta_{2i_0} \in \{2i_0 - 1, 2i_0\}$.

2) 如果 $2^{n-1} < i_0 \leqslant 2^n$, 则 $\delta_{2^n}^{\eta_{2i_0-1}}$ 和 $\delta_{2^n}^{\eta_{2i_0}}$ 为 $L_{\mathbf{u}}$ 的右半列, 且 $\eta_{2i_0-1}, \eta_{2i_0} \in \{2i_0 - 1 - 2^n, 2i_0 - 2^n\}$.

更进一步, 我们有

$$
\begin{aligned}
L_{\mathbf{u}}^2 \mathbf{x}(0) &= L_{\mathbf{u}} \ltimes (L_{\mathbf{u}} \mathbf{x}(0)) = L_{\mathbf{u}} \ltimes \delta_{2^n}[\eta_{2i_0-1},\, \eta_{2i_0}] \\
&= L_{\mathbf{u}}\left(\delta_{2^n}[\eta_{2i_0-1},\, \eta_{2i_0}] \otimes I_2\right) \\
&= L_{\mathbf{u}}[\delta_{2^n}^{\eta_{2i_0-1}} \otimes I_2 \quad \delta_{2^n}^{\eta_{2i_0}} \otimes I_2] \\
&= L_{\mathbf{u}}\delta_{2^n}[2\eta_{2i_0-1}-1,\, 2\eta_{2i_0-1},\, 2\eta_{2i_0}-1,\, 2\eta_{2i_0}] \\
&= [\mathrm{Col}_{2\eta_{2i_0-1}-1}(L_{\mathbf{u}}) \quad \mathrm{Col}_{2\eta_{2i_0-1}}(L_{\mathbf{u}})\, \mathrm{Col}_{2\eta_{2i_0}-1}(L_{\mathbf{u}}) \quad \mathrm{Col}_{2\eta_{2i_0}}(L_{\mathbf{u}})].
\end{aligned}
$$
$$(11.1.22)$$

在上述推导中, 第二个等号使用了等式 (11.1.21), 第三个等号应用了引理 11.1.2, 第四个等号应用了引理 11.1.4 的性质 (ii), 第五个等号应用了性质 (i).

情形 1: 如果 $1 \leqslant i_0 \leqslant 2^{n-1}$, 则由命题 11.1.1 的性质 (i), 我们可以得到

$$
2\eta_{2i_0-1}-1, 2\eta_{2i_0-1}, 2\eta_{2i_0}-1, 2\eta_{2i_0} \in \{4i_0-3, 4i_0-2, 4i_0-1, 4i_0\}.
$$

又由方程 (11.1.22), 我们有

$$
\mathrm{Col}\left(L_{\mathbf{u}}^2 \mathbf{x}(0)\right) = \{\delta_{2^n}^{\eta_{4i_0-3}}, \delta_{2^n}^{\eta_{4i_0-2}}, \delta_{2^n}^{\eta_{4i_0-1}}, \delta_{2^n}^{\eta_{4i_0}}\}.
$$

情形 2: 如果 $2^{n-1} < i_0 \leqslant 2^n$, 则类似于情况 1, 我们可以推出

$$
\mathrm{Col}\left(L_{\mathbf{u}}^2 \mathbf{x}(0)\right) = \{\delta_{2^n}^{\eta_{4i_0-3-2^{n+1}}}, \delta_{2^n}^{\eta_{4i_0-2-2^{n+1}}}, \delta_{2^n}^{\eta_{4i_0-1-2^{n+1}}}, \delta_{2^n}^{\eta_{4i_0-2^{n+1}}}\}.
$$

我们断言: 如果 $n \geqslant 2$, 那么 $\mathrm{Col}(L_{\mathbf{u}}^2 \mathbf{x}(0))$ 等于 $L_{\mathbf{u}}$ 的左半列或者右半列. 否则, 不失一般性, 我们可以假设: $\delta_{2^n}^{\eta_{4i_0-2}}$ 来自 $L_{\mathbf{u}}$ 的左半列, $\delta_{2^n}^{\eta_{4i_0-1}}$ 来自其右半列. 于是, $\delta_{2^n}^{\eta_{4i_0-2}}$ 是 $L_{\mathbf{u}}$ 的第 2^n 列, 其中 $\delta_{2^n}^{\eta_{4i_0-1}}$ 是第 (2^n+1) 列. 从而, 我们有 $4i_0-2 = 2^n$, 即 $2i_0-1 = 2^{n-1}$. 因为 $n \geqslant 2$, 我们可以推出: 等式右边的 2^{n-1} 是偶数, 但等号左边的 $2i_0-1$ 为奇数, 这导致了矛盾. 类似地, 当 $k \leqslant n$ 时, 如果 $L_{\mathbf{u}}^k \mathbf{x}(0)$ 的列向量分别来自 $L_{\mathbf{u}}$ 的左半列与右半列, 那么不失一般性, 我们假设 $\delta_{2^n}^{\eta_{2^k i_0-2^{k-1}}}$ 来自 $L_{\mathbf{u}}$ 的左半列, $\delta_{2^n}^{\eta_{2^k i_0-2^{k-1}+1}}$ 来自它的右半列. 于是, 当 $k \leqslant n$ 时, 我们有 $2^k i_0 - 2^{k-1} = 2^n$. 从而, 有 $2i_0-1 = 2^{n-k+1}$ 且 $k \leqslant n$. 显然, 等式左半边为奇数, 而右半边为偶数, 也导致了矛盾. □

推论 11.1.1 考虑带输入的 n 级 NFSR. 它表示为线性系统 (11.1.5), 状态转移矩阵为 $L_{\mathbf{u}}$. 对任意给定的初始状态 $\mathbf{x}(0) \in \Delta_{2^n}$ 和任意的正整数 $k \leqslant n$, $L_{\mathbf{u}}^k \mathbf{x}(0)$ 的列向量互不相等. 而且, 对任意的正整数 $k \geqslant n$, 都有 $\mathrm{Col}(L_{\mathbf{u}}^k \mathbf{x}(0)) = \Delta_{2^n}$.

证明 由命题 11.1.1 的性质 (i) 和性质 (iii) 可知, $L_{\mathbf{u}}$ 的左半列 (右半列) 互不相等, 且取遍集合 Δ_{2^n}. 由命题 11.1.3 可知, 当 $k \leqslant n$ 时, $L_{\mathbf{u}}^k \mathbf{x}(0)$ 为 $L_{\mathbf{u}}$ 的左半列或者右半列. 因此, 对任意的正整数 $k \leqslant n$, $L_{\mathbf{u}}^k \mathbf{x}(0)$ 的列向量互不相等. 注意到, $L_{\mathbf{u}}^n \mathbf{x}(0) \in \mathcal{L}_{2^n \times 2^n}$. 于是, 我们有 $\mathrm{Col}(L_{\mathbf{u}}^n \mathbf{x}(0)) = \Delta_{2^n}$. 显然

$$L_{\mathbf{u}}^{n+1} \mathbf{x}(0) = L_{\mathbf{u}} \ltimes [L_{\mathbf{u}}^n \mathbf{x}(0)] = L_{\mathbf{u}}[L_{\mathbf{u}}^n \mathbf{x}(0) \otimes I_2]. \tag{11.1.23}$$

因为 $\mathrm{Col}(L_{\mathbf{u}}^n \mathbf{x}(0)) = \Delta_{2^n}$, 所以, 我们可以得到 $\mathrm{Col}(L_{\mathbf{u}}^n \mathbf{x}(0) \otimes I_2) = \Delta_{2^{n+1}}$. 从而, 由方程 (11.1.23), 我们有 $\mathrm{Col}(L_{\mathbf{u}}^{n+1} \mathbf{x}(0)) = \mathrm{Col}(L_{\mathbf{u}}) = \Delta_{2^n}$. 同理, 对任意的正整数 $k > n$, 我们可以推出 $\mathrm{Col}(L_{\mathbf{u}}^k \mathbf{x}(0)) = \Delta_{2^n}$. $\square$

命题 11.1.4 考虑带输入的 n 级 NFSR. 它表示为系统 (11.1.5), 状态转移矩为 $L_{\mathbf{u}}$. 对任意给定的初始状态 $\mathbf{x}(0) \in \Delta_{2^n}$ 和任意的正整数 $N \geqslant n$, 矩阵 $L_{\mathbf{u}}^N \mathbf{x}(0)$ 有 2^{N-n} 个列向量等于 $\mathbf{x}(0)$.

证明 首先, 我们断言: 对任意的状态 $\delta_{2^n}^i$, $i \in \{1, 2, \cdots, 2^n\}$, 当 $N \geqslant n$ 时, $L_{\mathbf{u}}^N \mathbf{x}(0)$ 有 2^{N-n} 个列向量等于 $\delta_{2^n}^i$. 我们用数学归纳法证明它.

事实上, 由推论 11.1.1 可知: $L_{\mathbf{u}}^n \mathbf{x}(0)$ 的列向量互不相等, 且 $\mathrm{Col}(L_{\mathbf{u}}^n \mathbf{x}(0)) = \Delta_{2^n}$. 因此, 对任意的状态 $\delta_{2^n}^i$, $i \in \{1, 2, \cdots, 2^n\}$, $L_{\mathbf{u}}^n \mathbf{x}(0)$ 仅有一个列向量等于 $\delta_{2^n}^i$, 从而我们的结论在 $N = n$ 的情况下成立. 假设结论对正整数 $N > n$ 成立. 下面, 我们将证明对 $N + 1$ 结论依然成立.

注意到, $L_{\mathbf{u}} \in \mathcal{L}_{2^n \times 2^{n+1}}$ 和 $L_{\mathbf{u}}^N \mathbf{x}(0) \in \mathcal{L}_{2^n \times 2^N}$. 那么, 由引理 11.1.2 可知

$$L_{\mathbf{u}}^{N+1} \mathbf{x}(0) = L_{\mathbf{u}} \ltimes (L_{\mathbf{u}}^N \mathbf{x}(0)) = L_{\mathbf{u}}(L_{\mathbf{u}}^N \mathbf{x}(0) \otimes I_2). \tag{11.1.24}$$

令

$$L_{\mathbf{u}}^N \mathbf{x}(0) \otimes I_2 = \delta_{2^{n+1}}[j_1, j_2, \cdots, j_{2^{N+1}}]. \tag{11.1.25}$$

于是, 方程 (11.1.24) 可进一步化为

$$L_{\mathbf{u}}^{N+1} \mathbf{x}(0) = L_{\mathbf{u}} \delta_{2^{n+1}}[j_1, j_2, \cdots, j_{2^{N+1}}]$$

$$= [\mathrm{Col}_{j_1}(L_{\mathbf{u}}) \quad \mathrm{Col}_{j_2}(L_{\mathbf{u}}) \quad \cdots \quad \mathrm{Col}_{j_{2^{N+1}}}(L_{\mathbf{u}})]. \tag{11.1.26}$$

因为对于任意的状态 $\delta_{2^n}^i$, $i \in \{1, 2, \cdots, 2^n\}$, $L_{\mathbf{u}}^N \mathbf{x}(0)$ 有 2^{N-n} 个列向量等于 $\delta_{2^n}^i$, 所以, 我们可以推出: 对任意的 $\delta_{2^{n+1}}^k$, $k \in \{1, 2, \cdots, 2^{n+1}\}$, $L_{\mathbf{u}}^N \mathbf{x}(0) \otimes I_2$ 有 2^{N-n} 个列向量等于 $\delta_{2^{n+1}}^k$. 换句话说, 在方程 (11.1.25) 中存在 $j_{i_1}, j_{i_2}, \cdots, j_{i_{2^{N-n}}}$ 等于 k, 这里 $i_1, i_2, \cdots, i_{2^{N-n}} \in \{1, 2, \cdots, 2^{N+1}\}$ 互不相同. 因此, 由方程 (11.1.26) 可知, 对 $L_{\mathbf{u}}$ 的任意列向量 $\mathrm{Col}_j(L_{\mathbf{u}})$, $L_{\mathbf{u}}^{N+1} \mathbf{x}(0)$ 有 2^{N-n} 个列等于 $\mathrm{Col}_j(L_{\mathbf{u}})$. 由命题 11.1.2 可知: 对于任意的状态 $\delta_{2^n}^i$, $i \in \{1, 2, \cdots, 2^n\}$, $L_{\mathbf{u}}$ 有两个列向量等于

$\delta_{2^n}^i$. 因此, $L_{\mathbf{u}}^{N+1}\mathbf{x}(0)$ 有 2^{N+1-n} 个列向量等于 $\delta_{2^n}^i$, 则我们的断言对于 $N+1$ 也是成立的. 因此, 由数学归纳法可知: 我们的断言对于任意正整数 $N \geqslant n$ 均成立.

另一方面, 对任意给定的 $\mathbf{x}(0) \in \Delta_{2^n}$, 一定存在某个状态 $\delta_{2^n}^{i_0}$, $i_0 \in \{1, 2, \cdots, 2^n\}$, 使得 $\mathbf{x}(0) = \delta_{2^n}^{i_0}$. 因而, 由前面的断言可推知结论成立.   □

命题 11.1.4 表明: 对于一个适当大的 N, 矩阵 $L_{\mathbf{u}}^N\mathbf{x}(0)$ 的部分列向量等于给定的初始状态 $\mathbf{x}(0) \in \Delta_{2^n}$. 这个性质在研究 Grain 结构 NFSR 的最小周期时非常重要, 这从下一节可看出.

11.2   Grain 结构 NFSR 的最小周期

在本节中, 基于 11.1 节带输入 NFSR 的结果的基础上, 研究 Hu-Gong 关于 Grain 结构 NFSR 最小周期的公开问题.

11.2.1   Hu-Gong 公开问题的转化

定理 11.2.1   考虑带输入和非奇异反馈函数的 n 级 NFSR. 它表示为线性系统 (11.1.5), 状态转移矩阵为 $L_{\mathbf{u}}$. 对给定的初始状态 $\mathbf{x}(0) \in \Delta_{2^n}$ 和给定的周期 $P > 1$ 的输入序列 $(u(i))_{i \geqslant 0} \in \Delta_2$, 状态序列 $(\mathbf{x}(i))_{i \geqslant 0} \in \Delta_{2^n}$ 的周期为 P 当且仅当 $L_{\mathbf{u}}^P\mathbf{x}(0)$ 的第 j 列等于 $\mathbf{x}(0)$, 这里 $\delta_{2^P}^j = u(0)u(1)\cdots u(P-1)$.

证明   注意到, $\mathbb{F}_2^n$ 上的系统 (11.1.2) 和 Δ_{2^n} 上的系统 (11.1.5) 是带输入 NFSR 的等价表示, 且它们是一一对应的. 因此, 如果 NFSR 的反馈函数是非奇异的, 且 Δ_2 上的输入序列 $(u(i))_{i \geqslant 0}$ 周期为 P 且 $P > 1$, 那么 Δ_{2^n} 上的状态序列 $(\mathbf{x}(i))_{i \geqslant 0}$ 也是周期的, 且它的周期 $\bar{P}$ 为 P 的倍数, 也即 $P|\bar{P}$. 另一方面, 很容易看出

$$\mathbf{x}(P) = [L_{\mathbf{u}}^P\mathbf{x}(0)][u(0)u(1)\cdots u(P-1)] = [L_{\mathbf{u}}^P\mathbf{x}(0)]\delta_{2^P}^j = \mathrm{Col}_j(L_{\mathbf{u}}^P\mathbf{x}(0)). \quad (11.2.1)$$

(充分性) 如果 $\mathrm{Col}_j(L_{\mathbf{u}}^P\mathbf{x}(0)) = \mathbf{x}(0)$, 那么由等式 (11.2.1) 可知, $\mathbf{x}(P) = \mathbf{x}(0)$. 因为输入序列 $(u(i))_{i \geqslant 0}$ 的周期为 P, 所以, 对任意的非负整数 l, 我们有 $u(P+l) = u(l)$. 因此,

$$\mathbf{x}(P+1) = L_{\mathbf{u}}\mathbf{x}(P)u(P) = L_{\mathbf{u}}\mathbf{x}(0)u(0) = \mathbf{x}(1),$$

且

$$\mathbf{x}(P+2) = L_{\mathbf{u}}\mathbf{x}(P+1)u(P+1) = L_{\mathbf{u}}\mathbf{x}(1)u(1) = \mathbf{x}(2).$$

同理, 对于 $\mathbf{x}(P+k)$, 这里 $k \geqslant 3$, 我们有 $\mathbf{x}(P+k) = \mathbf{x}(k)$. 因此, Δ_{2^n} 上的状态序列 $(\mathbf{x}(i))_{i \geqslant 0}$ 的周期 $\bar{P}$ 必为 P 的一个因子, 也即 $\bar{P}|P$. 又因为 $P|\bar{P}$, 所有 $\bar{P} = P$.

(必要性) 如果 Δ_{2^n} 上的状态序列 $(\mathbf{x}(i))_{i \geqslant 0}$ 周期为 P, 那么 $\mathbf{x}(P) = \mathbf{x}(0)$. 再根据方程 (11.2.1), 我们可推知 $\mathrm{Col}_j(L_{\mathbf{u}}^P\mathbf{x}(0)) = \mathbf{x}(0)$.   □

从定理 11.2.1 必要性的证明, 我们很容易看出: 在定理 11.2.1 中, 如果 Δ_{2^n} 上的状态序列 $(\mathbf{x}(i))_{i \geqslant 0}$ 周期为 P, 那么 $L_{\mathbf{u}}^P \mathbf{x}(0)$ 的第 j 列等于 $\mathbf{x}(0)$, 这里 j 满足 $\delta_{2^P}^j = u(0)u(1)\cdots u(P-1)$, 且 P 是满足该条件的最小正整数. 而且, 从定理 11.2.1 的证明很容易地看出: 定理 11.2.1 可转化为 Δ_{2^n} 上状态序列 $(\mathbf{x}(i))_{i \geqslant 0}$ 的周期为 P 的倍数的情况. 在这种情况下, 定理 11.2.1 可修改如下.

定理 11.2.1′ 考虑带输入和非奇异反馈函数的 n 级 NFSR. 它表示为线性系统 (11.1.5), 状态转移矩阵为 $L_{\mathbf{u}}$. 对给定的初始状态 $\mathbf{x}(0) \in \Delta_{2^n}$ 和给定的周期 $P > 1$ 的输入序列 $(u(i))_{i \geqslant 0} \in \Delta_2$, 状态序列 $(\mathbf{x}(i))_{i \geqslant 0} \in \Delta_{2^n}$ 的周期 $\bar{P}$ 为 P 的倍数, 当且仅当, $\bar{P}$ 是使得 $L_{\mathbf{u}}^{\bar{P}} \mathbf{x}(0)$ 的第 j 列等于 $\mathbf{x}(0)$ 最小的正整数, 这里 j 满足 $\delta_{2^{\bar{P}}}^j = u(0)u(1)\cdots u(\bar{P}-1)$.

注 11.2.1 由命题 11.1.4 可知: 如果 $P \geqslant n$, 那么定理 11.2.1 中 $L_{\mathbf{u}}^P \mathbf{x}(0)$ 存在列等于 $\mathbf{x}(0)$ 的条件可以得到保证. 在 Grain 算法中, 因为 $P = 2^{80} - 1$, $n = 80$, 所以 $P \geqslant n$ 的条件自然成立. 当然, 对于由一个 m 级 LFSR(g_c) 和一个 n 级 NFSR(f_c) 串联组成的 Grain 结构 NFSR(h_c), 当 $m \geqslant \log_2(n+1)$ 时, 条件 $P \geqslant n$ 依然成立. 类似地, 可以确保定理 3.2.1′ 中 $L_{\mathbf{u}}^{\bar{P}} \mathbf{x}(0)$ 存在列等于 $\mathbf{x}(0)$ 的条件成立.

引理 11.2.1 假设

$$L_{\mathbf{u}} = \delta_{2^n}[\eta_1, \eta_2, \cdots, \eta_{2^{n+1}}] \in \mathcal{L}_{2^n \times 2^{n+1}}.$$

对任意的正整数 k 有以下性质:

(i)

$$\mathrm{Col}_q(L_{\mathbf{u}}^k \delta_{2^n}^i) = \mathrm{Col}_{(i-1)2^k+q}(L_{\mathbf{u}}^k), \quad q = 1, 2, \cdots, 2^k, \tag{11.2.2}$$

对任意的正整数 $i \leqslant 2^n$ 成立;

(ii)

$$\mathrm{Col}_j(L_{\mathbf{u}}^{k+1}) = \mathrm{Col}_{\varphi(k,j)}(L_{\mathbf{u}}^k), \quad j = 1, 2, \cdots, 2^{n+k+1}, \tag{11.2.3}$$

其中

$$\varphi(k,j) = 2^k \eta_{\lceil \frac{j}{2^k} \rceil} - (2^k - 1) + (j-1) \pmod{2^k}, \tag{11.2.4}$$

且

$$\varphi(k,j) \in \{1, 2, \cdots, 2^{n+k}\}. \tag{11.2.5}$$

证明 我们首先证明性质 (i). 注意到 $L_{\mathbf{u}}^k \in \mathcal{L}_{2^n \times 2^{n+k}}$. 于是, 根据引理 11.1.2 和引理 11.1.4 的性质 (i), 我们有

$$L_{\mathbf{u}}^k \delta_{2^n}^i = L_{\mathbf{u}}^k \ltimes \delta_{2^n}^i = L_{\mathbf{u}}^k(\delta_{2^n}^i \otimes I_{2^k})$$

$$= L_{\mathbf{u}}^k \delta_{2^{n+k}}[(i-1)2^k+1,\ (i-1)2^k+2,\ \cdots,\ (i-1)2^k+2^k]$$

$$= [\mathrm{Col}_{(i-1)2^k+1}(L_{\mathbf{u}}^k)\quad \mathrm{Col}_{(i-1)2^k+2}(L_{\mathbf{u}}^k)\quad \cdots\quad \mathrm{Col}_{(i-1)2^k+2^k}(L_{\mathbf{u}}^k)].$$

从而, 性质 (i) 得证.

接下来我们证明性质 (ii). 再次根据引理 11.1.2 和引理 11.1.4, 我们有

$$L_{\mathbf{u}}^{k+1} = L_{\mathbf{u}}^k \ltimes L_{\mathbf{u}} = L_{\mathbf{u}}^k(L_{\mathbf{u}} \otimes I_{2^k})$$

$$= L_{\mathbf{u}}^k \delta_{2^{n+k}}[(\eta_1-1)2^k+1,\ (\eta_1-1)2^k+2,\ \cdots,\ (\eta_1-1)2^k+2^k,$$

$$\cdots,\ (\eta_{2^{n+1}}-1)2^k+1,\ (\eta_{2^{n+1}}-1)2^k+2,\ \cdots,\ (\eta_{2^{n+1}}-1)2^k+2^k]$$

$$= [\mathrm{Col}_{2^k\eta_1-2^k+1}(L_{\mathbf{u}}^k)\quad \mathrm{Col}_{2^k\eta_1-2^k+2}(L_{\mathbf{u}}^k)\quad \cdots\quad \mathrm{Col}_{2^k\eta_1}(L_{\mathbf{u}}^k)$$

$$\cdots\quad \mathrm{Col}_{2^k\eta_{2^{n+1}}-2^k+1}(L_{\mathbf{u}}^k)\quad \mathrm{Col}_{2^k\eta_{2^{n+1}}-2^k+2}(L_{\mathbf{u}}^k)\quad \cdots\quad \mathrm{Col}_{2^k\eta_{2^{n+1}}}(L_{\mathbf{u}}^k)].$$

因此, 对任意的 $j = 1, 2, \cdots, 2^{n+k+1}$, 有

$$\mathrm{Col}_j(L_{\mathbf{u}}^{k+1}) = \mathrm{Col}_{2^k\eta_{\lceil \frac{j}{2^k} \rceil}-(2^k-1)+(j-1)\,(\mathrm{mod}\,2^k)}(L_{\mathbf{u}}^k).$$

因此, 方程 (11.2.4) 得证. $L_{\mathbf{u}}^k \in \mathcal{L}_{2^n \times 2^{n+k}}$ 表明 $L_{\mathbf{u}}^k$ 有 2^{n+k} 个列向量. 从而, 式 (11.2.5) 得证. $\qquad\square$

推论 11.2.1　对任意的矩阵 $L_{\mathbf{u}} \in \mathcal{L}_{2^n \times 2^{n+1}}$ 和任意的正整数 $k \geqslant 2$ 和任意的 $j \in \{1, 2, \cdots, 2^{n+k}\}$, 有

$$\mathrm{Col}_j(L_{\mathbf{u}}^k) = \mathrm{Col}_{\varphi(1,\varphi(2,\varphi(3,\cdots,\varphi(k-1,j))))}(L_{\mathbf{u}}), \tag{11.2.6}$$

这里映射 φ 的定义如方程 (11.2.4).

命题 11.2.1　对任意的正整数 k, 方程 (11.2.4) 定义的映射 φ 关于变量 j 是二对一的满射.

证明　对任意给定的 k, 我们任取 $r_0 \in \{1, 2, \cdots, 2^{n+k}\}$. 为了证明方程 (11.2.4) 定义的 φ 关于变量 j 是二对一的满射, 我们只需证明: 存在两个 $j_0 \in \{1, 2, \cdots, 2^{n+k+1}\}$, 使得 $\varphi(k, j_0) = r_0$. 从引理 11.2.1 的性质 (ii) 的证明中, 我们可以看出: 上式意指 $L_{\mathbf{u}}^k$ 的第 r_0 列为 $L_{\mathbf{u}}^{k+1}$ 的第 j_0 列. 因此, 我们只需要证明: 对 $L_{\mathbf{u}}^k$ 的任意列, 存在 $L_{\mathbf{u}}^{k+1}$ 的两个列与该列向量相等. 事实也是如此. 具体理由如下.

令 $L_{\mathbf{u}} = \delta_{2^n}[\eta_1, \eta_2, \cdots, \eta_{2^n}]$. 那么, 依据引理 11.1.2 和引理 11.1.4, 我们很容易地计算出

$$L_{\mathbf{u}}^2 = L_{\mathbf{u}} \ltimes L_{\mathbf{u}} = L_{\mathbf{u}}(L_{\mathbf{u}} \otimes I_2)$$

$$= L_{\mathbf{u}}\delta_{2^{n+1}}[2\eta_1 - 1, 2\eta_1, \cdots, 2\eta_{2^n} - 1, 2\eta_{2^n},$$
$$2\eta_{2^n+1} - 1, 2\eta_{2^n+1}, \cdots, 2\eta_{2^{n+1}} - 1, 2\eta_{2^{n+1}}],$$

于是

$$L_{\mathbf{u}}^2 = [\mathrm{Col}_{2\eta_1-1}(L_{\mathbf{u}}) \quad \mathrm{Col}_{2\eta_1}(L_{\mathbf{u}}) \quad \cdots \quad \mathrm{Col}_{2\eta_{2^n}-1}(L_{\mathbf{u}}) \quad \mathrm{Col}_{2\eta_{2^n}}(L_{\mathbf{u}})$$
$$\mathrm{Col}_{2\eta_{2^n+1}-1}(L_{\mathbf{u}}) \quad \mathrm{Col}_{2\eta_{2^n+1}}(L_{\mathbf{u}}) \quad \cdots \quad \mathrm{Col}_{2\eta_{2^{n+1}}-1}(L_{\mathbf{u}}) \quad \mathrm{Col}_{2\eta_{2^{n+1}}}(L_{\mathbf{u}})].$$
$$(11.2.7)$$

另一方面, 依据命题 11.1.1 的性质 (i) 和 (iii), 我们有 $\eta_1, \eta_2, \cdots, \eta_{2^n}$ (η_{2^n+1}, $\eta_{2^n+2}, \cdots, \eta_{2^{n+1}}$) 互不相同, 且取遍集合 $\{1, 2, \cdots, 2^n\}$ 的所有值. 因此, $2\eta_1 - 1, 2\eta_1, \cdots, 2\eta_{2^n} - 1, 2\eta_{2^n}$ ($2\eta_{2^n+1} - 1, 2\eta_{2^n+1}, \cdots, 2\eta_{2^{n+1}} - 1, 2\eta_{2^{n+1}}$) 互不相同, 且取遍集合 $\{1, 2, \cdots, 2^{n+1}\}$ 的所有值. 再根据方程 (11.2.7), 我们可推知: 对 $L_{\mathbf{u}}$ 的任意列, 必存在 $L_{\mathbf{u}}^2$ 的两个列与该列相等. 因为 $L_{\mathbf{u}}^{k+1} = L_{\mathbf{u}}^k(L_{\mathbf{u}} \otimes I_{2^k})$, 所以对任意的正整数 $k > 2$, 同理, 我们可推知: 对 $L_{\mathbf{u}}^k$ 的任意列, 必存在 $L_{\mathbf{u}}^{k+1}$ 的两个列与该列相等. □

定理 11.2.2 考虑带输入和非奇异反馈函数的 n 级 NFSR. 它表示为线性系统 (11.1.5), 状态转移矩阵为 $L_{\mathbf{u}} = \delta_{2^n}[\eta_1, \eta_2, \cdots, \eta_{2^{n+1}}]$. 对给定的初始状态 $\mathbf{x}(0) \in \Delta_{2^n}$ 和给定的周期为 $P > 1$ 的 Δ_2 上的输入序列 $(u(i))_{i \geqslant 0}$, Δ_{2^n} 上状态序列 $(\mathbf{x}(i))_{i \geqslant 0}$ 的周期为 P, 当且仅当,

$$\eta_{r(i_0,j_0)} - i_0 = 0, \qquad (11.2.8)$$

这里

$$r(i_0, j_0) = \varphi(1, \varphi(2, \varphi(3, \cdots, \varphi(P-1, (i_0-1)2^P + j_0)))), \qquad (11.2.9)$$

正整数 i_0 和 j_0 分别满足 $\delta_{2^n}^{i_0} = \mathbf{x}(0)$ 和 $\delta_{2^P}^{j_0} = u(0)u(1)\cdots u(P-1)$, 映射 φ 的定义如方程 (11.2.4).

证明 由引理 11.2.1 和推论 11.2.1, 我们有

$$\mathrm{Col}_{j_0}(L_{\mathbf{u}}^P \delta_{2^n}^{i_0}) = \mathrm{Col}_{(i_0-1)2^P+j_0}(L_{\mathbf{u}}^P)$$
$$= \mathrm{Col}_{\varphi(1,\varphi(2,\varphi(3,\cdots,\varphi(P-1,(i_0-1)2^P+j_0))))}(L_{\mathbf{u}}) = \delta_{2^n}^{\eta_{r(i_0,j_0)}}.$$

根据定理 11.2.1, 我们可以推出: Δ_{2^n} 上的状态序列 $(\mathbf{x}(i))_{i \geqslant 0}$ 周期为 P, 当且仅当, $\delta_{2^n}^{\eta_{r(i_0,j_0)}} = \delta_{2^n}^{i_0}$. □

由定理 11.2.2 的证明和定理 11.2.1′ 可知: 与定理 11.2.1 一样, 定理 11.2.2 可推广至状态序列 $(\mathbf{x}(i))_{i \geqslant 0} \in \Delta_{2^n}$ 的周期是 P 的倍数的情况. 在这种情况下, 定理 11.2.2 可修改为如下结论.

定理 11.2.2′　考虑带输入和非奇异反馈函数的 n 级 NFSR. 它表示为线性系统 (11.1.5), 状态转移矩阵为 $L_{\mathbf{u}} = \delta_{2^n}[\eta_1, \eta_2, \cdots, \eta_{2^{n+1}}]$. 对给定的初始状态 $\mathbf{x}(0) \in \Delta_{2^n}$ 和给定的周期为 $P > 1$ 的 Δ_2 上的输入序列 $(u(i))_{i \geqslant 0}$, Δ_{2^n} 上状态序列 $(\mathbf{x}(i))_{i \geqslant 0}$ 的周期 $\bar{P}$ 为 P 的倍数, 当且仅当, $\bar{P}$ 是使得 $\eta_{\bar{r}(i_0, j_0, \bar{P})} - i_0 = 0$ 的最小的正整数, 这里

$$\bar{r}(i_0, j_0, \bar{P}) = \varphi(1, \varphi(2, \varphi(3, \cdots, \varphi(\bar{P}-1, (i_0-1)2^{\bar{P}} + j_0)))),$$

正整数 i_0 和 j_0 分别满足 $\delta_{2^n}^{i_0} = \mathbf{x}(0)$ 和 $\delta_{2^{\bar{P}}}^{j_0} = u(0)u(1)\cdots u(\bar{P}-1)$, 映射 φ 的定义如方程 (11.2.4).

注 11.2.2　定理 11.2.2 表明: 对于由一个 m 级 LFSR(g_c) 和一个 n 级 NFSR (f_c) 串联形成的 Grain 结构 NFSR(h_c), NFSR(h_c) 生成的序列能否达到最小周期 $2^m - 1$, 等价于方程 (11.2.8) 关于变量 i_0 和 j_0 是否有解, 这里变量 i_0 和 j_0 分别唯一地对应于 NFSR(f_c) 和 LFSR(g_c) 的初始状态 $\mathbf{X}(0)$ 和 $\mathbf{Y}(0)$. 由 i_0 和 j_0 的定义及引理 9.3.1 可知, $2^n - i_0$ 是 $\mathbf{X}(0)$ 的十进制数, $2^P - j_0$ 是 $[U(0)\ U(1)\ \cdots\ U(P-1)]^T$ 的十进制数, 这里 $P = 2^m - 1$, $(U(i))_{i=0}^P$ 是 LFSR(g_c) 在 $\mathbb{F}_2$ 上由初始状态 $\mathbf{Y}(0) = [U(0)\ U(1)\ \cdots\ U(m)]^T$ 生成的序列.

一般来说, 求解整数方程 (11.2.8) 是困难的. 如果我们用穷举法来解这个整数方程, 那么计算的时间复杂度为 $O(2^{n+2m})$, 与使用穷举法求解 Hu-Gong 的公开问题的时间复杂度相同. 原因如下: 对于前一种方法, 时间复杂度主要在计算 (11.2.9) 中的 $r(i_0, j_0)$ 时产生, 且为了得到 $r(i_0, j_0)$, 我们需要考虑: 2^n 个可能的 i_0, $2^m - 1$ 个可能的 j_0, 以及式 (11.2.4) 定义的映射 φ 关于变量 k 的 $2^m - 1$ 次迭代. 对于后一种方法, 我们需要考虑: NFSR(f_c) 的 2^n 个初始状态, 由 LFSR(g_c) 产生的 $2^m - 1$ 条移位等价序列 (或者等价地, LFSR(g_c) 的 $2^m - 1$ 个初始状态), 以及 NFSR(f_c) 的 $2^m - 1$ 次更新. 找到降低求解该整数方程的时间复杂度的方法对于分析 Grain 结构 NFSR 的最小周期问题很有帮助. 在下一小节中, 我们将给出一种降低时间复杂度的方法.

方程 (11.2.9) 中定义的 $r(i_0, j_0)$ 的值决定了整数方程 (11.2.8) 关于变量 i_0 和 j_0 是否有解. 然而, 命题 11.1.2 表明: 存在两个可能的 $r(i_0, j_0)$ 满足整数方程 (11.2.8), 且其取值属于 $\left\{2\left\lceil\dfrac{i_0}{2}\right\rceil - 1, 2^n + 2\left\lceil\dfrac{i_0}{2}\right\rceil\right\}$ 或 $\left\{2\left\lceil\dfrac{i_0}{2}\right\rceil, 2^n + 2\left\lceil\dfrac{i_0}{2}\right\rceil - 1\right\}$. 对于由一个 m 级 LFSR(g_c) 和一个 n 级 NFSR(f_c) 串联形成的 Grain 结构的 NFSR(h_c), 总共存在 2^n 个可能的 $i_0 \in \{1, 2, \cdots, 2^n\}$ 和 $2^m - 1$ 个可能的 $j_0 \in \{1, 2, \cdots, 2^{2^m - 1}\}$. 如果所有可能的 i_0 和 j_0 均不满足整数方程 (11.2.8), 则此方程无解, 因而该 NFSR(h_c) 不存在最小周期.

定理 11.2.3　考虑由一个 m 阶 LFSR(g_c) 和一个 n 级 NFSR(f_c) 串联形成

的 Grain 结构 NFSR(h_c). 对于 NFSR(f_c) 的任意给定的初始状态和 LFSR(g_c) 的任意给定的非零初始状态, NFSR(h_c) 产生的序列取得最小周期 $2^m - 1$ 的概率最多为 2^{-n}.

证明　注意到, $\mathbb{F}_2^n$ 上的非线性系统 (11.1.2) 和 Δ_{2^n} 上的线性系统 (11.1.5) 均为带输入 NFSR(f_c) 的等价表示. 令 $\mathbf{x}(0) \in \Delta_{2^n}$ 唯一地对应于 NFSR(f_c) 的给定的初始状态 $\mathbf{X}(0) \in \mathbb{F}_2^n$, 且令 $u(0)u(1)\cdots u(m-1) \in \Delta_{2^m}$ 唯一地对应于 LFSR(g_c) 的给定的非零初始状态 $[Y_1(0)\ \ Y_2(0)\ \ \cdots\ \ Y_m(0)]^{\mathrm{T}} \in \mathbb{F}_2^m$. 于是, Δ_2 上的输入序列 $(u(i))_{i \geqslant 0}$ 的周期 $P = 2^m - 1$. 与定理 11.2.2 一样, 我们令 $\delta_{2^n}^{i_0} = \mathbf{x}(0)$ 和 $\delta_{2^n}^{j_0} = u(0)u(1)\cdots u(P-1)$. 由命题 11.2.1 可知, 对任意的正整数 k, 式 (11.2.4) 定义的映射 φ 关于变量 j 是满射. 因此, 式 (11.2.9) 定义的 $r(i_0, j_0)$ 共有 2^{n+1} 种可能的取值. 根据命题 11.1.2, 有两个可能的 $r(i_0, j_0)$ 满足整数方程 (11.2.8). 因此, 由定理 11.2.2 可知: 这两个可能的 $r(i_0, j_0)$ 意味着带输入 NFSR(f_c) 产生的序列的周期为 P. 因此, 结论成立.　□

定理 11.2.3 表明: 虽然由一个 m 阶 LFSR(g_c) 和一个 n 级 NFSR(f_c) 串联形成的 NFSR(h_c) 存在可以取得最小周期 $2^m - 1$ 的序列, 但是对 NFSR(f_c) 的任意给定的初始状态和 LFSR(g_c) 的任意给定的非零初始状态, 由 NFSR(h_c) 产生的序列取得最小周期 $2^m - 1$ 的概率仅为 2^{-n}, 且当 n 足够大时, 该概率趋近于零. 这也表明: Grain 中使用的串联结构达到最小周期 $2^{80} - 1$ 的概率非常小, 因为在 Grain 结构中 $m = n = 80$.

11.2.2 初始输入对最小周期的影响

11.2.1 节已指出, 穷举法求解整数方程 (11.2.8) 的计算复杂度很高. 为了降低计算复杂度, 这一小节将探讨: 如果给定 NFSR(f_c) 的初始状态, LFSR(g_c) 的初始状态如何影响 Grain 结构 NFSR(h_c) 的最小周期?

引理 11.2.2　换位矩阵 $W_{[m,n]}$ 的第 j 列为

$$\mathrm{Col}_j(W_{[m,n]}) = \delta_{mn}^{[(j-1)\,(\mathrm{mod}\,n)]m + \lceil \frac{j}{n} \rceil}, \quad j = 1, 2, \cdots, mn. \tag{11.2.10}$$

证明　将矩阵 $W_{[m,n]}$ 分块为 $W_{[m,n]} = [W_1\ \ W_2\ \ \cdots\ \ W_m]$, 其中 $W_i \in \mathcal{L}_{mn \times n}$, $i = 1, 2, \cdots, m$. 利用公式 (11.1.19) 可得

$$W_i = [\delta_n^1 \delta_m^i\ \ \delta_n^2 \delta_m^i\ \ \cdots\ \ \delta_n^n \delta_m^i], \quad i = 1, 2, \cdots, m.$$

显然, 对任意的 $j \in \{1, 2, \cdots, mn\}$, $W_{[m,n]}$ 的第 j 列为 $W_{\lceil \frac{j}{n} \rceil}$ 的第 $[(j-1)\,(\mathrm{mod}\,n) + 1]$ 列. 因此

$$\mathrm{Col}_j(W_{[m,n]}) = \delta_n^{(j-1)\,(\mathrm{mod}\,n)+1} \delta_m^{\lceil \frac{j}{n} \rceil} = \delta_{mn}^{[(j-1)\,(\mathrm{mod}\,n)]m + \lceil \frac{j}{n} \rceil}, \quad j = 1, 2, \cdots, mn.$$

□

命题 11.2.2　假设 $(u(i))_{i \geqslant 0}$ 是 Δ_2 上周期为 P 的输入序列. 令

$$u(0)u(1) \cdots u(P-1) = \delta_{2^P}^{j_0}. \tag{11.2.11}$$

则有以下性质.

(1) 如果 $P > 1$, 那么正整数 j_0 满足 $1 < j_0 < 2^P$.

(2) 对于任意的正整数 k, 如果

$$u(k)u(k+1) \cdots u(k+P-1) = \delta_{2^P}^{j_k}, \tag{11.2.12}$$

则

$$j_k = [(j_0 - 1) \ (\mathrm{mod} \ 2^{P-(k \ (\mathrm{mod} \ P))})]2^{k \ (\mathrm{mod} \ P)} + \left\lceil \frac{j_0}{2^{P-(k \ (\mathrm{mod} \ P))}} \right\rceil. \tag{11.2.13}$$

证明　我们首先证明性质 (1). 显然, 正整数 j_0 满足 $1 \leqslant j_0 \leqslant 2^P$. 只需证明 $j_0 \neq 1, 2^P$. 如果 $j_0 = 1$, 则有 $u(0) = u(1) = \cdots = u(P-1) = \delta_2^1$. 这表明输入序列 $(u(i))_{i \geqslant 0}$ 的周期 $P = 1$, 这和假设中 $P > 1$ 矛盾. 因此, $j_0 \neq 1$. 同理, 我们可以证明 $j_0 \neq 2^P$.

接下来, 我们证明性质 (2). 对任意的正整数 k, 令 $R_k = k \ (\mathrm{mod} \ P)$. 那么 R_k 是满足 $0 \leqslant R_k < P$ 的非负整数, 且 $k = N_k P + R_k$, 这里 N_k 为非负整数 N_k. 因为输入序列 $(u(i))_{i \geqslant 0}$ 的周期为 P, 对任意的非负整数 N 和 l, 有 $u(NP + l) = u(l)$. 因此, 如果 $R_k = 0$, 那么

$$u(k)u(k+1) \cdots u(k+P-1) = u(0)u(1) \cdots u(P-1),$$

再根据方程 (11.2.13) 可知, $j_k = j_0$. 另一方面, 注意到 $1 \leqslant j_k \leqslant 2^P$. 那么, 当 $R_k = 0$ 时, 直接计算可得: 等式 (11.2.13) 确实简化为 $j_k = j_0$. 因此, 当 $R_k = 0$ 时, 性质 (2) 成立. 如果 $0 < R_k < P$, 我们仍然可以证明性质 (2) 成立. 事实上, 如果 $0 < R_k < P$, 则

$$u(k)u(k+1) \cdots u(k+P-1)$$

$$= u(R_k)u(R_k + 1) \cdots u(R_k + P - 1)$$

$$= u(R_k)u(R_k + 1) \cdots u(P-1)u(P)u(P+1) \cdots u(P + R_k - 1)$$

$$= [u(R_k)u(R_k + 1) \cdots u(P-1)][u(0)u(1) \cdots u(R_k - 1)]$$

$$= W_{[2^{R_k}, 2^{P-R_k}]}[u(0)u(1) \cdots u(R_k - 1)][u(R_k)u(R_k + 1) \cdots u(P-1)]$$

$$= W_{[2^{R_k}, 2^{P-R_k}]}\delta_{2^P}^{j_0}$$

$$= \mathrm{Col}_{j_0}\left(W_{[2^{R_k}, 2^{P-R_k}]}\right)$$

$$= \delta_{2^P}^{[(j_0-1) \,(\mathrm{mod}\, 2^{P-R_k})]2^{R_k} + \lceil \frac{j_0}{2^{P-R_k}} \rceil}.$$

在上述推导中, 第四个等号应用了等式 (11.1.20), 最后一个等号应用了引理 11.2.2.

$\square$

定理 11.2.4 考虑带输入和非奇异反馈函数的 n 级 NFSR. 它表示为线性系统 (11.1.5). 给定初始状态 $\mathbf{x}(0) \in \Delta_{2^n}$, 对任意的非负整数 k, 令 $\mathbf{S}_k$ 为由 $\mathbf{x}(0)$ 和 Δ_2 上周期 $P > 1$ 的输入序列 $(u(i))_{i \geqslant k}$ 所产生的 Δ_{2^n} 上的状态序列, 且令 $u(k)u(k+1)\cdots u(k+P-1) = \delta_{2^P}^{j_k}$. 假设状态序列 $\mathbf{S}_0$ 的周期为 P. 那么, 对于任意的正整数 k, 状态序列 $\mathbf{S}_k$ 的周期为 P 当且仅当 j_k 和 j_0 满足以下条件之一.

(1) $j_k = j_0$.

(2) $j_k = j_0 + 2^n + (-1)^{j_0+1}$.

(3) $j_k = j_0 - 2^n + (-1)^{j_0+1}$.

证明 由定理 11.2.2 可知, 对于任意的非负整数 k, 状态序列 $\mathbf{S}_k$ 的周期为 P 当且仅当 $\boldsymbol{L}_{\mathbf{u}}^P \mathbf{x}(0)$ 的第 j_k 列为 $\mathbf{x}(0)$, 这里 $\boldsymbol{L}_{\mathbf{u}}$ 为线性系统 (11.1.5) 的状态转移矩阵. 对任意的正整数 $i_0 \leqslant 2^n$, 令 $\mathbf{x}(0) = \delta_{2^n}^{i_0}$. 由命题 11.1.2 可知, 对任意的正整数 k, 整数 j_k 和 j_0 属于以下集合之一:

1) $\left\{ 2\left\lceil \dfrac{i_0}{2} \right\rceil - 1, 2^n + 2\left\lceil \dfrac{i_0}{2} \right\rceil \right\}$;

2) $\left\{ 2\left\lceil \dfrac{i_0}{2} \right\rceil, 2^n + 2\left\lceil \dfrac{i_0}{2} \right\rceil - 1 \right\}$.

显然, 如果 $j_k = j_0$, 则结论得证. 如果 $j_k > j_0$, 那么

$$
\begin{cases}
j_0 = 2\left\lceil \dfrac{i_0}{2} \right\rceil - 1, \\
j_k = 2^n + 2\left\lceil \dfrac{i_0}{2} \right\rceil,
\end{cases}
\quad \text{或者} \quad
\begin{cases}
j_0 = 2\left\lceil \dfrac{i_0}{2} \right\rceil, \\
j_k = 2^n + 2\left\lceil \dfrac{i_0}{2} \right\rceil - 1.
\end{cases}
$$

在以上情形中, 我们有 $j_k = j_0 + 2^n + (-1)^{j_0+1}$. 当 $j_k < j_0$ 时也有相同的结果, 并且我们可以得到 $j_k = j_0 - 2^n + (-1)^{j_0+1}$. 因此, 结论得证. $\square$

注意到, 在 $\mathbb{F}_2^n$ 和 Δ_{2^n} 之间存在一个双射. 那么, 定理 11.2.4 表明: 对于 LFSR(g_c) 和 NFSR(f_c) 串联形成的 Grain 结构 NFSR(h_c), 如果我们找到了 NFSR(f_c) 和 LFSR(g_c) 的一对初始状态 $\mathbf{X}(0)$ 和 $\mathbf{Y}(0)$, 使得 NFSR(h_c) 产生的序列可取得最小周期, 那么我们可以应用定理 11.2.4 来确定是否存在 NFSR(f_c) 和 LFSR(g_c) 的其他初始状态对 $\mathbf{X}(0)$ 和 $\mathbf{Y}(0)$, 使得 NFSR(h_c) 产生的序列也

可取得最小周期; 如果存在, 就找出这些初始状态. 这显然提供了降低求解整数方程 (11.2.8) 计算复杂度的一种方法.

11.3　例　　子

考虑由一个 4 级 LFSR(g_c) 和一个 4 级 NFSR(f_c) 串联形成的 Grain 结构 NFSR(h_c). NFSR(f_c) 和 LFSR(g_c) 的反馈函数 f 和 g 分别为以下两种情形.

情形 1:

$$f(X_1, X_2, X_3, X_4) = X_2X_3X_4 \oplus X_2X_3 \oplus X_2X_4 \oplus X_3X_4 \oplus X_1 \oplus X_2 \oplus X_3 \oplus 1, \tag{11.3.1}$$

$$g(Y_1, Y_2, Y_3, Y_4) = Y_1 \oplus Y_2. \tag{11.3.2}$$

情形 2:

$$f(X_1, X_2, X_3, X_4) = X_2X_3X_4 \oplus X_2X_4 \oplus X_3X_4 \oplus X_1 \oplus X_2 \oplus 1, \tag{11.3.3}$$

$$g(Y_1, Y_2, Y_3, Y_4) = Y_1 \oplus Y_4. \tag{11.3.4}$$

由文献 [434] 中的备注 5 可知, 反馈函数为 f 如式 (11.3.1) (或者, 式 (11.3.3)) 的 NFSR(f_c) 是产生序列周期为 16 的最大长度 NFSR. 另一方面, 很容易看出, 反馈函数为 g 如式 (11.3.2) (或者, 式 (11.3.4)) 的 LFSR(g_c) 是一个最大长度的 LFSR, 因为它的特征多项式 $p(Y) = Y^4 \oplus Y \oplus 1$ (或 $p(Y) = Y^4 \oplus Y^3 \oplus 1$) 是本原的. 因此, 当 LFSR($g_c$) 的初始状态非零时, 它生成的序列周期 $P = 15$.

我们使用前面的记号. 由定理 11.1.1 可知, 情形 1 中带输入 U 的 NFSR(f_c) 的状态转移矩阵为

$$L_u = \delta_{16}[1, \ 2, \ 4, \ 3, \ 5, \ 6, \ 8, \ 7, \ 9, \ 10, \ 12, \ 11, \ 13, \ 14, \ 15, \ 16,$$
$$2, \ 1, \ 3, \ 4, \ 6, \ 5, \ 7, \ 8, \ 10, \ 9, \ 11, \ 12, \ 14, \ 13, \ 16, \ 15], \tag{11.3.5}$$

而对于情形 2, 它的状态转移矩阵为

$$L_u = \delta_{16}[1, \ 2, \ 4, \ 3, \ 5, \ 6, \ 8, \ 7, \ 10, \ 9, \ 11, \ 12, \ 13, \ 14, \ 15, \ 16,$$
$$2, \ 1, \ 3, \ 4, \ 6, \ 5, \ 7, \ 8, \ 9, \ 10, \ 12, \ 11, \ 14, \ 13 \ 16, \ 15]. \tag{11.3.6}$$

为了解决 Hu-Gong 公开问题, 使用穷举法来计算状态转移, 我们可获得情形 1 状态图中一个长度为 15 的极限环, 如图 11.3.1. 另一方面, 使用穷举法求解整数方程 (11.2.8), 我们有 $(i_0, j_0) = (3, 15145)$ 为方程的一对解. 我们很容易

计算得 $2^4 - i_0$ 和 $2^{15} - j_0$ 分别唯一地对应于二元数组 $\mathbf{a} = (1,1,0,1)$ 和 $\mathbf{b} = (1,0,0,0,1,0,0,1,1,0,1,0,1,1,1)$. 由注 11.2.2 可知, $\mathrm{NFSR}(f_c)$ 的初始状态就是 $\mathbf{a}$ 所有比特组成的向量, 而 $\mathrm{LFSR}(g_c)$ 的初始状态仅由 $\mathbf{b}$ 的前四个比特组成. 因此, $\mathrm{NFSR}(f_c)$ 和 $\mathrm{LFSR}(g_c)$ 的初始状态对为 $(\mathbf{X}(0), \mathbf{Y}(0)) = ([1, 1, 0, 1]^{\mathrm{T}}, [1, 0, 0, 0]^{\mathrm{T}})$. 根据定理 11.2.2, $\mathrm{NFSR}(h_c)$ 生成的序列达到最小周期 15, 这与图 11.3.1 相符, 因为 $[\mathbf{X}(0) \ \mathbf{Y}(0)] = [1, 1, 0, 1, 1, 0, 0, 0]^{\mathrm{T}}$ 就是图 11.3.1 中极限环上的一个状态. 情形 1 表明: 尽管 $\mathrm{NFSR}(f_c)$ 取得最大长度, 但 $\mathrm{NFSR}(h_c)$ 生成的序列仍然仅取得最小周期.

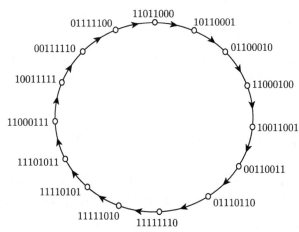

图 11.3.1 情况 1 中圈长 15 的状态图. 符号 o 表示 $\mathrm{NFSR}(h_c)$ 的状态

对于情形 2, 为了解决 Hu-Gong 公开问题, 我们仍使用穷举法来计算状态转移, 但是在 $\mathrm{NFSR}(h_c)$ 的状态图中并不存在长度为 15 的极限环. 而且, 通过穷举法求解整数方程 (11.2.8) 并没有得到方程的任何解, 这意味着 $\mathrm{NFSR}(h_c)$ 没有最小周期的序列, 这与 $\mathrm{NFSR}(h_c)$ 的状态图中没有长度为 15 的极限环相符.

第 12 章 NFSR 的等价性

本章研究 NFSR 的等价性. 等价于 Fibonacci NFSR 的 Galois NFSR 能克服一般 Galois NFSR 具有的一些缺陷, 可提高基于 NFSR 的流密码算法的安全性. 与 Fibonacci NFSR 相比, 等价的 Galois NFSR 可能具有更短的传播时间和更高的吞吐量. 事实上, 近十余年来设计的流密码算法均采用 Galois NFSR 为主要组件. 目前, 已有一些工作研究 NFSR 的等价性[90,91,197,244,383,426], 其中已发现等价于 Fibonacci NFSR 的 7 种 Galois NFSR. 研究它们的等价性有助于在流密码算法设计中根据某些指标来选择适合的 NFSR, 如低硬件实现代价、高硬件性能和高安全性等.

12.1 Fibonacci NFSR 与 Galois NFSR 的等价性

本节研究 Fibonacci NFSR 与 Galois NFSR 的等价性. 我们将计算等价于 Fibonacci NFSR 的同级 Galois NFSR 的个数, 并从级数和反馈函数的角度来揭示等价于 Fibonacci NFSR 的这些 Galois NFSR 的共同特征. 本节内容主要基于文献 [438,442].

定义 12.1.1　如果两个 NFSR 的输出序列集合相等, 则称这两个 NFSR 是等价的.

定理 12.1.1　如果一个 n 级 Fibonacci NFSR 与一个 n 级 Galois NFSR 等价, 那么它们的状态图同构.

证明　令 Ω_f 和 Ω_g 分别为 Fibonacci NFSR 和 Galois NFSR 的输出序列集合. 由它们等价可知, $\Omega_f = \Omega_g$.

对于 Fibonacci NFSR 的任意给定的一条输出序列 $\mathbf{a} = (a_i)_{i \geqslant 0}$, 令 K_a 为 $\mathbf{a}$ 的预周期, P_a 为 $\mathbf{a}$ 的最小周期, 也就是说, 对于满足 $i \geqslant K_a$ 的所有非负整数 i, K_a 是使得 $a_{i+P_a} = a_i$ 成立的最小非负整数. 由于 NFSR 的任意输出序列终归都是周期的, 则 P_a 一定是正整数. 此外, Fibonacci NFSR 的 $K_a + P_a$ 个连续状态 $\mathbf{X}_1, \mathbf{X}_2, \cdots, \mathbf{X}_{K_a+P_a}$ 的第一分量构成序列 $\mathbf{a}$. 令 $\mathbf{b} = (b_j)_{j \geqslant K_a}$, 那么 $\mathbf{b}$ 是一条周期为 P_a 的序列.

由 $\mathbf{a} \in \Omega_f$ 可得 $\mathbf{a} \in \Omega_g$. 因此 Galois NFSR 存在 $N_a = K_a + B_a P_a + C_a P_a$ 个连续状态使得它们的第一分量构成序列 $\mathbf{a}$, 这里 $B_a P_a (B_a$ 为非负整数) 个连续

状态在枝上, $C_a P_a (C_a$ 为正整数) 个连续状态在极限环上, $B_a P_a + C_a P_a$ 个连续状态的第一分量形成序列 **b**.

如果 $B_a + C_a > 1$, 则 Galois NFSR 存在两个不同的初始状态生成相同的输出序列 **b**. 也就是说 Ω_g 的基数满足 $|\Omega_g| < 2^n$, 那么 $|\Omega_f| < 2^n$, 这与一个 n 级 Fibonacci NFSR 输出序列条数为 2^n 相矛盾. 所以, $B_a + C_a = 1$. 由于 B_a 为非负整数, C_a 为正整数, 那么 $B_a = 0$, $C_a = 1$. 这就意味着, 该 Galois NFSR 共有 $K_a + P_a$ 个连续状态 $\mathbf{Y}_1, \mathbf{Y}_2, \cdots, \mathbf{Y}_{K_a + P_a}$ 使得它们的第一分量形成序列 **a**. 故而, 存在一个双射 $\varphi : \mathbf{X}_i \mapsto \mathbf{Y}_i, i = 1, 2, \cdots, K_a + P_a$, 使得对于 Fibonacci NFSR 状态图里任意一条从 $\mathbf{X}_{i_1}$ 到 $\mathbf{X}_{i_2}$ 的边, 在 Galois NFSR 状态图中都存在一条从 $\varphi(\mathbf{X}_{i_1})$ 到 $\varphi(\mathbf{X}_{i_2})$ 的边. 由序列 **a** 的任意性可知结论成立.   □

引理 12.1.1   一个反馈为 $\mathbf{f} = [f_1 \ f_2 \ \cdots \ f_n]^\mathrm{T}$ 的 n 级 Galois NFSR 可以等价表示为一个线性系统

$$\mathbf{x}(t+1) = L_g \mathbf{x}(t), \ t \in \mathbb{Z}_+,$$

其中 $\mathbf{x} \in \Delta_{2^n}$ 为状态, $L_g = \delta_{2^n}[\zeta_1 \ \zeta_2 \ \cdots \ \zeta_{2^n}] \in \mathcal{L}_{2^n \times 2^n}$ 为状态转移矩阵, 它满足

$$\zeta_i = 2^n - 2^{n-1}f_1(2^n - i) - 2^{n-2}f_2(2^n - i) - \cdots - 2f_{n-1}(2^n - i) - f_n(2^n - i),$$

$$i = 1, 2, \cdots, 2^n.$$

证明   将 Galois NFSR 当作一个布尔网络, 那么该结果可以根据方程 (9.3.6) 和引理 9.3.1 推出.   □

引理 12.1.2[156]   设 $y(t) = g(\mathbf{X}(t))$, 这里 $\mathbf{X}$ 是 Galois NFSR 的状态, g 是布尔函数, t 是时刻, 则序列 $(y(t))_{t \geqslant 0}$ 的周期是状态序列 $(\mathbf{X}(t))_{t \geqslant 0}$ 周期的因子.

定理 12.1.2   如果一个 Galois NFSR 等价于一个 Fibonacci NFSR, 那么这个 Galois NFSR 的级数不小于这个 Fibonacci NFSR 的级数.

证明   如果一个 Galois NFSR 等价于一个 Fibonacci NFSR, 那么它们的输出序列集合相同. 因此, 它们对应的输出序列的周期相同. 根据引理 12.1.2, 我们知道 Galois NFSR 的输出序列的周期是状态序列周期的因子. 又因为状态序列形成了这个 Galoi NFSR 的一个极限环. 所以, 为了与 Fibonacci NFSR 有相同的输出序列, Galois NFSR 可能会需要更多的状态. 更多状态的需求导致 Galois NFSR 需要更大的级数.   □

根据定理 12.1.2, 从硬件实现代价的角度, 我们可以只考虑 Galois NFSR 级数与给定 Fibonacci NFSR 级数相等的情况.

引理 12.1.3   状态为 $\mathbf{X} \in \mathbb{F}_2^n$ 且表示为系统 $\mathbf{X}(t+1) = F(\mathbf{X}(t))$ 的一个 n 级 Galois NFSR 等价于状态为 $\mathbf{Y} \in \mathbb{F}_2^n$ 且表示为系统 $\mathbf{Y}(t+1) = H(\mathbf{Y}(t))$ 的一

个 n 级 Fibonacci NFSR, 当且仅当, 存在一个双射 $\varphi: \mathbf{X} \mapsto \mathbf{Y}$, 使得 $\varphi(F(\mathbf{X})) = H(\varphi(\mathbf{X}))$ 和 $[1\ 0\ \cdots\ 0]\varphi(\mathbf{X}) = [1\ 0\ \cdots\ 0]\mathbf{X}$ 对所有的 $\mathbf{X} \in \mathbb{F}_2^n$ 均成立.

证明 (必要性) 显然, 在 Galois NFSR 的状态图中, 对于每一个状态 $\mathbf{X} \in \mathbb{F}_2^n$, 都存在一条边从状态 $\mathbf{X}$ 到状态 $F(\mathbf{X})$. 相似地, 在 Fibonacci NFSR 的状态图中, 对于每一个状态 $\mathbf{Y} \in \mathbb{F}_2^n$, 都存在一条边从状态 $\mathbf{Y}$ 到状态 $H(\mathbf{Y})$. 如果一个 Galois NFSR 等价于一个 Fibonacci NFSR, 那么根据定理 12.1.1, 它们的状态图同构, 也就是说, 存在一个双射 $\varphi: \mathbf{X} \mapsto \mathbf{Y}$, 使得 $\varphi(F(\mathbf{X})) = H(\mathbf{Y}) = H(\varphi(\mathbf{X}))$ 对每个 $\mathbf{X} \in \mathbb{F}_2^n$ 都成立. 因为 NFSR 以第一比特内容为输出, 所以每个状态 $\mathbf{X}$ 与它对应的状态 $\mathbf{Y}$ 有相同的第一个分量. 也就是说, 对于每个 $\mathbf{X} \in \mathbb{F}_2^n$ 都有 $[1\ 0\ \cdots\ 0]\varphi(\mathbf{X}) = [1\ 0\ \cdots\ 0]\mathbf{X}$ 成立.

(充分性) 如果存在双射 $\varphi: \mathbf{X} \mapsto \mathbf{Y}$, 使得 $\varphi(F(\mathbf{X})) = H(\varphi(\mathbf{X}))$ 和 $[1\ 0\ \cdots\ 0]\varphi(\mathbf{X}) = [1\ 0\ \cdots\ 0]\mathbf{X}$ 对所有 $\mathbf{X} \in \mathbb{F}_2^n$ 均成立, 那么根据必要性的证明, Galois NFSR 与 Fibonacci NFSR 的状态图同构, 并且它们的对应状态的第一个分量相同. 因此, Galois NFSR 与 Fibonacci NFSR 等价, 即它们的输出序列集合相同.   □

命题 12.1.1 状态为 $\mathbf{x} \in \Delta_{2^n}$ 且表示为系统 $\mathbf{x}(t+1) = L_g\mathbf{x}(t)$ 的一个 n 级 Galois NFSR 等价于状态为 $\mathbf{y} \in \Delta_{2^n}$ 且表示为系统 $\mathbf{y}(t+1) = L_f\mathbf{y}(t)$ 的一个 n 级 Fibonacci NFSR, 当且仅当, 存在一个变换 $\mathbf{y} = P\mathbf{x}$ 使得 $L_g = P^{-1}L_fP$, 这里置换矩阵 $P = \delta_{2^n}[j_1\ j_2\ \cdots\ j_{2^n}]$ 对所有 $i = 1, 2, \cdots, 2^{n-1}$ 满足 $1 \leqslant j_i \leqslant 2^{n-1}$ 和 $2^{n-1} + 1 \leqslant j_{2^{n-1}+i} \leqslant 2^n$.

证明 将系统 $\mathbf{x}(t+1) = L_g\mathbf{x}(t)$, 其中 $\mathbf{x} \in \Delta_{2^n}$, 等价表示为 $\mathbf{X}(t+1) = F(\mathbf{X}(t))$, 其中 $\mathbf{X} \in \mathbb{F}_2^n$. 类似地, 将 $\mathbf{y}(t+1) = L_f\mathbf{y}(t)$, 其中 $\mathbf{y} \in \Delta_{2^n}$, 等价表示为 $\mathbf{Y}(t+1) = H(\mathbf{Y}(t))$, 其中 $\mathbf{Y} \in \mathbb{F}_2^n$. 根据引理 12.1.3, Galois NFSR 等价于 Fibonacci NFSR, 当且仅当, 存在一个双射 $\varphi: \mathbf{X} \mapsto \mathbf{Y}$, 使得 $\varphi(F(\mathbf{X})) = H(\varphi(\mathbf{X}))$ 和 $[1\ 0\ \cdots\ 0]\varphi(\mathbf{X}) = [1\ 0\ \cdots\ 0]\mathbf{X}$ 对所有 $\mathbf{X} \in \mathbb{F}_2^n$ 都成立.

根据引理 9.3.1, 状态 $\delta_{2^n}^j \in \Delta_{2^n}$ 唯一地对应于十进制数为 $2^n - j$ 的 $\mathbb{F}_2^n$ 上的状态. 令 P 为由双射 φ 决定的置换矩阵. 集合 $S_1 = \{\delta_{2^n}^j | j = 1, 2, \cdots, 2^{n-1}\}$ 中所有状态都对应着 $\mathbb{F}_2^n$ 上第一个分量为 1 的状态, 同时集合 $S_2 = \{\delta_{2^n}^j | j = 2^{n-1} + 1, 2^{n-1} + 2, \cdots, 2^n\}$ 中所有状态都对应着 $\mathbb{F}_2^n$ 上第一个分量为 0 的状态, 因此, 双射 φ 对于每一个 $\mathbf{X} \in \mathbb{F}_2^n$ 满足 $[1\ 0\ \cdots 0]\varphi(\mathbf{X}) = [1\ 0\ \cdots 0]\mathbf{X}$, 等价于置换矩阵 $P = \delta_{2^n}[j_1\ j_2\ \cdots\ j_{2^n}]$ 对所有 $i = 1, 2, \cdots, 2^{n-1}$ 满足 $1 \leqslant j_i \leqslant 2^{n-1}$ 和 $2^{n-1} + 1 \leqslant j_{2^{n-1}+i} \leqslant 2^n$.

此外, 通过变换 $\mathbf{y} = P\mathbf{x}$, 系统 $\mathbf{x}(t+1) = L_g\mathbf{x}(t)$ 转换为系统 $\mathbf{y}(t+1) = L_f\mathbf{y}(t)$, 且 L_g 和 L_f 满足 $L_g = P^{-1}L_fP$. 结论成立.   □

定理 12.1.3 对于一个 n 级 Fibonacci NFSR, 与它等价的 n 级 Galois NFSR

的个数为 $(2^{n-1}!)^2$.

证明 将 n 级 Galois NFSR 表示为 $\mathbf{x}(t+1) = L_g\mathbf{x}(t), \mathbf{x} \in \Delta_{2^n}$, 且将 n 级 Fibonacci NFSR 表述为 $\mathbf{y}(t+1) = L_f\mathbf{y}(t), \mathbf{y} \in \Delta_{2^n}$. 根据后面的命题 12.2.2, 一个 n 级 Galois NFSR 等价于一个 n 级 Fibonacci NFSR, 当且仅当, 存在一个变换 $\mathbf{x} = P^{-1}\mathbf{y}$ 使得 $L_g = P^{-1}L_f P$, 这里置换矩阵 $P = \delta_{2^n}[j_1 \ j_2 \ \cdots \ j_{2^n}]$ 对所有 $i = 1, 2, \cdots, 2^{n-1}$ 都满足 $1 \leqslant j_i \leqslant 2^{n-1}$ 和 $2^{n-1}+1 \leqslant j_{2^{n-1}+i} \leqslant 2^n$. 显然, 这样的置换矩阵 P 共有 $(2^{n-1}!)^2$ 种. 因为 $(j_1, j_2, \cdots, j_{2^{n-1}})$ 可以是 $(1, 2, \cdots, 2^{n-1})$ 的任意置换, 而 $(j_{2^{n-1}+1}, j_{2^{n-1}+2}, \cdots, j_{2^n})$ 可以是 $(2^{n-1}+1, 2^{n-1}+2, \cdots, 2^n)$ 的任意置换, 所以 $(j_1, j_2, \cdots, j_{2^{n-1}})$ (或 $(j_{2^{n-1}+1}, j_{2^{n-1}+2}, \cdots, j_{2^n})$) 的置换共有 $2^{n-1}!$ 种. 从而, 总共有 $(2^{n-1}!)^2$ 个可能的 P^{-1}. 变换 $\mathbf{x} = P^{-1}\mathbf{y}$ 的不同导致 Galois NFSR 的状态图不同, 因此, 可以得到不同的 Galois NFSR. 从而可知结论成立. □

定理 12.1.4 如果一个反馈函数为 $\mathbf{f} = [f_1 \ f_2 \ \cdots \ f_n]^{\mathrm{T}}$ 的 Galois NFSR 等价于一个 n 级 Fibonacci NFSR, 那么对于任意 $i_0 \in \mathcal{I} = \{0, 1, \cdots, 2^n - 1\}$, 最多存在一个 $i_1 \in \mathcal{I}$, 使得 $f_k(i_1) = f_k(i_0)$ 对于所有 $k = 1, 2, \cdots, n$ 均成立. 另外,

(i) 如果 $i_0 \in \mathcal{I}_0 = \{0, 1, \cdots, 2^{n-1} - 1\}$, 那么 $i_1 \in \mathcal{I}_1 = \{2^{n-1}, 2^{n-1} + 1, \cdots, 2^n - 1\}$;

(ii) 如果 $i_0 \in \mathcal{I}_1$, 那么 $i_1 \in \mathcal{I}_0$;

(iii) 如果这个 Fibonacci NFSR 是非奇异的, 那么不存在上述的 i_1.

证明 对于任意 $i_0 \in \mathcal{I} = \{0, 1, \cdots, 2^n - 1\}$, 令对应十进制数 i_0 的向量 $\mathbf{X}_0 = [X_1 \ X_2 \ \cdots \ X_n]^{\mathrm{T}} \in \mathbb{F}_2^n$ 为一个 n 级 Galois NFSR 的状态. 相应地, 令对应十进制数 i_1 的向量 $\mathbf{X}_1 = [X_1 \oplus 1 \ X_2 \ \cdots \ X_n]^{\mathrm{T}} \in \mathbb{F}_2^n$ 为一个 n 级 Galois NFSR 的状态. 因此, 如果 $i_0 \in \mathcal{I}_0$, 那么 $i_1 \in \mathcal{I}_1$; 如果 $i_0 \in \mathcal{I}_1$, 那么 $i_1 \in \mathcal{I}_0$.

如果这个 n 级 Galois NFSR 等价于一个 n 级 Fibonacci NFSR, 那么根据引理 12.1.3 可知: 存在一个双射 $\varphi : \mathbf{X}_r \mapsto \mathbf{Y}_r$, 这里 $r = 0$ 或 1, $\mathbf{Y}_r$ 是 Fibonacci NFSR 的状态, 且状态 $\mathbf{X}_r$ 和对应的 $\mathbf{Y}_r$ 有相同的第一个分量.

对于 Fibonacci NFSR 的状态 $\mathbf{Y}_0 = [Y_1 \ Y_2 \ \cdots \ Y_n]^{\mathrm{T}}$, 最多与另一个状态 $\mathbf{Y}_1 = [Y_1 \oplus 1 \ Y_2 \ \cdots \ Y_n]^{\mathrm{T}}$ 有相同的后继. 如果这个 Fibonacci NFSR 是非奇异的, 则不存在这样的 $\mathbf{Y}_1$. 如果这个 Galois NFSR 等价于 Fibonacci NFSR, 那么由定理 12.1.1 可知它们的状态图同构. 因此, Galois NFSR 的状态 $\mathbf{X}_0$ 最多只有另一个状态 $\mathbf{X}_1$ 使得它们的后继相同. 如果 Fibonacci NFSR 是非奇异的, 则不存在这样的 $\mathbf{X}_1$. 注意: 如果 $\mathbf{X}_0$ 和 $\mathbf{X}_1$ 有相同的后继, 那么 $\mathbf{f}(\mathbf{X}_0) = \mathbf{f}(\mathbf{X}_1)$. 这意味着 $f_k(i_0) = f_k(i_1)$ 对于所有的 $k = 1, 2, \cdots, n$ 均成立. □

定理 12.1.5 如果反馈函数为 $\mathbf{f} = [f_1 \ f_2 \ \cdots \ f_n]^{\mathrm{T}}$ 的一个 n 级 Galois NFSR 等价于一个 n 级 Fibonacci NFSR, 那么 $\mathrm{wt}([f_1(2^n - 1), f_1(2^n - 2), \cdots, f_1(2^{n-1})])$

$= \mathrm{wt}([f_1(2^{n-1}-1), f_1(2^{n-1}-2), \cdots, f_1(0)]) = 2^{n-2}.$

证明 根据命题 12.1.1, 如果一个 n 级 Galois NFSR 等价于一个 n 级 Fibonacci NFSR, 则存在置换矩阵 $P = \delta_{2^n}[j_1 \ j_2 \ \cdots \ j_{2^n}]$ 使得 $L_g = P^{-1}L_f P$, 这里 $1 \leqslant j_i \leqslant 2^{n-1}$ 和 $2^{n-1}+1 \leqslant j_{2^{n-1}+i} \leqslant 2^n$ 对于所有 $i = 1, 2, \cdots, 2^{n-1}$ 均成立, 且 L_g 和 L_f 分别为 Galois NFSR 和 Fibonacci NFSR 的状态转移矩阵. 设 $L_f = \delta_{2^n}[\eta_1 \ \eta_2 \ \cdots \ \eta_{2^n}]$, $L_g = \delta_{2^n}[\zeta_1 \ \zeta_2 \ \cdots \ \zeta_{2^n}]$, 则有

$$L_g = P^{-1}L_f P = P^{\mathrm{T}}\delta_{2^n}[\eta_1 \ \eta_2 \ \cdots \ \eta_{2^n}]\delta_{2^n}[j_1 \ j_2 \ \cdots \ j_{2^n}]$$
$$= \delta_{2^n}[j_1 \ j_2 \ \cdots \ j_{2^n}]^{\mathrm{T}}\delta_{2^n}[\eta_{j_1} \ \eta_{j_2} \ \cdots \ \eta_{2^n}],$$

这意味着 $\delta_{2^n}^{\zeta_i} = \delta_{2^n}[j_1 \ j_2 \ \cdots \ j_{2^n}]^{\mathrm{T}}\delta_{2^n}^{\eta_{j_i}}$, $i = 1, 2, \cdots, 2^n$, 也就是说

$$[0 \ \cdots \ 0 \ \underset{\zeta_i\text{-th}}{1} \ 0 \ \cdots \ 0]^{\mathrm{T}} = \delta_{2^n}[j_1 \ j_2 \ \cdots \ j_{2^n}]^{\mathrm{T}}[0 \ \cdots \ 0 \ \underset{\eta_{j_i}\text{-th}}{1} \ 0 \ \cdots \ 0]^{\mathrm{T}}. \quad (12.1.1)$$

根据方程 (12.1.1), 很容易看出 $[0 \ \cdots \ 0 \ \underset{\zeta_i\text{-th}}{1} \ 0 \ \cdots \ 0]^{\mathrm{T}}$ 仅是 $[0 \ \cdots \ 0 \ \underset{\eta_{j_i}\text{-th}}{1} \ 0 \ \cdots \ 0]^{\mathrm{T}}$ 的一个行置换, 它可通过置换 $(j_1 \ j_2 \cdots j_{2^n})$ 得到. 由于对于所有的 $i = 1, 2, \cdots, 2^{n-1}$ 都有 $1 \leqslant j_i \leqslant 2^{n-1}$ 和 $2^{n-1}+1 \leqslant j_{2^{n-1}+i} \leqslant 2^n$, 那么当 $1 \leqslant \eta_i \leqslant 2^{n-1}$ 时, 有 $1 \leqslant \eta_{j_i} \leqslant 2^{n-1}$ 和 $1 \leqslant \zeta_i \leqslant 2^{n-1}$; 当 $2^{n-1}+1 \leqslant \eta_i \leqslant 2^n$ 时, 有 $2^{n-1}+1 \leqslant \eta_{j_i} \leqslant 2^n$ 和 $2^{n-1}+1 \leqslant \zeta_i \leqslant 2^n$.

根据定理 9.5.1, 对于所有的 $i = 1, 2, \cdots, 2^{n-1}$ (或 $i = 2^{n-1}+1, 2^{n-1}+2, \cdots, 2^n$), 总共有 2^{n-2} 个 η_i 满足 $1 \leqslant \eta_i \leqslant 2^{n-1}$, 有 2^{n-2} 个 η_i 满足 $2^{n-1}+1 \leqslant \eta_i \leqslant 2^n$. 因此, 对于所有的 $i = 1, 2, \cdots, 2^{n-1}$ (或 $i = 2^{n-1}+1, 2^{n-1}+2, \cdots, 2^n$), 总共有 2^{n-2} 个 ζ_i 满足 $1 \leqslant \zeta_i \leqslant 2^{n-1}$, 有 2^{n-2} 个 ζ_i 满足 $2^{n-1}+1 \leqslant \zeta_i \leqslant 2^n$. 根据引理 12.1.1 可得

$$\zeta_i = 2^n - 2^{n-1}f_1(2^n-i) - 2^{n-2}f_2(2^n-i) - \cdots - f_n(2^n-i), \quad i = 1, 2, \cdots, 2^n.$$

因此, 如果 $1 \leqslant \zeta_i \leqslant 2^{n-1}$, 那么 $f_1(2^n-i) = 1$; 如果 $2^{n-1}+1 \leqslant \zeta_i \leqslant 2^n$, 那么 $f_1(2^n-i) = 0$. 故而, 在 $[f_1(2^n-1), f_1(2^n-2), \cdots, f_1(2^{n-1})]$ 和 $[f_1(2^{n-1}-1), f_1(2^{n-1}-2), \cdots, f_1(0)]$ 里都各有 2^{n-2} 个 1. □

定理 12.1.5 揭示了等价于一个 Fibonacci NFSR 的 Galois NFSR 的第一比特函数的必要条件. 注意: 通常情况下, 移位寄存器的相邻比特之间存在移位. 下文给出了一个布尔函数, 它同时满足定理 12.1.5 的必要条件和移位寄存器的第一比特存在移位的条件.

命题 12.1.2 布尔函数 $f(X_1, X_2, \cdots, X_n) = X_2 \oplus g(X_3, \cdots, X_n)$ 满足

$$\mathrm{wt}([f(2^n-1), f(2^n-2), \cdots, f(2^{n-1})])$$

$$= \mathrm{wt}([f(2^{n-1}-1), f(2^{n-1}-2), \cdots, f(0)]) = 2^{n-2}.$$

证明 令 $Y_i = X_{i+1}, i = 1, 2, \cdots, n-1$ 及 $h = f$. 则有 $h(Y_1, Y_2, \cdots, Y_{n-1}) = Y_1 \oplus g(Y_2, Y_3, \cdots, Y_{n-1})$. 显然, h 是一个关于变量 Y_1 线性的 $(n-1)$ 元布尔函数. 因此, h 是平衡的, 故而有 $\mathrm{wt}(h) = 2^{n-2}$.

另一方面, 显然 $f(2^n - 1), f(2^n - 2), \cdots, f(2^{n-1})$ 是 $f(1, X_2, \cdots, X_n)$ 可能的取值, 同时 $f(2^{n-1} - 1), f(2^{n-1} - 2), \cdots, f(0)$ 是 $f(0, X_2, \cdots, X_n)$ 可能的取值. 再结合对于所有 $[X_2 \ X_3 \ \cdots \ X_n]^{\mathrm{T}} \in \mathbb{F}_2^{n-1}$ 都有 $f(1, X_2, \cdots, X_n) = f(0, X_2, \cdots, X_n)$, 可以得到对于所有 $i = 1, 2, \cdots, 2^{n-1}$ 都有 $f(2^n - i) = f(2^{n-1} - i)$. 因此, 同时有 $\mathrm{wt}([f(2^n - 1), f(2^n - 2), \cdots, f(2^{n-1})]) = \mathrm{wt}(h) = 2^{n-2}$ 和 $\mathrm{wt}([f(2^{n-1} - 1), f(2^{n-1} - 2), \cdots, f(0)]) = \mathrm{wt}(h) = 2^{n-2}$ 成立. □

命题 12.1.2 给出了满足定理 12.1.5 但与变量 X_1 无关的一类布尔函数. 下文将给出满足定理 12.1.5 且与变量 X_1 有关的另一类布尔函数.

命题 12.1.3 布尔函数 $f(X_1, X_2, \cdots, X_n) = X_1 \oplus X_2 \oplus g(X_3, \cdots, X_n)$ 满足

$$\mathrm{wt}([f(2^n - 1), f(2^n - 2), \cdots, f(2^{n-1})])$$
$$= \mathrm{wt}([f(2^{n-1} - 1), f(2^{n-1} - 2), \cdots, f(0)]) = 2^{n-2}.$$

证明 令 $h_1(X_1, X_2, \cdots, X_n) = X_1$ 和 $h_2(X_1, X_2, \cdots, X_n) = X_2 \oplus g(X_3, \cdots, X_n)$, 则 $f = h_1 \oplus h_2$. 一方面, h_1 的按逆字典序排列的真值表的左半部分为 $[1, 1, \cdots, 1]$ 且汉明重量为 2^{n-1}, 但是 h_1 的真值表的右半部分为 $[0, 0, \cdots, 0]$ 且汉明重量为 0. 另一方面, 根据命题 12.1.2, h_2 的真值表的左右两半部分的汉明重量均为 2^{n-2}. 因此, f 的真值表的左半部分的汉明重量为 $2^{n-1} - 2^{n-2} = 2^{n-2}$, 右半部分的汉明重量为 $0 + 2^{n-2} = 2^{n-2}$. □

例 12.1.1 考虑文献 [90] 中的一个 4 级 Galois NFS, 它的反馈 $\mathbf{f} = [f_1 \ f_2 \ f_3 \ f_4]^{\mathrm{T}}$ 满足 $f_1 = X_1 \oplus X_2, f_2 = X_3, f_3 = X_4, f_4 = X_1 \oplus X_3 X_4$. 这个 Galois NFSR 等价于一个反馈函数为 $f = X_1 \oplus X_3 \oplus X_4 \oplus X_2 X_3 \oplus X_2 X_4 \oplus X_3 X_4$ 的 4 级 Fibonacci NFSR[197].

一方面, 通过直接计算可得 f_1 的按逆字典序排列的真值表为 $[0, 0, 0, 0, 1, 1, 1, 1, 1, 1, 1, 1, 1, 0, 0, 0, 0]$. 显然, 真值表左右两半部分的汉明重量都是 4, 这与定理 12.1.5 的结论一致. 另一方面, 布尔函数 f_1 是命题 12.1.3 中 f 的一种特殊形式. 根据命题 12.1.3, f_1 的真值表左右两半部分的汉明重量均为 4, 与上述事实一致.

例 12.1.2 考虑文献 [90] 中的一个 4 级 Galois NFSR, 其反馈 $\mathbf{f} = [f_1 \ f_2 \ f_3 \ f_4]^{\mathrm{T}}$ 满足 $f_1 = X_2 \oplus X_1 X_2, f_2 = X_3 \oplus X_1 \oplus X_1 X_3 \oplus X_1 X_2 X_3, f_3 = X_4 \oplus X_1 \oplus X_2 \oplus$

$X_3 \oplus X_1X_3 \oplus X_2X_3, f_4 = X_1 \oplus X_2X_4$. 这个 Galois NFSR 不等价于 Fibonacci NFSR[90].

事实上, 通过直接计算可以得到 f_1 字典序真值表为 $[0,0,0,0,0,0,0,0,1,1,1,$ $1,0,0,0,0]$, 显然, 真值表左半部分 $[0,0,0,0,0,0,0,0]$ 的汉明重量是 0, 并不是 4. 根据定理 12.1.5, 这个 Galois NFSR 一定不等价一个 4 级的 Fibonacci NFSR, 符合文献 [90] 中的结论.

12.2　两个 Fibonacci NFSR 串联的等价性

在本小节中, 我们研究两个 Fibonacci NFSR 串联的等价性; 揭示两个 Fibonacci NFSR 的等价串联的个数和反馈函数的关系, 指出现有 Grain 类流密码算法在等价的串联中使用了硬件实现代价更低的 NFSR, 证实这类算法好的设计准则.

12.2.1　两个 Fibonacci NFSR 的串联

图 12.2.1 给出了 m 级 NFSR1 到 n 级 NFSR2 的串联, 其中每个小方框表示一个二元存储器, 也称为比特. 这里, NFSR1 是反馈函数为 g 的 Fibonacci NFSR, 而 NFSR2 是带单输入 U_1 的 NFSR, 该输入是 NFSR1 的输出. NFSR2 的反馈函数为 f. 如果 NFSR2 的输入 U_1 恒为零, 那么 NFSR2 退化为 Fibonacci NFSR. NFSR1 的状态 $\mathbf{U} = [U_1 \; U_2 \; \cdots \; U_m]^{\mathrm{T}}$ 和 NFSR2 的状态 $\mathbf{X} = [X_1 \; X_2 \; \cdots \; X_n]$ 构成整个串联的状态, 用 $\mathbf{Y} = [\mathbf{X}^{\mathrm{T}} \; \mathbf{U}^{\mathrm{T}}]^{\mathrm{T}}$ 表示. 作为一种特殊的 Galois 型 NFSR, 串联的级数为 $m + n$. X_1 是 NFSR2 的输出, 也是该串联的输出. 这个串联可表示为以下非线性系统:

$$\begin{cases} X_1(t+1) = X_2(t), \\ \quad \vdots \\ X_{n-1}(t+1) = X_n(t), \\ X_n(t+1) = f(X_1(t), \cdots, X_n(t)) \oplus U_1(t), \\ U_1(t+1) = U_2(t), \\ \quad \vdots \\ U_{m-1}(t+1) = U_m(t), \\ U_m(t+1) = g(U_1(t), \cdots, U_m(t)), \end{cases} \tag{12.2.1}$$

这里 $t \in \mathbb{Z}_+$ 表示时刻.

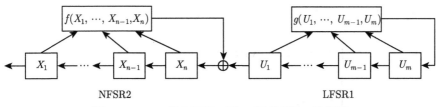

图 12.2.1 m 级 NFSR1 到 n 级 NFSR2 的串联

NFSR1 的特征函数为

$$g_c(U_1, U_2, \cdots, U_{m+1}) = g(U_1, U_2, \cdots, U_m) \oplus U_{m+1},$$

NFSR2 的特征函数为

$$f_c(X_1, X_2, \cdots, X_{n+1}) = f(X_1, X_2, \cdots, X_n) \oplus X_{n+1}.$$

这个串联等价于一个 $(m+n)$ 级的 Fibonacci NFSR, 该 Fibonacci NFSR 的特征函数为[269]

$$h_c(Z_1, Z_2, \cdots, Z_{m+n+1}) = (g_c * f_c)(Z_1, Z_2, \cdots, Z_{m+n+1})$$

$$= g_c(f_c(Z_1, Z_2, \cdots, Z_{n+1}), f_c(Z_2, Z_3, \cdots, Z_{n+2}),$$

$$\cdots, f_c(Z_{m+1}, Z_{m+2}, \cdots, Z_{m+n+1})).$$

12.2.2 串联等价性分析

在本节中, 我们将从反馈函数和状态图的角度揭示两个 NFSR 的等价串联之间的关系, 内容主要基于文献 [439].

定理 12.2.1 如果 m 级 NFSR1 到 n 级 NFSR2 的串联等价于 $(m+n-p)$ 级 NFSR3 到 p 级 NFSR4 的串联, 这里正整数 p 满足 $1 \leqslant p < n$, 那么 NFSR2 的反馈函数 f 和 NFSR4 的反馈函数 $\bar{f}$ 满足 $f(X_1, X_2, \cdots, X_n) \oplus \bar{f}(X_{n-p+1}, X_{n-p+2}, \cdots, X_n) \neq$ 常值 对于所有 $[X_1 \ X_2 \ \cdots \ X_n]^{\mathrm{T}} \in \mathbb{F}_2^n$ 成立.

证明 令 $\mathbf{U} = [U_1 \ U_2 \ \cdots \ U_m]^{\mathrm{T}} \in \mathbb{F}_2^m$ 表示 NFSR1 的状态, $\mathbf{X} = [X_1 \ X_2 \ \cdots \ X_n]^{\mathrm{T}} \in \mathbb{F}_2^n$ 表示 NFSR2 的状态. 为了方便区分, 我们给 NFSR3 和 NFSR4 的对应记号加上 "ˉ". 因此, NFSR2 的第 n 个状态分量满足

$$X_n(t+1) = f(\mathbf{X}(t)) \oplus U_1(t) \tag{12.2.2}$$

对任意的 $t \in \mathbb{Z}_+$ 成立. 同时, NFSR4 可以表示成

$$
\begin{cases}
\bar{X}_1(t+1) = \bar{X}_2(t), \\
\quad\quad\quad \vdots \\
\bar{X}_{p-1}(t+1) = \bar{X}_p(t), \\
\bar{X}_p(t+1) = \bar{f}(\mathbf{X}(t)) \oplus \bar{U}_1(t), \quad t \in \mathbb{Z}_+.
\end{cases}
\tag{12.2.3}
$$

重复运用方程 (12.2.3), 可以得到

$$
\bar{X}_i(t+M) = \bar{X}_j(t+M+i-j)
\tag{12.2.4}
$$

对于所有的非负整数 M 以及满足 $1 \leqslant i, j \leqslant p$ 的所有的正整数 i 和 j 均成立. 类似地处理 NFSR3 的状态, 我们可以得到

$$
\bar{U}_i(t+M) = \bar{U}_j(t+M+i-j)
\tag{12.2.5}
$$

对于所有的非负整数 M 以及满足 $1 \leqslant i, j \leqslant m+n-p$ 的所有正整数 i 和 j 成立.

因为 $p < n$, 所以有 $n = Np + k$, 这里 N 和 k 是非负整数, k 满足 $0 \leqslant k < p$. 显然, 两个串联的输出序列分别是 NFSR2 和 NFSR4 的输出序列. 因此, 对于任意给定的两个等价串联的输出序列 $\mathbf{s} = (s_i)_{i \geqslant 1}$, 一定存在某个时刻 $t \in \mathbb{Z}_+$ 使得

$$
[s_1 \; s_2 \; s_3 \; \cdots] = [\mathbf{X}^{\mathrm{T}}(t) \quad \mathbf{X}^{\mathrm{T}}(t+n) \quad \mathbf{X}^{\mathrm{T}}(t+2n) \; \cdots]
$$

$$
= [\mathbf{X}^{\mathrm{T}}(t) \quad \mathbf{X}^{\mathrm{T}}(t+p) \quad \mathbf{X}^{\mathrm{T}}(t+2p) \; \cdots].
$$

由输出序列 $\mathbf{s}$ 的任意性可知: 当两个串联产生相同的输出序列时, NFSR2 的状态 $\mathbf{X}$ 和 NFSR4 的状态 $\mathbf{X}$ 必须满足以下性质:

$$
\mathbf{X}(t) = [\mathbf{X}^{\mathrm{T}}(t) \quad \mathbf{X}^{\mathrm{T}}(t+p) \quad \cdots \quad \mathbf{X}^{\mathrm{T}}(t+(N-1)p)
$$

$$
\bar{X}_1(t+Np) \quad \bar{X}_2(t+Np) \quad \cdots \quad \bar{X}_k(t+Np)]^{\mathrm{T}}
\tag{12.2.6}
$$

对于任意的 $t \in \mathbb{Z}_+$ 成立. 换句话说, 存在两个串联的一对初始状态 $[\mathbf{X}^{\mathrm{T}}(0) \quad \mathbf{U}^{\mathrm{T}}(0)]^{\mathrm{T}}$ 和 $[\mathbf{X}^{\mathrm{T}}(0) \quad \mathbf{U}^{\mathrm{T}}(0)]^{\mathrm{T}}$ 使得方程 (12.2.6) 成立.

利用方程 (12.2.4) 和 (12.2.6) 可得: 对于任意 $t \in \mathbb{Z}_+$,

$$
\bar{\mathbf{X}}(t+(N-1)p+k)
$$

$$
= [\bar{X}_1(t+(N-1)p+k) \quad \bar{X}_2(t+(N-1)p+k) \; \cdots
$$

$$
\bar{X}_{p-k}(t+(N-1)p+k) \quad \bar{X}_{p-k+1}(t+(N-1)p+k)
$$

$$\cdots \ \bar{X}_p(t+(N-1)p+k)]^{\mathrm{T}}$$

$$= [\bar{X}_{k+1}(t+(N-1)p) \ \ \bar{X}_{k+2}(t+(N-1)p) \ \cdots$$

$$\bar{X}_p(t+(N-1)p) \ \ \bar{X}_1(t+Np) \ \cdots \ \bar{X}_k(t+Np)]^{\mathrm{T}}$$

$$= [X_{n-p+1}(t) \ \ X_{n-p+2}(t) \ \cdots \ X_n(t)]^{\mathrm{T}},$$

即

$$\bar{\mathbf{X}}(t+(N-1)p+k) = [X_{n-p+1}(t) \ \ X_{n-p+2}(t) \ \cdots \ X_n(t)]^{\mathrm{T}}. \tag{12.2.7}$$

因此, 对于任意的 $t \in \mathbb{Z}_+$, 有

$$X_n(t+1) = \bar{X}_k(t+Np+1) = \bar{X}_p(t+(N-1)p+k+1)$$

$$= \bar{f}(\mathbf{X}(t+(N-1)p+k)) \oplus \bar{U}_1(t+(N-1)p+k)$$

$$= \bar{f}(X_{n-p+1}(t), X_{n-p+2}(t), \cdots, X_n(t)) \oplus \bar{U}_{(N-1)p+k+1}(t)$$

$$= \bar{f}(X_{n-p+1}(t), X_{n-p+2}(t), \cdots, X_n(t)) \oplus \bar{U}_{n-p+1}(t). \tag{12.2.8}$$

在上述推导中, 第一个等号使用了方程 (12.2.6); 第二个等号运用了方程 (12.2.4); 第三个等号运用了 (12.2.3) 中的第 p 个方程; 第四个等号运用了方程 (12.2.5) 和 (12.2.7); 第五个等号运用了 $n = Np+k$. 另一方面, 通过方程 (12.2.2) 可得

$$X_n(t+1) = f(X_1(t), X_2(t), \cdots, X_n(t)) \oplus U_1(t) \tag{12.2.9}$$

对于任意的 $t \in \mathbb{Z}_+$ 成立. 结合方程 (12.2.8) 和 (12.2.9) 得出

$$f(X_1(t), X_2(t), \cdots, X_n(t)) \oplus \bar{f}(X_{n-p+1}(t), X_{n-p+2}(t), \cdots, X_n(t))$$

$$= U_1(t) \oplus \bar{U}_{n-p+1}(t)$$

对于任意的 $t \in \mathbb{Z}_+$ 成立. 为了证明该结果, 我们只需要证明: 对任意的 $t \in \mathbb{Z}_+$, 有

$$U_1(t) \oplus \bar{U}_{n-p+1}(t) \not\equiv 0. \tag{12.2.10}$$

显然, U_1 表示 NFSR1 到 NFSR2 的串联中从左往右的第 $(n+1)$ 比特的内容, $\bar{U}_{n-p+1}$ 表示 NFSR3 到 NFSR4 的串联中第 $(n+1)$ 比特的内容. 而且, $\bar{U}_{n-p+1}$ 的输出序列只是 $\bar{U}_1$ 的输出序列的平移等价序列. 由于 $p \neq n$, 我们可断言式 (12.2.10) 成立. 否则, NFSR1 和 NFSR3 必须是以下两种情况之一: ① 它们具有相同的输出序列集合; ② 它们有 "互补" 的输出序列集合, 准确地说, 对于任意给定的 NFSR1 的输出序列 $\mathbf{a} = (a_i)_{i \geqslant 1}$, 存在 NFSR3 的输出序列 $\mathbf{a} = (\bar{a}_i)_{i \geqslant 1}$

使得 $\bar{a}_i = a_i \oplus 1$, 反之亦然. 由于 NFSR1 和 NFSR3 都是 Fibonacci NFSR, 它们的输出序列由其连续状态的第一个分量组成. 因此, 第一种情况意味着 NFSR1 和 NFSR3 的状态图是相同的, 第二种情况意味着它们的状态图是对偶同构的. 两者都表明 NFSR1 和 NFSR3 具有相同的级数, 即 $n = p$, 这与 $p < n$ 的假设相反. 因此, (12.2.10) 成立.　　　　　　　　　　　　　　　　　　　　　　　　　□

对于 m 级 NFSR1 到 n 级 NFSR2 的串联以及与其等价的 $(m + n - p)$ 级 NFSR3 到 p 级 NFSR4 的串联, 定理 12.2.1 揭示了在 $p < n$ 的情况下 NFSR1 和 NFSR3 的反馈函数之间的关系. 显然, 如果 $p > n$, 可以直接得到类似的结果. 总结这两种情况, 我们可以得到: 在 $p \neq n$ 的情况下, NFSR1 和 NFSR3 的反馈函数之间的差是非恒定的. 那么对于 $p = n$ 的情况又如何呢? 在后面的定理 12.2.4 中可以看到, 如果 $p = n$, 那么 $f \oplus \bar{f}$ 为常量.

在流密码算法 Grain, Sprout, Plantlet 和 Lizard 中使用的两个 NFSR 的串联满足这两个 NFSR 的反馈函数在原点取值为零. 它们的等价串联的反馈函数的情况如何呢? 下面的结果给出了答案.

定理 12.2.2　如果 m 级 NFSR1 到 n 级 NFSR2 的串联等价于 $(m+n-p)$ 级 NFSR3 到 p 级 NFSR4 的串联, 这里正整数 p 满足 $1 \leqslant p < m+n$, 且 NFSR1 和 NFSR2 的反馈函数 g 和 f 分别满足 $g(0, 0, \cdots, 0) = 0$ 和 $f(0, 0, \cdots, 0) = 0$, 那么 NFSR3 和 NFSR4 的反馈函数 $\bar{g}$ 和 $\bar{f}$ 满足以下两种性质之一:

1) $\bar{g}(0, 0, \cdots, 0) = 0$ 和 $\bar{f}(0, 0, \cdots, 0) = 0$;

2) $\bar{g}(1, 1, \cdots, 1) = 1$ 和 $\bar{f}(0, 0, \cdots, 0) = 1$.

证明　如果 NFSR1 和 NFSR2 的反馈函数 g 和 f 分别满足 $g(0, 0, \cdots, 0) = 0$ 和 $f(0, 0, \cdots, 0) = 0$, 那么当 NFSR1 和 NFSR2 的初始状态为零时, NFSR1 到 NFSR2 的串联生成全零序列. 因为 NFSR1 到 NFSR2 的串联与 NFSR3 到 NFSR4 的串联是等价的, 所以这两个串联具有相同的输出序列集合. 因此, NFSR3 到 NFSR4 的串联也可生成全零序列. 值得注意的是, NFSR3 到 NFSR4 的串联的输出就是 NFSR4 的输出. 于是, 我们可以推断: 当 NFSR3 到 NFSR4 的串联产生全零序列时, NFSR4 的状态 $\mathbf{X} = [\bar{X}_1 \ \bar{X}_2 \ \cdots \ \bar{X}_p]^{\mathrm{T}}$ 满足

$$\mathbf{X}(t) = [\bar{X}_1(t) \ \bar{X}_2(t) \ \cdots \ \bar{X}_p(t)]^{\mathrm{T}} = [0 \ 0 \ \cdots \ 0]^{\mathrm{T}} \tag{12.2.11}$$

对于所有的 $t \in \mathbb{Z}_+$ 成立.

我们断言: NFSR3 到 NFSR4 的串联生成全零序列时, NFSR3 的初始状态必须为 $[0 \ 0 \ \cdots \ 0]^{\mathrm{T}}$ 或 $[1 \ 1 \ \cdots \ 1]^{\mathrm{T}}$. 否则, 不失一般性, 我们假设: 当 NFSR3 到 NFSR4 的串联生成全零序列时, NFSR3 可以初始化为 $[\bar{U}_1(0) \ \cdots \ \bar{U}_{i_1}(0) \ \cdots \ \bar{U}_{i_2}(0) \ \cdots \ \bar{U}_{m+n-p}(0)]^{\mathrm{T}}$, 这里 $\bar{U}_{i_1}(0) = 0$ 和 $\bar{U}_{i_2}(0) = 1$, i_1 和 i_2 是两个满足

$1 \leqslant i_1 < i_2 \leqslant m + n - p$ 的正整数. 于是有

$$\bar{U}_1(i_1 - 1) = \bar{U}_{i_1}(0) = 0 \quad \text{和} \quad \bar{U}_1(i_2 - 1) = \bar{U}_{i_2}(0) = 1. \quad (12.2.12)$$

作为方程 (12.2.11) 的特例, 我们有

$$\bar{X}_p(i_1) = 0 \text{ 和 } \mathbf{X}(i_1 - 1) = [0 \ \ 0 \ \cdots \ 0]^{\mathrm{T}}; \quad (12.2.13)$$

$$\bar{X}_p(i_2) = 0 \text{ 和 } \mathbf{X}(i_2 - 1) = [0 \ \ 0 \ \cdots \ 0]^{\mathrm{T}}. \quad (12.2.14)$$

一方面, 因为 $\bar{X}_p(i_1) = \bar{f}(\mathbf{X}(i_1 - 1)) \oplus \bar{U}_1(i_1 - 1)$, 通过方程 (12.2.12) 的第一个式子和方程 (12.2.13), 可以得到 $\bar{f}(0, 0, \cdots, 0) = 0$. 另一方面, 因为 $\bar{X}_p(i_2) = \bar{f}(\mathbf{X}(i_2 - 1)) \oplus \bar{U}_1(i_2 - 1)$, 通过方程 (12.2.12) 的第二个式子和方程 (12.2.14), 可以推出 $\bar{f}(0, 0, \cdots, 0) = 1$, 这与 $\bar{f}(0, 0, \cdots, 0) = 0$ 相矛盾. 因此断言成立.

如果 NFSR3 初始化为

$$[\bar{U}_1(0) \ \ \bar{U}_2(0) \ \cdots \ \bar{U}_{m+n-p}(0)]^{\mathrm{T}} = [0 \ \ 0 \ \cdots \ 0]^{\mathrm{T}},$$

那么我们可断言 $\bar{g}(0, 0, \cdots, 0) = 0$. 否则, 若 $\bar{g}(0, 0, \cdots, 0) = 1$, 那么我们有

$$\bar{U}_{m+n-p}(1) = \bar{g}(\bar{U}_1(0), \bar{U}_2(0), \cdots, \bar{U}_{m+n-p}(0)) = \bar{g}(0, 0, \cdots, 0) = 1.$$

因为

$$\bar{U}_1(m + n - p - 1) = \bar{U}_{m+n-p}(0)$$

并且

$$\bar{U}_1(m + n - p) = \bar{U}_{m+n-p}(1),$$

所以,

$$\bar{U}_1(m + n - p - 1) = 0, \text{ 且 } \bar{U}_1(m + n - p) = 1. \quad (12.2.15)$$

作为方程 (12.2.11) 的一种特殊情况, 我们有

$$\bar{X}_p(m + n - p) = 0 \text{ 且 } \mathbf{X}(m + n - p - 1) = [0 \ \ 0 \ \cdots \ 0]^{\mathrm{T}}; \quad (12.2.16)$$

$$\bar{X}_p(m + n - p + 1) = 0 \text{ 且 } \mathbf{X}(m + n - p) = [0 \ \ 0 \ \cdots \ 0]^{\mathrm{T}}. \quad (12.2.17)$$

与前面的证明类似, 因为

$$\bar{X}_p(m + n - p) = \bar{f}(\mathbf{X}(m + n - p - 1)) \oplus \bar{U}_1(m + n - p - 1),$$

所以, 从方程 (12.2.15) 中的第一个式子和方程 (12.2.16) 可以推出 $\bar{f}(0, 0, \cdots, 0) = 0$. 另一方面, 因为

$$\bar{X}_p(m + n - p + 1) = \bar{f}(\mathbf{X}(m + n - p)) \oplus \bar{U}_1(m + n - p),$$

从方程 (12.2.15) 的第二个式子和方程 (12.2.17) 得 $\bar{f}(0,0,\cdots,0)=1$, 这与 $\bar{f}(0,0,\cdots,0)=0$ 相矛盾. 因此, 我们的断言 $\bar{g}(0,0,\cdots,0)=0$ 成立. 因为 $\bar{g}(0,0,\cdots,0)=0$, 从前一个断言的证明可以推出 $\bar{f}(0,0,\cdots,0)=0$.

总结以上证明, 可推知: 如果 NFSR3 初始状态为 $[0\ \ 0\ \cdots\ 0]^{\mathrm{T}}$, 那么有 $\bar{g}(0,0,\cdots,0)=0$ 和 $\bar{f}(0,0,\cdots,0)=0$. 类似地, 可以证明: 如果 NFSR3 初始状态设为 $[1\ \ 1\ \cdots\ 1]^{\mathrm{T}}$, 那么 $\bar{g}(1,1,\cdots,1)=1$ 和 $\bar{f}(0,0,\cdots,0)=1$.　　□

定理 12.2.3　如果 m 级 NFSR1 和 n 级 NFSR2 的串联等价于一个 $(m+n)$ 级 Galois NFSR, 那么这个串联和这个 Galois NFSR 的状态图是同构的.

证明　我们知道: m 级 NFSR1 到 n 级 NFSR2 的串联等价于一个 $(m+n)$ 级的 Fibonacci 型 NFSR. 于是, 根据定理 12.1.1, 这个串联和这个 Fibonacci NFSR 的状态图同构. 如果这个串联等价于一个 Galois NFSR, 那么这个 Galois NFSR 也和这个 Fibonacci NFSR 等价. 因此, 再次由定理 12.1.1, 这个 Galois 型 NFSR 和这个 Fibonacci 型 NFSR 的状态图同构. 所以, 由图同构的传递性可推知: 这个串联和这个 Galois NFSR 的状态图是同构的.　　□

对于任意给定的正整数 m 和 n, 以及满足 $1\leqslant p<m+n$ 的一个正整数 p, 记

$$r=\min\{n,p\}. \tag{12.2.18}$$

然后, 定义一个集合

$$\mathcal{P}_{2^{m+n}}=\{P=\delta_{2^{m+n}}[j_1\ j_2\ \cdots\ j_{2^{m+n}}]|\ 所有的\ j_i 互不相同, 并且$$
$$(k-1)2^{m+n-r}+1\leqslant j_{(k-1)2^{m+n-r}+l}\leqslant k2^{m+n-r},$$
$$k=1,2,\cdots,2^r,l=1,2,\cdots,2^{m+n-r}\}. \tag{12.2.19}$$

命题 12.2.1　令 m 级 NFSR1 到 n 级 NFSR2 的串联表示为系统 $\mathbf{Y}(t+1)=H(\mathbf{Y}(t))$, 其中状态 $\mathbf{Y}\in\mathbb{F}_2^{m+n}$; 对满足 $1\leqslant p<m+n$ 的正整数 p, 令 $(m+n-p)$ 级 NFSR3 到 p 级 NFSR4 的串联表示为系统 $\mathbf{Z}(t+1)=F(\mathbf{Z}(t))$, 其中状态 $\mathbf{Z}\in\mathbb{F}_2^{m+n}$. 那么这两个串联是等价的, 当且仅当, 存在一个双射 $\varphi:\mathbf{Y}\mapsto\mathbf{Z}$ 使得 $\varphi(H(\mathbf{Y}))=F(\varphi(\mathbf{Y}))$ 和 $[\underbrace{1\ \cdots 1}_{r}\ 0\ \cdots\ 0]\varphi(\mathbf{Y})=[\underbrace{1\ \cdots 1}_{r}\ 0\ \cdots\ 0]\mathbf{Y}$ 对于所有的 $\mathbf{Y}\in\mathbb{F}_2^n$ 成立.

证明　(必要性) 如果这两个串联是等价的, 那么由定理 12.2.3, 它们的状态图是同构的. 这相当于存在一个双射 $\varphi:\mathbf{Y}\mapsto\mathbf{Z}$, 使得在第一个串联的状态图中任意给定一条从 $\mathbf{Y}_1$ 指向 $\mathbf{Y}_2$ 的边, 都可以在第二个串联的状态图中找到一条从 $\varphi(\mathbf{Y}_1)$ 指向 $\varphi(\mathbf{Y}_2)$ 的边. 这相当于存在一个双射 $\varphi:\mathbf{Y}\mapsto\mathbf{Z}$ 使得 $\varphi(H(\mathbf{Y}))=F(\mathbf{Z})=$

$F(\varphi(\mathbf{Y}))$ 对于每一个 $\mathbf{Y} \in \mathbb{F}_2^{m+n}$ 均成立. 此外, 因为一个 NFSR 的输出就是它的第一比特的内容, 同时, 这两个串联的输出分别是 NFSR2 和 NFSR4 的输出, 因此可以得到: 每一个状态 $\mathbf{Y}$ 和它对应的转换状态 $\mathbf{Z}$ 有相同的前 r 个分量, 这相当于 $[\underbrace{1 \cdots 1}_{r} \ 0 \ \cdots \ 0]\varphi(\mathbf{Y}) = [\underbrace{1 \cdots 1}_{r} \ 0 \ \cdots \ 0]\mathbf{Y}$ 对于每一个 $\mathbf{Y} \in \mathbb{F}_2^{m+n}$ 成立.

(充分性) 如果存在一个双射 $\varphi: \mathbf{Y} \mapsto \mathbf{Z}$ 使得 $\varphi(H(\mathbf{Y})) = F(\varphi(\mathbf{Y}))$ 和 $[\underbrace{1 \cdots 1}_{r} \ 0 \ \cdots \ 0]\varphi(\mathbf{Y}) = [\underbrace{1 \cdots 1}_{r} \ 0 \ \cdots \ 0]\mathbf{Y}$ 对于所有的 $\mathbf{Y} \in \mathbb{F}_2^{m+n}$ 成立, 那么由必要性的证明可知: 这两个串联的状态图是同构的, 并且每一个状态和它对应的转换状态有相同的前 r 个分量. 所以, 这两个串联有相同的输出序列集合. 从而, 这两个串联是等价的. $\qquad\square$

引理 12.2.1 对任意的 $\mathbf{x} \in \Delta_{2^n}$ 和任意的 $\mathbf{u} \in \Delta_{2^m}$, 如果 $\mathbf{x} \ltimes \mathbf{u} = \delta_{2^{m+n}}^{j}$, 那么

$$\mathbf{x} = \delta_{2^n}^{\lceil \frac{j}{2^m} \rceil}, \quad \mathbf{u} = \delta_{2^m}^{(j-1) \bmod 2^m + 1}. \tag{12.2.20}$$

证明 令 $\mathbf{x} = \delta_{2^n}^{i}$ 和 $\mathbf{u} = \delta_{2^m}^{k}$. 如果 $\mathbf{x} \ltimes \mathbf{u} = \delta_{2^{m+n}}^{j}$, 那么

$$\mathbf{x} \ltimes \mathbf{u} = \delta_{2^n}^{i} \ltimes \delta_{2^m}^{k} = \delta_{2^{m+n}}^{(i-1)2^m+k} = \delta_{2^{m+n}}^{j},$$

于是

$$j = (i-1)2^m + k. \tag{12.2.21}$$

令一个 2^{m+n} 维行向量 J 为

$$J = [\, 1 \ 2 \ \cdots \ 2^m \quad 2^m+1 \ 2^m+2 \ \cdots \ 2^{m+1}$$
$$\cdots \ (2^n-1)2^m+1 \quad (2^n-1)2^m+2 \ \cdots \ 2^{m+n} \,]$$
$$= [J_1 \ J_2 \ \cdots \ J_{2^n}],$$

这里对每一个 $i \in \{1, 2, \cdots, 2^n\}$, $J_i = [(i-1)2^m+1 \quad (i-1)2^m+2 \ \cdots \ i2^m]$ 是一个 2^m 维的行向量. 再结合方程 (12.2.21) 可知: j 是 J_i 的第 k 位的分量. 因此, $i = \left\lceil \dfrac{j}{2^m} \right\rceil$. 结合 $1 \leqslant k \leqslant 2^m$, 可以得到 $k = (j-1) \bmod 2^m + 1$. $\qquad\square$

命题 12.2.2 令系统 $\mathbf{y}(t+1) = L_{cy}\mathbf{y}(t)$ 表示 m 级 NFSR1 到 n 级 NFSR2 的串联, 其中状态 $\mathbf{y} \in \Delta_{2^{m+n}}$; 对满足 $1 \leqslant p < m+n$ 的正整数 p, 令系统 $\mathbf{z}(t+1) = L_{cz}\mathbf{z}(t)$ 表示 $(m+n-p)$ 级 NFSR3 和 p 级 NFSR4 的串联, 其中状态 $\mathbf{z} \in \Delta_{2^n}$. 那么这两个串联是等价的, 当且仅当, 存在一个变换 $\mathbf{z} = P\mathbf{y}$ 使得 $L_{cz} = PL_{cy}P^{-1}$, 这里置换矩阵 $P \in \mathcal{P}_{2^{m+n}}$.

证明   令 $\mathbf{y}(t+1) = L_{cy}\mathbf{y}(t)$, 其中 $\mathbf{y} \in \Delta_{2^{m+n}}$, 等价地表示成 $\mathbf{Y}(t+1) = H(\mathbf{Y}(t))$, 其中 $\mathbf{Y} \in \mathbb{F}_2^{m+n}$; 令 $\mathbf{z}(t+1) = L_{cz}\mathbf{z}(t)$, 其中 $\mathbf{z} \in \Delta_{2^{m+n}}$, 等价地表示成 $\mathbf{Z}(t+1) = F(\mathbf{Z}(t))$, 其中 $\mathbf{Z} \in \mathbb{F}_2^{m+n}$. 根据命题 12.2.1, 这两个串联是等价的, 当且仅当, 存在一个双射 $\varphi : \mathbf{Y} \mapsto \mathbf{Z}$ 使得 $\varphi(H(\mathbf{Y})) = F(\varphi(\mathbf{Y}))$ 并且 $[\underbrace{1 \cdots 1}_{r} \ 0 \ \cdots 0]\varphi(\mathbf{Y}) = [\underbrace{1 \cdots 1}_{r} \ 0 \ \cdots 0]\mathbf{Y}$ 对于所有的 $\mathbf{Y} \in \mathbb{F}_2^{m+n}$ 均成立. 这等价于存在一个一对一的变换 $\mathbf{Z} = \varphi(\mathbf{Y})$ 使得系统 $\mathbf{Y}(t+1) = H(\mathbf{Y}(t))$ 变换为 $\mathbf{Z}(t+1) = F(\mathbf{Z}(t))$, 并且 $[\underbrace{1 \cdots 1}_{r} \ 0 \ \cdots \ 0]\varphi(\mathbf{Y}) = [\underbrace{1 \cdots 1}_{r} \ 0 \ \cdots \ 0]\mathbf{Y}$ 对于所有的 $\mathbf{Y} \in \mathbb{F}_2^{m+n}$ 成立.

由引理 9.3.1, 状态 $\delta_{2^n}^j \in \Delta_{2^n}$ 唯一地对应于 $\mathbb{F}_2^n$ 上十进制数为 $2^n - j$ 的状态. 令 P 为由双射 φ 决定的置换矩阵. 那么, 变换 $\mathbf{Z} = \varphi(\mathbf{Y})$ 等价于变换 $\mathbf{z} = P\mathbf{y}$. 此外, 根据引理 12.2.1, 状态 $\delta_{2^{m+n}}^j$ 可以分解为 $\delta_{2^{m+n}}^j = \delta_{2^r}^{\lceil \frac{j}{2^{m+n-r}} \rceil} \ltimes \delta_{2^{m+n-r}}^{(j-1) \bmod 2^{m+n-r}+1}$. 再结合引理 9.3.1, 可以得到状态 $\delta_{2^{m+n}}^j$, 其中 $(k-1)2^{m+n-r} + 1 \leqslant j \leqslant k2^{m+n-r}$, 可以唯一地对应于 $\mathbb{F}_2^{m+n}$ 中的前 r 个分量对应于十进制数 $2^r - k$ 的状态. 因此, 条件 $[\underbrace{1 \cdots 1}_{r} \ 0 \ \cdots \ 0]\varphi(\mathbf{Y}) = [\underbrace{1 \cdots 1}_{r} \ 0 \ \cdots \ 0]\mathbf{Y}$ 对于每一个 $\mathbf{Y} \in \mathbb{F}_2^{m+n}$ 均成立, 等价于 $P \in \mathcal{P}_{2^{m+n}}$.

显然, 在变换 $\mathbf{z} = P\mathbf{y}$ 下, 系统 $\mathbf{y}(t+1) = L_{cy}\mathbf{y}(t)$ 变换为 $\mathbf{z}(t+1) = L_{cz}\mathbf{z}(t)$, 且 L_{cy} 和 L_{cz} 满足 $L_{cz} = PL_{cy}P^{-1}$.   □

在进一步给出我们的结果之前, 先回顾矩阵半张量积的一个性质.

引理 12.2.2[57] $\mathbf{A}$ 和 $\mathbf{B}$ 分别表示 $m \times n$ 和 $p \times q$ 的矩阵, $\mathbf{X}$ 和 $\mathbf{Y}$ 分别表示 n 维和 q 维的列向量. 则 $(\mathbf{A}\mathbf{X}) \ltimes (\mathbf{B}\mathbf{Y}) = (\mathbf{A} \otimes \mathbf{B})(\mathbf{X} \ltimes \mathbf{Y})$.

定理 12.2.4 m 级 NFSR1 到 n 级 NFSR2 的串联只有唯一一个另外的 m 级 NFSR3 到 n 级 NFSR4 的串联与之等价. 同时, NFSR1 和 NFSR3 的反馈函数是对偶互补的, NFSR2 和 NFSR4 的反馈函数是互补的.

证明   令 NFSR1 在 Δ_{2^m} 中的状态表示为 $\mathbf{u}$, 满足 $\mathbf{u} = u_1 \ltimes u_2 \ltimes \cdots \ltimes u_m$, 其中 $u_i \in \Delta_2$, $i = 1, 2, \cdots, m$. 注意到, NFSR2 是一个单输入的 NFSR. 令 NFSR2 表示为系统 $\mathbf{x}(t+1) = \boldsymbol{L}_{\mathbf{u}} \ltimes \mathbf{x}(t) \ltimes u_1(t)$, 其中 $\mathbf{x} \in \Delta_{2^n}$, $\boldsymbol{L}_{\mathbf{u}} = \delta_{2^n}[\eta_1, \eta_2, \cdots, \eta_{2^{n+1}}]$. 类似地, 对于 NFSR4, 增加符号 "‾" 到相应的记号中以进行区分.

对于 NFSR2, 有

$$\mathbf{x}(t+1) = \boldsymbol{L}_{\mathbf{u}} \ltimes \mathbf{x}(t) \ltimes u_1(t) = \boldsymbol{L}_{\mathbf{u}} \ltimes \mathbf{x}(t) \ltimes [F_1\mathbf{u}(t)]$$

$$= \boldsymbol{L}_{\mathbf{u}}(I_{2^n} \otimes F_1)[\mathbf{x}(t) \ltimes \mathbf{u}(t)], \tag{12.2.22}$$

其中 $F_1 = \delta_2[\underbrace{1, \cdots, 1}_{2^{m-1}} \ \underbrace{2, \cdots, 2}_{2^{m-1}}]$. 在上述推导中, 第二个等号运用了引理 9.3.1 的
性质 (3), 第三个等号运用了引理 12.2.2.

类似地, 对于 NFSR4, 有

$$\mathbf{x}(t+1) = \bar{L}_u \ltimes \mathbf{x}(t) \ltimes \bar{u}_1(t) = \bar{L}_u \ltimes \mathbf{x}(t) \ltimes [F_1 \mathbf{u}(t)]$$

$$= \bar{L}_u(I_{2^n} \otimes F_1)[\mathbf{x}(t) \ltimes \mathbf{u}(t)] = \bar{L}_u(I_{2^n} \otimes F_1)P[\mathbf{x}(t) \ltimes \mathbf{u}(t)], \quad (12.2.23)$$

其中 $\bar{L}_u = \delta_{2^n}[\bar{\eta}_1, \bar{\eta}_2, \cdots, \bar{\eta}_{2^{n+1}}]$, $P \in \mathcal{P}_{2^{m+n}}$ 是式 (12.2.19) 中 $p = n = r$ 所定义
的形式. 上述推导中, 第二个等号运用了引理 9.3.1 的性质 (3), 第三个等号运用了
引理 12.2.2, 第四个等号运用了命题 12.2.2.

因为两个等价串联的输出分别是 NFSR2 和 NFSR4 的输出, 所以当两个串
联生成相同的序列时, NFSR2 的状态始终和 NFSR4 的状态相等. 这意味着存
在这两个串联的一对初始状态 $\mathbf{x}(0) \ltimes \mathbf{u}(0)$ 和 $\mathbf{x}(0) \ltimes \mathbf{u}(0) = P[\mathbf{x}(0) \ltimes \mathbf{u}(0)]$, 使
得 $\mathbf{x}(t) = \mathbf{x}(t)$ 对于任意非负整数 t 均成立. 因此, 由 (12.2.22) 和 (12.2.23), 可
以得到

$$\boldsymbol{L}_\mathbf{u}(I_{2^n} \otimes F_1) = \bar{L}_u(I_{2^n} \otimes F_1)\boldsymbol{P}. \quad (12.2.24)$$

通过直接计算, 方程 (12.2.24) 的左边 (LHS) 可以重写为

$$LHS = \delta_{2^n}[\underbrace{\eta_1, \cdots, \eta_1}_{2^{m-1}} \ \underbrace{\eta_2, \cdots, \eta_2}_{2^{m-1}} \ \cdots \ \underbrace{\eta_{2^{n+1}}, \cdots, \eta_{2^{n+1}}}_{2^{m-1}}], \quad (12.2.25)$$

方程 (12.2.24) 的右边 (RHS) 变为

$$RHS = \delta_{2^n}[\underbrace{\bar{\eta}_1, \cdots, \bar{\eta}_1}_{2^{m-1}} \ \underbrace{\bar{\eta}_2, \cdots, \bar{\eta}_2}_{2^{m-1}}, \cdots, \underbrace{\bar{\eta}_{2^{n+1}}, \cdots, \bar{\eta}_{2^{n+1}}}_{2^{m-1}}]\boldsymbol{P}. \quad (12.2.26)$$

注意到 $P \in \mathcal{P}_{2^{m+n}}$. 因此, 为了使 (12.2.25) 等于 (12.2.26), 通过命题 11.1.1,
正整数组 $\eta_1, \eta_2, \cdots, \eta_{2^{n+1}}$ 和正整数组 $\bar{\eta}_1, \bar{\eta}_2, \cdots, \bar{\eta}_{2^{n+1}}$ 必须满足以下两个条件
之一:

1) $\bar{\eta}_i = \eta_i$, $i = 1, 2, \cdots, 2^{n+1}$;

2) $\bar{\eta}_{2i-1} = \eta_{2i}$, $\bar{\eta}_{2i} = \eta_{2i-1}$, $i = 1, 2, \cdots, 2^n$.

根据定理 11.1.1, 第一个条件意味着 NFSR4 和 NFSR2 的反馈函数的真值表
相同, 因此 NFSR4 和 NFSR2 的反馈函数相同, 从而 NFSR4 和 NFSR2 相同. 为
了保证 n 级 NFSR4 和 n 级 NFSR2 有相同的输出序列集合, 它们的输入序列的
集合必须相同, 这意味着 m 级 Fibonacci 型 NFSR3 和 m 级 Fibonacci 型 NFSR1
相同.

　　由定理 11.1.1 和命题 11.1.1, 第二个条件意味着 NFSR2 的反馈函数的真值表和 NFSR4 的是互补的. 因此, NFSR4 和 NFSR2 的反馈函数也是互补的. 同时, 为了保证 n 级 NFSR4 和 n 级 NFSR2 有相同的输出序列集合, 当它们产生相同的输出序列时, 它们的输入必须是互补的, 这意味着如果给两者选择合适的初始状态, 那么 NFSR3 的输出总是和 NFSR1 的输出互补. 再结合 NFSR1 和 NFSR3 的级数相同, 我们可推知: NFSR3 的状态图和 NFSR1 的状态图是对偶同构的. 显然, 在 NFSR1 的状态图中, 对于任意给定的状态 $[U_1 \ U_2 \ \cdots \ U_m]^{\mathrm{T}}$, 它的后继是 $[U_2 \ U_3 \ \cdots \ U_m \ g(U_1, U_2, \cdots, U_m)]^{\mathrm{T}}$, 其中 g 是 NFSR1 的反馈函数. 因此, 在 NFSR3 的状态图中, 状态 $[U_1 \oplus 1 \ \ U_2 \oplus 1 \ \cdots \ U_m \oplus 1]^{\mathrm{T}}$ 的后继必须为 $[U_2 \oplus 1 \ \ U_3 \oplus 1 \ \cdots \ U_m \oplus 1 \ \ g(U_1 \oplus 1, U_2 \oplus 1, \cdots, U_m \oplus 1) \oplus 1]^{\mathrm{T}}$, 这意味着 NFSR3 的反馈函数 $\bar{g}$ 满足 $\bar{g}(\bar{U}_1, \bar{U}_2, \cdots, \bar{U}_m) = g(U_1 \oplus 1, U_2 \oplus 1, \cdots, U_m \oplus 1) \oplus 1$. 　□

　　当 NFSR1 和 NFSR2 都是 NFSR 或者 LFSR 时, 或者当两者中的任意一个为 LFSR 时, 定理 12.2.4 总是成立的. 当然, 假如 NFSR1 和 NFSR2 都限制为 LFSR, 那么除了由定理 12.2.4 得到的等价串联外, 可能还会有更多的等价串联. 这可以从已知结果中得到, 即 LFSR1 和 LFSR2 的串联等价于 LFSR2 和 LFSR1 的串联.

　　定理 12.2.4 表明, 对于任意给定的 NFSR1 和 NFSR2, 它们的特征函数 g_c 和 f_c 满足 $g_c * f_c = D(g_c) * (f_c \oplus 1)$, 这与文献 [249] 中的相应结果一致. 此外, 定理 12.2.4 也意味着: 对于任意给定的 $(m+1)$ 元特征函数 g_c 和 $(n+1)$ 元特征函数 f_c, 只有另一个 $(m+1)$ 元特征函数 $\bar{g}_c$ 和另一个 $(n+1)$ 元特征函数 $\bar{f}_c$, 使得 $g_c * f_c = \bar{g}_c * \bar{f}_c$ 且 $\bar{g}_c = D(g_c)$ 和 $\bar{f}_c = f_c \oplus 1$.

　　定理 12.2.2 和定理 12.2.4 是兼容的. 理由如下: 如果一个 $(m+n-p)$ 级 NFSR3 和一个 p 级 NFSR4 的串联等价于一个给定的 m 级 NFSR1 和 n 级 NFSR2 的串联, 并且 NFSR3 和 NFSR4 的反馈函数 $\bar{g}$ 和 $\bar{f}$ 满足 $\bar{g}(0, 0, \cdots, 0) = 0$ 和 $\bar{f}(0, 0, \cdots, 0) = 0$, 那么根据定理 12.2.4, 只有另一个 $(m+n-p)$ 级 NFSR5 和 p 级 NFSR6 的串联等价于 NFSR3 和 NFSR4 的串联, 同时它也等价于 NFSR1 和 NFSR2 的串联. 这里, NFSR5 和 NFSR6 的反馈函数 $\tilde{g}$ 和 $\tilde{f}$ 分别满足 $\tilde{g} = D(\bar{g}) \oplus 1$ 和 $\tilde{f} = \bar{f} \oplus 1$. 因此, $\tilde{g}(1, 1, \cdots, 1) = D(\bar{g})(1, 1, \cdots, 1) \oplus 1 = \bar{g}(0, 0, \cdots, 0) \oplus 1 = 1$, $\tilde{f}(0, 0, \cdots, 0) = \bar{f}(0, 0, \cdots, 0) \oplus 1 = 1$, 这与定理 12.2.2 中的结果一致.

　　定理 12.2.1、定理 12.2.2 和定理 12.2.4 仅与两个 NFSR 的等价串联中的 NFSR 的反馈函数有关, 因此, 它们很容易验证. 但是, 定理 12.2.3、命题 12.2.1 和命题 12.2.2 分别和两个 NFSR 的等价的串联的状态图和状态转移矩阵相关. 一个状态图涉及 2^{m+n} 个状态和 2^{m+n} 条边, 这里 $(m+n)$ 是串联的级数, 而状态转移矩阵是 2^{m+n} 维的, 它的每一列只有一个元素为 1, 其余都是 0. 因此, 验证定理

12.2.3、命题 12.2.1 和命题 12.2.2 的计算复杂度为 $O(2^{m+n})$; 当 $m+n$ 比较大时, 这个计算复杂度是很高的.

例 12.2.1 考虑文献 [15] 中给出的两个等价的 NFSR 串联. 一个是 1 级 NFSR1 到一个 4 级 NFSR2 的串联, 其中 NFSR1 和 NFSR2 的反馈函数分别是 $g(U_1) = U_1$ 和 $f(X_1, X_2, X_2, X_4) = X_1 \oplus X_3 \oplus X_4 \oplus X_2X_3 \oplus X_2X_4 \oplus X_3X_4$; 另一个 是 4 级 NFSR3 到 1 级 NFSR4 的串联, 它们的反馈函数分别是 $\bar{g}(\bar{U}_1, \bar{U}_2, \bar{U}_3, \bar{U}_4) = \bar{U}_1 \oplus \bar{U}_4 \oplus \bar{U}_2\bar{U}_3 \oplus \bar{U}_3\bar{U}_4$ 和 $\bar{f}(\bar{X}_1) = \bar{X}_1$.

易知, $f(X_1, X_2, X_2, X_4) \oplus \bar{f}(X_4) = X_1 \oplus X_3 \oplus X_2X_3 \oplus X_2X_4 \oplus X_3X_4 \neq$ 常值. 这和定理 12.2.1 中的结果是一致的. 显然, NFSR1 和 NFSR2 的反馈函 数满足 $g(0) = 0$ 和 $f(0, 0, 0, 0) = 0$, 并且 NFSR3 和 NFSR4 的反馈函数满足 $\bar{g}(0, 0, 0, 0) = 0$ 和 $\bar{f}(0) = 0$, 这与定理 12.2.2 中的结果也一致.

对于第一个串联, 它的状态图由 4 个极限环组成: $21 \to 11 \to 23 \to 15 \to$ $29 \to 25 \to 17 \to 1 \to 3 \to 5 \to 9 \to 19 \to 7 \to 13 \to 27 \to 21, 10 \to 20 \to$ $8 \to 16 \to 2 \to 6 \to 14 \to 30 \to 28 \to 26 \to 22 \to 12 \to 24 \to 18 \to 4 \to 10$ 及 $31 \to 31$ 和 $0 \to 0$, 其中所有正整数都是对应于串联的状态 $\mathbf{Z} = [X_1 \cdots X_4 \ U_1]$ 的十进制数. 对于第二个串联, 它的状态图同样由 4 个极限环组成: $31 \to 14 \to$ $28 \to 9 \to 18 \to 20 \to 24 \to 1 \to 3 \to 6 \to 13 \to 26 \to 5 \to 11 \to 23 \to 31, 15 \to$ $30 \to 12 \to 25 \to 2 \to 4 \to 8 \to 17 \to 19 \to 22 \to 29 \to 10 \to 21 \to 27 \to 7 \to 15$, $16 \to 16$ 和 $0 \to 0$, 其中所有正整数都是对应于串联的状态 $\mathbf{Z} = [\bar{X}_1 \ \bar{U}_1 \cdots \bar{U}_4]$ 的 十进制数. 显然, 这两个串联的状态图是同构的, 这与定理 12.2.3 中的结果一致.

通过这两个串联的状态图和引理 9.3.1 的性质 (2), 可以得到这两个串联的状 态之间的置换矩阵为

$$\mathbf{P} = \delta_{32}[\, 16, \ 15, \ 14, \ 13, \ 9, \ 10, \ 12, \ 11, \ 4, \ 3, \ 1, \ 2, \ 6, \ 5, \ 8, \ 7, \ 23, \ 24,$$
$$21, \ 22, \ 18, \ 17, \ 19, \ 20, \ 27, \ 28, \ 26, \ 25, \ 29, \ 30, \ 31, \ 32].$$

显然, 对于这两个串联而言, 方程 (12.2.19) 中的集合 $\mathcal{P}_{m+n}$ 变为

$$\mathcal{P}_{32} = \{\, P = \delta_{32}[j_1, j_2, \cdots, j_{32}] |\ \text{所有的}\ j_i\ \text{互不相同},$$
$$\text{且}\ 16(k-1) + 1 \leqslant j_{16(k-1)+l} \leqslant 16k, k = 1, 2, l = 1, 2, \cdots, 16\}.$$

易知, $P \in \mathcal{P}_{32}$, 这与命题 12.2.2 中的结果一致.

例 12.2.2 作为定理 12.2.4 的应用, 我们考虑流密码算法 Grain, Sprout, Plantlet 和 Lizard.

前三种流密码算法 Grain, Sprout 和 Plantlet, 使用 LFSR 到 NFSR 的串联作 为主要组件, 其中 LFSR 和 NFSR 的反馈函数没有常数项. 值得注意的是, LFSR

的反馈函数 g 与其对偶函数 $D(g)$ 含有相同的一次项. 那么, 很容易看出, 上述三种流密码在其自身的两个等价串联中使用了硬件实现代价较低的一个, 这证实了它们优化的设计准则.

最后一个流密码算法 Lizard 使用了一个 31 级 NFSR1 到一个 90 级 NFSR2 的串联作为主要组件, 这两个 NFSR 的反馈函数都没有常数项. NFSR1 的反馈函数为

$$
\begin{aligned}
g(U_1, U_2, \cdots, U_{31}) = {} & U_1 \oplus U_3 \oplus U_6 \oplus U_7 \oplus U_{16} \oplus U_{18} \oplus U_{19} \oplus U_{21} \oplus U_{26} \\
& \oplus U_9 U_{19} \oplus U_9 U_{21} \oplus U_{13} U_{22} \oplus U_{15} U_{20} \oplus U_{18} U_{22} \oplus U_{21} U_{23} \\
& \oplus U_5 U_{13} U_{23} \oplus U_5 U_{20} U_{23} \oplus U_8 U_{21} U_{22} \oplus U_9 U_{19} U_{23} \\
& \oplus U_9 U_{21} U_{23} \oplus U_{13} U_{20} U_{23} \oplus U_{21} U_{22} U_{23} \oplus U_5 U_8 U_{13} U_{22} \\
& \oplus U_5 U_8 U_{20} U_{22} \oplus U_5 U_{13} U_{22} U_{23} \oplus U_5 U_{20} U_{22} U_{23} \\
& \oplus U_8 U_9 U_{19} U_{22} \oplus U_8 U_9 U_{21} U_{22} \oplus U_8 U_{13} U_{20} U_{22} \\
& \oplus U_9 U_{19} U_{22} U_{23} \oplus U_9 U_{21} U_{22} U_{23} \oplus U_{13} U_{20} U_{22} U_{23}.
\end{aligned}
$$

直接计算之后可得其对偶函数为

$$
\begin{aligned}
& D(g)(U_1, U_2, \cdots, U_{31}) \\
= {} & U_1 \oplus U_3 \oplus U_6 \oplus U_7 \oplus U_{13} \oplus U_{15} \oplus U_{16} \oplus U_{19} \oplus U_{20} \oplus U_{26} \\
& \oplus U_5 U_{13} \oplus U_5 U_{20} \oplus U_8 U_{19} \oplus U_{13} U_{20} \oplus U_{13} U_{22} \oplus U_{15} U_{20} \oplus U_{18} U_{22} \oplus U_5 U_8 U_{13} \\
& \oplus U_5 U_8 U_{20} \oplus U_8 U_9 U_{19} \oplus U_8 U_9 U_{21} \oplus U_8 U_{13} U_{20} \oplus U_8 U_{19} U_{22} \oplus U_{19} U_{22} U_{23} \\
& \oplus U_5 U_8 U_{13} U_{22} \oplus U_5 U_8 U_{20} U_{22} \oplus U_5 U_{13} U_{22} U_{23} \oplus U_5 U_{20} U_{22} U_{23} \oplus U_8 U_9 U_{19} U_{22} \\
& \oplus U_8 U_9 U_{21} U_{22} \oplus U_8 U_{13} U_{20} U_{22} \oplus U_9 U_{19} U_{22} U_{23} \oplus U_9 U_{21} U_{22} U_{23} \oplus U_{13} U_{20} U_{22} U_{23}.
\end{aligned}
$$

显然, 与 NFSR1 的反馈函数 g 相比, 它的对偶函数 $D(g)$ 还多了一个一次项和一个二次项, 因此需要更多的门电路来实现. 所以, Lizard 也在它的两个等价串联中使用了硬件实现代价较低的一个, 这也证实了其优化的设计准则.

第 13 章　随机逻辑系统的最优控制及其在内燃机残留气体控制中的应用

考虑随机干扰等随机特征的随机逻辑系统的相关研究请见文献 [87, 276, 428]. 随机布尔网络系统 (概率布尔网络) 有限时域或无限时域最优控制的相关研究请见文献 [218] 和 [275]. 随机逻辑系统的最优控制理论广泛应用于基因调控网络[101]、人机动态博弈 (man-machine dynamic game)[365] 和内燃机控制[355] 等多个领域.

本章中主要研究具有有限状态的随机逻辑系统的无限时域最优控制问题, 并给出了易于实现的策略迭代算法. 最后把所得到的算法用于内燃机残留气体控制中. 部分内容见文献 [359] 及其相关参考文献.

13.1　随机逻辑系统折扣准则最优控制问题

假设多值逻辑状态空间 S 包括有限个元素　$S = \{x^1, x^2, \cdots, x^s\}$. 同时假设控制输入 U 也包含有限个元素　$U = \{u^1, u^2, \cdots, u^r\}$. 最常见的随机逻辑系统的表达是如下的离散时间演化方程

$$x_{k+1} = f(x_k, u_k, w_k), \quad k = 0, 1, 2, \cdots, \tag{13.1.1}$$

其中 w_k 表示 k 时刻的外部随机干扰. 本章假设外部随机干扰 $w_k, k = 0, 1, 2, \cdots$ 具有相同的统计分布, 可用定义在干扰控制 W 的概率分布 $P_W(\cdot | x_k, u_k)$ 刻画. 给定状态 x_k 和控制输入 u_k 的关于干扰 w_k 发生的条件概率记为 $P_W(w_k | x_k, u_k)$, 这表明干扰 w_k 发生的概率可能与 x_k 和 u_k 相关, 但与先前的扰动值 $w_{k-1}, \cdots, w_0$ 无关.

我们考虑策略集 (也称为控制率)

$$\pi = \{\mu_0, \mu_1, \cdots\},$$

其中 $\mu_k : S \to U, k = 0, 1, \cdots$ 把状态值 x_k 映射到控制输入值 $u_k = \mu_k(x_k)$. 并保证对于任意 $x_k \in S$ 满足 $\mu_k(x_k) \in U$. 这类策略被称为可允许策略. 给定一个可允许策略 $\pi = \{\mu_0, \mu_1, \cdots\}$, 那么随机逻辑系统 (13.1.1) 变成如下的闭环系统

$$x_{k+1} = f(x_k, \mu_k(x_k), w_k), \tag{13.1.2}$$

其中第 k 步的控制输入 u_k 是状态 x_k 的反馈形式 $\mu_k(x_k)$ 体现, 如图 13.1.1 所示.

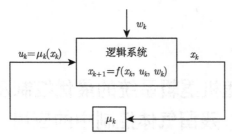

图 13.1.1   具有策略 $\pi = \{\mu_0, \mu_1, \cdots\}$ 的闭环随机逻辑系统. 在每一时刻 k, 控制器观测到状态 x_k, 并给出反馈形式的控制输入 $u_k = \mu_k(x_k)$

给定初始值 x_0 和一个可允许策略 $\pi = \{\mu_0, \mu_1, \cdots\}$, 对于闭环随机逻辑系统 (13.1.2) 考虑如下的期望代价函数

$$J_\pi(x_0) = \lim_{N \to \infty} \mathop{E}_{w_k, k=0,1,\cdots} \sum_{k=0}^{N-1} \alpha^k g(x_k, u_k),$$

其中 $0 < \alpha < 1$ 为衰减因子, $g: S \times U \to R$ 为单步代价函数. 衰减因子 $\alpha < 1$ 的含义是对于实际问题来讲往往未来的代价值相对于当前的代价而言没有那么重要.

可允许策略 π 的全体集合, 记为 Π. 对于任意给定的初始条件 x_0, 无限时域折扣准则最优控制问题是最小化 $J_\pi(x_0)$, $\pi \in \Pi$. 最优代价函数 J^* 定义为

$$J^*(x) = \inf_{\pi \in \Pi} J_\pi(x), \quad x \in S. \tag{13.1.3}$$

先给如下具有随机干扰的三值 Kleene 逻辑动态系统上的简单例子, 其中外部干扰是二元的.

例 13.1.1   状态个数大于 2 的多值逻辑被广泛应用于很多研究领域. 例如, 考虑到很多具体的算法设计问题中[28], 在真值表除了需要 "真" (T) 和 "假" (F) 两个状态以外, 还需要另一个状态, 称之为 "未定义", 记为 D. 这种三元逻辑最早由 Kleene 提出[165].

我们考虑三元 Kleene 逻辑域. 假设状态空间 S 和控制输入空间 U 都由三个元素组成: $S = U = \{F \equiv -1, D \equiv 0, T \equiv 1\}$. 进一步假设干扰空间包含两种可能性 $W = \{w^1, w^2\}$.

随机逻辑动态由如下的公式给出 $x_{k+1} = L(x_k, u_k, w_k)$, 其中的逻辑映射 $L: S \times U \times W \to S$ 具体定义为

$$L(x, u, w) = \begin{cases} x \wedge \neg u, & w = w^1, \\ x \vee u, & w = w^2. \end{cases} \tag{13.1.4}$$

公式 (13.1.4) 中的符号 $\neg, \wedge, \vee$ 分别表示 Kleene 三元逻辑中的取反、合取和析取. 所对应的真值表如表 13.1.1 所示[32].

表 13.1.1　Kleene 三元逻辑的真值表

(a) 非			(b) 合取				(c) 析取			
x	$\neg x$		$\wedge$	T	D	F	$\vee$	T	D	F
T	F		T	T	D	F	T	T	T	T
D	D		D	D	D	F	D	T	D	D
F	T		F	F	F	F	F	T	D	F

给定现有状态和控制输入以后的外部干扰 w 的条件概率如表 13.1.2 所示.

表 13.1.2　外部干扰 w 的条件概率

(a) 当 $w = w_1$ 时的 $P_W(w\|x,u)$				(b) 当 $w = w_2$ 时的 $P_W(w\|x,u)$			
x \ u	T	D	F	x \ u	T	D	F
T	0.5	0.3	0.2	T	0.5	0.7	0.8
D	0.6	0.25	0.9	D	0.4	0.75	0.1
F	0.4	0.5	0.3	F	0.6	0.5	0.7

定义单步代价函数 $g: S \times U \to R$ 为

$$
\begin{aligned}
g(T,T) = 2, \quad g(T,D) = 1, \quad g(T,F) = 3, \\
g(D,T) = 1, \quad g(D,D) = 3, \quad g(D,F) = 2, \\
g(F,T) = 3, \quad g(F,D) = 1, \quad g(F,F) = 1.
\end{aligned}
\tag{13.1.5}
$$

那么该三元逻辑动态系统的无限时域最优控制问题是最小化如下的期望总代价

$$
J_\pi(x_0) = \mathop{E}_{\substack{w_k \\ k=0,1,\cdots,N}} \sum_{k=0}^{N-1} \alpha^k g(x_k, u_k),
\tag{13.1.6}
$$

其中单步代价函数 g 是列表 (13.1.5) 所示.

注 13.1.1　上述例子中的干扰空间 W 只包含两个元素, 所以干扰的条件概率可以用穷举形式体现 (见表 13.1.2). 然而对一般情况这种穷举形式无法表达干扰的条件概率.

13.2　策略迭代算法

13.2.1　最优控制问题的矩阵表示

为了便于描述, 给出状态集合 S 的等价形式 Δ_s 如下

$$x^i \sim \delta_s^i, \quad i = 1, 2, \cdots, s.$$

上述等价表述下, S 的每一元素 x 对应于 $\Delta_s \in \Delta_s$ 中的一个向量, 仍记为 x. 同理, 把控制输入集 U 也等价表示为 Δ_r,

$$u_r^j \sim \delta_r^j, \quad j = 1, 2, \cdots, r.$$

上述等价表述下, 单步代价函数 $g : S \times U \to R$ 可以表达为如下二次形式

$$g(x, u) = x^{\mathrm{T}} G u, \quad \forall x \in \Delta_s, \ u \in \Delta_r,$$

其中 $G = (G_{i,j})_{s \times r} = \left(g(\delta_s^i, \delta_r^j) \right)_{s \times r}$. 那么, 对任意给定的初始条件 $x_0 \in \Delta_s$, 目标函数 (13.1.3) 变成

$$J^*(x_0) = \inf_{\pi \in \Pi} \lim_{N \to \infty} E_{w_k} \sum_{k=0}^{N-1} \alpha^k x_k^{\mathrm{T}} G \mu_k(x_k).$$

进一步, 我们将给出随机逻辑系统 (13.1.1) 的表达. 用 $p_{ij}(u)$ 表示在控制输入为 u 的情形下, 系统从当前状态 δ_s^i 转移到下一个状态 δ_s^j 的转移概率:

$$p_{ij}(u) = P(x_{k+1} = \delta_s^j | x_k = \delta_s^i, u), \tag{13.2.1}$$

其中 $\delta_s^i, \delta_s^j \in \Delta_s, u \in \Delta_r$. 值得注意的是, 状态转移概率 $p_{ij}(u)$ 满足

$$\sum_{j=1}^{s} p_{ij}(u) = 1, \quad \forall i = 1, \cdots, s, \quad u \in \Delta_r.$$

给定离散演化形式的随机逻辑系统 (13.1.1) 结合干扰 w_k 的分布函数 $F_W\{w_k| x_k, u_k\}$, 考虑其等价的 Markov 决策过程. 其对应的状态转移概率可通过如下公式获得

$$p_{ij}(u) = P_W\left(\Omega_{ij}(u) | \delta_s^i, u \right), \tag{13.2.2}$$

其中 $\Omega_{ij}(u) \subset W$ 的定义为

$$\Omega_{ij}(u) = \{ w \in W : f(\delta_s^i, u, w) = \delta_s^j \}, \quad \forall \delta_s^i \in \Delta_s, \ u \in \Delta_r. \tag{13.2.3}$$

命题 13.2.1 考虑具有干扰 w_k 的随机逻辑系统 (13.1.1). 对于任意的函数 $\mathcal{K} : \Delta_s \to R$, 如下等式成立

$$E_w \left\{ \mathcal{K} \left(f(\delta_s^i, u, w) \right) \right\} = \sum_{j=1}^{s} \mathcal{K}(\delta_s^j) p_{ij}(u), \quad \forall \delta_s^i \in \Delta_s, \ u \in \Delta_r. \tag{13.2.4}$$

证明 注意到如果 w_k 具有离散分布, 那么 (13.2.4) 的证明是显然的[31]. 下面考虑 w_k 为更一般的情形. 对于任意给定的 $\delta_s^i \in \Delta_s$ 的和 $u \in \Delta_r$, 根据期望值的定义可知, $\underset{w}{E}\{\mathcal{K}(f(\delta_s^i, u, w))\}$ 是 $\mathcal{K}(f(\delta_s^i, u, w))$ 在 W 上关于 P_W 的 Riemann-Stieltjes 积分, 即

$$\underset{w}{E}\left\{\mathcal{K}\left(f(\delta_s^i, u, w)\right)\right\} = \int_\Omega \mathcal{K}\left(f(\delta_s^i, u, w)\right) dF_W(w|\delta_s^i, u).$$

注意到 $\bigcup_{j=1}^s \Omega_{ij}(u) = W$ 及 $\Omega_{ij_1}(u) \cap \Omega_{ij_2}(u) = \varnothing$, 并结合对任意 $w \in \Omega_{ij}(u)$ 均有 $f(\delta_s^i, u, w) \equiv \delta_s^j$ 可知, 当 $j_1 \neq j_2$ 时有

$$\int_\Omega \mathcal{K}\left(f(\delta_s^i, u, w)\right) dF_W(w|\delta_s^i, u)$$

$$= \sum_{j=1}^s \int_{\Omega_{ij}(u)} \mathcal{K}\left(f(\delta_s^i, u, w)\right) dF_W(w|\delta_s^i, u)$$

$$= \sum_{j=1}^s \mathcal{K}(\delta_s^i) \int_{\Omega_{ij}(u)} dF_W(w|\delta_s^i, u) = \sum_{j=1}^s \mathcal{K}(\delta_s^i) P_W\left(\Omega_{ij}(u)|\delta_s^i, u\right).$$

进而从 $p_{ij}(u)$ 的定义 (13.2.2) 可以得到 (13.2.4). $\qquad\square$

对于给定的 $\delta_r^k \in \Delta_r$, 用 $P_{\delta_r^k} \in \mathcal{M}_{s \times s}$ 记为如下的转移概率矩阵

$$P_{\delta_r^k} = \begin{bmatrix} p_{11}(\delta_r^k) & \cdots & p_{1s}(\delta_r^k) \\ p_{21}(\delta_r^k) & \cdots & p_{2s}(\delta_r^k) \\ \vdots & & \vdots \\ p_{s1}(\delta_r^k) & \cdots & p_{ss}(\delta_r^k) \end{bmatrix}, \quad k = 1, \cdots, r. \tag{13.2.5}$$

为了简便, 把全部转移矩阵合在一起, 定义 $\mathbb{P} \in \mathcal{M}_{(rs) \times s}$ 如下

$$\mathbb{P} = \left[(P_{\delta_r^1})^\mathrm{T}, (P_{\delta_r^2})^\mathrm{T}, \cdots, (P_{\delta_r^r})^\mathrm{T}\right]^\mathrm{T}. \tag{13.2.6}$$

例 13.2.1 先给出例 13.1.1 的矩阵表示. 首先把状态值用逻辑向量表示为

$$T \equiv \delta_3^1 = \begin{bmatrix} 1 \\ 0 \\ 0 \end{bmatrix}, \quad D \equiv \delta_3^2 = \begin{bmatrix} 0 \\ 1 \\ 0 \end{bmatrix}, \quad F \equiv \delta_3^3 = \begin{bmatrix} 0 \\ 0 \\ 1 \end{bmatrix}.$$

根据逻辑映射 (13.1.4), 可得到

$$\mathcal{L}(T, T, w_1) = T \wedge \neg T = T \wedge F = F,$$

$$\mathcal{L}(T, T, w_2) = T \vee T = T \wedge F = T.$$

那么

$$\Omega_{11}(\delta_3^1) = \Omega_{11}(u = \delta_3^1) = \{w \in W : \mathcal{L}(\delta_3^1, \delta_3^1, w) = \delta_3^1\}$$

$$= \{w : \mathcal{L}(T, T, w_1) = T\} = w_2.$$

进而根据公式 (13.2.2),

$$p_{11}(\delta_3^1) = p_{11}(u = \delta_3^1) = P_W(\Omega_{11}(\delta_3^1)|\delta_3^1, \delta_3^1)$$

$$= P_W(w_2|\delta_3^1, \delta_3^1) = 0.5.$$

继续上述过程, 可得到分别对应于控制输入 $u = \delta_3^1$, $u = \delta_3^2$ 和 $u = \delta_3^3$ 的转移概率矩阵如下

$$P_{\delta_3^1} = \begin{bmatrix} p_{11}(\delta_3^1) & p_{12}(\delta_3^1) & p_{13}(\delta_3^1) \\ p_{21}(\delta_3^1) & p_{22}(\delta_3^1) & p_{23}(\delta_3^1) \\ p_{31}(\delta_3^1) & p_{32}(\delta_3^1) & p_{33}(\delta_3^1) \end{bmatrix} = \begin{bmatrix} 0.5 & 0 & 0.5 \\ 0.7 & 0.3 & 0 \\ 0.2 & 0 & 0.8 \end{bmatrix},$$

$$P_{\delta_3^2} = \begin{bmatrix} p_{11}(\delta_3^2) & p_{12}(\delta_3^2) & p_{13}(\delta_3^2) \\ p_{21}(\delta_3^2) & p_{22}(\delta_3^2) & p_{23}(\delta_3^2) \\ p_{31}(\delta_3^2) & p_{32}(\delta_3^2) & p_{33}(\delta_3^2) \end{bmatrix} = \begin{bmatrix} 0.4 & 0 & 0.6 \\ 0 & 1 & 0 \\ 0 & 1 & 0 \end{bmatrix},$$

$$P_{\delta_3^3} = \begin{bmatrix} p_{11}(\delta_3^3) & p_{12}(\delta_3^3) & p_{13}(\delta_3^3) \\ p_{21}(\delta_3^3) & p_{22}(\delta_3^3) & p_{23}(\delta_3^3) \\ p_{31}(\delta_3^3) & p_{32}(\delta_3^3) & p_{33}(\delta_3^3) \end{bmatrix} = \begin{bmatrix} 0.6 & 0 & 0.4 \\ 0 & 0.5 & 0.5 \\ 0 & 0 & 1 \end{bmatrix}.$$

相应的转移概率示意图见图 13.2.1. 从而我们有

$$\mathbb{P} = \begin{bmatrix} P_{\delta_3^1} \\ P_{\delta_3^2} \\ P_{\delta_3^3} \end{bmatrix} = \begin{bmatrix} 0.5 & 0 & 0.5 \\ 0.7 & 0.3 & 0 \\ 0.2 & 0 & 0.8 \\ 0.4 & 0 & 0.6 \\ 0 & 1 & 0 \\ 0 & 1 & 0 \\ 0.6 & 0 & 0.4 \\ 0 & 0.5 & 0.5 \\ 0 & 0 & 1 \end{bmatrix}. \tag{13.2.7}$$

并且由公式 (13.1.5) 所确定的单步代价函数 $g : S \times U \to R$ 的矩阵形式 $g(x,u) = x^{\mathrm{T}} G u$ 所对应的具体的代价函数矩阵为

$$G = \begin{bmatrix} 2 & 1 & 3 \\ 1 & 3 & 2 \\ 3 & 1 & 1 \end{bmatrix}.$$

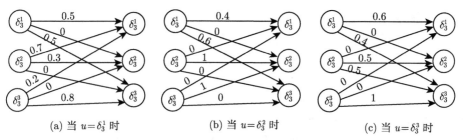

(a) 当 $u = \delta_3^1$ 时　　　(b) 当 $u = \delta_3^2$ 时　　　(c) 当 $u = \delta_3^3$ 时

图 13.2.1　例 13.2.1 中的状态转移图

13.2.2　迭代算法设计

具有终端代价函数 $\mathcal{K} : S \to R$ 和单步代价函数 g 的一步最优控制问题的最优值函数为 $T\mathcal{K}(x)$, 这里

$$T\mathcal{K}(x) = \inf_u E_w \left\{ g(x, u) + \alpha \mathcal{K}(f(x, u, w)) \right\}, \quad x \in S. \tag{13.2.8}$$

类似地, 对应给定的反馈控制率 $\mu : S \to U$, 定义

$$T_\mu \mathcal{K}(x) = E_w \left\{ g(x, \mu(x)) + \alpha \mathcal{K}(f(x, \mu(x), w)) \right\}, \quad x \in S. \tag{13.2.9}$$

反馈控制率 $\mu : S \to U$ 的全体记为 $\mathcal{U}$, 即 $\mathcal{U} = \{\mu \mid \mu : S \to U\}$. 因为状态空间 S 和控制输入空间 U 都是有限值的, 显然 $\mathcal{U}$ 中的元素个数为 $|\mathcal{U}| = r^s$. 任意给定的 S 上的终端代价函数 $\mathcal{K}$ 和函数 $T_\mu \mathcal{K}$ 以及函数 $T\mathcal{K}$ 都具有如下的 s 维向量形式等价表示

$$\mathcal{K} = \begin{bmatrix} \mathcal{K}(\delta_s^1) \\ \vdots \\ \mathcal{K}(\delta_s^s) \end{bmatrix}, \quad T_\mu \mathcal{K} = \begin{bmatrix} T_\mu \mathcal{K}(\delta_s^1) \\ \vdots \\ T_\mu \mathcal{K}(\delta_s^s) \end{bmatrix}, \quad T\mathcal{K} = \begin{bmatrix} T\mathcal{K}(\delta_s^1) \\ \vdots \\ T\mathcal{K}(\delta_s^s) \end{bmatrix}.$$

控制率 $\mu \in \mathcal{U}$ 所相应的转移概率矩阵 P_μ 以及单步代价向量 g_μ 分别定义为

$$P_\mu = \begin{bmatrix} p_{11}(\mu(\delta_s^1)) & \cdots & p_{1s}(\mu(\delta_s^1)) \\ \vdots & & \vdots \\ p_{s1}(\mu(\delta_s^s)) & \cdots & p_{ss}(\mu(\delta_s^s)) \end{bmatrix} \tag{13.2.10}$$

和

$$g_\mu = \left(g(\delta_s^1, \mu(\delta_s^1)), \cdots, g(\delta_s^s, \mu(\delta_s^s)) \right)^{\mathrm{T}}. \tag{13.2.11}$$

在逻辑向量设定下, 反馈控制率 $\mu \in \mathcal{U}$ 可视为从 Δ_s 到 Δ_r 的逻辑算子. 因此根据文献 [55] 中的定理 3.1, 得到如下结果.

命题 13.2.2   任意给定的反馈控制率 $\mu \in \mathcal{U}$ 都存在唯一的矩阵 $\Phi_\mu \in \mathcal{L}_{r \times s}$, 使得

$$\mu(x) = \Phi_\mu x, \qquad \forall x \in \Delta_s. \tag{13.2.12}$$

称 Φ_μ 为控制率 μ 的结构矩阵.

下面的命题提供了控制率 μ 所对应的转移概率矩阵 P_μ 和单步代价向量 g_μ 的计算公式.

命题 13.2.3   对于给定的控制率 $\mu \in \mathcal{U}$, 转移概率矩阵 P_μ 计算如下

$$P_\mu = [\Phi_\mu \ltimes Y]^{\mathrm{T}} \mathbb{P}, \tag{13.2.13}$$

其中 $Y := [\delta_s^1 \ltimes \delta_s^1, \delta_s^2 \ltimes \delta_s^2, \cdots, \delta_s^s \ltimes \delta_s^s] \in \mathcal{M}_{s^2 \times s}$. 单步代价向量 g_μ 计算如下

$$g_\mu = \left([G\Phi_\mu]_{1,1}, \cdots, [G\Phi_\mu]_{s,s} \right)^{\mathrm{T}}. \tag{13.2.14}$$

证明   只需证明对于任意 $i = 1, \cdots, s$, 成立

$$\mathrm{Row}_i \left([\Phi_\mu \ltimes Y]^{\mathrm{T}} \mathbb{P} \right) = \mathrm{Row}_i \left(P_\mu \right).$$

假设 $\mu(\delta_s^i) = \delta_r^j$, 即 $\Phi_\mu \delta_s^i = \delta_r^j$. 那么

$$\mathrm{Row}_i \left([\Phi_\mu \ltimes Y]^{\mathrm{T}} \mathbb{P} \right) = \mathrm{Row}_i \left([\Phi_\mu \ltimes Y]^{\mathrm{T}} \right) \mathbb{P}$$

$$= \mathrm{Col}_i \left(\Phi_\mu \ltimes Y \right) \mathbb{P}.$$

注意到 $\Phi_\mu \in \mathcal{L}_{r \times s} \subset \mathcal{M}_{r \times s}$ 和 $Y \in \mathcal{M}_{s^2 \times s}$. 则根据半张量积的基本性质可得

$$\mathrm{Row}_i \left([\Phi_\mu \ltimes Y]^{\mathrm{T}} \mathbb{P} \right) = \Phi_\mu \ltimes \mathrm{Col}_i \left(Y \right) \mathbb{P}$$

$$= \Phi_\mu \ltimes \left(\delta_s^i \ltimes \delta_s^i \right) \mathbb{P} = \left[\left(\Phi_\mu \ltimes \delta_s^i \right) \ltimes \delta_s^i \right] \mathbb{P}$$

$$= \left(\delta_r^j \ltimes \delta_s^i \right) \mathbb{P} = \left(\delta_r^j \otimes I_s \right) \delta_s^i \mathbb{P} = \delta_{sr}^{(j-1)s+i} \mathbb{P}$$

$$= \mathrm{Row}_{(j-1)s+i}(\mathbb{P}) = \mathrm{Row}_i\left(P_{\delta_r^j}\right). \tag{13.2.15}$$

另一方面, 若 $\mu(\delta_s^i) = \delta_r^j$, 则根据 P_μ 的定义, 得到

$$\mathrm{Row}_i(P_\mu) = \mathrm{Row}_i\left(P_{\delta_r^j}\right). \tag{13.2.16}$$

结合 (13.2.15) 和 (13.2.16), 得到 (13.2.13). 关于 (13.2.14) 的表达, 根据 g_μ 的定义 (13.2.11), 对任意 $i = 1, \cdots, s$ 成立 $[g_\mu]_i = g(\delta_s^i, \mu(\delta_s^i)) = \delta_s^i G\mu(\delta_s^i) = \delta_s^i G\Phi_\mu \delta_s^i = [G\Phi_\mu]_{i,i}$. □

定义 13.2.1 定义 $\mathbb{R}^{s+1}$ 上的一个超平面 $\mathbb{D}^{s+1}$ 如下

$$\mathbb{D}^{s+1} = \{(x_0, x_1, \cdots, x_s) \in R^{s+1} : x_0 = 1\}.$$

对于任意的控制率 $\mu \in \mathcal{U}$, 定义算子 $Q_\mu : \mathbb{D}^{s+1} \to \mathbb{D}^{s+1}$ 为

$$Q_\mu x = \begin{bmatrix} 1 & 0 \\ g_\mu & \alpha P_\mu \end{bmatrix} x, \quad \forall x \in \mathbb{D}^{s+1} \tag{13.2.17}$$

及定义算子 $Q : \mathbb{D}^{s+1} \to \mathbb{D}^{s+1}$ 为

$$[Qx]_i = \inf_\mu [Q_\mu x]_i, \quad \forall i = 1, \cdots, s+1, \quad x \in \mathbb{D}^{s+1}. \tag{13.2.18}$$

并且记 $Q^0 = I_{s+1}$ 和 $Q^k x = Q(Q^{k-1}x), \forall k \geqslant 1$.

命题 13.2.4 考虑随机逻辑系统 (13.1.1). 对于任意 S 上的函数 $\mathcal{K}$ 成立

$$Q_\mu \overline{\mathcal{K}} = \overline{T_\mu \mathcal{K}} \quad 和 \quad Q\overline{\mathcal{K}} = \overline{T\mathcal{K}}, \tag{13.2.19}$$

其中增维算子 $\bar{\cdot} : \mathbb{R}^s \to \mathbb{D}^{s+1}$ 的定义为 $\overline{\mathcal{K}} = (1, \mathcal{K}^{\mathrm{T}})^{\mathrm{T}}, \mathcal{K} \in \mathbb{R}^s$.

我们将给出算子 Q 和 Q_μ 的一些在本章以下所用到的性质.

对于任意 $\mu : \Delta_s \to \Delta_r$, 易见 $\lambda = 1$ 是 Q_μ 的一个简单特征值. 那么根据秩零化度定理, 我们可以得到如下的命题.

命题 13.2.5 对于任意控制率 $\mu : \Delta_s \to \Delta_r$ 而言, 算子 $Q_\mu : \mathbb{D}^{s+1} \to \mathbb{D}^{s+1}$ 具有唯一的不动点, 即存在唯一的 $J_\mu \in \mathbb{R}^n$ 满足

$$Q_\mu \overline{J}_\mu = \overline{J}_\mu. \tag{13.2.20}$$

命题 13.2.6 对于任意控制率 $\mu : \Delta_s \to \Delta_r$ 及向量 $J \in \mathbb{R}^s$ 而言, 算子 $Q_\mu : \mathbb{D}^{s+1} \to \mathbb{D}^{s+1}$ 及对应的代价向量 $J_\mu \in \mathbb{R}^s$ 满足

$$\lim_{N \to \infty} Q_\mu^N \overline{J} = \overline{J}_\mu. \tag{13.2.21}$$

定义 13.2.2   定义 $\mathbb{R}^s$ 上的偏序 $\preccurlyeq$ 为: 对于任意给定的 $a,b \in \mathbb{R}^s$, $a \preccurlyeq b$ 当且仅当 $[a]_i \leqslant [b]_i$, $\forall i = 1, \cdots, s$. 另外, $a \precneqq b$ 意味着 $a \preccurlyeq b$ 同时存在 i_0 使得 $[a]_{i_0} \neq [b]_{i_0}$.

注 13.2.1   根据算子 Q_μ 和 Q 的定义, 我们可得到如下的单调性质. 对应任意两个 S 上的终端代价 $\mathcal{K}_1$ 和 $\mathcal{K}_2$ 而言, 若满足 $\mathcal{K}_1 \preccurlyeq \mathcal{K}_2$, 则成立

$$Q\overline{\mathcal{K}}_1 \preccurlyeq Q\overline{\mathcal{K}}_2, \tag{13.2.22}$$

$$Q_\mu\overline{\mathcal{K}}_1 \preccurlyeq Q_\mu\overline{\mathcal{K}}_2, \quad \forall \mu \in \mathcal{U}. \tag{13.2.23}$$

为了便于表示, 用 μ 表示静态策略 $\pi_\mu = \{\mu, \mu, \cdots\}$.

命题 13.2.7   对于最优控制问题 (13.1.3), 一个静态策略 μ 是最优的, 当且仅当,

$$Q\overline{J}^* = Q_\mu\overline{J}^*, \tag{13.2.24}$$

其中 J^* 是最优值的向量表示, 即 $J^* = (J^*(\delta_s^1), J^*(\delta_s^2), \cdots, J^*(\delta_s^s))^{\mathrm{T}}$.

证明   根据最优性原理[29], 可知最优值 J^* 满足, $\delta_s^i \in \Delta_s$,

$$J^*(\delta_s^i) = \inf_u E_w \{g(\delta_s^i, u) + \alpha J^*(f(\delta_s^i, u, w))\} = TJ^*(\delta_s^i).$$

因为 $J^* = TJ^*$, 并根据命题 13.2.4 的 (13.2.19), 可知

$$\overline{J}^* = Q\overline{J}^*. \tag{13.2.25}$$

(充分性) 如果 $Q\overline{J}^* = Q_\mu\overline{J}^*$, 那么由 (13.2.25), 可知 $\overline{J}^* = Q_\mu\overline{J}^*$. 进一步, 由命题 13.2.5 中的 J_μ 的唯一性, 可知 $J_\mu = J^*$, 即 μ 是最优策略.

(必要性) 如果静态策略 μ 是问题 (13.1.3) 的最优策略, i.e., $J_\mu = J^*$, 那么, 利用命题 13.2.5, 可得到 $Q_\mu\overline{J}^* = \overline{J}^*$. 将此结果与 (13.2.25) 比较, 即可得到 (13.2.24). □

定理 13.2.1   若两个静态策略 μ 和 $\hat{\mu}$ 满足 $Q_{\hat{\mu}}\overline{J}_\mu = Q\overline{J}_\mu$, 那么成立 $\overline{J}_{\hat{\mu}} \preccurlyeq \overline{J}_\mu$. 特别地,

$$\begin{cases} \overline{J}_{\hat{\mu}} = \overline{J}_\mu \Longleftrightarrow \mu \text{ 是最优的}, \\ \overline{J}_{\hat{\mu}} \precneqq \overline{J}_\mu \Longleftrightarrow \mu \text{ 不是最优的}. \end{cases} \tag{13.2.26}$$

证明   由 $Q_\mu\overline{J}_\mu = \overline{J}_\mu$ (命题 13.2.5) 和假设 $Q_{\hat{\mu}}\overline{J}_\mu = Q\overline{J}_\mu$, 有

$$Q_{\hat{\mu}}\overline{J}_\mu = Q\overline{J}_\mu \preccurlyeq Q_\mu\overline{J}_\mu = \overline{J}_\mu. \tag{13.2.27}$$

上式两侧重复用 $\hat{\mu}$ 相乘, 并结合单调性 (13.2.23) 和命题 13.2.6, 可得

$$\overline{J}_{\hat{\mu}} = Q_{\hat{\mu}}\overline{J}_{\hat{\mu}} = \lim_{N\to\infty} Q_{\hat{\mu}}^N\overline{J}_\mu \preccurlyeq \cdots \preccurlyeq Q_{\hat{\mu}}^2\overline{J}_\mu \preccurlyeq Q_{\hat{\mu}}\overline{J}_\mu \preccurlyeq \overline{J}_\mu. \tag{13.2.28}$$

先证明 (13.2.26). 我们只需证明 (13.2.26) 的第一个公式, 那么根据半序 $\precsim$ 的定义 13.2.2, 第二个公式自然成立.

如果 μ 是最优的, 则根据命题 13.2.7 成立 $Q\overline{J}_\mu = Q_\mu \overline{J}_\mu = \overline{J}_\mu$. 进而结合假设 $Q_{\hat\mu}\overline{J}_\mu = Q\overline{J}_\mu$, 得到 $Q_{\hat\mu}\overline{J}_\mu = \overline{J}_\mu$. 那么关系 (13.2.28) 中的每一个 "$\preceq$" 可换成 "=". 特别地, 有 $\overline{J}_{\hat\mu} = \overline{J}_\mu$.

另一方面, 若 $\overline{J}_{\hat\mu} = \overline{J}_\mu$, 那么从 (13.2.28), 可直接推导出 $Q_{\hat\mu}\overline{J}_\mu = \overline{J}_\mu$. 再次利用条件 $Q_{\hat\mu}\overline{J}_\mu = Q\overline{J}_\mu$, 可得到 $Q\overline{J}_\mu = \overline{J}_\mu$. 这意味着 μ 是最优的. □

基于前面的定理, 我们给出如下代数形式的策略迭代算法.

算法 13.2.1 考虑随机逻辑系统 (13.1.1) 的最优控制问题 (13.1.3).

第 0 步: 初始化. 给定初始策略 $\mu^0 \in \mathcal{U}$.

第 1 步: 策略估计. 根据公式

$$Q_{\mu^k}\overline{J}_{\mu^k} = \overline{J}_{\mu^k} \tag{13.2.29}$$

计算对应于策略 μ^k 的 J_{μ^k}.

第 2 步: 策略更新. 由下面公式得到新的平稳策略 μ^{k+1}:

$$\mu^{k+1}(x) = \Phi_{k+1}x, \quad \forall x \in \Delta_s,$$

其中 μ^{k+1} 的结构矩阵 Φ_{k+1} 的计算公式如下

$$\begin{cases} \Phi_{k+1} = L_r[q_1^{k+1}, \cdots, q_s^{k+1}], \quad i = 1, \cdots, s, \\ q_i^{k+1} = \arg\min\limits_{j=1,\cdots,r} \left\{ G_{ij} + (\delta_s^i)^{\mathrm{T}} \ltimes (\delta_r^j)^{\mathrm{T}} \mathbb{P} J_{\mu^k} \right\}. \end{cases}$$

若 $\overline{J}_{\mu^k} = Q\overline{J}_{\mu^k}$, 则停止, 不然转到第 1 步.

证明 (证明算法 13.2.1 的正确性.) 只需验证

$$Q\overline{J}_{\mu^n} = \begin{bmatrix} 1 \\ \min\limits_{j=1,\cdots,r} \left\{ G_{1j} + (\delta_s^1)^{\mathrm{T}} \ltimes (\delta_r^j)^{\mathrm{T}} \mathbb{P} J_{\mu^n} \right\} \\ \vdots \\ \min\limits_{j=1,\cdots,r} \left\{ G_{sj} + (\delta_s^s)^{\mathrm{T}} \ltimes (\delta_r^j)^{\mathrm{T}} \mathbb{P} J_{\mu^n} \right\} \end{bmatrix}. \tag{13.2.30}$$

实际上, 若 (13.2.30) 成立, 则策略更新 (第 3 步), 意味着 $Q_{\mu^{n+1}}J_{\mu^n} = QJ_{\mu^n}$. 进而, 定理 13.2.1 意味着

$$\overline{J}_{\mu^{n+1}} \preceq \overline{J}_{\mu^n} \preceq \cdots \preceq \overline{J}_{\mu^1} \preceq \overline{J}_{\mu^0}. \tag{13.2.31}$$

并注意到反馈策略集 $\mathcal{U}$ 是有限的, 其个数为 $|\mathcal{U}| = r^s$, 而且注意到关系 (13.2.26), 我们可以推导出算法最多迭代 r^s 步之后会停止.

先证明 (13.2.30). 根据 $T\mathcal{K}$ 的定义 (13.2.8) 及命题 13.2.1, 可知对任意的 $i = 1, 2, \cdots, s$, 有

$$
\begin{aligned}
\left[Q\overline{J}_{\mu^n}\right]_{i+1} &= \overline{\left[TJ_{\mu^n}\right]}_{i+1} = [TJ_{\mu^n}]_i = TJ_{\mu^n}(\delta_s^i) \\
&= \inf_{u \in U} \mathop{E}_{w} \left\{ g(\delta_s^i, u) + \alpha J_{\mu^n}(f(\delta_s^i, u, w)) \right\} \\
&= \inf_{\delta_r^j \in \Delta_r} \mathop{E}_{w} \left\{ g(\delta_s^i, \delta_r^j) + \alpha J_{\mu^n}(f(\delta_s^i, \delta_r^j, w)) \right\} \\
&= \inf_{j=1,\cdots,r} \left\{ G_{i,j} + \sum_{k=1}^{s} p_{ik}(\delta_r^j) J_{\mu^n}(\delta_s^k) \right\}.
\end{aligned}
$$

进一步, 根据命题 13.2.3 中的 (13.2.13), 可得

$$
\mathrm{Row}_i\left(P_{\delta_r^j}\right) = \mathrm{Row}_i\left(M_{\delta_r^j}\mathbb{P}\right) = \mathrm{Row}_i\left(M_{\delta_r^j}\right)\mathbb{P} = (\delta_s^i)^{\mathrm{T}} \ltimes (\delta_r^j)^{\mathrm{T}}\mathbb{P}.
$$

所以, 对任意的 $i = 1, 2, \cdots, s$, 成立

$$
\left[Q\overline{J}_{\mu^n}\right]_{i+1} = \min_{j=1,\cdots,r}\{G_{i,j} + (\delta_s^i)^{\mathrm{T}} \ltimes (\delta_r^j)^{\mathrm{T}}\mathbb{P}J_{\mu^n}\},
$$

这就证明了 (13.2.30). □

例 13.2.2　我们将用算法 13.2.1 来解决例 13.2.1.

初始化　选初始反馈为 $\mu^0(x) = L_3[1,1,1]x, \ \forall x \in \Delta_3$.

策略估计　通过 (13.2.29) 计算 J_{μ^0}.

因为 $\mu^0(x) = L_3[1,1,1]x$, 根据命题 13.2.3 可得

$$
P_{\mu_0} = M_{\mu_0}\mathbb{P} = \begin{bmatrix} (\delta_3^1)^{\mathrm{T}} \ltimes (\delta_3^1)^{\mathrm{T}} \\ (\delta_3^2)^{\mathrm{T}} \ltimes (\delta_3^1)^{\mathrm{T}} \\ (\delta_3^3)^{\mathrm{T}} \ltimes (\delta_3^1)^{\mathrm{T}} \end{bmatrix} \mathbb{P} = \begin{bmatrix} 0.5 & 0 & 0.5 \\ 0.4 & 0 & 0.6 \\ 0.6 & 0 & 0.4 \end{bmatrix}.
$$

因此 Q_{μ^0} 为

$$
Q_{\mu^0} = \begin{bmatrix} 1 & 0 \\ g_{\mu^0} & \alpha P_{\mu^0} \end{bmatrix} = \begin{bmatrix} 1 & 0 & 0 & 0 \\ 2 & 0.45 & 0 & 0.45 \\ 1 & 0.36 & 0 & 0.54 \\ 3 & 0.54 & 0 & 0.36 \end{bmatrix}.
$$

进而解线性方程组

$$
\overline{J}_{\mu^0} = Q_{\mu^0}J_{\mu^0}, \tag{13.2.32}
$$

得到

$$\overline{J}_{\mu^0} = \begin{bmatrix} 1 \\ 26.16438 \\ 23.95008 \\ 27.53425 \end{bmatrix}. \tag{13.2.33}$$

策略更新 得到新策略 μ^1.

根据公式 (13.2.1) 得到

$$\begin{bmatrix} q_1^1 \\ q_2^1 \\ q_3^1 \end{bmatrix} = \begin{bmatrix} \arg\min_{j=1,2,3} \left\{ G_{1j} + (\delta_3^1)^{\mathrm{T}} \ltimes (\delta_3^j)^{\mathrm{T}} \mathbb{P} J_{\mu^0} \right\} \\ \arg\min_{j=1,2,3} \left\{ G_{2j} + (\delta_3^2)^{\mathrm{T}} \ltimes (\delta_3^j)^{\mathrm{T}} \mathbb{P} J_{\mu^0} \right\} \\ \arg\min_{j=1,2,3} \left\{ G_{3j} + (\delta_3^3)^{\mathrm{T}} \ltimes (\delta_3^j)^{\mathrm{T}} \mathbb{P} J_{\mu^0} \right\} \end{bmatrix} = \begin{bmatrix} 2 \\ 1 \\ 3 \end{bmatrix},$$

故 $\mu^1(x) = \Phi_1 x = L_3[2,1,3]x, \forall x \in \Delta_3$. 因为 $\overline{J}_{\mu^0} \neq Q\overline{J}_{\mu^0}$, 我们将进行下一个循环.

策略估计 通过 (13.2.29) 计算 J_{μ^1}. 类似于上一个循环,

$$\overline{J}_{\mu^1} = \begin{bmatrix} 1 \\ 10 \\ 10 \\ 10 \end{bmatrix}.$$

策略改进 得到新的策略 μ^2.

利用公式 (13.2.1) 可得 $\begin{bmatrix} q_1^2 \\ q_2^2 \\ q_3^2 \end{bmatrix} = \begin{bmatrix} 2 \\ 1 \\ 3 \end{bmatrix}$, 这意味着 $\mu^2(x) = \mu^1(x) = L_3[2,1,3]x$,

$\forall x \in \Delta_3$. 同时 $\overline{J}_{\mu^1} = Q\overline{J}_{\mu^1}$. 因此我们得到最优策略 μ^1 及对应的最优性能指标

$$J^* = \begin{bmatrix} J^*(T) \\ J^*(D) \\ J^*(F) \end{bmatrix} = \begin{bmatrix} J^*(\delta_3^1) \\ J^*(\delta_3^2) \\ J^*(\delta_3^3) \end{bmatrix} = \begin{bmatrix} 10 \\ 10 \\ 10 \end{bmatrix}.$$

13.3 发动机残留气体控制

众所周知, 在内燃发动机 (ICE) 中, 为了提高燃料经济性和动力输出, 估算循环到循环 (cycle-by-cycle) 的发动机缸内燃烧成分是至关重要的. 因此, 残留气体

分数 (residual gas fraction, RGF) 是评价循环残余气体水平的重要指标之一, 其定义为当前循环残余气体与下一循环总气体的比率[112,116].

由于燃烧事件是一种具有概率特性的物理现象, 因此即使在静态工作条件下, RGF 的演变也表现出燃烧能量释放的循环变化. 这种变化密切反映在气缸压力、温度和充气结构的循环变化中[183]. 此外, 循环的燃烧状态受前一燃烧循环的影响. 这意味着燃烧事件的循环到循环过渡过程可以看作是一个具有随机特征的动力学系统[78].

图 13.3.1 是内燃发动机的示意图. 在内燃机排气冲程中, 并非所有燃烧过的气体都被排放到气缸外. 这一小部分高温残留气体包括残余空气、残留燃料和残余残留燃烧产物. 它在随后的进气冲程中与新鲜空气和新鲜燃料混合, 对燃烧过程有很大影响. 第 k 循环的 RGF 的定义为

$$\text{RGF}(k) = \frac{M_r(k)}{M_t(k)}, \tag{13.3.1}$$

其中 $M_r(k)$ 为第 k 循环的排气门关闭时刻 EVC(k) 的残留气体质量, $M_t(k)$ 为第 k 循环进气门关闭时刻 IVC(k) 的总气体质量, 如图 13.3.2 所示. 有关 RGF 测量和计算的更多细节, 请参阅文献 [372].

下面的例子是在一台六缸全尺寸汽油发动机上进行的 RGF 的测量和分析. 该发动机连接到低惯性测功机, 并连接到量产所用的 EUC 和由 DS1006 (dSPACE) 构成的快速原型电子控制单元 (RP-ECU), 如图 13.3.3 所示. 表 13.3.1 中给出了发动机相关规格.

当发动机在相同的工作条件下以不同的火花提前度 (SA) 运行时, RGF 循环系列如图 13.3.4 所示. 从图中可观察到 RGF 表现出随机行为, 并且随着 SA 的不同, 其平均值也不同. 这些随机特性主要是由燃烧的不确定性导致的.

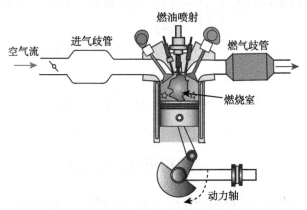

图 13.3.1　内燃机示意图

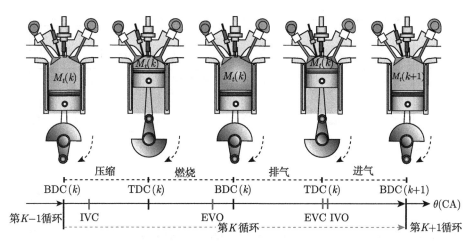

图 13.3.2 发动机一个循环内的气体交换过程的示意图

图 13.3.3 发动机试验台架

表 13.3.1 发动机规格细节

发动机类型	V6 type 3.5 L
燃油系统	Port & Direct injection
Bore × Stroke/mm×mm	94 × 83
压缩比	11.8 : 1
最大功率/kW	228 @ 6400 rpm
最大扭矩/(N·m)	375 @ 4800 rpm
尺寸/cm³	3456

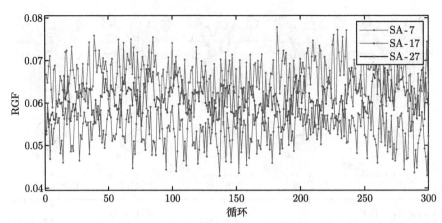

图 13.3.4　当发动机速度为 1000 rpm, 扭矩为 60 N·m 时的 RGF 的循环到循环的变化率

　　进一步通过实际试验考察了火花提前度 (SA) 对 RGF 的影响. 通过固定负载、节气门和 VVT 参数以及发动机第 6 缸 SA 取不同值时, 进行了 RGF 试验, 观察 SA 对 RGF 的影响. 首先, 我们将讨论考虑 SA 影响的 RGF 分布的随机特性.

　　为了探索 SA 对 RGF 随机特性的影响, 在负载为 60N·m、节气门角度为 5.4 deg 的工作条件下进行样品采集过程, 如图 13.3.5 所示. 在此工况下, 火花提前量和新鲜燃料质量被设定为常数, 水温为 353 K.

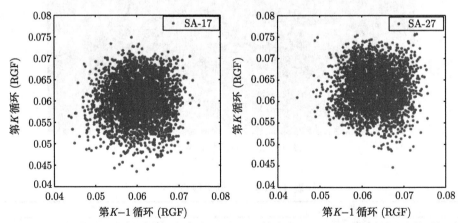

图 13.3.5　扭矩为 60 N·m, 节气门角度为 5.4 deg, 转速为 1000 rpm 时刻所对应的时间反馈图 (第 K 循环到第 $K-1$ 循环)

　　基于上述观察, RGF 的循环到循环演化动力学可以在随机逻辑动力学系统的框架中建模, 并将 SA 作为其控制输入. 根据 RGF 值的分布特性, RGF 的范围分

为七个区间 $A^1, \cdots, A^7$, 具体为

$$
\begin{cases}
A^1 := (0, \sigma - 5/4\mu], \\
A^2 := (\sigma - 5/4\mu, \sigma - 3/4\mu], \\
A^3 := (\sigma - 3/4\mu, \sigma - 1/4\mu], \\
A^4 := (\sigma - 1/4\mu, \sigma + 1/4\mu], \\
A^5 := (\sigma + 1/4\mu, \sigma + 3/4\mu], \\
A^6 := (\sigma + 3/4\mu, \sigma + 5/4\mu], \\
A^7 := (\sigma + 5/4\mu, 1],
\end{cases}
$$

其中 μ 和 σ 分别为 RGF 总样本的均值和标准差. RGF 的值可通过以下方式进行量化:

$$
y_k \in A^i \rightarrow x_k = \delta_s^i, \quad i = 1, 2, \cdots, 7, \tag{13.3.2}
$$

上述等式意味着 RGF 的每一个值 y_t 唯一对应一个逻辑值 x_t. 称该逻辑值为 RGF 的量化值.

此外, 作为控制输入, SA 的程度被限制为五度: $S_1 = 7, S_2 = 12, S_3 = 17, S_4 = 22, S_5 = 27$ (图 13.3.6). 为了在逻辑框架上表达 SA 的值, 我们给出了以下等价表示

$$
S_j \leftrightarrow \delta_r^j, \qquad j = 1, 2, \cdots, 5. \tag{13.3.3}
$$

那么根据量化公式 (13.3.2) 和 (13.3.3), 可建立 RGF 在逻辑状态空间 $S = \{\delta_7^1, \cdots, \delta_7^7\}$ 和逻辑输入空间 $U = \{\delta_5^1, \cdots, \delta_5^5\}$ 上的逻辑动态模型.

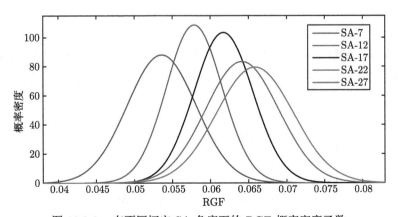

图 13.3.6 在不同恒定 SA 角度下的 RGF 概率密度函数

控制任务是设计一个最优反馈控制律, 以便尽可能减少火花提前度变化的情况下降低 RGF 的方差. 因此我们将每个循环成本函数定义为以下折中形式

$$g(x, u) := \lambda_1 \tilde{d}(x, \delta_s^{\gamma_1}) + \lambda_2 \tilde{d}(u, \delta_r^{\gamma_2}), \tag{13.3.4}$$

其中 $\delta_s^{\gamma_1}$ 和 $\delta_r^{\gamma_2}$ 分别为参考状态值和参考控制输入值, λ_1, λ_2 分别为状态权重和控制权重, $\tilde{d}$ 为距离函数 $\tilde{d}(\delta_s^i, \delta_s^j) := |i - j|, \ \forall i, j = 1, 2, \cdots, s.$

用 $Y_{i,k}, i = 1, \cdots, s, k = 1, \cdots, r$ 表示其上一轮值 y_t 属于 A^i, 同时上一轮控制输入值 u_t 等于 δ_r^k 时的采样集, 即

$$Y_{i,t} = \{y_{t+1} | x_t \in A^i, u_t = \delta_r^k\}.$$

显然有 $\bigcup_{i,k} Y_{i,k} = Y \backslash \{y_1\}$. 并假设 $Y_{i,k}$ 服从均值为 $\mu_{i,k}$, 标准差为 $\sigma_{i,k}$ 的正态分布, 即

$$Y_{i,k} \sim N(\mu_{i,k}, \sigma_{i,k}^2), \quad i = 1, \cdots, s, \ k = 1, \cdots, r.$$

实际问题中, 通过极大似然估计可确定 $\mu_{i,k}$ 和 $\sigma_{i,k}, i = 1, \cdots, s, k = 1, \cdots, r.$ 图 13.3.7 中给出了不同火花提前度 SA = 7, SA = 12, SA = 22 及 SA = 27 所对应的 $y_{i,j}$ 的概率密度. 则 RGF 的转移概率 $P_{ij}(\delta_r^k)$ $(i, j = 1, \cdots, s$ 及 $k = 1, \cdots, r)$ 可通过如下公式计算

$$P_{ij}(\delta_r^k) = P(y_{t+1} \in A^j | y_t \in A^i, u_t = \delta_r^k)$$

$$= \int_{A^j} \frac{1}{\sqrt{2\pi}\sigma_{i,k}} \exp\left(-\frac{(y - \mu_{i,k})^2}{2\sigma_{i,k}^2}\right) dy. \tag{13.3.5}$$

单步代价函数 (13.3.4) 中的权重取为 $\lambda_1 = 1$ 和 $\lambda_2 = 0.25$. 并把 RGF 的参考逻辑状态值以及 SA 的参考逻辑控制输入分别取定为 δ_7^4 和 δ_5^3. 那个单步代价矩阵为

$$G = \begin{bmatrix} 3.5 & 2.5 & 1.5 & 0.5 & 1.5 & 2.5 & 3.5 \\ 3.25 & 2.25 & 1.25 & 0.25 & 1.25 & 2.25 & 3.25 \\ 3 & 2 & 1 & 0 & 1 & 2 & 3 \\ 3.25 & 2.25 & 1.25 & 0.25 & 1.25 & 2.25 & 3.25 \\ 3.5 & 2.5 & 1.5 & 0.5 & 1.5 & 2.5 & 3.5 \end{bmatrix}. \tag{13.3.6}$$

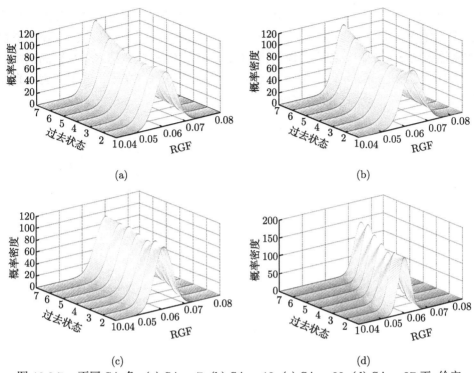

图 13.3.7　不同 SA 角: (a) SA = 7; (b) SA = 12; (c) SA = 22; (d) SA = 27 下, 给定
$y_k \in A_i, i = 1, 2, \cdots, 7$ 之后的 y_{k+1} 的条件概率密度

现在应用算法 13.2.1, 结合上述的单步代价矩阵 G 以及由 (13.3.5) 给出的转移概率矩阵 $\mathbb{P}$, 可得到 RGF 控制问题的最优反馈策略为

$$\mu^*(x) = \delta_5(5, 4, 3, 3, 3, 3, 2)x, \quad \forall x \in S.$$

那么根据等价公式 (13.3.2) 和 (13.3.3), 可知最优的 SA 循环到循环的反馈率可用如下公式表达 (同时参见图 13.3.8):

$$\mathrm{SA}(k) = \begin{cases} 27, & \mathrm{RGF}(k) \in A^1, \\ 22, & \mathrm{RGF}(k) \in A^2, \\ 17, & \mathrm{RGF}(k) \in A^3 \cup A^4 \cup A^5 \cup A^6, \\ 12, & \mathrm{RGF}(k) \in A^7. \end{cases} \quad (13.3.7)$$

为了验证基于随机逻辑动力学的最优反馈控制的有效性, 对有和没有最优反馈控制器的两组情况分别进行了试验. 当不使用最优反馈控制器时, SA 的角度固定为 17 度, 这对应于参考逻辑控制值 δ_5^3. 当使用最优反馈控制器时的总体控制结

构如图 13.3.9 所示. 在每个循环中, RGF 的实际值可以通过缸内压力和曲柄角计算[372] 得出. 然后, 基于量化过程 (13.3.2) 获得 RGF 的相应逻辑状态. 作为最优控制输入的 SA 的指令程度由控制律 (13.3.7) 确定. 试验在第六个气缸的试验台上进行. 发动机工作条件为 1000 rpm 转速和 60 N·m 负载扭矩. 喷射类型为直接喷射, 气缸压力传感器的分辨率确定为 15.35pc/bar.

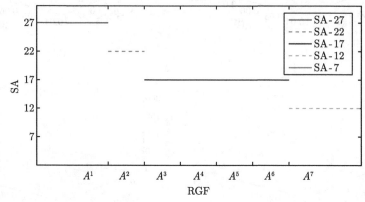

图 13.3.8　RGF 的最优反馈率

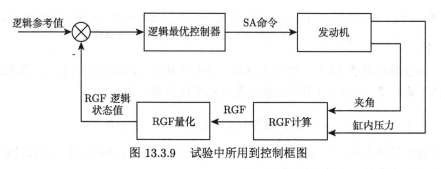

图 13.3.9　试验中所用到控制框图

图 13.3.10 显示了在具有固定 SA (第一子图) 和最优反馈控制 SA (第二子图) 下的 RGF 的循环到循环数据轨迹. 从图中可观测到, 与具有固定 SA 的 RGF 相比, 具有最优反馈控制 SA 的 RGF 的波动幅度相对较小. 进一步, 图 13.3.11 给出了固定 SA 和最优反馈控制 SA 情形下, 试验中所得的真实 RGF 响应的频率的比较情况. 同时, 固定 SA 和最优反馈控制 SA 情形下, 试验中所得的真实 RGF 响应的概率密度的比较情况如图 13.3.12 所示. 标准差的相对降低率为 $\dfrac{\sigma_f - \sigma_o}{\sigma_f} \approx 9.04\%$, 其中, σ_o 和 σ_f 分别是具有固定 SA 和最优反馈控制 SA 的 RGF 的标准方差. 从这些比较中, 我们可以看到, 由策略迭代确定的控制律有效地降低了 RGF 的方差.

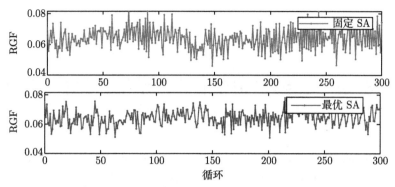

图 13.3.10 在固定 SA 和最优反馈控制 SA 下的 RGF 循环到循环响应

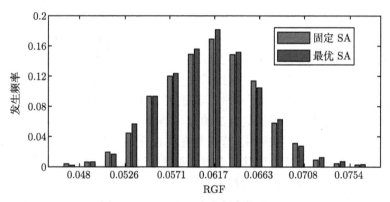

图 13.3.11 RGF 发生频率的对比图

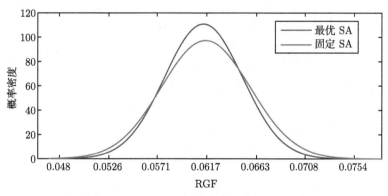

图 13.3.12 RGF 概率密度函数的对比图

第 14 章　连续域最优控制的逻辑网络逼近及其在混合动力汽车控制中的应用

很多实际的控制问题的状态变量及控制输入变量都是在连续域上定义的, 故需要在连续系统框架下进行建模和研究. 例如, 车辆混合动力系统中的机械和电子系统的建模都是在连续域框架下进行的[93,402]. 当其状态演化方程是非线性时, 对于连续域上的这类系统最优控制问题一般没有解析解, 甚至满足合理精度的近似解都很难寻找[26,34].

混合动力汽车 (hybrid electric vehicle, HEV) 的动力传动系统是一个典型的非线性系统. 关注于节能减排的混合动力系统能量管理问题受到国内外多个学者的关注[79,246,301,380]. 能量管理问题的一个有效处理手段是动态规划 (dynamic programming, DP) 算法[312,340,380]. 其主要的优点是可以提供全局最优解, 因此 DP 算法已成为其他最优控制算法的对比基准.

然而, DP 算法的实际应用, 特别是在非线性最优控制问题中的主要缺点是其计算负担大. 为了降低其计算复杂度, 考虑通过系统状态和控制输入的量化得到 DP 算法框架下的最优控制问题的逼近解. 这意味量化因子的选择对计算复杂度和逼近解的精度都有着重要的影响[168,279]. 然而, 现在的研究工作中, 关于如何合理地选取量化指标, 进而在 DP 算法实际应用中平衡计算复杂度和解的精度, 这一方面的研究工作目前比较少[71,381]. 在文献 [279] 中提出一种改进的 DP 算法, 并基于一种无量化控制输入因子改进其计算效率. 本章的目的是怎样合理地量化系统状态和控制输入, 给出其逼近解, 并刻画量化与逼近解的精度的关系.

本章中考虑了连续域上的离散时间动力系统的最优控制问题. 受多值逻辑网络 (包括布尔网络) 系统的优化和最优控制的相关进展[275,357,358] 的启发, 设计了基于逻辑网络的有限域上最优控制问题来逼近连续域上的原问题, 给出了其相关精度分析. 并把所获得的成果应用于混合动力汽车的能量管理问题上. 部分内容见文献 [359] 及其相关参考文献.

14.1　连续域上的最优控制问题

在连续域上, 考虑如下离散动态系统

$$x(t+1) = f(x(t), u(t)), \tag{14.1.1}$$

其中 $x \in X \subset \mathbb{R}^{N_x}$ 和 $u \in U \subset \mathbb{R}^{N_u}$ 分别表示系统状态和控制输入, $f : X \times U \to X$ 是已知的更新函数. 假设 X 为 $\mathbb{R}^{N_x}$ 中的紧凸集, U 为 $\mathbb{R}^{N_u}$ 中的紧凸集. 系统 (14.1.1) 的初始状态为

$$x(0) = x_0 \in X. \tag{14.1.2}$$

U 中的控制序列 $\{u(t) : t = 0, \cdots, T-1\}$, 称为一个可允许控制输入, 并用 $\mathcal{U}$ 表示全部可允许控制输入全体. 令 $x(t; f, x_0, \mathbf{u})$, $t \geqslant 0$ 表示具有初始条件 (14.1.2) 的动态系统 (14.1.1) 对应控制输入 $\mathbf{u} \in \mathcal{U}$ 的解. 在不引起混淆的情况下, 用 $x(t)$ 表示解 $x(t; f, x_0, \mathbf{u})$.

给定初始状态 $x_0 \in X$ 和可允许控制输入 $\mathbf{u} = \{u(t)\}_{t=0}^{T-1} \in \mathcal{U}$, 考虑系统 (14.1.1) 的有限时域最优控制问题

$$J(f, x_0, \mathbf{u}) = h(x(T)) + \sum_{t=0}^{T-1} g(x(t), u(t)), \tag{14.1.3}$$

其中 $h : X \to \mathbb{R}$ 为终端代价函数, $g : X \times U \to \mathbb{R}$ 为单步代价函数.

本章中考虑如下两个假设:

(A1) 函数 f 在 $X \times U$ 上 Lipschitz 连续, 即对任意的 $x, y \in X$ 和 $u, v \in U$ 满足

$$|f(x, u) - f(y, v)| \leqslant k_f \left(|x - y| + |u - v| \right), \tag{14.1.4}$$

其中 $k_f > 0$ 为 Lipschitz 常数, $|\cdot|$ 表示有限维欧氏空间的 2 范数.

(A2) h 在 X 上 Lipschitz 连续, g 在 $X \times U$ 上 Lipschitz 连续, 即存在常数 $k_h > 0$ 和 $k_g > 0$ 使得对任意的 $x, y \in X$, $u, v \in U$ 满足

$$|h(x) - h(y)| \leqslant k_h |x - y|, \tag{14.1.5}$$

$$|g(x, u) - g(y, v)| \leqslant k_g \left(|x - y| + |u - v| \right). \tag{14.1.6}$$

最优代价函数 $J^*(f, x_0)$ 为

$$J^*(f, x_0) = \inf_{\mathbf{u} \in \mathcal{U}} J(f, x_0, \mathbf{u}). \tag{14.1.7}$$

从而, 有限时域最优控制问题描述为如下形式.

问题 (P) 考虑具有初始状态 (14.1.2) 的离散动态系统 (14.1.1). 寻找 $\mathbf{u}_{f,x_0} \in \mathcal{U}$ 使得代价函数 $J(f, x_0, \mathbf{u}_{f,x_0})$ 达到最优值 $J^*(f, x_0)$, 即

$$J(f, x_0, \mathbf{u}_{f,x_0}) = J^*(f, x_0).$$

14.2   基于逻辑网络的最优解的逼近

本节首先在适当的假设条件下, 证明最优值 $J^*(f, x_0)$ 对初始状态值 x_0 的连续依赖性. 其次, 通过引入状态集和控制输入集的特殊分割对 (partition pair), 给出问题 (P) 的一个量化逼近过程. 最后提供基于逻辑网络的 DP 算法, 来求解量化逼近最优控制问题.

14.2.1   最优解对初始状态值的连续依赖性

引理 14.2.1   在假设 (A1) 和 (A2) 下, 系统解轨迹 $x(t; f, x_0, \mathbf{u})$ 和代价函数 $J(f, x_0, \mathbf{u})$ 在 $X \times \mathcal{U}$ 上是 Lipschitz 连续的. 具体地, 对任意的 $x_0, y_0 \in X$ 和 $\mathbf{u} = \{u(t)\}_{t=0}^{T-1}, \mathbf{v} = \{v(t)\}_{t=0}^{T-1} \in \mathcal{U}$ 成立

$$|x(t; f, x_0, \mathbf{u}) - x(t; f, y_0, \mathbf{v})| \leqslant k_f^t |x_0 - y_0| + K_1(t)\|\mathbf{u} - \mathbf{v}\|, \tag{14.2.1}$$

$$|J(f, x_0, \mathbf{u}) - J(f, y_0, \mathbf{v})| \leqslant K_2 |x_0 - y_0| + K_3\|\mathbf{u} - \mathbf{v}\|, \tag{14.2.2}$$

其中

$$K_1(t) = \frac{k_f - k_f^{t+1}}{1 - k_f}, \quad K_2 = k_h k_f^{\mathrm{T}} + k_g K_1(T - 1), \tag{14.2.3}$$

$$K_3 = k_h K_1(T) + k_g \frac{(T - 1)k_f - Tk_f^2 + k_f^{T+1}}{(1 - k_f)^2}, \tag{14.2.4}$$

这里集合 $\mathcal{U}$ 上的范数 $\|\mathbf{u}\|$ 定义为

$$\|\mathbf{u}\| = \max\{|u(t)| : 0 \leqslant t \leqslant T - 1\}. \tag{14.2.5}$$

证明   利用数学归纳法证明 (14.2.1). 当 $t = 1$ 时, 估计 (14.2.1) 自然成立, 这是因为

$$\begin{aligned}|x(1; f, x_0, \mathbf{u}) - x(1; f, y_0, \mathbf{v})| &= |f(x_0, u(0)) - f(y_0, v(0))| \\ &\leqslant k_f(|x_0 - y_0| + |u(0) - v(0)|) \\ &\leqslant k_f(|x_0 - y_0| + \|\mathbf{u} - \mathbf{v}\|),\end{aligned}$$

其中我们利用了 f 的 Lipschitz 假设 (A1), 以及 $\mathcal{U}$ 上的范数 $\|\cdot\|$ 定义 (14.2.5).

假设 $t - 1$ 时刻, 估计 (14.2.1) 成立, 即

$$|x(t - 1; f, x_0, \mathbf{u}) - x(t - 1; f, y_0, \mathbf{v})| \leqslant k_f^{t-1}|x_0 - y_0| + K_1(t - 1)\|\mathbf{u} - \mathbf{v}\|. \tag{14.2.6}$$

则根据条件 (A1) 以及不等式 (14.2.6), 有

$$|x(t; f, x_0, \mathbf{u}) - x(t; f, y_0, \mathbf{v})|$$

$$= |f(x(t-1), u(t-1)) - f(y(t-1), v(t-1))|$$

$$\leqslant k_f(|x(t-1) - y(t-1)| + |u(t-1) - v(t-1)|)$$

$$\leqslant k_f^t |x_0 - y_0| + (K_1(t-1) + k_f)\|\mathbf{u} - \mathbf{v}\| \qquad (14.2.7)$$

其中 $x(t-1)$ 和 $y(t-1)$ 分别表示 $x(t-1; f, x_0, \mathbf{u})$ 和 $y(t-1; f, y_0, \mathbf{v})$. 注意到 $k_f(K_1(t-1)+1) = K_1(t)$ 和 $K_1(\cdot)$ 的定义 (14.2.3), 我们得到, 对于 t 时刻不等式 (14.2.1) 也成立.

进一步, 利用假设 (A2), 得到

$$|J(f, x_0, \mathbf{u}) - J(f, y_0, \mathbf{v})|$$

$$\leqslant k_h |x(T; f, x_0, \mathbf{u}) - x(T; f, y_0, \mathbf{v})| + \sum_{t=1}^{T-1} k_g |x(t; f, x_0, \mathbf{u}) - x(t; f, y_0, \mathbf{v})|$$

$$\leqslant k_h k_f^T |x_0 - y_0| + k_h K_1(T)\|\mathbf{u} - \mathbf{v}\| + \sum_{t=1}^{T-1} k_g (k_f^t |x_0 - y_0| + K_1(t)\|\mathbf{u} - \mathbf{v}\|)$$

$$= K_2 |x_0 - y_0| + K_3 \|\mathbf{u} - \mathbf{v}\|,$$

其中估计 (14.2.1) 用在第二个不等式中, 从而完成了估计 (14.2.2) 的证明. □

现在给出最优解 J^* 对初始状态的连续依赖性.

定理 14.2.1 在假设条件 (A1) 和 (A2) 下, 最优解 $J^*(f, x_0)$ 关于初始状态 x_0 在 X 上是 Lipschitz 连续的, 即对任意的 $x_0, y_0 \in X$ 成立

$$|J^*(f, x_0) - J^*(f, y_0)| \leqslant K_2 |x_0 - y_0|, \qquad (14.2.8)$$

其中 K_2 是由引理 14.2.1 中的 (14.2.3) 所给出.

证明 正如问题 (P) 中所定义的, 令 $\mathbf{u}_{f,x_0}$ 和 $\mathbf{u}_{f,y_0}$ 分别表示对应于最优值 $J^*(f, x_0)$ 和 $J^*(f, y_0)$ 的最优控制输入, 即 $J(f, x_0, \mathbf{u}_{f,x_0}) = J^*(f, x_0)$ 和 $J(f, y_0, \mathbf{u}_{f,y_0}) = J^*(f, y_0)$. 那么根据引理 14.2.1 中的估计 (14.2.2), 有

$$|J(f, y_0, \mathbf{u}_{f,x_0}) - J^*(f, x_0)| = |J(f, y_0, \mathbf{u}_{f,x_0}) - J(f, x_0, \mathbf{u}_{f,x_0})| < K_2 |x_0 - y_0|, \qquad (14.2.9)$$

$$|J(f, x_0, \mathbf{u}_{f,y_0}) - J^*(f, y_0)| = |J(f, x_0, \mathbf{u}_{f,y_0}) - J(f, y_0, \mathbf{u}_{f,y_0})| < K_2 |x_0 - y_0|. \qquad (14.2.10)$$

由不等式 $J^*(f, y_0) \leqslant J(f, y_0, \mathbf{u}_{f,x_0})$ 和 (14.2.9), 有

$$J^*(f, y_0) - J^*(f, x_0) \leqslant J(f, y_0, \mathbf{u}_{f,x_0}) - J^*(f, x_0) < K_2 |x_0 - y_0|. \quad (14.2.11)$$

类似地, 由不等式 $J^*(f, x_0) \leqslant J(f, x_0, \mathbf{u}_{f,y_0})$ 和 (14.2.10) 得到

$$J^*(f, x_0) - J^*(f, y_0) \leqslant J(f, x_0, \mathbf{u}_{f,y_0}) - J^*(f, y_0) < K_2 |x_0 - y_0|. \quad (14.2.12)$$

结合 (14.2.11) 和 (14.2.12), 我们得到 (14.2.8). □

14.2.2　量化过程

定义 14.2.1　令 $\{\mathscr{S}_n\}_{n=1}^{\infty}$ 为 X 的一个有限分割集, 其中 $\mathscr{S}_n = \{S_n^i\}_{i=1}^{\xi_n}$; 同时令 $\{\mathscr{X}_n\}_{n=1}^{\infty}$ 为 X 的一个有限点集集族, 其中 $\mathscr{X}_n = \{x_n^i\}_{i=1}^{\xi_n}$. 称 $\{\mathscr{S}_n, \mathscr{X}_n\}_{n=1}^{\infty}$ 为一个 X 中稠密的分割对, 简称 SPPD, 若对任意的 $n \geqslant 1$, $\mathscr{S}_n$ 和 $\mathscr{X}_n$ 同时满足如下条件:

(B1) $S_n^i \cap S_n^j = \varnothing, i \neq j$, $\bigcup_{i=1}^{\xi_n} S_n^i = X$;

(B2) $x_n^i \in S_n^i, \forall i = 1, \cdots, \xi_n$;

(B3) $\lim\limits_{n \to \infty} \mathscr{X}_n$ 在 X 中稠密, 即

$$\lim_{n \to \infty} d_H(\mathscr{X}_n, X) = 0, \quad (14.2.13)$$

其中 $d_H(\mathscr{X}_n, X)$ 为 $\mathscr{X}_n$ 和 X 之间的 Hausdorff 距离. 任意两个非空集合 $Y, X \in \mathbb{R}^n$ 的 Hausdorff 距离 $d_H(Y, X)$ 定义为

$$d_H(Y, X) = \max \left\{ \sup_{y \in Y} \inf_{x \in X} |x - y|, \ \sup_{x \in X} \inf_{y \in Y} |y - x| \right\}.$$

定义 14.2.2　对于集合 X 的任意分割集族 $\mathscr{S}_n = \{S_n^i\}_{i=1}^{\xi_n}$, 定义 $\mathscr{S}_n$ 的最大容量 $\|\mathscr{S}_n\|$ 为

$$\|\mathscr{S}_n\| = \max_{1 \leqslant i \leqslant \xi_n} \sup \left\{ |x - y| : x, y \in S_n^i \right\}. \quad (14.2.14)$$

根据定义 14.2.1 中的条件 (B2), 可知对于给定的 $\mathscr{S}_n$ 和 $\mathscr{X}_n$, $n \geqslant 0$ ($i = 1, \cdots, \xi_n$), 点 x_n^i 可以认为是分割集 S_n^i 的代表元. 进而可证明如下命题成立.

命题 14.2.1　定义 14.2.1 中的条件 (B2) 和条件 (B3) 等同于如下

$$\lim_{n \to \infty} \|\mathscr{S}_n\| = 0. \quad (14.2.15)$$

例 14.2.1　$X = [a, b]$ 是 $\mathbb{R}^1$ 上的一个闭区间, $a < b$. 对任意的 $N > 0$, 定义有限序列 $\{a_n^i, 0 \leqslant i \leqslant \xi_n\}$, $\xi_n = 2^n$ 如下

$$a_n^i = a + ic_n, \quad i = 0, 1, \cdots, 2^n, \quad (14.2.16)$$

其中 c_n 定义为 $c_n = (b-a)/2^n$. 根据 $\{a_n^i\}$ 的定义 (14.2.16), 有 $a_n^0 = a$ 和 $a_n^{2^n} = b$. 因此, 对任意的 $n > 0$, 定义如下的 $X = [a,b]$ 的分割 $\mathscr{A}_n = \{A_n^i\}_{i=1}^{2^n}$:

$$\begin{cases} A_n^1 = [a_n^0, a_n^1], \\ A_n^i = (a_n^{i-1}, a_n^i], \quad i = 2, \cdots, 2^n. \end{cases} \tag{14.2.17}$$

这些分割是两两不相交的,

$$A_n^i \cap A_n^j = \varnothing, \quad 1 \leqslant i, j \leqslant 2^n, i \neq j, \ \text{且} \ \bigcup_{i=1}^{2^n} A_n^i = [a,b].$$

故 $\{\mathscr{A}_n\}_{n=1}^{\infty}$ 满足定义 14.2.1 的条件 (B1). 另外, 令 $\mathscr{X}_n = \{a_n^i\}_{i=1}^{2^n}$. 那么 $\lim\limits_{n \to \infty} d_H(\mathscr{X}_n, [a,b]) = 0$. 这意味着 $\{\mathscr{A}_n, \mathscr{X}_n\}_{n=1}^{\infty}$ 是 $[a,b]$ 的一个 SPPD.

定义 14.2.3 对于 X 的给定 SPPD $\{\mathscr{S}_n, \mathscr{X}_n\}_{n=1}^{\infty}$, 其中 $\mathscr{S}_n = \{S_n^i\}_{i=1}^{\xi_n}$, $\mathscr{X}_n = \{x_n^i\}_{i=1}^{\xi_n}$, 定义简单函数 $q_n : X \to \mathscr{X}_n$, $n \geqslant 1$ 为

$$q_n(z) = \sum_{i=1}^{\xi_n} x_n^i \mathbf{1}_{S_n^i}(z), \quad \forall z \in X, \tag{14.2.18}$$

其中子集 $S_n^i \subset X$ 的示性函数 $\mathbf{1}_{S_n^i}$ 定义为

$$\mathbf{1}_{S_n^i}(z) = \begin{cases} 1, & z \in S_n^i, \\ 0, & z \notin S_n^i. \end{cases}$$

根据函数 $q_n(\cdot)$ 的定义, 有

$$|q_n(z) - z| \leqslant \|\mathscr{S}_n\|, \quad \forall z \in X. \tag{14.2.19}$$

实际上, 根据定义 14.2.1 的条件 (B1), 存在唯一的 $i_0 \in \{1, \cdots, \xi_n\}$ 使得 $z \in S_n^{i_0}$. 那么, 有

$$|q_n(z) - z| = |x_n^i - z| \leqslant \sup_{z, w \in S_n^{i_0}} |z - w| \leqslant \|\mathscr{S}_n\|.$$

假设 $\{\mathscr{E}_m, \mathscr{U}_m\}_{m=1}^{\infty}$ 是控制输入集 U 的一个 SPPD, 其中 $\mathscr{E}_m = \{E_m^i\}_{i=1}^{\xi_m}$ 和 $\mathscr{U}_m = \{u_m^i\}_{i=1}^{\xi_m}$, 即 $\{\mathscr{E}_m, \mathscr{U}_m\}_{m=1}^{\infty}$ 对于控制输入集 U, 满足定义 14.2.1 中的相关条件.

假设 $\{\mathscr{S}_n, \mathscr{X}_n\}_{n=1}^{\infty}$ 是 X 的一个 SPPD, $\{\mathscr{E}_m, \mathscr{U}_m\}_{m=1}^{\infty}$ 是 U 的一个 SPPD. 对于离散动态系统 (14.1.1) 的非线性映射 f, 定义其量化算子 $\hat{f}_m^n : X \times U \to \mathscr{X}_n$ 如下

$$\hat{f}_m^n(x, u) = q_n(f(x, q_m(u))), \quad \forall x \in X, u \in U. \tag{14.2.20}$$

下面命题刻画了量化算子 $\hat{f}_m^n : X \times U \to \mathscr{X}_n$ 与原算子 $f : X \times U \to X$ 之间的逼近关系.

命题 14.2.2　对任意的 $n \geqslant 1$, $m \geqslant 1$, 量化算子 $\hat{f}_m^n$ 满足如下不等式

$$\left| \hat{f}_m^n(x, u) - f(x, u) \right| \leqslant \|\mathscr{S}_n\| + k_f \|\mathscr{E}_m\|, \tag{14.2.21}$$

对任意的 $x \in X$, $u \in U$, 其中 $\|\mathscr{S}_n\|$ 和 $\|\mathscr{E}_m\|$ 分别为如 (14.2.14) 中所定义的 $\mathscr{S}_n$ 和 $\mathscr{E}_m$ 的最大容量.

证明　回顾 (14.2.19), 可知对于任意的 $x \in X, u \in U$, 有 $|q_n(x) - x| \leqslant \|\mathscr{S}_n\|$ 和 $|q_m(u) - u| \leqslant \|\mathscr{E}_m\|$. 因此, 根据量化算子 $\hat{f}_m^n$ 的定义 (14.2.20), 有

$$\left| \hat{f}_m^n(x, u) - f(x, u) \right| \leqslant |q_n(f(x, q_m(u))) - f(x, q_m(u))| + |f(x, q_m(u)) - f(x, u)|$$

$$\leqslant k_f |q_m(u) - u| + \|\mathscr{S}_n\|$$

$$\leqslant k_f \|\mathscr{E}_m\| + \|\mathscr{S}_n\|, \tag{14.2.22}$$

$\square$

给定 X 的一个 SPPD $\{\mathscr{S}_n, \mathscr{X}_n\}_{n=1}^{\infty}$, 以及 U 的一个 SPPD $\{\mathscr{E}_m, \mathscr{U}_m\}_{m=1}^{\infty}$, 考虑如下的量化系统

$$\begin{cases} \hat{x}_n(t+1) = \hat{f}_m^n(\hat{x}_n(t), u(t)), \\ \hat{x}_n(0) = q_n(x(0)). \end{cases} \tag{14.2.23}$$

用 $\hat{x}(t; \hat{f}_m^n, x_0, \mathbf{u}), t \geqslant 0$ 表示量化动态系统 (14.2.23) 在初始状态条件 (14.1.2) 和控制输入序列 $\mathbf{u} \in \mathscr{U}$ 下的解. 不产生歧义的情况下, 用 $\hat{x}(t)$ 简化表示解 $\hat{x}(t; \hat{f}_m^n, x_0, \mathbf{u})$. 用 $\mathbf{u}_m$ 表示控制输入序列 $\{u_m(t) : 0 \leqslant t \leqslant T-1\}$, 其中 $u_m(t) \in \mathscr{U}_m = \{u_m^i\}_{i=1}^{\xi_m}, t \geqslant 0$. 这类可允许控制输入全体记为 $\mathscr{U}_m$.

基于上述量化过程, 定义如下的逼近最优控制问题 $(\text{AP})_m^n$.

问题 $(\text{AP})_m^n$　考虑具有初始状态 (14.1.2) 的量化动态系统 (14.2.23). 寻找最优控制输入序列 $\mathbf{u}_{\hat{f}_m^n, x_0} \in \mathscr{U}_m$ 使得代价函数 $J(\hat{f}_m^n, x_0, \mathbf{u}_{\hat{f}_m^n, x_0})$ 达到最优值

$$J^*(\hat{f}_m^n, x_0) = \inf_{\mathbf{u}_m \in \mathscr{U}_m} J(\hat{f}_m^n, x_0, \mathbf{u}_m). \tag{14.2.24}$$

引理 14.2.2 量化动态系统 (14.2.23) 的解满足如下不等式

$$|\hat{x}_n(t) - x(t)| \leqslant (K_1(t+1)/k_f)\|\mathscr{S}_n\| + K_1(t)\|\mathscr{E}_m\|, \tag{14.2.25}$$

其中 $\hat{x}_n(t)$ 和 $x(t)$ 分别为 $\hat{x}(t; \hat{f}_m^n, x_0, \mathbf{u}), t \geqslant 0$ 和 $x(t; f, x_0, \mathbf{u}), t \geqslant 0$ 的简记方式, 函数 $K_1(\cdot)$ 的定义见 (14.2.3).

证明 用数学归纳法证明 (14.2.25). 当 $t = 1$ 时, 回顾量化映射 $\hat{f}_m^n$ 的定义, 有

$$|\hat{x}_n(1) - x(1)| = \left| \hat{f}_m^n(q_n(x_0), q_m(u(0))) - f(x(0), u(0)) \right|$$

$$\leqslant \left| \hat{f}_m^n(q_n(x_0), q_m(u(0))) - f(q_n(x_0), q_m(u(0))) \right|$$

$$+ |f(q_n(x_0), q_m(u(0))) - f(x(0), u(0))|. \tag{14.2.26}$$

因此, 根据命题 14.2.2 和假设 (A1), 得到

$$|\hat{x}_n(1) - x_n(1)| \leqslant \|\mathscr{S}_n\| + k_f\|\mathscr{E}_m\| + k_f(\|\mathscr{S}_n\| + \|\mathscr{E}_m\|)$$

$$= (k_f + 1)\|\mathscr{S}_n\| + 2k_f\|\mathscr{E}_m\|. \tag{14.2.27}$$

这意味着, 当 $t = 1$ 时, (14.2.25) 成立. 现在假设当 $t - 1$ 时式 (14.2.25) 成立, 即

$$|\hat{x}_n(t-1) - x(t-1)| \leqslant (K_1(t)/k_f)\|\mathscr{S}_n\| + K_1(t-1)\|\mathscr{E}_m\|. \tag{14.2.28}$$

那么, 对于 t 时, 利用命题 14.2.2 和假设 (A1), 得到

$$|\hat{x}_n(t) - x_n(t)| = \left| \hat{f}_m^n(\hat{x}_n(t-1), q_m(u(t-1))) - f(x(t-1), u(t-1)) \right|$$

$$\leqslant \left| \hat{f}_m^n(\hat{x}_n(t-1), q_m(u(t-1))) - f(\hat{x}_n(t-1), q_m(u(t-1))) \right|$$

$$+ |f(\hat{x}_n(t-1), q_m(u(t-1))) - f(x(0), u(0))|$$

$$\leqslant \|\mathscr{S}_n\| + k_f\|\mathscr{E}_m\| + k_f(|\hat{x}_n(t-1) - x(t-1)|$$

$$+ |q_m(u(t-1)) - u(t-1)|).$$

进而, 根据假设条件 (14.2.28) 得到

$$|\hat{x}_n(t) - x_n(t)| \leqslant \|\mathscr{S}_n\| + 2k_f\|\mathscr{E}_m\| + k_f\left(K_1(t)/k_f\|\mathscr{S}_n\| + K_1(t-1)\|\mathscr{E}_m\|\right)$$

$$= (K_1(t+1)/k_f)\|\mathscr{S}_n\| + K_1(t)\|\mathscr{E}_m\|. \qquad \Box$$

引理 14.2.3　对于给定的可允许控制输入 $\mathbf{u} \in \mathcal{U}$ 和初始状态条件 (14.1.2), 有如下的估计

$$|J(f,x_0,\mathbf{u}) - J(\hat{f}_m^n,x_0,\mathbf{u})| \leqslant K_4\|\mathscr{S}_n\| + K_5\|\mathscr{E}_m\|, \qquad (14.2.29)$$

其中

$$K_4 = \left(k_hK_1(T+1) + k_g\sum_{t=1}^{T-1}K_1(t+1)\right)\Big/ k_f,$$

$$K_5 = k_gK_1(T+1) + k_h\sum_{t=1}^{T-1}K_1(t+1).$$

特别是, 当 $\mathbf{u}$ 属于 $\mathcal{U}_m$ 时, 有

$$|J(f,x_0,\mathbf{u}) - J(\hat{f}_m^n,x_0,\mathbf{u})| \leqslant K_4\|\mathscr{S}_n\|. \qquad (14.2.30)$$

证明　根据代价函数的定义 (14.1.3), 以及假设 (A2) 中的 (14.1.5) 和 (14.1.6), 有

$$|J(f,x_0,\mathbf{u}) - J(\hat{f}_m^n,x_0,\mathbf{u})| \leqslant k_h|x(T;f,x_0,\mathbf{u}) - \hat{x}(T;\hat{f}_m^n,x_0,\mathbf{u})|$$
$$+ \sum_{t=1}^{T-1}k_g|x(t;f,x_0,\mathbf{u}) - \hat{x}(t;\hat{f}_m^n,x_0,\mathbf{u})|.$$

那么, 利用引理 14.2.2 可得 (14.2.29). 进一步, 注意到当 $\mathbf{u} \in \mathcal{U}_m$ 时, $q_m(\mathbf{u}) = \mathbf{u}$, 可得第二个不等式 (14.2.30). □

最终给出量化动态系统 (14.2.23) 所对应的逼近最优代价值 (14.2.24) 对原动态系统 (14.1.1) 的最优代价值的逼近分析.

定理 14.2.2　假设 $\mathbf{u}_{f,x_0}$ 和 $\mathbf{u}_{\hat{f}_m^n,x_0}$, $m \geqslant 1, n \geqslant 1$ 分别为原最优控制问题 (P) 和逼近最优控制问题 $(\text{AP})_m^n$ 所对应的最优控制输入. 那么

$$\lim_{n\to\infty,m\to\infty}J(\hat{f}_m^n,x(0),\mathbf{u}_{\hat{f}_m^n,x_0}) = J(f,x(0),\mathbf{u}_{f,x_0}). \qquad (14.2.31)$$

特别地

$$|J^*(\hat{f}_m^n,x_0) - J^*(f,x_0)| \leqslant (K_2+K_4)\|\mathscr{S}_n\| + (K_3+K_5)\|\mathscr{E}_m\|. \qquad (14.2.32)$$

证明　由于 $\mathbf{u}_{f,x_0}$ 和 $\mathbf{u}_{\hat{f}_m^n,x_0}$ 分别是原问题 (P) 和逼近问题 $(\text{AP})_m^n$ 所对应的最优输入, 故

$$J(f,x_0,\mathbf{u}_{f,x_0}) = J^*(f,x_0),$$
$$J(\hat{f}_m^n,q_n(x_0),\mathbf{u}_{\hat{f}_m^n,x_0}) = J^*(\hat{f}_m^n,x_0). \qquad (14.2.33)$$

由于 $\mathcal{U}_m \subset \mathcal{U}$, 显然成立

$$J^*(f, x_0) \leqslant J(f, x_0, \mathbf{u}_{\hat{f}_m^n, x_0}). \tag{14.2.34}$$

注意到 $\mathbf{u}_{\hat{f}_m^n, x_0}$ 是逼近问题 $(\mathrm{AP})_m^n$ 最优控制输入, 所以利用引理 14.2.3 的 (14.2.30), 可得到

$$|J(f, x_0, \mathbf{u}_{\hat{f}_m^n, x_0}) - J^*(\hat{f}x_m^n, x_0)|$$

$$= |J(f, x_0, \mathbf{u}_{\hat{f}_m^n, x_0}) - J(\hat{f}_m^n, x_0, \mathbf{u}_{\hat{f}_m^n, x_0})|$$

$$\leqslant K_4 \|\mathscr{S}_n\|. \tag{14.2.35}$$

结合前面两个不等式 (14.2.34) 和 (14.2.35), 有

$$J^*(f, x_0) - J^*(\hat{f}_m^n, x_0) \leqslant K_4 \|\mathscr{S}_n\|. \tag{14.2.36}$$

定义

$$q_m(\mathbf{u}_{f, q_n(x_0)}) := \left\{ q_m(u_{f, q_n(x_0)}^*(t)) : 0 \leqslant t \leqslant T - 1 \right\}, \tag{14.2.37}$$

其中 $\mathbf{u}_{f, q_n(x_0)} = \{u_{f, q_n(x_0)}^*(t) : 0 \leqslant t \leqslant T - 1\}$ 是具有初始状态 $x(0) = q_n(x_0)$ 的原问题 (P) 所对应的最优控制输入. 那么, 根据定理 14.2.1 和不等式 (14.2.19), 可得到

$$\left|J^*(f, x_0) - J(f, x_0, \mathbf{u}_{f, q_n(x_0)})\right| \leqslant K_2 \|\mathscr{S}_n\|,$$

这意味着

$$|J(\hat{f}_m^n, x_0, q_m(\mathbf{u}_{f, q_n(x_0)})) - J^*(f, x_0)|$$

$$\leqslant K_2 \|\mathscr{S}_n\| + |J(\hat{f}_m^n, x_0, q_m(\mathbf{u}_{f, q_n(x_0)})) - J(f, x_0, q_m(\mathbf{u}_{f, q_n(x_0)}))|$$

$$+ |J(f, x_0, q_m(\mathbf{u}_{f, q_n(x_0)})) - J(f, x_0, \mathbf{u}_{f, q_n(x_0)})|. \tag{14.2.38}$$

再应用引理 14.2.3 和引理 14.2.1 的 (14.2.2), 可得到

$$|J(\hat{f}_m^n, x_0, q_m(\mathbf{u}_{f, q_n(x_0)})) - J^*(f, x_0)|$$

$$\leqslant (K_4 + K_2)\|\mathscr{S}_n\| + K_5\|\mathscr{E}_m\| + K_3\|\mathbf{u}_{f, q_n(x_0)} - q_m(\mathbf{u}_{f, q_n(x_0)})\|$$

$$\leqslant (K_4 + K_2)\|\mathscr{S}_n\| + (K_5 + K_3)\|\mathscr{E}_m\|. \tag{14.2.39}$$

注意到 $q_m(\mathbf{u}_{f, q_n(x_0)}) \in \mathcal{U}_m$, 从而

$$J^*(\hat{f}_m^n, x_0) \leqslant J(\hat{f}_m^n, x_0, q_m(\mathbf{u}_{f, q_n(x_0)})).$$

根据 (14.2.39), 可得到

$$J^*(\hat{f}_m^n, x_0) - J^*(f, x_0) \leqslant (K_2 + K_4)\|\mathscr{S}_n\| + (K_3 + K_5)\|\mathscr{E}_m\|. \qquad (14.2.40)$$

最后, 结合公式 (14.2.36) 和 (14.2.40), 得到误差估计 (14.2.32). □

注 14.2.1　定理 14.2.2 中的误差估计 (14.2.32) 表明 $|J^*(\hat{f}_m^n, x_0) - J^*(f, x_0)|$ 的误差上界依赖于状态集和控制输入集的量化水平 $\|\mathscr{S}_n\|$ 和 $\|\mathscr{E}_m\|$.

14.2.3　逼近最优控制的求解

本节, 首先给出量化系统 (14.2.23) 的多值逻辑网络的等价表示, 进而提供有效求解逼近最优控制问题 $(\mathrm{AP})_m^n$ 的一种基于多值逻辑的 DP 算法.

为了利用多值逻辑表示, 给出集合 $\mathscr{X}_n = \{x_n^i\}_{i=1}^{\xi_n}$ 的等价形式 $\Delta_{\xi_n} = \{\delta_{\xi_n}^i\}_{i=1}^{\xi_n}$ 如下

$$x_n^i \sim \delta_{\xi_n}^i, \quad i = 1, 2, \cdots, \xi_n.$$

上述等价表述下, $\mathscr{X}_n$ 的每一元素 x 对应于 Δ_{ξ_n} 中的一个向量, 仍记为 x. 类似地, 把控制输入集 $\mathcal{U}_m$ 也等价表示为 Δ_{ξ_m},

$$u_m^j \sim \delta_{\xi_m}^j, \quad j = 1, 2, \cdots, \xi_m.$$

基于上述逻辑向量表述, 由 (14.2.20) 给出的量化算子 $\hat{f}_m^n$ 的定义域限制在 $\mathscr{X}_n \times \mathcal{U}_m$, 则把它转化为从逻辑乘积空间 $\Delta_{\xi_n} \times \Delta_{\xi_m}$ 到逻辑控制 Δ_{ξ_m} 上的逻辑算子. 进而, 应用文献 [55] 的定理 3.2, 量化系统 (14.2.23) 的代数等价形式如下:

命题 14.2.3　对任意给定的 $n \in N$ 和 $m \in N$, 由公式 (14.2.23) 给出的量化动态系统 $\hat{f}_m^n : \Delta_{\xi_n} \times \Delta_{\xi_m} \to \Delta_{\xi_n}$ 可以表示为如下的线性多值逻辑动态系统

$$\hat{x}_n(t+1) = \hat{L}_m^n \ltimes \hat{u}_m(t) \ltimes \hat{x}_n(t), \qquad (14.2.41)$$

其中结构矩阵 $\hat{L}_m^n \in \mathcal{L}_{\xi_n \times \xi_m}$ 由映射 $\hat{f}_m^n$ 唯一决定.

同理, 如果把终端代价函数 h 和阶段代价函数 g 分别限制在 $\mathscr{X}_n$ 和 $\mathscr{X}_n \times \mathcal{U}_m$ 上, 那么这两个函数也可以等价表述为

$$h(x) = x^{\mathrm{T}} H, \quad \forall x \in \Delta_{\xi_n},$$
$$g(x, u) = x^{\mathrm{T}} Gu, \quad \forall x \in \Delta_{\xi_n}, \ u \in \Delta_{\xi_m},$$

其中 $H = (H_i)_{\xi_m}$ 为 $H_i = h(\delta_{\xi_n}^i)$, 并且 $G = (G_{i,j})_{\xi_n \times \xi_m}$ 为 $G_{i,j} = g(\delta_s^i, \delta_r^j)$. 从而任意给定初始状态 $x_0 \in \Delta_{\xi_n}$, 目标函数 (14.1.3) 可以表示为

$$J(f, x_0, \mathbf{u}) = x(T)^{\mathrm{T}} H + \sum_{t=0}^{T-1} x(t)^{\mathrm{T}} Gu.$$

在多值逻辑网络框架下, 提出如下的基于 DP 算法来解决逼近最优控制问题 $(\mathrm{AP})_m^n$.

算法 14.2.1 *第 0 步, 初始化*: (1) 计算结构矩阵 $\hat{L}_m^n$, 终端代价向量 H 和阶段代价向量 G; (2) 令 $s = \xi_n$, $r = \xi_m$, $V_l^* = H$ 和 $l = 0$.

第 A 步: 求解 $V_{l+1}^* = \begin{bmatrix} \min\limits_{j=1,\cdots,r} \left\{ G_{1j} + (\delta_s^1)^{\mathrm{T}} \ltimes (\delta_r^j)^{\mathrm{T}} \hat{L}_m^n V_l^* \right\} \\ \vdots \\ \min\limits_{j=1,\cdots,r} \left\{ G_{sj} + (\delta_s^s)^{\mathrm{T}} \ltimes (\delta_r^j)^{\mathrm{T}} \hat{L}_m^n V_l^* \right\} \end{bmatrix}$, 并得到最优状态反馈矩阵

$$\Phi_{T-l+1}^* = L_r[q_1, \cdots, q_s], \quad \text{其中}, \quad i = 1, \cdots, s,$$

$$q_i = \arg \min_{j=1,\cdots,r} \left\{ G_{ij} + (\delta_s^i)^{\mathrm{T}} \ltimes (\delta_r^j)^{\mathrm{T}} \mathbb{P}\mathcal{K} \right\}.$$

更新 $l = l + 1$.

第 B 步:

(1) 如果 $l < T$, 那么跳转到第 A 步;

(2) 如果 $l = T$, 那么跳转到第 B 步 (3);

(3) 如果 $x_0 \in S_n^i$, 那么 $J(\hat{f}_m^n, x_0) = (\delta_s^i)^{\mathrm{T}} V_{T-1}^*$ 并结束.

注 14.2.2 算法 14.2.1 是论文 [356] 所设计的有限时域随机多值逻辑最优控制问题的动态规划算法的确定形式.

14.2.4 优化控制设计实例

考虑线性动态系统

$$x(t+1) = Ax(t) + Bu(t), \tag{14.2.42}$$

其中 $x \in \mathbb{R}^2$, $u \in \mathbb{R}$. 针对系统 (14.2.42), 考虑如下有限时域线性二次型调节问题

$$\min_{u(t)} J = h(x(T)) + \sum_{t=0}^{T-1} g(x(t), u(t)), \tag{14.2.43}$$

其中 $h(x) = x^{\mathrm{T}} Px$, $g(x, u) = x^{\mathrm{T}} Qx + u^{\mathrm{T}} Ru$. 设 $R = 10$ 和

$$A = \begin{bmatrix} 0.25 & 2 \\ 1 & 0.1 \end{bmatrix}, \quad B = \begin{bmatrix} 0 \\ 1.5 \end{bmatrix}, \quad P = \begin{bmatrix} 2 & 1 \\ 1 & 2 \end{bmatrix}, \quad Q = \begin{bmatrix} 5 & 2 \\ 2 & 1 \end{bmatrix}.$$

无控制输入约束情况下, 基于 Bellman 原理的递归性函数[162], 问题 (14.2.43) 的精准 (解析) 最优解为 $t = T-1, \cdots, 0$,

$$J^*(x_0) = V_{T-1}^*(x(0)); \tag{14.2.44a}$$

$$u^*(t) = C_{T-1-t}x(t); \tag{14.2.44b}$$

$$V_{T-1-t}^*(x(t)) = x(t)^{\mathrm{T}}D_{T-1-t}x(t); \tag{14.2.44c}$$

$$C_t = -(B^{\mathrm{T}}D_{t-1}B + R)^{-1}B^{\mathrm{T}}D_{t-1}A; \tag{14.2.44d}$$

$$D_t = Q + C_t^{\mathrm{T}}RC_t + (A + BC_t)^{\mathrm{T}}D_{t-1}(A + BC_t); \tag{14.2.44e}$$

$$C_0 = -(B^{\mathrm{T}}PB + R)^{-1}B^{\mathrm{T}}PA; \tag{14.2.44f}$$

$$D_0 = Q + C_0^{\mathrm{T}}RC_0 + (A + BC_0)^{\mathrm{T}}(A + BC_0). \tag{14.2.44g}$$

令 $T = 30$, $X = [-1, 3] \times [-1, 1] \subset \mathbb{R}^2$ 和 $U = [-2, 1] \subset \mathbb{R}^1$. 取初始状态值为 $x_0 = [1, 1]^{\mathrm{T}}$. 则很容易验证, 由 (14.2.44) 可得的无约束情形下的最优控制 $u^*(t)$, 以及对应的最优解 $x^*(t)$ 刚好满足 $(x^*(t)) \in X$, 且 $u^*(t) \in U$. 这意味着由 (14.2.44) 所得的 $u^*(t), 0 \leqslant t \leqslant T - 1$ 也是在约束 $u(t) \in U$ 下的最优控制输入.

基于解析解, 对于由算法 14.2.1 得出的最优逼近解给出量化的估计. 首先把状态和控制输入的量化指数分别记为 n_{xi} $(i = 1, 2)$ 和 n_u. 并取所对应的量化有限值序列 (代表元) 为

$$\hat{x}_{in}^l = x_{i\min} + lc_{xin}, \ l = 0, 1, \cdots, 2^{n_{xi}}, \tag{14.2.45a}$$

$$u^l = u_{\min} + lc_{un}, \ l = 0, 1, \cdots, 2^{n_u}, \tag{14.2.45b}$$

其中

$$c_{xin} = \frac{x_{i\max} - x_{i\min}}{2^{n_{xi}}}, \quad c_{un} = \frac{u_{\max} - u_{\min}}{2^{n_u}}.$$

并且对状态域 X 和控制域 U 进行等距划分, 详情请见例 14.2.1 的 (14.2.17). 根据上述量化过程 (14.2.45) 和定义 (14.2.20), 得到如下的量化动态系统

$$\begin{cases} \hat{x}^l(t+1) = q_n(A\hat{x}^l(t) + Bu^l(t)), \\ \hat{x}^l(0) = q_n(x(0)). \end{cases} \tag{14.2.46}$$

进一步, 为了估计多值逻辑网络的逼近效果, 取如下三组不同的量化指标进行对比.

情形 1: $n_{x1} = 5, n_{x2} = 5, n_u = 6$;

情形 2: $n_{x1} = 8, n_{x2} = 5, n_u = 3$;

情形 3: $n_{x1} = 8, n_{x2} = 5, n_u = 6$.

从而通过算法 14.2.1, 得到量化动态系统 (14.2.46) 逼近问题 (14.2.43) 的三组逼近解.

图 14.2.1 显示了基于递归方程 (14.2.44) 的解析最优解以及三组逼近解, 表 14.2.1 中给出了状态及控制输入的方差, 其中 $\mathrm{Var}(x_1), \mathrm{Var}(x_2), \mathrm{Var}(u)$ 分别为

$$\mathrm{Var}(x_i) = \sum_{t=1}^{T} \frac{(\hat{x}_i^{l*}(t) - x_i^*(t))^2}{T}, \quad i = 1, 2,$$

$$\mathrm{Var}(u) = \sum_{t=1}^{T} \frac{(\hat{u}^{l*}(t) - u^*(t))^2}{T}.$$

从图 14.2.1, 三个逼近解与解析解的误差在可允许范围以内, 并且图 14.2.1 中的曲线和表 14.2.1 的数据表明更细的量化会得到更为精准的逼近解, 这与定理 14.2.2 的误差估计 (14.2.32) 相吻合, 然而也需要更多的计算时间. 因此, 正如注 14.2.1 中所示, 在实际应用中选择量化指标时需进一步权衡精度和计算复杂度.

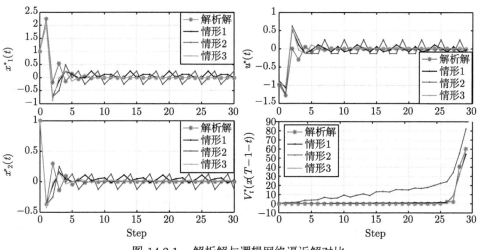

图 14.2.1 解析解与逻辑网络逼近解对比

表 14.2.1 解析解与逻辑网络逼近解对比

情形	方差			计算
	$\mathrm{Var}(x_1)$	$\mathrm{Var}(x_2)$	$\mathrm{Var}(u)$	时间/s
情形 1	0.047	0.010	0.022	13.13
情形 2	0.101	0.025	0.050	21.065
情形 3	0.037	0.007	0.018	108.879

14.3 混合动力系统能量管理问题

本章中, 将上述控制策略应用于混合动力系统的能量管理问题上. 考虑图 14.3.1 所示的并联混合动力传动系统. 该传动系统包含一个内燃机发动机和一

个电机, 并通过离合器实现并联. 这意味着发动机可以从传动系统中分离. 来自动力源的驱动力通过无级变速器 (constantly variable transmission, CVT) 传递到传动轴上. 令 v 和 τ_{dr} 分别表示车辆所需的速度和驱动扭矩. 能量管理系统把功率需求 $P_{dr}(=\tau_{dr}v)$ 分配给两个动力源. 能量管理优化问题考虑如下的系统模型.

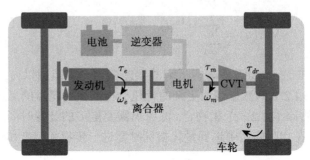

图 14.3.1　并联混合动力传动系统的示意图

为了在最优控制框架下解决动力分配问题, 先介绍一些相关物理概念: i_g 表示 CVT 系统的齿轮传动比, i_0 为终差动齿轮传动比, η_f 为传动效率. 根据 HEV 的机械传动系统的物理结构, 驱动扭矩 τ_{dr} 与发动机扭矩 τ_e、电机扭矩 τ_m 之间的关系如下

$$\tau_{dr} = i_g i_0 \eta_f (\tau_e + \tau_m), \tag{14.3.1}$$

进一步, 发动机转速 ω_e、电机转速 ω_m 和车轮转速 v 之间的关系如下

$$\begin{cases} \omega_e = 0, \ \omega_m = i_g i_0 \dfrac{1}{R_{\text{tire}}} v, & \text{离合器分离}, \\ \omega_e = \omega_m = i_g i_0 \dfrac{1}{R_{\text{tire}}} v, & \text{离合器结合}, \end{cases} \tag{14.3.2}$$

其中 R_{tire} 表示车轮半径.

令 M, g 和 θ 分别表示车辆重量、重力加速度以及道路坡度. 车辆的滚动阻尼记为 μ_r, 车辆前视面积为 A, 并且空气密度和迁移阻尼系数分别记为 ρ_a 和 C_d. 车辆道路荷载力 $F(v)$ 可以表示为

$$F(v) = Mg(\mu_r \cos\theta + \sin\theta) + \frac{1}{2}\rho_a A C_d v^2. \tag{14.3.3}$$

本章中, 我们不考虑道路坡度的影响, 即 $\theta = 0$. 根据牛顿第二定律, 车辆的纵向运动动力系统描述为

$$M\dot{v} = \frac{\tau_{dr}}{R_{\text{tire}}} - F(v). \tag{14.3.4}$$

为了设计基于逻辑网络的控制策略, 加速度 $\dot{v}$ 用差分形式进行逼近

$$\dot{v}(t) = \Delta v(t_k) = \frac{v(t_{k+1}) - v(t_k)}{\Delta t}, \tag{14.3.5}$$

其中 t_k $(k = 0, 1, \cdots)$ 表示采样时刻, Δt 表示采样周期. 那么根据车辆预定速度轨迹 $v^*(t_k)$, 结合 (14.3.3)~(14.3.5) 可知驱动转矩需求 $\tau_{\mathrm{dr}}^*(t_k)$ 满足如下等式

$$\tau_{\mathrm{dr}}^*(t_k) = R_{\mathrm{tire}}\left[M \cdot \Delta v^*(t_k) + \mu_r Mg + \frac{1}{2}\rho_a AC_d(v^*)^2(t_k) \right], \tag{14.3.6}$$

最终, 考虑到电机所需的电力由车用电池来提供. 电池的最大容量为 Q_b, 这意味着车辆在运行过程中, 电能是有限的. HEV 中的电能流的动态演化过程可以表示为开路电压. 令 R_b 和 U_o 分别表示电路系统的内阻和开路电压. 那么电力的演化过程用如下电池的充电状态 (battery state of charge, SOC) 的动态方程来描述

$$\frac{d}{dt}\mathrm{SOC}(t) = f\big(\mathrm{SOC}(t), \tau_m(t), \omega_m(t)\big)$$

$$= \frac{-U_o + \sqrt{U_o^2 - 4R_b\big[\tau_m(t)\omega_m(t) - P_m^{\mathrm{loss}}(\tau_m(t), \omega_m(t))\big]}}{2Q_b R_b}. \tag{14.3.7}$$

进一步, 给出其差分方程的逼近形式

$$\mathrm{SOC}(t_{k+1}) = \mathrm{SOC}(t_k) + \Delta t \cdot f\big(\mathrm{SOC}(t_k), \tau_m(t_k), \omega_m(t_k)\big). \tag{14.3.8}$$

在方程 (14.3.7) 中, P_m^{loss} 表示电机的功率损耗. 它的大小与电机的工作点相关.

14.3.1 能量管理问题的描述

为了达到车辆预定速度轨迹 v^*, 通过控制策略计算发动机扭矩需求 τ_e^*, 电机扭矩需求 τ_m^* 以及齿轮比 i_g^*. 所以, 能量管理问题是确定发动机工作点 (ω_e^*, τ_e^*)、电机工作点 (ω_m^*, τ_m^*) 来节省能量, 并把电池 SOC 运行在合理的范围以内. 根据关系式 (14.3.6), 可知驱动扭矩需求 τ_{dr}^* 完全由车辆预定速度轨迹 v^* 所决定. 本章中, 我们选取 $u = [\omega_e^*, \ \tau_e^*]^{\mathrm{T}}$ 作为决策变量. 进一步, 功率分配问题是车辆运行在混合动力模式 (HEV) 下才面临的需要解决的问题. 因此, 为了简化设计过程, 利用如下规则来决定车辆采用纯电动模式 (EV) 还是 HEV 模式

$$\begin{cases} \mathrm{HEV}, & \dfrac{1}{R_{\mathrm{tire}}}\tau_{dr}^* v^* \geqslant P_{dr}^0, \\ \mathrm{EV}, & \text{其他}, \end{cases} \tag{14.3.9}$$

其中 P_{dr}^0 是与 dr 相关的系数.

最终, 给定一组 $v^*(t_k)(k = 0, 1, \cdots, T)$ 以及对应的 τ_{dr}^*, HEV 动力系统的功率分配问题可以建模成具有等式和不等式约束的最优控制问题. 具体表达式如下

$$\min_{u(t_k)} J(\text{SOC}_0) = \sum_{k=0}^{T-1} \left[r_f \cdot m_f(u(t_k)) \cdot \Delta t + r_e \cdot (\text{SOC}(t_k) - \text{SOC}_{\text{ref}})^2 \right].$$

$$(14.3.10\text{a})$$

满足条件:

$$\begin{cases} \text{SOC}(t_{k+1}) = f\big(\text{SOC}(t_k), \tau_m(v^*(t_k), \tau_e^*(t_k)), \omega_m(\omega_e^*(t_k))\big), \\ \text{SOC}(0) = \text{SOC}_0, \\ \text{SOC}_m \leqslant \text{SOC}(t_k) \leqslant \text{SOC}_M, \\ \tau_{em} \leqslant \tau_e^*(t_k) \leqslant \tau_{eM}(\omega_e^*(t_k)), \\ \omega_{em}(v^*(t_k), i_{gm}) \leqslant \omega_e^*(t_k) \leqslant \omega_{eM}(v^*(t_k), i_{gM}), \end{cases} \quad (14.3.10\text{b})$$

其中 m_f 表示燃油质量流率, 可由 ω_e 和 τ_e 的多项式关系表示; r_f 和 r_e 为加权因子; SOC_m 和 SOC_M 分别表示 SOC 的上界和下界, τ_{em}, τ_{eM}, ω_{em}, ω_{eM}, i_{gm} 和 i_{gM} 都是对应变量的上下界, 特别是 ω_{em} 和 ω_{eM} 通过公式 (14.3.2) 来确定的; SOC 的目标值 SOC_{ref} 表示 HEV 电池最终的期望 SOC 的值[380]. 以下选取常值 $\text{SOC}_{\text{ref}} = 0.5$. 问题 (14.3.10) 是一个非线性带约束的最优控制问题.

所考虑的 HEV 问题中, 除了 τ_e^* 之外, 电机扭矩需求 τ_m^* 和 齿轮比 i_g^* 也是可变输入变量. 通过物理关系 (14.3.1) 和 (14.3.2), 以及所得到的最优解 (ω_e^*, τ_e^*), 可确定上述两个变量 τ_m^* 和 i_g^* 的值, 具体如下. 首先在 HEV 时, 齿轮比期望值 i_g^* 可通过如下方式获得

$$i_g^*(t_k) = \frac{R_{\text{tire}}}{i_0 v^*(t_k)} \omega_e^*(t_k). \quad (14.3.11)$$

同时电机扭矩需求 τ_m^* 根据如下公式可得

$$\tau_m^*(t_k) = \frac{\tau_{dr}^*(t_k)}{i_g^*(t_k) i_0 \eta_f} - \tau_e^*(t_k). \quad (14.3.12)$$

在 EV 时, 假设齿轮比期望值为 $i_g^*(t_k) = i_{gM}$, 那么基于公式 (14.3.12) 和 $\tau_e^*(t_k) = 0$, 可计算得到电机扭矩需求 τ_m^*. 图 14.3.2 说明了所有能量管理方法的框图.

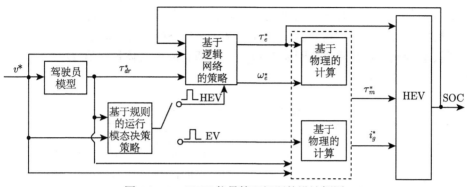

图 14.3.2 HEV 能量管理问题的设计框图

14.3.2 能量管理问题的求解

我们利用算法 14.2.1 来求解能量管理问题 (14.3.10). 取 $r_f = 1$, $r_e = 800$, $\Delta t = 1$ s, 且 $P_{dr}^0 = 1000$. 问题所用的测试场景如图 14.3.3 所示, 这个测试场景不同于常用的由欧盟等共同指定的[263] 世界轻型汽车测试规程 (world light vehicle test procedure, WLTP). 测试场景相关信息如图 14.3.3 所示, 其中时长为 $T = 200$s. 状态变量 SOC 和两个控制输入 ω_e 和 τ_e 的上下界限制如下

$$0.4 \leqslant \text{SOC} \leqslant 0.6, \quad 1000\text{rpm} \leqslant \omega_e \leqslant 4500\text{rpm}, \quad 10\text{N} \cdot \text{m} \leqslant \tau_e \leqslant 150\text{N} \cdot \text{m}. \tag{14.3.13}$$

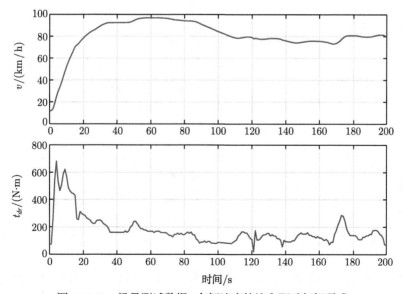

图 14.3.3 场景测试数据: 车辆速度轨迹和驱动扭矩需求

为了方便评估和对比, 我们给出 128 个不同情形的仿真结果, 它们对应不同量化指标 $n_x \in [3:1:10]$, $n_{u1} = n_{u2} \in [2:1:5]$, SOC, ω_e 和 τ_e, 表 14.3.1 中给出了状态 SOC, 以及两个控制输入 ω_e 和 τ_e 所相应的具体量化值 D_{SOC}, D_{ω_e} 和 D_{τ_e}.

表 14.3.1　选择的量化值

	量化值
D_{SOC}	$\{2.5,\ 1.25,\ 0.62,\ 0.31,\ 0.16,\ 0.08,\ 0.04,\ 0.02\} \times 10^{-2}$
D_{ω_e}	$\{875,\ 438,\ 219,\ 109\}$ rpm
D_{τ_e}	$\{35,\ 17.5,\ 8.8,\ 4.4\}$ Nm

我们在具有实际工程车辆参数的 HEV 仿真器上进行仿真. 先确定 SOC 的初始状态为 $\mathrm{SOC}_0 = 0.55$. 图 14.3.4 显示了 128 种不同情形下的最优代价函数值 $J^*(\mathrm{SOC}_0)$. 由于该优化问题的最优值与 D_{SOC}, D_{ω_e} 和 D_{τ_e} 三个量化值相关, 所以图 14.3.4 中的结果依据 D_{ω_e} 的值分四组, 每一组中有 32 个结果. 从图中可知, 随着状态和控制输入的量化值越来越小, 对应的最优逼近解的值也越小. 表 14.3.2 中给出了 8 个典型情形下的油耗、电耗、总费用, 以及计算时间. 表中可知, 固定 D_{τ_e} 和 D_{ω_e} 情况下, 通过合理地选择 D_{SOC}, 总费用可以减低 18%, 油耗降低 21%. 相反, 固定 D_{SOC}, 通过合理地选择 D_{τ_e} 和 D_{ω_e} 只能减低总费用 5% 左右. 同时, 可以注意到选择相对小的量化因子可能大幅增加计算时间. 图 14.3.5 显示了最大

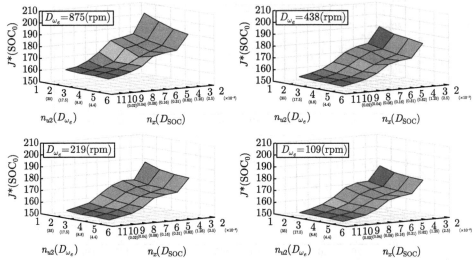

图 14.3.4　不同情形下的总代价函数 (四个子图对应 4 个不同 D_{ω_e}, 并每一个子图中给出了 D_{τ_e} 取 4 种不同值, 以及 D_{SOC} 取 8 种不同值所对应的 32 种不同情况)

表 14.3.2 8 种情形下的性能指标

D_{ω_e}/rpm	D_{τ_e}/(N·m)	$D_{SOC}/10^{-2}$	油耗/L	电耗/(kW·h)	总代价	计算时间/s
875	35	2.5	0.19	0.23	203.9	0.55
		0.02	0.15	0.38	161.8	69.01
	4.4	2.5	0.17	0.24	186.4	2.71
		0.02	0.14	0.39	152.7	395.49
109	35	2.5	0.18	0.24	192.1	2.61
		0.02	0.15	0.38	160.3	384.41
	4.4	2.5	0.17	0.25	180.6	16.95
		0.02	0.14	0.38	151.5	2369.69

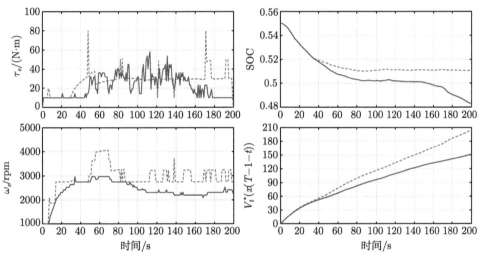

图 14.3.5 两种不同情形下的仿真结果 (虚线: $D_{SOC} = 2.5 \times 10^{-2}$, $D_{\omega_e} = 875$ rpm, $D_{\tau_e} = 35$ N·m; 实线: $D_{SOC} = 0.02 \times 10^{-2}$, $D_{\omega_e} = 109$ rpm, $D_{\tau_e} = 4.4$ N·m)

量化因子和最小量化因子所对应的系统状态和控制输入. 从图 14.3.5 可知, 在较大的量化因子情形下, 发动机运行工况会发生明显的变化. 考虑到发动机的执行机构, 实际运行时不希望发生这种现象. 因此, 量化因子的选择要充分考虑计算时间和总代价精度和暂态控制变量的管理.

由于混合动力系统 HEV 的能量管理问题本质上是一个非线性最优控制问题, 所以无法得到其解析解. 尽管如此, 上述基于逻辑网络的算法 14.2.1 所获得的数值解充分表明了定理 14.2.2 中的理论分析的正确性.

进一步, 为了估计初始状态对最优解的影响, 我们提供了 11 个不同初始状态 SOC_0 $(= 0.4, 0.42, \cdots, 0.6)$ 所对应的解, 并在图 14.3.6 中展现了相关的数值结果. 这些结果表明在不同初始条件下所获得的结果都能满足约束 (14.3.10b), 同时发现当初始条件 SOC_0 接近 SOC_{ref} 时, 发动机作为主要的动力源进行工作.

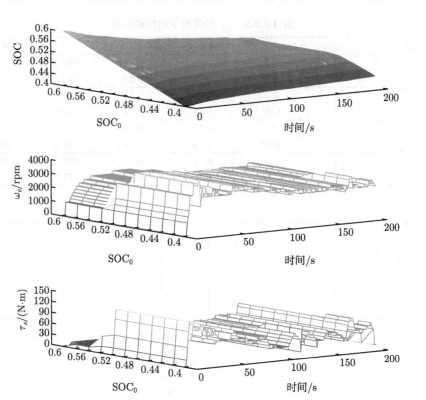

图 14.3.6　不同初始值下的状态轨迹: $D_{\mathrm{SOC}} = 0.31 \times 10^{-2}$, $D_{\tau_e} = 8.8$ N·m, $D_{\omega_e} = 219$ rpm

第 15 章　有界及周期元胞自动机的建模及拓扑动力学分析

元胞自动机是离散时间、离散空间动力系统, 其底空间为 Cantor 空间, 更新规则为 Cantor 空间上的连续自映射[140]. 元胞自动机的初始定义由 Ulam 和 von Neumann 在 20 世纪 40 年代共同提出. 一般认为, Ulam 提出了 "元胞" 部分, 而 von Neumann 提出了 "自动机" 部分. 直观地说, 元胞自动机是由可数无穷多元胞规则地排列而成的, 每个元胞可以处于有限多种状态中的一个, 状态的更新依赖于元胞的有限多个邻居的状态, 并且, 每个元胞的更新规则相同. 尽管元胞自动机每个元胞的更新规则简单, 但是由于无穷多个元胞的相互作用, 整个系统呈现出极其丰富的动力学行为[300,350], 例如一维初等元胞自动机 Wolfram-110 可以模拟通用图灵机[73]. 自 John Horton Conway 在 1970 年构造出 "生命游戏" (一个图灵完备的二维元胞自动机) 以后, 元胞自动机逐渐得到各个领域学者的广泛关注. 时至今日, 以仿真与计算为目的, 元胞自动机被应用到很多领域, 如生物学、生理学、流体力学、计算数学、量子计算、密码学等等. 而对元胞自动机自身动力学研究主要集于全局函数的性质、极限行为、分类、拓扑结构、计算通用性、可逆性、混沌、守恒定律等等 (详见综述文献 [158]). 以上对元胞自动机动力学行为的研究得益于 Gustav Hedlund 在 1969 年给出的拓扑学定义 (X, f)[140], 其中 X 为 Cantor 空间, f 为 X 上的连续自映射.

元胞自动机的底空间 (状态空间) 为无穷不可数集. 当考虑有界元胞自动机时, 即只考虑有限多个元胞的相互作用时, 其状态空间为有限集, 这时, 元胞自动机可以被看成有限值动态系统, 并且可以由矩阵半张量积表示. 本章内容为如何用矩阵半张量积表示有界元胞自动机及如何用其刻画有界元胞自动机的动力学行为. 与元胞自动机相比, 有界元胞自动机自然会失去绝大多数丰富的动力学行为, 但是有界元胞自动机仍然有丰富的应用. 例如, 具有有限多玩家的齐次动态网络演化博弈即为有界元胞自动机. 当状态个数为 2 时, 有界元胞自动机是特殊的布尔网络.

15.1　基　础　知　识

15.1.1　元胞自动机的定义

令 $\mathbb{Z}$ 和 d 分别为整数集和一个给定的正整数. 那么 $\mathbb{Z}^d$ 表示 d 维元胞空间,

其中元素被称为元胞. 有限集 S 表示状态集. 任给离散时间 t, 定义配置为映射 $c_t : \mathbb{Z}^d \to S$, 该映射给任一元胞指定一状态. 全体配置构成的集合 $S^{\mathbb{Z}^d}$ 也记作 $C(d, S)$, 或者简记为 C (当 d 和 S 已知时). $C(d, S)$ 为不可数集. 元胞会更新其状态, 更新规则为其有限多邻居的状态的函数. 具体为: 令 $N = (z_1, z_2, \cdots, z_n)$ 为一 n 元组, 由 n 个可区分的元素组成, 其中 $z_i \in \mathbb{Z}^d$ 被称为邻居向量, 那么元胞 $z \in \mathbb{Z}^d$ 的邻居定义为

$$z + N = (z + z_1, z + z_2, \cdots, z + z_n).$$

每个元胞 z 根据映射

$$c_{t+1}(z) = f(c_t(z + z_1), c_t(z + z_2), \cdots, c_t(z + z_n))$$

来更新其状态, 函数 $f : S^n \to S$ 称为局部更新规则. d 称为元胞自动机的维数. 因此, 4 元组

$$(\mathbb{Z}^d, S, N, f) \tag{15.1.1}$$

完整表示一个元胞自动机.

元胞自动机的全局更新规则 (函数) 记为

$$c_{t+1} = F(c_t), \tag{15.1.2}$$

函数 $F : C \to C$ 称为全局更新函数, 其中对任意 $z \in \mathbb{Z}^d$,

$$F(c_t)(z) = f(c_t(z + z_1), c_t(z + z_2), \cdots, c_t(z + z_n)).$$

一个元胞自动机称为单 (满) 的, 如果其全局更新函数为单 (满) 的; 称为可逆的, 如果其全局更新函数为可逆的, 并且其逆映射也为某个元胞自动机的全局更新函数. 一个有趣的结论是: 所有单的元胞自动机都是可逆的[140], 即一个元胞自动机是可逆的, 当且仅当, 其全局更新函数是单的. 直观地说, 如果一个元胞自动机是可逆的, 那么从任意一配置出发, 同顺时间一样, 逆时间也会生成唯一一条轨道.

空间周期配置指的是元胞集被限制到具有周期边界的有限子集上的配置. 它们常被用来在计算机上模拟元胞自动机. 例如, 在二维元胞空间的情形下, 空间周期配置相当于元胞空间为把矩形元胞集的对边粘贴起来之后形成的圆环面.

配置 c 称为空间周期的, 如果存在 d 个正整数 $p_1, p_2, \cdots, p_d$ 使得 $c(z + p_i e_i) = c(z)$ 对任意 $z \in \mathbb{Z}^d$ 和任意 $i = 1, 2, \cdots, d$ 成立, 其中 $p = (p_1, p_2, \cdots, p_d)$ 表示 d 个正整数, 称为空间周期, $e_i \in \mathbb{Z}^d$ 中第 i 个位置元素等于 1, 其他位置元素都等于 0. 记所有具有空间周期 p 的配置集为 C_p. 易见, $F(C_p) \subset C_p$. 记所有空间周期配

置构成的集合为 $\mathcal{P}$. $\mathcal{P}$ 为可数无穷集. 易见, $F(\mathcal{P}) \subset \mathcal{P}$, 即 $\mathcal{C}_p$ 和 $\mathcal{P}$ 都是元胞自动机的不变集.

一个元胞自动机称为周期的 (p 周期的), 如果它的配置集为 $\mathcal{P}$ ($\mathcal{C}_p$). 在一个周期元胞自动机里, 从任意一个 (周期) 配置出发, 在经过有限步之后, 会进入到一个由有限多周期配置构成的极限环 (即有限圈) 里.

已知, $\mathcal{C}$ 是一个紧的可度量化的拓扑空间[140], 而且 $\mathcal{P}$ 是 $\mathcal{C}$ 的一个稠子集, 所以 $\mathcal{P}$ 在很大程度上能反映出 $\mathcal{C}$ 的一些性质.

15.1.2 可逆性

可逆性是微观物理学中的一个基本性质, 它似乎与热力学第二定律相悖[300,313]. 不可逆则总是意味着能量的耗散. 所以, 基于元胞自动机的在物理学领域中的模拟要求元胞自动机为可逆的. 自然而然地, 在元胞自动机的早期研究中, 可逆的元胞自动机就得到广泛关注[158], 包括如何构造可逆的元胞自动机, 元胞自动机的可逆性的可判定性研究等. 在文献 [157] 中, J. Kari 证明了二维及其更高维元胞自动机的可逆性为不可判定的, 即不存在算法来判别任意一个给定的二维或更高维元胞自动机是否可逆. 这个结果表明构造可逆的二维及其更高维元胞自动机是相当困难的. 另一方面, 尽管在文献 [22] 中, S. Amoroso 和 Y. Patt 证明了一维元胞自动机的可逆性为可判定的, 如何计算逆元胞自动机却没有被给出来. 对于某些特殊类型的一维元胞自动机, 已经有了算法来计算它们的逆元胞自动机 (如果其可逆). 例如在文献 [311] 中, 作者使用 De Bruijn 图给出二次多项式时间算法来判别一维线性①元胞自动机的可逆性. 在文献 [271] 中, 带有周期边界的一维元胞自动机的可逆性的充分必要条件被给出, 并且所有的 16 类可逆的带有周期边界的初等②元胞自动机被找到, 但是计算逆元胞自动机的算法也没有被给出. 在文献 [92] 中, 基于二元域上的多项式理论, 带有周期边界的 Wolfram-150 初等元胞自动机的确切的逆元胞自动机的表示被给出. 这里需要注意的是, 一般来说, De Bruijn 图可以被用来研究一维元胞自动机, 但是二维及更高维的情况还不知道. 为了能够计算任意维数的有界元胞自动机的可逆性, 我们尝试使用矩阵半张量积.

下面我们给出有界元胞自动机的矩阵半张量表示, 并且基于这个表示, 我们会判别一个给定的有界元胞自动机是否可逆, 并且计算其逆元胞自动机 (如果其可逆). 这里需要注意的是, 由于矩阵半张量积表示是对所有配置的枚举, 所以矩

---

① "线性" 意为局部更新规则为线性映射.

② "初等" 意为在方程 (15.1.1) 中, $d = 1$, $S = \{0,1\}$, $N = (-1,0,1)$. 因此, 一共有 $2^8 = 256$ 个局部更新规则, 即 256 个初等元胞自动机. 这 256 个局部更新规则被称为 Wolfram-0, $\cdots$, Wolfram-255. 虽然被称为初等元胞自动机, 但是其动力学行为并不初等, 例如其中包含混沌的元胞自动机, 也包含图灵完备的元胞自动机.

阵半张量积无法表示元胞自动机. 另外, 在表示有界元胞自动机时, 矩阵半张量积无法进行高效运算, 因为该表示是枚举. 所以, 相对于前面列举文献中所使用的二元域方法、De Bruijn 图方法, 以及行列式方法, 矩阵半张量积方法既有优势, 又有劣势.

15.1.3　(无穷维) 矩阵的 (广义) Drazin 逆

矩阵的广义逆理论在很多领域中有应用, 例如特殊矩阵理论、奇异微分 (差分) 方程、有限 Markov 链、图论等[39,43,150,260,403].

下面介绍矩阵的 Drazin 逆 (广义逆的一种, 首次被 Drazin 在环或半群上提出[88]).

定义 15.1.1[326]　给定 $n \times n$ 复矩阵 A, X. X 被称为 A 的 Drazin 逆, 记为 $X = A^D$, 如果

$$A^k X A = A^k,$$

$$AX = XA, \tag{15.1.3}$$

$$XAX = X$$

对某个非负整数 k 成立. 最小的这样的 k 被称为 A 的指标, 记作 $\mathrm{Ind}(A)$.

命题 15.1.1[326]　任一复方阵 A 有且仅有一个 Drazin 逆. 如果 A 可逆, 那么 $A^D = A^{-1}$.

下面我们给出如下定理 15.1.1. 后面它会被用来刻画有界元胞自动机的广义可逆性. 其证明需要一些相关准备, 将在后面给出.

定理 15.1.1　任给逻辑矩阵 $A \in \mathcal{L}_{n \times n}$, 则 $A^D \in \mathcal{L}_{n \times n}$.

下面给出关于无穷维逻辑矩阵的定义及一些相关性质.

定义 15.1.2　(i) $A = (a_{i,j})$, $i, j \in \mathbb{N}$ 称为一个无穷维矩阵. 这里, $\mathbb{N} = \{1, 2, \cdots\}$.

(ii) 如果 $(a_{i,j}) \in \mathbb{R}$, $\forall i, j \in \mathbb{N}$, 则称 A 为实无穷维矩阵, 记作 $A \in \mathcal{M}_{\infty \times \infty}$.

(iii) 设 $A = (a_{ij})$, $B = (b_{ij}) \in \mathcal{M}_{\infty \times \infty}$. 乘积 AB 称为定义好的, 如果

$$\left| \sum_{k=1}^{\infty} a_{ik} b_{kj} \right| < \infty, \quad \forall i, j \in \mathbb{N}.$$

如果 AB 是定义好的, 记 $AB = (c_{ij})$, 其中 $c_{ij} = \sum_{k=1}^{\infty} a_{ik} b_{kj}$.

(iv) 设 $A \in \mathcal{M}_{\infty \times \infty}$, 并且, $\forall j \in \mathbb{N}$, 存在唯一 $i_0(j)$, 使得

$$a_{i,j} = \begin{cases} 1, & i = i_0(j), \\ 0, & i \neq i_0(j), \end{cases}$$

则称 A 为无穷维逻辑矩阵, 记作 $A \in \mathcal{L}_{\infty \times \infty}$.

命题 15.1.2 任给无穷维逻辑矩阵 $A, B, C \in \mathcal{L}_{\infty \times \infty}$.

(1) AB 是定义好的, 并且 $AB \in \mathcal{L}_{\infty \times \infty}$;

(2) $(AB)C = A(BC)$.

证明 (1) 由定义 15.1.2, 显然成立.

(2) 令 $A = (a_{ij})$, $B = (b_{ij})$, $C = (c_{ij})$, $(AB)C = (d_{ij})$, $A(BC) = (e_{ij})$.

由定义, 对任意 j, 存在 k^*, l^* 使得 $c_{k^*, j} = 1$ 成立, $c_{kj} = 0$ 对任意 $k \neq k^*$ 成立, $b_{l^*, k^*} = 1$ 成立, $b_{k, k^*} = 0$ 对任意 $k \neq l^*$ 成立. 那么 $d_{ij} = a_{i, l^*} = e_{ij}$. 于是有 $(AB)C = A(BC)$. $\square$

注 15.1.1 无穷维矩阵的乘积可能不满足结合律. 例如, 取 $A = (1), B = (b_{ij})$, 其中 $b_{ii} = 1$, $b_{i, i+1} = -1$, 任意其他 b_{ij} 等于 0. 我们有 $(AB)A = A \neq A(BA) = 0$.

下面命题对无穷维逻辑矩阵成立.

命题 15.1.3 矩阵 $A \in \mathcal{L}_{\infty \times \infty}$ 为复 Banach 空间 $\ell^1 = \{x = \{(x_1, x_2, \cdots) | \sum_{i=1}^{\infty} |x_i| < \infty\}$ (范数为 $\|x\| = \sum_{i=1}^{\infty} |x_i|$) 上的有界线性算子, 并且满足 $\|A\| = 1$. 进一步地, 集合 $\mathcal{L}_{\infty \times \infty}$ 与 $\mathbb{R}$ 等势.

证明 令 A 为 (a_{ij}), $x = (x_1, x_2, \cdots) \in \ell^1$, 定义

$$Ax := y = (y_1, y_2, \cdots),$$

其中 $y_i = \sum_{j=1}^{\infty} a_{ij} x_j$.

A 显然为线性算子. 由定义有

$$\|Ax\| = \sum_{i=1}^{\infty} |y_i| = \sum_{i=1}^{\infty} \left| \sum_{j=1}^{\infty} a_{ij} x_j \right| \leqslant \sum_{j=1}^{\infty} |x_j| = \|x\|. \tag{15.1.4}$$

因此 $Ax \in \ell^1$, $\|A\| \leqslant 1$. 选 $x_0 = (1, 0, 0, \cdots)$, 我们有 $\|Ax_0\| = 1$, 所以 $\|A\| \geqslant 1$. 最终, $\|A\| = 1$.

令 $\hat{\mathcal{L}} \subset \mathcal{L}_{\infty \times \infty}$ 表示每列中只有最前面两个位置元素可能为 1 的无穷维逻辑矩阵集. 令 $\bar{\mathcal{L}} \supset \mathcal{L}_{\infty \times \infty}$ 表示无穷维布尔矩阵集, 即 $\bar{\mathcal{L}}$ 中每个矩阵的每个位置元素都可以为 0 或 1. 记集合 $\hat{\mathcal{L}}$ 中所有矩阵的前两行构成的集合为 $\hat{\mathcal{L}}_1$. 那么 $|\hat{\mathcal{L}}| = |\hat{\mathcal{L}}_1|$. 集合 $\hat{\mathcal{L}}_1$ 中每个元素可以被看成闭区间 $[0, 1]$ 中某个实数的二进制表示. 所以 $|[0, 1]| = |\hat{\mathcal{L}}_1|$ 成立. $|[0, 1]| = |\mathbb{R}|$ 是熟知的. 另一方面, 有 $|\bar{\mathcal{L}}| = |\mathbb{R}|$ 成立. 所以, 由 Bernstein 定理, $|\mathbb{R}| = |\mathcal{L}_{\infty \times \infty}|$ 成立. $\square$

记 $\mathcal{L}(\ell^1)$ 为复 Banach 空间 ℓ^1 上的有界线性算子集合. 由命题 15.1.2 和命题 15.1.3, 我们可以把无穷维逻辑矩阵看成复 Banach 代数 $\mathcal{L}(\ell^1)$ 中的元素,

含有单位元的复 Banach 代数或者环上的广义 Drazin 逆的概念在文献 [167] 中被提出. 含有单位元的复 Banach 代数中的元素 a 被称为伪幂零的, 如果 $\lambda e - a$ 对任意复数 $\lambda \neq 0$ 可逆[167], 其中 e 为单位元.

下面介绍复 Banach 代数上广义 Drazin 逆的定义.

定义 15.1.3[167]　令 $\mathcal{A}$ 为一个含有单位元的复 Banach 代数. 给定 $A, X \in \mathcal{A}$. X 被称为 A 的广义 Drazin 逆, 记为 $X = A^D$, 如果

$$A - A^2 X \text{ 是伪幂零的},$$

$$AX = XA, \hspace{4cm} (15.1.5)$$

$$XAX = X.$$

A 的指标, 记为 $\mathrm{Ind}(A)$, 被定义为 $A - A^2 X$ 的幂零指标, 如果 $A - A^2 X$ 是幂零的, 否则记为 $\mathrm{Ind}(A) = \infty$.

注 15.1.2　幂零的算子都是伪幂零的. 特别地, 如果 $A - A^2 X$ 是幂零的, 那么方程组 (15.1.5) 等价于方程组 (15.1.3)[167], 并且 $X = A^D$. 两个指标的定义相一致, 并且符号 A^D 不会引起混淆.

例 15.1.1　取 $A = (a_{ij}) \in \mathcal{L}_{\infty \times \infty}$, 其中 $a_{i+1,i} = 1$ 对任意 $i \geqslant 1$ 成立, 并且 $a_{ij} = 0$ 对任意 $i - j \neq 1$ 成立. 易见, A 为 ℓ^1 上的单边位移算子. 它不是幂零的, 但是是伪幂零的. 我们有 $\lim_{n \to \infty} A^n = 0$. 如果我们对任意 $i > t$, 将 $a_{i+1,i}$ 替换成 0, 那么 $A^{t+1} = 0$, 此时 A 变为幂零的.

命题 15.1.4[167]　令 $A \in \mathcal{A}$, 其中 $\mathcal{A}$ 为含有单位元的复 Banach 代数. A 具有至多一个广义 Drazin 逆.

15.2　空间周期 p 的周期元胞自动机的 (广义) 可逆性

我们只处理空间周期为 $p = (p_1, \cdots, p_d)$ 的周期元胞自动机. 其他类型的有界元胞自动机可以类似地处理. 下面首先使用矩阵半张量积表示空间周期为 p 的周期元胞自动机的动态方程. 然后分析其拓扑结构及 (广义) 可逆性.

15.2.1　建模

令五元组 $(\mathbb{Z}^d, N, \mathcal{S}, f, \mathcal{C}_p)$ 为空间周期为 p 的周期元胞自动机, 其中 $\mathbb{Z}^d$ 为元胞集; $N = (z_1, z_2, \cdots, z_n)$ 为由 $\mathbb{Z}^d$ 中 n 个可区分的向量组成的 n 元组, 这些向量为邻居向量; $\mathcal{S} = \mathcal{D}_k$ 表示状态集; $p = (p_1, p_2, \cdots, p_d)$, 其中 p_i 为正整数, 表示空间周期; $\mathcal{C}_p = \{c : \mathbb{Z}^d \to \mathcal{S} | c(z + p_i e_i) = c(z)$ 对任意 $z \in \mathbb{Z}^d$ 和任意 $i = 1, 2, \cdots, d$ 成立$\}$ 表示空间周期为 p 的配置集, 其中 $e_i \in \mathbb{Z}^d$, 并且, 它的第 i 位置中元素值为 1, 其他位置元素值为 0, $i = 1, 2, \cdots, d$; f 为局部更新规则.

定义 $\mathbb{Z}^d$ 上的等价关系 $\sim$ 如下: 对任给向量 $z, z' \in \mathbb{Z}^d$, $z \sim z'$, 当且仅当, 对任意 $i = 1, 2, \cdots, d$, $z' = z + \sum_{i=1}^{d} n_i p_i e_i$ 对某组 $n_i \in \mathbb{Z}$ 成立. 记由 z 生成的等价类为 $[z]$. 那么生成的商集为

$$\mathbb{Z}^d / \sim \, = \{[z] | z \in \mathbb{Z}^d\}.$$

记 $\prod_{i=1}^{d} p_i = \Pi$. 那么商集 $\mathbb{Z}^d / \sim$ 的势为 Π.

在上面等价的意义下, 我们记

$$\mathbb{Z}^d / \sim \, = \{(i_1, i_2, \cdots, i_d) \in \mathbb{Z}^d \mid 0 \leqslant i_k \leqslant p_k - 1, k = 1, 2, \cdots, d\},$$

那么 $z \in \mathbb{Z}^d / \sim$ 的邻居可以被记作 $(z \oplus_p N)$, 其中

$$(z \oplus_p N) = (z \oplus_p z_1, z \oplus_p z_2, \cdots, z \oplus_p z_n),$$

$$(z \oplus_p z_i) = (z^1 \oplus_{p_1} z_i^1, z^2 \oplus_{p_2} z_i^2, \cdots, z^d \oplus_{p_d} z_i^d),$$

$z = (z^1, z^2, \cdots, z^d)$, $z_i = (z_i^1, z_i^2, \cdots, z_i^d)$, $z^j \oplus_{p_j} z_i^j = (z^j + z_i^j)(\text{mod } p_j)$, $i = 1, 2, \cdots, n$, $j = 1, 2, \cdots, d$.

记 $\mathcal{C}_\sim = \mathcal{S}^{\mathbb{Z}^d / \sim}$ 为元胞空间 $\mathbb{Z}^d / \sim$ 上的配置全体集. 那么元胞自动机 $(\mathbb{Z}^d / \sim, N, \mathcal{D}_k, f, \mathcal{C}_\sim)$ 的拓扑结构可以完全反映出元胞自动机 $(\mathbb{Z}^d, N, \mathcal{D}_k, f, \mathcal{C}_p)$ 的拓扑结构. 基于此, 下面我们研究 $(\mathbb{Z}^d / \sim, N, \mathcal{D}_k, f_\sim, \mathcal{C}_\sim)$.

基于上面结果, 更新规则 $f_\sim$ 可以被局部地被表示为

$$c_{t+1}(z) = f(c_t(z \oplus_p z_1), c_t(z \oplus_p z_2), \cdots, c_t(z \oplus_p z_n)), \tag{15.2.1}$$

其中 $z \in \mathbb{Z}^d / \sim$, $t = 0, 1, 2, \cdots$, 或者全局地被表示为

$$c_{t+1} = F(c_t). \tag{15.2.2}$$

记方程 (15.2.1) 的状态为 x, 记相应的下标 (元胞) 为 z, 那么方程 (15.2.1) 的逻辑形式为

$$x_z(t+1) = f(x_{z \oplus_p z_1}(t), x_{z \oplus_p z_2}(t), \cdots, x_{z \oplus_p z_n}(t)), \tag{15.2.3}$$

其中 $x \in \mathcal{D}_k$, $z \in \mathbb{Z}^d / \sim$, $t = 0, 1, 2, \cdots$.

由方程 (15.2.3), 一个 d 维的空间周期为 p 的周期元胞自动机被表示成一个 Π 维逻辑动态系统.

现在我们使用矩阵半张量积把方程 (15.2.2) 转化成其矩阵形式. 将下面两者等同看待

$$\frac{k-i}{k-1} \in \mathcal{D}_k \sim \delta_k^i \in \Delta_k, \tag{15.2.4}$$

$i = 1, 2, \cdots, k$. 那么在方程 (15.2.3) 里, $\mathcal{D}_k$ 被替换成 Δ_k.

引理 15.2.1　对任一逻辑函数 $f : \Delta_k^n \to \Delta_k$, 其中 $\{A_{i_1}, A_{i_2}, \cdots, A_{i_n}\} \subset \{A_1, A_2, \cdots, A_{n+m}\}$, $A_s \in \Delta_k$, $s \in \{1, 2, \cdots, m+n\}$. 存在唯一的逻辑矩阵 $L_f \in \mathcal{L}_{k \times k^{n+m}}$ 使得 $f(A_{i_1}, A_{i_2}, \cdots, A_{i_n}) = L_f A_1 A_2 \cdots A_{n+m}$ 成立.

证明　设 $L \in \mathcal{L}_{k \times k^n}$ 为 f 的结构矩阵, 则

$$f(A_{i_1}, A_{i_2}, \cdots, A_{i_n}) = L A_{i_1} A_{i_2} \cdots A_{i_n}.$$

不妨设 $i_1 < i_2 < \cdots < i_n$. 否则用换位矩阵换序, 用降幂矩阵消去重复因子即可. 然后, 添加哑变量可得

$$
\begin{aligned}
f(A_{i_1}, A_{i_2}, \cdots, A_{i_n}) &= L A_{i_1} A_{i_2} \cdots A_{i_n} \\
&= L H A_1 A_2 \cdots A_{m+n} := L_f A_1 A_2 \cdots A_{m+n},
\end{aligned}
$$

这里

$$H = \mathbf{1}_{k^{i_1-1}}^{\mathrm{T}} \otimes I_k \otimes \mathbf{1}_{k^{i_2-i_1-1}}^{\mathrm{T}} \otimes I_k \otimes \cdots \otimes \mathbf{1}_{k^{i_n-i_{n-1}-1}}^{\mathrm{T}} \otimes I_k. \qquad \square$$

由引理 15.2.1, 我们有

定理 15.2.1　方程 (15.2.3) 等价于

$$x_z(t+1) = L_z \ltimes_{i_d=0}^{p_d-1} \cdots \ltimes_{i_2=0}^{p_2-1} \ltimes_{i_1=0}^{p_1-1} x_{i_1, i_2, \cdots, i_d}(t), \qquad (15.2.5)$$

其中 $L_z \in \mathcal{L}_{k \times k^\Pi}$ 对任意 $z \in \mathbb{Z}^d / \sim$ 成立, $t = 0, 1, 2, \cdots$, $x \in \Delta_k$.

由定理 15.2.1, 下面结果成立:

定理 15.2.2　方程 (15.2.2) 等价于

$$x(t+1) = L x(t), \qquad (15.2.6)$$

其中 $t = 0, 1, 2, \cdots$, $x(t) = \ltimes_{i_d=0}^{p_d-1} \cdots \ltimes_{i_2=0}^{p_2-1} \ltimes_{i_1=0}^{p_1-1} x_{i_1, i_2, \cdots, i_d}(t) \in \Delta_{k^\Pi}$ 表示配置, $L = [l^1, l^2, \cdots, l^\Pi] \in \mathcal{L}_{k^\Pi \times k^\Pi}$, $l^i = \ltimes_{i_d=0}^{p_d-1} \cdots \ltimes_{i_2=0}^{p_2-1} \ltimes_{i_1=0}^{p_1-1} l^i_{i_1, i_2, \cdots, i_d}$, $l^i_{i_1, i_2, \cdots, i_d} = \mathrm{Col}_i(L_{i_1, i_2, \cdots, i_n})$ 见 (15.2.5), $i = 1, 2, \cdots, \Pi$.

证明　只需要证明

$$x(t) = \ltimes_{i_d=0}^{p_d-1} \cdots \ltimes_{i_2=0}^{p_2-1} \ltimes_{i_1=0}^{p_1-1} x_{i_1, i_2, \cdots, i_d}(t) \qquad (15.2.7)$$

是一个从 $(\Delta_k)^\Pi$ 到 Δ_{k^Π} 的双射. 由于有限集 $(\Delta_k)^\Pi$ 和 Δ_{k^Π} 等势, 所以只需要证明 (15.2.7) 为满的. 对任意 $x_0 \in \Delta_{k^\Pi}$, 选择

$$x_i = (I_k \otimes \mathbf{1}_{k^{\Pi-1}}^{\mathrm{T}}) W_{[k, k^{i-1}]} x_0, \qquad (15.2.8)$$

$i = 1, 2, \cdots, \Pi$. 那么有 $\ltimes_{i=1}^{\Pi} x_i = x_0$. 同时, (15.2.8) 为 (15.2.7) 的逆映射. $\qquad \square$

由于方程 (15.2.6) 具有有限多配置, 所以从任意配置出发, 有限步之后会进入极限环里. 对元胞自动机来说, 这个结论一般不成立. 根据定理 15.2.2 和文献 [54], 我们介绍如下定义.

定义 15.2.1 考虑周期有界元胞自动机 (15.2.6).

- 配置 $x_0 \in \Delta_{k^\Pi}$ 被称为不动点, 如果 $Lx_0 = x_0$.
- 任给 $x_0 \in \Delta_{k^\Pi}$, $\{x_0, Lx_0, \cdots, L^k x_0\}$ 被称为长度为 k 的极限环, 如果 $x_0 = L^k x_0$ 并且 $x_0, Lx_0, \cdots, L^{k-1}x_0$ 可区分.
- 不动点和极限环都被称为吸引子.
- 最终能够进入吸引子的配置集被称为吸引盆.
- 从所有配置出发进入到极限环的最少迭代次数被称为瞬态周期, 记作 T_t.

文献 [54] 中的结果表明

$$T_t = \min\{i | L^i \in \{L^{i+1}, L^{i+2}, \cdots, L^r\}, 0 \leqslant i < r\}. \tag{15.2.9}$$

后面我们会证明瞬态周期和 L 的指标之间的关系.

15.2.2 空间周期 p 的周期元胞自动机标准型

本小节给出空间周期 p 的周期元胞自动机 (15.2.6) 的标准型.

下面给出熟知的配置转移图及其相关概念.

定义 15.2.2 (1) 周期元胞自动机 (15.2.6) 的配置转移图为一个有向图, 其顶点集为 $\{v_1, v_2, \cdots, v_{k^\Pi}\} = \Delta_{k^\Pi}$, 对任意两个顶点 v_i 和 v_j, 存在一条从前者到后者的边, 当且仅当, $v_j = Lv_i$.

(2) 顶点 v_{k_i} 和 v_{k_j} $(i + 1 < j)$ (注: v_{k_i} 和 v_{k_j} 不必不同) 是弱连通的, 如果它们之间有一条边, 或者存在顶点 $v_{k_{i+1}}, v_{k_{i+2}}, \cdots, v_{k_{j-1}} \in \Delta_{k^\Pi}$ 使得对任意 $l = i, i+1, \cdots, j-1$, v_{k_l} 和 $v_{k_{l+1}}$ 之间有一条边.

(3) 周期元胞自动机 (15.2.6) 的配置转移图的子图 $\mathcal{G}$ 被称为弱连通的, 如果对任意顶点 $v_i, v_j \in \mathcal{G}$, v_i 和 v_j 弱连通, 并且对任意顶点 $v_k \in \mathcal{G}$ 和 $v_l \notin \mathcal{G}$, v_k 和 v_l 不是弱连通的.

(4) 一个 $k^\Pi \times k^\Pi$ 矩阵 (l_{ij}) 被称为周期元胞自动机 (15.2.6) 的邻接矩阵, 如果 l_{ij} 等于从顶点 $\delta_{k^\Pi}^j$ 到顶点 $\delta_{k^\Pi}^i$ 的边的数量.

基于以上定义, 方程 (15.2.6) 的结构矩阵 L 即为其配置转移图的邻接矩阵.

下面是关于邻接矩阵的一个熟知结果.

命题 15.2.1 考虑周期元胞自动机 (15.2.6). 记 $L^n = (l_{ij})$, 那么 l_{ij} 等于从顶点 $\delta_{k^\Pi}^j$ 到顶点 $\delta_{k^\Pi}^i$ 的长度为 n 的路径的数量.

基于上述内容, 我们给出如下定理.

定理 15.2.3　任给一周期元胞自动机 (15.2.6). 在相似置换的意义下, 存在一个正整数 σ 使得

$$L = L_1 \oplus L_2 \oplus \cdots \oplus L_\sigma, \tag{15.2.10}$$

其中 $L_i = \begin{bmatrix} C_i & B_i \\ 0 & N_i \end{bmatrix}$, $i = 1, 2, \cdots, \sigma$, C_i, $\begin{bmatrix} B_i \\ N_i \end{bmatrix}$ 都为逻辑矩阵, C_i 是可逆方阵, N_i 为幂零方阵. 其中, N_i 可能为零阶, 这时, $L_i = C_i$.

证明　记 (15.2.6) 的配置转移图为 $\mathcal{G}$, 记该图的弱连通分支数量为 σ, 并且记这些分支为 $\mathcal{G}_i$, $i = 1, 2, \cdots, \sigma$. 那么有

$$\mathcal{G} = \mathcal{G}_1 \cup \mathcal{G}_2 \cup \cdots \cup \mathcal{G}_\sigma,$$

并且 $\mathcal{G}_i \cap \mathcal{G}_j = \varnothing$ 对任意 $i \neq j$ 成立. 也就是说, 如果 $v_i \in \mathcal{G}_i$ 和 $v_j \in \mathcal{G}_j$ 对某个 $i \neq j$ 成立, 那么 v_i 和 v_j 不是弱连通的.

记子图 $\mathcal{G}_i$ 的邻接矩阵为 L_i, 那么 L_i 是一个逻辑方阵, $i = 1, 2, \cdots, \sigma$. 因此, 经过有限步置换之后, L 被转换成 $L_1 \oplus L_2 \oplus \cdots \oplus L_\sigma$.

对任一 $\mathcal{G}_i$, 因为 $\mathcal{G}_i$ 每个顶点具有出度 1, 那么其中存在唯一的一个吸引子. 令 C_i 的吸引子的邻接矩阵为 C_i, 那么 C_i 为可逆的逻辑方阵. 如果 $\mathcal{G}_i$ 中无配置落到吸引子外面, 那么 $L_i = C_i$; 否则, 经过有限次相似置换之后, L_i 被转换成 $\begin{bmatrix} C_i & B_i \\ 0 & N_i \end{bmatrix}$, 其中 B_i 表示那些从它们一步进入吸引子的配置, N_i 表示吸引子外面的其余配置. 因此 N_i 为 $\mathcal{G}_i$ 中在吸引子外面那些顶点生成的子图的邻接矩阵. 由命题 15.2.1, N_i 为幂零方阵. □

例 15.2.1　考虑图 15.2.1. 易知, 其邻接矩阵为 $L = \delta_4[3, 1, 4, 3]$. L 不可逆. 交换第 1 行和第 3 行, 第 1 列和第 3 列, 第 2 行和第 4 行, 以及第 2 列和第 4 列之后, L 相似于

$$\delta_4[2, 1, 1, 3] = \begin{bmatrix} C & B \\ 0 & N \end{bmatrix},$$

其中 $C = \delta_2[2, 1]$, $B = \begin{bmatrix} 1 & 0 \\ 0 & 0 \end{bmatrix}$, $N = \begin{bmatrix} 0 & 1 \\ 0 & 0 \end{bmatrix}$.

图 15.2.1　邻接图

15.2.3 可逆性

根据可逆性的定义和定理 15.2.2, 如下结果成立.

定理 15.2.4　周期元胞自动机 (15.2.6) 是可逆的, 当且仅当, L 可逆, 当且仅当, 瞬态周期 $T_t = 0$. 换句话说, (15.2.6) 可逆, 当且仅当, 每个配置都在吸引子里. 如果 (15.2.6) 是可逆的, 那么其逆周期元胞自动机为

$$y(t+1) = L^{\mathrm{T}} y(t), \tag{15.2.11}$$

其中 L 如 (15.2.6) 所示, $t = 0, 1, 2, \cdots$, $y \in \Delta_{k^{\Pi}}$.

证明　由可逆性定义, 周期元胞自动机 (15.2.6) 是可逆的, 当且仅当, L 为双射, 即为非奇异的. 由 (15.2.9) 我们有 L 是非奇异的, 当且仅当, $T_t = 0$. 如果 L 奇异的, 那么不存在正整数 k 使得 $I = L^k$ 成立, 因此 $T_t > 0$. 反之也成立.

再由可逆性定义, 如果周期元胞自动机 (15.2.6) 是可逆的, 其逆周期元胞自动机为

$$y(t+1) = L^{-1} y(t).$$

进一步有, L 为正交阵, 所以 $L^{-1} = L^{\mathrm{T}}$.　　　　　　　　　　　　□

局部更新规则和邻居向量可由如下算法 15.2.1 计算出来.

算法 15.2.1　1) 计算 y_i 的局部更新规则:

$$y_{i+1}(t+1) = (I_k \otimes \mathbf{1}_{k^{\Pi-1}}^{\mathrm{T}}) W_{[k, k^{i-1}]} L^{\mathrm{T}} y(t),$$

其中 $(I_k \otimes \mathbf{1}_{k^{\Pi-1}}^{\mathrm{T}}) W_{[k, k^{i-1}]} L^{\mathrm{T}} \in \mathcal{L}_{k \times k^{\Pi}}$, $i = 1, 2, \cdots, \Pi$.

2) 计算局部更新规则和邻居向量:

约掉哑向量 (即, 那些不影响 $y_i(t+1)$ 的向量) 对任意 $y_i(t+1)$ 直到所有 $y_i(t+1)$ 的结构矩阵在置换意义下相同, 然后邻居向量即为函数的自变量.

下面命题用来检验一个自变量是否为哑的, 以及如何约掉哑变量.

命题 15.2.2　任给逻辑函数 $f(x_1, x_2, \cdots, x_n) = L x_1 x_2 \cdots x_n$, 其中 $x_i \in \Delta_k$, $L \in \mathcal{L}_{k \times k^n}$. 那么 x_i 是哑变量, 当且仅当 $L W_{[k, k^{i-1}]} \delta_k^1 = L W_{[k, k^{i-1}]} \delta_k^j$ 对任意 $j = 2, 3, \cdots, k$ 成立. 如果 x_i 是哑变量, 那么 $f(x_1, x_2, \cdots, x_n) = g(x_1, \cdots, x_{i-1}, x_{i+1}, \cdots, x_n) = L W_{[k, k^{i-1}]} \delta_k^1 x_1 \cdots x_{i-1} x_{i+1} \cdots x_n$.

例 15.2.2　考虑空间周期 p 的周期元胞自动机. 初等元胞自动机满足 $d = 1$, $N = (-1, 0, 1)$, 以及 $\mathcal{S} = \mathcal{D}$. 局部更新规则 $f : \mathcal{D}^3 \to \mathcal{D}$ 如表 15.2.1 所示. 局部更新规则 f 被称为 Wolfram-n $(0 \leqslant n \leqslant 255)$, 如果 n 是二进制数 $i_1 i_2 i_3 i_4 i_5 i_6 i_7 i_8$ 的十进制表示.

表 15.2.1　局部更新规则 f 的真值表, 其中 $i_k \in \mathcal{D}$, $k = 1, 2, \cdots, 8$

x	111	110	101	100	011	010	001	000
$f(x)$	i_1	i_2	i_3	i_4	i_5	i_6	i_7	i_8

由 (15.2.4), 将 $1 \sim \delta_2^1, 0 \sim \delta_2^2$ 等同看待, 那么

$$111, 110, 101, 100, 011, 010, 001, 000$$

分别与

$$\delta_8^1, \delta_8^2, \delta_8^3, \delta_8^4, \delta_8^5, \delta_8^6, \delta_8^7, \delta_8^8$$

等同看待. 进一步, f 的结构矩阵等于 $\delta_2[2 - i_1, 2 - i_2, \cdots, 2 - i_8]$.

为约掉重复的邻居, 我们假设 $p \geqslant 3$.

配置被记为 $(x_0(t), x_1(t), \cdots, x_{p-1}(t)) \in (\Delta_2)^p$. 记 $\ltimes_{i=0}^{p-1} x_i(t) := x(t)$. 所以动态方向如下

$$x_0(t+1) = L_f x_{p-1}(t) x_0(t) x_1(t),$$

$$= L_f \mathbf{1}_{2^{p-3}}^{\mathrm{T}} W_{[2^2, 2^{p-2}]} x(t),$$

$$:= L_0 x(t),$$

$$x_i(t+1) = L_f x_{i-1}(t) x_i(t) x_{i+1}(t),$$

$$= L_f \mathbf{1}_{2^{i-1}}^{\mathrm{T}} (I_{2^{i+2}} \otimes \mathbf{1}_{2^{p-i-2}}^{\mathrm{T}}) x(t),$$

$$:= L_i x(t), \quad i = 1, 2, \cdots, p-2,$$

$$x_{p-1}(t+1) = L_f x_{p-2}(t) x_{p-1}(t) x_0(t),$$

$$= L_f \mathbf{1}_{2^{p-3}}^{\mathrm{T}} W_{[2, 2^{p-1}]} x(t),$$

$$:= L_{p-1} x(t).$$

再由文献 [55], 我们可以从 $L_0, L_1, \cdots, L_{p-1}$ 计算出 L.

现在考虑 Wolfram-150.

$150 = (10010110)_2$, 所以 f 在 $\mathbb{F}_2$ 上的表示为 $f(x, y, z) = x + y + z \pmod 2$, 其中 $x, y, z \in \mathbb{F}_2$. 也就是说, f 为线性的. 另外, 借助于矩阵半张量积, $f(x, y, z) = L_f xyz$, 其中 $x, y, z \in \Delta$, $L_f = \delta_2[1, 2, 2, 1, 2, 1, 1, 2] \in \mathcal{L}_{2 \times 8}$.

选择 $p = 5$, 我们有

$$L_0 = \delta_2[1, 2, 1, 2, 1, 2, 1, 2, 2, 1, 2, 1, 2, 1, 2, 1, 2, 1, 2, 1, 2, 1, 2, 1, 1, 2, 1, 2, 1, 2, 1, 2],$$

$$L_1 = \delta_2[1, 1, 1, 1, 2, 2, 2, 2, 2, 2, 2, 2, 1, 1, 1, 1, 2, 2, 2, 2, 1, 1, 1, 1, 1, 1, 1, 1, 2, 2, 2, 2],$$

$L_2 = \delta_2[1,1,2,2,2,2,1,1,2,2,1,1,1,1,2,2,1,1,2,2,2,2,1,1,2,1,1,1,1,2,2]$,

$L_3 = \delta_2[1,2,2,1,2,1,1,2,1,2,2,1,2,1,1,2,1,2,2,1,2,1,1,2,1,2,2,1,2,1,1,2]$,

$L_4 = \delta_2[1,2,2,1,1,2,2,1,1,2,2,1,1,2,2,1,2,1,1,2,2,1,1,2,2,1,1,2,2,1,1,2]$,
$$(15.2.12)$$

$$L = \delta_{32}[1,20,8,21,15,30,10,27,29,16,28,9,19,2,22,7,$$
$$26,11,31,14,24,5,17,4,6,23,3,18,12,25,13,32].$$
$$(15.2.13)$$

那么形如 (15.2.6) 的动态方程如下

$$x(t+1) = Lx(t),\qquad (15.2.14)$$

其中 $x(t) \in \Delta_{32}$, L 如 (15.2.13) 所示. 周期元胞自动机 (15.2.14) 的配置转移图如图 15.2.2 所示.

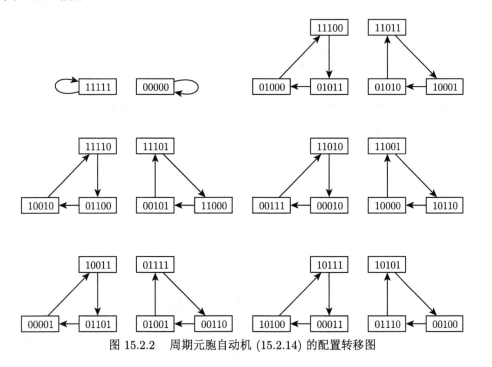

图 15.2.2　周期元胞自动机 (15.2.14) 的配置转移图

由定理 15.2.4, (15.2.14) 的逆周期元胞自动机为

$$y(t+1) = L^{\mathrm{T}}y(t),\qquad (15.2.15)$$

其中

$$L^{\mathrm{T}} = \delta_{32}[1,14,27,24,22,2,16,3,12,7,18,29,31,20,5,10,$$

$$23, 28, 13, 2, 4, 15, 26, 21, 30, 17, 8, 11, 9, 6, 19, 32]. \qquad (15.2.16)$$

由可逆性定义, 在一个可逆的周期元胞自动机里, 对任意给定的配置, 它的唯一的前驱变成了它在逆元胞自动机中的唯一后继. 因此在图 15.2.2 中, 如果我们翻转每个箭头的方向, 就得到了 (15.2.15) 的配置转移图.

下面计算局部更新规则及邻居向量. 由算法 15.2.1, 我们需要计算 (15.2.15) 中每个 y_i 的结构矩阵. 首先, 我们有

$$y_2(t+1) = L_{y_2} y(t),$$

其中

$$L_{y_2} = \delta_2[1, 2, 1, 2, 2, 1, 2, 1, 1, 2, 1, 2, 2, 1, 2, 1, 2, 1, 2, 1, 1, 2, 1, 2, 2, 1, 2, 1, 1, 2, 1, 2].$$

由命题 15.2.2, y_1, y_3 为哑变量. 在约掉这些哑变量后, 得到 $y_2(t+1) = \delta_2[1, 2, 2, 1,$ $2, 1, 1, 2] y_0(t) y_2(t) y_4(t)$. 然后检验 y_0, y_1, y_3, y_4, 我们得到邻居向量集为 $(-2, 0, 2)$, 局部更新规则为 $\delta_2[1, 2, 2, 1, 2, 1, 1, 2]$. 事实上, 如果我们只检验一个 y_i 就能得到局部更新规则和邻居向量, 因为对任意 y_i, 计算结果都相同.

下面考虑 Wolfram-154.

文献 [271] 中结果表明这样的元胞自动机是可逆的, 当且仅当, $p \equiv 1 \pmod{2}$. 选择 $p = 4$. 动态方向如下

$$x(t+1) = Lx(t), \qquad (15.2.17)$$

其中 $L = \delta_{16}[1, 4, 7, 5, 13, 16, 9, 11, 10, 3, 16, 6, 2, 11, 6, 16]$.

周期元胞自动机 (15.2.17) 的配置转移图如图 15.2.3 所示.

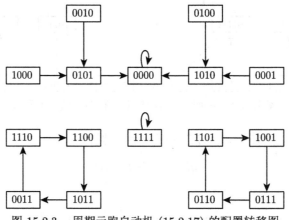

图 15.2.3　周期元胞自动机 (15.2.17) 的配置转移图

15.2.4 广义可逆性

在例 15.2.2 中, 周期元胞自动机 (15.2.14) 是可逆的; 可是周期元胞自动机 (15.2.17) 则不可逆. 尽管如此, (15.2.17) 的配置转移图中包含一个极限环. 基于前文所述, 在极限环里能量无损失.

那么人们可能会思考以下问题: 是否可以构造一个 "广义" 逆元胞自动机来描述局部区域的能量守恒, 而且当元胞自动机可逆时, 它与逆元胞自动机相一致? 可以利用 "转置" 来定义吗? 我们知道周期元胞自动机 (15.2.14) 的邻接矩阵的转置恰好是该自动机的逆元胞自动机的邻接矩阵, 而且转置意味着翻转配置转移图中每个箭头的方向. 那么, 可以用转置来定义广义逆元胞自动机吗? 答案是否定的. 因为不可逆的周期元胞自动机的结构矩阵的转置不再是某一个元胞自动机的邻接矩阵, 所以在作转置以后, 某些配置的出度将变得大于 1. 以 (15.2.17) 为例, 在它的转置中, 0000 出度等于 3.

由定理 15.1.1, 我们可以用 Drazin 逆来定义广义逆元胞自动机. 现在我们给出定理 15.1.1 的证明. 我们将使用下面关于 Drazin 逆经典结果[139,261], 以及计算逻辑矩阵的 Drazin 逆的算法.

引理 15.2.2[139,261]   对任意复矩阵 A, B, C, 其中 A 和 C 为方阵,

$$\begin{bmatrix} A & B \\ 0 & C \end{bmatrix}^D = \begin{bmatrix} A^D & X \\ 0 & C^D \end{bmatrix}, \tag{15.2.18}$$

其中 $X = \sum_{i=0}^{r} (A^D)^{2+i} BC^i (I - CC^D) + \sum_{i=0}^{s} (I - AA^D) A^i B (C^D)^{i+2} - A^D BC^D$, I 表示单位矩阵, $r = \mathrm{Ind}(C)$, $s = \mathrm{Ind}(A)$.

定理 15.1.1 的证明   由 (15.2.10), 我们有 $L^D = L_1^D \oplus L_2^D \oplus \cdots \oplus L_\sigma^D$. 因此只需要证明 L_i^D 为逻辑矩阵.

由引理 15.2.2, 我们有

$$L_i^D = \begin{bmatrix} C_i & B_i \\ 0 & N_i \end{bmatrix}^D = \begin{bmatrix} C_i^{\mathrm{T}} & \sum_{j=0}^{r_i} (C_i^{\mathrm{T}})^{2+j} B_i N_i^j \\ 0 & 0 \end{bmatrix}, \tag{15.2.19}$$

其中 $r_i = \mathrm{Ind}(N_i)$, $i = 1, 2, \cdots, \sigma$. C_i 为可逆阵, 因此 $C_i^{\mathrm{T}} = C_i^{-1}$ 为逻辑矩阵. 余下要证明 $\sum_{j=0}^{r_i} (C_i^{\mathrm{T}})^{2+j} B_i N_i^j$ 是逻辑矩阵, 即证明 $\sum_{j=0}^{r_i} (C_i^{\mathrm{T}})^j B_i N_i^j$ 是逻辑矩阵.

由于 N_i 是幂零阵, $r_i \geqslant 1$. 那么有

$$\begin{bmatrix} C_i & B_i \\ 0 & N_i \end{bmatrix}^{r_i} = \begin{bmatrix} C_i^{r_i} & \sum_{j=0}^{r_i} (C_i)^{r_i-1-j} B_i N_i^j \\ 0 & 0 \end{bmatrix}, \tag{15.2.20}$$

以及 $\sum_{j=0}^{r_i} (C_i)^{r_i-1-j} B_i N_i^j = (C_i)^{r_i-1} \sum_{j=0}^{r_i} (C_i^{\mathrm{T}})^j B_i N_i^j$ 为逻辑矩阵. 因此 $\sum_{j=0}^{r_i} (C_i^{\mathrm{T}})^j B_i N_i^j$ 为逻辑矩阵. □

基于上面分析, 我们给出 Drazin 逆周期元胞自动机的定义.

定义 15.2.3　*任给一个空间周期 p 的周期元胞自动机, 及其形如 (15.2.6) 动态方程. 它的 Drazin 逆周期元胞自动机被定义为 $y(t+1) = L^D y(t)$. 后者的局部更新规则和邻居向量可由算法 15.2.1 算出.*

关于 Drazin 逆周期元胞自动机, 我们给出如下定理.

定理 15.2.5　*任给一个空间周期 p 的周期元胞自动机, 及其形如 (15.2.6) 动态方程. 如下结论成立:*

(1) *(15.2.6) 的瞬态周期等于它的配置转移图的邻接矩阵的指标, 即 $T_t(L) = \mathrm{Ind}(L)$.*

(2) *(15.2.6) 的 Drazin 逆周期元胞自动机的瞬态周期不大于 1, 即 $T_t(L^D) \leqslant 1$.*

(3) *(15.2.6) 的 Drazin 逆周期元胞自动机的 Drazin 逆周期元胞自动机恰好等于 (15.2.6), 当且仅当, (15.2.6) 的瞬态周期不大于 1, 即 $(L^D)^D = L$, 当且仅当, $T_t(L) \leqslant 1$.*

(4) *(15.2.6) 的极限环中每个箭头方向翻转以后, 该环便成了 (15.2.6) 的 Drazin 逆周期元胞自动机的极限环. (15.2.6) 的吸引盆仍然是 (15.2.6) 的 Drazin 逆周期元胞自动机的吸引盆, 不同的是, Drazin 逆周期元胞自动机的吸引盆中所有极限环外面的配置都一步可达极限环.*

证明　(1) 矩阵 A 的指标的另一个定义为 (见文献 [326]):

$$\mathrm{Ind}(A) := \min\{t \in \mathcal{N} | \mathrm{rank}(A^{\mathrm{T}}) = \mathrm{rank}(A^{t+1})\}.$$

记 $k = \mathrm{Ind}(L)$. 那么有 $\mathrm{rank}(A^0) < \mathrm{rank}(A^1) < \cdots < \mathrm{rank}(A^k) = \mathrm{rank}(A^{k+j})$ 对任意 $j \in \mathbb{N}$ 成立. 所以 $\mathrm{Ind}(L) \leqslant T_t(L)$. 此外, 集合 $\{L^{k+j} | j \in \mathcal{N}\}$ 为有限集, 所以存在非负整数 l, s $(l < s)$ 使得 $L^{k+l} = L^{k+s}$ 成立. 因为 $\mathrm{rank}(L^k) = \mathrm{rank}(L^{k+l})$, 所以存在矩阵 $Y \in \mathcal{R}_{k^n \times k^n}$ 使得 $L^k = L^{k+l} Y$ 成立. 因此 $L^k = L^{k+l} Y = L^{k+s} Y = L^{s-l} L^{k+l} Y = L^{s-l} L^k = L^{k+s-l}$. 最终有 $\mathrm{Ind}(L) = T_t(L)$.

(2) 由定理 15.2.3 及方程 (15.2.19), 有 $\mathrm{Ind}(L^D) \leqslant 1$ 成立. 所以 $T_t(L^D) = \mathrm{Ind}(L^D) \leqslant 1$.

(3) 由定理 15.2.3, L 具有配置标准型 (15.2.10). 那么 $\mathrm{Ind}(L) > 1$, 当且仅当, 存在非零矩阵 N_i, 当且仅当, $(L^D)^D \neq L$ (由方程 (15.2.19)).

(4) 由方程 (15.2.19) 直接可得. □

例 15.2.3 重新考虑 (15.2.2). 我们计算空间周期为 4 的初等元胞自动机 Wolfram-154, 其动态方程为 (15.2.17). 该元胞自动机的 Drazin 逆周期元胞自动机的动态方程为

$$y(t+1) = L^D y(t), \qquad (15.2.21)$$

其中 $L^D = \delta_{16}[1, 13, 10, 2, 4, 16, 3, 16, 7, 9, 16, 16, 5, 16, 16, 16]$. 局部更新规则为 $\delta_2[1, 2, 2, 1, 1, 2, 1, 2, 1, 2, 2, 2, 1, 2, 2, 2]$, 邻居向量集为 $(0, 1, 2, 3)$. (15.2.21) 的配置转移图见图 15.2.4.

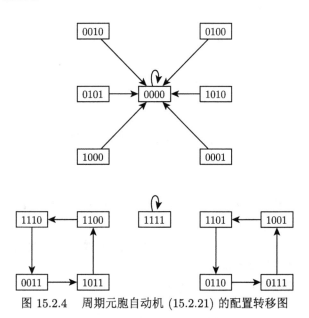

图 15.2.4 周期元胞自动机 (15.2.21) 的配置转移图

15.3 周期元胞自动机的广义可逆性

下面讨论周期元胞自动机. 值得注意的是, 这里元胞自动机的配置集为全部空间周期的配置构成的集合, 因此是无穷可数集. 根据前面的讨论, 这样的元胞自动机的动态方程可以表示如下

$$x(t+1) = Lx(t), \qquad (15.3.1)$$

其中 $x(t) \in \Delta_\infty$, $L \in \mathcal{L}_{\infty \times \infty}$, $t = 0, 1, 2, \cdots$, L 在相似置换下可以转换成下面的矩阵

$$L = L_1 \oplus L_2 \oplus \cdots \oplus L_n \oplus \cdots,$$

其中 $L_i = \begin{bmatrix} C_i & B_i \\ 0 & N_i \end{bmatrix}$ 表示弱连通分支, C_i 为可逆的有限维逻辑矩阵, $\begin{bmatrix} B_i \\ N_i \end{bmatrix}$ 为至多可数维逻辑矩阵, N_i 为伪幂零矩阵 (可能为零阶), $i = 1, 2, \cdots$.

N_i 可能为可数无穷维方阵, 因为极限环可能处在具有不同空间周期的配置集里. 以周期初等元胞自动机 Wolfram-0 为例, 每个空间周期配置 (配置 $(\cdots 000 \cdots)$ 除外) 都一步可达 $(\cdots 000 \cdots)$.

定理 15.3.1　如方程 (15.3.1) 所示的可数无穷为逻辑矩阵 $L \in \mathcal{L}_{\infty \times \infty}$ 具有一个广义 Drazin 逆 $L^D \in \mathcal{L}_{\infty \times \infty}$.

证明　只需要证明每个 L_i 都具有一个广义 Drazin 逆 L_i^D, 而且它也为逻辑矩阵.

首先证明

$$L_i^D = \begin{bmatrix} C_i & B_i \\ 0 & N_i \end{bmatrix}^D$$

$$= \begin{bmatrix} C_i^{\mathrm{T}} & \sum_{n=0}^{\infty} (C_i^{\mathrm{T}})^{n+2} B_i N_i^n \\ 0 & 0 \end{bmatrix}. \tag{15.3.2}$$

注意到 $C_i^D = C_i^{-1} = C_i^{\mathrm{T}}$, $N_i^D = 0$. 容易验证, (15.3.2) 满足方程 (15.1.5).

然后证明 L_i^D 为逻辑矩阵, 即证明 $\sum_{n=0}^{\infty} (C_i^{\mathrm{T}})^{n+2} B_i N_i^n$ 为逻辑矩阵. 令 $N_{i_1}, N_{i_2}, \cdots$ 表示由 C_i 的吸引盆中 C_i 外面的配置生成的最大弱连通子图. 那么, 每一个 N_{i_j} 都是有限维幂零阵.

那么在相似置换的意义下, L_i 等于

$$\begin{bmatrix} C_i & B_{i_1} & B_{i_2} & \cdots \\ 0 & N_{i_1} & 0 & \cdots \\ 0 & 0 & N_{i_2} & \cdots \\ \vdots & \vdots & \vdots & \end{bmatrix}, \tag{15.3.3}$$

$N_i = N_{i_1} \oplus N_{i_2} \oplus \cdots$, $B_i = \begin{bmatrix} B_{i_1}, B_{i_2}, \cdots \end{bmatrix}$. 综上所述,

$$\sum_{n=0}^{\infty} (C_i^{\mathrm{T}})^{n+2} B_i N_i^n$$

$$= \begin{bmatrix} \sum_{k=0}^{r_1} (C_i^{\mathrm{T}})^{k+2} B_{i_1} N_{i_1}^k & \sum_{k=0}^{r_2} (C_i^{\mathrm{T}})^{k+2} B_{i_2} N_{i_2}^k & \cdots \end{bmatrix}, \tag{15.3.4}$$

其中 $r_j = \mathrm{Ind}(N_{i_j})$, $j = 1, 2, \cdots$.

由定理 15.1.1 的证明, 我们有 (15.3.4) 为逻辑矩阵.　□

下面给出周期元胞自动机的广义 Drazin 逆周期元胞自动机的定义.

定义 15.3.1 考虑周期元胞自动机 (15.3.1). 它的广义 Drazin 逆周期元胞自动机被定义为

$$y(t+1) = L^D y(t), \tag{15.3.5}$$

其中 $t = 0, 1, 2, \cdots$.

注 15.3.1 定理 15.2.5 对 (15.3.1) 仍然成立, 除了 $T_t(L) = \infty = \mathrm{Ind}(L)$ 可能成立.

关于一维周期元胞自动机的逆元胞自动机, 我们有如下结果.

定理 15.3.2 任意一维可逆的周期元胞自动机的逆元胞自动机也是周期的.

证明 考虑一个一维的可逆的周期元胞自动机, 其局部更新规则为 f, 状态集为 $\mathcal{S}$, 邻居向量集为 N. 令 G 为该元胞自动机的全局函数. 令 G_p 为 G 在全体空间周期配置集上的限制.

熟知, 如果 G_p 为单的, 那么 G 也为单的 (即可逆的)[158]. 基于该结果, 有 G^{-1} 也是某一个元胞自动机的全局函数, 因此 $(G^{-1})_p$ 也是单的. 易知, $(G^{-1})_p = (G_p)^{-1}$, 那么 $(G_p)^{-1}$ 是一个周期元胞自动机的全局函数.　□

注 15.3.2 对于二维及更高维情况, 我们无法断言定理 15.3.2 仍然成立, 因为 G_p 是单的并不蕴涵 G 也是单的[158].

进 阶 导 读

本丛书的最初目的是希望它能覆盖矩阵半张量积的研究现状. 但由于我们的视野和能力有限, 也由于篇幅的限制, 本丛书的内容基本上只包括作者们自己的工作, 因此, 远没有达到初始的目的. 为了弥补这一缺憾, 为读者及相关科研人员提供进一步学习及深入探讨的线索, 本附录是一个继续学习或钻研的导读. 内容包括本丛书未包括的部分课题, 以及当前的一些研究动向, 希望能帮助研究生及青年学者开阔眼界, 拓宽思路, 发掘新的科研成果.

1) 一般逻辑动态系统的几何结构与控制设计.

(i) 基于真值矩阵技巧, 得到了干扰影响下计算系统最大鲁棒控制不变集的有效算法, 给出了检验逻辑动态系统鲁棒集合镇定的更易于验证的充要条件以及控制器设计计算法[152, 328, 330, 331].

(ii) 将逻辑动态系统相关结果应用于网络演化博弈的策略优化问题中[114, 115, 221, 329, 432].

2) 布尔网络的预见控制与构造性的牵制控制.

(i) 研究了带有逻辑选择脉冲微分博弈的纳什均衡, 进一步研究了演化博弈选择脉冲的混杂系统的极限集; 对逻辑变量与连续/离散变量相互作用的几类混杂系统, 给出稳定性等相关判据[339].

(ii) 探讨了布尔网络、含有布尔网络的混杂系统的时序逻辑任务满足性问题, 为系统的稳定性、同步性、路径规划等提供了统一的研究框架, 结果适用性广、保守性低[384].

(iii) 提出了逻辑动态网络的构造性的牵制控制方法. 通过合理地构造牵制节点和系统状态节点间的逻辑关系, 精准选择被控节点, 实现可控性、稳定性等控制目标, 结果保守性低[187–189].

3) 随机和受限布尔网络中的前沿基础性问题.

(i) 研究 Markov 切换布尔网络稳定性[254]、镇定性[255]、能控性[256] 及牵引控制[258] 等.

(ii) 构建 Markov 切换布尔网络的 Lyapunov 稳定性理论[259].

(iii) 解决布尔网络的控制器设计问题[257].

(iv) 针对受限布尔网络分析其拓扑结构, 建立了受限布尔网络的能控能观性、干扰解耦及最优控制等先驱理论体系[251].

4) 事件驱动的网络系统的检测与评估.

(i) 利用矩阵半张量积方法, 通过构建状态转移输出——事件观测矩阵, 对于事件部分可观的离散事件系统, 探讨了该类系统的初始状态可检测性[315].

(ii) 基于矩阵半张量积方法, 计算出所给输出观测序列可由讨论的模型产生的精确概率, 进而探讨了随机布尔控制网络的模型评估问题[68].

5) 布尔网络的强结构能控性、基于 Markov 链的概率布尔网络分析与控制, 以及牵制控制器设计.

(i) 布尔网络的强结构能控性与强结构能观性.

由于对基因调控网络中节点动力学识别具有一定的挑战性, 因此对基因节点间的依赖关系识别则比较基本. 文献 [456] 和 [457] 分别研究了布尔网络的强结构能控性与强结构能观性, 用于处理网络结构已知, 但节点动力学未知的布尔网络的能控性与能观性, 并给出了仅与网络节点数呈多项式时间相关的充分必要性判据. 文献 [456] 和 [457] 进一步考虑了最小节点控制问题: 文献 [456] 证明了关于强结构能控性的布尔网络最少控制节点是一个 NP-hard 问题, 即使所有的信息维持在 $n \times n$ 维的有向图上, 而文献 [457] 证明了任意的布尔网络, 总可以在多项式时间内找到所需调整的最少节点, 使得布尔网络实现强结构能观, 并非传统布尔网络中的 NP-hard 问题.

(ii) 布尔网络的牵制控制器设计.

对于节点动力学已识别的布尔网络, 牵制控制是一种有效的控制手段, 通过仅对网络中部分节点施加控制, 从而实现对大规模且复杂的网络动力学控制. 基于此, 文献 [234] 首次给出了布尔网络牵制控制的概念, 并给出了一系列基于代数状态空间表示方法的牵制能控判据. 此后, 牵制控制在布尔网络中得到了广泛应用, 解决了如镇定、集镇定、能控、同步等问题. 虽然它们理论上是完美的, 但是在设计牵制控制器时对牵制节点的选择始终比较困难. 现有方法常会把控制器施加在所有节点上, 这会给现实中大规模网络的控制带来很高的控制成本. 文献 [444] 中给出的分布式牵制控制方式有效地解决了这个问题, 通过引入网络结构的信息, 控制局部节点, 利用节点与节点间的信息传输, 实现了布尔网络全局镇定的效果. 分布式牵制控制的思想目前也已被应用于布尔网络的集镇定[458] 和观测器设计[455].

(iii) 基于 Markov 链的概率布尔网络分析与控制.

由于概率布尔网络的状态演化可以等价地被刻画为有限状态空间中的齐次 Markov 链, 因此基于 Markov 链对概率布尔网络的动力学研究是十分有意义的. 文献 [453] 和 [454] 通过定义布尔网络的诱导方程和对系统中常返非周期状态的分析, 建立了诱导方程解的唯一性和布尔网络渐近稳定性之间的等价性, 并且将概率布尔网络的稳定性与集合稳定性问题归结为线性矩阵不等式的求解问题; 文献 [338] 研究了移动攻击下隐 Markov 布尔控制网络的输出反馈控制器设计问题.

6) 离散时间切换系统.

(i) 对于具有动态逻辑的离散时间切换系统, 提出基于矩阵半张量积的逻辑和连续状态融合方法, 并基于此方法研究了切换受限的离散时间切换系统的稳定性和随机切换下离散时间系统的均方稳定性[126,128].

(ii) 基于矩阵半张量积, 研究了连续时间概率逻辑网络的稳定性、能控性和镇定问题, 并给出了蒙特卡罗时域仿真方法[127,215].

7) 有限值网络的解耦、鲁棒控制与跟踪.

(i) 在没有正则性假设条件下, 给出了实现多种 "系统分解" (包括关于输入的分解[459]、关于输出的分解[460,462]、卡尔曼分解[461]、级联分解[210,463] 及能观性分解[212]) 的充分必要性的划分条件; 给出了布尔控制网络实现干扰解耦[209,211]、输入输出解耦[213] 及块输入输出解耦[337] 的图划分的充分必要条件.

(ii) 针对外部干扰[207]、未建模动态[184,371]、函数扰动[193,196] 等因素的影响, 我们发展了适用于逻辑动态系统的鲁棒控制理论, 包括鲁棒能达集、结构能控矩阵、扰动参考集等方法. 使用矩阵半张量积将切换拓扑和时滞作用下的有限域网络转化为代数形式, 基于逻辑动态系统的集合稳定理论, 建立了有限域网络趋同[208] 和合围控制[229] 的充分必要条件.

(iii) 利用矩阵半张量积解决了多输入分层模糊系统的代数化[309]、通用逼近、可解释性[310] 等基本问题, 并将理论结果应用于高速公路匝道控制[309]、并联式混合动力汽车能量管理[310] 等工程问题.

(iv) 基于矩阵半张量积方法, 将信息物理系统的物理部分近似为一个逻辑控制系统, 并证明了在误差允许的范围之内, 近似逻辑控制系统和原信息物理系统具有相同的鲁棒性[421,422].

(v) 结合 Ledley 前提解的方法, 进一步研究了布尔控制网络的输出跟踪问题[347] 和最优控制问题[345].

8) 大型与复杂网络化系统的简化与控制设计.

(i) 运用矩阵半张量积理论, 研究 (概率) 布尔网络的商系统[203,205] 和互模拟问题[201,202,204]. 建立了两个网络存在互模拟关系的若干充分必要条件, 给出了基于商系统和互模拟关系的网络约化方法, 探讨了所得结果在 (概率) 布尔网络控制问题上的应用, 对于某些控制问题, 证明了只需针对约化网络求解, 即可解决原网络的相应问题.

(ii) 提出了无模型 Q-learning 强化学习算法, 用于搜索实现全局镇定的翻转序列[230].

(iii) 针对布尔网络最小能观问题, 刘洋等建立了观测器与系统能观性的联系, 并给出了观测器设计框架[226], 进一步基于最小集覆盖原理解决了布尔控制网络的最小能观问题[228].

(iv) 针对布尔网络最优控制问题, 文献 [227] 考虑了使随机网络镇定的最少控制节点策略, 进一步在文献 [451] 中利用最小化成本函数设计布尔控制网络的最优控制器.

(v) 针对布尔网络可控性问题, 文献 [450] 研究了布尔控制网络的若干可控性分类; 针对干扰解耦问题, 刘洋等利用牵制控制使布尔网络实现干扰解耦[225].

(vi) 针对布尔网络镇定问题, 利用事件触发控制研究 k 值逻辑控制网络的全局镇定问题[452], 利用 Lyapunov 函数方法研究采样数据状态反馈控制下概率布尔控制网络的部分镇定问题[217]; 并在有限和无限时间内利用采样数据状态反馈控制研究概率布尔网络的集合稳定性[362].

(vii) 针对布尔网络计算复杂度问题, 建立了一套基于网络拓扑结构的分布式牵制控制理论框架, 以实现振荡[443]、镇定[444,445]; 针对状态估计问题, 通过定义非确定性随机有限自动机, 设计随机状态估计器以估计系统状态[446].

(viii) 基于矩阵半张量积理论研究离散事件系统的状态估计计算和弱可检测性验证[136]、最优镇定监控器设计[133]、基于状态的非阻塞性验证与强化[134]、Petri网的虹吸与最小虹吸计算[132]、概率布尔网络的可检测性验证[135] 等问题.

9) 显式、奇异与隐布尔网络.

(i) 从渡河问题中提炼出作用在相邻时刻的限制条件, 将原有的显式动态网络推广到隐式, 由此建立更具一般性的隐布尔网络的模型[391], 并揭示了显式布尔网络、奇异布尔网络与隐布尔网络之间的内在联系, 确定了三类系统之间能够实现转化的条件.

(ii) 提出了逻辑矩阵方程方法, 并据此给出了布尔控制网络块解耦[392]和系统能观[393,394] 的充要条件, 将所得结果推广到概率布尔网络; 提出了布尔网络数据形式 (data from), 通过此形式系统地研究了 (概率) 布尔网络的能检性, 并探讨了能观性、能稳性、能检性、可重构之间的关系[323,324].

(iii) 通过构造真值矩阵, 针对布尔控制网络干扰解耦[105]、有限时间干扰解耦[214] 等问题, 提出了计算复杂度小的状态反馈控制器设计方法.

(iv) 分析了程氏投影的相关性质, 提出了一种新的模型降阶方法[106], 还发展了集合能控方法, 并成功将此方法用于故障检测[424]、同步[268,425] 等问题的解决.

10) 布尔网络的能观性、图结构与人工智能.

(i) 给出了基于矩阵半张量积的有向图网络结构可控性的代数表达形式及算法实现[98].

(ii) 构建了基于半张量积的支持向量机核函数的相关理论和应用[370].

(iii) 在矩阵半张量积框架下, 证明了布尔网络的不变对偶子空间与其状态转移图的公平划分一一对应. 基于该图结构, 给出不变对偶子空间在不同图结构下的具体刻画, 这些图结构包括 (不失一般性): 极限环都是不动点 (包含状态转移图为只有一个分支和有多个分支两种情况), 极限环都不是不动点 (包含只含有极限环和有分支两种情况), 见文献 [33].

(iv) 关于布尔控制网络能观性的综述[404], 以 Edward F. Moore 的划分方法和作者提出的加权对图方法 (以及这两个结构的基于矩阵半张量积的等价表示或重新发现) 为主线, 介绍了 Moore 划分是如何将多次试验型能观性检验、分解以及干扰解耦问题结合在一起. 如何用加权对图方法检验布尔控制网络四种能观性, 以及如何检验奇异布尔控制网络、概率布尔网络的不同类型的能观性[404].

11) 布尔网络控制的工程设计方法.

(i) 文献 [414] 提出了一种基于矩阵半张量积为布尔网络设计跟踪控制器的方法, 可以用来跟踪时变的输出参考轨迹. 文献 [415] 考虑了布尔网络的牵制控制方法, 用控制输入影响部分状态变量, 从而将布尔网络稳定到指定状态或极限环.

(ii) 文献 [416] 指出, 由于半张量积的引入, 可以方便地将龙贝格观测器的基本思想用于布尔网络设计全阶观测器. 文献 [417] 讨论了布尔网络的降阶观测器的设计问题以减少观测器的在线计算量. 文献 [417] 的基本思想是找到可以消减的状态变量, 从而得到系统的一个低阶的状态空间表达式, 并在此基础上设计一个观测器, 可以得到系统的所有状态变量的估计值. 文献 [417] 利用了关系最粗划分 (relational coarsest partition) 的概念来找出系统中不可区分的状态, 从而达到降低输出观测器的阶次的目的. 文献 [411] 考虑了给存在未知输入的布尔网络设计观测器的问题. 对于大型布尔网络, 文献 [412] 给出了一种设计分布式观测器的方法. 首先将大型布尔网络分为几个子网络. 对于其中的每个子网络, 运用文献 [411] 中给出的未知输入观测器的设计方法, 将其他子网络的状态变量视为未知输入并对其解耦, 可以实现对各个子网络状态的估计.

(iii) 文献 [179, 414] 关注布尔网络的故障检测问题. 文献 [179] 指出概率布尔网络的设计可以参照卡尔曼滤波器的思想进行, 通过比较能够产生当前输出的状态集合和基于上一步的状态估计根据状态方程推算的当前状态集合是否存在交集, 判断系统中有无故障发生. 假设无故障时的布尔网络模型和故障发生时的布尔网络模型均为已知, 文献 [414] 给出一种设计控制输入以更好地区分系统有无故障的主动故障检测方法. 首先将故障检测的问题转化为一个增广系统的镇定问题, 然后求解一个等价的离散时间切换系统的有限时间镇定问题, 得到控制输入序列, 并给出了残差信号的解析形式.

(iv) 以上方法均需布尔网络模型. 文献 [413] 探讨了如何从输入输出数据并结合系统的先验知识例如部分已知的网络结构和单调性等来辨识布尔网络的模型, 将辨识问题转换为一个伪布尔优化问题并加以求解. 文献 [181] 提出了一种数据驱动的控制器设计方法. 该方法无须布尔网络模型, 可以直接从输入输出数据中求得输出反馈控制器的反馈增益阵.

(v) 矩阵半张量积也可以应用于工业安全系统的可靠性计算, 如文献 [180] 所示. 文献 [182] 探讨了对于离散事件系统运用矩阵半张量积取得的代数表达式与其他几种代数表达式之间的关系.

12) 代数系统的矩阵半张量积方法.

(i) 将矩阵半张量积推广至多种四维代数, 并利用它研究四维代数上线性方程组和最小二乘问题的直接方法与迭代方法[84,85,325].

(ii) 将有限维代数的研究建立在矩阵半张量积的框架内, 研究矩阵分解的高效、稳定的保结构算法[86,99].

13) 有限博弈中的矩阵半张量积方法.

(i) 研究了静态贝叶斯博弈的势方程的构建、贝叶斯均衡点的存在性的判据等问题[354], 进而在贝叶斯博弈框架下, 将所得到的理论成果应用于具有不完全信息的 NFV 系统服务功能链部署问题中[175,410], 提供博弈均衡意义下的最佳资源分配方案和联合资源优化算法.

(ii) 通过拥塞博弈模型对可能出现资源失效的资源分配问题进行建模, 设计合适的策略更新规则改进博弈的演化过程, 使演化拥塞博弈收敛到所需要的纳什均衡局势[327].

(iii) 针对多种博弈 (包括势博弈[222]、对称博弈[335] 及反对称博弈[336]), 给出了最少个数的判别方法, 并对计算复杂度进行了分析.

(iv) 利用矩阵半张量积方法, 研究了余集加权势博弈的验证问题和向量空间结构[344], 并给出了未知权重的计算方法[346].

(v) 合作博弈中 Shapley 值是利润分配的一个 "公正" 解, 因此 Shapley 值的求解是合作博弈中的一个最基本问题. 文献 [9] 和 [10] 分别给出了区间合作博弈与双合作博弈 Shapley 值的半张量积求解方法.

14) 拥塞博弈 (势博弈) 控制及其工程应用.

(i) 研究拥塞博弈的演化动力学及控制问题, 利用 STP 方法设计间歇/事件驱动控制, 使演化拥塞博弈镇定到最优纳什均衡[119,153].

(ii) 研究带有资源失效的拥塞博弈, 探索资源失效概率对博弈均衡的影响[333].

(iii) 对智能电网用网络演化博弈建模, 研究智能电网需求侧管理问题[332].

(iv) 给出非完整局势有限博弈的正交分解[76], 提出一种新的近似势博弈——准势博弈 (quasi-potential game), 并研究其纳什均衡的存在性和收敛性[334].

15) 有限状态自动机 (FSM) 理论.

(i) 利用矩阵半张量积研究 FSM 的数学建模问题, 提出了通用于确定性和不确定性 FSM 的双线性动态模型[376,377,389].

(ii) FSM 的模型优化问题, 建立了 FSM 最小化实现的代数条件及降低存储复杂度的代数算法[387,388,390].

(iii) FSM 的控制问题, 提出了 FSM 自适应控制的概念并设计了状态自适应控制律[80, 379].

(iv) 在有限状态机建模的信息物理系统背景下, 利用矩阵半张量积方法, 文献 [418] 通过构建切换代数状态空间方程, 研究了带有控制信道丢包的网络化有限状态机可达性问题.

(v) 文献 [419] 提出了带有观测信道有界时延的网络化有限状态机代数模型, 给出了基于网络不透明性的安全隐私验证条件.

(vi) 文献 [420] 分析了不确定观测输出对 Mealy 有限状态机动态和状态估计的影响, 给出了基于初始状态观测性的代数判定方法.

16) 模糊系统的建模和优化.

(i) 针对非线性多变量动态系统中的建模与控制等问题, 文献 [241, 242] 提出基于矩阵半张量积的模糊关系矩阵模型的系统辨识[243]、参数优化和自适应控制[146] 等设计方法.

(ii) 将上述理论应用到智能建筑系统中的室内舒适度环境控制的模糊建模和优化等实际系统的试验研究[89, 236, 237, 239, 240, 288, 400, 401].

(iii) 实现了多变量模糊逻辑系统中模糊集合和模糊推理过程等的矩阵化表示[238, 305], 推广了矩阵半张量积理论在人工智能领域的实际系统应用.

17) 高阶张量 Tucker 形式的近似.

高阶张量 Tucker 形式的近似在心理测量学、化学计量学、信号处理、模式分类等学科中有着重要的应用.

(i) 将矩阵半张量积用于张量表示及有穷维代数计算[220], 基于矩阵半张量积提出了一种类 Tucker 形式的近似, 在此基础上给出了新的 (高阶) 奇异值分解, 并给出相应的分解算法[360].

(ii) 针对三阶张量积, 利用矩阵半张量积给出了一个新型张量分解策略, 并实现数据的压缩[45].

18) 量子动力学的建模与分析.

封闭和开放量子系统是量子态制备、量子逻辑门实现的物理基础, 文献 [284, 285] 提出了量子布尔网络作为周期性测量下的量子系统的基本模型, 系统地建立了开放量子系统与封闭量子系统的量子布尔网络理论, 从布尔网络动力学的角度对量子动力学和量子能控性进行了刻画.

后　　记

经过前后近五年的努力，这套丛书终于到了完稿的一天. 丛书共五卷, 计约 2000 页. 搁笔之际, 本人作为丛书的组织者和主要执笔人, 难免心情激动. 五年的写作过程, 是收集整理已有成果的过程, 也是思考总结创新的过程. 丛书中的许多结果, 其实是在写作过程中发现和发展起来的. 这里的许多心血和艰辛, 唯有亲历者才能体会. 特别是第五卷的统稿阶段, 自己身染新冠病毒, 一边咳嗽, 一边伏案疾书, 心中有一种与生命赛跑的壮烈情怀. 总把矩阵半张量积看作上天降任赋予我的一项使命, 这五卷书, 或许可以看作自己对人生的一份答卷. 此时的心中充满了感激: 对祖国、对父母、对家庭、对人生、对命运、对整个人世间……

首先感谢我的母校: 福州实验小学、福州第一中学、清华大学、中国科学院研究生院 (中国科学院大学)、美国圣路易斯华盛顿大学. 感谢许多授予我知识、教会我做人的老师们. 特别怀念的是: 福州实验小学的张淑庄老师, 她是我的启蒙老师, 她对我的偏爱使我迷上了写写算算; 福州第一中学的林碧英老师, 她对我的单独指导让我爱上了数学; 清华大学的栾汝书教授、孙念增教授, 他们指点我考上了研究生; 我的研究生导师关肇直先生, 他教我第一次怎样做学问、怎样做研究; 我的博士生导师谈自忠教授, 他打开了我的视野, 带我走进了学科前沿.

还有许多在人生道路上带领过我, 为我铺设了前进道路的师长们. 这里首先想提到的是我的中学校长陈君实. 陈校长和当时的福建省教育厅厅长王于畊, 通过当时省委第一书记叶飞, 直接向当时的高等教育部部长兼清华大学校长蒋南翔介绍我的情况, 让我蹚过政审难关, 上了大学, 使我迈出了人生最关键的一步.

其次要提到数学院的陈翰馥老师, 在我出国读博和此后多次往返中美的坎坷蹉跎中, 陈老师始终指导和支持我, 并在其力所能及的范围内保护我.

还有带领我走上非线性几何控制理论研究的罗马大学教授 Isidori, 他还在我 2011 年身陷 IFAC 风波舆论旋涡时挺身而出, 为我仗义执言; 还有披荆斩棘, 同我并肩开创矩阵半张量积研究的清华大学卢强院士……

谢谢您, 我敬爱的师长们!

再次, 感谢本丛书的合作作者: 齐洪胜、李长喜、郝亚琦、张潇、纪政平、冯俊娥、钟江华、吴玉虎、张奎泽. 他们大都是我的 (前/现) 博士生和博士后, 是当前矩阵半张量积研究中的佼佼者. 没有他们的才智和无私奉献, 没有他们夜以继日的努力, 这套丛书恐难问世. 特别想要指出的是齐洪胜教授, 他除对矩阵半张量

积研究作出特殊贡献外, 他编写的矩阵半张量积计算软件包[281] 成为学习和研究
矩阵半张量积理论和应用的有力工具. 他不仅是前两卷的合作者, 而且对后三卷
的格式和内容也作了许多贡献. 冯俊娥教授是 "进阶导读" 的主笔, 为材料收集和
编写做了大量工作.

　　谢谢你, 我年轻的合作者们!

　　经过二十多年的努力, 矩阵半张量积已经发展成了一个内容十分丰富的新学
科方向. 这里, 我衷心地感谢那些为矩阵半张量积的发展作出许多重要贡献的同
行学者们. 也感谢他们对本丛书的支持和帮助. 目前, 在国内已经有若干个十分活
跃的矩阵半张量积研究团队, 其中包括: 山东大学冯俊娥教授的团队 (孟敏 (同济
大学)、李长喜 (北京大学)、郝亚琦、王彪、于永渊、潘金凤 (潍坊学院)、郑亚婷 (山
东财经大学)、张启亮 (北京电力大学)); 山东师范大学李海涛教授的团队 (郭培莲、
王元华、赵国栋、刘振斌 (山东农业大学)、李雅璐 (青岛大学)、孔祥山 (潍坊学
院)、葛爱冬 (齐鲁工业大学)); 东南大学梁金玲教授团队 (陈红委 (东华大学)、童
丽云 (杭州电子科技大学)) 与卢剑权教授团队 (黄迟 (西南财经大学)、李博文 (南
京邮电大学)、刘荣健 (重庆师范大学)、李露露 (合肥工业大学)); 浙江师范大学
刘洋教授团队 (钟杰副教授); 天津南开大学陈增强教授团队 (闫永义 (河南科技大
学)、韩晓光、张志鹏 (天津理工大学)、王付永); 天津理工大学夏承遗团队 (张志
鹏); 同济大学孙继涛教授团队 (李芳菲 (华东理工大学)); 西北工业大学张利军教
授团队 (张奎泽 (英国萨里大学)), 南京师范大学朱建栋教授的团队 (邹云蕾 (扬
州大学)、李一峰 (重庆师范大学)、刘馨芸 (潍坊学院)); 河南财经政法大学李志
强教授团队; 河南理工大学杨俊起教授团队; 大连海事大学的王兴元教授团队; 等
等. 还有许多突出的研究群体: 例如, 北京大学楚天广教授和大连理工大学李睿教
授等; 清华大学卢强院士、梅生伟教授和刘锋等; 中南大学郭宇骞教授、桂卫华院
士等. 系统所控制室的相关老师和博士生也作了许多贡献, 如洪奕光教授 (同济大
学) 和徐相如最先讨论了有限自动机的矩阵半张是积建模与控制[366-369], 齐洪胜
和乔宇鹏 (华南理工大学) 最早讨论 Ledley 解的应用[286,287], 齐洪胜与澳大利亚
的 I. R. Petersen 教授和石国栋博士等研究了周期测量下量子动力学的建模与分
析等. 特别值得一提的是, 在聊城大学赵建立教授的全力推动下, 2018 年年底在
聊城大学成立了 "矩阵半张量积理论与应用研究中心", 此后, 中心成为一个重要
的矩阵半张量积研究基地和相关学术交流的场所. 中心的研究团队有赵建立、李
莹、付世华、邓磊等.

　　谢谢你, 我亲爱的战友们!

　　最近十年, 见证了矩阵半张量积研究的国际化. 大批海外学者及中国港澳地区
学者的支持和加入, 大大推动了矩阵半张量积理论与应用研究的全球化. 以色列
特拉维夫大学的 M. Margaliot 教授和他的学生 D. Laschov 是我们最早的海外追

随者之一, 他们关于矩阵半张量积的论文包括 [170–174]. Laschov 的博士学位论文应用矩阵半张量积解决了许多布尔网络控制问题, 获得以色列每年一篇的国家优秀博士学位论文奖 (Velger 奖). 意大利帕多瓦大学 M. E. Valcher 教授是 IEEE Fellow, 曾任 IEEE 控制系统学会主席, 她的团队 (包括 E. Fornasini 教授等) 是目前国际上半张量积研究最活跃的团队之一. 他们的工作包括: 布尔网络镇定[35]、解耦[318]、周期轨道分析[108]、最优控制[109] 等. 特别是布尔网络的重构问题, 是他们首先提出的并给出了一系列成果[107,110,111]. 或许是在他们的带动下, 意大利从事矩阵半张量积研究的学者较多, 如 [155,385,386] 等. 2015 年 Valcher 教授应邀分别在中国控制会议和中国控制与决策会议上做关于矩阵半张量积的大会报告. 日本上智大学申铁龙教授将矩阵半张量积方法用于混合动力机车的控制, 在他们的混合动力机车实验室的半实物仿真中得到很好的成效, 这在本书中有较详细的介绍. 其他日本学者的工作有 [273,316] 等. 东京大学教授 T. Akutsu 在他的专著 [20] 中用一章 (Chapter 9, Semi-tensor Product Approach) 介绍矩阵半张量积方法. 德国 Technical University of Kaiserslautern 的 Ping Zhang 教授和她的团队基于矩阵半张量积理论独立地发展了一套适合于工程应用的布尔网络跟踪控制器、观测器、输出反馈控制器、故障检测以及相关的可靠性理论等, 参见 [179–182, 411–417]. 南非 Pretoria 大学 (南非科学院和工程院院士) 夏小华教授团队将矩阵半张量积方法用于电力系统控制[447,448]. 新加坡南洋理工大学的肖高燊教授团队[259] 和谢立华教授团队[194,195], 香港大学 James Lam 教授的团队[255], 香港城市大学 Daniel Ho 教授团队[444] 和冯刚教授团队[254], 澳门大学教授金小庆团队[220], 都在矩阵半张量积的研究中做了许多出色的工作, 同时吸引了许多内地访问学者开展这方面的合作研究. 伊朗学者在矩阵半张量积的研究中也有许多贡献[289,290]. 还有加拿大学者[241,242]、美国学者[291]、泰国学者[151]、沙特阿拉伯学者[219] 等许多国家学者的工作.

谢谢你, 我们的海外同仁!

内地学者的研究工作常被批评为 "跟风". 今天, 我们可以放声宣布: 我们的工作是原创的、开拓性的. 是我们煽起并引领着这场旋风, 我们是一批站在风口浪尖上的弄潮儿!

感谢国家自然科学基金的支持! 仅本书作者们得到的国家自然科学基金对矩阵半张量积相关项目的支持就有 (项目编号): G69774008, G59837270*, G60274010, G60674022, G60736022*, G61273013, G61773371*, G61074114, G62073315, G61772029, G62172408, G61773090, G62173062, G62273201, G61877036, G61873262, G61374025, G62103232①. 今天, 我们或许可以自豪地说一句, 我们

① * 为重点, 其余为面上基金或青年基金.

没有辜负国家的期望, 我们交出了一份令人满意的成绩单.

最后, 感谢中国科学院数学与系统科学研究院对矩阵半张量积相关科研工作的支持, 以及为本丛书提供的出版经费! 感谢科学出版社李欣责任编辑及李香叶、李萍、彭珍珍、杨聪敏等各位编校人员的工作, 他们的认真和执着保证了丛书的质量.

本丛书的最初目的是希望它能覆盖矩阵半张量积的研究现状. 但由于个人的视野和能力不足, 也由于篇幅的限制, 本丛书的内容基本上是作者们自己的工作, 因此, 远没有达到初始的目的. 作为弥补, 我们编写了附录《进阶导读》, 它包括本丛书未包括的部分内容, 有些工作是本丛书内容的进一步深化, 展示了当前的研究动向, 为读者的进一步深入了解和研究人员发掘新生长点提供参考.

如果要用一句非专业语言向普通大众介绍矩阵半张量积, 我想说: "它是反映多个数组相互关系的一个清晰的符号, 以及操纵多个数组相互作用的一个简单工具." 拉普拉斯曾经说过: "在数学上发明了优越的符号, 就意味着胜利的一半." 经典的矩阵乘法, 反映了两个数组间关系, 而矩阵半张量积将数组个数推广到任意有限个, 因此, 它为处理涉及有限个数组的关系的问题提供了一个有效工具. 常常有人问我: "矩阵半张量积到底能用在什么地方?" 我想, 希尔伯特下面的话也许可以帮我作答. 他说: "数学中每一步真正的进展都与更有力的工具和更简单的方法的发现密切联系着, 这些工具和方法同时会有助于理解已有的理论, 并把陈旧繁杂的东西抛到一边. 数学科学发展的这一特点是根深蒂固的. 因此, 对于个别的数学工作者来说, 只要掌握这些有力的工具和简单的方法, 他就有可能在数学的各个分支中比其他科学更容易地找到前进的道路."[292]

一种观点认为, 自 18 世纪牛顿-莱布尼茨发明微积分开始, 连续数学就在数学中占据了统治地位. 但是, 随着计算机的出现和数值方法的发展, 离散数学可能会逐渐取代连续数学的统治地位. 这是因为, 以微积分为代表的分析方法只能解决数学问题的汪洋大海中的一些孤岛, 而对绝大多数数学问题却无能为力. 特别是像费马大定理及庞加莱猜想等问题的证明, 极其冗长, 可靠性值得怀疑. 而大量实际问题属于汪洋大海, 只有靠计算机和数值或人工智能等方法来解决. 因此, 离散数学或有限值数学将对人类社会的发展起更大作用.

以处理多个有穷数组模型为核心的矩阵半张量积正是计算机时代的数学, 它的快速发展和广泛应用证明了它适应了时代的需求. 这套丛书或许可看作矩阵半张量积理论和应用研究的序曲, 矩阵半张量积的进一步发展和大展身手的未来可期.

在历史的长河中, 每个单独的人生都只是一个点. 纵使是一个闪光点, 也未必就是金子, 那大都只是沙滩上偶然对正了太阳光方向的贝壳, 昙花一现而已. 然而, 一项真正有价值的工作, 却可能不断地被人们使用和发展, 成为历史长河中永不消逝的一道风景线. 愿我们共同努力, 为矩阵半张量积这一道风景线增添自己浓墨重彩的一抹丹青!

程代展

于中国科学院数学与系统科学研究院

2023 年春

参 考 文 献

[1] 程代展, 齐洪胜. 矩阵的半张量积——理论与应用. 2 版. 北京: 科学出版社, 2011.

[2] 程代展, 齐洪胜, 贺风华. 有限集上的映射与动态过程——矩阵半张量积方法. 北京: 科学出版社, 2016.

[3] 程代展, 夏元清, 马宏宾, 等. 矩阵代数、控制与博弈. 北京: 北京理工大学出版社, 2016.

[4] 范洪彪, 冯俊娥, 孟敏. 模糊关系不等式 $A \circ X \circ B \leqslant C$ 的解. 控制理论与应用, 2016, 33(5): 694-700.

[5] 冯登国, 裴定一. 密码学导引. 北京: 科学出版社, 1999.

[6] 傅彦, 顾小丰, 刘启和. 离散数学. 北京: 机械工业出版社, 2004.

[7] 葛爱冬, 王玉振, 魏爱荣, 等. 多变量模糊系统控制设计及其在并行混合电动汽车中的应用. 控制理论与应用, 2013, 30(8): 998-1004.

[8] 李未. 数理逻辑: 基本原理与形式演算. 北京: 科学出版社, 2008.

[9] 李志强, 李文鸽, 崔春生. 区间合作博弈 Shapley 值的矩阵计算方法. 系统科学与数学, 2023, (2): 342-355.

[10] 李志强, 李文鸽, 何秋锦, 等. 基于半张量积的双合作博弈 Shapley 值计算. 中国科学: 信息科学, 2022, 52(7): 1302-1316.

[11] 马进. 基于能量的电力系统暂态稳定分析与控制. 北京: 清华大学, 2003.

[12] 梅生伟, 刘锋, 薛安成. 电力系统暂态分析中的半张量积方法. 北京: 清华大学出版社, 2010.

[13] 欧阳城添, 江建慧. 基于概率转移矩阵的时序电路可靠度估计方法. 电子学报, 2013, 41(1): 171-177.

[14] 王湘浩, 管纪文, 刘叙华. 离散数学. 北京: 高等教育出版社, 1984.

[15] 王中孝, 戚文峰. 非线性反馈移位寄存器串联分解唯一性探讨. 电子与信息学报, 2014, 36(7): 1656-1660.

[16] 吴文俊. 吴文俊论数学机械化. 济南: 山东教育出版社, 1996.

[17] Crilly T. 你不可不知的 50 个数学知识. 王悦, 译. 北京: 人民邮电出版社, 2010.

[18] 程代展, 赵寅, 徐相如. 混合值逻辑及其应用. 山东大学学报 (理学版), 2011, 46(10): 32-44.

[19] Abraham R, Marsden J. Foundations of Mechanics. 2nd ed. London: Ben. Cum. Pub. Comp., 1978.

[20] Akutsu T. Algorithms for Analysis, Inference, and Control of Boolean Networks. Singapore: World Scientific, 2018.

[21] Ali M, Usha M, Alhodaly M. Synchronization criteria for T-S fuzzy singular complex dynamical networks with Markovian jumping parameters and mixed time-varying delays using pinning control. Iran. J. Fuzzy Syst., 2020, 17(5): 53-68.

[22] Amoroso S, Patt Y. Decision procedures for surjectivity and injectivity of parallel maps for tessellation structures. J. Comput. System Sci., 1972, 6: 448-464.

[23] Thierry A, Tano S. A rule-based method to solve max-min fuzzy relational equations providing exactly with the widest solution sets. J. Japan Soc. Fuzzy Theory Syst., 1993, 5(6): 1337-1353.

[24] Babbage S, Dodd M. The Stream Cipher MICKEY//Robshaw M, Billet O, ed. New Stream Cipher Designs: The eSTREAM Finalists (Lecture Notes in Computer Science). Berlin: Springer-Verlag, 2008, 4986: 191-209.

[25] De Baets B. Analytical solution methods for fuzzy relational equations//Dubois D, Prade H, ed. Fundamentals of Fuzzy Sets. Boston: Kluwer Academic Publisher, 2000, 1: 291-340.

[26] Banks S, Dinesh K. Approximate optimal control and stability of nonlinear finite-and infinite-dimensional systems. Anna. Oper. Res., 2000, 98(1-4): 19-44.

[27] Barbier M, Cheballah J, Le Bars J M. On the computation of the Möbius transform. Theor. Comput. Sci., 2020, 809: 171-188.

[28] Barringer H, Cheng J, Jones C. A logic covering undefinedness in program proofs. Acta Inform., 1984, 21(3): 251-269.

[29] Bellman R, Kalaba R. Dynamic Programming and Modern Control Theory. New York: Academic Press, 1965.

[30] Belta C, Yordanov B, Gol E A. Formal Methods for Discrete-Time Dynamical Systems. Cham: Springer, 2017.

[31] Bertsekas D. Dynamic Programming and Optimal Control. Belmont Massachusetts: Athena Scientific Belmont, 2012.

[32] Bergstra J, Ponse A. Kleene's three-valued logic and process algebra. Inform. Process. Lett., 1998, 67(2): 95-103.

[33] Bi D, Zhang L, Zhang K. Structural properties of invariant dual subspaces of Boolean networks. (2023-1-26) https://arxiv.org/pdf/2301.10961.pdf.

[34] Bock H, Plitt K. A multiple shooting algorithm for direct solution of optimal control problems. IFAC Proceed. 1994, 17(2): 1603-1608.

[35] Bof N, Fornasini E, Valcher M. Output feedback stabilization of Boolean control networks. Automatica, 2015, 57: 21-28.

[36] Boothby W. An Introduction to Differentiable Manifolds and Riemannian Geometry. 2nd. ed. Orlando: Academic Press, 1986.

[37] De Bruijn N. A combinatorial problem. Proc. K. Ned. Acad. Wet., Ser. A, 1946, 49(7): 758-764.

[38] Bryant P, Killick R. Nonlinear feedback shift registers. IRE Trans. Elect. Comput., 1962, EC-11(3): 410-412.

[39] Bu C, Zhang K, Zhao J. Representations of the Drazin inverse on solution of a class singular differential equations. Linear Multilinear Algebra, 2011, 59: 863-877.

[40] De Cannière C, Preneel B. Trivium. New Stream Cipher Designs: The eSTREAM Finalists (Lecture Notes in Computer Science)//Robshaw M, Billet O, ed. Berlin: Springer-Verlag, 2008, 4986: 244-266.

[41] Carr J. Applications of Centre Manifold Theory. New York: Springer-Verlag, 1981.

[42] Chai Z. Solving the minimal solutions of max-min fuzzy relation equation by graph method and branch method. The 7th International Conference on Fuzzy Systems and Knowledge Discovery. Yantai, China, 2010: 319-324.

[43] Catral M, Olesky D, Van Den Driessche P. Group inverses of matrices with path graphs. Electr. J. Linear Algebra, 2008, 17: 219-233.

[44] Chen X, Gao Z, Başar T. Asymptotic behavior of conjunctive Boolean networks over weakly connected digraphs. IEEE Trans. Autom. Control, 2020, 65(6): 2536-2549.

[45] Chen Z, Vong S, Xie Z. A tensor SVD-like decomposition based on the semi-tensor product of tensors. (2023-1-14) http://arxiv.org/abs/2301.05937.

[46] Cheng D, Xi Z, Liu Q, et al. Geometric structure of generalized controlled Hamiltonian systems and its application. Sci. China Ser. E-Technol. Sci., 2000, 43(4): 365-379.

[47] Cheng D. Semi-tensor product of matrices and its application to Morgen's problem. Sci. China Ser. F-Inf. Sci., 2001, 44(3): 195-212.

[48] Cheng D, Martin C. Stabilization of nonlinear systems via designed center manifold. IEEE Trans. Autom. Control, 2001, 46(3): 1372-1383.

[49] Cheng D, Spurgeon S. Stabilization of Hamiltonian systems with dissipation. Int. J. Control, 2001, 74(5): 465-473.

[50] Cheng D. On Lyapunov mapping and its applications. Commu. Inform. Sys., 2001, 1(3): 255-272.

[51] Cheng D, Guo L, Huang J. On quadratic Lyapunov functions. IEEE Trans. Autom. Control, 2003, 48(5): 885-890.

[52] Cheng D, Astolfi A, Ortega R. On feedback equivalence to port controlled Hamiltonian systems. Sys. Control Lett., 2005, 54(9): 911-917.

[53] Cheng D, Qi H. Controllability and observability of Boolean control networks. Automatica, 2009, 45(7): 1659-1667.

[54] Cheng D, Qi H. A linear representation of dynamics of Boolean networks. IEEE Trans. Autom. Control, 2010, 55(10): 2251-2258.

[55] Cheng D, Qi H, Li Z. Analysis and Control of Boolean Networks: A Semi-tensor Product Approach. London: Springer, 2011.

[56] Cheng D. Disturbance decoupling of Boolean control networks. IEEE Trans. Autom. Control, 2011, 56(1): 2-10.

[57] Cheng D, Qi H, Zhao Y. An Introduction to Semi-tensor Product of Matrices and Its Applications. Singapore: World Scientific, 2012.

[58] Cheng D, Feng J, Lv H. Solving fuzzy relational equations via semitensor product. IEEE Trans. Fuzzy Syst., 2012, 20(2): 390-396.

[59] Cheng D, Xu X. Bi-decomposition of multi-valued logical functions and its applications. Automatica, 2013, 49(7): 1979-1985.

[60] Cheng D, Xu T, Qi H. Evolutionarily stable strategy of networked evolutionary games. IEEE Trans. Neural Netw. Learn. Syst., 2014, 25(7): 1335-1345.

[61] Cheng D. On finite potential games. Automatica, 2014, 50(7): 1793-1801.

[62] Cheng D, He F, Qi H, et al. Modeling, analysis and control of networked evolutionary games. IEEE Trans. Autom. Control, 2015, 60(9): 2402-2415.

[63] Cheng D, Zhao Y, Xu T. Receding horizon based feedback optimization for mix-valued logical networks. IEEE Trans. Autom. Control, 2015, 60(12): 3362-3366.

[64] Cheng D, Liu T, Zhang K, et al. On decomposed subspaces of Finite Games. IEEE Trans. Autom. Control, 2016, 61(11): 3651-3656.

[65] Cheng D, Li C, He F. Observability of Boolean networks via set controllability approach. Syst. Control Lett., 2018, 115: 22-25.

[66] Cheng D. From Dimension-Free Matrix Theory to Cross-Dimensional Dynamic Systems. Amsterdam: Elsevier, 2019.

[67] Cheng D, Zhang L, Bi D. Invariant subspace approach to Boolean (control) networks. IEEE Trans. Autom. Control, 2023, 68(4): 2325-2337.

[68] Chen H, Wang Z, Shen B, et al. Model evaluation of the stochastic Boolean control networks. IEEE Trans. Autom. Control, 2022, 67(8): 4146-4153.

[69] Cheng D, Qi H, Zhang X, et al. Invariant and dual invariant subspaces of k-valued networks. arxiv: 2209.00209, 2022.

[70] Chen H, Liang J, Lu J, et al. Synchronization for the realization-dependent probabilistic Boolean networks. IEEE Trans. Neural Netw. Learn. Syst., 2018, 29(4): 819-831.

[71] Chen Z, Mi C, Xu J, et al. Energy management for a power-split plug-in hybrid electric vehicle based on dynamic programming and neural networks. IEEE Trans. Veh. Technol., 2014, 63(4): 1567-1580.

[72] Chiang H, Hirsch M, Wu F. Stability regions of nonlinear autonomous dynamical systems. IEEE Trans. Autom. Control, 1988, 3(1): 16-27.

[73] Cook M. Universality in elementary cellular automata. Complex Syst., 2004, 15(1): 1-40.

[74] Courtois N, Meier W. Algebraic attacks on stream ciphers with linear feedback// International Conference on the Theory and Applications of Cryptographic Techniques. Berlin: Springer-Verlag, 2003: 345-359.

[75] Dai L. Singular Control Systems. Berlin: Springer-Verlag, 1989.

[76] Dai X, Wang J, Xu Y. Orthogonal decomposition of incomplete-profile finite game space. J. Syst. Sci. Complex., 2022, 35: 2208-2222.

[77] Davidson E, Rast J, Oliveri P, et al. A genomic regulatory network for development. Science, 2002, 295(5560): 1669-1678.

[78] Daw C, Kennel M, Finney C, et al. Observing and modeling nonlinear dynamics in an internal combustion engine. Phys. Rev. E, 1998, 57(3): 2811-2819.

[79] Delprat S, Lauber J, Guerra T M, et al. Control of a parallel hybrid powertrain: optimal control. IEEE trans. Veh. Technol., 2004, 53(3): 872-881.

[80] Deng H, Yan Y, Chen Z. A matrix-based static approach to analysis of finite state machines. Front. Inform. Technol. Electron. Eng., 2022, 23(8): 1239-1246.

[81] Descusse J, Moog C. Decoupling with dynamic compensation for strong invertible affine nonlinear systems. Int. J. Control, 1985, 42(6): 1387-1398.

[82] Descusse J, Lafay J, Malabre M. Solution to Morgan's problem. IEEE Trans. Autom. Control, 1988, 33(9): 732-739.

[83] Di Benedetto M, Glumineau A, Moog C. The nonlinear interactor and its application to input-output decoupling. IEEE Trans. Autom. Control, 1994, 39(9): 1246-1250.

[84] Ding W, Li Y, Wang D. A real method for solving quaternion matrix equation $X - A\widehat{X}B = C$ based on semi-tensor product of matrices. Adv. Appl. Clifford Al., 2021, 31(5): 78.

[85] Ding W, Li Y, Wei A, et al. Solving reduced biquaternion matrices equation based on semi-tensor product of matrices. AIMS Mathematcis, 2021, 7(3): 3258-3276.

[86] Ding W, Li Y, Wei A, et al. $\mathcal{L}_C$ structure-preserving method based on semi-tensor product of matrices for the QR decomposition in quaternionic quantum theory. Comput. Appl. Math., 2022, 41: 397.

[87] Doberkat E. A Stochastic Interpretation of Propositional Dynamic Logic: Expressivity. Logic and Its Applications. Berlin: Springer, 2011: 50-64.

[88] Drazin M. Pseudo-inverses in associative rings and semigroups. Amer. Math. Monthly, 1958, 65: 506-514.

[89] Duan P, Lyv H, Feng J, et al. Indoor dynamic thermal control based on fuzzy relation model. Control Theory and Application (in Chinese), 2013, 30(2): 215-221.

[90] Dubrova E. A transformation from the Fibonacci to the Galois NLFSRs. IEEE Trans. Inf. Theory, 2009, 55(11): 5263-5271.

[91] Dubrova E. Finding matching initial states for equivalent NLFSRs in the Fibonacci and the Galois configurations. IEEE Trans. Inf. Theory, 2010, 56(6): 2961-2966.

[92] Encinas L, del Rey A. Inverse rules of ECA with rule number 150. Appl. Math. Comput., 2007, 189(6): 1782-1786.

[93] Eriksson L, Nielsen L. Modeling and Control of Engines and Drivelines. New York: John Wiley & Sons, 2014.

[94] Escobar G, van der Schaft A, Ortega R. A Hamiltonian viewpoint in the modeling of switching power converters. Automatica, 1999, 35(3): 445-452.

[95] Falb P, Wolovich W. Decoupling and synthesis of multivariable control systems. IEEE Trans. Autom. Control, 1967, 12(5): 651-659.

[96] Fang Q, Peng J, Cao F. Synchronization and control of linearly coupled singular systems. Math. Probl. Eng., 2013, 2013: 230741.

[97] Fan H, Feng J, Meng M, et al. General decomposition of fuzzy relations: Semi-tensor product approach. Fuzzy Sets Syst., 2020, 384: 75-90.

[98] Fan N, Zhang L, Zhang S, et al. Matching algorithms of minimum input selection for structural controllability based on semi-tensor product of matrices. J. Syst. Sci. Complex., 2022, 35: 1808-1823.

[99] Fan X, Li Y, Ding W, et al. Semi-tensor product of quaternion matrices and its application. Math. Methods Appl. Sci., 2023, 46(6): 6450-6462.

[100] Farrow C, Heidel J, Maloney J, et al. Scalar equations for synchronous Boolean networks with biological applications. IEEE Trans. Neural Netw., 2004, 15(2): 348-354.

[101] Faryabi B, Dougherty E, Datta A. On approximate stochastic control in genetic regulatory networks. IET Syst. Biol., 2007, 1(6): 361-368.

[102] Feng G. A survey on analysis and design of model-based fuzzy control systems. IEEE Trans. Fuzzy Syst., 2006, 14(5): 676-697.

[103] Feng J, Lv H, Cheng D. Multiple fuzzy relation and its application to coupled fuzzy control. Asian J. Control, 2013, 15(5): 1313-1324.

[104] Feng J, Yao J, Cui P. Singular Boolean networks: Semi-tensor product approach. Sci. China Inf. Sci., 2013, 56(11): 1-14.

[105] Feng J, Li Y, Fu S, et al. New method for disturbance decoupling of Boolean networks. IEEE Trans. Autom. Control., 2022, 67(9): 4794-4800.

[106] Feng J, Zhang Q, Li Y. On the properties of cheng projection. J. Syst. Sci. Complex., 2021, 34(4): 1471-1486.

[107] Fornasini E, Valcher M. Observability, reconstructibility and state observers of Boolean control networks. IEEE Trans. Autom. Control, 2013, 58(6): 1390-1401.

[108] Fornasini E, Valcher M. On the periodic trajectories of Boolean control networks. Automatica, 2013, 49(5): 1506-1509.

[109] Fornasini E, Valcher M. Optimal control of Boolean control networks. IEEE Trans. Autom. Control, 2014, 59(5): 1258-1270.

[110] Fornasini E, Valcher M. Observability and reconstructibility of probabilistic Boolean networks. IEEE Control Syst. Lett., 2020, 4(2): 319-324.

[111] Fornasini E, Valcher M. Reconstructing the state of a Boolean control network via state feedback. IEEE Trans. Autom. Control., 2023, 68: 5544-5551.

[112] Fox J, Cheng W, Heywood J. A model for predicting residual gas fraction in spark-ignition engines. SAE Technical Paper, 1993, 10: 25.

[113] Kreund E. The structure of decoupled nonlinear systems. Int. J. Control, 1975, 21: 443-450.

[114] Fu S, Cheng D, Feng J, et al. Matrix expression of finite Boolean-type algebras. Appl. Math. Comput., 2021, 395: 125880.

[115] Fu S, Pan Y, Feng J, et al. Strategy optimisation for coupled evolutionary public good games with threshold. Int. J. Control, 2022, 95(2): 562-571.

[116] Galliot F, Cheng W, Cheng C O, et al. In-cylinder measurements of residual gas concentration in a spark ignition engine. SAE Technical Paper, Tech. Rep., 1990, 88(6): 062706.

[117] Gao B, Li L, Peng H, et al. Principle for performing attractor transits with single control in Boolean networks. Phys. Rev. E, 2013, 88(6): 062706.

[118] Gao B, Peng H, Zhao D, et al. Attractor transformation by impulsive control in Boolean control network. Math. Probl. Eng., 2013, 2013: 674571.

[119] Gao X, Wang J, Zhang K. Dynamics and control of evolutionary congestion games. Sci. China Inf. Sci., 2020, 63(6): 169203.

[120] Glumineau A, Moog C. Nonlinear Morgan's problem: Case of $p + 1$ inputs and p outputs. IEEE Trans. Autom. Control, 1992, 37(7): 1067-1072.

[121] Goldblatt R. Logics of Time and Computation. 2nd ed. Stanford: CSLI, 1992.

[122] Golomb S. Shift Register Sequences. Laguna Hills, CA, USA: Holden-Day, 1967.

[123] Gray J. A Century Geometry. Lecture Notes in Physics, 402. New York: Springer-Verlag, 1992.

[124] Guo Y, Cheng D. Stabilization of time-varying Hamiltonian systems. IEEE Trans. Control Syst. Tech., 2006, 14(5): 871-880.

[125] Guo Y, Cheng D, Xi Z. Speed regulation of permanent magnet synchronous motor via feedback dissipative Hamiltonian realisation. IET Control Theory Appl., 2007, 1(1): 281-290.

[126] Guo Y, Wu Y, Gui W. Stability of discrete-time systems under restricted switching via logic dynamical generator and STP-based mergence of hybrid states. IEEE Trans. Autom. Control, 2022, 67(7): 3472-3483.

[127] Guo Y, Li Z, Liu Y, et al. Asymptotical stability and stabilization of continuous-time probabilistic logic networks. IEEE Trans. Autom. Control, 2022, 67(1): 279-291.

[128] Guo Y, Lu F, Gui W. Mean-square stability of discrete-time switched systems under modeled random switching. Automatica, 2023, 149: 110812.

[129] Guo P, Wang Y, Li H. Algebraic formulation and strategy optimization for a class of evolutionary networked games via semi-tensor product method. Automatica, 2013, 49(11): 3384-3389.

[130] Guo Y, Wang P, Gui W, et al. Set stability and set stabilization of Boolean control networks based on invariant subsets. Automatica, 2015, 61: 106-112.

[131] Hahn W. Stability of Motion. New York: Springer-Verlag, 1967.

[132] Han X, Chen Z, Liu Z, et al. Calculation of siphons and minimal siphons in Petri nets based on semi-tensor product of matrices. IEEE Trans. Syst. Man Cybern. Syst., 2017, 47(3): 531-536.

[133] Han X, Chen Z, Su R. Synthesis of minimally-restrictive optimal stability-enforcing supervisors for nondeterministic discrete-event systems. Syst. Control Lett., 2019, 123: 33-39.

[134] Han X, Wang P, Chen Z. Matrix approach to non-blockingness verification and enforcement for modular discrete-event systems. Sci. China Inf. Sci., 2020, 63(11): 219204.

[135] Han X, Yang W, Chen X, et al. Detectability vverification of probabilistic Boolean networks. Inf. Sci., 2021, 548: 313-327.

[136] Han X, Wang J, Li Z, et al. Revisiting state estimation and weak detectability of discrete-event systems. IEEE Trans. Autom. Sci. Eng., 2023, 20(1): 662-674.

[137] Hao Y, Cheng D. On skew-symmetric games. J. Frankl. Inst., 2018, 355: 3196-3220.

[138] Harris S, Sawhill B, Wuensche A, et al. A model of transcriptional regulatory networks based on biases in the observed regulation rules. Complexity, 2002, 7(6): 23-40.

[139] Hartwig R, Shoaf J. Group inverses and Drazin inverses of bidiagonal and triangular Toeplitz matrices. J. Aust. Math. Soc., 1977, 24: 10-34.

[140] Hedlund G. Endomorphisms and automorphisms of the shift dynamical system. Math. Systems Theory, 1969, 3: 320-375.

[141] Heidel J, Maloney J, Farrow C, et al. Finding cycles in synchronous Boolean networks with applications to biochemical systems. Int. J. Bifurcat. Chaos, 2003, 13(3): 535-552.

[142] Hell M, Johansson T, Maximov A, et al. The Grain family of stream ciphers// Robshaw M, Billet O, ed. New Stream Cipher Designs: The eSTREAM Finalists (Lecture Notes in Computer Science). Berlin: Springer-Verlag, 2008, 4986: 179-190.

[143] Herrera A, Lafay J. New results about Morgan's problem. IEEE Trans. Autom. Control, 1993, 38(12): 1834-1838.

[144] Hermes H. Resonance and feedback stabilization. IFAC Proceedings Volumes, 1995, 28(14): 47-51.

[145] Hochma G, Margaliot M, Fornasini E, et al. Symbolic dynamics of Boolean control networks. Automatica, 2013, 49(8): 2525-2530.

[146] Hua X, Duan P, Lv H, et al. Design of fuzzy controller for air-conditioning systems based-on Semi-tensor Product. The 26th Chinese Control and Decision Conference. Changsha, 2014: 3507-3512.

[147] Hu B. Foundation of Fuzzy Theory. 2nd ed. Wuhan: Wuhan University Press, 2010.

[148] Hu H, Gong G. Periods on two kinds of nonlinear feedback shift registers with time varying feedback functions. Int. J. Found. Comput. Sci., 2011, 22(6): 1317-1329.

[149] Isidori A. Nonlinear Control Systems. 3rd ed. Berlin: Springer, 1995.

[150] Ben-Israel A, Greville T. Generalized Inverses: Theory and Applications. New York: Springer-Verlag, 2003.

[151] Jaiprasert J, Chansangiam P. Solving the sylvester-transpose matrix equation under the semi-tensor product. Symmetry, 2022, 14: 1094.

[152] Jiang C, Fu S, Wang B, et al. Controllability and set controllability of periodically switched Boolean control networks. Int. J. Control, 2023, 96(8): 2124-2132.

[153] Jiang K, Wang J. Stabilization of a class of congestion games via intermittent control. Sci. China Inf. Sci., 2022, 65(4): 149203.

[154] Jiang N, Huang C, Chen Y, et al. Bisimulation-based stabilization of probabilistic Boolean control networks with state feedback control. Front Inform. Technol. Electron. Eng., 2020, 21(2): 268-280.

[155] Joshi A, Yerudkar A, Vecchio C, et al. Storage constrained smart meter sensing using semi-tensor product. 2019 IEEE International Conference on Systems, Man, and Cybernetics. Bari, Italy, 2019: 51-56.

[156] Kalouptsidis N, Limniotis K. M. Nonlinear span, minimal realizations of sequences over finite fields and de Brujin generators. 2004 International Symposium on Information Theory and its Applications. Parma, Italy, 2004: 794-799.

[157] Kari J. Reversibility and surjectivity problems of cellular automata. J. Comput. System Sci., 1994, 48: 149-182.

[158] Kari J. Theory of cellular automata: A survey. Theoret. Comput. Sci., 2005, 334(2): 3-33.

[159] Katz V. A History of Mathematics, Brief Version. New York: Addison-Wesley, 2004.

[160] Kauffman S. Metabolic stability and epigenesis in randomly constructed genetic nets. J. Theoret. Biol., 1969, 22(3): 437-467.

[161] Khalil H. Nonlinear Systems. 3rd ed. Upper Saddle River: Prentice Hall, 1996.

[162] Kirk D. Optimal Control Theory: An Introduction. New York: Dover Publications Inc, 2004.

[163] Klamt S, Saez-Rodriguez J, Lindquist J, et al. A methodology for the structural and functional analysis of signaling and regulatory networks. BMC Bioinform., 2006, 7(1): 56.

[164] Klamka J. Controllability of dynamical systems. Math. Appl., 2016, 36(50): 57-75.

[165] Kleene S. On notation for ordinal numbers. J. Symbolic Logic, 1938, 3(4): 150-155.

[166] Klir G, Yuan B. Fuzzy Sets and Fuzzy Logic: Theory and Applications. Upper Saddle River: Prentice-Hall, 1995.

[167] Koliha J. A generalized Drazin inverse. Glasg. Math. J., 1996, 38: 367-381.

[168] Koot M, Kessels J, De Jager B, et al. Energy management strategies for vehicular electric power systems. IEEE Trans. Veh. Technol., 2005, 54(3): 771-782.

[169] Xu S, Lam J. Robust Control and Filtering of Singular Systems. Berlin/Heidelberg: Springer-Verlag, 2006.

[170] Laschov D, Margaliot M. A maximum principle for single-input Boolean control networks. IEEE Trans. Autom. Control, 2011, 56(4): 913-917.

[171] Laschov D, Margaliot M. Controllability of Boolean control networks via the Perron-Frobenius theory. Automatica, 2012, 48(6): 1218-1223.

[172] Laschov D, Margaliot M. Minimum-time control of Boolean networks. SIAM J. Control Optim., 2013, 51(4): 2869-2892.

[173] Laschov D, Margaliot M, Even G. Observability of Boolean networks: A graph-theoretic approach. Automatica, 2013, 49(8): 2351-2362.

[174] Laschov D, Margaliot M. A Pontryagin maximum principle for multi-input Boolean control networks//Kaslik E, Sivasumdaram S, ed. Recent Advances in Dynamics and Control of Neural Networks. Cambridge: Cambridge Scholars Publishing 2013.

[175] Le S, Wu Y, Toyoda M. A congestion game framework for service chain composition in NFV with function benefit. Information Sciences, 2020, 514: 512-522.

[176] Lee C. Fuzzy logic in control systems: Fuzzy logic controller-part I. IEEE Trans. Syst. Man Cybern. Cyber., 1990, 20(2): 404-418.

[177] Lee C. Fuzzy logic in control systems: Fuzzy logic controller-part II. IEEE Trans. Syst. Man Cybern. Cyber., 1990, 20(2): 419-435.

[178] Lee K. First Course on Fuzzy theory and Applications. Berlin: Springer-Verlag, 2005.

[179] Leifeld T, Zhang Z, Zhang P. Fault detection for probabilistic Boolean networks. The 2016 European Control Conference, 2016: 740-745.

[180] Leifeld T, Schlegel J, Zhang P. A new approach to the reliability analysis of safety instrumented systems (in German). Automatisierungstechnik, 2016, 64(6): 457-466.

[181] Leifeld T, Zhang Z, Zhang P. Data-driven controller design for Boolean control networks. The 2018 American Control Conference. Milwaukee, Wisconsin, USA, 2018: 3044-3049.

[182] Leifeld T, Zhang Z, Zhang P. Overview and comparison of approaches towards an algebraic description of discrete event systems. Annu. Rev. Control, 2019, 48: 80-88.

[183] Letellier C, Meunier-Guttin-Cluzel S, Gouesbet G, et al. Use of the nonlinear dynamical system theory to study cycle-to-cycle variations from spark ignition engine pressure data. SEA Paper, 1997: 971640.

[184] Liang S, Li H, Wang S. Structural controllability of Boolean control networks with an unknown function structure. Sci. China Inf. Sci., 2020, 63(11): 219203.

[185] Lidl R, Niederreiter H. Finite Fields. 2nd ed//Rota G C, ed. Encyclopedia of Mathematics and Its Applications. Vol. 20. Cambridge: Cambridge University Press, 1994.

[186] Li F, Sun J. Stability and stabilization of multivalued logical networks. Nonlinear Anal. Real, 2011, 12: 3701-3712.

[187] Li F. Pinning control design for the stabilization of Boolean networks. IEEE Trans. Neural Netw. Learn. Syst., 2016, 27(7): 1585-1590.

[188] Li F, Li H, Xie L, et al. On stabilization and set stabilization of multivalued logical systems. Automatica, 2017, 80: 41-47.

[189] Li F. On the logical control of Markovian jump Boolean networks: A generalization. IEEE Trans. Syst. Man Cybern. Syst., 2023.

[190] Li H, Wang Y. Boolean derivative calculation with application to fault detection of combinational circuits via the semi-tensor product method. Automatica, 2012, 48(4): 688-693.

[191] Li H, Wang Y. Output feedback stabilization control design for Boolean control networks. Automatica, 2013, 49(12): 3641-3645.

[192] Li H, Zhao G, Guo P, et al. Analysis and Control of Finite-valued Systems. Boca Raton: CRC Press, 2018.

[193] Li H, Wang S, Li X, et al. Perturbation analysis for controllability of logical control networks. SIAM J. Control Optim., 2020, 58(6): 3632-3657.

[194] Li H, Xie L, Wang Y. On robust control invariance of Boolean control networks. Automatica, 2016, 68: 392-396.

[195] Li H, Xie L, Wang Y. Output regulation of Boolean control networks. IEEE Trans. Autom. Control, 2017, 62(6): 2993-2998.

[196] Li H, Yang X, Wang S. Robustness for stability and stabilization of Boolean networks with stochastic function perturbations. IEEE Trans. Autom. Control, 2021, 66(3): 1231-1237.

[197] Lin Z. The transformation from the Galois NLFSR to the Fibonacci Configuration. 2013 Fourth International Conference on Emerging Intelligent Data and Web Technologies. Xi'an, China, 2013: 335-339.

[198] Li R, Chu T. Complete synchronization of Boolean networks. IEEE Trans. Neural Netw. Learn. Syst., 2012, 23(5): 840-846.

[199] Li R, Yang M, Chu T. Synchronization of Boolean networks with time delays. Appl. Math. Comput., 2012, 219(3): 917-927.

[200] Li R, Yang M, Chu T. State feedback stabilization for Boolean control networks. IEEE Trans. Autom. Control, 2013, 58(7): 1853-1857.

[201] Li R, Chu T, Wang X. Bisimulations of Boolean control networks. SIAM J. Control Optim., 2018, 56(1): 388-416.

[202] Li R, Zhang Q, Chu T. Reduction and analysis of Boolean control networks by bisimulation. SIAM J. Control Optim., 2021, 59(2): 1033-1056.

[203] Li R, Zhang Q, Chu T. On quotients of Boolean control networks. Automatica, 2021, 125: 109401.

[204] Li R, Zhang Q, Chu T. Bisimulations of probabilistic Boolean networks. SIAM J. Control Optim., 2022, 60(5): 2631-2657.

[205] Li R, Zhang Q, Chu T. Quotients of probabilistic Boolean networks. IEEE Trans. Autom. Control, 2022, 67(11): 6240-6247.

[206] Li T, Tong S, Feng G. A novel robust adaptive-fuzzy-tracking control for a class of nonlinear multi-input/multi-output systems. IEEE Trans. Fuzzy Syst., 2010, 18(1): 150-160.

[207] Li Y, Li H, Sun W. Event-triggered control for robust set stabilization of logical control networks. Automatica, 2018, 95: 556-560.

[208] Li Y, Li H, Ding X. Set stability of switched delayed logical networks with application to finite-field consensus. Automatica, 2020, 113: 108768.

[209] Li Y, Zhu J. On disturbance decoupling problem of Boolean control networks. Asian J. Control, 2019, 21(6): 2543-2550.

[210] Li Y, Zhu J. Cascading decomposition of Boolean control networks: A graph-theoretical method. Front. Inform. Technol. Electron. Eng., 2020, 21(2): 304-315.

[211] Li Y, Zhu J, Li B, et al. A necessary and sufficient graphic condition for the original disturbance decoupling of Boolean networks. IEEE Trans. Autom. Control, 2021, 66(8): 3765-3772.

[212] Li Y, Zhu J. Observability decomposition of Boolean control networks. IEEE Trans. Autom. Control, 2022, DOI: 10.1109/TAC.2022.3149970.

[213] Li Y, Zhu J. Necessary and sufficient vertex partition conditions for input-output decoupling of Boolean control networks. Automatica, 2022, 137: 110097: 1-110097: 8.

[214] Li Y, Feng J, Meng M, et al. Finite-time disturbance decoupling of Boolean control networks. IEEE Trans. Syst. Man Cybern. Syst., 2023, 53(5): 3199-3207.

[215] Li Z, Guo Y, Gui W. Asymptotical feedback controllability of continuous-time probabilistic logic control networks. Nonlinear Anal. Hybrid Syst., 2022, 47: 101265.

[216] Li T, Su Y, Lai S, et al. Walking motion generation, synthesis, and control for biped robot by using PGRL, LPI, and Fuzzy Logic. IEEE Trans. Syst. Man Cybern. Cyber., 2011, 41(3): 736-748.

[217] Liu J, Liu Y, Guo Y, et al. Sampled-data state-feedback stabilization of probabilistic Boolean control networks: A control Lyapunov function approach. IEEE Trans. Cybern., 2019, 50(9): 3928-3937.

[218] Liu Q, Guo Y, Zhou T. Optimal control for probabilistic Boolean networks. IET syst. biol., 2010, 4(2): 99-107.

[219] Liu R, Lu J, Lou J, Alsaedi A, et al. Set stabilization of Boolean networks under pinning control strategy. Neurocomputing, 2017, 260: 142-148.

[220] Liu W, Xie Z, Jin X. A semi-tensor product of tensors and applications. East Asian J. Appl. Math., 2022, 12(3): 696-714.

[221] Liu W, Pan Y, Fu S, et al. Strategy set and payoff optimization of a type of networked evolutionary games. Circ. Syst. Signal Process., 2022, DOI: 10.1007/s00034-022-02000-y.

[222] Liu X, Zhu J. On potential equations of finite games. Automatica, 2016, 68: 245-253.

[223] Liu Y, Tong S, Li T. Adaptive fuzzy controller design with observer for a class of uncertain nonlinear MIMO systems. Asian J. Control, 2011, 13(6): 868-877.

[224] Liu Y, Li B, Chen H, et al. Function perturbations on singular Boolean networks. Automatica, 2017, 84: 36-42.

[225] Liu Y, Li B, Lu J, et al. Pinning control for the disturbance decoupling problem of Boolean networks. IEEE Trans. Autom. Control, 2017, 62(12): 6595-6601.

[226] Liu Y, Zhong J, Ho D, et al. Minimal observability of Boolean networks. Sci. China Inf. Sci., 2022, 65: 152203.

[227] Liu Y, Wang L, Lu J, et al. Pinning stabilization of stochastic networks with finite states via controlling minimal nodes. IEEE Trans. Cybern., 2022, 52(4): 2361-2369.

[228] Liu Y, Wang L, Yang Y, et al. Minimal observability of Boolean control networks. Syst. Control Lett., 2022, 163: 105204.

[229] Liu Y, Song M, Li H, et al. Containment problem of finite-field networks with fixed and switching topology. Appl. Math. Comput., 2021, 411: 126519.

[230] Liu Z, Zhong J, Liu Y, et al. Weak stabilization of Boolean networks under state-flipped control. IEEE Trans. Neural Netw. Learn. Syst., 2021, DOI: 10.1109/TNNLS.2021.3106918.

[231] Liu Z, Wang Y, Li H. New approach to derivative calculation of multi-valued logical functions with application to fault detection of digital circuits. IET Control Theory Appl., 2014, 8(8): 554-560.

[232] Liu Z, Wang Y, Cheng D. Nonsingularity of feedback shift registers. Automatica, 2015, 55: 247-253.

[233] Ljung L, Söderström T. Theory and Practice of Recursive Identification. Cambridge: MIT Press, 1982.

[234] Lu J, Zhong J, Huang C, et al. On pinning controllability of Boolean control networks. IEEE Trans. Autom. Control, 2016, 61(6): 1658-1663.

[235] Lu Q, Sun Y, Mei S. Nonlinear Control Systems and Power System Dynamics. Boston: Springer, 2001.

[236] Lyu H, Hua X, Duan P, et al. Air-conditioning system fuzzy control based on indoor dynamic thermal comfort. Shandong Architecture Academic Journal (in Chinese), 2014, 29(5): 476-482.

[237] Lv H, Hua X, Duan P, et al. Indoor dynamic thermal control based on fuzzy relation model of air-conditioning system. The 11th World on Intelligent Control and Automation. Shenyang, China, 2014: 2874-2877.

[238] Lv H, Chen W, Hua X, et al. An improved data-complementing method via fuzzy rough sets for fuzzy-relationship matrix modeling and applications. The 27th Chinese Control and Decision Conference. Qingdao, China, 2015: 2874-2877.

[239] Lv H, Zhang C, Chen W. Fuzzy modeling and particle swarm optimization based on energy consumption data of the combined cold-heat and power system. The 11-th IEEE Conference on Industrial Electronics and Applications. Hefei, China, 2016: 431-437.

[240] Lv H, Song Y, Duan P. Fuzzy modeling and dynamic analysis of nonlinear Boolean network systems. CAAI Transactions on Intelligent Systems (in Chinese), 2018, 13(5): 707-715.

[241] Lyu H, Wang W, Liu X. Universal approximation of fuzzy relation models by semi-tensor product. IEEE Trans. Fuzzy Syst., 2020, 28(11): 2972-2981.

[242] Lyu H, Wang W, Liu X. Modeling of multi-variable fuzzy relation models systems by semi-tensor product. IEEE Trans. Fuzzy Syst., 2020, 28(2): 228-235.

[243] Lyu H, Wang W, Liu X. Parameter identification and optimization of continuous MIMO fuzzy control systems by semi-tensor product. Fuzzy Sets Syst., 2021.

[244] Massey J, Liu R. Application of Lyapunov's direct method to the error-propagation effect in convolutional codes. IEEE Trans. Inf. Theory, 1964, 10(3): 248-250.

[245] Massey J, Liu R. Equivalence of nonlinear shift-registers. IEEE Trans. Inf. Theory, 1964, 10(3): 378-379.

[246] Martinez C, Hu X, Cao D, et al. Energy management in plug-in hybrid electric vehicles: Recent progress and a connected vehicles perspective. IEEE Trans. Veh. Technol., 2016, 66(6): 4534-4549.

[247] Ma T T. A direct control scheme based on recurrent fuzzy neural networks for the UPFC series branch. Asian J. Control, 2009, 11(6): 657-668.

[248] Ma Y, Ma N, Chen L. Synchronization criteria for singular complex networks with Markovian jump and time-varying delays via pinning control. Nonlinear Anal. Hybrid Syst., 2018, 29: 85-99.

[249] Ma Z, Qi W F, Tian T. On the decomposition of an NFSR into the cascade connection of an NFSR into an LFSR. J. Complexity, 2013, 29(2): 173-181.

[250] Meng M, Feng J. A matrix approach to hypergraph stable set and coloring problems with its application to storing problem. J. Appl. Math., 2014, 2014: 783784.

[251] Meng M, Feng J. Topological structure and the disturbance decoupling problem of singular Boolean networks. IET Control Theory Appl., 2014, 8(13): 1247-1255.

[252] Meng M, Li B, Feng J. Controllability and observability of singular Boolean control networks. Circ. Syst. Signal. Pro., 2015, 34(4): 1233-1248.

[253] Meng M, Feng J. Optimal control problem of singular Boolean control networks. Int. J. Control Autom. Syst., 2015, 13(2): 266-273.

[254] Meng M, Liu L, Feng G. Stability and l_1 gain analysis of Boolean networks with Markovian jump parameters. IEEE Trans. Autom. Control, 2017, 62(8): 4222-4228.

[255] Meng M, Lam J, Feng J, et al. Stability and stabilization of Boolean networks with stochastic delays. IEEE Trans. Autom. Control, 2019, 64(2): 790-796.

[256] Meng M, Xiao G, Zhai C, et al. Controllability of Markovian jump Boolean control networks. Automatica, 2019, 106: 70-76.

[257] Meng M, Xiao G, Cheng D. Self-triggered scheduling for Boolean control networks. IEEE Trans. Cyber., 2022, 52(9): 8911-8921.

[258] Meng M, Li L. Stability and pinning stabilization of Markovian jump Boolean networks. IEEE Trans. Circuits Syst. II, 2022, 69(8): 3565-3569.

[259] Meng M, Xiao G. State distribution of Markovian jump Boolean networks and its applications. IEEE Trans. Autom. Control, 2022.

[260] Meyer C. The role of the group generalized inverse in the theory of finite Markov chains. SIAM Rev., 1975, 17(3): 443-464.

[261] Meyer C, Rose N. The index and the Drazin inverse of block triangular matrices. SIAM. J. Appl. Math., 1977, 33: 1-7.

[262] Miyagi H, Fukumura H, Kamiya K, et al. Algorithm for solution of fuzzy relation equations. 1997 IEEE International Conference on Systems, Man and Cybernetics, Computational Cybernetics and Simulation. Orlando, FL, USA, 1997, 4: 4005-4009.

[263] Mock P, Kühlwein U, Tietge J, et al. The wltp: How a new test procedure for cars will affect fuel consumption values in the eu. Int. Council Clean Transport., 2014, 9: 35-47.

[264] Molai A, Khorram E. An algorithm for solving fuzzy relation equations with max-T composition operator. Inf. Sci., 2008, 178(5): 1293-1308.

[265] Mowle F. Relations between P_n cycles and stable feedback shift registers. IEEE Trans. Electr. Comput., 1966, EC-15: 375-378.

[266] Mowle F. An algorithm for generating stable feedback shift registers of order n. Journal of the Association for Computing Machinery, 1967, EC-15: 529-542.

[267] Mowle F. Readily programmable procedures for the analysis of nonlinear feedback shift registers. IEEE Trans. Comput., 1969, C-18(9): 824-829.

[268] Mu T, Feng J, Wang B, et al. Delay synchronization of drive-response Boolean networks and Boolean control networks. IEEE Trans. Contr. Net. Sys., 2022.

[269] Mykkeltveit J, Siu M K, Tong P. On the cycle structure of some nonlinear shift register sequences. Information and Control, 1979, 43: 202-215.

[270] Nielsen L, Kristensen A. Finding the K best policies in a finite-horizon Markov decision process. Eur. J. Oper. Res., 2006, 8(13): 1247-1255.

[271] Nobe A, Yura F. On reversibility of cellular automata with periodic boundary conditions. J. Phys. A: Math. Gen., 2004, 37: 5789-5804.

[272] Nobuhara H, Pedrycz W, Hirota K. Fast solving method of fuzzy relational equation and its application to lossy image compression reconstruction. IEEE Trans. Fuzzy Syst., 2000, 8(3): 325-334.

[273] Okuyama Y. Stability considerations of discrete event dynamic systems based on STP and Boolean networks concept. The 60th Annual Conference of the Society of Instrument and Control Engineers of Japan, 2021: 125-130.

[274] Ortega R, van der Schaft A, Maschke B, et al. Stabilization of port-controlled Hamiltonian systems: passivation and energy-balancing//Ortega R, van der Schaft A J, ed. Stability and Stabilization of Nonlinear Systems. Springer, 1999.

[275] Pal R, Datta R, Dougherty E. Optimal infinite-horizon control for probabilistic Boolean networks. IEEE Trans. Signal Proces., 2006, 54(6): 2375-2387.

[276] Pal R, Datta R, Dougherty E. Robust intervention in probabilistic Boolean networks. IEEE Trans. Signal Proces., 2008, 56(3): 1280-1294.

[277] Passion K, Yurkovich S. Fuzzy Control. Beijing: Tsinghua University Press and Addison-Wesley, 2002.

[278] Pedrycz W. An identification algorithm in fuzzy relational systems. Fuzzy Sets Syst., 1984, 13(2): 153-167.

[279] Pei D, Leamy M. Dynamic programming-informed equivalent cost minimization control strategies for hybrid-electric vehicles. J. Dyn. Syst. Measure. Control, 2013, 135(5): 051013.

[280] Precup R E. A survey on industrial applications of fuzzy control. Comput. Ind., 2011, 62(3): 213-226.

[281] Qi H. STP Toolbox for Matlab/Octave. http://lsc.amss.ac.cn/ dcheng/stp/STP.zip.

[282] Qi H, Cheng D. Logic and logic-based control. J. Control Theory Appl., 2008, 6: 123-133.

[283] Qi H. On shift register via semi-tensor product approach. The 32th Chinese Control Conference. Xi'an, China, 2013: 208-212.

[284] Qi H, Mu B, Petersen I R, et al. Measurement-Induced Boolean Dynamics and Controllability for Closed Quantum Networks. Automatica, 2020, 114: 108816.

[285] Qi H, Mu B, Petersen I R, et al. Measurement-Induced Boolean Dynamics for Open Quantum Networks. IEEE Trans. Control Netw. Syst., 2023, 10(1): 134-146.

[286] Qi H, Qiao Y. Dynamics and control of singular Boolean networks. Asia J. Control, 2019, 21(6): 2604-2613.

[287] Qiao Y, Qi H, Cheng D. Partition-based solutions of static logical networks with applications. IEEE Trans. Neural Netw. Learn. Syst., 2018, 29(4): 1252-1262.

[288] Qin F, Wang C, Lyu H, et al. Modeling based-on semi-tensor product for the start-up stage of the radiant cooling system. The 50th International Conference of the Architectural Science Association, 2016: 765-774.

[289] Rafimanzelat M, Bahrami F. Attractor controllability of Boolean networks by flipping a subset of their nodes. Chaos, 2018, 28(4): 043120.

[290] Rafimanzelat M, Bahrami F. Attractor stabilizability of Boolean networks with application to biomolecular regulatory networks. IEEE Trans. Control Netw. Syst., 2019, 6(1): 72-81.

[291] Ramirez R, Herrera A, Ramirez J, et al. Deriving a Boolean dynamics to reveal macrophage activation with in vitro temporal cytokine expression profiles. BMC Bioinformatics, 2019, 20: 725.

[292] Reid C. Hilbert. 希尔伯特——数学世界的亚历山大. 袁向东, 李文林, 译. 上海: 上海科技出版社, 2001.

[293] Richardson D. Tessellations with local transformations. J. Comput. System Sci., 1972, 6: 373-388.

[294] Runkler T. Extended defuzzification methods and their properties. The 5th IEEE International Fuzzy Systems. New Orleans, LA, USA, 1996: 694-700.

[295] Saade J, Diab H. Defuzzification techniques for fuzzy controllers. IEEE Trans. Syst. Man Cybern. Cyber., 2000, 30(1): 223-229.

[296] Saha S, Fouad A, Kliemann W, et al. Stability boundary approximation of a power system using the real normal form of vector fields. IEEE Trans. Power Syst., 1997, 12(2): 797-802.

[297] Sala A, Guerra T, Babuska R. Perspectives of fuzzy systems and control. Fuzzy Sets and Syst., 2005, 156(3): 432-444.

[298] Sanchez E. Truth-qualification and fuzzy relations in natural languages, application to medical diagnosis. Fuzzy Sets Syst., 1996, 84(2): 155-167.

[299] Sanchez E. Functional relations and fuzzy relational equations. 2002 Annual Meeting of the North American Fuzzy Information Processing Society Proceedings. New Orleans, LA, USA, 2002: 451-456.

[300] Schiff J. Cellualr Automata: A Discrete View of the World. Hoboken: John Wiley & Sons Inc., 2008.

[301] Serrao L, Onori S, Rizzoni G. A comparative analysis of energy management strategies for hybrid electric vehicles. J. Dyn. Syst. Measure. Control, 2011, 133(3): 031012.

[302] Shen T, Mei S, Lu Q, et al. Adaptive nonlinear excitation control with L_2 disturbance attenuation for power systems. Automatica, 2003, 39(1): 81-89.

[303] Siegenthaler T. Correlation immunity of nonlinear combining functions for cryptographic applications. IEEE Trans. Inf. Theory, 1984, 30(5): 776-779.

[304] Aloui S, Pagès O, El Hajjaji A, et al. Generalized fuzzy sliding mode control for MIMO nonlinear uncertain and perturbed systems. The 18th Mediterranean Conference on Control and Automation. Marrakech, 2010: 1164-1169.

[305] Song Y, Lyu H, Duan P. Modeling and analysis of fuzzy dynamical Boolean network systems. The 29th Chinese Control and Decision Conference. Chongqing, China, 2017: 1500-1504.

[306] Soriano J, Olarte A, Melgarejo M. Fuzzy controller for MINO systems using defuzzification based on Boolean relations (DBR). The 14th IEEE International Conference on Fuzzy Systems. Reno, NV, USA, 2005: 271-275.

[307] Stepnicka M, Jayaram B. On the suitability of the Bandler-Kohout subproduct as an inference mechanism. IEEE Trans. Fuzzy Syst., 2010, 18(2): 285-298.

[308] Suda N, Umahashi K. Decoupling of nonsquare systems: A necessary and sufficient condition in terms of infinite zeros. Budapest: The 9th IFAC World Conference, 1984.

[309] Sun C, Li H. Algebraic formulation and application of multi-input single-output hierarchical fuzzy systems with correction factors. IEEE Trans. Fuzzy Syst., 2022.

[310] Sun C, Li H. Parallel fuzzy relation matrix factorization towards algebraic formulation, universal approximation and interpretability of MIMO hierarchical fuzzy systems. Fuzzy Sets Syst., 2022, 450: 68-86.

[311] Sutner K. De Bruijn graphs and linear cellular automata. Complex Systems, 1991, 5: 19-31.

[312] Tang L, Rizzoni G, Lukas M. Comparison of dynamic programming-based energy management strategies including battery life optimization. 2016 International Conference on Electrical Systems for Aircraft, Railway, Ship Propulsion and Road Vehicles & International Transportation Electrification Conference. 2016: 1-6.

[313] Toffoli T, Margolus N. Invertible cellular automata: A review. Phys. D, 1990, 45: 229-253.

[314] Truemper K. Design of Logic-Based Intelligent Systems. New York: John Wiley & Sons, Inc., 2004.

[315] Tong L, Liang J. I-S detectability of partially-observed discrete event systems: A novel matrix-based method. J. Frankl. Inst., 2022.

[316] Toyoda M. Bayesian selection probability estimation for probabilistic Boolean networks. Asian J. Control, 2019, 21: 2513-2520.

[317] Sönmez Turan M. On the nonlinearity of maximum-length NFSR feedbacks. Cryptogr. Commun., 2012, 4(3-4): 233-243.

[318] Valcher M. Input/output decoupling of Boolean control networks. IET Control Theory Appl., 2017, 11(13): 2081-2088.

[319] van der Schaft A. L_2-gain analysis of nonlinear systems and nonlinear state feedback H_∞ control. IEEE Trans. Autom. Control, 1992, 37(6): 770-784.

[320] Venkatasubramanian V, Ji W. Numerical approximation of $(n-1)$-dimensional stable manifolds in large systems such as the power system. Automatica, 1997, 33(10): 1877-1883.

[321] Verbruggen H, Babuska R. Fuzzy Logic Control, Advances in Applications. Singapore: World Scientific, 1999.

[322] Wan C, Bernstein D, Coppola V. Global stabilization of the oscillating eccentric rotor. Non-lin. Dynam., 1996, 10(1): 49-62.

[323] Wang B, Feng J. On detectability of probabilistic Boolean networks. Information Sciences, 2019, 483: 383-395.

[324] Wang B, Feng J, Li H, et al. On detectability of Boolean control networks. Non-lin. Analysis: Hybrid Systems, 2020, 36: 100859.

[325] Wang D, Li Y, Ding W. Several kinds of special least squares solutions to quaternion matrix equation $AXB = C$. J. Appl. Math. Comput., 2022, 68: 1881-1899.

[326] Wang G, Wei Y, Qiao S. Generalized Inverses: Theory and Computations. Beijing: Science Press, New York: Springer, 2018.

[327] Wang J, Jiang K, Wu Y. On congestion games with player-specific costs and resource failures. Automatica, 2022, 142: 110367.

[328] Wang J, Leone R, Fu S, et al. Stabilisation and set stabilisation of periodic switched Boolean control networks. Int. J. Control, 2023, 96(3): 699-710.

[329] Wang J, Leone R, Fu S, et al. Event-triggered control design for networked evolutionary games with time invariant delay in strategies. Int. J. Syst. Sci., 2021, 52(3): 493-504.

[330] Wang J, Liu W, Fu S, et al. On robust set stability and set stabilization of probabilistic Boolean control networks. Appl. Math. Comput., 2022, 422: 126992.

[331] Wang J, Fu S, Leone R, et al. On robust control invariance and robust set stabilization of mix-valued logical control networks. Int. J. Robust Nonlinear Control, 2022, 32(18): 10347-10357.

[332] Wang J, Gao X, Xu Y. Intermittent control for demand-side management of a class of networked smart grids. IET Control Theory Appl., 2019, 13(8): 1166-1172.

[333] Wang J, Jiang K, Wu Y. On congestion games with player-specific costs and resource failures. Automatica, 2022, 142: 110367.

[334] Wang J, Dai X, Cheng D. Quasi-potential game. IEEE Trans. Circuits Syst. II, 2022, 69(11): 4419-4422.

[335] Wang L, Liu X, Li T, et al. The minimum number of discriminant equations for a symmetric game. IET Control Theory Appl., 2022, 16(17): 1782-1791.

[336] Wang L, Liu X, Li T, et al. Skew-symmetric games and symmetric-based decomposition of finite games. Math. Model. Control, 2022, 2(4): 257-267.

[337] Wang L, Li Y, Zhu J. On block-decoupling of Boolean control networks. Int. J. Control Autom. Syst., 2023, 21(1): 40-51.

[338] Wang L, Wu Z, Lam J. Necessary and sufficient conditions for security of hidden Markov Boolean control networks under shifting attacks. IEEE Trans. Network Sci. Engineering, 2023, 10(1): 321-330.

[339] Wang Q, Sun J. On asymptotic stability of discrete-time hybrid systems. IEEE Trans. Circuits Syst. II, 2023, 70(6): 2047-2051.

[340] Wang R, Lukic S. Dynamic programming technique in hybrid electric vehicle optimization. 2012 IEEE International Electric Vehicle Conference. Greenville, SC, USA, 2012: 1-8.

[341] Wang Y C, Chien C J. Decentralized adaptive fuzzy neural iterative learning control for nonaffine nonlinear interconnected systems. Asian J. Control, 2011, 13(1): 94-106.

[342] Wang Y, Cheng D, Hu X. Problems on time-varying port-controlled Hamiltonian systems: Geometric structure and dissipative realization. Automatica, 2005, 41(4): 717-723.

[343] Wang Y, Cheng D, Ge S. Approximate dissipative Hamiltonian realization and construction of local Lyapunov functions. Syst. Control Lett., 2007, 56(2): 141-149.

[344] Wang Y, Cheng D. On coset weighted potential game. J. Frankl. Inst., 2020, 357(9): 5523-5540.

[345] Wang Y, Guo P. Optimal control of singular Boolean control networks via Ledley solution method. J. Frankl. Inst., 2021, 358(12): 6161-6173.

[346] Wang Y, Zhang Q, Li H. Verification of coset weighted potential game and its application to optimization of multi-agent systems. Int. J. Control, 2022.

[347] Wang Y, Li H. Output trackability of Boolean control networks via Ledley antecedence solution. IEEE Trans. Circuit Syst. II, 2022, 69(3): 1183-1187.

[348] Wang Y, Zhang C, Liu Z. A matrix approach to graph maximum stable set and coloring problems with application to multi-agent systems. Automatica, 2012, 48(7): 1227-1236.

[349] Wang H, Zhong J, Lin D. Linearization of multi-valued nonlinear feedback shift registers. J. Syst. Sci. Complex., 2017, 30(2): 494-509.

[350] Wolfram S. A New Kind of Science. Wolfram Media Inc., 2002.

[351] Wolovich W. Linear Multivariable Systems. Springer-Verlag, 1974.

[352] Wonham W. Linear Multivariable Control: A Geometric Approach. Berlin: Springer-Verlag, 1974.

[353] Wu H. ACORN: a lightweight authenticated cipher (v3). Candidate for the CAESAR Competition (2016). https://competitions.cr.yp.to/round3/acornv3.pdf, 2016.

[354] Wu Y, Le S, Zhang K, et al. Agent transformation of Bayesian games. IEEE Trans. Autom. Control, 2022, 67: 5793-5808.

[355] Wu Y, Shen T. A logical dynamical systems approach to modeling and control of residual gas fraction in ic engines. The 7th IFAC Symposium on Advances in Automotive Control. 2013: 495-500.

[356] Wu Y, Shen T. An algebraic expression of finite horizon optimal control algorithm for stochastic logical dynamical systems. Syst. Control Lett., 2015, 82: 108-114.

[357] Wu Y, Sun X, Zhao X, et al. Optimal control of Boolean control networks with average cost: A policy iteration approach. Automatica, 2019, 100: 378-387.

[358] Wu Y, Guo Y, Toyoda M. Policy iteration approach to the infinite horizon average optimal control of probabilistic Boolean networks. IEEE Trans. Neural Netw. Learn. Syst., 2021, 32(7): 2910-2924.

[359] Wu T, Shen Y. A logical network approximation to optimal control on a continuous domain and its application to HEV control. Sci. China Inf. Sci., 2022, 65(5): 212203.

[360] Xie Z, Jin X, Zhao Z. Some Tucker-like approximations based on the modal semi-tensor product. http://arxiv.org/abs/2301.06147.

[361] Xiong W, Ho D, Cao J. Synchronization analysis of singular hybrid coupled networks. Phys. Lett. A, 2008, 372(44): 6633-6637.

[362] Xu M, Liu Y, Lou J, et al. Set stabilization of probabilistic Boolean control networks: a sampled-data control approach. IEEE Trans. Cybern. 2019, 50(8): 3816-3823.

[363] Xu M, Wang Y, Wei A. Robust graph coloring based on the matrix semi-tensor product with application to examination timetabling. Control Theory Technol., 2014, 12(2): 187-197.

[364] Xu S, Lam J. Robust stability and stabilization of discrete singular systems: An equivalent characterization. IEEE Trans. Autom. Control, 2004, 49(4): 568-574.

[365] Xu T, Cheng D. Receding horizon-based feedback optimization for mix-valued logical networks: The imperfect information case. The 32th Chinese Control Conference. Xi'an, China, 2013: 2147-2152.

[366] Xu X, Hong Y. Matrix expression and reachability analysis of finite automata. J. Control Theory Appl., 2012, 10(2): 210-215.

[367] Xu X, Hong Y, Liu H. Matrix approach to simulation and bisimulation analysis of finite automata. In: the 10th World Congress on Intelligent Control and Automation. Beijing, 2012: 2716-2721.

[368] Xu X, Hong Y. Observability analysis and observer design for finite automata via matrix approach. IET Control Theory Appl., 2013, 7(12): 1609-1615.

[369] Xu X, Hong Y. Matrix approach to model matching of asynchronous sequential machines. IEEE Trans. Autom. Control., 2013, 58(11): 2974-2979.

[370] Xue S, Zhang L, Zhu Z. Design of semi-tensor product-based kernel function for SVM nonlinear classification. Control Theory Tech., 2022, 20: 456-464.

[371] Yang X, Li H. Stability analysis of probabilistic Boolean networks with switching discrete probability distribution. IEEE Trans. Autom. Control, 2022.

[372] Yang J, Shen T, Jiao X. Model-based stochastic optimal air–fuel ratio control with residual gas fraction of spark ignition engines. IEEE Trans. Control Syst. Tech., 2014, 22(3): 896-910.

[373] Yan Y, Chen Z, Liu Z. Semi-tensor product of matrices approach to reachability of finite automata with application to language recognition. Front. Comput. Sci., 2014, 8(6): 948-957.

[374] Yan Y, Chen Z, Liu Z. Solving type-2 fuzzy relation equations via semi-tensor product of matrices. Control Theory Tech., 2014, 12(2): 173-186.

[375] Yan Y, Chen Z, Liu Z. Semi-tensor product approach to controllability and stabilizability of finite automata. J. Syst. Engn. Electron., 2015, 26(1): 134–141.

[376] Yan Y, Yue J, Fu Z, et al. Algebraic criteria for finite automata understanding of regular language. Front. Comput. Sci., 2019, 13(5): 1148-1150.

[377] Yan Y, Yue J, Chen Z. Observed data-based model construction of finite state machines using exponential representation of LMs. IEEE Trans. Circuits Syst. II, 2022, 69(2): 434-438.

[378] Yan Y, Cheng D, Feng J, et al. Survey on applications of algebraic state space theory of logical systems to finite state machines. Sci. China Inf. Sci., 2022.

[379] Yan Y, Deng H, Yue J, et al. Model-reference adaptive control of finite state machines with respect to states: A matrix-based approach. IEEE Trans. Circuits Syst. II, 2023.

[380] Yang Y, Hu X, Pei H, et al. Comparison of power-split and parallel hybrid powertrain architectures with a single electric machine: Dynamic programming approach. Appl. Energ., 2016, 168: 683-690.

[381] Yang Y, Pei H, Hu X, et al. Fuel economy optimization of power split hybrid vehicles: A rapid dynamic programming approach. Energy, 2019, 166: 929-938.

[382] Yang Z, Zhang X, Ji X. Master-slave synchronization of singular Lur'e systems with time-delay. J. Control Theory and Appl., 2011, 9(4): 594-598.

[383] Yao G, Parampalli U. Improved transformation algorithms for generalized Galois NLFSRs. Cryptogr. Commun., 2022, 14(2): 229-258.

[384] Yao Y, Sun J. Optimal control of multi-task Boolean control networks via temporal logic. Syst. Control Lett., 2021, 156: 105007.

[385] Yerudkar A, Singh N, Glielmo L. Reachability and controllability of delayed switched Boolean control Networks. The 17th European Control Conference. Limassol, Cyprus, 2018: 1863-1868.

[386] Yerudkar A, Del Vecchio C, Glielmo L. Feedback stabilization control design for switched Boolean control networks. Automatica, 2020, 116: 108934.

[387] Yue J, Yan Y, Chen Z. Three matrix conditions for the reduction of finite automata based on the theory of semi-tensor product of matrices. Sci. China Inf. Sci., 2020, 63(2): 129203.

[388] Yue J, Yan Y, Chen Z, et al. State space optimization of finite state machines from the viewpoint of control theory. Front. Inform. Technol. Electron. Eng., 2021, 22(12): 1598-1609.

[389] Yue J, Yan Y, Chen Z, et al. Further results on bilinear behavior formulation of finite state machines. Sci. China Inf. Sci., 2022, 65(11): 219201.

[390] Yue J, Yan Y. Update law of simplifying finite state machines (FSMs): An answer to the open question of the unmanned optimization of fsms. IEEE Trans. Circuits syst. II, 2022, 69(3): 1164-1167.

[391] Yu Y, Feng J, Meng M, et al. Topological structure of implicit Boolean networks. IET Control Theory & Applications, 2017, 11(13): 2058-2064.

[392] Yu Y, Feng J, Pan J, et al. Block decoupling of Boolean control networks. IEEE Trans. Autom. Control, 2019, 64(8): 3129-3140.

[393] Yu Y, Meng M, Feng J. Observability of Boolean networks via matrix equations. Automatica, 2020, 111: 108621.

[394] Yu Y, Meng M, Feng J, et al. Observability criteria of Boolean networks. IEEE Trans. Autom. Control, 2021.

[395] Zaborszky J, Huang J, Zheng B, et al. On the phase portrait of a class of large nonlinear dynamic systems such as the power system. IEEE Trans. Autom. Control, 1988, 33(1): 4-15.

[396] Zadeh L. Fuzzy sets. Inf. Control, 1965, 8(3): 338-353.

[397] Zadeh L. Outline of a new approach to the analysis of complex systems and decision processes. IEEE Trans. Syst. Man. Cybern. Cyber., 1973, 3(1): 28-44.

[398] Zhan T, Ma S, Liu X. Synchronization of singular switched complex networks via impulsive control with all nonsynchronized subnetworks. Int. J. Robust Nonlinear Control, 2019, 29(14): 4872-4887.

[399] Zhan J, Lu S, Yang G. Improved calculation scheme of structure matrix of Boolean network using semi-tensor product//Liu C, Wang L, Yang A, ed. Information Computing and Applications, Part 1, Bool Series: Communications in Computer and Information Science, 2012.

[400] Zhang C, Lyu H, Duan P, et al. Fuzzy modeling of the semi-tensor product-based cold and hot electric installations. Architecture Electric (in Chinese), 2015, 34(9): 59-64.

[401] Zhang C, Lyu H, Duan P, et al. Fuzzy modeling and particle swarm optimization based on the energy consumption data of the combined cold heat and power system. Journal of HV AC (in Chinese), 2017, 47(6): 97-103.

[402] Zhang J, Shen T, Kako J. Short-term optimal energy management of power-split hybrid electric vehicles under velocity tracking control. IEEE Trans. Veh. Technol., 2020, 69(1): 182-193.

[403] Zhang K, Bu C. Group inverses of matrices over right Ore domains. Appl. Math. Comput., 2012, 218: 6942-6953.

[404] Zhang K. A survey on observability of Boolean control networks. Has been accepted.

[405] Zhang L, Feng J. Mix-valued logic-based formation control. Int. J. Control, 2013, 86(6): 1191-1199.

[406] Zhang S. Dynamic fuzzy controller based on stem resolution of fuzzy relation equations. In: 2010 International Conference on Computational and Information Sciences. Sichuan, China, 2010: 1110-1113.

[407] Zhang X, Ji Z, Cheng D. Hidden order of Boolean networks. IEEE Trans. Neural Netw. Learn. Syst., 2022.

[408] Zhang Y, Liu Z, Wang Y. A three-dimensional probabilistic fuzzy control system for network queue management. J. Contr. Theory Appl., 2009, 7(1): 29-34.

[409] Zhao D, Peng H, Li L, et al. Novel way to research nonlinear feedback shift register. Sci. China Inf. Sci., 2014, 57(9): 092114.

[410] Zhao J, Guo Y, Wu Y. On ϵ-Nash equilibria of linear time-delay dynamic games with convex strategy set. Journal of the Franklin Institute, 2022, 359(13): 6567-6586.

[411] Zhang Z, Leifeld T, Zhang P. Unknown input decoupling and estimation in observer design for Boolean control networks. The 20th IFAC World Congress. Toulouse, France, 2017: 2972-2977.

[412] Zhang Z, Leifeld T, Zhang P. Distributed observer design for large-scale Boolean control networks. The 2017 American Control Conference. Seattle, USA, 2017: 2618-2623.

[413] Zhang Z, Leifeld T, Zhang P. Identification of Boolean control networks incorporating prior knowledge. The 56th IEEE Conference on Decision and Control. Melbourne, Australia, 2017: 5839-5844.

[414] Zhang Z, Leifeld T, Zhang P. Active fault detection of Boolean control networks. The 2018 American Control Conference. Milwaukee, Wisconsin, USA, 2018: 5001-5006.

[415] Zhang Z, Leifeld T, Zhang P. An improved algorithm for stabilization of Boolean networks via pinning control. The 58-th IEEE Conference on Decision and Control. Nice, France, 2019: 114-119.

[416] Zhang Z, Leifeld T, Zhang P. Reconstructibility analysis and observer design for Boolean control networks. IEEE Trans. Control Netw. Syst., 2020, 7(1): 516-528.

[417] Zhang Z, Leifeld T, Zhang P. Reduced-order observer design for Boolean control networks. IEEE Trans. Autom. Control, 2020, 65(1): 434-441.

[418] Zhang Z, Xia C, Chen S, et al. Reachability analysis of networked finite state machine with communication losses: A switched perspective. IEEE J. Sel. Area. Commun., 2020, 38(5): 845-853.

[419] Zhang Z, Shu S, Xia C. Networked opacity for finite state machine with bounded communication delays. Inf. Sci., 2021, 572: 57-66.

[420] Zhang Z, Xia C, Fu J, et al. Initial-state observability of Mealy-based finite-state machine with nondeterministic output functions. IEEE Trans. Syst. Man Cybern. Syst., 2022, 52(10): 6396-6405.

[421] Zhao G, Li H. Robustness analysis of logical networks and its application in infinite systems. J. Frankl. Inst., 2020, 357(5): 2882-2891.

[422] Zhao G, Li H, Hou T. Input-output dynamical stability analysis for cyber-physical systems via logical networks. IET Control Theory Appl., 2020, 14(17): 2566-2572.

[423] Zhao R, Feng J, Li Y. Output tracking of singular Boolean control networks. The 33rd Chinese Control and Decision Conference. Kunming, China, 2021: 517-523.

[424] Zhao R, Feng J, Wang B. Passive-active fault detection of Boolean control networks. Journal of the Franklin Institute, 2022, 359(13): 7196-7218.

[425] Zhao R, Wang B, Feng J. Synchronization of drive-response singular Boolean networks. Nonlinear Anal. Hybrid Syst., 2022, 44: 101141.

[426] Zhao X, Qi W F, Zhang J M. Further results on the equivalence between Galois NFSRs and Fibonacci NFSRs. Design. Code. Cryptogr., 2020, 88(1): 153-171.

[427] Zhao Y, Qi H, Cheng D. Input-state incidence matrix of Boolean control networks and its applications. Syst. Control Lett., 2010, 59(12): 767-774.

[428] Zhao Y, Li Z, Cheng D. Optimal control of logical control networks. IEEE Trans. Autom. Control, 2011, 56(8): 1766-1776.

[429] Zhao Y, Kim J, Filippone M. Aggregation algorithm towards large-scale Boolean network analysis. IEEE Trans. Autom. Control, 2013, 58(8): 1976-1985.

[430] Zhao Y, Ghosh B, Cheng D. Control of large-scale Boolean networks via network aggregation. IEEE Trans. Neural Netw. Learn. Syst., 2016, 27(7): 1527-1536.

[431] Zhao D, Peng H, Li L, et al. Novel way to research nonlinear feedback shift register. Sci. China Inf. Sci., 2014, 57(9): 1-14.

[432] Zhao Y, Fu S, Zhao J, et al. Robust strategy optimization of networked evolutionary games with disturbance inputs. Dyn. Games Appl., 2022.

[433] Zhong J, Li B, Liu Y, et al. Steady-state design of large-dimensional Boolean networks. IEEE Trans. Neural Netw. Learn. Syst., 2021, 32(3): 1149-1161.

[434] Zhong J, Lin D. A new linearization method for nonlinear feedback shift registers. J. Comput. Syst. Sci., 2015, 81(4): 783-796.

[435] Zhong J, Lin D. Stability of nonlinear feedback shift registers. Sci. China Inf. Sci., 2016, 59(1): 012204.

[436] Zhong J, Lin D. Driven stability of nonlinear feedback shift registers with inputs. IEEE Trans. Commun., 2016, 64(6): 2274-2284.

[437] Zhong J, Lin D. On minimum period of nonlinear feedback shift registers in Grain-like structure. IEEE Trans. Inf. Theory, 2018, 64(9): 6429-6442.

[438] Zhong J, Lin D. Decomposition of nonlinear feedback shift registers based on Boolean networks. Sci. China Inf. Sci., 2019, 62(3): 39110.

[439] Zhong J, Lin D. On equivalence of cascade connections of two nonlinear feedback shift registers. Comput. J., 2019, 62(12): 1793-1804.

[440] Zhong J, Liu Y, Lu J, et al. Pinning control for stabilization of Boolean networks under knock-out perturbation. IEEE Trans. Autom. Control, 2022, 67(3): 1550-1557.

[441] Zhong J, Lu J, Huang T, et al. Synchronization of master-slave Boolean networks with impulsive effects: Necessary and sufficient criteria. Neurocomputing, 2014, 143: 269-274.

[442] Zhong J, Pan Y, Lin D. On Galois NFSRs Equivalent to Fibonacci Ones. Wu Y, Yung M. Information Security and Cryptology. Inscrypt 2020. Lecture Notes in Computer Science (LNCS), Springer, Cham. 2021, 12612: 433-449.

[443] Zhong J, Pan Q, Li B, et al. Minimal pinning control for oscillatory of Boolean networks. IEEE Trans. Neural Netw. Learn. Syst., 2023, 34(9): 6237-6249.

[444] Zhong J, Ho D, Lu J. A new approach to pinning control of Boolean networks. IEEE Trans. Control Netw. Syst., 2021, 9(1): 415-426.

[445] Zhong J, Liu Y, Lu J, et al. Pinning control for stabilization of Boolean networks under knock-out perturbation. IEEE Trans. Autom. Control, 2022, 67(3): 1550-1557.

[446] Zhong J, Yu Z, Li Y, et al. State estimation for probabilistic Boolean networks via outputs observation. IEEE Trans. Control Netw. Syst., 2022, 33(9): 4699-4711.

[447] Zhu B, Xia X, Wu Z. Evolutionary game theoretic demand-side management and control for a class of networked smart grid. Automatica, 2016, 70: 94-100.

[448] Zhu B, Xia K, Xia X. Game-theoretic demand-side management and closed-loop control for a class of networked smart grid. IET Control Theory Appl., 2017, 11(13): 2170-2176.

[449] Zhu J. Fuzzy System and Control Theory. Beijing: China Machine Press, 2005.

[450] Zhu Q, Gao Z, Liu Y, et al. Categorization problem on controllability of Boolean control networks. IEEE Trans. Autom. Control, 2021, 66(5): 2297-2303.

[451] Zhu Q, Liu Y, Lu J, et al. On the optimal control of Boolean control networks. SIAM J. Control Optim., 2018, 56(2): 1321-1341.

[452] Zhu S, Liu Y, Lou Y, et al. Stabilization of logical control networks: An event-triggered control approach. Sci. China Inf. Sci., 2020, 63(1): 112203.

[453] Zhu S, Lu J, Liu Y. Asymptotical stability of probabilistic Boolean networks with state delays. IEEE Trans. Autom. Control, 2020, 65(4): 1779-1784.

[454] Zhu S, Lu J, Lou Y, et al. Induced-equations-based stability analysis and stabilization of Markovian jump Boolean networks. IEEE Trans. Autom. Control, 2021, 66(10): 4820-4827.

[455] Zhu S, Lu J, Zhong J, et al. Sensors design for large scale Boolean networks via pinning observability. IEEE Trans. Autom. Control, 2022, 67(8): 4162-4169.

[456] Zhu S, Lu J, Azuma S, et al. Strong structural controllability of Boolean networks: Polynomial-time criteria, minimal node control, and distributed pinning strategies. IEEE Trans. Autom. Control, 2023, 68(9): 5461-5476.

[457] Zhu S, Lu J, Ho D, et al. Polynomial-time algorithms for structurally observable graphs by controlling minimal vertices. 2022, arXiv: 2106.15374.

[458] Zhu S, Lu J, Sun L, et al. Distributed Pinning Set Stabilization of Large-Scale Boolean Networks. IEEE Trans. Autom. Control, 2023, 68(3): 1886-1893.

[459] Zou Y, Zhu J. System decomposition with respect to inputs for Boolean control networks. Automatica, 2014, 50(4): 1304-1309.

[460] Zou Y, Zhu J. Decomposition with respect to outputs for Boolean control networks. IFAC Proceed. Vol., 2014, 47(3): 10331-10336.

[461] Zou Y, Zhu J. Kalman decomposition for Boolean control networks. Automatica, 2015, 54: 65-71.

[462] Zou Y, Zhu J. Graph theory methods for decomposition w.r.t. outputs of Boolean control networks. J. Syst. Sci. Complex., 2017, 30(3): 519-534.

[463] Zou Y, Zhu J, Liu Y. Cascading state-space decomposition of Boolean control networks by nested method. J. Frankl. Inst., 2019, 356(16): 10015-10030.

[464] Cheng D, Martin C. Stabilization of nonlinear systems via designed center manifold. IEEE Trans. Aut. Contr., 2001, 46(9): 1372-1383.

索 引

B

本原多项式, 246
比特, 250
迁移系统, 118
补, 247
不确定, 118
不稳定平衡点, 43
不稳定子流形, 54
布尔和, 206
布尔积, 206
布尔控制网络的非线性系统表示, 248
布尔控制网络的线性系统表示, 248

C

测地线, 28
传递复合, 231
存在量词, 93

D

单独解模糊, 239
单位环, 249
导出映射, 20
导数齐次 Lyapunov 函数, 61
定理, 115
动态-代数布尔网络, 154
对称化矩阵, 6
对称系数, 3
对偶补, 247
对偶函数, 247
对偶模糊结构, 232
多重模糊关系, 226
多重模糊推理, 228
多重指标, 226

E

二元存储器, 250

F

反馈耗散实现, 51
仿真, 135

非线性反馈移位寄存器 (NFSR), 250
非线性系统表示, 253
非最小相位, 57
复合模糊关系, 229
赋值, 113

G

概率网络近似, 144
高阶逻辑, 95
公式, 93, 112
关系结构, 114
关系模型, 114
观测等价, 130
广义哈密顿控制系统, 46
广义哈密顿系统, 46
广义能控矩阵, 178
广义输入–状态关联矩阵, 178

H

哈密顿实现, 47
汉明重量, 247
耗散实现, 47
恒假, 95
恒真, 95
横截条件, 74
后继, 252
互补, 247
混合动力汽车, 350

J

基底转换矩阵, 7
级数, 250
结构, 113
解模糊, 236
解释, 94, 113
近似稳定, 60
近似系统, 60
局部稳定, 43
矩阵偏序, 208

K

可靠性, 115
可满足, 95
可逆性, 373

L

黎曼流形, 27
黎曼曲率张量, 28
隶属度, 208
连络, 24
联合复合, 231
联合解模糊, 237
量词, 93
零动态, 57
论域, 92, 113
逻辑, 115

M

Markov 决策过程, 332
命题逻辑, 112
模糊关系, 208
模糊关系方程, 208
模糊关系矩阵, 208
模糊化, 232
模糊集, 208
模糊控制, 234
模态逻辑, 112
模型, 113

P

频率向量, 5
平衡布尔函数, 247
平衡点, 43

Q

期望代价函数, 330
奇异布尔控制网络的控制不变子集, 198
奇异布尔控制网络的能观性, 182
奇异布尔控制网络的输出跟踪, 197
奇异布尔网络, 157
奇异布尔网络的不动点, 166
奇异布尔网络的极限环, 166
奇异布尔网络的能控性, 175
奇异布尔网络的拓扑结构, 166

奇异布尔网络的正规化, 158
奇异布尔网络的状态转移矩阵, 171
前继, 252
前束范式, 97
驱动稳定, 277
曲率算子, 28
全称量词, 93
全局稳定, 43
全局稳定最大瞬态, 267
确定, 115, 118

R

容许初值, 165
冗余基底, 4

S

商系统, 131
时序逻辑, 122
输入输出解耦, 30
双仿真, 135
双曲矩阵, 75
双曲平衡点, 74
瞬态周期, 250
索引, 3

T

泰勒级数, 17
特征多项式, 251
特征函数, 251
梯度, 9
条件逻辑矩阵集, 161

W

完备性, 115
微分, 9
谓词, 92
谓词逻辑, 95
稳定平衡点, 43
稳定子流形, 54
无穷维矩阵, 374
无穷维逻辑矩阵, 375

X

系数向量, 1
线性化, 253

线性时序逻辑, 122
线性系统表示, 253
相对阶, 30
项, 93, 112
形式语言, 111

Y

一阶逻辑, 95
有限状态自动机, 124
语法, 111
语义, 111
元胞自动机, 371, 372
原子, 93
原子公式, 112
约束变量, 93

Z

镇定, 43
支集, 232
指标, 374
指标序, 226
置换矩阵的阶, 256
中心流形, 53, 54

中心流形的逼近定理, 56
中心流形的存在定理, 56
中心流形的等价定理, 56
周期元胞自动机, 373
自然基底, 4
自由变量, 93
自治迁移系统, 134
最小相位, 57

其他

k 型平衡点, 74
k 值等价逻辑算子, 160
k 值逻辑算子, 209
Byrnes-Isidori 正则型, 56
Christoffel 记号, 25
Christoffel 矩阵, 25
Drazin 逆, 374
Fibonacci 结构, 250
Galois 结构, 250
Hessian 矩阵, 78
Morgan 问题, 29
Skolem 范式, 98